Ω $64-60=x$

$8-5=3$ ‰

$6+3=9$

$a^2-2ab+b^2=(a-b)\cdot(a-b)$

$A=\{a, b, c\}$ Max (x, y)

$4:9=x:(5-x)$ $V=\{a, b, c, d\}$

$6-3=3$

$U=2\pi \cdot r$ Σ

$6+3-1=8$

μ

$a-b+c-d=(a-b)+(c-d)$

$64-60=x$

TITEL, VORWORT, INHALTSVERZEICHNIS
MATHEMATISCHE
ZEICHEN – SYMBOLE – SCHREIBWEISEN

MENGENLEHRE

ARITHMETIK

ALGEBRA

ELEKTRONIKRECHNER
+ COMPUTER

GEBRAUCHSRECHNEN

MENGENLEHRE
ARITHMETIK
ALGEBRA
ELEKTRONIKRECHNER
+
COMPUTER
GEBRAUCHSRECHNEN

geschrieben,
konzipiert und herausgegeben
von

Prof. Dr. h.c. Ignaz WALTER

Quellen:	Übernahme überarbeiteter Teile aus Arithmetik und Algebra, Auflage 1906.
	Mit Genehmigung des Verlages Ferdinand Schöningh wurden folgende Seiten aus Kurt Degen, Algebra I, München 1974, abgedruckt: S. 367 - 369 (§ 1 C); S. 371 - 372 (§ 2 B - Fig. 7); S. 373 - 379 (§ 2 C; § 3 A B); S. 381 - 382 (Beispiel 4); S. 382 - 383 (§ 4 - Fig. 17); S. 385 (§ 5); S. 390 (§ 5).
Neu geschrieben:	Kapitel 13 - Gleichungen höheren Grades mit einer Unbekannten Seite 342 mit Seite 348 von Michael Tyomkyn.

Ausgabe 1979	Auflage 1 mit 5
Ausgabe 1991	Auflage 6 mit 8
Ausgabe 2006	Auflage 9

Prof. Dr. h.c. Ignaz Walter – Verfasser und Herausgeber

Weltbild Buchverlag
–Originalausgaben–

Steinerne Furt, 86167 Augsburg
6. Auflage 2009

Projektleitung: Dr. Ulrike Strerath-Bolz
Umschlaggestaltung: Sabine Novotny, München
Druck und Bindung: Druckerei C.H. Beck, Nördlingen

Printed in the EU

ISBN 978-3-89897-704-3

VORWORT

Das hier vorliegende Werk

Mathematik für Alle, leicht gemacht
Band I

geht aus dem **1979** zum ersten Mal aufgelegten gleichnamigen, aber einbändigen Nachhilfebuch von Ignaz WALTER hervor.

Das damalige einbändige Werk wurde seinerzeit **in wenigen Monaten** mehr als **500.000 mal** verkauft.

Das Buch wurde im Fachbuchbereich zum **Bestseller.**

Der **Verfasser** erhielt hierfür in **Luxemburg** den **europäischen Sachbuchpreis** von AWMM.

Sowohl die **Schüler** selbst als auch **Eltern, Großeltern** sowie **Lehrer,** welche sich mit diesem **Nachhilfebuch** und dem dazugehörigen **Lösungsheft** beschäftigten, gaben fast ausschließlich **positive Beurteilungen** ab.

Die aufgrund **hoher Lehrqualität** des Werkes nach wie vor vorhandene **starke Nachfrage** sowie der von **Schülern** und **Lehrern** an den Verlag herangetragene **Wunsch** nach einer analogen vereinfachten Darstellung von **Integral** und **Differential** gaben Veranlassung, diese Kapitel in der Ausgabe von 1991 mit aufzunehmen und eine **2bändige Neuauflage** herauszugeben.

Der hier vorliegende **Band 1** der Neuauflage

„Mathematik für Alle, leicht gemacht"
wurde in 2006 nochmals überarbeitet. Die Seiten 342 mit 348 sind neu erstellt und zusätzlich in dieser Ausgabe mit aufgenommen.

Das vorliegende Werk vermittelt **Mengenlehre, Arithmetik, Algebra, Elektronikrechner und Gebrauchsrechnen** zum **Nachhilfeunterricht,** zum **Ergänzungsunterricht** und zum **Selbststudium.**

Das Buch versucht dem **Zweck** gerecht zu werden, dem Lernenden in **einfacher, leichtverständlicher klarer** Form, den **Sinn** und die **Zusammenhänge** aller Rechengänge mit Mengen, Elementen, Zahlen und Buchstaben **verständlich** und **begreiflich** zu machen.

Einerseits bedient sich der Verfasser einer **bürgerlichen, allgemeinverständlichen Schreibweise,** andererseits sind die **Gedankengänge** zur **Erklärung** mathematischer Probleme so **kurz, klar** und **direkt ohne Umschweife** erklärt, daß **jeder Lernende**, ob Schüler oder Elternteil die **Zusammenhänge** der jeweiligen Aufgabe **leicht begreift.** Das Buch soll in **erster Linie** der überlasteten Lehrerschaft helfen, insbesondere auch **den Kindern** Mathematik beizubringen, **die weniger mathematische Fähigkeiten besitzen als andere, die zu Hause keine mathematische Hilfe erwarten können und bei denen ein Nachhilfeunterricht aber aus finanziellen Gründen scheitert.**

Sowohl **Schüler** als auch **Eltern** sollen mit diesem Buch in die Lage versetzt werden, ohne allzugroße Geistesakrobatik durch Nachhilfe mit diesem Buch sich in Mathematik zu festigen.

Eltern sollen sich zur Überwachung ihrer Kinder die notwendigen mathematischen Kenntnisse aneignen oder zurückholen können.

Neuinteressierte sollen im Selbststudium Mathematik zu erlernen in der Lage sein.

Der Lehrgang dieses Buches entspricht den psychologischen pädagogischen Erkenntnissen über einen Lernenden in Mathematik.

Demgemäß beginnt der Ablauf dieses Buches mit der Behandlung der **Mengenlehre,** es folgt die Wiederholung der **vier Grundrechenarten** und der **volkstümlichen Rechengänge** in **Zins-** und **Prozentrechnungen,** das **Bruchrechnen** usw.. Bei der darauf folgenden **Algebra** sind die algebraischen Sätze und deren Regeln so aufeinander abgestimmt, daß sofort nach der Einübung der einfachsten Regeln über Addition und Subtraktion und über das Auflösen von Klammern mit denjenigen **Gleichungen** begonnen wird, die sich auf einfache Weise auf die Form $\mathbf{a = x}$ bringen lassen. Dies trägt im wesentlichen dazu bei, daß der Lernende **frühzeitig** mit der Anwendung der einfachen Regeln der algebraischen **Addition** und **Subtraktion** bei der **Lösung von Gleichungen** und **Textaufgaben** bekannt gemacht wird.

Weiterhin ist bei der **Auswahl der Aufgaben** allergrößter Wert darauf gelegt, daß diese das **gesamte Spektrum** des zu lernenden Stoffes der **realistischen Mathematik** erfassen und immer in der Lage sind, **dem Lernenden** den **Sinn** und **Zweck** sowie den **Zusammenhang** dieser **jeweiligen Rechenmethode verständlich** zu machen.

Um den Lernenden immer **sofort** und **nachhaltig das Wesentliche** des jeweiligen Rechen-, ganges **nahezubringen,** wurden **Regeln** aufgestellt, welche immer **stark schwarz gedruckt** aus dem Text **herausgestellt** werden.

Weiter werden für den Lernenden **wichtige Feststellungen** immer in einer **hervorgehobenen Druck-** oder **Schreibweise** dargestellt.

Das Buch ist so aufgebaut, daß nach Vermittlung der **Mengenlehre** und des **Mengenbegriffes** dem Lernenden die **Arithmetik** und **Algebra ohne** die **Mengenschreibweise,** also auf dem **kürzesten Wege** in Anlehnung an **alte Schulbuchmethoden** vermittelt und begreiflich gemacht werden.

Selbstverständlich ist in diesem Buch, um auch der heutigen Lehrmethodik an Gymnasien gerecht zu werden, das Kapitel **Ungleichungen** mit aufgenommen und beschrieben.

Um dem **Lernenden** einen **großen** und **schnellen Überblick zu geben,** um ihm **viel Zeit zu sparen**, sind **im Anschluß** an die **Arithmetik** eine tabellarische **Kurzfassung der Rechenmethoden,** eine Aufstellung über **Maße, Gewichte, Strecken** sowie eine **Formelsammlung über Flächen-** und **Inhaltsberechnung** abgedruckt, **im Anschluß** an die **Algebra** ist eine tabellarische **Kurzfassung** der **algebraischen Methoden** angefügt.

Um den **Nachhilfeunterricht** und das **Selbststudium** auch wirklich erfolgreich gestalten zu können, ist zu diesem Buch ein eigenes **Aufgabenlösungsheft** gedruckt, mit welchem der Lernende aus jedem Kapitel eine **Reihe von Aufgaben** zu lösen und zu kontrollieren in der Lage ist.

Das hier vorliegende Mathematikbuch bitte ich als ein **zeitloses,** von den laufenden Lehrplanänderungen **unabhängig** geschriebenes **Schulbegleitbuch** für **alle Schularten** zu sehen.

Es gibt dem Schüler durch eine Menge **Beispiele und Aufgaben** Hilfestellung im Lernen und Üben von Mathematik und **erleichtert** dem **Lehrer** die Arbeit.

Auf keinen Fall soll dieses Buch als ein **Antischulbuch** gesehen werden.

Ich hoffe, mit diesem Buch eine **wirkliche Hilfe** für den **Mathematik-Nachhilfeunterricht** und für ein **Mathematik-Selbststudium** (z. B. für den 2. Bildungsweg) zu vermitteln.

Ignaz Walter

BAND I

Inhaltsverzeichnis

MENGENLEHRE

1. Kapitel
Das Kennenlernen von Mengen und Mengenbegriffe

2. Kapitel
mit Mengenbegriffen zur praktischen Anwendung in Arithmetik, Algebra und Geometrie

ARITHMETIK

1. Kapitel
Die vier Grundrechenarten mit ganzen Zahlen
Eigenschaften der ganzen Zahlen

2. Kapitel
Die Bruchrechnung und das Ausziehen der Quadratwurzel aus Zahlen

Gewöhnliche Brüche

2. Kapitel
Die Multiplikation und Division – Fortsetzung der Gleichungen

3. Kapitel
Das Rechnen mit Brüchen

4. Kapitel
Proportionen und Fortsetzung der Gleichungen

5. Kapitel
Ungleichungen

6. Kapitel
Potenzen und Wurzeln

7. Kapitel
Gleichungen (Fortsetzung)

8. Kapitel
Logarithmen

9. Kapitel
Gleichungen (Fortsetzung)

10. Kapitel
Der Rechenstab

11. Kapitel
Gleichungen vom ersten Grade mit mehreren Unbekannten

12. Kapitel
Quadratische Gleichungen mit einer Unbekannten

13. Kapitel
Gleichungen höheren Grades mit einer Unbekannten

14. Kapitel
Ungleichungen

15. Kapitel
Gleichungen (Fortsetzung)

16. Kapitel
Anwendung der Gleichungen zur Lösung von Aufgaben

17. Kapitel
Anwendung der Gleichungen zur Lösung von Aufgaben

ELEKTRONIKRECHNER + COMPUTER

1. Kapitel
EDV – Elektronische Datenverarbeitung

2. Kapitel
Der Taschenrechner, der Großrechner

GEBRAUCHSRECHNEN

Anwendung bürgerlicher und gewerblicher Rechnungsarten

1. Kapitel
Die Zins- und Zinseszinsrechnung

2. Kapitel
Auf- und Abzinsung sowie Vervielfachung eines Kapitals durch Zins- und Zinseszins

3. Kapitel
Zeitrenten und Ratenzahlung sowie Leasing und Lebensversicherung

Nachfolgend
die Stellungnahmen zur Erstauflage des einbändigen Werkes von 1979
„Mathematik für Alle, leicht gemacht“

von Herrn A. Zink, Oberstudienrat,
von Herrn Haltmayer, Studiendirektor

– gilt auch heute noch.

Stellungnahme von zwei praktizierenden Mathematikpädagogen

Das vorliegende Buch enthält im wesentlichen den Arithmetik- und Algebrastoff, der in Gymnasien, Realschulen und in Auszügen auch in der Hauptschule behandelt wird. Das Buch besitzt meiner Meinung nach drei wesentliche Vorzüge:

1. Die Erklärung der mathematischen Begriffe ist äußerst klar, anschaulich und sofort mit der Anwendung zum Lösen von Aufgaben verknüpft. Die Herleitung einer neuen Regel erfolgt immer mit Hilfe von Beispielen und nicht theoretisch abstrakt. Das erleichtert das Verständnis für den Leser wesentlich.

2. Bei der Darstellung wird bewußt auf die Verwendung allzu modernistischer formaler Fachausdrücke verzichtet und dafür lieber eine manchmal etwas breitere, aber allgemeinverständlichere Darstellungsweise gewählt. Auf exakte Beweise wird verzichtet, wo der zu beweisende Sachverhalt anschaulich einsichtig gemacht werden kann.
   Leider wurde selbst am Gymnasium die **Verwissenschaftlichung** und vor allem die Anwendung rein **formaler Schreibweisen** in den letzten Jahren **übertrieben, was selten zu besserem Verständnis geführt hat** und auf gar keinen Fall die kreativen Fähigkeiten, die beim selbständigen problemlösenden Denken erforderlich sind, gefördert hat.

3. Das Buch enthält zu jedem Abschnitt eine große Zahl von abwechslungsreichen Übungsbeispielen und selbständig zu lösenden Aufgaben.

Infolgedessen ist **das Buch sehr gut geeignet** einmal für Schüler und Studenten, die sich im Selbststudium die Grundlagen der Algebra erarbeiten wollen, die über den Schulunterricht hinaus ihre Kenntnisse vertiefen wollen, und die, z. B. durch Krankheit, versäumten Unterrichtsstoff nachholen wollen, zum zweiten für Eltern, die ihre eigenen Schulkenntnisse auffrischen oder manche Begriffe – vor allem in der Mengenlehre – neu sich aneignen wollen, um ihre Kinder unterstützen zu können, und auch für Lehrer aller Schularten, die darin manche Anregung und eine Fülle von Übungsaufgaben finden werden.

A. Zink
Richard-Wagner-Straße 21, 86343 Königsbrunn
Oberstudienrat

Vom Buch „Mathematik für alle“ (Mengenlehre, Arithmetik, Algebra), herausgegeben von Ignaz Walter, kam mir vor einiger Zeit eines der ersten Exemplare in die Hände. Beim ersten flüchtigen Durchblättern und Durchschauen dieses Mathematikbuches fiel mir vor allem die ansprechende Aufmachung, die gute Gliederung und der hervorragende Druck auf. Bei einer genaueren Durchsicht des Buches **war ich angetan** von der Art, wie in diesem Buche versucht wird, **einem Nichtfachmann Mathematik nahezubringen.**

Ausgehend von einfachen, dem alltäglichen Leben entnommenen Beispielen werden dem Leser in kleinen wohlüberlegten Schritten anhand vieler ausführlich besprochener Beispiele Grundkenntnisse der Mengenlehre, der Arithmetik und vor allem der Algebra vermittelt. Darüber hinaus kann der Leser am Ende eines jeden Kapitels an einer großen Zahl gut ausgewählter Aufgaben, deren Lösungen in einem eigenen Lösungsheft zusammengestellt sind, sein bisher erworbenes Wissen und Können überprüfen und vertiefen. Das Buch **verzichtet** besonders im Arithmetik- und Algebrateil **(wohl bewußt) auf eine zu moderne Art** der mathematischen Darstellung und Schreibweise und allzu **viele theoretischen Überlegungen,** bietet aber wegen seiner **zeitlosen** Darstellung die Gewähr dafür, daß jemand, der sorgfältig dieses Buch durcharbeitet, am Ende auch in der Lage ist, algebraische Probleme sicher zu lösen. So gesehen ist dieses Buch ein **wertvolles Schulbegleitbuch,** in dem Schüler und Eltern eine große Fülle von zusätzlichem Übungsmaterial finden können. Aber auch für solche, die keine Gelegenheit hatten, sich in ihrer Schulzeit mit den Grundkenntnissen der Mengenlehre und Algebra zu befassen, wird dieses Buch eine Möglichkeit darstellen, dies bei konzentrierter Arbeit in relativ kurzer Zeit nachzuholen.

Haltmayer
Studiendirektor

Sauerbruchstr. 12, 86343 Königsbrunn

Merke Dir!

lernen hat sich noch immer gelohnt
Leistung wird immer honoriert
wollen ist der Schlüssel zum Erfolg

darum denk daran

Das Wort ich **„will“** ist mächtig
Spricht's einer leis und still
die Sterne reißt's vom Himmel
das kleine Wort ich **„will“**

MENGENLEHRE
ARITHMETIK
ALGEBRA
ELEKTRONIKRECHNER
+
COMPUTER
GEBRAUCHSRECHNEN

geschrieben,
konzipiert und herausgegeben
von

Prof. Dr. h.c. Ignaz WALTER

Mathematische
ZEICHEN – SYMBOLE – SCHREIBWEISEN

für

MENGENLEHRE

Zeichen Schreibweise	Bedeutung	Wahre Aussagen als Beispiele
$=$	„gleich“	$9 = 3 \cdot 3$
$\neq$	„ungleich“	$5^2 \neq 2^5$
$\{\ldots\ldots\}$	Mengenklammer	$M = \{a, d, x, y\}$
$\{a, b, c, \ldots.\}$	aufzählende Schreibweise	
$\{x \mid \ldots..\}$	beschreibende Schreibweise	
$a \in M$	a ist Element der Menge M	$7 \in \{1, 3, 5, 7, 11\}$
$a \notin M$	a ist kein Element der Menge M	$7 \notin \{2, 4, 6, 8, 10\}$
$z(M)$	Zahl (Anzahl) der Elemente von M	$M = \{a, b, c\} \Rightarrow z(M) = 3$
$M_1 = M_2$	Gleichheit der Mengen M_1 und M_2	$\{a, b, c\} = \{b, a, c\}$
$M_1 \subseteq M_2$	M_1 ist Teilmenge von M_2	$\{2, 4, 6\} \subseteq \{8, 6, 4, 2\}$
$M_1 \nsubseteq M_2$	M_1 ist nicht Teilmenge von M_2	$\{2, 4, 6\} \nsubseteq \{3, 5, 7, 9\}$
$M_1 \supseteq M_2$	M_1 ist Obermenge von M_2	$\{a, b, c\} \supseteq \{b, c\}$
$M_1 \nsupseteq M_2$	M_1 ist nicht Obermenge von M_2	$\{a, y, z\} \nsupseteq \{a, x, y, z\}$
$M_1 \subset M_2$	M_1 ist echte Teilmenge von M_2	$\{x, y\} \subset \{x, y, z\}$
$M_1 \not\subset M_2$	M_1 ist nicht echte Teilmenge von M_2	$\{x, y, z\} \not\subset \{x, z, y\}$
$M_1 \supset M_2$	M_1 ist echte Obermenge von M_2	$\{a, b, c\} \supset \{b\}$
$M_1 \not\supset M_2$	M_1 ist nicht echte Obermenge von M_2	$\{1, 2, 3\} \not\supset \{m, n, 3\}$
$M_1 \cup M_2$	Vereinigungsmenge von M_1 und M_2	$\{1, 2\} \cup \{2, 3\} = \{1, 2, 3\}$
$M_1 \cap M_2$	Schnittmenge von M_1 und M_2	$\{1, 2\} \cap \{2; 3\} = \{2\}$
$M_1 \times M_2$	Verbindungsmenge (Produktmenge) von M_1 und M_2	$\{1, 2\} \times \{3\} = \{(1; 3), (2; 3)\}$
$M_1 \setminus M_2$	Differenzmenge (M_1 ohne M_2)	$\{a, b, c\} \setminus \{c\} = \{a, b\}$
$\mathbb{N}$	Menge der natürlichen Zahlen ohne 0	$\mathbb{N} = \{1, 2, 3, 4 \ldots.\}$
$\mathbb{N}_0$	Menge der natürlichen Zahlen mit 0	$\mathbb{N}_0 = \{0, 1, 2, 3, 4 \ldots.\}$
$\mathbb{B}$	Menge der Brüche	$\mathbb{B}$
T_a	Menge der Teiler von a	$T_a = \{1, 2, 3, 6\}$
V_a	Menge der Vielfachen von a	$V_a = \{5, 10, 15, 20, \ldots\}$
$\{\ \}$ oder $\emptyset$	leere Menge	
$\{x \mid \ldots\ldots\}$	Menge aller x mit der Eigenschaft	$\{x \in \mathbb{N} \mid 1 < x < 2\} = \{\ \}$
G	Grundmenge	
W	Wertmenge	
D	Definitionsbereich	
Z	Zielmenge	
$\mathbb{L}$	Erfüllungsmenge, Lösungsmenge	$\mathbb{L} = \{x \mid 1 < x < 2\}$

Zeichen Schreibweise	Bedeutung	Wahre Aussagen als Beispiele
L(p)	Erfüllungsmenge der Aussageform p	
$A \Delta B$	symmetrische Differenz (A Delta B)	
$A \times B$	Produktmenge (A Kreuz B)	$\{(x, y) \mid x \in A \wedge y \in B\}$
$\bar{A}$	Ergänzungsmenge, Komplement von A	
$\mathfrak{P}(A)$	Potenzmenge von A	
$\lvert A \rvert$	Mächtigkeit von A	
T_k	Menge aller Teiler von k	
V_k	Menge aller Vielfachen von k	
$\{a, b\}$	Menge mit den Elementen a u. b	$\{a, b\} = \{b, a\}$
$\mathbb{Y}$	Menge der irrationalen Zahlen	
$\mathbb{R}$	Menge der reellen Zahlen	
$\mathbb{Z}^+, \mathbb{Z}^-$	Menge der positiven (negativen) ganzen Zahlen	
$\mathbb{Q}^+, \mathbb{Q}^-$	Menge der positiven (negativen) rationalen Zahlen	
$\mathbb{R}^+, \mathbb{R}^-$	Menge der positiven (negativen) reellen Zahlen	
$\mathbb{Z} = \{\ldots, -2, -1, 0, 1, 2, \ldots\}$	Menge der ganzen Zahlen	
$\mathbb{Q} = \{x \mid x = \frac{m}{n}, m \in \mathbb{Z}, n \in \mathbb{N}\}$	Menge der rationalen Zahlen	
$[a; b] = \{x \mid a \leq x \leq b\}$	abgeschlossenes Intervall in $\mathbb{R}$	
$]a; b[= \{x \mid a < x < b\}$	offenes Intervall in $\mathbb{R}$	
$[a; b[;]a; b]$	halboffene Intervalle in $\mathbb{R}$	
$\{P \mid \ldots\ldots\}$	Menge aller Punkte P mit der Eigenschaft	
$P \in g$	Punkt P liegt auf der Geraden g	
$P \notin g$	Punkt P liegt nicht auf der Geraden g	
ggT (a, b)	größter gemeinsamer Teiler von a und b	ggT (10, 15) = 5
kgV (a, b)	kleinstes gemeinsames Vielfaches von a und b	kgV (10, 15) = 30
QS (a)	Quersumme von a	QS (134) = 1+3+4 = 8

für

ARITHMETIK und ALGEBRA

Zeichen Schreibweise	Bedeutung	Wahre Aussagen als Beispiele
a) logische Zeichen		
$=$	„gleich“	$9 = 3 \cdot 3$
$\neq$	„ungleich“	$5^2 \neq 2^5$

Zeichen Schreibweisen	Bedeutung	Wahre Aussagen als Beispiele
$+$	Additionszeichen („plus“)	$6+3=9$
$-$	Subtraktionszeichen („minus“)	$6-3=3$
$\cdot$	Multiplikationszeichen („mal“)	$6\cdot 3=18$
$:$	Divisionszeichen („dividiert durch“)	$6:3=2$
$=$	„gleich“	$9=3^2$
$\neq$	„ungleich“	$5^2 \neq 2^5$
$<$	„kleiner“	$4<5+3$
$>$	„größer“	$8>3+4$
$\leqq$	„kleiner oder gleich“	$3 \leqq 2+1$
$\geqq$	„größer oder gleich“	$5 \geqq 3+2$
$\approx$	„ungefähr gleich“	
$\ldots \Rightarrow \ldots$	„aus . . . folgt . . .“	
$\triangleq$	„entspricht“	
$\wedge$	und	
$\vee$	oder	
$\veebar$	entweder oder	
$\neg$	nicht	
$\Rightarrow$	ergibt	
$\Leftrightarrow$	ist äquivalent (gleichwertig) zu	

b) Aussagen

p, q	Aussagen oder Aussageformen
Max (x, y)	größte der Zahlen x und y
Min (x, y)	kleinste der Zahlen x und y
$a \bigcirc b$	a verknüpft mit b
S_u	Spiegelung an u
D_2	Drehung Nr. 2
D_0	Identische Abbildung
$S_u * D_2$	Verkettung von S_u mit D_2 (S_u verkettet mit D_2)
x^2	x-Quadrat, $= x \cdot x$
2^3	2 hoch 3, $= 2 \cdot 2 \cdot 2$
$x \mid y$	x ist ein Teiler von y
$\alpha, \beta, \gamma, \ldots$	Aussagen
$A_1(x), A_2(x)$	Aussageformen
$T_1(x), T_2(x)$	Terme mit Variablen
$\lvert a \rvert$	Betrag von a
$\sqrt{a}$	Wurzel aus a
$\sqrt[n]{a}$	n-te Wurzel aus a
$\log_a x$	Logarithmus von x zur Basis a
$\lg x$	Logarithmus von x zur Basis 10

c) Gesetze

K	Kommutativgesetz
A	Assoziativgesetz
N	Existenz eines neutralen Elements

Zeichen Schreibweisen	Bedeutung	Wahre Aussagen als Beispiele
I	Existenz zueinander inverser Elemente	
D	Distributivgesetz	
M	Monotoniegesetz	

d) Funktionen

f: x → f (x), x ∈ D	Funktion als besondere Relation	
f*	Umkehrfunktion zu f	
D	Definitionsbereich, Definitionsmenge, Urbildmenge	
W	Wertebereich, Wertemenge, Bildmenge	
f: A → B	Funktion als eindeutige Zuordnung (Abbildung)	
G	Graph einer Funktion	
y = f (x), x ∈ D	Funktionsgleichung	

für GEOMETRIE

Zeichen Schreibweisen	Bedeutung	Wahre Aussagen als Beispiele
(a; b)	geordnetes Paar	(3; 7) ≠ (7; 3)
b| a	b ist Teiler von a	8| 24
b ∤ a	b ist kein Teiler von a	5 ∤ 12
⊥	„senkrecht“	
∥	„parallel“	
∦	„nicht parallel“	
[AB]	Strecke, begrenzt von den Punkten A und B	
[AB	Halbgerade mit Anfangspunkt A	
AB	Gerade durch die Punkte A und B	
$\overline{AB}$	Länge der Strecke [AB]	
$\overrightarrow{AB}$	Pfeil mit Fuß in A, Spitze in B	
g (A; B)	Gerade durch A und B heißt g	
P ∈ g	Punkt P liegt auf der Geraden g	
P ∉ g	Punkt P liegt nicht auf der Geraden g	
∢ ASB	Winkel, durch Linksdrehung von [SA in die Lage [SB erzeugt	
{P| . . . . . .}	Menge aller Punkte P mit der Eigenschaft	
k (M; r cm) {P| MP = r cm}	Kreislinie mit dem Mittelpunkt M und der Radiuslänge r cm	
k_a (M; r cm)	Außenbereich von k (M; r cm)	
k_i (M; r cm)	Innenbereich von k (M; r cm)	

Zeichen Schreibweise	Bedeutung	Wahre Aussagen als Beispiele
A, B, C, . . .	Punkte	
g, h, k, . . .	Geraden	
E	Ebene	
A	Fläche	
u_Q	Umfang von Fläche Q	
V_Q	Volumen des Körpers Q	
O_Q	Oberfläche des Körpers Q	
g (A;B)	Gerade durch die Punkte A und B	
$P \in g$	P Punkt der Gerade g	
$g \cap h = \{S\}$	S Schnittpunkt von g und h	
$E_1 \cap E_2 = g$	g Schnittgerade von E_1 und E_2	
$\overline{AB}$	Strecke mit den Endpunkten A und B	
∢ APB	Winkel, Scheitel bei P	
$\alpha, \beta, \gamma, \ldots$	Winkelbezeichnungen	
⦜	rechter Winkel	
$g \perp h$	g senkrecht auf h	
$g \parallel h$	g parallel zu h	
$\alpha\colon M \xrightarrow{g} M'$	Achsenspiegelung	
$\overrightarrow{AB}, \vec{a}$	Vektoren	
$\tau\colon M \xrightarrow{\vec{v}} M'$	Translation	
$\varrho\colon M \xrightarrow[O]{\varphi} M'$	Rotation	
$M \cong M'$	Kongruenzabbildung	
$\sigma\colon M \xrightarrow[O]{k} M'$	Zentrische Streckung	

Griechisches Alphabet

Α	α	Alpha	Ι	ι	Jota	Ρ	ϱ	Rho
Β	β	Beta	Κ	ϰ	Kappa	Σ	σ	Sigma
Γ	γ	Gamma	Λ	λ	Lambda	Τ	τ	Tau
Δ	δ	Delta	Μ	μ	My	Υ	υ	Ypsilon
Ε	ε	Epsilon	Ν	ν	Ny	Φ	φ	Phi
Ζ	ζ	Zeta	Ξ	ξ	Xi	Χ	χ	Chi
Η	η	Eta	Ο	ο	Omikron	Ψ	ψ	Psi
Θ	ϑ	Theta	Π	π	Pi	Ω	ω	Omega

MENGENLEHRE

1. Kapitel

Das Kennenlernen von Mengen und Mengenbegriffen

Die nachfolgende Mengenlehre aus nostalgischen Gründen aber auch zum besseren Verständnis der Mathematikgrundsätze in dieser Ausgabe wieder aufgenommen.

§ 1 Was versteht man in Mathematik unter einer MENGE?

1. Im Theater sind eine **Menge** Zuschauer.
2. Die Zirkuskasse verkaufte eine **Menge** Eintrittskarten.
3. Am Sportplatz spielt eine **Menge** Kinder Fußball.

Im normalen Sprachgebrauch versteht man unter einer Menge von Dingen immer **viele** Dinge.

> In der Mathematik dagegen versteht man unter einer **Menge** die Zusammenfassung **verschiedener Dinge zu einem Ganzen.** Dabei kann die **Anzahl** der Dinge auch **gering** sein, sie kann sogar **1, viele** oder gar **Null** betragen.

Eine Menge wird dargestellt durch:

a) einen Mengenring

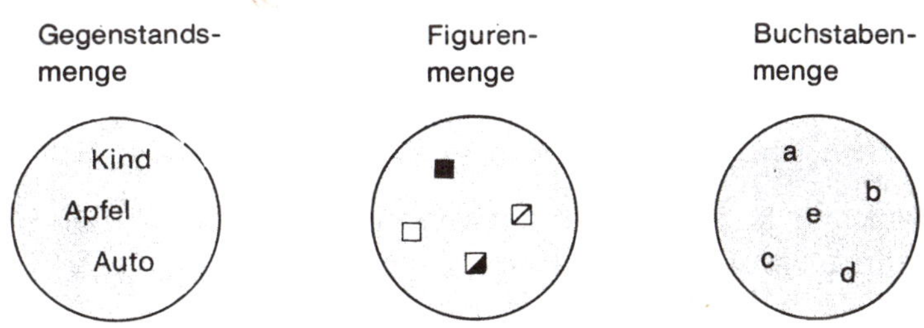

b) durch Mengenklammern {Kind, Apfel, Auto} {□ ■ ◪ ◩} {a, b, c, d, e} {1, 2, 7, 8, 11}

Die Gegenstandsmenge besteht aus 3 Elementen:
Element Kind, Element Apfel, Element Auto.

Die Figurenmenge besteht aus 4 Elementen:
Jede Figur ist ein anderes Zeichen, also ein anderes Element.

Die Buchstabenmenge besteht aus 5 Elementen:
Jeder Buchstabe ist verschieden, also ein anderes Element.

also:
Die Dinge, die zu einer Menge gehören, nennt man die **Elemente** der Menge.

B) **ELEMENT:** Die in einem Mengenring oder in Mengenklammern **zusammengefaßten verschiedenen Dinge** nennt man **Elemente** einer Menge, die Reihenfolge der Aufzählung ist unwichtig.

Beispiel: Was ist die Menge Z der Vokale des Wortes „Baldrianwein“?

Richtig: $Z = \{a, i, e\}$
Falsch: $Z = \{a, i, a, e, i\}$

Die Elemente a und i dürfen **nicht mehr als einmal** vorkommen, da Z sonst **keine** Menge ist, da die Elemente nicht **alle verschieden** sind.

§ 2 Wie schreibt man in der Mathematik Mengen und ihre Elemente?

A) **Mengenfestlegung**

a) Mengen können mit **Wörtern, Zeichen und Buchstaben** geschrieben werden, siehe § 1, a) und § 1, b).

Die **Reihenfolge** ist **unwichtig.**

Beispiel: $\{a, b, c, d, e\} = \{b, a, d, e, c\}$

Die **Elemente** sind durch **Komma** voneinander zu **trennen.**

b) Eine Menge hat **lauter verschiedene Elemente.**

Menge $\{a, c, l, m, n\}$

Die Menge $\{a, b, a, c, l\}$ ist dasselbe wie die Menge $\{a, b, c, l\}$, weil man jedes Element nur einmal schreibt.

c) **Gemeinsame Eigenschaft** der Elemente ist dann vorhanden, wenn **alle Elemente** einer Menge **ein gleiches Schicksal** haben.

Beispiel: In der Klasse 5e tragen nur Ralf, Roy, Maria und Thea eine Brille ≡ die **gemeinsame Eigenschaft ist Brillenträger.**

1. die Menge X = {Ralf, Roy, Maria, Thea}

2. oder die Menge X =

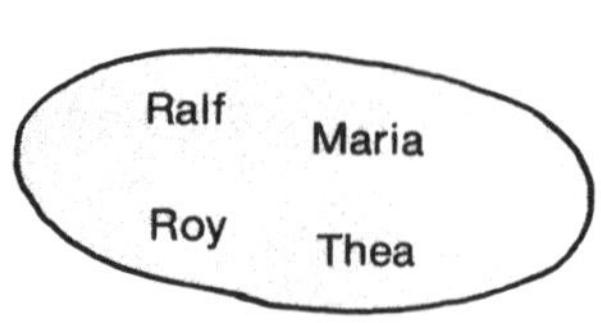

3. oder die Menge X = {alle Brillenträger der Klasse 5e}

Beispiel: Die Wörter Winter, Frühling, Herbst, Sommer haben alle ein gemeinsames Schicksal, sie sind alle Jahreszeiten.

1. aufzählend: die Menge Y = {Frühling, Sommer, Herbst, Winter}

2. bildlich: die Menge Y =

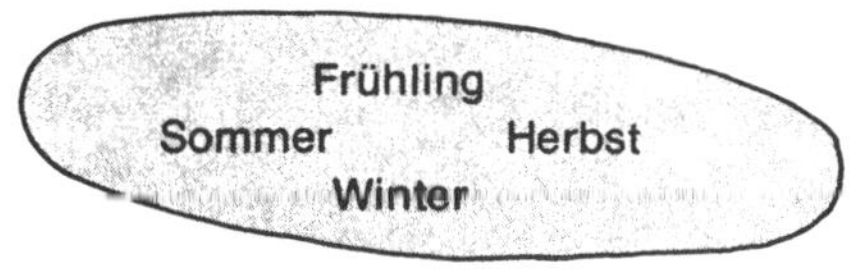

3. beschreibend: die Menge Y = {alle Jahreszeiten}

also:
Man kann eine **Menge** auf **3 Arten** darstellen (siehe § 2 A, c) 1., 2., 3.).

B) **Zeichen „$\in$" und „$\notin$" und „$\neq$"**

a) Um auszudrücken, daß **ein Ding Element einer Menge ist,** benutzen wir in der Mathematik das **Elementzeichen „$\in$".**

also:

Für **x ist Element von A** = {x, y} kann man schreiben: **$x \in A$.**
Das wird gelesen: **x ist Element von der Menge A.**

Achtung: Das **Element** steht **immer links** von $\in$.
Die **Menge** steht **immer rechts** von $\in$.

b) Um auszudrücken, daß **ein Ding nicht Element von einer Menge ist,** benutzen wir das Zeichen $\notin$.

also:

Für **x ist nicht Element** von A = {a, b, c } kann man schreiben: **x** $\notin$ A.
Das wird gelesen: **x ist nicht Element von der Menge A.**

Beispiel: A = {b, a, c}; B = {y, x, z}; C = {m, a}

1. $b \in A$; $b \notin B$; $b \notin C$
2. $a \in A$; $a \notin B$; $a \in C$
3. $m \notin A$; $m \notin B$; $m \in C$

c) Um auszudrücken, daß **ein Ding nicht gleich einem anderen Ding ist,** benutzt man das Zeichen $\neq$.

Für x ist nicht y, schreibt man $x \neq y$.

Beispiel: $a \neq b$; $x \neq y$; □ $\neq$ ⧄; ■ $\neq$ ◫
Man liest es **a ist nicht gleich b, x ist nicht y** usw.

C) MENGENARTEN

Jede Menge kann eine Vielzahl verschiedener Elemente oder auch nur ein Element oder sogar kein Element besitzen.

a) Die **einelementige Menge:**

> Eine Menge mit **nur einem Element** bezeichnen wir als **einelementige Menge.**

Beispiel: A = {□}; B = {a}; C = {y}; D = {Buch}
A, B, C, D sind einelementige Mengen.

b) Die **leere Menge:**

Eine Menge kann auch **kein** Element besitzen.

> Eine Menge ohne **Elemente** bezeichnen wir als **leere Menge.** Hierfür verwendet man das Zeichen { } oder Ø.

Beispiel: A = {alle Großstädte unter Wasser}

richtig: München $\notin$ A; es ist zwar Großstadt, liegt aber nicht unter Wasser

falsch: München $\in$ A; Begründung wie vor

also:
Ein Element von A muß Großstadt sein und muß unter Wasser liegen.

Da keine der Städte diese beiden Forderungen erfüllt, gibt es kein Element für die Menge A.

Also **bleibt** die **Menge A** eine **leere Menge.**

A = { }; und München $\notin$ A

Beispiel:

X = { }	X = { }	ist leere Menge
Y = {alle Schultage, die auf einen Sonntag fallen}	Y = { }	ist leere Menge, kein Schultag fällt auf den Sonntag.
Z = {alle Monde, die die Erde umkreisen}	Z = {Mond}	einelementige Menge, ein Mond umkreist die Erde.
M = {alle hundertjährigen Kinder}	M = { }	ist leere Menge, kein Kind ist 100 Jahre.

c) Die **Gleichheit zweier Mengen:**

Mengen können gleich und verschieden sein.

> **Zwei Mengen** heißen **gleich,** wenn sie aus den **gleichen Elementen bestehen.**

Beispiel: A = {a, □, x}; B = {□, x, a}; C = {⧄, x, a}
Menge A = Menge B; A = B; B = A
Menge A ist nicht gleich Menge C; A ≠ C; C ≠ A
B ≠ C; C ≠ B

Beispiel: {alle gebildeten Lehrer} ≠ { } kann keine leere Menge sein, da die Lehrer gebildet sind.

{alle sprechenden Hunde} = { } ist leere Menge, da kein Hund sprechen kann

□, a, b = {a, □, b} Beide Mengen enthalten genau dieselben Elemente

⧄, x, y ≠ {□, x, y} Beide Mengen enthalten **nicht** genau dieselben Elemente

Merke: Mengen können gleich und ungleich sein.
Elemente können gleich und ungleich sein.
Elemente sind die Dinge, die zu einer Menge gehören.

also:

> Das Zeichen „ = ", **das Gleichheitszeichen, kann nur zwischen zwei Mengen** oder **zwischen zwei Elementen niemals zwischen Element** und **Menge** stehen.

d) **Wahre** und **falsche Aussage:**

1. **wahre Aussagen**

Beispiel:

a ∈ {a, b} a ∉ {□, z, b}
A = {□, y, z} □ ∈ A
C = {m, x, o} A ≠ C

2. **falsche Aussagen**

Beispiel:

{a, b} = {a, c} a ≠ a
a ∈ {b, c} a ∉ {a, b}

> Zu einer **richtigen Aussage** sagen wir **wahre Aussage,** zu einer **nicht richtigen Aussage** sagen wir **falsche Aussage.**

§ 3 Mengen-Vergleiche

A) Mächtigkeit und Gleichheit

Jede Menge besteht aus Elementen. Zwei oder mehrere Mengen können

1. **gleich viele aber nicht gleiche Elemente** haben
2. **gleich viele und gleiche Elemente** haben.
3. **Verschiedene viele Elemente** haben

a) Die **Zuordnung einzelner Elemente** einer Menge zu den Elementen einer anderen Menge **geschieht durch Doppelpfeile.**

Beispiel:

1. Möglichkeit

Menge A Menge B

A = 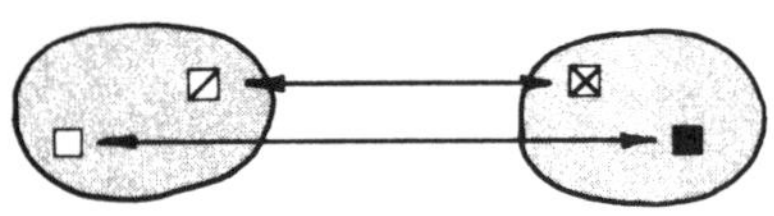 = B

2. Möglichkeit

Menge A Menge B

A = 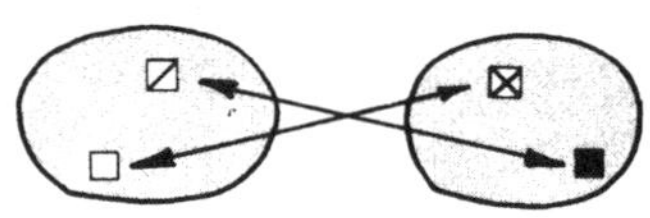 = B

A = {⧄, □} A = {⧄, □} A = {⧄, □}

B = {⊠, ■} B = {⊠, ■} B = {⊠, ■}

A und B sind **gleichmächtig,** da sie **gleich viele Elemente besitzen.**

A und B sind **nicht gleich,** da sie **nicht gleiche Elemente besitzen.**

Beispiel:

1. Möglichkeit

M = 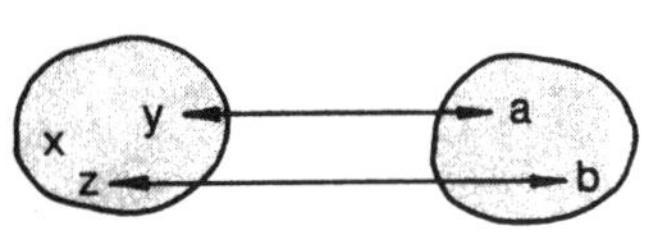 = N

2. Möglichkeit

M = 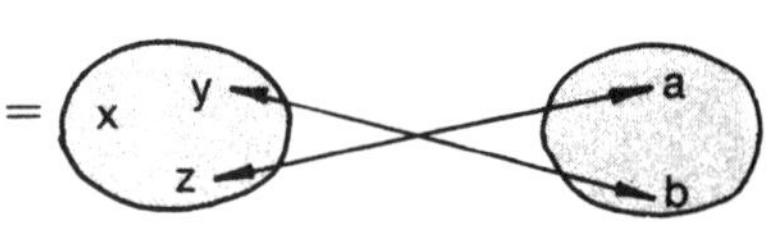 = N

M = {x, y, z} M {x, y, z} M = {x, y, z}

N = { a, b} N { a, b} N = { a, b}

M und N sind **nicht gleichmächtig,** da sie **nicht über gleichviele Elemente** verfügen.

M und N sind auch **nicht gleich, da** sie **nicht** über **gleichviele und gleiche Elemente** verfügen.

Beispiel:

1. Möglichkeit | 2. Möglichkeit

E = 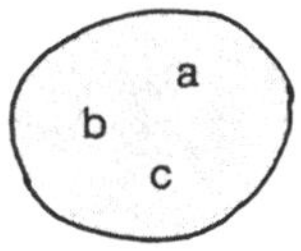

F = 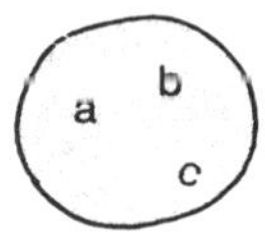

1. Möglichkeit:

E = {a, b, c}
↕ ↕ ↕
F = {b, a, c}

2. Möglichkeit:

E = {a, b, c}
F = {b, a, c}

usw.

E = F

E und F sind **gleichmächtig und gleich,** da in **jeder Menge gleichviele Elemente** und die **gleichen Elemente** enthalten sind.

also:

> Wenn **alle Elemente** der einen Menge, durch Doppelpfeile **allen Elementen** der anderen Menge **zugeordnet** werden können, so haben beide Mengen die **gleiche Mächtigkeit,** sie sind **gleichmächtig.**

> Wenn **gleichmächtige** Mengen auch genau die **gleichen Elemente** besitzen, sind diese Mengen **gleich.**

> Wenn zwei Mengen **nicht gleichmächtig** sind, so besitzt die **Menge** die **höhere Mächtigkeit,** bei der **nach der Zuordnung ein** oder **mehrere Elemente übrigbleiben.**

Wenn **eine Menge** die **höhere Mächtigkeit** aufweist, verfügt die **andere Menge** über **geringere Mächtigkeit.**

B) **Die Elementenzahl einer Menge**

Um die Anzahl der Elemente einer Menge anzugeben, führt man ein besonderes Zeichen ein.

also:

> Ist A **eine** Menge, so ist **z** (A) die **Anzahl der Elemente von A,** oder die **Elementenzahl** von A,
> es wird gelesen: **z von A.**

Beispiel: $A = \{m, n, x, y, z\}$
somit ist $z(A) = 5$

$A = \{1, 2, 2, 4\} \Rightarrow z(A) = 3$
$B = \{a, a, x, y, b\} \Rightarrow z(B) = 4$

jedes Element wird nur 1mal gezählt

$P = \{a, b, c\}$
$\Rightarrow z(P) \neq z(R)$ da $z(P) = 3$ und $z(R) = 2$
$R = \{\square, \boxtimes\}$

$M = \{x, y, z\}$
$\Rightarrow z(M) = z(L) \Rightarrow z = 3$
$L = \{\square, \bigcirc, \triangle\}$

§ 4 Teilmengen und Obermengen

A) **Teilmengen und echte Teilmengen**

Bei mehreren verschiedenen Elementen in einer Menge kann ein Teil dieser Elemente zu einer Teilmenge zusammengefaßt werden.

Beispiel:

Die Menge A = {Hans, Ralf, Roy, Klaus, Inge, Maria} = {alle Kinder einer Familie}

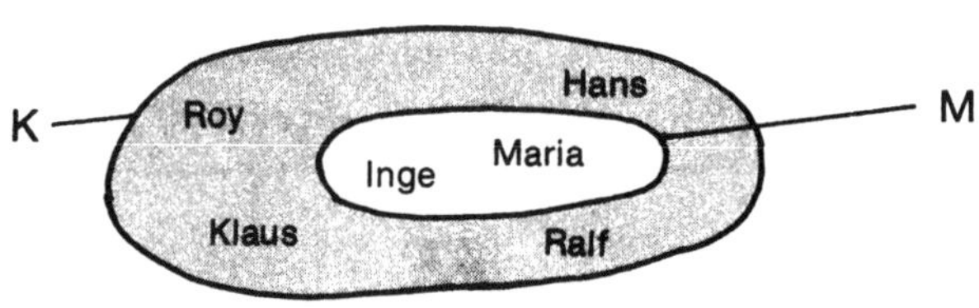

M = {Inge, Maria} = {alle Mädchen der Familie}

K = {Hans, Ralf, Roy, Klaus, Inge, Maria} = {alle Mädchen und Buben der Familie}

also:

M ist eine echte Teilmenge von K

Man schreibt dies

$M \subset K$

M ist deshalb echte Teilmenge von K, weil

1. jedes Element von M zugleich Element von K ist, und
2. die Mächtigkeit von M geringer als die von K ist.

also:

Eine **Menge M** ist **Teilmenge** der Menge **K, wenn jedes Element** von **M auch Element** von **K** ist.

Kurzschreibweise: M ⊆ K

Gelesen: **M** ist Teilmenge von **K**

Damit ist
jede Menge M Teilmenge von sich selbst: M ⊆ M

Eine Menge **M** ist sogar **echte** Teilmenge der Menge **K,** wenn **jedes Element von M auch Element von K** ist und wenn die **Mächtigkeit von M geringer** als die **Mächtigkeit von K** ist.

Eine Menge **M** ist **nicht Teilmenge** von **K,** wenn **mindestens ein Element** von **M nicht Element von K** ist

Beispiel 1:

A = {□, ⊠, ◪, ◫, ■}; B = {□, ◫}; C = {⊠, ■}

B ⊂ A; und C ⊂ A

Bildlich dargestellt ergibt dies

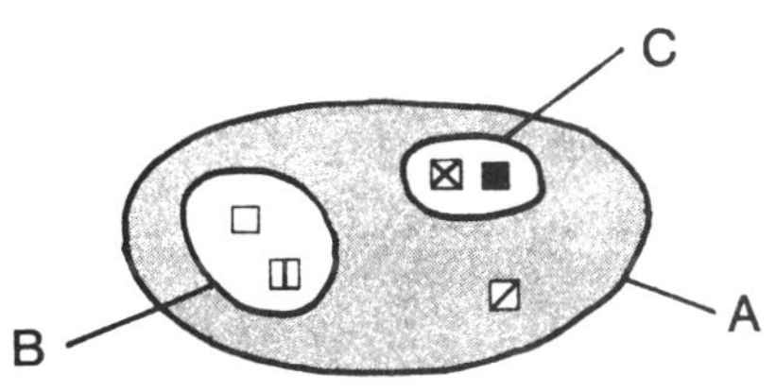

B und C sind echte Teilmengen von A

Beispiel 2:

A = {a, c, b}
B = {a, b}
C = {c}

D = {c, b, d}
E = {a, b, c}
F = {x, y, z, m}

also:

B ist echte Teilmenge von A; B ⊂ A
C ist echte Teilmenge von A; C ⊂ A

Weiter ergibt sich:

D ist **keine Teilmenge** von **A;** weil d ∉ A;
man schreibt **D ⊄ A**

E ist **keine echte Teilmenge** von **A,** weil **E** genauso mächtig ist wie A; z (E) = z (A)
und weil A = E;
man schreibt **E** $\not\subset$ **A**

E ist aber **Teilmenge** von **A;**
weil a $\in$ A; b $\in$ A; c $\in$ A;
man schreibt **E** $\subseteq$ **A**

F ist **keine Teilmenge** von **A;**
weil F **mächtiger** ist als A; z (F) > z (A);
weil x $\notin$ A; y $\notin$ A; z $\notin$ A; m $\notin$ A;
man schreibt **F** $\not\subseteq$ **A**

Somit ergeben sich folgende Zeichen:

$\subset$ gilt für: ist **echte Teilmenge**
$\not\subset$ gilt für: ist **keine echte Teilmenge**
$\subseteq$ gilt für: ist Teilmenge
$\not\subseteq$ gilt für: ist keine Teilmenge

Rechts von diesen Zeichen **steht immer** eine **Menge.**

Links von diesen Zeichen **steht immer** eine **echte Teilmenge oder Teilmenge.**

B) **Die leere Menge als Teilmenge**

Eine **leere Menge** ist immer **echte Teilmenge** jeder Menge, jedoch **nicht Element** einer Menge.

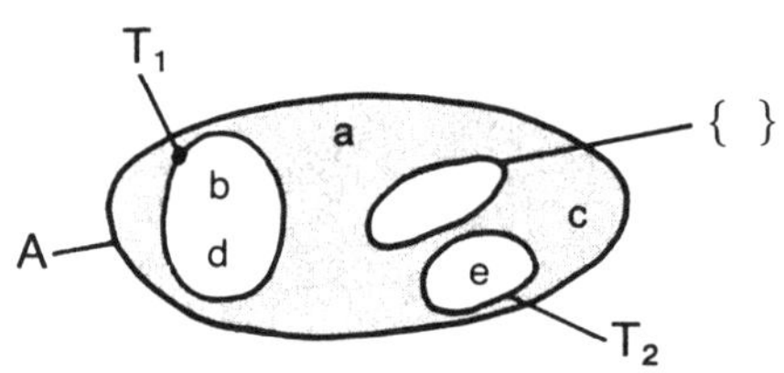

{ } $\subset$ A; {b, d} $\subset$ A; {a, c} $\subset$ A; usw.

Jede Menge mit wenigstens einem Element hat die leere Menge als eine echte Teilmenge.

also:

Die **leere Menge** { } ist **echte Teilmenge jeder Menge mit wenigstens einem Element;** aber **nicht** einer **anderen leeren Menge.** Also: { } $\subset$ M

Die leere Menge { } ist **aber Teilmenge** (nicht echte Teilmenge) **jeder** anderen Menge. Also: { } $\subseteq$ M, auch { } $\subseteq$ { }

Aus obenstehendem Mengenbild sieht man, daß durch Kombination der einzelnen einelementigen Teilmengen eine Reihe von Teilmengen entstehen können, außerdem ist die leere Menge eine echte Teilmenge.

Beispiel:

Was sind alle echten Teilmengen von A = {a, b, c}?

Es gibt folgende echte Teilmengen von A: { }, {a}, {b}, {c}, {a, b}, {a, c}, {b, c}

Achtung:

Verwechsle nicht eine einelementige Teilmenge mit einem Element der Menge.

C) **Die Obermenge und die echte Obermenge**

Wenn eine Menge A Teilmenge der Menge B ist, dann sagt man auch:
Die Menge B ist Obermenge der Menge A (in Zeichen: $B \supseteq A$).
Also: $A \subseteq B$ ist gleichbedeutend mit $B \supseteq A$).

Wenn A eine echte Teilmenge von B ist, dann sagt man auch:
B ist echte Obermenge von A (in Zeichen: $B \supset A$).
Also: $A \subset B$ ist gleichbedeutend mit $B \supset A$).

Beispiel: A = {a, b, x, y} B = {a, b, c, x, y, z}
$A \subset B$ oder $B \supset A$

Beispiel: C = {a, b, x} D = {x, a, b}
$C \subseteq D$ oder $D \supseteq C$ oder $D = C$

D) **Grundmenge, Komplementmenge, Restmenge**

Die im Augenblick vermeintliche Schwierigkeit über Mengen läßt sich bildlich sehr einfach darstellen.

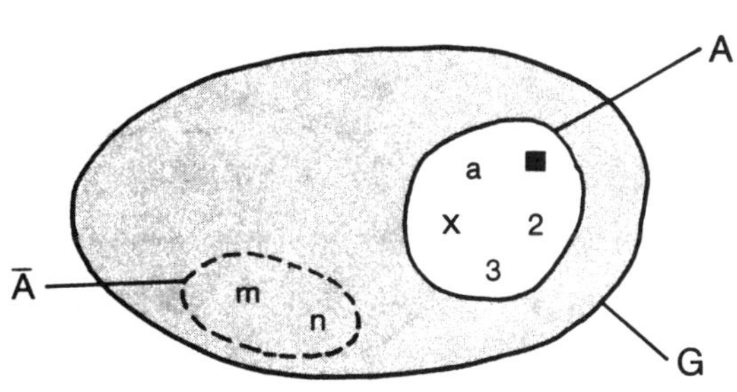

G = {■, a, 3, 2, x, m, n}

A = {■, a, 3, 2, x}

Wir haben eine Grundmenge G, diese kann über eine oder mehrere Teilmengen verfügen.

Hier verfügt sie über eine Teilmenge A; → siehe § 4 A.

also:

Die **Grundmenge** ist die **Ausgangsmenge,** die vorgegeben ist.

Die **Komplementmenge** von **A bezüglich G** ist hier die gepunktet eingekreiste **Menge $\bar{A}$** (gelesen: $\bar{A}$ quer).

also:

> Wenn die **Menge A Teilmenge der Grundmenge G** ist, dann ist die **Menge $\bar{A}$** (gelesen: $\bar{A}$ quer), **bestehend aus** den **Elementen in G**, die **nicht zu A** gehören, die **Komplementmenge $\bar{A}$ von A bezüglich G.**
>
> Geschrieben: $A \subseteq G; \bar{A} = G \setminus A$
>
> Gelesen: **A** ist **Teilmenge** von **G; $\bar{A}$** ist gleich G **ohne A**

$A \subset G; \Rightarrow \{■, a, 3, 2, x\} \subset \{■, a, 3, 2, x, m, n\}$
$\bar{A} = G \setminus A = \{m, n\}$

Beispiel: Die **Komplementmenge** kann **auch** eine **leere Menge** sein.

Grundmenge $G = \{a, b, c\}$
$A = \{b, a, c\}$

Hier ist also $A \subseteq G; A = G$
$\bar{A} = G \setminus A$
$\bar{A} = \{a, b, c\} \setminus \{b, a, c\}$
$\bar{A} = \{\ \}$

Somit erkennen wir: Eine **Komplementmenge ergibt sich immer dadurch, daß man aus** einer **Grundmenge** eine **Teilmenge** herausnimmt.

Die **Restmenge** hingegen läßt sich aus zwei beliebigen Mengen bilden.

> Die **Restmenge** der Menge **A bezüglich** der Menge **B ist** die Menge aller Elemente von A, die nicht zu **B** gehören.
>
> Geschrieben: $A \setminus B$; gelesen A ohne B
>
> Achtung: $A \setminus B \neq B \setminus A$

Beispiel: $A = \{a, b, □, ■, ○, △\}$
$B = \{c, □, ■, ○, △\}$

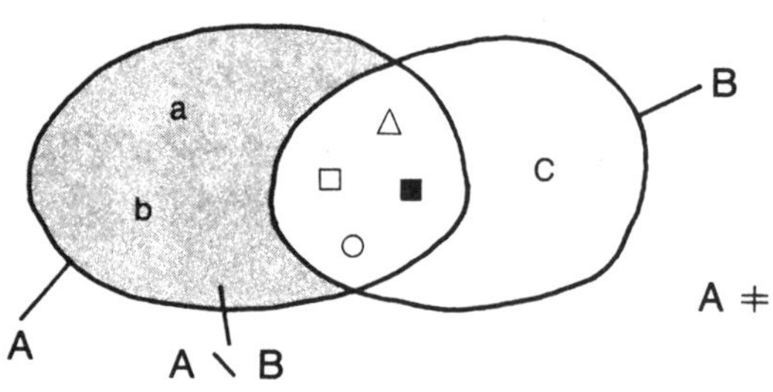

$A \neq B$

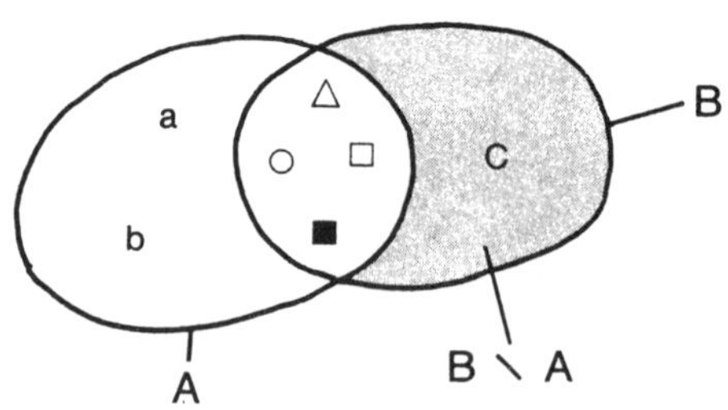

Restmenge = ?
$A \setminus B = ?$
$A \setminus B = \{a, b\}$

Restmenge = ?
$B \setminus A = ?$
$B \setminus A = \{C\}$

E) **Wiederholung**

Diese Zeichen $\in$, $\notin$, $\subset$, $\not\subset$, $\subseteq$, $\not\subseteq$, $=$, $\neq$, z, $\supset$, $\not\supset$, $\supseteq$, $\not\supseteq$, haben wir kennengelernt.

Setzen wir richtige Zeichen ein.

Beispiel:

1. {alle Vokale von „Baum"} . . . . . {alle Buchstaben von „Baum"}
2. Katze . . . . . {alle Haustiere}
3. {Fahrrad für einen Vogel} . . . . . { }
4. Schäferhund . . . . {alle Vögel des Waldes}
5. {Hund Hasso, Katze Muschi} . . . . . {alle Katzen}
6. A = {1 Hund, 1 Gans, 1 Schwein} $\rightarrow$ z (A) = . . .
7. A = {a, x, m, z} . . . . . {x, z, m, a} = B
8. {x, y, z, m} = A   {x, y, z} = B
9. {a} . . . . . {a, b, c}
10. a . . . . . {a, b, c}

Lösung:

zu 1. richtig $\subset$;	a und u ist echte Teilmenge von {B, a, u, m}
zu 2. richtig $\in$;	Katze ist ein Element der Menge {alle Haustiere}
zu 3. richtig $=$;	„Fahrrad für einen Vogel" ist eine leere Menge
zu 4. richtig $\notin$;	Schäferhund ist kein Element der Menge {alle Vögel des Waldes}
zu 5. richtig $\not\subset$; $\not\subseteq$	die linke Menge kann keine (echte) Teilmenge der rechten sein, da ein Hund keine Katze ist.
zu 6. richtig 3;	z (A) = 3, da 3 Elemente in der Menge A sind
zu 7. richtig $\not\subset$;	$A \not\subset B$ A = keine echte Teilmenge von B, da A gleichmächtig und gleich B ist
$\subseteq$	$A \subseteq B$ A ist Teilmenge von B, da A = B
zu 8. richtig $A \supseteq B$; $A \supset B$	A ist Obermenge von B weil z(A) > z (B) und $A \supseteq B$.
zu 9.,	$\{a\} \subset \{a, b, c\}$
zu 10.,	$a \in \{a, b, c\}$

§ 5 Schnittmengen (Durchschnittsmengen)

A) **Schnittmenge mit Elementen.**

Man kann aus **Elementen,** die **zugleich zur Menge A und B** gehören, eine **weitere Menge S** bilden.

Diese Menge ist die **Schnittmenge S.**

A = {a, b, c, d}
B = {b, d, x, y, z}

S = A ∩ B = {b, d}

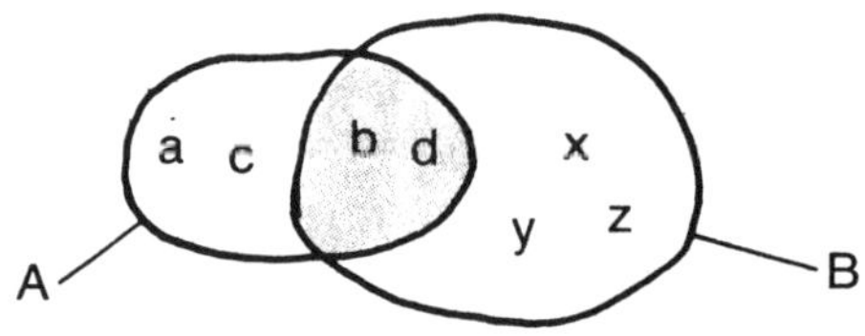

M = {a, b, e, d}
N = {d, e, c}

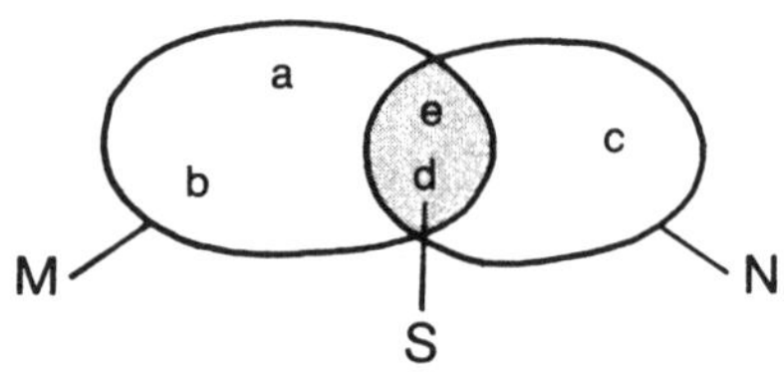

S = M ∩ N
S = {e, d}

x = {□, ■, ◪}
y = {⧅, ■, ⊠, ◪}

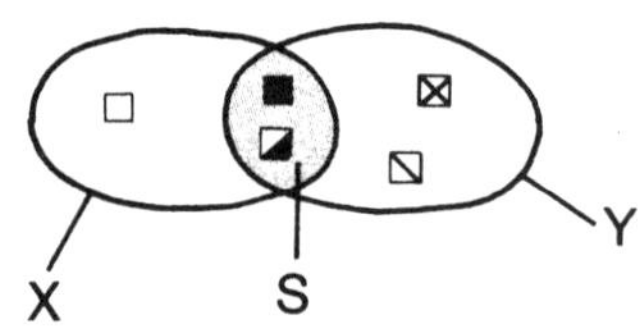

S = X ∩ Y
S = {◪, ■}

also:

> Unter der **Schnittmenge** S von zwei Mengen A und B versteht man **die Menge der Elemente,** die zu **A und zugleich zu B** gehören.
>
> Man schreibt: **S = A ∩ B**
>
> Man liest: **S gleich A geschnitten mit B**

a) Das Zeichen ∩ für Schnittmenge ist oben so abgerundet wie ein **S** → ∩; S = A ∩ B.

b) Bildlich wird die Schnittmenge durch zwei sich überschneidende Mengenringe dargestellt.

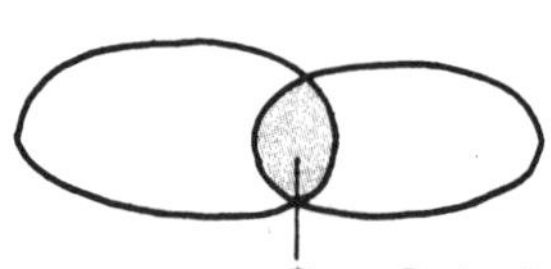

S = Schnittmenge

In der gerasterten Fläche liegen die Elemente der Schnittmenge.

Beispiel: $A = \{x, y\}$
$B = \{u, y, z\}$

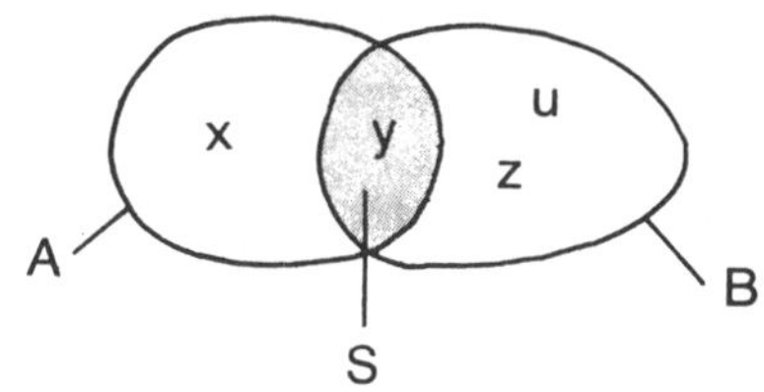

$x \in A, \quad x \notin B$
$y \in A; \quad y \in B \rightarrow$ folglich $y \subset S$
$z \notin A; \quad z \in B$

$S = \{y\}$
$S = A \cap B$
$S = \{x, y\} \cap \{u, y, z\}$

Zusatz: Ist $B \subset A$, dann gilt $A \cap B = B$.

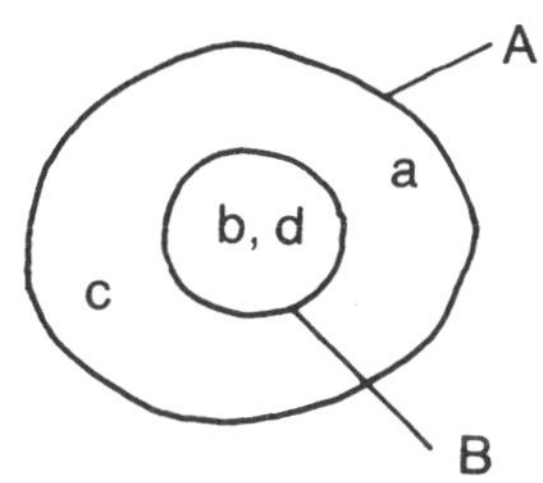

Beispiel:

$A = \{a, b, c, d\}$
$B = \{b, d\}$
$A \cap B = \{b, d\} = B$

B) **Schnittmenge ohne Element**

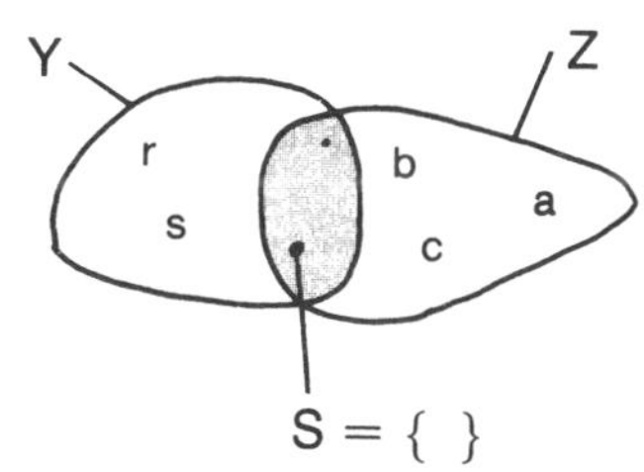

Beispiel: $Y = \{r, s\}$
$Z = \{b, a, c\}$

$r \in y; \quad r \notin z$
$s \in y; \quad s \notin z$
$b \in z; \quad b \notin y$
$a \in z; \quad a \notin y$
$c \in z; \quad c \notin y$

oder:

Weder die Menge Y hat ein Element von der Menge Z,
noch die Menge Z hat ein Element von der Menge Y,
somit ist die Schnittmenge S ohne Element.

$S = \{\ \}; \quad S =$ leere Menge
$S = Y \cap Z$
$S = \{r, s\} \cap \{b, a, c\}$

also:

> Wenn es **kein Element** gibt, welches **sowohl in** der **Menge Y als auch in** der **Menge Z vorhanden ist,** dann ist die vorhandene **Schnittmenge gleich** der **leeren Menge.**

$A = \{\ \}$
$B = \{a, b\}$
$S = A \cap B$
$S = \{\ \} \cap \{a, b\}$
$S = \{\ \}$

Merke: Eine **leere Menge geschnitten mit** einer **echten Menge** ergibt **immer** die **leere Menge als Schnittmenge S.**

Beispiel: M = {alle Vokale von „meistens"}
N = {alle Konsonanten von „meistens"}

M = {e, i}
N = {m, s, t, n}
S = { }; S = M ∩ N; S = {e, i} ∩ {m, s, t, n}

C) **Beschriebene Mengen (mit Eigenschaften)**

Statt mit Symbolen, Zahlen oder bildlich kann man Mengen auch beschreiben.

Beispiel: S = {alle Katzen} ∩ {alle Mäuse}
S = { }; da es **kein Element** der **einen Menge bei der anderen** gibt und umgekehrt.

Beispiel: S = {alle Schafe} ∩ {alle Schafböcke}
S = {alle Schafböcke}; da **Schafböcke bei beiden Mengen** als Element vorkommen.

also:

> Eine **Schnittmenge** enthält immer **nur Elemente, die beiden Mengen zugleich** zugehören.

Beispiel: {alle Mäuse, die Katzen fressen} ∩ {alle Katzen}
S = { }; da es **keine katzenfressende Mäuse** gibt und damit **eine Menge kein Element** hat, wodurch **kein Element für die Schnittmenge** vorhanden ist.

Beispiel: {alle Hasen} ∩ {alle Hasen}
S = {alle Hasen}; weil die **Menge mit sich selbst geschnitten** wird, ist die **Schnittmenge gleich der Menge selbst.**

Beispiel: {alle parkenden Autos} ∩ {alle Opel}
S = {alle parkenden Opel}
Alle Opel sind **Autos,** in der **Schnittmenge** können jedoch **nur parkende Opel** sein.

Beispiel: {alle beladenen Schiffe} ∩ {alle fahrenden Schiffe}
S = {alle beladenen, fahrenden Schiffe}

also:

> Falls **verschiedene Eigenschaften der Elemente beider Mengen** vorhanden sind, müssen **die Elemente der Schnittmenge** auch **die gemeinsamen Eigenschaften** der Elemente **beider Mengen** besitzen.

D) **Menge mit sich selbst geschnitten**

Beispiel:

A = {a, b, c}; A = B; C = {□ ■ ◪} C = D
B = {a, b, c}; B = A; D = {□ ■ ◪} D = C

{a, b, c} ∩ {a, b, c} = {a, b, c}
{□, ■, ◪} ∩ {□, ■, ◪} = {□, ■, ◪}

A = A
A ∩ A = A
C ∩ C = C

also:

> **Die Menge A mit sich selbst geschnitten ergibt wieder die Menge A**

Beispiel: Die leere Menge mit sich selbst geschnitten ergibt die leere Menge

{ } ∩ { } = { }

E) **Das Vertauschungsgesetz**
(beim Schneiden von Mengen)

Beispiel:

S = A ∩ B
A = {x, a, s}
B = {s, y, a}

ergibt S = {a, s}

P = B ∩ A
B = {s, y, a}
A = {x, a, s}

ergibt P = {s, a}

S = P
P = S

Somit A ∩ B = B ∩ A

also:

> Es gilt immer: A ∩ B = B ∩ A. Dieses Gesetz heißt Vertauschungsgesetz (Kommutativgesetz)

Beispiel:

Anton und Barbara haben Nachhilfeunterricht.
Anton hat am Dienstag, Mittwoch, Freitag
Barbara hat am Montag, Dienstag, Freitag Nachhilfeunterricht.

Frage:
a) Wann haben sie gemeinsam Unterricht?
b) Wieviel Tage sind das?

Antwort: A = {Di, Mi, Fr}
B = {Mo, Di, Fr}
S = A ∩ B = B ∩ A

S = {Di, Mi, Fr} ∩ {Mo, Di, Fr}

Di Fr

Antwort: a) S = {Di, Fr}

Antwort: b) z (S) = 2 Tage

§ 6 Vereinigungsmengen

A) Vereinigung von Symbolmengen

Die **Vereinigungsmenge** ergibt sich aus der **Vereinigung zweier Mengen.**

V = die Vereinigungsmenge
∪ = das Zeichen für Vereinigung

∪ ist oben offen wie **V** Vereinigung

Beispiel:

Wollen wir A = {□, ⧄, ⊠}
B = {■, □, ◫, ⧄}

zur Vereinigungsmenge V vereinigen, schreiben wir

V = A ∪ B
V = {□, ⧄, ⊠} ∪ {■, □, ◫, ⧄}

V = {□ ⧄ ⊠ ■ ◫}

also:

> Unter **Vereinigungsmenge** V zweier Mengen A und B versteht man die **Menge der Elemente,** die **zu A oder auch zu B** gehören.
>
> Wir schreiben: **V = A ∪ B**
>
> Wir lesen: **V gleich A vereinigt mit B**

In der **Vereinigungsmenge** darf **kein Element zweimal** vorhanden sein.

Wir **bilden** die **Vereinigungsmenge**, indem wir die **links von** $\cup$ **stehende Menge voll aufschreiben** und die **noch fehlenden Elemente** der **rechten Menge** hinzuschreiben.

Beispiel:

$M = \{a, x, y, b\}$
$N = \{z, m, b, a\}$
$V = M \cup B$
$V = \{a, x, y, b\} \cup \{z, m, b, a\}$
$V = \{a, x, y, b, z, m\}$

Die Reihenfolge der Elemente spielt keine Rolle.

B) **Vereinigung von beschriebenen Mengen**

Auch beschriebene Mengen können vereinigt werden.

Beispiel: {alle Mädchen der Klasse 6a} $\cup$ {alle Buben der Klasse 6a}
V = {alle Schüler der Klasse 6a}
oder V = {alle Mädchen und Buben der Klasse 6a}

Beispiel: {alle Schafe einer Herde} $\cup$ {alle Schafböcke einer Herde}
V = {alle Schafe einer Herde}
da bei der Herde die Schafböcke schon vorhanden sind.

Beispiel: {alle Hunde} $\cup$ {schwarze Pudel}
V = {alle Hunde}
da Pudel bei der linken Menge schon vorhanden sind.

C) **Vereinigung der leeren und einer anderen Menge**

$A = \{\ \}$; $B = \{x, y, z\}$
$V = A \cup B$; $V = \{\ \} \cup \{x, y, z\}$
$V = \{x, y, z\}$

Merke: Die **leere Menge vereinigt** mit einer **anderen Menge** ergibt als **Vereinigungsmenge V immer die andere Menge.**

Beispiel:

$A = \{\ \}$; $B = \{a\}$
$V = A \cup B$
$V = \{\ \} \cup \{a\}$
$V = \{a\}$

Merke: Eine **Vereinigungsmenge kann** auch **einelementig** sein.

Beispiel: $A = \{\ \}$; $B = \{\ \}$

$V = A \cup B$

$V = \{\ \} \cup \{\ \}$

$V = \{\ \}$

Merke: **Zwei leere Mengen vereint** ergeben als **Vereinigungsmenge V** eine **leere** Menge.

Eine **Vereinigungsmenge kann** also auch **leere Menge** sein.

D) **Vereinigung von gleichen Mengen**

Beispiel:

$A = \{x, y, z\}$

$B = \{y, z, x\}$

$A = B$

$B = A$

$V = A \cup B$

$V = \{x, y, z\} \cup \{y, z, x\}$

$V = \{x, y, z\} = A = B$

also:

Die **Vereinigung zweier gleicher Mengen** A und B **ergibt als Vereinigungsmenge V** wieder die Menge A (oder die Menge B).

Wenn $A = B$, dann ist $V = A \cup B = A = B$

Somit ist auch **die Vereinigungsmenge einer Menge A mit sich selbst** wieder die **Menge A.**

$A \cup A = A$

Zusatz: Wenn $B \subset A$, dann gilt: $V = A \cup B = A$.

Beispiel:

A ∪ B

{alle Hunde} ∪ {alle weißen Hunde}

V = {alle Hunde} V = A

X ∪ Y

{alle Haustiere} ∪ {alle Hauskatzen}

V = {alle Haustiere} V = X

M ∪ N

{alle fahrenden VW} ∪ {alle parkenden Autos}

V = {alle fahrenden VW, alle parkenden Autos}

V = M und N

Die Vereinigungsmenge kann ebenfalls bildlich dargestellt werden.

Beispiel: $A = \{a, b\}$ $B = \{a, d, c\}$

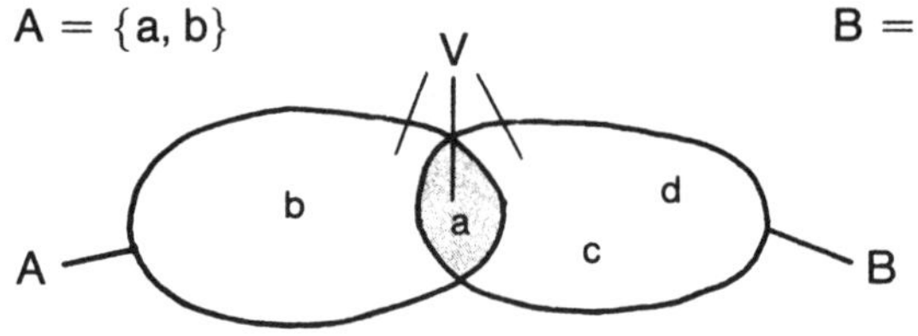

$V = A \cup B$

$V = \{a, b, d, c\}$

Beispiel: A = {■, ◫, ⧄} B = □, ⧄, ◫, ⊠}

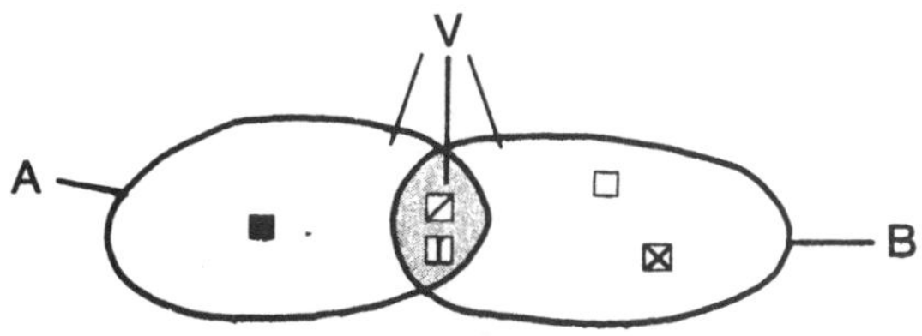

V = A ∪ B
V = {■, ◫, ⧄, □, ⊠}

Beispiel: A = {a, b, c, d, e, f} B = {x, y, z}

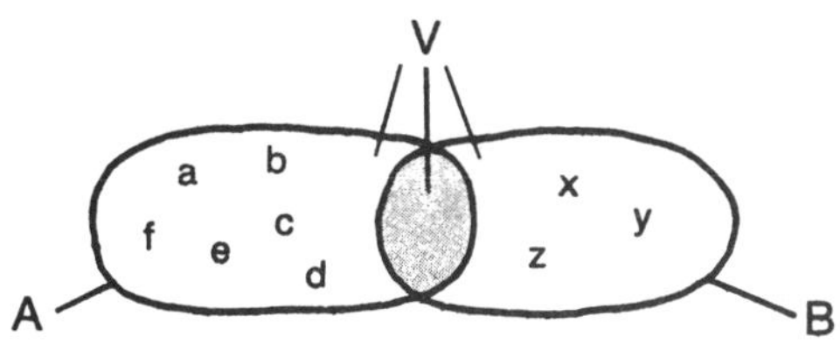

V = A ∪ B
V = {a, b, c, d, e, f, x, y, z}

Beispiel: A = {□, f, ⧄, x} B = {⧄, h, ◫, e, ⊠}

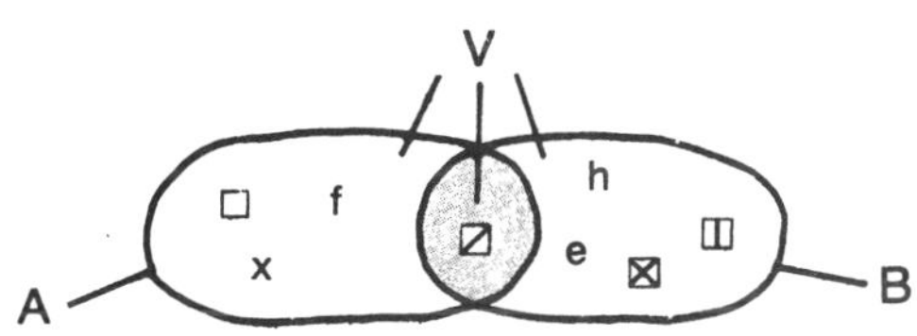

V = A ∪ B
V = {□, f, ⧄, x, h, ◫, e, ⊠}

§ 7 Mengen mit natürlichen Zahlen

A) **Verfahren mit natürlichen Zahlen**

Bisher benutzten wir (außer für die Elementenzahl) ausschließlich **Figuren** oder **Buchstaben** zur Darstellung von Elementen.

Jetzt verwenden wir **natürliche Zahlen** für die Elemente einer Menge. Damit lassen sich Teilmengen, Schnittmengen, Vereinigungsmengen usw. darstellen.

Beispiel:

A = {x}	z (A) = 1
B = {m, n}	z (B) = 2
C = {k, l, m}	z (C) = 3

Man bezeichnet die Menge aller natürlichen Zahlen mit ℕ.

ℕ = {1, 2, 3, 4, 5, 6, ...}

Die Punkte nach den Zahlen bedeuten, es folgen „unzählige" Zahlen.

$\mathbb{N}$ hat unendlich viele Elemente.

also:

Die **Menge** $\mathbb{N}$ der **natürlichen Zahlen** ist eine **unendliche Menge.**

$\mathbb{N} = \{1, 2, 3, 4, \ldots\ldots\}$
$\mathbb{N}_0 = \{0, 1, 2, 3, 4, \ldots\ldots\}$

Beispiel:

A = {alle ungeraden natürlichen Zahlen} = {1, 3, 5, 7, 9, ...}
B = {alle natürlichen Dreierzahlen} = {3, 6, 9, 12, ...}
C = {alle natürlichen Zehnerzahlen} = {10, 20, 30, 40, ...}

Alle 3 Mengen sind **unendliche Mengen.**

Gleichzeitig sind **alle 3 Mengen echte Teilmengen** von $\mathbb{N}$, da die in A, B und C enthaltenen Elemente nur ein Teil der Elemente von $\mathbb{N}$ sind.

$A \subset \mathbb{N}$; $B \subset \mathbb{N}$; $C \subset \mathbb{N}$

Somit ergibt sich z (M) = ? M = {1, 3, 5, 7, 9}
z (M) = 5
z (M) ist endlich

z (A) = ? A = {1, 3, 5, 7, 9, ...}
z (A) ist unendlich groß.

da **durch** die **Punkte** . . . . die **Unendlichkeit angezeigt ist.**

also:

Eine **Menge,** deren **Elementenzahl** sich **angeben** läßt, heißt **endliche Menge.**

M = {**1, 2, 3, 4**}

Beispiel: a) {alle Tiere der Erde} → endliche Menge
b) {□, ○, b, x, y, m} → endliche Menge
c) {1, 2, 3, 4, 5, 6, 7, 8} → endliche Menge

Will man nun **Mengen** darstellen, welche unendlich sind

wie z. B. M = {alle natürlichen Dreierzahlen}
so schreibt man einfach M = {3, 6, 9, 12, ...}

Merke: Unter **Berücksichtigung** des **Vorgesagten** wird mit **natürlichen Zahlen ebenso verfahren wie** vorher mit **Symbolen, Zeichen** und **Buchstaben.**

Beispiel: Die Zahlen werden Elemente:
$A = \{3, 6, 9\} \Rightarrow 3 \in \{A\} \Rightarrow 3 \in \{3, 6, 9\}$

Die **Teilmenge** wird gebildet wie bisher

$A = \{2, 4, 6\}$
$B = \{2, 6\}$ daraus folgt $B \subset A$
$C = \{2, 3, 4\}$ $C \not\subset A$

Die **Schnittmenge** ergibt sich aus Zahlen

$M = \{1, 2, 3, 4\}$
$N = \{3, 4, 6\}$ daraus folgt

$S = M \cap N = \{3, 4\}$

Die **Vereinigungsmenge** bildet sich mit Zahlen

$X = \{2, 6, 12, 16\}$
$Y = \{2, 4, 6, 8\}$ daraus folgt

$V = X \cup Y$; $V = \{2, 6, 12, 16, 4, 8\}$

Beispiel: A = {alle natürlichen Zahlen kleiner als 8}
B = {alle natürlichen Zahlen zwischen 3 und 7}

$A = \{1, 2, 3, 4, 5, 6, 7\}$
$B = \{4, 5, 6\}$
das ergibt $\underline{B \subset A}$

$S = A \cap B$ $S = \{4, 5, 6\}$ $S = B$

S = {alle natürlichen Zahlen kleiner als 8, zwischen 3 und 7}

$V = A \cup B$ $V = \{1, 2, 3, 4, 5, 6, 7\}$ $V = A$

Beispiel: $A = \{3, 6, 9, 12, \ldots\}$
$B = \{15, 18\}$ $S = ?$; $V = ?$

$S = A \cap B$; $S = \{15, 18\}$ $S = B$

da die unendliche Menge **A alle** natürlichen **Dreierzahlen, auch 15** und **18 enthält.**

$V = A \cup B$; $V = \{3, 6, 9, 12, \ldots\}$ $V = A$

da in der unendlichen Menge A alle 3er Zahlen, auch 15 und 18 anthalten sind.

Achtung: **Bei unendlichen Mengen** die **Punkte** nach den Zahlen **nicht vergessen.**

Beispiel: $A = \{3, 9, 24\}$
$B = \{4, 8, 12, \ldots\}$ $S = ?$; $V = ?$

S = {24}, weil **nur 24** in **beiden Mengen** enthalten ist
$V = \{3, 9, 4, 8, 12, \ldots\}$
weil **3 und 9 nicht in der Menge** der **Viererzahlen** enthalten sind, also hinzugenommen werden müssen.

Beispiel: Die Schulklasse 6a hat am 3., 7., 9. des Monats Schularbeiten.

Die Schulklasse 6b hat am 7., 8., 11. des Monats Schularbeiten.

a) an welchem Tag haben beide Klassen gemeinsam Schularbeiten?

b) an welchen Tagen sind Schularbeiten?

zu a) $A = \{3, 7, 9\}$
$B = \{7, 8, 11\}$
$S = A \cap B$
$S = \{3, 7, 9\} \cap \{7, 8, 11\}$
$S = \{7\}$, also am 7. des Monats

zu b) $V = A \cup B$
$V = \{3, 7, 9\} \cup \{7, 8, 11\}$
$V = \{3, 7, 8, 9, 11\}$
also am 3., 7., 8., 9., 11. des Monats

2. Kapitel

Mit Mengenbegriffen zur praktischen Anwendung in Arithmetik, Algebra und Geometrie

§ 8 Mit Mengenbegriffen in die Arithmetik

A) **Der größte gemeinsame Teiler; ggT (ggT = Kürzungszahl)**

Schreiben wir die Teilermenge T_{24} und T_{36} an

$T_{24} = \{1, 2, 3, 4, 6, 8, 12, 24\}$ Menge der Teiler
$T_{36} = \{1, 2, 3, 4, 6, 9, 12, 18, 36\}$ Menge der Teiler

und bilden die Schnittmenge

$S = T_{24} \cap T_{36} = \{1, 2, 3, 4, 6, 12\}$ Menge der gemeinsamen Teiler

bildlich

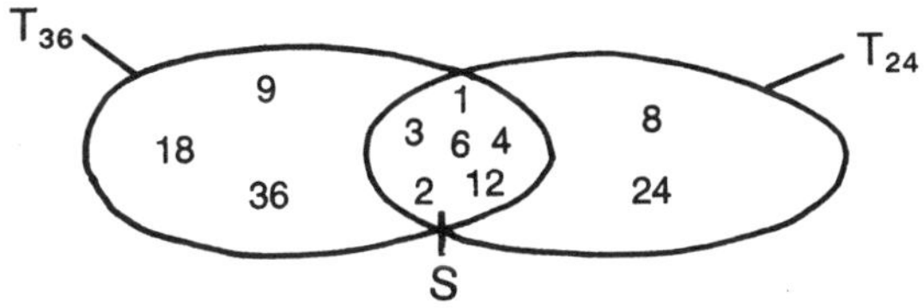

so erhalten wir: 12 ist der **größte gemeinsame Teiler**
wir schreiben ihn abgekürzt **ggT**

hier **ggT (24, 36) = 12**

also:

Eine Zahl, die **Teiler zweier** oder **mehrerer Zahlen** ist, heißt **gemeinsamer Teiler gT.**

Eine Menge aller gemeinsamen Teiler ist die Schnittmenge der Teilermengen.

Die **größte Zahl** der **Schnittmenge der beiden Teilermengen** heißt **größter gemeinsamer Teiler ggT.**

a) Durch Probieren zum **ggT**

Beispiel: Bei **kleineren Zahlen** kann man den ggT durch Probieren finden.

a) ggT (18, 24) = 6
b) ggT (18, 27, 36) = 9
c) ggT (45, 15) = 15
d) ggT (13, 17) = 1

Haben **zwei oder mehrere Zahlen** nur den **gemeinsamen Teiler 1,** so heißen sie **teilerfremd.**

b) Durch Berechnen zum **ggT**

Bei **größeren Zahlen** wird der **ggT** mit Hilfe von Primfaktorenzerlegung bestimmt.
Siehe Kapitel Arithmetik § 7 Primzahlen.

Beispiel: ggT (462, 910, 966)

$$462 = 2 \cdot 3 \cdot 7 \cdot 11$$
$$910 = 2 \cdot 5 \cdot 7 \cdot 13$$
$$966 = 2 \cdot 3 \cdot 7 \cdot 23$$

$$ggT\,(462, 910, 966) = 2 \cdot 7 = 14$$

Beispiel: ggT (168, 180, 396)

$$168 = 2 \cdot 2 \cdot 2 \cdot 3 \cdot 7 \quad = 2^3 \cdot 3 \cdot 7$$
$$180 = 2 \cdot 2 \cdot 3 \cdot 3 \cdot 5 \quad = 2^2 \cdot 3^2 \cdot 5$$
$$396 = 2 \cdot 2 \cdot 3 \cdot 3 \cdot 11 = 2^2 \cdot 3^2 \cdot 11$$

$$ggT\,(168, 180, 396) = 2 \cdot 2 \cdot 3 = 2^2 \cdot 3 = \mathbf{12}$$

also:

> Der **ggT zweier** oder **mehrerer Zahlen** ist das **Produkt** der **niedrigsten Potenzen** ihrer **gemeinsamen Primfaktoren.**

B) **Das kleinste gemeinsame Vielfache kgV;** (kgV = Hauptnenner)

a) Die **Vielfachmenge**

Die **Schreibweise a| b** besagt, daß a ein **Teiler von b und b** ein **Vielfaches** von **a** ist. Während aber die **Menge** der **Teiler von b** aus **endlich vielen Elementen** besteht, ist die **Menge der Vielfachen von a** eine **unendliche Menge.**

Beispiel:
Wir bezeichnen die **Menge der Vielfachen** von 5 mit V_5. Dann gilt:
$V_5 = \{5, 10, 15, 20, 25, \ldots.\}$
Dies ist die uns von früher her bekannte Menge der Fünferzahlen. Wir vereinbaren, daß die Elemente geordnet angegeben werden, und zwar mit dem kleinsten beginnend.

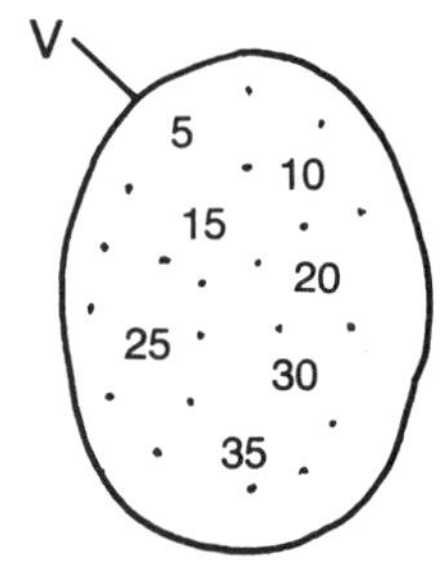

b) Die Menge der gemeinsamen Vielfachen

Wir betrachten die **Vielfachmengen** von 8 und 12. Es ist

$V_8 \ = \{8, 16, 24, 32, 40, 48, 56, 64, 72, \ldots.\}$
$V_{12} = \{12, 24, 36, 48, 60, 72, 84, 96, \ldots..\}$

Wir bilden die **Schnittmenge** und erhalten

$S = V_8 \cap V_{12} = \{24, 48, 72, \ldots.\}$
Sie enthält **alle Zahlen,** die sowohl **Vielfache von 8** als auch **Vielfache von 12** sind, also die **gemeinsamen Vielfachen** der beiden Zahlen. In dieser Menge gibt es eine kleinste Zahl. Sie heißt das **kleinste gemeinsame Vielfache (kgV)** der Zahlen 8 und 12.

Wir schreiben:

kgV (8, 12) = 24

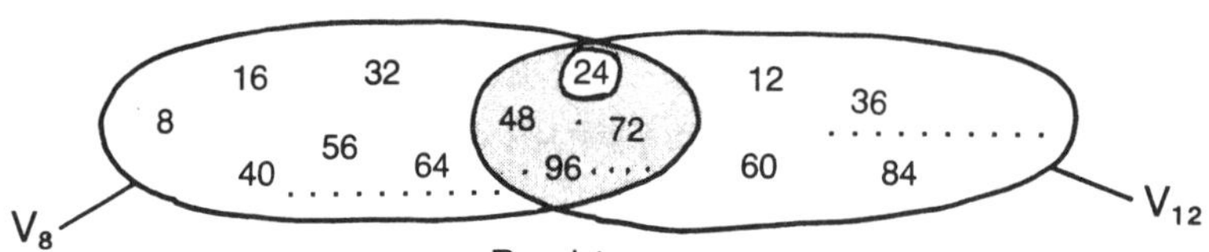

...... Die Pünktchen bedeuten, daß es sich um unendliche Mengen handelt.

Also ist das **kgV** (8, 12) die **kleinste Zahl,** in der **sowohl 8 als** auch **12** enthalten ist. Man kann den Begriff des **kgV** zweier Zahlen erweitern auf **drei** und **mehr Zahlen** und sagen:

Das **kgV (a, b, c, ...) ist** die **kleinste Zahl,** in der **jede** der **Zahlen a, b, c, ... enthalten** ist.

Beispiel:

a) kgV (6, 8) = 24
b) kgV (4, 8) = 8
c) kgV (7, 11) = 77
d) kgV (3, 6, 12) = 12

also:

> kgV: das **kgV zweier Zahlen,** von denen **die eine in der anderen enthalten ist,** ist gleich der **größeren der beiden Zahlen.** Das **kgV** zweier teilerfremder Zahlen ist gleich dem **Produkt der beiden Zahlen.**

c) Berechnung des kgV

Bei **kleineren Zahlen** wird das **kgV durch Probieren** bestimmt, bei **größeren** mit **Hilfe der Zerlegung in Primfaktoren** berechnet. Siehe Arithmetik § 7 Primzahlen.

1. Beispiel: kgV (48, 56, 180)

Lösung:

$$48 = 2^4 \cdot 3$$
$$56 = 2^3 \cdot 7$$
$$180 = 2^2 \cdot 3^2 \cdot 5$$

$$\text{kgV}(48, 56, 180) = 2^4 \cdot 3^2 \cdot 5 \cdot 7 = 5040$$

2. Beispiel: kgV (16, 18, 48, 90)

Lösung: Da 16 | 48 und 18 | 90, genügt es, das kgV (48, 90) zu berechnen

$$48 = 2^4 \cdot 3$$
$$90 = 2 \cdot 3^2 \cdot 5$$

$$\text{kgV}(48, 90) = 2^4 \cdot 3^2 \cdot 5 = 720 = \text{kgV}(16, 18, 48, 90)$$

Zur Berechnung des kgV schreibt man jede Zahl als Produkt ihrer Primzahlpotenzen.

Dann gilt:

Das kgV ist das Produkt aus den höchsten Potenzen aller vorkommenden Primfaktoren.

Bei der Primfaktorenzerlegung können jene Zahlen unberücksichtigt bleiben, die in einer der anderen Zahlen enthalten sind.

d) Zusammenhang zwischen **ggT** und **kgV**

Aus Vorstehendem erkennen wir:

> Daß **ggT die Zahl ist,** die man in **zwei** oder **mehrere Zahlen gleichzeitig hineindividieren** kann; also kürzen kann, sie ist die **Kürzungszahl.**

> Daß **kgV die Zahl** darstellt, **in die gleichzeitig mehrere Zahlen hineindividiert werden können,** also z. B. als **Hauptnenner** bei der Bruchrechnung, sie ist also **Hauptnenner.**

Wir bestimmen ggT (12, 18) und kgV (12, 18)!
Zeige, daß ggT (12, 18) · kgV (12, 18) = 12 · 18 ist!

Ergebnis:

> $ggT\,(a, b) \cdot kgV\,(a, b) = a \cdot b \quad a, b \in \mathbb{N}$

Hieraus folgt eine sehr einfache Bestimmung des **kgV** mit Hilfe des **ggT. Man stellt zuerst** (was leichter ist) den **ggT fest, dividiert dann eine der beiden Zahlen durch** den **ggT** und **multipliziert** das **Ergebnis mit** der **anderen Zahl.**

Beispiel: Bestimmt das kgV (66, 77)!

Lösung: Es ist ggT (66, 77) = 11; 66 : 11 = 6; 6 · 77 = 462 = kgV (66, 77)

C) **Addition und Subtraktion von Mengen** (vergl. auch § 1 und § 2 Arithmetik)

a) Addition

Sie kann man zurückführen auf die **Vereinigung zweier Mengen, die keine gemeinsamen Elemente** besitzen.

Beispiel: $(z)\,A = 3; (z)\,B = 3; \quad 3+3 = ? \Rightarrow z\,(A \cup B) = ?$

bildlich:

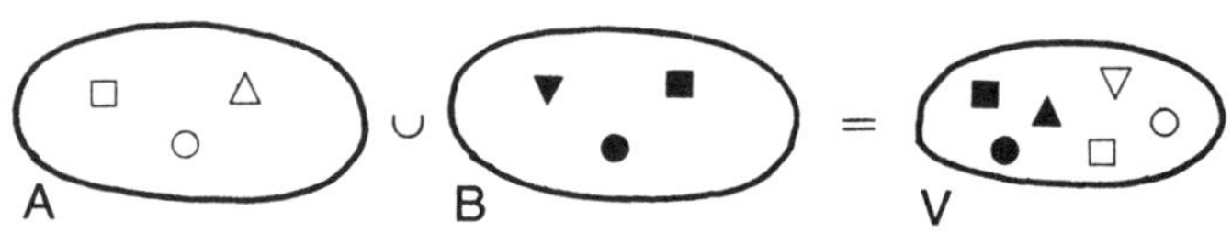

aufzählend:

A ∪ B ⇒ {□, ○, △} ∪ {■, ●, ▲} = {□, ○, △, ■, ●, ▲}

$z\,(A \cup B) = z\,(A) + z(B)$

$\left.\begin{array}{l}(z)\,A = 3\\(z)\,B = 3\end{array}\right\} \Rightarrow \underline{3+3 = 6} = z\,(A \cup B)$

Daraus folgt:

> **Die Vereinigung** einer **Menge A mit z (A) Elementen** und einer **elementfremden Menge B mit z (B) Elementen** ergibt eine **Menge A ∪ B** mit **z (A) + z (B) Elementen.**
>
> Geschrieben: $z\,(A \cup B) = z\,(A) + z\,(B)$ wenn $A \cap B = \{\ \}$
> $z\,(A) = a, z\,(B) = b \quad z\,(A \cup B) = a + b$

Das ergibt:

$2+4 = 6$
$a+b \Rightarrow$ Summenwert oder Summe
wobei 2 sowie 4 die Summanden sind.

Daraus entwickelt sich die später in der Arithmetik praktizierte Additionsmethode.

Siehe noch Summenwert im Schnittfeld der zugehörigen Zeile bzw. Spalte:

z. B. $6+3 = 9$

+	0	1	2	3	4	5	6	7	8	9	+
0	0	1	2	3	4	5	6	7	8	9	0
1	1	2	3	4	5	6	7	8	9	10	1
2	2	3	4	5	6	7	8	9	10	11	2
3	3	4	5	6	7	8	9	10	11	12	3
4	4	5	6	7	8	9	10	11	12	13	4
5	5	6	7	8	9	10	11	12	13	14	5
6	6	7	8	9	10	11	12	13	14	15	6
7	7	8	9	10	11	12	13	14	15	16	7
8	8	9	10	11	12	13	14	15	16	17	8
9	9	10	11	12	13	14	15	16	17	18	9
+	0	1	2	3	4	5	6	7	8	9	+

b) Subtraktion

Die Subtraktion wird in der Mengenlehre **auf** die **Bildung** von **Restmengen** (wenn **die eine Menge Teilmenge der anderen ist**) zurückgeführt.

Beispiel: (z) A = 5; (z) B = 2;
z (A∖B) = ? z (A∖B) = z (A) − z (B) = 5−2 = 3

bildlich:

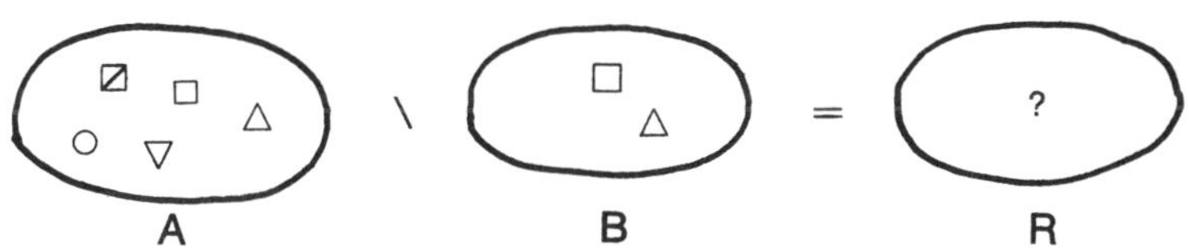

1. Wir bilden die **Teilmenge in A, welche als B von A subtrahiert** werden soll, durch **Zuordnung der Elemente von B zu A** und umgekehrt.

2. Die **Restmenge in A** ist das Ergebnis der Subtraktion.

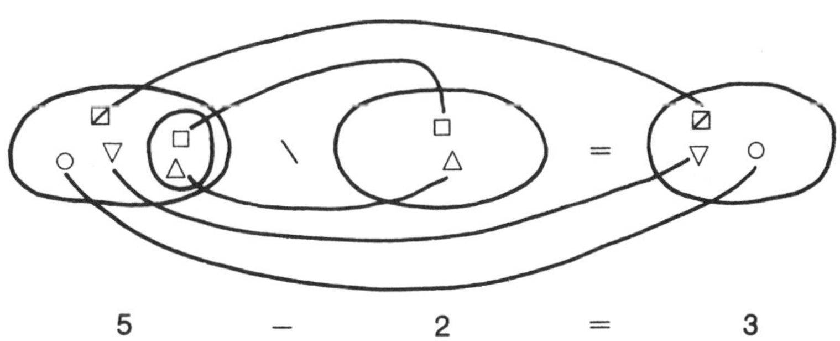

Darstellung in anderer Form:

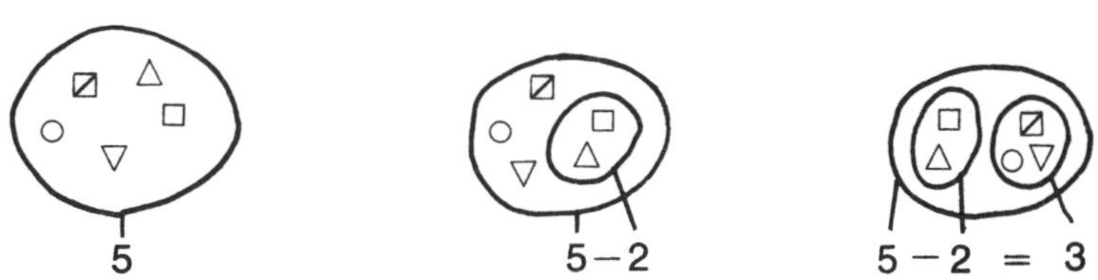

aufzählend:

$A \setminus B = ?$

$\{⍁, ○, ▽, □, △\} \setminus \{□, △\} = \{⍁, ○, ▽\}$

$A \setminus B = R$

$5 - 2 = 3$

also:

Die Subtraktion wird dargestellt durch Bilden von Teilmengen in A mit den Elementen der Menge B, welche subtrahiert werden soll. Die dann verbleibende Restmenge in **A** ist das Ergebnis.

D) **Multiplikation und Division** (vergl. auch § 3 und § 4 Arithmetik)

a) Multiplikation

Sie können wir ermöglichen **durch Bildung der Produktmenge** aus den zu multiplizierenden Elementen.

Beispiel: Maria, Nicole, Franz, Ralf, Thomas, Roy, spielen Schach
Maria und Nicole wollen gegen jeden Jungen spielen, wieviel Spiele werden gespielt?

bildlich: A = {Maria, Nicole} 2 Elemente
B = {Franz, Ralf, Thomas, Roy} 4 Elemente

$z(A) \cdot z(B) = a \cdot b = 2 \cdot 4 = ?$

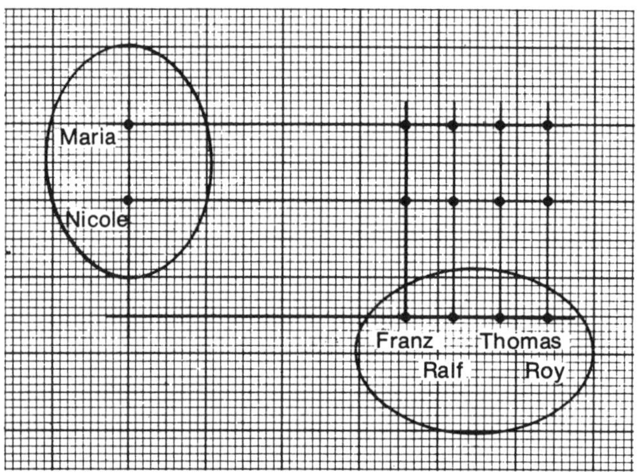

also:

Wir stellen die **Anzahl der Elemente** einer **Menge A** {Maria, Nicole} und einer **Menge B** {Franz, Ralf, Thomas, Roy} fest.

Daraus ergibt sich durch **Zuordnung der Elemente** die **Anzahl der Spielpaare**

$$\underline{z(A) \cdot z(B) = a \cdot b = 2 \cdot 4 = 8}$$

also:

Kennen wir die **Anzahl a** = z (A) der **Elemente** einer **Menge A** und die Anzahl **b** = z (B) der **Elemente** einer **Menge B,** so können wir aus den Anzahlen **a und b** die Anzahl **der Paare,** die **Produktmenge** bestimmen.

Die gesuchte Anzahl der **Elemente** der Produktmenge bezeichnet man als

a·b

gelesen: **a mal b**

Aus folgender Tabelle lesen wir

$3 \cdot 2 = 6$
$4 \cdot 2 = 8$
$5 \cdot 6 = 30$
usw.

		Anzahl der Spielerinnen									
		1	2	3	4	5	6	7	8	9	10
	1	1	2	3	4	5	6	7	8	9	10
	2	2	4	6	8	10	12	14	16	18	20
Anzahl	3	3	6	9	12	15	18	21	24	27	30
der	4	4	8	12	16	20	24	28	32	36	40
Spieler	5	5	10	15	20	25	30	35	40	45	50
	6	6	12	18	24	30	36	42	48	54	60
	7	7	14	21	28	35	42	49	56	63	70
	8	8	16	24	32	40	48	56	64	72	80
	9	9	18	27	36	45	54	63	72	81	90
	10	10	20	30	40	50	60	70	80	90	100

also:

> Die **Multiplikation natürlicher Zahlen** wird zurückgeführt auf die **Bildung der Produktmenge** mit **a · b**-Elementen, die gleich der Zahl der möglichen Paare sind, die man aus **A** und **B** bilden kann.
>
> Die **natürliche** Zahl **a · b heißt** das **Produkt** der **beiden Faktoren a und b.**

Multipliziert man eine **natürliche Zahl a mit 0,** so ist das Produkt 0.

$a \cdot 0 = 0$

b) Dividieren

Kann man eine **Menge A mit z (A) = a-Elementen** in **x-Teilmengen mit je z (B) = b-Elementen zerlegen,** so nennen wir das **Dividieren.**

a : b = x

gelesen: a dividiert durch b ist gleich x

a heißt Dividend
b heißt Divisor
x heißt Quotient

Beispiel: 6 : 3 = ?

bildlich:

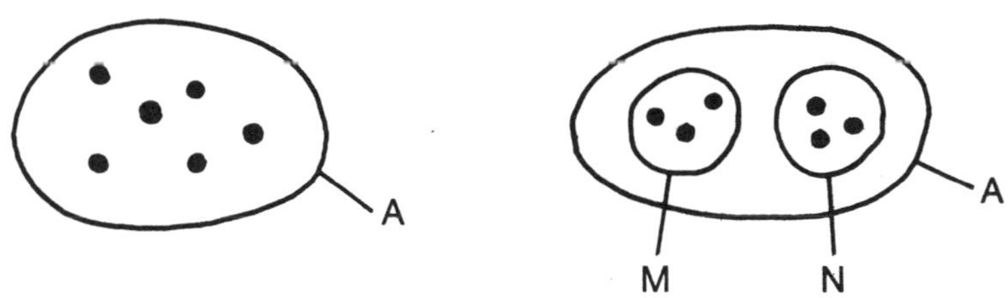

A ist eine Menge mit 6 Elementen

Z (A) = 6

Wir bilden 2 Teilmengen aus A und erhalten

Z (M) = 3; Z (N) = 3

daraus ersehen wir **6 : 3 = 2**

Merke: Ist die **Menge A nicht** in **gleiche Teilmengen zu zerlegen, dann ist** eine **Division nicht ausführbar.**

z. B. 7 : 2 ist nicht ausführbar

Beispiel: Es gibt aber auch **Mengen, die in bestimmte Teilmengen** zerlegt werden können, z. B. 9 : 3 = 3, jedoch in bestimmte **andere Teilmengen** nicht, z. B. 9 : 2 ⇒ geht nicht.

also:

Die Division ist hier **nicht immer** ausführbar.

Es gibt aber auch **Mengen,** die in **verschiedene, jeweils gleiche Teilmengen** zerlegt werden können.

Beispiel: 8 : 2 = ?
8 : 4 = ?

bildlich:

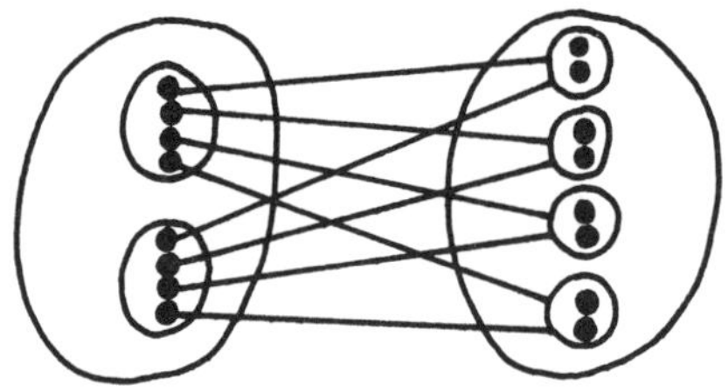

8 : 4 = 2   8 : 2 = 4

also:

> Die **Division** ist also das **Bilden von Teilmengen** mit **b-**Elementen aus einer **Menge A,** wobei **b** der Divisor ist.

E) **Rechenbaum**

Er ist die **bildliche Darstellung** der **richtigen Reihenfolge** einer **Rechnung.**

Jeder der **Teile** eines **Rechenbaumes** ist so **aufgebaut wie** eine **Rechenmaschine** und **besteht** aus der **Eingabe,** dem **Rechenwerk** und der **Ausgabe.**

Beispiel: 3+4 = 7

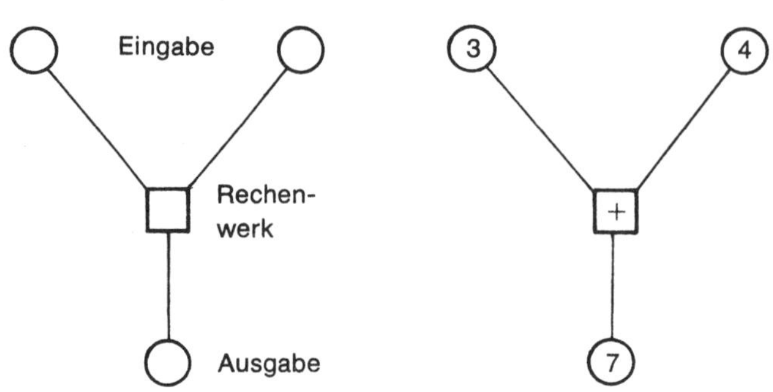

Beispiel: (6+15)+23 = 6+(15+23)

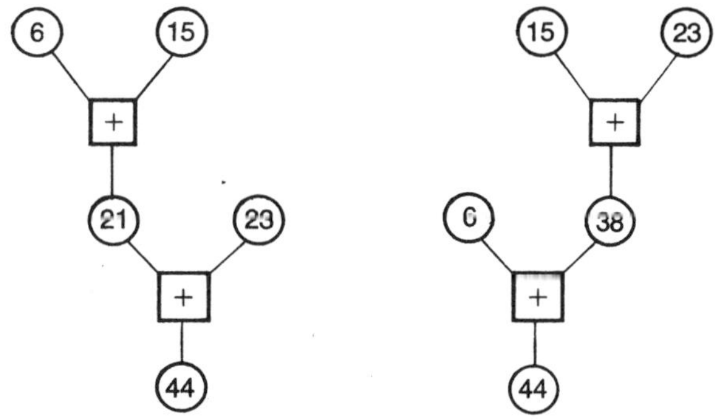

Beispiel: (3+4)·6 = 3·6+4·6

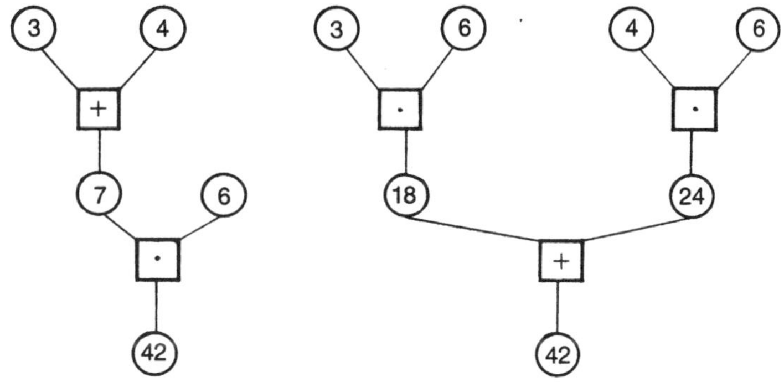

also:

> Ein Rechenbaum **zeigt übersichtlich,** in welcher **Reihenfolge** eine **zusammengesetzte Aufgabe** gelöst wird.

F) **Lösungsmengen von Gleichungen** (vergl. auch § 8, § 11, § 17 und § 18 Algebra)

Die **Lösungsmenge** $\mathbb{L}$ ist **die Menge,** deren Elemente man in die **Leerstelle einer Gleichung** einzusetzen hat, um eine **wahre Aussage** zu erhalten.

Um die **Lösungsmenge zu finden,** bedient man sich der **Rechenmethoden** (Addition, Subtraktion, Multiplikation, Division), die entsprechend der Aufgabe nötig sind.

Beispiel: Gesucht ist **die Zahl,** die zu **3** addiert **5** ergibt:

3+? = 5

bildlich:

Aufgabe:

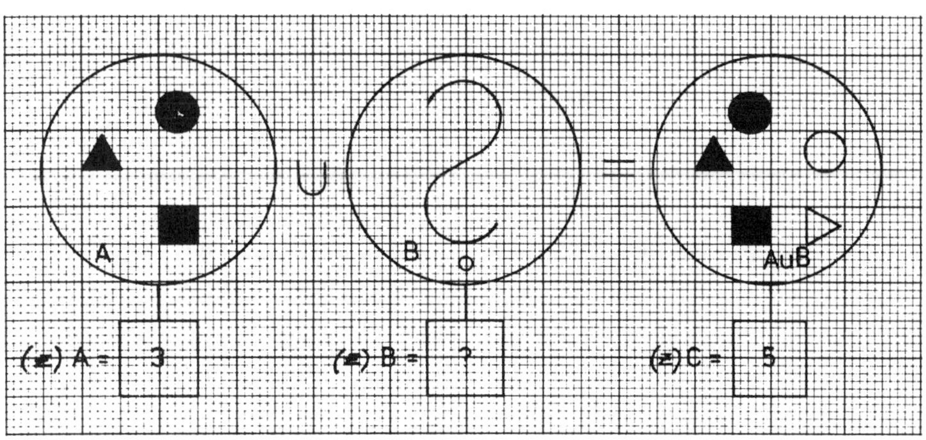

Lösung:

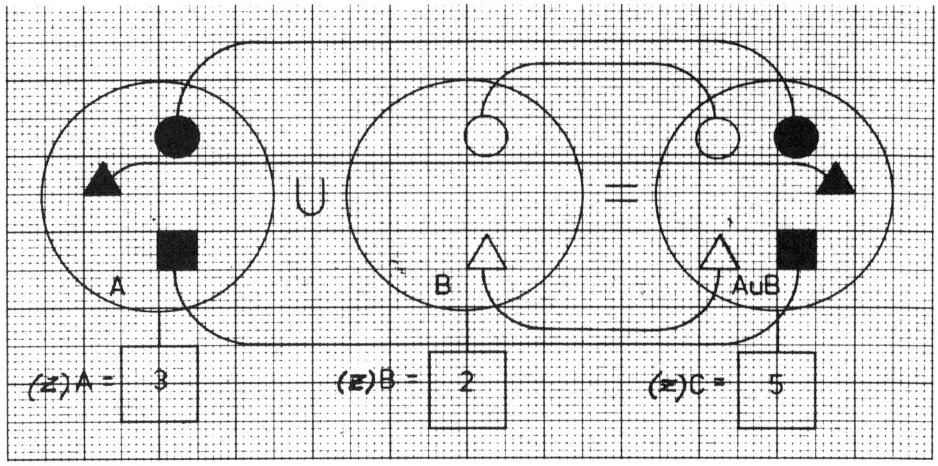

Daraus ergibt sich $\left.\begin{array}{r} 3 + x = 5 \\ \text{heißt } 3 + 2 = 5 \end{array}\right\} x = 2$

Lösungsmenge $\mathbb{L} = \{\mathbf{2}\}$

Diese **Lösungsmenge kann bildlich,** durch **Probieren** und später durch **Rechnen** ermittelt werden.

also:

Aussageformen mit dem Zeichen = **bzw.** ≠ **sowie** < **oder** > **bezeichnet** man als **Gleichungen** bzw. **Ungleichungen.**

In ihnen werden **Leerstellen .... durch Buchstaben gekennzeichnet.**

Die Menge der **Zahlen,** die eingesetzt in die Leerstelle eine **wahre Aussage** ergibt, heißt **Lösungsmenge** $\mathbb{L}$.

§ 9 Mit Mengenbegriffen in die Geometrie

Die Begriffe Teilmenge, Schnittmenge und Vereinigungsmenge finden unter anderem auch in der Geometrie Anwendung.

Unter Voraussetzung der in der Geometrie erlernten und praktizierten Vorgänge zur Eintragung von Punkten und Flächen in das Koordinatensystem, ist es möglich

a) Punkte auf einer geraden Linie, auf einem Kreis usw. als verschiedene Mengen darzustellen,

b) Flächen als verschiedene Mengen darzustellen.

A) **Die Kreislinie als Punktmenge**

Bei der **Volldrehung einer Strecke** in der Zeichenebene um den einen **Endpunkt als Drehpunkt, beschreibt der andere eine Kreislinie.** Die **Strecke** überstreicht **(erzeugt)** dabei die **Kreisfläche.** Die **gedrehte Strecke heißt Halbmesser** oder **Radius,** der Drehpunkt ist **Mittelpunkt** des Kreises.

Daraus ergibt sich die Grundeigenschaft des Kreises.

also:

Die **Menge aller Punkte der Zeichenebene,** die von einem **festen Punkt M** dieser Ebene die **Entfernung r haben, ist eine Kreislinie k,** ihr **Mittelpunkt ist M,** ihr **Radius** heißt **r.**

Ein **Punkt A auf** dieser **Kreislinie k ist Element der Kreislinie k**

$$\mathbf{A \in k}$$

Dabei ist r Platzhalter für eine natürliche Zahl. Um anzudeuten, daß die Kreislinie k den Mittelpunkt M hat und der Radius r cm mißt, schreiben wir: **k (M; r cm).** Es gilt also:

$$k\,(M;\, r\text{ cm}) = (\text{Alle Punkte P mit der Eigenschaft } \overline{MP} = r\text{ cm})$$

In der Geometrie verwenden wir:

Die in der **Mengenklammer stehende** kennzeichnende **Eigenschaft** der **Elemente** kürzen wir folgendermaßen ab: $P|\ \overline{MP} = r$ cm. Wir können also schreiben:

$k\,(M;\, r\text{ cm}) = \{P|\ \overline{MP} = r\text{ cm}\};$[1]

Beispiel: Zeichne die Punktmenge k (M; 2 cm), sowie die Punkte A, B, C, D, wobei M (2; 2), A (4; 2), B (3; 1), C (2; 4), D (1; 4) ist. Setze in die Leerstelle .... der folgenden Aussageformen eines der Zeichen $\in$ oder $\notin$, so daß eine wahre Aussage entsteht:

A ... k, B ... k, C ... k, D ... k

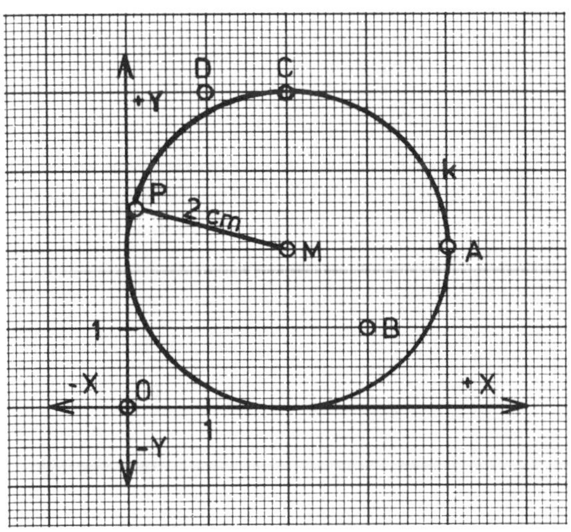

Lösung: Die Punktmenge ist eine Kreislinie mit dem Mittelpunkt M. Der Radius mißt 2 cm. Aus der Zeichnung ersieht man, daß folgende Aussagen wahr sind:

Ergebnis: $A \in k$, $B \notin k$, $C \in k$, $D \notin k$

Bemerkung: Statt k (M; 2 cm) hätten wir auch schreiben können: $(P|\ \overline{MP} = 2\text{ cm})$

Lies: „Kreislinie um M mit Radius r cm gleich Menge aller Punkte P mit der Eigenschaft $\overline{MP}$ gleich r cm.“ Mit Einführung des Mengenbildungszeichens x| E (x) tritt an die Stelle der eingeführten, vorläufigen Schreibweise {Alle x mit der Eigenschaft E (x)} die Schreibweise {x| E (x)}

Beispiel: Zeichne die Punktmenge V = k (A; 1 cm) ∪ (BC) ∪ (DE), wobei A (3; 2), B (2; 0), C (2; 4), D (4; 0), E (4; 4).

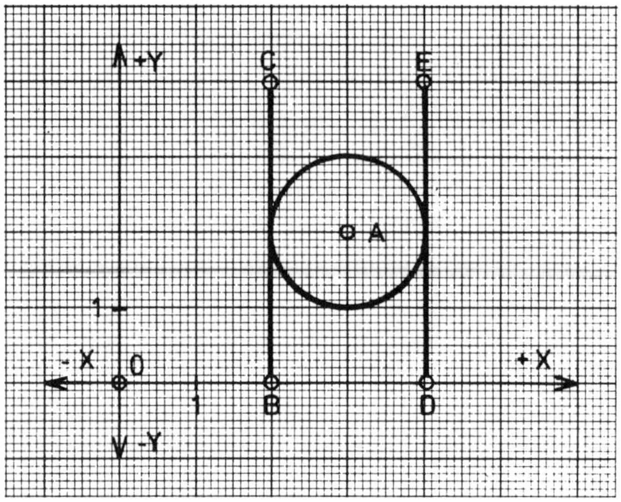

Lösung: V erhalten wir durch Vereinigung der Kreislinie k um A als Mittelpunkt und der Radiuslänge 1 cm mit den Strecken (BC) und (DE). Es ergibt sich die dick gezeichnete Punktmenge.

Beispiel: Gegeben sind die Mengen k (A; 2 cm) sowie V = (BC) ∪ ($\overrightarrow{DA}$), wobei A (4; 3), B (2; 5), C (4; 0), D (1; 3). Bestimme k ∩ V und gib z (k ∩ V) an!

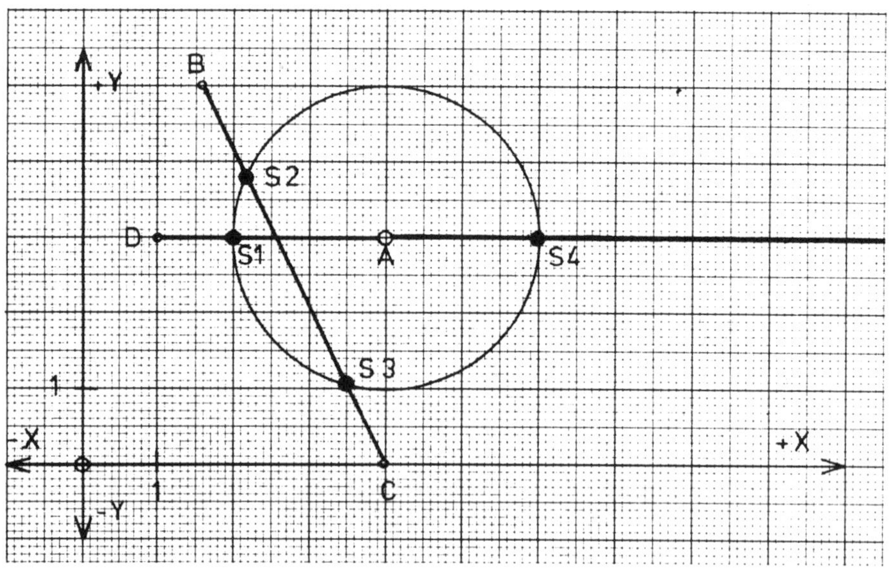

Lösung: Es ist die Schnittmenge von k mit der Menge V zu bestimmen. Dabei ist V die Vereinigungsmenge der Strecke (BC) mit der Halbgeraden ($\overrightarrow{DA}$). Die Schnittmenge besteht aus den vier Punkten S_1, S_2, S_3, S_4.

Ergebnis: k ∩ V = {S_1, S_2, S_3, S_4,}; z (k ∩ V) = 4

Beispiel: Welche Punkte der Geraden g (A; B) sind vom Punkt C 5 cm entfernt? Gib die Koordinaten dieser Punkte an, wenn A (0; 3), B (11; 3), C (6; 0) ist!

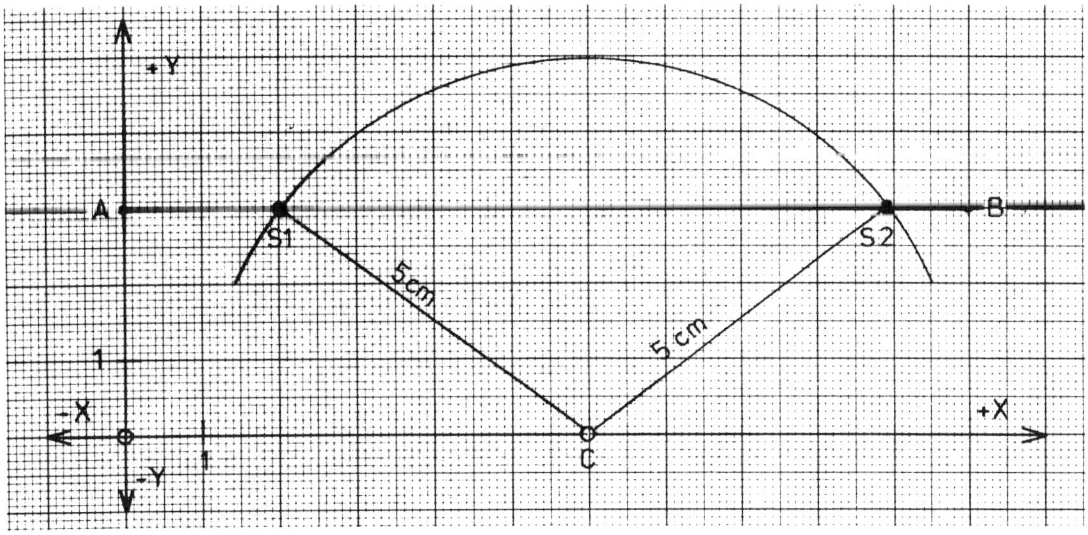

Lösung: Alle Punkte, die von C 5 cm entfernt sind, gehören der Menge k (C; 5 cm) an. Es ist daher die Schnittmenge $k \cap g$ zu bestimmen. Sie besteht aus 2 Elementen.

Ergebnis: $\mathbf{k \cap g = \{S_1; S_2\}}$
wobei S_1 (2; 3) und S_2 (10; 3)

B) **Flächen im Mengenbereich**

Es ist möglich, **alle Arten von Flächen mengenmäßig darzustellen.**

Zum besseren Verständnis befassen wir uns hier ausschließlich mit Kreisflächen.

a) Kreisteile

Die **Verbindungsstrecke zweier Punkte** der **Kreislinie** heißt **Sehne.** Eine **durch** den **Mittelpunkt** des Kreises gehende **Sehne** wird als **Durchmesser** bezeichnet. Das Stück der **Kreisscheibe,** das durch eine **Sehne abgeschnitten** wird, **heißt Kreisabschnitt. Er wird** von der **Sehne und** einem krummen Linienstück, dem **Bogen, begrenzt.** Ein **Durchmesser zerlegt** den **Kreis** in **zwei Halbkreise. Zwei Radien** und der zwischen ihnen liegende Bogen begrenzen einen **Kreisausschnitt** oder Sektor.

b) Kreisbereiche

$k_i = \{P \mid \overline{PM} < 2\ \text{cm}\}$
k_i (M, 2 cm)

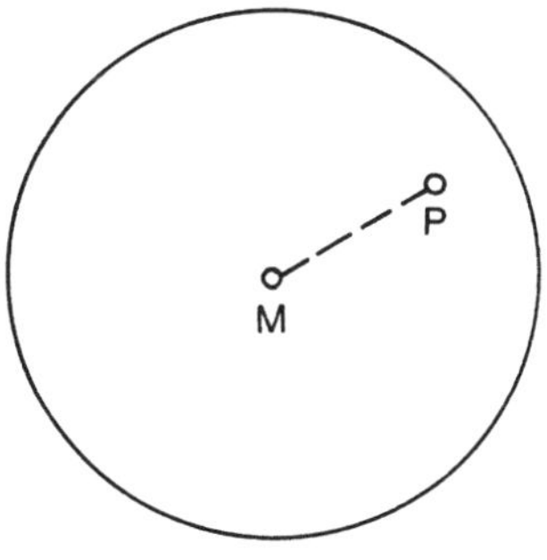

r = 2 cm

k_i **bedeutet: alle Punkte P,** welche auf der Strecke PM liegen und einen **Kreis beschreiben** können, **dessen Radius r kleiner** ist als 2 cm.

$k_a = \{P \mid \overline{PM} > 2\text{ cm}\}$
k_a (M; 2 cm)

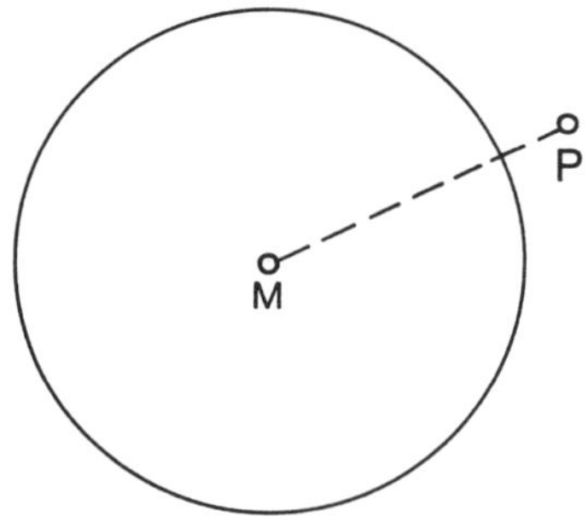

r = 2 cm

k_a **bedeutet: alle Punkte P,** welche auf der Strecke $\overline{PM}$ liegen und einen **Kreis beschreiben** können, **dessen Radius größer** ist als 2 cm.

Durch Schneiden und Vereinigen von Innen- und Außenbereichen lassen sich vielgestaltige, krummlinig begrenzte, geometrische Figuren erzeugen.

Für **M** verwenden wir **F,** da es sich hier um Flächen handelt.

Die **Kreise** bzw. die **Flächen** hier **sind** im **Koordinatensystem festgelegt** durch die Punkte **A** und **B** und den **Radius r, damit ist** auch die **Größe**

der **Teilmenge**
Schnittmenge
Vereinigungsmenge fixiert

Beispiel: Zeichne $M_1 \cup M_2$, wobei $M_1 = k_i$ (A; $1^1/_2$ cm), $M_2 = k_i$ (B; 2 cm) und A (2; $1^1/_2$), B (4; 2)!

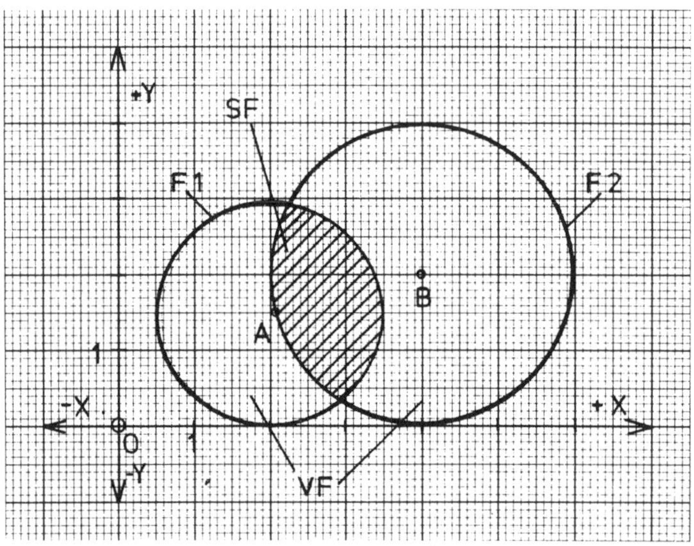

$M_1 = F_1$
$M_2 = F_2$

$F_1 \cup F_2 = VF$

Fläche 1 vereinigt mit Fläche 2 ergibt die **Vereinigungsmenge VF.**

Die schraffierte Menge ist die **Schnittmenge SF.**

SF ist ein Teil von VF.

Beispiel: Zeichne $M_1 \cap M_2$, wobei $M_1 = k_a$ (A; 1 cm) $M_2 = k_i$ (B; 2 cm) und A ($3^1/_2$; 2), B (3; 2)!

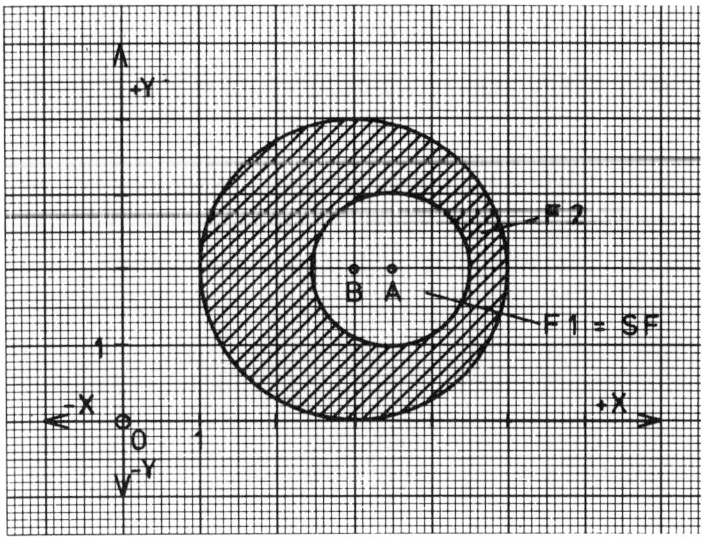

$M_1 = F_1$
$M_2 = F_2$

$F_2 \cap F_1 = sF$

Fläche 2 geschnitten mit Fläche 1 ergibt die **Schnittmenge SF.**

Da F_1 nur Elemente besitzt, die in F_2 schon alle enthalten sind, ergibt sich:

Die nicht-schraffierte Menge SF ist gleich F_1

$F_2 \cap F_2 = SF$

$$\underline{\mathbf{SF = F_1}}$$

F_1 ist auch echte Teilmenge von F_2

$$\underline{\mathbf{F_1 \subset F_2}}$$

Beispiel: Zeichne $M_1 \cap M_2 \cap M_3$, wobei $M_1 = \{P|\ PA \geqq 1 \text{ cm}\}$ $M_2 = \{P|\ PB \geqq 1 \text{ cm}\}$, $M_3 = \{P|\ PC \leqq 2 \text{ cm}\}$ und A (1; 2), B (5; 2), C (3; 2) $r_1 = 1$ cm, $r_2 = 1$ cm, $r_3 = 2$ cm

a) Schnittmenge $M_1 = F_1$; $M_2 = F_2$; $M_3 = F_3$

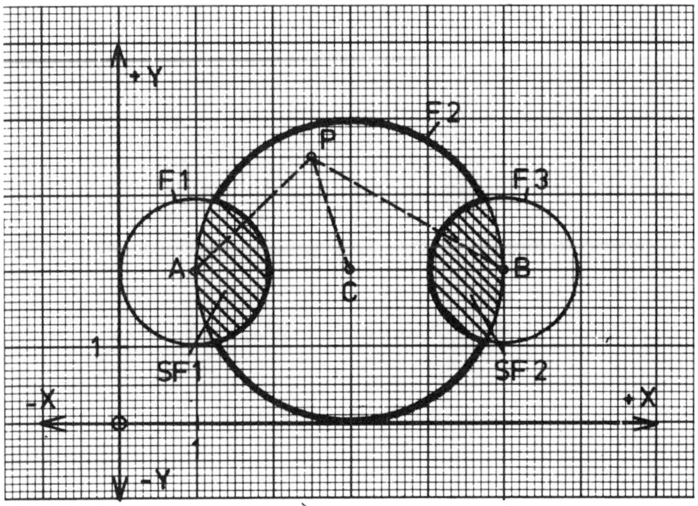

$F_1 \cap F_2 \cap F_3 = SF$
$SF = SF_1 + SF_2$
$SF_1 = F_1 \cap F_2$
$SF_2 = F_2 \cap F_3$
$\underline{SF = F_1 \cap F_2 + F_2 \cap F_3}$

b) Vereinigungsmenge

$F_1 \cup F_2 \cup F_3 = VF$

$VF = F_2 + (F_1 - SF_1) + (F_3 - SF_2)$

Wir müssen beachten, daß in diesem Fall alle Randpunkte zur Menge gehören.

Beispiel: Zeichne $M_1 \cap M_2$, wobei
$M_1 = \{P \mid 1\,\text{cm} \leqq PM \leqq 2\,\text{cm}\}$
$M_2 = \{P \mid P$ liegt auf den Schenkeln oder im Feld von $\sphericalangle AMB\}$ und
$M\,(2^1/_2;\,2)$, $A\,(^1/_2;\,^1/_2)$, $B\,(^1/_2;\,3^1/_2)$

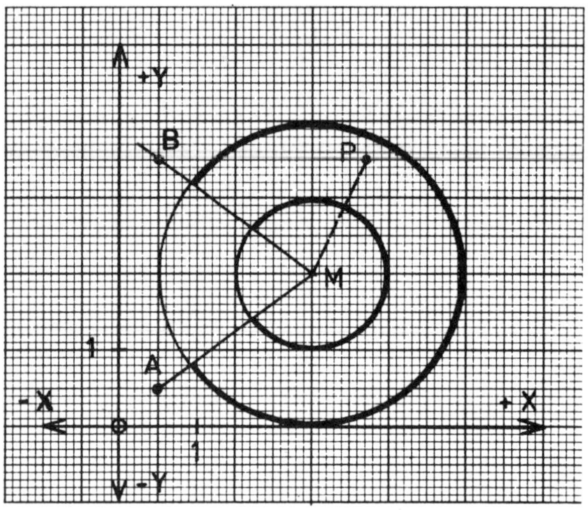

Auch hier gehören alle Randpunkte zur Menge.

§ 10 Aufgaben zur Mengenlehre

Aufgabe 1:

Betrachte die beiden Mengen A und B

Durch welche Elemente aus $G = \{=, \neq, \in, \notin\}$ entstehen in 1. bis 4. wahre Aussagen? Gib sie unter der jeweiligen Nummer an!

1. turnen . . . A
2. turnen . . . B
3. u . . . A
4. u . . . B

Aufgabe 2:

Stelle aus den Vokalen von „Kaugummi" eine Menge auf drei Arten dar.

Aufgabe 3:

Aus z(A) = z(B), folgt **nicht** A = B!
Gib dafür ein Beispiel an!

Aufgabe 4:

Gegeben ist dir die Menge D = {□, ▨, ■}
Gib alle Mengen X an, für die 1. und 2. gleichzeitig gelten:
1. z (X) = z (D)
2. Die Elemente von X sind Buchstaben des Wortes „prall".

Aufgabe 5:

Stelle {a, b} ⊂ {x, b, c, a} bildlich dar.

Aufgabe 6:

Gib alle Mengen Y an, für die 1. und 2. gleichzeitig gelten:
1. z (Y) = z ({a, b, c})
2. Y ⊂ {Alle Konsonanten von „fliegen"}

Aufgabe 7:

Gib alle Teilmengen von A = {Alle Vokale von „ballspielen"} durch Aufzählen der Elemente an.
Achtung!
Stelle zuerst A durch Aufzählen der Elemente dar.

Aufgabe 8:

Gib die Menge A durch Aufzählen der Elemente an. Für A gelten die folgenden drei Bedingungen gleichzeitig:
1. A ∩ {a, b, ■, e} = {a, b}
2. z (A) = 3
3. A ⊂ {a, b, d, e}

Aufgabe 9:

Welche Mengen könnte C vertreten, wenn für C folgende zwei Bedingungen gleichzeitig gelten sollen?
1. C ∩ {b, y, z, a} = {a}
2. C ⊂ {a, x, b, y, z}

Aufgabe 10:

Welche Mengen kann X vertreten, wenn X die folgenden zwei Bedingungen gleichzeitig erfüllt?
1. X ∩ {x, y, l, z} = {x, l}
2. X ∪ {z} = {x, l, ■, z}

Aufgabe 11:

Gib die Mengen durch Aufzählen der Elemente an, die Z vertreten könnte, wenn Z gleichzeitig folgende zwei Bedingungen erfüllt!
1. Z ∪ {□, ▨} = {□, ■, ◪, ▨}
2. Z ⊂ {■, ◪, ⊠, □, ▨}

Aufgabe 12:

Bilde V durch Angabe der gemeinsamen Eigenschaft der Elemente.
V = {Alle natürlichen Sechserzahlen} ∪ {Alle natürlichen Neunerzahlen}

Aufgabe 13:

Gib S durch Aufzählen der Elemente an!
$S = \{3, 4, 6\} \cap \{\text{Alle Sechserzahlen}\}$

Aufgabe 14:

Schreibe die Menge aller natürlichen Zahlen an, die die folgenden Aussageformen erfüllen! Von jeder Menge sind jeweils die ersten zehn Elemente anzugeben.
a) $2|x$ b) $3|x$ c) $4|x$ d) $5|x$

Aufgabe 15:

Schreibe folgende Vielfachmengen mit ihren ersten zehn Elementen an!
a) V_6 b) V_7 c) V_9 d) V_{13} e) V_{15} f) V_{21}

Aufgabe 16:

Schreibe folgende Schnittmengen mit ihren ersten fünf Elementen an!
a) $V_2 \cap V_3$ b) $V_4 \cap V_6$ c) $V_3 \cap V_6$ d) $V_2 \cap V_3 \cap V_4$

Aufgabe 17:

Zeichne ein Mengendiagramm! In der Schnittmenge sollen jeweils die ersten drei Elemente angegeben werden.
a) kgV (2, 3) b) kgV (3, 6) c) kgV (2, 4, 8)

Aufgabe 18:

Gib das kgV an von

a) 13, 39	b) 17, 85	c) 34, 51	d) 12, 30	e) 24, 36
f) 15, 40	g) 42, 70	h) 84, 105	i) 51, 357	k) 44, 66
l) 5, 14, 35	m) 8, 24, 36	n) 3, 5, 7	o) 3, 7, 21, 28	p) 5, 6, 8, 12, 16!

Hinweis: Bei kleineren Zahlen findet man das kgV durch Probieren: Man untersucht zunächst, ob nicht schon die größte Zahl das kgV darstellt. Ist dies nicht der Fall, so prüft man die Vielfachen der größten Zahl nacheinander auf ihre Teilbarkeit durch die anderen Zahlen.

Aufgabe 19:

Zeichne eine Strecke [AB] mit der Länge 3 cm und parallel darunter eine Strecke [CD] mit der Länge 4 cm, Anfangspunkt unter Anfangspunkt. Verlängere beide Strecken wiederholt um 3 cm bzw. 4 cm so lange, bis Endpunkt unter Endpunkt liegt! Wann ist dies zum erstenmal der Fall?

Aufgabe 20:

Berechne das kgV und gib an, wie oft jede der Zahlen im kgV enthalten ist!
a) 141, 470 b) 432, 648 c) 24, 36, 60 d) 18, 24, 72, 90, 120

Aufgabe 21:

Gib mit Hilfe des ggT das kgV folgender Zahlen an!
a) 65, 78 b) 102, 119 c) 95, 133 d) 92, 115

Aufgabe 22:

Vater und Sohn gehen gleichzeitig los und nebeneinander her. Weil Vater eine Schrittlänge von 75 cm und der Sohn eine solche von 60 cm hat, geraten sie sofort „außer Schritt“. Wie viele Schritte muß jeder machen, bis sie wieder „im Schritt“ sind?

Aufgabe 23:

Eine Lokomotive hat zwei verschiedene Arten von Rädern. Das kleinere hat einen Umfang von 168 cm, das größere einen solchen von 216 cm. Bei Stillstand der Lok markiert man diejenigen Punkte auf dem Umfang beider Räder, in denen sie die Schiene berühren. Dann fährt die Lok los. Welche Strecke muß sie fahren, bis beide Räder gleichzeitig die markierte Stellung wieder erreichen? Wie oft hat sich dabei jedes Rad gedreht?

Aufgabe 24:

Herr Schnell und Herr Freundlich sind für den gleichen Zug als Lokführer und Zugführer eingeteilt. Schnell hat jeden 5. Tag, Freundlich jeden 6. Tag frei. Heute ist Sonntag der 1. März und beide haben dienstfrei. An welchem Wochentag haben sie das nächste Mal gleichzeitig frei? Welches Datum schreibt man dann?

Aufgabe 25:

Gib die Erfüllungsmenge jeder Aussageform in der Grundmenge T_{30} an!
a) kgV (3, x) = 6 b) kgV (6, x) = 15 c) ggT (10, x) = 5 d) ggT (6, x) = 1

Aufgabe 26:

Bestimme folgende Schnittmengen:
a) k (A; 3 cm) $\cap$ [BC], wobei A (5; 3), B (3; 3), C (5; 5) ist.
b) k (A; 2 cm) $\cap$ [BC], wobei A (4; 3), B (1; 1), C (8; 3) ist.
c) k (A; 4 cm) $\cap$ M, wobei M = [BC] $\cup$ [BD] und A (6; 5), B (6; 10), C (3; 5), D (9; 5) ist.
d) $M_1 \cap M_2$, wobei M_1 = k (A; 3 cm) $\cup$ [BC] $\cup$ [DE] und M_2 = [FG] $\cup$ [GH] $\cup$ [HJ] $\cup$ [JF] ist.
Wie groß ist z $(M_1 \cap M_2)$?
A (5; 5), B (2; 5), C (8; 5), D (5; 2), E (5; 8), F (3; 1), G (7; 1), H (7; 9), J (3; 9)
e) $(M_1 \cup M_2) \cap M_3$, wobei M_1 = k (A; 2 cm), M_2 = k (B; 2 cm), M_3 = k (C; 3 cm) ist.
A (4; 7), B (6; 7), C (5; 3)

Aufgabe 27:

a) Welche Punkte der Menge g (A; B) sind vom Punkt C 5 cm entfernt, wenn A (1; 8), B (10; 8), C (5; 4) ist? Gib die Koordinaten der gesuchten Punkte an!
b) Welche Punkte der RW-Achse sind vom Punkt A (5; 3) 5 cm entfernt? Welches sind die Koordinaten dieser Punkte?
c) Welche Punkte der Menge k (A; 5 cm) sind vom Punkt B 5 cm entfernt, wenn A (6; 5) B (7; 4) ist? Gib die Koordinaten der gesuchten Punkte an!

Aufgabe 28:

Von der Kreislinie k (A; 5 cm) wird auf der Geraden g (B; C) eine Sehne ausgeschnitten. Wie lang ist sie, wenn A (6; 5), B (10; 9), C (10; 1)?

Aufgabe 29:

Gegeben sind die Punktmengen M_1 und M_2. C sei ein Punkt der Menge M_1 und D ein Punkt der Menge M_2. Welches ist die kleinstmögliche, welches die größtmögliche Entfernung CD?
a) M_1 = k (A; 2 cm), M_2 = k (B; 3 cm), mit A (2; 3), B (8; 3).
b) M_1 = k (A; 3 cm), M_2 = k (B; 1 cm), mit A (5; 3), B (6; 3).

ARITHMETIK

Einleitung

Alles, was sich vermehren oder vermindern läßt, heißt **Größe.**

Die Lehre von den **Größen** wird **Größenlehre** oder **Mathematik** genannt. Man unterscheidet zwei Arten von Größen: **Raumgrößen** und **Zahlengrößen.** Mit den Raumgrößen beschäftigt sich die **Geometrie,** mit den Zahlengrößen die **Arithmetik.** In die Arithmetik gehört das Rechnen mit bestimmten Zahlen – solche sind: 1, 2, 3, 4, 5, 15 usw. – und das Rechnen mit Platzhaltern von Zahlen, welche durch Buchstaben bezeichnet werden.

Häufig bezeichnet man das Rechnen mit bestimmten Zahlen allein als **Arithmetik** und nennt das Rechnen mit Buchstaben **Algebra.**

Zwei Größen können entweder gleichen, oder ungleichen **Wert** haben. Man sagt im ersteren Falle, sie sind **gleich,** im zweiten, sie sind **ungleich.**

Sind zwei Größen einander gleich, so setzt man zwischen sie das Zeichen = (gleich), z. B. 8 = 2 mal 4, und liest: acht gleich zweimal vier.

Sind zwei Größen ungleich, so setzt man zwischen sie das Zeichen > (größer) oder < (kleiner).

z. B. 6 > 4 (sechs größer als vier) oder 4 < 6 (vier kleiner als sechs). – Wie man sieht, zeigt die Öffnung des Ungleichheitszeichens auf das Größere.

Die Größe 1 (Eins) nennt man die **Einheit,** und es ist eine jede beliebige Zahl als ein **Vielfaches** der Einheit aufzufassen, z. B. 7 ist das Siebenfache von 1.

Eine Zahl heißt eine **benannte Zahl,** wenn die Einheit, die ihr zugrunde liegt, **besonders** angegeben oder **benannt** ist. Ist dies nicht der Fall, so nennt man die Zahl eine **unbenannte** Zahl.

z. B. 7 Meter ist eine benannte Zahl, und die zugrunde liegende Einheit ist hier 1 Meter. Dagegen ist 7 allein eine unbenannte Zahl, da nicht angegeben, ob 7 Meter, 7 Mark, 7 Kilogramm usw. gemeint sind.

Grundsätze

Ein **Grundsatz** ist eine Behauptung, von deren Richtigkeit jedermann überzeugt ist.

Beispiele:

a) Jede Größe ist sich selbst gleich.

b) Das Ganze ist ebenso groß, wie alle seine Teile zusammengenommen.

c) Wenn eine jede von zwei Größen, z. B. 2 mal 6 und 3 mal 4, einer und derselben dritten Größe, 12, gleich ist, so sind diese zwei Größen, also 2 mal 6 und 3 mal 4, auch unter sich gleich. Also 2 mal 6 gleich 3 mal 4.

Weitere Grundsätze sollen dort genannt werden, wo sie gebraucht werden.

1. Kapitel

Die vier Grundrechenarten mit ganzen Zahlen*)
Eigenschaften der ganzen Zahlen

Die vier Grundrechenarten oder die vier Grundoperationen sind: 1. Die Addition; 2. die Subtraktion; 3. die Multiplikation; 4. die Division.

§ 1 Die Addition

1. **Erklärung**: Eine Zahl 5 zu einer Zahl 3 **addieren** (hinzufügen), heißt, eine neue Zahl 8 finden, die so viele Einheiten hat, als 5 und 3 zusammengenommen.

2. Man nennt die zu addierenden Zahlen, also hier 5 und 3 die **Summanden** und beide zusammen die **Summe.**

3. Das **Zeichen** der Addition ist + und wird gelesen **plus.**

Z. B. $5+3=8$, gelesen 5 plus 3 gleich 8. – Da $5+3=8$ und ebenso $3+5=8$, so ist ersichtlich, daß die Reihenfolge der Summanden willkürlich ist.

Sind **benannte** Zahlen zusammenzuzählen, so merke man sich, daß nur **gleichbenannte Zahlen** addiert werden können, z. B. können **nicht** zusammengezählt werden **7 Kilogramm** und **3 Meter.** Man schreibt die gleichbenannten Zahlen am besten untereinander und zählt dann zusammen.

1. Beispiel: Es sollen addiert werden:

168 Mark	17 Pfennig
35 Mark	23 Pfennig
42 Mark	28 Pfennig
58 Mark	15 Pfennig
gibt 303 Mark	83 Pfennig.

2. Beispiel: Jemand kauft bei einer Obsthändlerin 25 Stück Äpfel und 40 Stück Birnen, bei einer zweiten 33 Äpfel, 28 Birnen, bei einer dritten 54 Äpfel und 36 Birnen. Wieviel hat er eingekauft?

Lösung: Es können nur zusammengezählt werden die Äpfel für sich und die Birnen für sich; das gibt, die gleichbenannten Zahlen untereinander geschrieben:

25 Äpfel	40 Birnen
33 Äpfel	28 Birnen
54 Äpfel	36 Birnen
112 Äpfel	104 Birnen.

Es sind also eingekauft worden: 112 Äpfel und 104 Birnen.

Die nachfolgenden Beispiele suche man selbständig zu lösen. Man gewöhne sich an deutliches Zahlenschreiben und sehe darauf, daß die Zeichen + mit dem Gleichheitszeichen (=) in **eine gerade** Linie zu stehen kommen.

---

*) Die vier Grundrechenarten mit **ganzen** Zahlen müssen als bekannt vorausgesetzt und sollen hier nur kurz angedeutet werden, um die in diesem Werke gebräuchliche Bezeichnungsweise kennenzulernen.

3. $5+2+3+4+7 = 21$
4. $18+25+34+49 = 126$
5. $324+348+712+536 = 1920$

Der **Anfänger** möge sich die Aufgaben zuerst so aufschreiben, daß die Zahlen untereinander zu stehen kommen, und zwar Einer unter Einer, Zehner unter Zehner usw., also Beispiel (5).

5.	324	6. $5432+8645+4748+3597 = ?$
	348	7. $4382+3564+9726+3548 = ?$
	712	8. $1005+3047+4520+7842 = ?$
	536	9. $5451+3225+8332+4716 = ?$
Summe	1920	

§ 2 Die Subtraktion

1. **Erklärung:** Von einer Zahl 7 eine Zahl 5 **subtrahieren** oder abziehen, heißt, eine neue Zahl 2 finden, von der Beschaffenheit, daß, wenn man sie zu der abzuziehenden Zahl hinzuzählt, die ursprüngliche Zahl 7 herauskommt.

2. Die **Zahl** (7), **von welcher** abgezogen werden soll, heißt **Minuend,** die Zahl (5), **welche** abgezogen werden soll, heißt **Subtrahend,** das Resultat (2) heißt **Rest, Differenz** oder **Unterschied.**

3. Das **Zeichen** der Subtraktion ist ein – und wird gelesen **minus.**

In Zeichen lautet die obige Erklärung:

Min. Subtr. Rest
$7 - 5 =$ 2, gelesen 7 minus 5 gleich 2

Minuend ist	7
Subtrahend	5
Rest	2

Häufig nennt man auch eine nur **angedeutete** Subtraktion, z. B. 7–5, für sich eine **Differenz.**

Der Anfänger verwechselt vielfach **Subtrahend** und **Minuend** miteinander, er merke sich dazu: die Worte folgen in der Reihenfolge aufeinander, wie sie im Wörterbuch stehen, also zuerst **M**inuend und dann **S**ubtrahend.

4. Auch bei der Subtraktion können nur **gleichbenannte Zahlen** voneinander abgezogen werden.

Beispiele: 1. Von 85 Mark 75 Pfennig sollen 43 Mark 43 Pfennig abgezogen werden.

Lösung: Man schreibe am besten den Minuend hin, und darunter den Subtrahend, und zwar Mark unter Mark, Pfennig unter Pfennig, also:

Minuend	85 Mark 75 Pfennig
Subtrahend	43 Mark 43 Pfennig
Rest	42 Mark 32 Pfennig

2. $8-5 = 3$
3. $52-46 = 6$
4. $25-19 = 6$
5. $15-15 = 0$
6. $72-8 = 64$
7. $64-60 = 4$
8. $5789633-6236 = 5783397$
9. $372543-98798 = 273745$
10. $65432-13789 = 51643$

§ 3 Die Multiplikation

1. Statt zu schreiben $3+3+3+3 = 12$, schreibt man kürzer $4 \cdot 3 = 12$, gelesen 4 mal 3 gleich 12, und nennt $4 \cdot 3$ eine **Multiplikation.** Es ist also die Multiplikation eine **abgekürzte** Schreibweise für eine **Addition gleicher** Summanden.

Das **Zeichen** der Multiplikation ist ein $\cdot$, gelesen **mal.** In diesem Werke soll stets der Punkt $\cdot$ als Multiplikationszeichen verwendet werden.

Wenn nun oben $3+3+3+3$ oder $4 \cdot 3 = 12$ ist, und da wir wissen, daß auch $4+4+4$ oder $3 \cdot 4 = 12$ ist, so folgt offenbar, daß $4 \cdot 3 = 3 \cdot 4$ ist, d. h. die zu multiplizierenden Zahlen können **beliebig vertauscht werden.** Ebenso ist $6 \cdot 5 = 5 \cdot 6$ usf.

Die beiden Zahlen, welche miteinander multipliziert werden sollen, heißen **Faktoren,** und das Resultat **Produkt.**

Faktoren Produkt
Also $5 \cdot 6 =$ 30

Man nennt auch eine nur **angedeutete** Multiplikation ein **Produkt.** Es ist also $6 \cdot 5$ ein Produkt, dessen Wert gleich 30 ist.

2. Da bei der Multiplikation der eine Faktor nur angibt, **wie oft** der andere als Summand gesetzt werden soll, so kann auch nur **eine** Zahl eine **benannte** sein. Denn 3 mal 6 Meter heißt: es sollen 6 Meter 3 mal addiert werden, also 6 Meter + 6 Meter + 6 Meter = 18 Meter; 3 Meter mal 6 hat keinen Sinn. Vertauscht man aber die Faktoren, was ja erlaubt ist, so hat man anstatt 3 Meter mal 6, jetzt 6 mal 3 Meter, und das bedeutet: es sollen addiert werden 3 Meter + 3 Meter + 3 Meter + 3 Meter + 3 Meter + 3 Meter = 18 Meter.

Zwei benannte Zahlen, auch wenn sie **gleich** benannt sind, **können nicht miteinander multipliziert werden,** z. B. 3 **Meter** mal 6 **Meter** hat keinen Sinn.

Beispiele:

1. $7 \cdot 8 = 56$
2. $9 \cdot 5 = 45$
3. $7 \cdot 18 = 126$
4. $6 \cdot 17 = 102$
5. $5 \cdot 238 = 1190$
6. $4 \cdot 837 = 3348$

3. Sind **mehr als zwei** Größen miteinander zu multiplizieren, so multipliziert man zuerst **zwei** miteinander, das erhaltene **Resultat** mit der **dritten,** dieses erhaltene Resultat mit der **vierten** usw.

Beispiele: 7. $6 \cdot 4 \cdot 10$

Lösung: Man multipliziere zuerst $6 \cdot 4 = 24$, hierauf $24 \cdot 10 = 240$, folglich ist $6 \cdot 4 \cdot 10 = 240$.

8. $4 \cdot 7 \cdot 25$

Zuerst $4 \cdot 7 = 28$, dann $28 \cdot 25 = 700$, also ist $4 \cdot 7 \cdot 25 = 700$.

Anmerkung: Da die **Reihenfolge** der Faktoren **willkürlich** ist (vgl. § 3 unter 1.), so hätte man auch zuerst $4 \cdot 25 = 100$ multiplizieren können, und dann $100 \cdot 7 = 700$.

9. $8 \cdot 13 \cdot 5 = 520$ 10. $6 \cdot 2 \cdot 3 \cdot 5 \cdot 4 = 720$

Größere Zahlen zu multiplizieren muß jedem bekannt sein. Nachfolgendes Beispiel mag dies nochmals zeigen.

Soll 3578 mit 923 multipliziert werden, so schreibt man die beiden Zahlen nebeneinander und verfährt auf folgende Weise:

$3578 \cdot 923$		oder:	$3578 \cdot 923$
10734	d. i. $3578 \cdot$ **3** Einer		10734
7156	d. i. $3578 \cdot$ **2** Zehner		7156
32202	d. i. $3578 \cdot$ **9** Hunderter		32202
3302494	(Produkt)		3302494

4. **Multiplikation einer Zahl mit einer Summe oder Differenz.** Hat man im Kopfe die Aufgabe $8 \cdot 93$ zu multiplizieren, so wird man zunächst $8 \cdot 90 = 720$ bilden, und hierzu addieren $8 \cdot 3 = 24$, so daß $8 \cdot 93 = 720 + 24 = 744$ ist.

In Zeichen hätte man diese Aufgabe geschrieben:

$$8\,(90+3) = 8 \cdot 90 + 8 \cdot 3 = 720 + 24 = 744$$

Man beachte das Zeichen ( ) um $90+3$, welches **Klammer** genannt wird. Läßt man die Klammer weg, schreibt also $8 \cdot 90 + 3$, so heißt das: es soll nur $8 \cdot 90 = 720$ gebildet werden und dazu 3 addiert werden, also $8 \cdot 90 + 3 = 720 + 3 = 723$.

Da $90+3$ eine **Summe** genannt wird (vergl. § 1 unter 2.), so sagt man: $8\,(90+3)$ bedeutet, es soll eine Zahl 8 mit einer Summe $(90+3)$ multipliziert werden. Wie dies Beispiel zeigt, wird **eine Summe mit einer Zahl multipliziert, indem man jeden einzelnen Summanden,** 90 und 3, **mit der Zahl 8, multipliziert und die Produkte addiert.**

Hätte man im Kopfe zu berechnen $7 \cdot 598$, so würde man am zweckmäßigsten multiplizieren: 7 mit 600 gibt 4200; da nun aber 600 um 2 größer ist als 598, so hätte man diese 2 siebenmal zu viel genommen, muß also $7 \cdot 2$ von $7 \cdot 600$ oder 14 von 4200 wieder abziehen. In Zeichen ist:

$$7 \cdot 598 = 7 \cdot (600-2) = 7 \cdot 600 - 7 \cdot 2 = 4200 - 14 = 4186$$

$600-2$ heißt bekanntlich eine **Differenz** (vergl. § 2 unter 3.), man hatte also eine **Differenz** mit einer Zahl zu multiplizieren. Wie das Beispiel zeigt, wird **eine Differenz (600 − 2) mit einer Zahl (7) multipliziert, indem man zuerst den Minuenden (600), dann den Subtrahenden (2) mit der Zahl (7) multipliziert und die Produkte $7 \cdot 600$ und $7 \cdot 2$ voneinander abzieht,** also

$$7 \cdot 600 - 7 \cdot 2 = 4200 - 14 = 4186$$

Beispiele:

1. $7 \cdot 86 = 7 \cdot (80+6) = 7 \cdot 80 + 7 \cdot 6 = 560 + 42 = 602.$
2. $5 \cdot 72 = 5 \cdot (70+2) = 350 + 10 = 360.$
3. $9 \cdot 109 = 9\,(100+9) = 900 + 81 = 981.$
4. $7\,(20-6) = 7 \cdot 20 - 7 \cdot 6 = 140 - 42 = 98.$
5. $8\,(35-23) = 8 \cdot 35 - 8 \cdot 23 = 280 - 184 = 96.$
6. $4 \cdot 297 = 4\,(300-3) = 1200 - 12 = 1188.$
7. $5 \cdot 492 = 5\,(500-8) = 2500 - 40 = 2460.$
8. $8 \cdot 612 = 8\,(600+12) = 4800 + 96 = 4896.$

§ 4 Die Division

1. **Erklärung:** Eine Zahl 12 durch eine Zahl 4 **dividieren** oder teilen, heißt, eine neue Zahl finden, die mit 4 **multipliziert,** 12 gibt. Diese Zahl ist 3; denn $3 \cdot 4 = 12$.

Eine andere Erklärung ist folgende:

2. Eine Zahl 12 durch eine Zahl 4 **dividieren** oder teilen, heißt, die Zahl 12 in so viele **gleiche** Teile teilen, wie die Zahl 4 angibt.

3. Die Zahl 12, welche geteilt oder dividiert wird, heißt **Dividend** oder die zu **teilende** Zahl. Die Zahl 4, welche teilt oder dividiert, heißt **Teiler** oder **Divisor.** Das Resultat 3 der Division heißt **Quotient.** Das **Zeichen** der Division ist ein :, gelesen **dividiert durch,** also:

Divid. Divis. Quot.
12 : 4 = 3, gelesen 12 dividiert durch 4 gleich 3

Der Anfänger verwechselt auch hier leicht **Dividend** und **Divisor,** er merke sich daher ebenfalls: die Worte folgen in der Reihenfolge, wie sie im Wörterbuch stehen, also Dividend, Divisor.

Statt zu sagen: 12 dividiert durch 4, sagt man auch wohl manchmal: 4 ist enthalten in 12.

4. **Division benannter Zahlen**

Bei der Division **benannter** Zahlen müssen zwei Fälle unterschieden werden.

1. Teilung: Der Dividend ist eine **benannte** Zahl, der Divisor eine **unbenannte Zahl,** z. B. 18 Meter : 3. In diesem Falle ist das Resultat, also der Quotient, eine mit dem Dividend **gleichbenannte Zahl,** nämlich 6 Meter. Denn soll 18 Meter durch 3 dividiert werden, so heißt das: es soll eine Zahl gefunden werden, welche mit dem Divisor 3 multipliziert den Dividenden 18 Meter gibt, das ist 6 Meter, also:

18 Meter : 3 = 6 Meter, weil umgekehrt
3·6 Meter = 18 Meter ist.

Man könnte auch sagen: 18 Meter durch 3 dividieren heißt: es sollen 18 Meter in 3 gleiche Teile geteilt werden, dann ist jeder Teil gleich 6 Meter.

2. Messung: Der Dividend **und** der Divisor sind **gleichbenannte** Zahlen, z. B. 35 Meter : 5 Meter. In diesem Falle ist das Resultat oder der Quotient eine **unbenannte** Zahl, nämlich 7. Denn soll 35 Meter durch 5 Meter dividiert werden, so heißt das: man soll eine Zahl finden, mit welcher der Divisor 5 Meter multipliziert werden muß, um den Dividenden 35 Meter zu ergeben. Diese Zahl ist 7, und dieselbe muß (nach § 3, 2.) eine **unbenannte** Zahl sein, denn nur 7·5 Meter = 35 Meter.

Oder: 35 Meter durch 5 Meter dividieren heißt auch fragen: wie oft sind 5 Meter in 35 Meter enthalten? Die Antwort kann nur sein: 7 mal, also muß auch hier der Quotient 7 eine **unbenannte** Zahl sein.

Beispiele:
1. 6543 : 3 = 2181
2. 32754 : 2 = 16377
3. 539245 : 5 = 107849
4. 85761 : 9 = 9529

```
   Divid. Divis. Quot.
5. 3728 : 165 = 22
   330
   ---
    428
    330
   ---
     98 Rest
```

```
   Dividend    Divisor   Quotient
6. 397654325 : 38765 = 10258
   38765
   ------
     100043
      77530
     ------
      225132
      193825
      ------
       313075
       310120
       ------
         2955 Rest
```

Erklärung zu 5.: 372 : 165 = 2
330 d. i. 165·2
Rest 42 an denselben hänge man die nächste Stelle 8 und dividiere 428 : 165 = 2
330
Rest 98

Eigenschaften der ganzen Zahlen

§ 5 Zusammengesetzte Zahlen und Primzahlen

Multipliziert man zwei oder mehrere Zahlen miteinander, so erhält man eine neue Zahl, welche man eine **zusammengesetzte** Zahl nennt. Die einzelnen Faktoren, durch deren Multiplikation die zusammengesetzte Zahl entstand, heißen **Teiler,** da sie die Eigenschaft besitzen, in der zusammengesetzten Zahl **ohne Rest** aufzugehen.

Z. B. da $3 \cdot 7 = 21$ ist, so ist 21 eine zusammengesetzte Zahl, 3 und 7 sind **Teiler** von 21.

Umgekehrt läßt sich jede **zusammengesetzte** Zahl in ihre **Teiler zerlegen.**

Z. B. 15 läßt sich zerlegen in $3 \cdot 5$, also sind 3 und 5 die Teiler von 15.

Wollte man die Zerlegung mit jeder beliebigen Zahl vornehmen, so würde man finden, daß bei manchen eine Zerlegung **unmöglich** ist. Man nennt solche Zahlen, die sich **nicht** zerlegen lassen, **einfache** oder **Primzahlen.**

Die Primzahlen von 1 bis 200 sind:

1 2 3 5 7 11 13 17 19 23 29 31 37 41 43 47 53 59 61 67 71 73
79 83 89 97 101 103 107 109 113 127 131 137 139 149 151 157 163
167 173 179 181 191 193 197 199.

Jede andere Zahl ist also eine durch Multiplikation von **Primzahlen** (Primfaktoren) entstandene Zahl, oder eine **zusammengesetzte** Zahl. Um die Zerlegung einer zusammengesetzten Zahl in Primzahlen (Primfaktoren) auszuführen, müßte man nachsehen, ob irgend eine **Primzahl,** welche kleiner ist als die **gegebene** Zahl, in dieser ohne Rest enthalten ist.

Z. B. um zu sehen, ob 169 eine Primzahl ist, oder nicht, dividiere man 169 der Reihe nach durch die Primzahlen 2, 3, 5, 7, 11, 13, und findet hierbei, daß die Division durch 13 aufgeht, also ist 169 keine Primzahl, sondern zusammengesetzt aus $13 \cdot 13$.

Es gibt aber gewisse Gesetze, deren Kenntnis in den meisten Fällen dieses probeweise Dividieren überflüssig macht. Diese Gesetze über die Teilbarkeit der Zahlen sollen im folgenden angegeben werden.

§ 6 Teilbarkeit der Zahlen

Erklärung: Man nennt eine Zahl, teilbar durch eine andere, wenn sie, durch die andere **dividiert, keinen Rest läßt.**

1. **Eine Zahl ist durch 2 teilbar, wenn ihre letzte Ziffer rechts eine 2, 4, 6, 8 oder 0 ist.*)**

Man nennt eine durch 2 teilbare Zahl eine **gerade** Zahl, jede andere eine **ungerade** Zahl.

Z. B. 854**6** ist teilbar durch 2, weil die letzte Ziffer rechts eine 6 ist.
Probe: 8546 : 2 = 4273

2. Eine Zahl ist durch 4 teilbar, wenn die Zahl, welche durch die letzten **zwei** Ziffern gebildet wird, durch 4 teilbar ist.

Z. B. 85**432** teilbar durch 4, weil 32 durch 4 teilbar ist.
Probe: 85432 : 4 = 21358

---

*) Die fettgedruckten Gesetze müssen **unbedingt** wörtlich auswendig gelernt werden.

3. Eine Zahl ist durch 8 teilbar, wenn die Zahl, welche durch die letzten **drei** Ziffern gebildet wird, durch 8 teilbar ist.

Z. B. 6754**848** teilbar durch 8, weil 848 durch 8 teilbar ist.
Probe: 6754848 : 8 = 844356

4. **Eine Zahl ist durch 3 teilbar, wenn die Summe der einzelnen Ziffern (kürzer: Quersumme) durch 3 teilbar ist.**

In der Zahl 35781 z. B. sind die einzelnen Ziffern: 3, 5, 7, 8, 1, ihre Summe ist also 3+5+7+8+1 = 24; da diese Zahl 24 durch 3 teilbar ist, nämlich 24 : 3 = 8, so ist auch die gegebene Zahl 35781 durch 3 teilbar.
Probe: 35781 : 3 = 11927

5. Eine Zahl ist durch 9 teilbar, wenn ihre **Quersumme** durch 9 teilbar ist.

Z. B. 4578678 teilbar durch 9, weil 4+5+7+8+6+7+8 = 45 durch 9 teilbar ist.
Probe: 4578678 : 9 = 508742

6. Eine Zahl ist durch 6 teilbar, wenn sie durch 2 und **durch** 3 teilbar ist.

Z. B. 857436 teilbar durch 6, weil die Zahl (siehe Regel 1) auf 6 endigt, also durch 2 teilbar ist, und 8+5+7+4+3+6 = 33 (siehe Regel 4) durch 3 teilbar ist.
Probe: 857436 : 6 = 142906

7. **Eine Zahl ist durch 5 teilbar, wenn ihre letzte Ziffer rechts eine 5 oder 0 ist.**

Z. B. 37**5** teilbar durch 5, ebenso 48**0** teilbar durch 5.

8. Eine Zahl ist durch 10 teilbar, wenn die letzte Ziffer rechts eine **0** ist.

9. Um zu sehen, ob eine Zahl durch 7 teilbar ist, dividiert man am besten probeweise durch 7. (Siehe das am Schlusse von § 5 Gesagte.)

Beispiele: Durch welche verschiedenen Zahlen sind ohne Rest teilbar die Zahlen: 8, 15, 365, 3654, 5360, 278, 57884, 3792, 4375, 3850, 4310, 46011, 27855, 437920? (Lösungen siehe Lösungsheft.)

§ 7 Zerlegung in Faktoren

Das Zerlegen in Primzahlen oder Primfaktoren möge nun durch einige Beispiele erläutert werden.

1. 57 zu zerlegen.

Lösung: Man untersucht 57 auf seine Teilbarkeit hin und findet, da die Quersumme 5+7 = 12 durch 3 teilbar ist, daß auch 57 durch 3 teilbar ist, also 57 : 3 = 19. Nach der Erklärung der Division ist aber 3·19 = 57, und da 19 und 3 Primzahlen sind, so ist die Zerlegung ausgeführt, es ist also:

$$57 = 3 \cdot 19$$

2. 445 zu zerlegen.

Lösung: Nach § 6 ist 445 durch 5 teilbar, nämlich: 445 : 5 = 89, folglich 445 = 5·89, da nun 5 und 89 Primzahlen sind, so ist eine weitere Zerlegung nicht mehr möglich.

3. 24 zu zerlegen.

Lösung: Es ist 24 teilbar durch 8, nämlich 24 : 8 = 3, also 24 = 8·3. Nun ist aber 8 **keine** Primzahl, sondern 8 läßt sich zunächst in 2·4 und 4 wiederum in 2·2 zerlegen, also 8 in 2·2·2, demnach ist

$$24 = \overbrace{2 \cdot 2 \cdot 2}^{8} \cdot 3.$$

4. 36 zu zerlegen.

Lösung: $36 = 6 \cdot 6 = \overbrace{2 \cdot 3}^{6} \cdot \overbrace{2 \cdot 3}^{6}$, oder geordnet $36 = 2 \cdot 2 \cdot 3 \cdot 3$.

5. 105 zu zerlegen.

Lösung: $105 = 5 \cdot 21 = 5 \cdot \overbrace{3 \cdot 7}^{21}$.

6. 1260 zu zerlegen.

Lösung: $1260 = 10 \cdot 126 = \overbrace{2 \cdot 5}^{10} \cdot \overbrace{9 \cdot 14}^{126} = 2 \cdot 5 \cdot \overbrace{3 \cdot 3}^{9} \cdot \overbrace{2 \cdot 7}^{14}$,
geordnet $1260 = 2 \cdot 2 \cdot 3 \cdot 3 \cdot 5 \cdot 7$.

7. 1836 zu zerlegen.

Lösung: $1836 = 2 \cdot 918 = 2 \cdot \overbrace{2 \cdot 459}^{918} = 2 \cdot 2 \cdot \overbrace{9 \cdot 51}^{459} =$
$2 \cdot 2 \cdot \overbrace{3 \cdot 3}^{9} \cdot 51 = 2 \cdot 2 \cdot 3 \cdot 3 \cdot \overbrace{3 \cdot 17}^{51} = 2 \cdot 2 \cdot 3 \cdot 3 \cdot 3 \cdot 17$.

Zu zerlegen: 8. 720 9. 2520 10. 8190 11. 192 12. 285 13. 7122 14. 2535 15. 16 16. 18 17. 27 18. 32 19. 36 20. 64 (Lösungen siehe Lösungsheft).

§ 8 Das kleinste gemeinsame Vielfache mehrerer Zahlen

Sind mehrere gegebene Zahlen in einer anderen Zahl **ohne** Rest enthalten, so nennt man diese Zahl ein **Vielfaches** der gegebenen Zahlen.

So ist z. B. 24 ein Vielfaches von 6 und 4, denn 6 und 4 sind in 24 ohne Rest enthalten, nämlich $24:6 = 4$ und $24:4 = 6$. Ebenso ist aber auch 12 ein Vielfaches von 6 und 4, denn 6 sowohl als auch 4 sind in 12 ohne Rest enthalten, nämlich $12:6 = 2$ und $12:4 = 3$.

Es können also zwei Zahlen **mehrere** Vielfache besitzen. Von besonderem Interesse ist das **kleinste gemeinsame Vielfache** mehrerer Zahlen.

> **1. Regel:** Um das kleinste **gemeinsame** Vielfache mehrerer Zahlen zu finden, zerlege man jede Zahl in ihre Primfaktoren, schreibe von der ersten Zahl **sämtliche** Primfaktoren auf, von den folgenden Zahlen aber nur diejenigen Primfaktoren, welche an dem Produkte der betreffenden Zahl fehlen.

Beispiele:

1. Es ist das kleinste gemeinsame Vielfache der Zahlen: 4, 6, 8, 12 zu suchen.

Lösung: Man zerlege zunächst jede Zahl in ihre Primfaktoren und erhält:
$4 = 2 \cdot 2$, $6 = 2 \cdot 3$, $8 = 2 \cdot 2 \cdot 2$, $12 = 3 \cdot 2 \cdot 2$

von der ersten Zahl 4 schreibe man **sämtliche** Faktoren hin, also: $2 \cdot 2$
von der Zahl 6 nur die zur Bildung von 6 fehlende 3, also: 3, denn 2 steht schon da
von der Zahl 8 nur die zur Bildung von 8 fehlende 2, also: 2, denn $2 \cdot 2$ steht schon da
von der Zahl 12 fehlt nichts, also wird nichts angeschrieben, denn $3 \cdot 2 \cdot 2$ steht schon da

Es ist also das kleinste gemeinsame Vielfache: $\mathbf{2 \cdot 2 \cdot 3 \cdot 2 = 24}$

2. Vielfaches von 4, 5, 10, 12, 15

Lösung: Die Zerlegung gibt:
$4 = 2\cdot 2$, $5 = 5$, $10 = 2\cdot 5$, $12 = 3\cdot 2\cdot 2$, $15 = 3\cdot 5$,

folglich ist das Vielfache: $\mathbf{2\cdot 2\cdot 5\cdot 3 = 60}$

$2\cdot 2$ hinschreiben, dann 5, von $10 = 2\cdot 5$ steht die 2 und die 5 schon da, von $12 = 3\cdot 2\cdot 2$ fehlt die 3, denn $2\cdot 2$ steht schon da, von $15 = 3\cdot 5$ fehlt nichts, da 3 und 5 schon dasteht.

3. 2, 3, 4, 6, 8, 12
   Vielfaches: $\mathbf{2\cdot 3\cdot 2\cdot 2 = 24}$

4. 3, 4, 5, 6, 8, 10, 12, 15
   Vielfaches: $\mathbf{3\cdot 2\cdot 2\cdot 5\cdot 2 = 120}$

5. 3, 5, 7, 15
   Vielfaches: $\mathbf{3\cdot 5\cdot 7 = 105}$

§ 9 Fragen zur Wiederholung*)

1. Wie nennt man das Resultat bei der Addition? (Antwort siehe § 1)
2. Wie heißen bei der Addition die **einzelnen zu addierenden** Größen? (§1)
3. Bezeichne in $3+5+4+7+8 = 27$ die einzelnen Größen mit ihren Namen. (§ 1)
4. Wie heißt das Resultat bei der Subtraktion? (§ 2)
5. Bezeichne in der Aufgabe $15-7 = 8$ die Größen 15, 7 und 8 mit ihren Namen? (§ 2)
6. Wie schreibt man die Aufgabe, wenn der Subtrahend 14 und der Minuend 20 ist? (§ 2)
7. Wie groß ist der Rest in Frage 6? (§ 2)
8. Wie heißt der Subtrahend, wenn der Minuend 24 und der Rest 4 ist? **) (§ 2)
9. Schreibe Frage 8, beantwortet in Zeichen, auf. (§ 2)
10. Wie heißt der Minuend, wenn der Subtrahend 12 und der Rest 18 ist?**) (§ 2)
11. Schreibe Frage 10, beantwortet in Zeichen, auf. (§ 2)
12. Wie heißt das Resultat bei der Multiplikation? (§ 3)
13. Wie nennt man die zu multiplizierenden Größen? (§ 3)
14. Wie wird eine Summe mit einer Zahl multipliziert? (§ 3)
15. Wie heißt das Resultat der Division? (§ 4)
16. Der Divisor ist 8, der Dividend 24, wie groß ist der Quotient? (§ 4)
17. Schreibe die beantwortete Frage 16 in Zeichen auf. (§ 4)
18. Wie groß ist der Dividend, wenn der Quotient 7, der Divisor 8 ist? (§ 4)
19. Mit welcher Zahl muß 7 multipliziert werden, um 63 zu ergeben? (§ 4)

*) Die Beantwortung dieser Fragen ist dem Leser **dringend** anzuraten.

**) Wem die Lösung der Aufgaben 8, 10 usw. schwer fällt, der ersetze die gesuchte Größe durch ein Fragezeichen und schreibe z. B. bei 8
$24 - ? = 4$,
wodurch sich die Aufgabe leichter lösen lassen wird.

20. Mit welcher Zahl muß 12 multipliziert werden, um 156 zu ergeben? (§ 4)

21. Schreibe die Lösung der Aufgabe 20 in Worten auf.

22. Können bei der Multiplikation zweier Zahlen **beide benannt** sein? (§ 3)

23. Können bei der Divison Dividend **und** Divisor **benannte** Zahlen sein? (§ 4)

24. Was für eine Zahl ist alsdann der Quotient?

25. Was für eine Zahl ist der Quotient, wenn der Dividend eine **benannte** Zahl, der Divisor aber eine **unbenannte** Zahl ist?

26. Wie nennt man eine Zahl, die durch Multiplikation mehrerer Zahlen entsteht? (§ 5)

27. Wie heißt eine Zahl, die sich nicht in Teiler zerlegen läßt? (§ 5)

28. Wann ist eine Zahl durch 2 teilbar? (§ 6)

29. Wie nennt man eine durch 2 teilbare Zahl? (§ 6)

30. Was für eine Zahl entsteht, wenn man zu einer geraden Zahl 1 zuzählt? (§ 6)

31. Wann ist eine Zahl durch 3 teilbar? (§ 6)

32. Wann ist eine Zahl durch 9 teilbar? (§ 6)

33. Was versteht man unter der Quersumme einer Zahl? (§ 6)

34. Ziehe von einer beliebigen Zahl, z. B. 5193, die Quersumme ab und untersuche, durch welche Zahl der Rest teilbar ist?

Lösung: Quersumme von 5193 ist $5+1+9+3 = 18$, $5193-18 = 5175$ und 5175 teilbar durch 9. (Außerdem durch 115)

35. Rechne 34 für verschiedene Zahlen durch und sprich das gefundene Gesetz in Worten aus.

36. Man erkläre folgendes Kunststück: Schreibe eine beliebige Zahl hin, ziehe die Quersumme ab und streiche von der erhaltenen Restzahl eine Ziffer weg, bilde von der übrig gebliebenen Zahl die Quersumme und sage mir dieselbe, ich will Dir dann sagen, welche Zahl Du gestrichen hast.

Beispiel: Schreibe hin 57634, ziehe Quersumme $5+7+6+3+4 = 25$ ab, bilde also $57634-25 = 57609$; von 57609 streiche eine beliebige Ziffer, z. B. 7, und bilde die Quersumme von 57609 d. i. $5+6+0+9 = 20$. Diese Zahl 20 gibt mir an und ich sage Dir, daß 7 gestrichen worden ist.

37. In was für Faktoren kann jede zusammengesetzte Zahl zerlegt werden? (§ 7)
38. Was versteht man unter dem gemeinsamen Vielfachen mehrerer Zahlen? (§ 8)
39. Wie findet man das kleinste gemeinsame Vielfache mehrerer Zahlen? (§ 8)

2. Kapitel

Die Bruchrechnung und das Ausziehen der Quadrat-Wurzel aus Zahlen

Gewöhnliche Brüche

§ 10 Erklärung

1. Teilt (bricht) man ein Ganzes in **mehrere gleiche** Teile und nimmt einen Teil davon weg, so hat man einen **Bruchteil** des Ganzen, oder einen **Bruch.**

Wird z. B. 1 Ganzes in 4 gleiche Teile geteilt, und nimmt man einen Teil davon, so ist dieser Teil der vierte Teil des Ganzen oder kürzer ein Viertel, und in Zeichen: $\frac{1}{4}$. Zwei solcher Teile sind zwei Viertel, in Zeichen: $\frac{2}{4}$

Die Zahl, welche angibt **(nennt),** in **wie viele** gleiche Teile das Ganze geteilt worden ist, heißt **Nenner,** und die Zahl, welche angibt, **wie viele** dieser gleichen Teile genommen **(gezählt)** werden sollen, heißt **Zähler.**

Bei dem Bruche $\frac{3}{7}$ gibt **7** an, daß 1 Ganzes in 7 gleiche Teile geteilt worden ist, und **3** gibt an, daß 3 solcher Teile genommen worden sind, **7** ist also der **Nenner** und **3** der **Zähler.**

Erinnert man sich aber an die zweite Erklärung der **Division** (vergl. § 4, 2), nach welcher der Dividend in so viele gleiche Teile geteilt wird, wie der Divisor angibt, so kann man den Bruch $\frac{1}{4}$ auch schreiben

$$1 : 4.$$

Es ist daher ein Bruch nur eine andere Schreibart der **Division,** und zwar ist **Dividend** dasselbe wie **Zähler** und **Divisor** dasselbe wie **Nenner** des Bruches. Das Divisionszeichen : ist dasselbe wie der Bruchstrich –.

Also der Bruch $\frac{12}{7}$ ist dasselbe wie die Division $\underset{\text{Zähler}}{\overset{\text{Dividend}}{12}} : \underset{\text{Nenner}}{\overset{\text{Divisor}}{7}}$.

2. Man unterscheidet **echte Brüche, unechte Brüche** und **gemischte Zahlen.**

Ein **echter** Bruch ist ein solcher, bei welchem der Zähler **kleiner** ist als der Nenner.

Z. B. $\frac{2}{5}$, $\frac{3}{4}$, $\frac{4}{7}$, $\frac{5}{8}$ sind echte Brüche.

Ein **unechter** Bruch ist ein solcher, bei welchem der Zähler **größer** ist als der Nenner.

Z. B. $\frac{8}{5}$, $\frac{9}{7}$, $\frac{12}{5}$, $\frac{15}{7}$ sind unechte Brüche.

Eine **gemischte Zahl** besteht aus einer ganzen Zahl und einem Bruch.

Z. B. $7\frac{3}{4}$, lies: sieben und drei viertel,
$8\frac{5}{6}$, lies: acht und fünf sechstel,
sind gemischte Zahlen.

§ 11 Verwandlung eines unechten Bruches in eine gemischte Zahl

1. Schreibt man einen unechten Bruch als Divisionsaufgabe, so kann die Divison ausgeführt werden.

Z. B. $\frac{12}{3} = 12 : 3 = 4$
$\frac{15}{5} = 15 : 5 = 3$

Nicht immer aber geht die Division auf.

Z. B. $\frac{12}{7} = 12 : 7 = 1$
$\underline{7}$
Rest 5

Dieser Rest 5 sollte nun auch noch durch 7 dividiert werden; da dies aber nicht möglich ist, so muß man es wenigstens anzeigen, und hätte als das Resultat: 1 Ganzes und 5 : 7, oder 1 Ganzes und $\frac{5}{7}$ oder $1 + \frac{5}{7}$, oder kürzer $1\frac{5}{7}$.

So ist $\frac{25}{3} = 25 : 3 = 8$
$\underline{24}$
Rest 1
also Resultat $8\frac{1}{3}$
$\frac{27}{5} = 27 : 5 = 5$
$\underline{25}$
Rest 2
also Resultat $5\frac{2}{5}$

Beispiele: Die unechten Brüche $\frac{7}{5}, \frac{8}{3}, \frac{15}{4}, \frac{23}{3}, \frac{27}{4}, \frac{36}{5}, \frac{44}{3}, \frac{97}{4}, \frac{107}{5}, \frac{86}{7}, \frac{25}{4}, \frac{39}{14}$ sind in gemischte Zahlen zu verwandeln.(Lösungen siehe Lösungsheft)

§ 12 Erweitern und Kürzen der Brüche

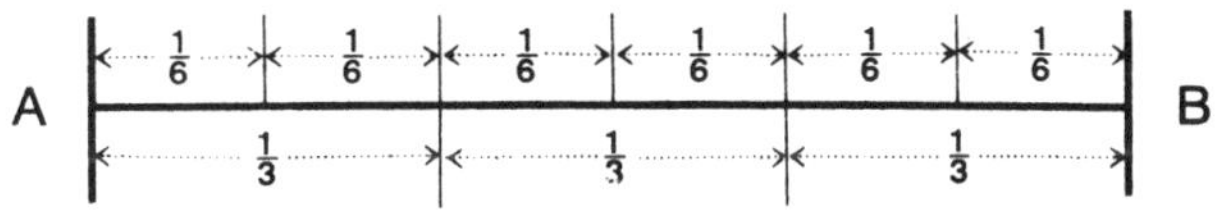

Teilt man ein Ganzes, z. B. die Länge AB, in 6 gleiche Teile, so ist jeder Teil $\frac{1}{6}$, je zwei solcher Teile bilden den Bruch $\frac{2}{6}$. Wie man aber aus der Figur sieht, enthält die Länge AB 3 solche Teile, so daß $\frac{2}{6} = \frac{1}{3}$ ist. Aus $\frac{2}{6}$ wird aber $\frac{1}{3}$, wenn man Zähler und Nenner durch 2 **dividiert,** es ist also richtig zu schreiben: $\frac{2}{6} = \frac{2:2}{6:2} = \frac{1}{3}$.

Natürlich muß auch umgekehrt erlaubt sein zu schreiben $\frac{1}{3} = \frac{1 \div 2}{3 \div 2} = \frac{2}{6}$, indem man also bei $\frac{1}{3}$ den Zähler **und** Nenner mit 2 **multipliziert.** Hieraus folgt die überaus wichtige Regel:

> **2. Regel:** Der **Wert** eines Bruches bleibt ungeändert, wenn man Zähler **und** Nenner mit **einer und derselben** Zahl multipliziert oder durch **eine und dieselbe** Zahl dividiert.

Das erstere Verfahren nennt man **Erweitern,** das letztere **Kürzen** eines Bruches.

Z. B. aus $\frac{2}{3}$ wird $\frac{8}{12}$, wenn man **Zähler und Nenner** mit 4 multipliziert (erweitert). Umgekehrt wird aus $\frac{8}{12}$ der Bruch $\frac{2}{3}$, wenn man **Zähler und Nenner** durch 4 dividiert (kürzt).

Beispiele: Die Brüche $\frac{2}{3}, \frac{1}{5}, \frac{3}{7}, \frac{5}{9}, \frac{4}{7}, \frac{5}{8}$ sollen mit 3 erweitert werden.

Lösung: $\frac{2}{3} = \frac{6}{9}, \frac{1}{5} = \frac{3}{15}, \frac{3}{7} = \frac{9}{21}, \frac{5}{9} = \frac{15}{27}, \frac{4}{7} = \frac{12}{21}, \frac{5}{8} = \frac{15}{24}$

Die Brüche $\frac{4}{6}, \frac{8}{12}, \frac{15}{21}, \frac{14}{35}, \frac{25}{30}, \frac{12}{18}$ sollen gekürzt werden.

Lösung: Man sehe nach, welche Zahl in Zähler **und** Nenner enthalten ist, und dividiere dann Zähler und Nenner durch diese Zahl.

$\frac{4}{6} = \frac{4:2}{6:2} = \frac{2}{3}, \frac{8}{12} = \frac{8:4}{12:4} = \frac{2}{3}, \frac{15}{21} = \frac{15:3}{21:3} = \frac{5}{7}, \frac{14}{35} = \frac{14:7}{35:7} = \frac{2}{5},$

$\frac{25}{30} = \frac{25:5}{30:5} = \frac{5}{6}, \frac{12}{18} = \frac{12:6}{18:6} = \frac{2}{3}$

Das **Erweitern** der Brüche dient besonders dazu, um einen Bruch in einen anderen von ganz **bestimmtem Nenner** zu verwandeln, ohne aber den **Wert** des Bruches selbst zu ändern. Soll z. B. der Bruch $\frac{5}{7}$ in einen anderen mit dem Nenner 42 verwandelt werden, so hat man sich zu fragen: „Womit muß der Nenner 7 multipliziert werden, um 42 zu ergeben?" Zu diesem Zwecke dividiere man den **neuen** Nenner 42 durch den Nenner 7 und erhält 42 : 7 = 6, d. h. der Nenner 7 muß mit 6 multipliziert werden, um 42 zu ergeben. Damit aber der **Wert** des Bruches **derselbe** bleibt, muß auch der Zähler mit 6 multipliziert werden, folglich ist

$$\frac{5}{7} = \frac{5 \cdot 6}{7 \cdot 6} = \frac{30}{42}.$$

Soll z. B. $\frac{4}{9}$ in einen Bruch mit dem Nenner 108 verwandelt werden, so bilde man zunächst

$$108 : 9 = 12$$

und erweitere den Bruch $\frac{4}{9}$ mit dem Quotienten 12,

also $\frac{4}{9} = \frac{4 \cdot 12}{9 \cdot 12} = \frac{48}{108}$.

Beispiele: Die Brüche $\frac{1}{2}, \frac{2}{3}, \frac{3}{4}, \frac{4}{5}, \frac{3}{5}, \frac{5}{6}, \frac{5}{12}, \frac{4}{15}, \frac{3}{20}, \frac{7}{20}, \frac{5}{30}, \frac{7}{30}$
sollen in Brüche mit dem Nenner
a) 60, b) 240, c) 180, d) 120
verwandelt werden. (Lösungen siehe Lösungsheft)

§ 13 Verwandlung ganzer Zahlen in Brüche

Da 7 : 1 = 7, 9 : 1 = 9 ist, dies aber auch geschrieben werden kann $\frac{7}{1} = 7$, $\frac{9}{1} = 9$, so kann man **jede ganze Zahl als einen Bruch mit dem Nenner 1 ansehen.**

Soll nun eine ganze Zahl in einen Bruch verwandelt werden, dessen Nenner **nicht** 1 ist, so erweitere man Zähler und Nenner (Nenner 1) mit dem neuen Nenner.

Z. B. 5 soll in einen Bruch mit dem Nenner 7 verwandelt werden. Man schreibe $5 = \frac{5}{1}$ und erweitere mit 7,

also $\frac{5}{1} = \frac{5 \cdot 7}{1 \cdot 7} = \frac{35}{7}$

Z. B. 3 in einen Bruch mit dem Nenner 30 zu verwandeln.

$$3 = \frac{3}{1} = \frac{3 \cdot 30}{1 \cdot 30} = \frac{90}{30}$$

§ 14 Gleichnamigmachen von Brüchen

Zwei oder mehrere Brüche heißen **gleichnamig,** wenn sie alle **denselben** Nenner besitzen.

Z. B. sind $\frac{3}{8}, \frac{5}{8}, \frac{7}{8}$ gleichnamige Brüche.

Zwei oder mehrere Brüche heißen **ungleichnamig,** wenn sie **verschiedene** Nenner besitzen.

Z. B. sind $\frac{5}{7}, \frac{3}{8}, \frac{4}{9}$ ungleichnamige Brüche.

Ungleichnamige Brüche können gleichnamig gemacht werden.

Dies geschieht, indem man von den Nennern nach § 8 das kleinste gemeinsame Vielfache sucht und dieses als gemeinsamen Nenner (Hauptnenner) ansieht. Durch Erweitern werden nach § 12 die einzelnen Brüche auf diesen neuen Nenner gebracht.

Beispiele:

1. Es sollen $\frac{3}{4}$ und $\frac{5}{6}$ gleichnamig gemacht werden.

Lösung: Das kleinste gemeinsame Vielfache der Nenner 4 und 6 ist (vergleiche § 8) $2 \cdot 2 \cdot 3 = 12$. Nach § 12 hat man

12 : 4 = 3, also $\frac{3}{4} = \frac{3 \cdot 3}{4 \cdot 3} = \frac{9}{12}$

12 : 6 = 2, also $\frac{5}{6} = \frac{5 \cdot 2}{6 \cdot 2} = \frac{10}{12}$

2. $\frac{3}{5}$ und $\frac{7}{10}$ gleichnamig zu machen.

Lösung: Hauptnenner $5 \cdot 2 = 10$

$10 : 5 = 2$, daher $\frac{3}{5} = \frac{3 \cdot 2}{5 \cdot 2} = \frac{6}{10}$

$10 : 10 = 1$, daher $\frac{7}{10} = \frac{7 \cdot 1}{10 \cdot 1} = \frac{7}{10}$

3. Die Brüche $\frac{3}{4}, \frac{5}{6}, \frac{2}{5}, \frac{7}{8}, \frac{5}{9}$ sind gleichnamig zu machen.

Lösung: Hauptnenner $2 \cdot 2 \cdot 3 \cdot 5 \cdot 2 \cdot 3 = 360$

$360 : 4 = 90$, also $\frac{3}{4} = \frac{3 \cdot 90}{4 \cdot 90} = \frac{270}{360}$

$360 : 6 = 60$, also $\frac{5}{6} = \frac{5 \cdot 60}{6 \cdot 60} = \frac{300}{360}$

$360 : 5 = 72$, also $\frac{2}{5} = \frac{2 \cdot 72}{5 \cdot 72} = \frac{144}{360}$

$360 : 8 = 45$, also $\frac{7}{8} = \frac{7 \cdot 45}{8 \cdot 45} = \frac{315}{360}$

$360 : 9 = 40$, also $\frac{5}{9} = \frac{5 \cdot 40}{9 \cdot 40} = \frac{200}{360}$

4. $\frac{5}{9}, \frac{3}{5}, \frac{2}{7}$ sind gleichnamig zu machen.

Lösung: Hauptnenner $3 \cdot 3 \cdot 5 \cdot 7 = 315$

$315 : 9 = 35$, daher $\frac{5}{9} = \frac{5 \cdot 35}{9 \cdot 35} = \frac{175}{315}$

$315 : 5 = 63$, daher $\frac{3}{5} = \frac{3 \cdot 63}{5 \cdot 63} = \frac{189}{315}$

$315 : 7 = 45$, daher $\frac{2}{7} = \frac{2 \cdot 45}{7 \cdot 45} = \frac{90}{315}$

Mache nachfolgende Brüche gleichnamig:

5. $\frac{9}{12}, \frac{47}{48}, \frac{5}{16}, \frac{5}{8}$
6. $\frac{9}{10}, \frac{7}{50}, \frac{13}{25}, \frac{3}{5}$
7. $\frac{6}{7}, \frac{17}{21}, \frac{49}{84}, \frac{41}{42}$
8. $\frac{1}{2}, \frac{2}{3}, \frac{3}{4}, \frac{5}{6}, \frac{7}{8}$
9. $\frac{2}{3}, \frac{5}{6}, \frac{7}{8}, \frac{5}{12}, \frac{7}{16}$

(Lösungen siehe Lösungsheft)

§ 15 Addition von Brüchen

3. Regel: Gleichnamige Brüche werden addiert, indem man ihre **Zähler** addiert und der Summe den gemeinsamen Nenner gibt.

Z. B. $\frac{3}{4}+\frac{5}{4}+\frac{7}{4}+\frac{9}{4} = \frac{3+5+7+9}{4} = \frac{24}{4} = 6$

$\frac{2}{7}+\frac{5}{7}+\frac{3}{7}+\frac{4}{7} = \frac{2+5+3+4}{7} = \frac{14}{7} = 2$

$\frac{5}{9}+\frac{4}{9}+\frac{8}{9}+\frac{7}{9} = \frac{5+4+8+7}{9} = \frac{24}{9} = 2\frac{6}{9}$ oder $\frac{6}{9}$ durch 3 gekürzt, $\frac{2}{3}$, also Resultat $2\frac{2}{3}$.

2. Sind die Brüche ungleichnamig, so mache man sie nach § 14 zuerst gleichnamig.

Z. B. $\frac{3}{4}+\frac{7}{8}+\frac{5}{12}$ gleichnamig gemacht ergibt: $\frac{18}{24}+\frac{21}{24}+\frac{10}{24} = \frac{18+21+10}{24} = \frac{49}{24} = 2\frac{1}{24}$.

Zu addieren: $\frac{1}{2}+\frac{3}{4}+\frac{2}{3}+\frac{5}{6}+\frac{7}{8}$; Hauptnenner $2 \cdot 2 \cdot 3 \cdot 2 = 24$.

$\frac{1}{2} = \frac{12}{24}$; $\frac{3}{4} = \frac{18}{24}$; $\frac{2}{3} = \frac{16}{24}$; $\frac{5}{6} = \frac{20}{24}$; $\frac{7}{8} = \frac{21}{24}$;

also $\frac{1}{2}+\frac{3}{4}+\frac{2}{3}+\frac{5}{6}+\frac{7}{8} = \frac{12+18+16+20+21}{24} = \frac{87}{24} = 87 : 24 = 3\frac{15}{24} = 3\frac{5}{8}$.

72

Rest 15

3. Sollen gemischte Zahlen addiert werden, so addiert man zunächst die Brüche, und zählt die hierbei sich ergebenden Ganzen zu den übrigen Ganzen.

Beispiel 1: $5\frac{1}{2}+6\frac{2}{3}+3\frac{3}{4}+5\frac{7}{8}$

Man addiere zunächst $\frac{1}{2}+\frac{2}{3}+\frac{3}{4}+\frac{7}{8} = \frac{12+16+18+21}{24} = \frac{67}{24}$.

$67 : 24 = 2$, also ist $\frac{67}{24} = 2\frac{19}{24}$

48

Rest 19

Diese erhaltenen 2 Ganzen zu den übrigen Ganzen in der Aufgabe addiert, also zu $5+6+3+5 = 19$ gibt $2+19 = 21$, mithin ist das Resultat $21\frac{19}{24}$.

Beispiel 2: $7+5\frac{3}{8}+4\frac{2}{5}+6+3\frac{1}{2}+2\frac{7}{10}$

Die Brüche $\frac{3}{8}+\frac{2}{5}+\frac{1}{2}+\frac{7}{10}$ geben $\frac{15+16+20+28}{40} = \frac{79}{40} = 1\frac{39}{40}$.
Die Ganzen $7+5+4+6+3+2$ geben 27, hierzu 1 gibt das Resultat $28\frac{39}{40}$.

Aufgaben

Man addiere:

1. $\frac{2}{3}+\frac{5}{6}+\frac{1}{2}+\frac{7}{1}+\frac{9}{8}+\frac{6}{7}+\frac{2}{3}+\frac{7}{9} = ?$
2. $\frac{5}{8}+\frac{3}{4}+\frac{6}{7}+\frac{9}{8}+\frac{1}{2}+\frac{2}{6}+\frac{4}{5}+6 = ?$
3. $3+\frac{5}{4}+7+\frac{1}{2}+\frac{2}{3}+\frac{1}{14}+3+7 = ?$
4. $\frac{1}{2}+2\frac{2}{3}+3\frac{1}{2}+\frac{5}{4}+\frac{7}{8}+\frac{4}{6}+8\frac{1}{2} = ?$
5. $2\frac{3}{4}+3\frac{4}{5}+6\frac{1}{2}+4\frac{7}{12}+4\frac{1}{8}+5\frac{6}{7} = ?$
6. $\frac{5}{3}+2\frac{6}{7}+5\frac{3}{4}+16+\frac{1}{2}+3\frac{2}{6}+5 = ?$
7. $3\frac{5}{9}+17+\frac{1}{2}+\frac{5}{14}+\frac{3}{9}+7\frac{8}{6}+6 = ?$
8. $14\frac{3}{8}+6\frac{6}{7}+3\frac{8}{9}+2\frac{1}{2}+16+\frac{3}{8}+5 = ?$
9. $3\frac{5}{7}+3\frac{8}{9}+6\frac{2}{3}+4\frac{7}{21}+16+5\frac{1}{2}+4 = ?$

(Lösungen siehe Lösungsheft)

Anmerkung: Ehe man an die eigentliche Ausrechnung geht, sehe man nach, ob man nicht den einen oder anderen Bruch kürzen kann.

4. Soll eine ganze Zahl und ein Bruch addiert werden und zwar so, daß ein unechter Bruch entsteht, so bringt man die ganze Zahl auf den Nenner des Bruches und hat alsdann gleichnamige Brüche zu addieren.

Z. B. $3+\frac{5}{7} = \frac{21}{7}+\frac{5}{7} = \frac{26}{7}$;

da in diesem Falle das + zwischen der ganzen Zahl und dem Bruche weggelassen werden darf, also statt $3+\frac{5}{7}$ auch $3\frac{5}{7}$ geschrieben werden kann, so hat man $3\frac{5}{7} = \frac{26}{7}$.

Man nennt dieses Verfahren **Einrichten von Brüchen.**

> **4. Regel:** Brüche werden **eingerichtet,** indem man den Nenner mit der ganzen Zahl multipliziert, zu dem Produkte den Zähler addiert und der Summe den Nenner des Bruches gibt.

Z. B. $5\frac{2}{3} = \frac{5\cdot 3+2}{3} = \frac{15+2}{3} = \frac{17}{3}$

$3\frac{1}{7} = \frac{3\cdot 7+1}{7} = \frac{21+1}{7} = \frac{22}{7}$

Aufgaben

Die Brüche: $3\frac{1}{3}$, $6\frac{2}{3}$, $5\frac{1}{2}$, $7\frac{1}{2}$, $8\frac{5}{6}$, $33\frac{1}{3}$, $66\frac{2}{3}$, $5\frac{7}{9}$, $15\frac{8}{23}$, $17\frac{5}{7}$, $133\frac{1}{3}$, $582\frac{3}{7}$ sollen eingerichtet werden. (Lösungen siehe Lösungsheft)

§ 16 Subtraktion von Brüchen

> **5. Regel: Gleichnamige** Brüche werden subtrahiert, indem man ihre Zähler subtrahiert und der Differenz den gemeinsamen Nenner gibt.

Z. B. $\frac{8}{11}-\frac{3}{11} = \frac{8-3}{11} = \frac{5}{11}$

$\frac{7}{15}-\frac{4}{15} = \frac{7-4}{15} = \frac{3}{15}$, gekürzt $= \frac{1}{5}$

2. **Ungleichnamige** Brüche werden nach § 14 **gleichnamig** gemacht und dann, wie angegeben, subtrahiert.

Z. B. $\frac{3}{4}-\frac{2}{3} = \frac{9}{12}-\frac{8}{12} = \frac{9-8}{12} = \frac{1}{12}$

$\frac{5}{6}-\frac{3}{5} = \frac{25}{30}-\frac{18}{30} = \frac{25-18}{30} = \frac{7}{30}$

$\frac{80}{3}-13 = \frac{80}{3}-\frac{39}{3} = \frac{41}{3} = 13\frac{2}{3}$

Aufgaben

1. $\frac{7}{8}-\frac{5}{12}$	5. $\frac{15}{22}-\frac{4}{33}$	9. $\frac{120}{121}-\frac{2}{3}$
2. $\frac{7}{9}-\frac{3}{5}$	6. $\frac{7}{18}-\frac{3}{10}$	10. $\frac{572}{120}-3$
3. $\frac{11}{15}-\frac{3}{5}$	7. $\frac{8}{21}-\frac{2}{7}$	11. $\frac{800}{3}-200$
4. $\frac{7}{16}-\frac{3}{8}$	8. $\frac{3}{19}-\frac{1}{10}$	12. $\frac{500}{12}-13$

(Lösungen siehe Lösungsheft)

3. Sind gemischte Zahlen zu subtrahieren, so richte man die gemischten Zahlen ein und subtrahiere dann die Brüche, wie angegeben

Z. B. $3\frac{1}{3}-2\frac{1}{2}$ eingerichtet: $\frac{10}{3}-\frac{5}{2}$,
gleichnamig gemacht: $\frac{20}{6}-\frac{15}{6}=\frac{20-15}{6}=\frac{5}{6}$

$5-2\frac{1}{3}=5-\frac{7}{3}=\frac{15}{3}-\frac{7}{3}=\frac{8}{3}=2\frac{2}{3}$

$8-3\frac{1}{7}=8-\frac{22}{7}=\frac{56}{7}-\frac{22}{7}=\frac{56-22}{7}=\frac{34}{7}=4\frac{6}{7}$

Aufgaben

1. $5\frac{1}{2}-2\frac{1}{3}=?$	5. $10\frac{1}{2}-8\frac{3}{4}=?$	9. $10\frac{1}{7}-\frac{3}{4}=?$
2. $3\frac{5}{7}-2\frac{1}{9}=?$	6. $20\frac{1}{2}-15\frac{7}{8}=?$	10. $30-5\frac{1}{2}=?$
3. $5\frac{7}{8}-2\frac{1}{4}=?$	7. $18\frac{2}{3}-4\frac{5}{6}=?$	11. $45\frac{2}{3}-8=?$
4. $3\frac{3}{4}-\frac{1}{3}=?$	8. $3\frac{5}{9}-1\frac{1}{2}=?$	12. $13\frac{5}{7}-6\frac{1}{14}=?$

(Lösungen siehe Lösungsheft)

§ 17 Multiplikation von Brüchen

6. Regel: Brüche werden miteinander multipliziert, indem man **Zähler mit Zähler** und **Nenner mit Nenner multipliziert.**

1. $\frac{5}{9}\cdot\frac{4}{7}=\frac{5\cdot 4}{9\cdot 7}=\frac{20}{63}$
2. $\frac{5}{8}\cdot\frac{4}{7}=\frac{5\cdot 4}{8\cdot 7}=\frac{20}{56}$, oder durch 4 gekürzt: $\frac{5}{14}$.

In Beispiel 2 wurde das Resultat $\frac{20}{56}$ durch 4 gekürzt; das Resultat wäre offenbar dasselbe geblieben, wenn man schon vorher in dem Produkte $\frac{5\cdot 4}{8\cdot 7}$ die Faktoren 4 und 8 durch 4 gekürzt hätte, nämlich $\frac{5\cdot 4}{8\cdot 7}=\frac{5\cdot 1}{2\cdot 7}=\frac{5}{14}$,

wie oben. Hierbei ergibt sich die überaus wichtige Regel:

7. Regel: Statt einen Bruch zu kürzen, kann man auch einzelne Faktoren desselben kürzen.

Anmerkung: Man vergesse im folgenden nicht, daß man jeder ganzen Zahl den Nenner 1 geben kann; der Wert der ganzen Zahl wird dadurch gar nicht geändert, man rechnet aber bequemer und kann die obige 6. Regel (vergl. Beispiele 3, 4, 6, 7) sofort anwenden.

Beispiele:

1. $\frac{5}{7}\cdot\frac{14}{15}=\frac{5\cdot 14}{7\cdot 15}$; 5 und 15 lassen sich durch 5, dagegen 14 und 7 durch 7 kürzen,
   also: $\frac{5\cdot 14}{7\cdot 15}=\frac{1\cdot 2}{1\cdot 3}=\frac{2}{3}$
2. $\frac{15}{22}\cdot\frac{20}{33}=\frac{15\cdot 20}{22\cdot 33}$; 15 und 33 durch 3 gekürzt, 20 und 22 gekürzt durch 2 gibt:
   $\frac{15\cdot 20}{22\cdot 33}=\frac{5\cdot 10}{11\cdot 11}=\frac{50}{121}$
3. $5\cdot\frac{1}{3}=\frac{5}{1}\cdot\frac{1}{3}=\frac{5}{3}=1\frac{2}{3}$
   $\frac{5}{7}\cdot 14=\frac{5}{7}\cdot\frac{14}{1}=\frac{5\cdot 14}{7\cdot 1}=\frac{5\cdot 2}{1\cdot 1}=\frac{10}{1}=10$
4. $\frac{5}{9}\cdot 63=\frac{5}{9}\cdot\frac{63}{1}=\frac{5\cdot 63}{9\cdot 1}=\frac{5\cdot 7}{1\cdot 1}=\frac{35}{1}=35$

Sind **gemischte** Zahlen miteinander zu multiplizieren, so richte man dieselben vorher ein:

5. $7\frac{1}{2}\cdot 3\frac{1}{3}=\frac{15}{2}\cdot\frac{10}{3}=\frac{15\cdot 10}{2\cdot 3}=\frac{5\cdot 5}{1\cdot 1}=25$
6. $8\frac{3}{4}\cdot 12=\frac{35}{4}\cdot\frac{12}{1}=\frac{35\cdot 12}{4\cdot 1}=\frac{35\cdot 3}{1\cdot 1}=105$
7. $15\cdot 3\frac{4}{15}=\frac{15}{1}\cdot\frac{49}{15}=\frac{15\cdot 49}{1\cdot 15}=\frac{1\cdot 49}{1\cdot 1}=49$

Aufgaben

8. $\frac{2}{3}\cdot\frac{3}{4}=?$	$\frac{5}{6}\cdot\frac{7}{8}=?$	$\frac{4}{7}\cdot\frac{3}{16}=?$	$\frac{5}{8}\cdot\frac{16}{25}=?$	$\frac{3}{5}\cdot\frac{20}{21}=?$	$\frac{6}{7}\cdot\frac{14}{15}=?$
9. $\frac{5}{86}\cdot\frac{18}{21}=?$	$\frac{3}{5}\cdot\frac{120}{128}=?$	$\frac{5}{39}\cdot\frac{169}{170}=?$	$\frac{15}{26}\cdot\frac{13}{20}=?$	$\frac{3}{8}\cdot\frac{24}{248}=?$	
10. $5\cdot\frac{1}{3}=?$	$7\cdot\frac{2}{3}=?$	$8\cdot\frac{3}{4}=?$	$6\cdot\frac{5}{12}=?$	$1\frac{5}{9}\cdot\frac{7}{147}=?$	$6\cdot\frac{2}{3}=?$
11. $\frac{2}{5}\cdot 10=?$	$\frac{4}{7}\cdot 2=?$	$\frac{5}{9}\cdot 12=?$	$\frac{15}{16}\cdot 8=?$	$8\cdot\frac{5}{16}=?$	$9\cdot\frac{7}{22}=?$
12. $143\cdot\frac{1}{7}=?$	$182\cdot\frac{5}{9}=?$	$14\cdot 2\frac{5}{21}=?$	$18\cdot 2\frac{5}{18}=?$	$\frac{5}{12}\cdot 24=?$	
13. $15\frac{2}{8}\cdot 12=?$	$14\frac{2}{5}\cdot 10=?$	$33\frac{1}{3}\cdot 9=?$	$66\frac{2}{8}\cdot 12=?$	$\frac{17}{18}\cdot 54=?$	
14. $15\frac{1}{2}\cdot 13\frac{1}{8}=?$	$16\frac{2}{3}\cdot 7\frac{2}{5}=?$	$18\frac{3}{4}\cdot 4\frac{3}{25}=?$	$\frac{25}{36}\cdot 72=?$	$2\frac{1}{3}\cdot 7=?$	
15. $8\frac{1}{2}\cdot\frac{9}{10}=?$	$25\frac{1}{4}\cdot\frac{4}{25}=?$	$28\frac{1}{2}\cdot\frac{3}{7}=?$	$3\frac{5}{9}\cdot 18=?$	$6\frac{2}{3}\cdot 3=?$	

(Lösungen siehe Lösungsheft)

§ 18 Division von Brüchen

Einen Bruch **umkehren,** heißt, Zähler und Nenner miteinander vertauschen.

Z. B. $\frac{3}{4}$ umgekehrt ist $\frac{4}{3}$, $\frac{1}{5}$ umgekehrt ist $\frac{5}{1}$ oder 5,
7 umgekehrt ist $\frac{1}{7}$.

> **8. Regel:** Brüche werden durcheinander **dividiert,** indem man den **Dividenden** mit dem **umgekehrten Divisor multipliziert.**

1. Z. B. $\frac{3}{5}:\frac{15}{22}$, der Dividend ist der Bruch $\frac{3}{5}$, der Divisor ist der Bruch $\frac{15}{22}$, der umgekehrte Divisor heißt $\frac{22}{15}$, folglich geht die Divisionsaufgabe $\frac{3}{5}:\frac{15}{22}$ über in die Multiplikationsaufgabe:

$$\frac{3\cdot 22}{5\cdot 15}=\frac{1\cdot 22}{5\cdot 5}=\frac{22}{25}$$

2. $\frac{5}{8}:\frac{15}{16}=\frac{5}{8}\cdot\frac{16}{15}=\frac{5\cdot 16}{8\cdot 15}=\frac{1\cdot 2}{1\cdot 3}=\frac{2}{3}$

Anmerkung: Man vergesse im folgenden nicht, daß man auch hier jeder guten Zahl den Nenner 1 geben kann, ohne ihren Wert dadurch zu ändern (vergl. die Beispiele 3, 4, 6, 7).

3. $7:\frac{2}{3}=\frac{7}{1}\cdot\frac{3}{2}=\frac{7\cdot 3}{1\cdot 2}=\frac{21}{2}=10\frac{1}{2}$

4. $\frac{5}{7}:8=\frac{5}{7}:\frac{8}{1}=\frac{5}{7}\cdot\frac{1}{8}=\frac{5\cdot 1}{7\cdot 8}=\frac{5}{56}$

Gemischte Zahlen **müssen** vorher eingerichtet werden:

5. $3\frac{1}{2}:7\frac{1}{2}=\frac{7}{2}:\frac{15}{2}=\frac{7}{2}\cdot\frac{2}{15}=\frac{7\cdot 2}{2\cdot 15}=\frac{7\cdot 1}{1\cdot 15}=\frac{7}{15}$
6. $5:3\frac{5}{9}=\frac{5}{1}:\frac{32}{9}=\frac{5}{1}\cdot\frac{9}{32}=\frac{45}{32}=1\frac{13}{32}$
7. $66\frac{2}{3}:100=\frac{200}{3}:\frac{100}{1}=\frac{200}{3}\cdot\frac{1}{100}=\frac{200\cdot 1}{3\cdot 100}=\frac{2\cdot 1}{3\cdot 1}=\frac{2}{3}$

Aufgaben

1. $\frac{3}{4}:\frac{5}{6}=?$	$\frac{2}{3}:\frac{5}{8}=?$	$\frac{5}{7}:\frac{6}{8}=?$	$\frac{1}{2}:\frac{2}{5}=?$
2. $\frac{5}{10}:\frac{8}{29}=?$	$\frac{6}{22}:\frac{4}{25}=?$	$\frac{3}{18}:\frac{3}{7}=?$	$\frac{9}{16}:\frac{7}{25}=?$
3. $12:\frac{5}{8}=?$	$19:\frac{2}{7}=?$	$26:\frac{8}{9}=?$	$22:\frac{7}{15}=?$
4. $16:\frac{5}{12}=?$	$17:\frac{8}{9}=?$	$5:\frac{1}{2}=?$	$9:\frac{3}{8}=?$
5. $\frac{17}{5}:12=?$	$\frac{21}{9}:16=?$	$\frac{17}{5}:3=?$	$\frac{14}{9}:17=?$
6. $\frac{8}{75}:22=?$	$\frac{15}{31}:7=?$	$\frac{8}{76}:15=?$	$\frac{3}{4}:2=?$
7. $16\frac{4}{3}:2\frac{5}{7}=?$	$18\frac{9}{12}:15\frac{1}{2}=?$	$4\frac{3}{4}:2\frac{5}{8}=?$	$1\frac{1}{2}:2\frac{1}{4}=?$
8. $2\frac{5}{9}:4\frac{1}{3}=?$	$4\frac{6}{7}:1\frac{6}{7}=?$	$2\frac{1}{2}:3\frac{2}{5}=?$	$1\frac{1}{6}:1\frac{1}{3}=?$
9. $2\frac{7}{9}:15=?$	$4\frac{1}{3}:2=?$	$2\frac{5}{8}:3=?$	$1\frac{1}{7}:5=?$
10. $19:2\frac{5}{7}=?$	$21:2\frac{5}{8}=?$	$1\frac{5}{9}:6=?$	$14\frac{2}{7}:4=?$
11. $\frac{5}{8}:3\frac{3}{4}=?$	$\frac{2}{7}:\frac{4}{9}=?$	$5\frac{3}{9}:2=?$	$16\frac{1}{2}:4\frac{3}{7}=?$

(Lösungen siehe Lösungsheft)

§ 19 Doppelbrüche

Wie in § 10 auseinandergesetzt worden ist, kann man statt des Divisionszeichens : auch den Bruchstrich setzen, man kann also die Aufgabe:

$\frac{3}{5} : \frac{7}{8}$ auch schreiben: $\frac{\frac{3}{5}}{\frac{7}{8}}$

Dieses Gebilde nennt man einen **Doppelbruch,** und zwar den Zähler $\frac{3}{5}$ den **Zählerbruch** und den Nenner $\frac{7}{8}$ den **Nennerbruch.**

Die Regel für die Divison von Brüchen heißt daher, auf Doppelbrüche angewendet:

9. Regel: Doppelbrüche werden durcheinander **dividiert,** indem man den **Zählerbruch** mit dem **umgekehrten Nennerbruch multipliziert.**

1. $\frac{\frac{7}{15}}{\frac{3}{5}} = \frac{7}{15} \cdot \frac{5}{3} = \frac{7 \cdot 5}{15 \cdot 3} = \frac{7 \cdot 1}{3 \cdot 3} = \frac{7}{9}$

2. $\frac{\frac{9}{20}}{\frac{6}{11}} = \frac{9 \cdot 11}{20 \cdot 6} = \frac{3 \cdot 11}{20 \cdot 2} = \frac{33}{40}$

3. $\frac{\frac{4}{5}}{3} = \frac{\frac{4}{5}}{\frac{3}{1}} = \frac{4}{5} \cdot \frac{1}{3} = \frac{4}{15}$

4. $\frac{10}{\frac{5}{6}} = \frac{\frac{10}{1}}{\frac{5}{6}} = \frac{10 \cdot 6}{1 \cdot 5} = \frac{2 \cdot 6}{1 \cdot 1} = 12$

5. $\frac{2\frac{5}{6}}{\frac{2}{3}}$ eingerichtet: $\frac{\frac{17}{6}}{\frac{2}{3}} = \frac{17 \cdot 3}{6 \cdot 2} = \frac{17 \cdot 1}{2 \cdot 2} = \frac{17}{4} = 4\frac{1}{4}$

6. $\frac{\frac{2}{3}}{2\frac{5}{6}}$ eingerichtet: $\frac{\frac{2}{3}}{\frac{17}{6}} = \frac{2 \cdot 6}{3 \cdot 17} = \frac{2 \cdot 2}{1 \cdot 17} = \frac{4}{17}$

7. $\frac{2\frac{5}{8}}{5\frac{1}{4}}$ eingerichtet: $\frac{\frac{21}{8}}{\frac{21}{4}} \; \frac{21 \cdot 4}{8 \cdot 21} = \frac{1 \cdot 1}{2 \cdot 1} = \frac{1}{2}$

In den folgenden Beispielen muß man die angedeutete Addition oder Subtraktion **erst** ausführen, ehe man dividieren darf.

8. $\frac{\frac{2}{5}+\frac{4}{5}}{\frac{7}{10}+\frac{9}{10}} = \frac{\frac{2+4}{5}}{\frac{7+9}{10}} = \frac{\frac{6}{5}}{\frac{16}{10}} = \frac{6 \cdot 10}{5 \cdot 16} = \frac{3 \cdot 2}{1 \cdot 8} = \frac{3 \cdot 1}{1 \cdot 4} = \frac{3}{4}$

9. $\frac{\frac{5}{6}-\frac{3}{4}}{\frac{7}{9}+\frac{2}{3}} = \frac{\frac{10-9}{12}}{\frac{7+6}{9}} = \frac{\frac{1}{12}}{\frac{13}{9}} = \frac{1 \cdot 9}{12 \cdot 13} = \frac{1 \cdot 3}{4 \cdot 13} = \frac{3}{52}$

10. $\frac{\frac{3}{2}-\frac{2}{3}}{\frac{3}{2}+\frac{2}{3}} = \frac{\frac{9-4}{6}}{\frac{9+4}{6}} = \frac{\frac{5}{6}}{\frac{13}{6}} = \frac{5 \cdot 6}{6 \cdot 13} = \frac{5 \cdot 1}{1 \cdot 13} = \frac{5}{13}$

Zur Übung möge der Leser die obigen Divisionsaufgaben, als Doppelbrüche geschrieben, noch einmal rechnen.

§ 20 Wiederholungsbeispiele (Lösungen siehe Lösungsheft)

1. $\frac{1}{2}+\frac{5}{2}+\frac{7}{2}+\frac{9}{2} = ?$
2. $\frac{3}{4}+\frac{5}{4}+\frac{9}{4}+\frac{7}{4}+\frac{11}{4}+\frac{1}{4} = ?$
3. $\frac{4}{5}+\frac{3}{5}+\frac{7}{5}+\frac{2}{5}-\frac{3}{5} = ?$
4. $\frac{4}{7}+\frac{9}{7}-\frac{2}{7}+\frac{3}{7}-\frac{5}{7} = ?$
5. $6-\frac{2}{3}+\frac{5}{3}+\frac{1}{3} = ?$
6. $2\frac{3}{4}+5\frac{3}{4}+7\frac{3}{4}+8\frac{3}{4} = ?$
7. $4\frac{5}{3}+2\frac{7}{3}+8\frac{8}{3}+2\frac{1}{3} = ?$
8. $\frac{3}{5}+2\frac{7}{5}+\frac{8}{5}+1\frac{1}{5} = ?$
9. $2\frac{3}{8}+4\frac{7}{8}-2\frac{1}{8}-1\frac{1}{8} = ?$
10. $5-2\frac{3}{4}+3\frac{1}{4}+2\frac{5}{4} = ?$
11. $\frac{2}{8}+\frac{3}{4}+\frac{5}{8}+\frac{7}{16} = ?$
12. $\frac{5}{9}+\frac{7}{18}+\frac{2}{36}+\frac{5}{12} = ?$
13. $\frac{3}{15}+\frac{4}{32}+\frac{7}{64}+\frac{1}{50} = ?$
14. $\frac{6}{7}+\frac{2}{9}+\frac{3}{63}+\frac{4}{3} = ?$
15. $2+\frac{3}{4}+\frac{5}{12}+\frac{1}{2}+4 = ?$
16. $\frac{3}{7}+2+\frac{5}{7}-1 = ?$
17. $5-\frac{3}{4} = ?$
18. $7-\frac{6}{19} = ?$
19. $\frac{13}{5}-\frac{7}{8} = ?$
20. $\frac{16}{32}-\frac{25}{64} = ?$
21. $19-18\frac{7}{8} = ?$
22. $83-\frac{97}{100} = ?$
23. $3\frac{1}{4}-1\frac{3}{4} = ?$
24. $7\frac{1}{6}-3\frac{5}{6} = ?$
25. $\frac{17}{20}-\frac{3}{8} = ?$
26. $27\frac{3}{8}-13\frac{7}{12} = ?$
27. $\frac{3}{4} \cdot \frac{2}{4} = ?$
28. $\frac{5}{6} \cdot \frac{7}{3} \cdot \frac{2}{4} \cdot \frac{1}{2} = ?$
29. $\frac{3}{4} \cdot \frac{4}{3} \cdot \frac{1}{2} \cdot \frac{2}{5} = ?$
30. $\frac{1}{6} \cdot \frac{7}{6} \cdot \frac{3}{7} \cdot \frac{5}{9} = ?$
31. $\frac{3}{9} \cdot \frac{9}{7} \cdot \frac{7}{15} \cdot \frac{5}{8} = ?$
32. $\frac{3}{8} \cdot \frac{24}{5} \cdot \frac{7}{9} = ?$
33. $\frac{2}{3} \cdot \frac{4}{5} \cdot \frac{5}{6} \cdot \frac{6}{7} = ?$
34. $\frac{3}{8} \cdot \frac{4}{16} \cdot \frac{3}{7} \cdot \frac{5}{12} = ?$
35. $\frac{2}{3} \cdot \frac{4}{5} \cdot 13 = ?$
36. $2\frac{3}{4} \cdot \frac{4}{5} = ?$

37. $2\frac{5}{7}\cdot\frac{3}{9} = ?$
38. $4\frac{8}{9}\cdot 3\frac{5}{6} = ?$
39. $5\frac{7}{9}\cdot 2\frac{3}{4}\cdot 5\frac{6}{8}\cdot 1\frac{2}{3} = ?$
40. $6\frac{5}{8}\cdot 4\frac{5}{7}\cdot 2\frac{3}{9}\cdot 4\frac{1}{8}\cdot 16 = ?$
41. $5\cdot 6\frac{2}{3}\cdot 4\frac{5}{7} = ?$
42. $8\cdot 2\frac{1}{9}\cdot 5\frac{7}{8}\cdot 16\frac{1}{2} = ?$
43. $\frac{3}{4}\cdot 5\cdot\frac{7}{9}\cdot 2\frac{8}{9}\cdot 4\frac{6}{5} = ?$
44. $2\frac{5}{7}\cdot 4\frac{7}{5}\cdot 3\cdot\frac{1}{4} = ?$
45. $\frac{3}{8}\cdot\frac{3}{3}+\frac{4}{5}\cdot\frac{1}{2}+\frac{2}{3}\cdot\frac{5}{7}+\frac{1}{2}\cdot\frac{2}{3} = ?$
46. $\frac{3}{4}\cdot\frac{5}{6}\cdot\frac{2}{3}+\frac{1}{2}\cdot\frac{2}{3}\cdot\frac{4}{5} = ?$
47. $\frac{2}{4}\cdot\frac{5}{7}\cdot\frac{1}{2}+\frac{2}{3}\cdot\frac{1}{4}\cdot\frac{3}{5}+2 = ?$
48. $\frac{1}{3}\cdot\frac{3}{9}+\frac{2}{7}\cdot\frac{5}{8}\cdot\frac{6}{4}\cdot 3 = ?$
49. $\frac{1}{2}+2\frac{3}{4}\cdot 5\frac{6}{7}+1\frac{1}{2}\cdot\frac{5}{4}+3 = ?$
50. $\frac{1}{4}\cdot\frac{3}{7}\cdot\frac{5}{8}+4\frac{1}{2}+3\frac{2}{5}+6 = ?$
51. $\frac{3}{7}+\frac{5}{8}\cdot\frac{2}{5}\cdot 4+3\frac{1}{7}+6 = ?$

52. $8\frac{1}{2}\cdot 5\frac{3}{4}+1\frac{1}{2}+5\frac{2}{6} = ?$
53. $\frac{4}{5} : \frac{2}{3} = ?$
54. $\frac{2}{3} : \frac{7}{8} = ?$
55. $\frac{7}{16} : \frac{4}{20} = ?$
56. $\frac{2}{18} : \frac{4}{19} = ?$
57. $4 : \frac{3}{8} = ?$
58. $15 : \frac{3}{12} = ?$
59. $5 : \frac{6}{9} = ?$
60. $18 : \frac{2}{7} = ?$
61. $16 : 4\frac{3}{4} = ?$
62. $12 : 5\frac{3}{8} = ?$
63. $21 : 3\frac{5}{9} = ?$
64. $17 : 3\frac{6}{7} = ?$
65. $4\frac{3}{4} : 5\frac{6}{8} = ?$
66. $7\frac{6}{9} : 3\frac{7}{5} = ?$

67. $5\frac{7}{12} : 3\frac{16}{21} = ?$
68. $2\frac{5}{3} : 1\frac{6}{21} = ?$
69. $5\frac{3}{9} : \frac{3}{4} = ?$
70. $5\frac{7}{12} : \frac{1}{2} = ?$
71. $\frac{2}{15} : 3 = ?$
72. $\frac{8}{17} : 4 = ?$
73. $\frac{3}{27} : 15 = ?$
74. $\dfrac{\frac{4}{21}}{2} = ?$
75. $\dfrac{\frac{3}{54}}{16} = ?$
76. $\dfrac{\frac{40}{169}}{12} = ?$
77. $\dfrac{4\frac{3}{4}}{6} = ?$

78. $\dfrac{3\frac{2}{3}}{7} = ?$
79. $\dfrac{8\frac{7}{16}}{2} = ?$
80. $\dfrac{3\frac{5}{8}}{7} = ?$
81. $\dfrac{2\frac{4}{9}}{2} = ?$
82. $\dfrac{1\frac{3}{8}}{14} = ?$
83. $\dfrac{\frac{1}{3}\cdot\frac{6}{7}+\frac{2}{9}\cdot 6}{5\frac{1}{2}-3\frac{1}{4}} = ?$
84. $\dfrac{5-2\frac{1}{2}}{3\frac{2}{3}+5\cdot\frac{4}{15}} = ?$
85. $\dfrac{5}{3\frac{1}{2}+\frac{5}{6}-2\frac{1}{4}}$

(Lösungen siehe Lösungsheft)

Die Dezimalbrüche

§ 21 Erklärung des Dezimalbruches

Ein Dezimalbruch ist ein Bruch, dessen **Nenner** eine **1** mit angehängten Nullen ist.

Z. B. $\frac{37}{10}$; $\frac{325}{100}$; $\frac{4857}{1000}$;

Man schreibt jedoch nur den Zähler des Dezimalbruches auf und deutet den Nenner durch die Stellung eines Kommas (des Dezimalkommas) an.

Zu diesem Zwecke streicht man vom Zähler, von rechts nach links gerechnet, durch ein Komma so viele Stellen ab, als der Nenner Nullen hat. Die Stellen **rechts** vom Komma heißen die **Dezimalstellen;** links vom Komma stehen die **Ganzen.**

Man schreibt also

statt $\frac{37}{10}$; $\frac{325}{100}$; $\frac{4857}{1000}$;
entsprechend: 3,7; 3,25; 4,857.

Hat der Nenner eines Dezimalbruches **mehr Nullen** wie der **Zähler** Stellen, so setzt man **vor** den Zähler so viele Nullen, wie an der Stellenzahl des Dezimalbruches fehlen, setzt das Dezimalkomma und **links** davon noch eine Null. Diese Null deutet an, daß keine Ganzen vorhanden sind, der Bruch also ein **echter** ist.

Z. B. $\frac{5}{10} = 0{,}5$ $\qquad \frac{51}{1000} = 0{,}051$
$\frac{25}{100} = 0{,}25$ $\qquad \frac{4}{10000} = 0{,}0004$

Umgekehrt kann man einen Dezimalbruch als gewöhnlichen Bruch schreiben, indem man die Dezimalstellen als Zähler hinschreibt. Der Nenner ist eine **1** mit so viel angehängten Nullen, als der Dezimalbruch **Dezimalstellen** hat. Sind Ganze vorhanden, so kommen diese vor den Bruch.

Z. B. $0{,}57 = \frac{57}{100}$ $\qquad 0{,}3 = \frac{3}{10}$
$0{,}007 = \frac{007}{1000} = \frac{7}{1000}$

(Die Nullen bei 007 werden weggelassen.)

$3{,}05 = 3\frac{05}{100} = 3\frac{5}{100}$
$45{,}0043 = 45\frac{43}{10000}$

Die Umkehrung zeigt, daß die erste Dezimalstelle, d. i. die erste Zahl rechts vom Komma, Zehntel, die zweite Dezimalstelle Hundertstel, die dritte Tausendstel . . . bedeutet; man wird daher den Dezimalbruch 0,3 lesen: drei Zehntel, den Bruch 0,05: fünf Hundertstel usw.

Da nach § 12, Regel 2, der Wert des Bruches $\frac{5}{10}$ ungeändert bleibt, wenn man ihn mit 10 oder 100 oder 1000 usf. erweitert, so ist also

$$\frac{5}{10} = \frac{50}{100} = \frac{500}{1000} = \frac{5000}{10000},$$

oder als Dezimalbrüche geschrieben:

$$0{,}5 = 0{,}50 = 0{,}500 = 0{,}5000 \text{ usw.},$$

d. h. **der Wert eines Dezimalbruches bleibt ungeändert, wenn man an seine Dezimalstellen rechts beliebig viele Nullen anhängt, oder umgekehrt, vorhandene Nullen wegläßt.**

$$0{,}3 = 0{,}30 = 0{,}300 = 0{,}300000$$
$$\text{umgekehrt } 0{,}700000 = 0{,}7$$

Man beachte noch, daß jede ganze Zahl als Dezimalbruch geschrieben werden kann, z. B. 5 = 5,0 = 5,000000 usw.

§ 22 Die Addition

Um Dezimalbrüche zu addieren, schreibt man die Dezimalkommas genau untereinander, ferner Zehntel unter Zehntel, Hundertstel unter Hundertstel usf., in gleicher Ordnung auch die Stellen der Ganzen, und addiert dann, wie bei gewöhnlichen ganzen Zahlen.

Z. B. 3,478+0,29+0,000376+5,38 schreibt man, indem man nur im Resultate an gehöriger Stelle das Dezimalkomma setzt:

$$\begin{array}{l} 3{,}478 \\ 0{,}29 \\ 0{,}000376 \\ \underline{5{,}38} \\ 9{,}148376 \end{array}$$

§ 23 Die Subtraktion

Um Dezimalbrüche voneinander zu subtrahieren, schreibt man sie, wie bei der Addition, regelmäßig untereinander und subtrahiert dann, wie bei gewöhnlichen ganzen Zahlen, indem man nur im Resultate ebenfalls an gehöriger Stelle das Komma setzt.

Z. B. 16,5873 − 3,02 schreibt man:

$$\begin{array}{ll} 16{,}5873 & \text{(Minuend)} \\ \underline{3{,}02} & \text{(Subtrahend)} \\ 13{,}5673 & \text{(Rest)} \end{array}$$

5,3 − 2,578; man schreibt wieder:

$$\begin{array}{lll} 5{,}3 & \text{oder auch:} & 5{,}300 \\ \underline{2{,}578} & & \underline{2{,}578} \\ & & 2{,}722 \end{array}$$

§ 24 Die Multiplikation

Dezimalbrüche werden miteinander wie gewöhnliche Zahlen multipliziert, ohne anfangs auf das Komma Rücksicht zu nehmen; im Resultate (Produkte) schneidet man schließlich soviel

Stellen von rechts nach links ab, als die Faktoren **zusammengenommen** Dezimalstellen besitzen.

Z. B. $3{,}57 \cdot 0{,}234$ schreibt man:

$$\begin{array}{r} \underline{3{,}57 \cdot 0{,}234} \\ 1428 \\ 1071 \\ \underline{714} \\ 0{,}83538 \end{array}$$

3,57 hat 2 und 0,234 hat 3 Dezimalstellen, beide Faktoren haben also zusammen 5 Dezimalstellen; ebenso viele Stellen sind vom Resultat 83538 von rechts nach links abzuschneiden, und man erhält 0,83538.

Hat das Produkt weniger Stellen, als beide Faktoren zusammen Dezimalstellen haben, so hilft man sich dadurch, daß man links im Resultate die etwa fehlenden Stellen durch Nullen ersetzt, z. B. $0{,}005 \cdot 32$ ist:

$$\begin{array}{r} \underline{0{,}005 \cdot 0{,}32} \\ 10 \\ \underline{15} \\ 0{,}00160 \end{array}$$

Es sind im Produkte 5 Stellen abzuschneiden, 3 sind nur vorhanden; man setzt deshalb noch 2 Nullen vor, so sind 00160 die Dezimalstellen, und das Resultat selbst ist 0,00160.

Multipliziert man auf die gewöhnliche Weise z. B.

3,5789 mit 10	so erhält man:	35,789
3,5789 mit 100	so erhält man:	357,89
3,5789 mit 1000	so erhält man:	3578,9
3,5789 mit 10000	so erhält man:	35789
3,5789 mit 100000	so erhält man:	357890 usf.

d. h. multipliziert man einen Dezimalbruch mit 10, so rückt man das Komma einfach um **eine** Stelle nach rechts, multipliziert man mit 100, rückt man es um **zwei** Stellen nach rechts usf., überhaupt immer um so viel Stellen nach rechts, als die Zahl, mit der man multipliziert, in den letzten Stellen rechts Nullen hat. Hat man deshalb z. B. mit $500 = 5 \cdot 100$ zu multiplizieren, so multipliziert man am besten zuerst mit 100, d. h. rückt das Komma um zwei Stellen nach rechts, und dann erst mit 5.

Z. B.	$3{,}789 \cdot 500 = 378{,}9 \cdot 5 = 1894{,}5$
Ebenso:	$3{,}5 \cdot 7000 = 3500 \cdot 7 = 24500$
Oder:	$2{,}9 \cdot 1000 = 2900$

§ 25 Die Division

1. Ist der Dividend ein Dezimalbruch, der **Divisor** aber eine **ganze Zahl,** so dividiert man genauso, als wenn der Dividend ebenfalls eine ganze Zahl wäre. Ist jedoch die Division der Ganzen beendet, so setze man im Quotienten das Dezimalkomma, ehe man an den Rest die nächste Stelle (die **erste** Dezimalstelle) hängt und weiter dividiert.

Z. B. 957,3856 : 8 = 119,6732

```
957,3856 : 8 = 119,6732
8
15
 8
 77
 72
  53
  48
   58
   56
    25
    24
     16
     16
     ..
```

An den Rest 5 wird die erste Dezimale 3 angehängt, es ist daher im Quotienten hinter 9 das Dezimalkomma zu setzen, ehe weiter, nämlich 53 : 8 = 6 dividiert wird.

Ist der Dividend kleiner als der Divisor, so ist der Divisor in den Ganzen des Dividenden nullmal enthalten.

```
5,841 : 9 = 0,649
0
58
54
 44
 36
  81
  81
  ..
```

5 : 9 = 0. Nun ist aber 0·9 = 0, folglich bleibt der Rest 5. Da die nächste an die 5 anzuhängende 8 die erste Dezimalstelle ist, so ist im Quotienten hinter Null das Komma zu setzen, ehe weiter dividiert wird.

```
0,8548 : 4 = 0,2137
0
 8
 8
  5
  4
  15
  12
   28
   28
   ..
```

```
0,005616 : 6 = 0,000936
0
 0
 0
  0
  0
   5
   0
   56
   54
    21
    18
     36
     36
     ..
```

Das Hinschreiben der ersten Nullen unter den Dividenden konnte selbstverständlich weggelassen werden, man erhielte daher kürzer:

```
0,005616 : 6 = 0,000936
    54
     21
     18
      36
      36
      ..
```

2. Der **Divisor** ist ein **Dezimalbruch.**

In diesem Falle mache man den Divisor zu einer **ganzen Zahl,** indem man das Dezimalkomma im **Divisor und Dividenden** um so viele Stellen nach **rechts** rückt, als der **Divisor** Dezimalstellen hat.

Z. B. 7,4385 : 0,5

ergibt 74,385 : 5 = 14,877

```
5
24
20
 43
 40
  38
  35
   35
   35
   ..
```

Der Divisor 0,5 besitzt **eine** Dezimalstelle, man rückt daher das Dezimalkomma im **Divisor und Dividenden** um **eine** Stelle nach rechts und erhält: 74,385 : 5.

Reichen die Dezimalstellen im Dividenden nicht aus, so erinnere man sich, daß man einem Dezimalbruche **rechts** beliebig viele Nullen anhängen darf.

Z. B. 37,5 : 0,03 oder: 37,50 : 0,03

3750 : 3 = 1250

```
3
 7
 6
 15
 15
  0
```

Der Divisor 0,03 hat 2 Dezimalstellen, folglich muß das Komma im Dividenden und Divisor um 2 Stellen nach rechts gerückt werden; das gibt: 3750 : 3.

Oder: 0,872572 : 0,25; das Komma zwei Stellen nach rechts gibt:

87,2572 : 25 = 3,4902

```
75
122
100
 225
 225
    7
    0
   72
   50
   22
```

Sollte die Division noch weiter fortgesetzt werden, so hänge man an den Rest 22 die nächste Stelle, das ist eine 0 usf., bis genügend Stellen im Quotienten vorhanden sind oder die Division schließlich aufgeht.

Oder: 8,3 : 0,72

```
830 : 72 = 11,52777···
72
110
 72
 380
 360
  200
  144
   560
   504
    560
    504
     560
```

Will man weiter dividieren, so hat man an den Rest 38 eine Null anzuhängen, an den nächsten Rest 20 ebenfalls usf.; hierbei kommt man schließlich auf den Rest 56, der immer wiederkehrt.

Dividiert man 352,7 durch 10, so ist: 352,7 : 10 = 35,27;
dividiert man 352,7 durch 100, so ist: 352,7 : 100 = 3,527;
dividiert man 352,7 durch 1000, so ist: 352,7 : 1000 = 0,3527;
dividiert man 352,7 durch 10000, so ist: 352,7 : 10000 = 0,03527.

Aus den vorstehenden wenigen Beispielen ersieht man also, daß man einen Dezimalbruch durch 10, 100, 1000 usw. dividiert, indem man das Dezimalkomma um soviel Stellen nach **links** rückt, wie der Divisor in den letzten Stellen rechts Nullen hat. So wäre:

5,7 : 1000000 = 0,0000057, weil der Divisor 1000000 sechs Nullen hat.

Hätte man also einen Dezimalbruch 365,68 durch 400, d. h. 4 · 100 zu dividieren, so rückt man am besten das Komma zuerst um 2 Stellen nach links, d. h. dividiert durch 100 und dann erst durch 4.

Es ist also: 365,68 : 400 = 3,6568 : 4 = 0,9142.

§ 26 Verwandlung eines gewöhnlichen Bruches in einen Dezimalbruch

10. Regel: Ein **gewöhnlicher Bruch** wird in einen Dezimalbruch verwandelt, indem man den **Zähler durch den Nenner dividiert.**

Z. B. $\frac{3}{8}$ in einen Dezimalbruch zu verwandeln. Man dividiere:

```
3 : 8 = 0,375
0
30
24
 60
 56
  40
```

Man beachte:
3 = 3,000000

Oder: $\frac{5}{12}$ = 5 : 12 = 0,4166···

```
0
50
48
 20
 12
  80
  72
   80
```

Ist eine **gemischte Zahl** in einen Dezimalbruch zu verwandeln, so ist es nur nötig, den **Bruch** zu verwandeln und statt der 0 Ganzen die Ganzen der gemischten Zahl zu setzen.

z. B. $3\frac{5}{16}$

```
5 : 16 = 0,3125
0
──
50
48
──
 20
 16
 ──
  40
  32
  ──
   80
   80
   ──
```

demnach $3\frac{5}{16} = 3{,}3125$

Bei der Verwandlung findet man, daß die Division entweder aufgeht oder nicht. Im letzteren Falle kehren die einzelnen Ziffern in einer gewissen Reihenfolge wieder. Man nennt deshalb den erhaltenen Dezimalbruch einen **periodischen Dezimalbruch,** während man den ersteren einen **endlichen Dezimalbruch** nennen kann. Die in Dezimalbrüche verwandelten gewöhnlichen Brüche

$\frac{1}{3} = 0{,}333\cdots;$ $\frac{2}{3} = 0{,}66\cdots;$
$\frac{5}{9} = 0{,}555\cdots;$ $\frac{3}{11} = 0{,}2727\cdots;$
$\frac{5}{7} = 0{,}714285714285\cdots;$ $\frac{7}{15} = 0{,}4666\cdots;$

sind periodische Dezimalbrüche. **Die Periode heißt einstellig,** wenn nur **eine** Ziffer wiederkehrt, wie in $\frac{1}{3} = 0{,}33\cdots$, $\frac{2}{3} = 0{,}66\cdots$, **zweistellig,** wenn **zwei** Ziffern sich wiederholen, wie in $\frac{3}{11} = 0{,}2727\cdots$, **sechsstellig,** wenn **sechs** Ziffern sich wiederholen wie in $\frac{5}{7} \doteq 0{,}744285\cdots$ usw.

Die Punkte hinter der letzten Stelle sollen andeuten, daß die Division nicht aufgeht, die Ziffern also weitergehen. Man unterscheidet nun ferner

a) **Rein periodische** Dezimalbrüche, d. h. solche, bei welchen die Periode sofort nach dem Komma beginnt und

b) **Unrein periodische** d. h. solche, bei denen nach dem Komma noch andere, nicht wiederkehrende Ziffern stehen.

Rein periodische Brüche sind z. B. $0{,}33\cdots$, $0{,}66\cdots$, $0{,}7575\cdots$, $0{,}853853\cdots$

Unrein periodische sind $0{,}5333\cdots$, $0{,}6544\cdots$, $0{,}723457457\cdots$

Bei $0{,}533\cdots$ geht der Periode $3\cdots$ die Ziffer 5 voraus, bei $0{,}6544\cdots$ gehen der Periode $4\cdots$ die Ziffern 65 voraus, bei $0{,}723457457\cdots$ gehen der Periode $457\cdots$ die Ziffern 723 voraus.

Aufgaben

Nachfolgende Brüche sollen in Dezimalbrüche verwandelt werden:

$\frac{1}{2}, \frac{3}{4}, \frac{5}{16}, \frac{3}{8}, \frac{5}{32}, \frac{1}{64}, \frac{3}{500}, \frac{7}{25}, \frac{73}{125}, \frac{2}{3}, \frac{5}{6}, \frac{7}{11}, \frac{4}{15}, \frac{5}{12}, \frac{3}{7}, \frac{8}{15}, \frac{3}{17}, \frac{23}{11}, \frac{25}{3}, 3\frac{5}{6}, 4\frac{7}{8}, 3\frac{2}{9}, 3\frac{1}{7}, \frac{407}{900}, \frac{53188}{9000}, \frac{4289}{9990}.$

Die Division ist auf so viele Stellen auszuführen, daß sie entweder aufgeht, oder die Periode erscheint (Lösungen siehe Lösungsheft).

§ 27 Verwandlung eines Dezimal-Bruches in einen gewöhnlichen Bruch

1. Soll ein **endlicher** Dezimalbruch in einen gewöhnlichen Bruch verwandelt werden, so erinnere man sich an die in § 21 gegebene Erklärung, wonach ein Dezimalbruch nichts anderes ist, wie ein gewöhnlicher Bruch, dessen Nenner eine 1 mit angehängten Nullen ist.

Z. B. $0{,}5 = \frac{5}{10}$ oder gekürzt $\frac{5}{10} = \frac{1}{2}$ | $0{,}25 = \frac{25}{100}$ oder gekürzt $\frac{25}{100} = \frac{1}{4}$
$0{,}75 = \frac{75}{100}$ oder gekürzt $\frac{75}{100} = \frac{3}{4}$ | $0{,}125 = \frac{125}{1000}$ oder gekürzt $\frac{125}{1000} = \frac{1}{8}$

2. Soll der **rein periodische** Dezimalbruch 0,66··· in einen gewöhnlichen Bruch verwandelt werden, so versagt dies eben angegebene Verfahren, denn $0{,}66\cdots = \frac{66}{100}$ ist nicht richtig. Multipliziert man hingegen den Bruch 0,66··· mit 10, d. h. rückt man das Komma um eine Stelle nach rechts, so erhält man in 6,66··· den 10fachen Wert des gegebenen Bruches, zieht man hiervon den letzteren ab, so erhält man als 9fachen Wert:

$$\overbrace{6{,}66\cdots}^{\text{10facher Wert}} - \overbrace{0{,}66\cdots}^{\text{einfacher Wert}} = 6,$$

folglich ist der 1fache Wert der 9. Teil, also

$$0{,}66\cdots = \frac{6}{9} = \frac{2}{3}$$

Probe: $\frac{2}{3} = 2 : 3 = 0{,}66\cdots$

Hieraus ergibt sich die

11. Regel: Ein **rein periodischer** Dezimalbruch wird in einen **gewöhnlichen** Bruch verwandelt, indem man als **Zähler** die Stellen der Periode und als **Nenner** so viele **Neunen** schreibt, wie die Periode Stellen besitzt.

Beispiele:
1. $0{,}33\cdots = \frac{3}{9} = \frac{1}{3}$
2. $0{,}5454\cdots = \frac{54}{99} = \frac{6}{11}$
3. $0{,}648648\cdots = \frac{648}{999} = \frac{72}{111} = \frac{24}{37}$
4. $0{,}428571428571\cdots = \frac{428571}{999999} = \frac{3}{7}$

3. Ist der zu verwandelnde Dezimalbruch 9 **unrein periodisch,** so kann man auf zweierlei Weise verfahren.

Erste Art: Man rücke das Komma um **so viele Stellen nach rechts,** wie der Periode Stellen vorangehen, und verwandle den hierdurch erhaltenen **rein periodischen Dezimalbruch** nach Regel 11 in einen gewöhnlichen Bruch. Man beachte jedoch, daß durch das Rechtsrücken des Kommas der Bruch mit 10, oder 100, oder 1000 multipliziert wurde, also auch wieder durch 10, 100, oder 1000 dividiert werden muß. Soll z. B. der Dezimalbruch 0,466 in einen gewöhnlichen verwandelt werden, so rückt man das Komma um eine Stelle nach rechts, wodurch mit 10 multipliziert wurde, also muß gleichzeitig durch 10 dividiert werden. Man erhält

$$0{,}466\cdots = \frac{1}{10}\cdot 4{,}6\cdots = \frac{1}{10}\cdot 4\frac{6}{9} = \frac{1}{10}\cdot 4\frac{2}{3}.$$

Richtet man jetzt $4\frac{2}{3}$ ein, so ergibt sich

$\frac{1}{10}\cdot 4\frac{2}{3} = \frac{1}{10}\cdot\frac{14}{3} = \frac{14}{30}$ gekürzt $\frac{7}{15}$,
es ist also: $0{,}466\cdots = \frac{7}{15}$. Probe $7 : 15 = 0{,}46\cdots$

In derselben Weise verwandelt man

$$0{,}4533\cdots = \frac{1}{100}\cdot 45{,}3\cdots = \frac{1}{100}\cdot 45\frac{1}{3} = \frac{1}{100}\cdot\frac{136}{3} = \frac{136}{300} = \frac{34}{75}$$
$$0{,}523454545\cdots = \frac{1}{1000}\cdot 523{,}45\cdots = \frac{1}{1000}\cdot 523\frac{45}{99} = \frac{1}{1000}\cdot 523\frac{5}{11} = \frac{5758}{11000}$$

Zweite Art: Soll der Bruch 0,455 in einen gewöhnlichen verwandelt werden, so multipliziere man ihn mit 100 und erhält 45,5· · ·

Zieht man hiervon den 10fachen Wert des Dezimalbruches ab, also 4,55· · ·, so erhält man den 90fachen Wert, nämlich

$$\underbrace{45{,}55\cdots}_{\text{100facher Wert}} - \underbrace{4{,}55\cdots}_{\text{10facher Wert}} = 41$$

Der 1fache Wert ist also der 90. Teil, mithin

$$0{,}455\cdots = \tfrac{41}{90}.$$

0,8422· · · zu verwandeln. Man multipliziere mit 1000 und subtrahiere den 100fachen Wert, bilde also

$$\underbrace{842{,}222\cdots}_{\text{1000facher Wert}} - \underbrace{84{,}22\cdots}_{\text{100facher Wert}} = 758,$$

dann ist 758 der 900fache Wert des Bruches, der Bruch selbst also der 900. Teil, d. i.

$$0{,}8422\cdots = \tfrac{758}{900}.$$

Hieraus ergibt sich die

> **12. Regel:** Einen **unrein periodischen** Dezimalbruch verwandelt man in einen gewöhnlichen Bruch, indem man als **Zähler** die Dezimalstellen bis zum Schluß der ersten Stelle der Periode **vermindert** um die **vor** der Periode stehenden Stellen schreibt und als **Nenner** so viele **Neunen** setzt, wie die **Periode Stellen** hat, mit so vielen angehängten **Nullen,** wie **vor** der Periode Stellen vorhanden sind.

Beispiele:

1. $0{,}4522\cdots = \frac{452-45}{900} = \frac{407}{900}$
2. $0{,}5372525\cdots = \frac{53725-537}{99000} = \frac{53188}{99000}$
3. $0{,}42932932\cdots = \frac{42932-42}{99900} = \frac{42890}{99900} = \frac{4289}{9990}$

Nachfolgende Dezimalbrüche sollen in gewöhnliche Brüche verwandelt werden:

0,5, 0,25, 0,75, 0,125, 0,375, 0,2, 0,6, 0,8, 0,625, 0,0625, 0,1875, 0,3125, 0,4375, 0,04, 0,24, 0,44· · ·, 0,555· · ·, 0,111· · ·, 0,055· · ·, 0,277· · ·, 0,722· · ·, 0,0833· · ·, 0,4166· · ·, 0,4545· · ·, 0,04545· · ·, 0,466· · ·, 0,1034545· · ·, 0,3852424· · ·, 0,002533· · · (siehe Lösungsheft).

Aufgaben (Lösungen siehe Lösungsheft)

Nachfolgende Dezimalbrüche sollen **addiert** werden:

1. $0{,}567+2{,}534+1{,}23+4{,}78+5{,}6 = ?$
2. $3{,}9687+1{,}24+6{,}5+8{,}9278+1{,}268+4{,}7936 = ?$
3. $1{,}24+0{,}005+8{,}679+3{,}6+1{,}2 = ?$
4. $5{,}9879+4{,}5+7{,}6+2{,}3+8{,}6+2 = ?$
5. $5+3{,}79+0{,}00057+3{,}6+2{,}5 = ?$
6. $356{,}2978+15{,}378+0{,}237902+46 = ?$

Nachfolgende Dezimalbrüche sollen **subtrahiert** werden:

1. $5{,}3789-2{,}694 = ?$
2. $0{,}0376-0{,}0025 = ?$
3. $1-0{,}65798 = ?$
4. $5{,}693-2{,}000578 = ?$
5. $3{,}6785-1{,}6239 = ?$
6. $325{,}4376-19{,}638527 = ?$

Vermischte Aufgaben (Man verwandelt in den folgenden Aufgaben am besten die gewöhnlichen Brüche zuerst in Dezimalbrüche.)

1. $0{,}298+\frac{3}{4}+16{,}25+4{,}7 = ?$
2. $10{,}537+5\frac{18}{16}+7{,}298+\frac{4}{15} = ?$
3. $0{,}002789+21\frac{16}{27}+9{,}38+\frac{5}{17} = ?$
4. $156{,}379+2{,}738+4{,}69+7\frac{1}{12} = ?$
5. $13{,}745-2\frac{3}{4} = ?$
6. $127\frac{34}{45}-2{,}379 = ?$

Nachfolgende Dezimalbrüche sollen **multipliziert** werden:

1. $3{,}695 \cdot 2{,}738 = ?$	3. $12{,}5 \cdot 4{,}798 = ?$	5. $4{,}369 \cdot 2{,}034 = ?$
2. $0{,}004 \cdot 5{,}634 = ?$	4. $0{,}0037 \cdot 0{,}27 = ?$	6. $4{,}793 \cdot 2{,}546 = ?$

Vermischte Aufgaben (Man verwandelt in den folgenden Aufgaben wieder die gewöhnlichen Brüche zuerst in Dezimalbrüche, oder man multipliziert den Zähler des Bruches mit dem Dezimalbruch und dividiert das dadurch entstandene Produkt durch den Nenner des Bruches.)

Z. B. $4{,}59 \cdot \frac{3}{8}$.

Man verwandle $\frac{3}{8}$ in einen Dezimalbruch:

$$3 : 8 = 0{,}375$$

und multipliziere jetzt:

$$4{,}59 \cdot 0{,}375 = 1{,}72125.$$

Oder man multipliziere 4,59 mit dem Zähler 3:

$$4{,}59 \cdot 3 = 13{,}77$$

und dividiere dieses Produkt durch den Nenner 8:

also $13{,}77 : 8 = 1{,}72125$.

1. $3{,}57 \cdot \frac{3}{5} = ?$	3. $21{,}45 \cdot \frac{7}{9} = ?$	5. $0{,}3796 \cdot 15\frac{1}{2} = ?$
2. $6{,}937 \cdot \frac{12}{17} = ?$	4. $16{,}543 \cdot 2\frac{4}{5} = ?$	6. $0{,}027 \cdot 3\frac{4}{7} = ?$

Nachfolgende Dezimalbrüche sollen **dividiert** werden:

1. $3{,}798 : 0{,}2653 = ?$	4. $13{,}6793 : 4{,}32 = ?$	7. $19{,}36 : 4500 = ?$
2. $513{,}27 : 0{,}386 = ?$	5. $8{,}6532 : 12 = ?$	8. $2{,}93 : 2{,}5 = ?$
3. $0{,}002 : 25 = ?$	6. $87{,}93 : 600 = ?$	

Vermischte Aufgaben (Die gewöhnlichen Brüche kann man wieder zuerst in Dezimalbrüche verwandeln, oder den Divisorbruch umkehren und dann, wie gezeigt, multiplizieren.)

Z. B. $3{,}84 : \frac{2}{3} = 3{,}84 \cdot \frac{3}{2} = \frac{3{,}84 \cdot 3}{2} = \frac{11{,}52}{2} = 5{,}76$

Ist jedoch der Dividend ein gewöhnlicher Bruch, der Divisor ein Dezimalbruch, so verwandle man **immer** den gewöhnlichen Bruch in einen Dezimalbruch.

Z. B. $\frac{3}{4} : 0{,}15$ gibt, da $\frac{3}{4} = 0{,}75$ ist,

$$0{,}75 : 0{,}15 = 75 : 15 = 5$$

1. $3{,}697 : \frac{4}{7} = ?$	3. $0{,}0579 : \frac{3}{500} = ?$	5. $0{,}0037 : 5\frac{9}{79} = ?$
2. $21{,}378 : \frac{6}{9} = ?$	4. $5{,}032 : 4\frac{7}{12} = ?$	6. $9{,}3867 : 6\frac{7}{9} = ?$

Nachfolgende Brüche sollen in Dezimalbrüche verwandelt werden:

1. $\frac{5}{16} = ?$	3. $\frac{0{,}25}{6} = ?$	5. $\frac{34{,}23}{12{,}45} = ?$	7. $\frac{15}{2{,}79} = ?$
2. $14\frac{3}{17} = ?$	4. $\frac{10{,}37}{6} = ?$	6. $\frac{6{,}47}{3{,}4} = ?$	8. $\frac{9}{0{,}209} = ?$

Zusätze

1. Bekanntlich wird 1 Meter (m) eingeteilt in 10 Dezimeter (dm), 1 dm in 10 Zentimeter (cm) und 1 cm in 10 Millimeter (mm), also:

1 m = 10 dm = 100 cm = 1000 mm oder
1 m = 10 dm
1 dm = 10 cm
1 cm = 10 mm

und umgekehrt ist dann wieder:

1 dm = $\frac{1}{10}$ m = 0,1 m
1 cm = $\frac{1}{100}$ m = 0,01 m
1 mm = $\frac{1}{1000}$ m = 0,001 m

Hat man also als Einheit **Meter,** so bedeutet die erste Stelle nach dem Dezimalkomma die Dezimeter, die zweite Stelle die Centimeter, die dritte Stelle die Millimeter.

Z. B. Es soll 5 m 3 dm 7 cm 2 mm als Dezimalbruch geschrieben werden: man schreibt 5,372 m.

Ebenso ist: 3 dm 5 cm 4 mm = 0,354 m.

2. Soll man umgekehrt z. B. 37896 mm in Meter verwandeln, so hat man, weil 1000 mm = 1 m, die gegebene Größe durch 1000 zu dividieren und erhält 37,896 m.

5479 cm sind wieviel m? Antwort: = 54,79 m.

Soll man z. B. angeben, wieviel m, dm, cm, mm 25,379 m sind, so wäre dies = 25 m 3 dm 7 cm 9 mm.

2,5378962 m = 2 m 5 dm 3 cm 7,8962 mm
5,379243 m = 5 m 3 dm 7 cm 9,243 mm

1000 m nennt man 1 Kilometer (km), es ist also

1000 m = 1 km, oder 1 m = 0,001 km.

Sollen 5376 m in km verwandelt werden, so dividiere man durch 1000 und erhält 5376 m = 5,376 km.

Sind umgekehrt 0,43257 km in m zu verwandeln, so multipliziere man mit 1000, es ist dann

0,43257 km = 432,57 m oder 432 m und 57 cm.

3. Die Einheit der Masse bildet das Kilogramm (kg), d. i. die Masse von 1 Liter Wasser bei 4 °C.

Das Kilogramm wird in 1000 Teile geteilt, und es heißt 1 Teil 1 Gramm, es ist also

1 kg = 1000 g oder 1 g = 0,001 kg.

Der tausendste Teil eines Grammes heißt Milligramm (mg).

1 g = 1000 mg oder 1 mg = 0,001 g.

1000 kg nennt man 1 Tonne (t), also

1000 kg = 1 t oder 1 kg = 0,001 t.

Sollen 532 g in kg verwandelt werden, so dividiere man durch 1000, mithin 532 g = 0,532 kg.

Wieviel Tonnen sind 7543215894 mg?

Lösung: Man dividiere zunächst durch 1000 und erhält g und zwar 7543215,894 g; dies dividiere man nochmals durch 1000, so entstehen kg, also 7543,215894 kg und dividiert man nochmals durch 1000, so sind auch die kg in t verwandelt, also

7543215894 mg = 7,543215894 t.

4. In der Bundesrepublik Deutschland ist die Einheit des Geldes die Deutsche Mark (DM). 1 DM hat 100 Pfennig (Pf.) also

1 DM = 100 Pf.

1 DM 25 Pf. wird als Dezimalbruch 1,25 DM geschrieben. Es bedeuten also die ersten beiden Dezimalstellen Pfennig. So ist

3,85	DM	=	3 DM und 85 Pf.,
153,06	DM	bedeutet	153 DM und 6 Pf.,
12,70	DM	bedeutet	12 DM und 70 Pf.,
5,3	DM	bedeutet	5 DM und 30 Pf.,
2,7534	DM	bedeutet	2 DM und 75,34 Pf.

5. Die in der Technik vorkommenden Rechnungen stützen sich fast immer auf vorangegangene Messungen, und da diese, wegen der Unvollkommenheit der angewandten Meßinstrumente, mit Fehlern behaftet sind, so hat es keinen Zweck mit zu vielen Dezimalstellen zu rechnen. Wenn z. B. 7543 kg zu wägen sind, so dürfte es keine Waage geben, die noch imstande wäre, g geschweige denn mg zu messen, es hat also praktisch keinen Sinn mehr, Dezimalstellen zu schreiben, wie der Genauigkeit der Messung entspricht. Man läßt also in solchen Fällen die überflüssigen Dezimalstellen einfach weg, welches Verfahren man **Abkürzen** oder **Abrunden** nennt. Ist hierbei die erste der fortfallenden Ziffern eine 5 oder größer als 5, so wird die vorhergehende Ziffer um 1 erhöht, ist dagegen die betreffende Ziffer kleiner als 5, so findet keine Erhöhung statt. Soll z. B. der Dezimalbruch 0,57847 nur auf 3 Dezimalstellen angegeben werden, so sind die drei Stellen 578, die erste wegzulassende Stelle ist 4, also kleiner als 5, folglich heißt der auf drei Stellen abgerundete Dezimalbruch

0,57847 0,578.

Hätte man sich mit zwei Stellen begnügt, so würde man als Wert angeben 0,58, denn die erste wegzulassende Stelle ist eine 8, also muß die vorangehende Stelle (7) um 1 erhöht werden.

§ 28 Das Ausziehen der Quadratwurzel aus Zahlen

Die **Quadratwurzel** aus einer Zahl ziehen, heißt, eine Zahl finden, welche mit sich selbst multipliziert **die** Zahl ergibt, aus welcher die Wurzel gezogen werden soll.

Das Zeichen für das Ausziehen der Quadratwurzel ist $\sqrt{\ }$.

Z. B. $\sqrt{9}$ ziehen, heißt, eine Zahl finden, welche mit sich selbst multipliziert 9 gibt; das ist 3, denn $3 \cdot 3 = 9$; $\sqrt{16} = 4$, weil $4 \cdot 4 = 16$; $\sqrt{100} = 10$, weil $10 \cdot 10 = 100$, $\sqrt{81} = 9$, weil $9 \cdot 9 = 81$.

Man merke sich:

$\sqrt{1} = 1$ $\sqrt{16} = 4$ $\sqrt{49} = 7$
$\sqrt{4} = 2$ $\sqrt{25} = 5$ $\sqrt{64} = 8$
$\sqrt{9} = 3$ $\sqrt{36} = 6$ $\sqrt{81} = 9$

In dem Produkte $3 \cdot 3 = 9$ heißt der Faktor 3 die **Grundzahl,** das Produkt 9 die **Quadratzahl.** Ebenso in dem Produkte $5 \cdot 5 = 25$ heißt 5 die Grundzahl, 25 die Quadratzahl, kurz, der Faktor, welcher mit sich selbst multipliziert werden soll, heißt **Grundzahl,** das Resultat **Quadratzahl.**

Um nun die Quadratwurzel aus einer Zahl auszuziehen, hat man folgendes Verfahren einzuschlagen. (Siehe umstehende Seite.)

Beispiel 5: $\sqrt{5|37|72|97|21} = 23189$

```
4
―――――
1 37 : 43
1 29
――――――――
   8 72 : 461
   4 61
   ――――――――
   4 11 97 : 4628
   3 70 24
   ――――――――――
     41 73 21 : 46369
     41 73 21
     ――――――――
```

	Beispiel 1	**Beispiel 2**	**Beispiel 3**	**Beispiel 4**
1. Man teile die gegebene Zahl von rechts nach links in **Klassen** zu je **zwei Stellen** (wobei die höchste Klasse, d. i. die am meisten nach links gelegene auch aus **einer** Ziffer bestehen kann, wie bei Beispiel 2).	$\sqrt{4225}$ Höchste Klasse $\sqrt{42\|25}$	$\sqrt{729}$ Höchste Klasse $\sqrt{7\|29}$	$\sqrt{289444}$ $\sqrt{28\|94\|44}$	$\sqrt{368449}$ $\sqrt{36\|84\|49}$
2. Bestimme die der Zahl der **höchsten** Klasse zunächstgelegene **kleinere** Quadratzahl, schreibe die **Grundzahl** als erste Stelle des Resultats und subtrahiere die **Quadratzahl** von der höchsten Klasse. (Zu 42 ist die nächstniedere Quadratzahl 36 = 6·6; Grundzahl 6; 36 von 42: Rest 6.)	$\sqrt{42\|25} = \mathbf{6}$ 6·6 = 36 Rest 6	$\sqrt{7\|29} = \mathbf{2}$ 2·2 = 4 Rest 3	$\sqrt{28\|94\|44} = \mathbf{5}$ 5·5 = 25 Rest 3	$\sqrt{36\|84\|49} = \mathbf{6}$ 6·6 = 36 Rest 0
3. An den Rest hänge man die **nächste Klasse** und **lasse** die **Einer** derselben vorläufig unberücksichtigt.	$\sqrt{42\|25} = 6$ 36 62**5**	$\sqrt{7\|29} = 2$ 4 32**9**	$\sqrt{28\|94\|44} = 5$ 25 39**4**	$\sqrt{36\|84\|49} = 6$ 36 **84**
4. Dividiere die **übriggebliebene Zahl** (also 62 nach Weglassung der 5) durch das **Doppelte** des erhaltenen **Resultats** (also durch 2·6).	$\sqrt{42\|25} = 6$ 36 **625 : 12** = 2·6	$\sqrt{7\|29} = 2$ 4 **329 : 4** = 2·2	$\sqrt{28\|94\|44} = 5$ 28 **394 : 10** = 2·5	$\sqrt{36\|84\|49} = 6$ 36 **84 : 12** = 2·6
5. Den **Divisionsquotienten** (5) **hänge** man an das **Resultat** und an den **Divisor** (und erhält so das Resultat 65 und den Divisor 125).	$\sqrt{42\|25} = \mathbf{65}$ 36 625 : **125**	$\sqrt{7\|29} = \mathbf{27}$* 4 329 : 4**7**	$\sqrt{28\|94\|44} = \mathbf{53}$ 25 394 : **103**	$\sqrt{36\|84\|49} = \mathbf{60}$ 36 84 : **120**
6. Multipliziere mit diesem Quotienten (5) den jetzt dastehenden Divisor, und setze das Produkt unter den Dividenden (also 5·125 = 625).	$\sqrt{42\|25} = \mathbf{65}$ 36 625 : 125 125·5 = 625	$\sqrt{7\|29} = \mathbf{27}$ 4 329 : 47 47·7 = 329	$\sqrt{28\|94\|44} = \mathbf{53}$ 25 394 : 103 103·3 = 309	$\sqrt{36\|84\|49} = \mathbf{60}$ 36 84 : 120 120·0 = 00

7. Subtrahiere dieses Produkt (625) von der darüberstehenden Zahl. (Beispiel 1 und 2 gehen auf, während bei 3 und 4 die Reste 85 und 84 bleiben.)	$\sqrt{42\vert 25} = 65$ 36 625 : 125 625 Rest · · ·	$\sqrt{7\vert 29} = 27$ 4 329 : 47 329 Rest · · ·	$\sqrt{28\vert 94\vert 44} = 53$ 25 394 = 103 309 Rest 85	$\sqrt{36\vert 84\vert 49} = 60$ 36 84 : 120 00 Rest 84
8. Lies Nr. 3			$\sqrt{28\vert 94\vert 44} = 53$ 25 394 : 103 309 85**44**	$\sqrt{36\vert 84\vert 49} = 60$ 36 84 : 120 00 8**449**
9. Lies Nr. 4			$\sqrt{28\vert 94\vert 44} = 53$ 25 394 : 103 309 8544 : 106	$\sqrt{36\vert 84\vert 49} = 60$ 36 84 : 120 00 8449 : 120
10. Lies Nr. 5			$\sqrt{28\vert 94\vert 44} = 538$ 25 394 : 103 309 8544 : 1068	$\sqrt{36\vert 84\vert 49} = 607$ 36 84 : 120 00 8449 : 1207
11. Lies Nr. 6 und 7			$\sqrt{28\vert 94\vert 44} = 538$ 25 394 : 103 309 8544 : 1068 8544	$\sqrt{36\vert 84\vert 49} = 607$ 36 84 : 120 00 8449 8449 . . . .

* **Anmerkung:** Man beachte, daß in Nr. 4 die Divisionsaufgabe noch nicht fertig gebildet ist, denn man soll eigentlich nicht dividieren:

Beispiel 1	Beispiel 2	Beispiel 3	Beispiel 4
62 : 12	32 : 4	39 : 10	8 : 12

sondern wie in Nr. 5 angegeben:

625 : 125	329 : 47	394 : 103	84 : 120

Daher ist z. B. in Beispiel 2: 32 : 4 = 7 und nicht 8 zu nehmen, denn tatsächlich ist 329 : 47 = 7.

Aufgaben zu selbständiger Lösung:

1. $\sqrt{3969}$; 2. $\sqrt{4761}$; 3. $\sqrt{2704}$; 4. $\sqrt{961}$; 5. $\sqrt{139129}$; 6. $\sqrt{218089}$; 7. $\sqrt{254016}$; 8. $\sqrt{654481}$

Lösungen: 1. 63; 2. 69; 3. 52; 4. 31; 5. 373; 6. 467; 7. 504; 8. 809

Aus einem **Dezimalbruch** wird die Wurzel gezogen, indem man **vom Komma aus die Ganzen nach links** und die **Dezimalen nach rechts** in Klassen zu je zwei Stellen teilt und nun die Wurzel, wie angegeben, auszieht. Hängt man die **erste Klasse nach dem Komma** an den Rest, so ist im **Resultat** das **Dezimalkomma** zu setzen.

Z. B. $\sqrt{87|79,|69} = 93{,}7$

81

6 79 : 183
5 49

1 30 69 : 1867
1 30 69
. . . . .

$\sqrt{0{,}82|26|49} = 0{,}907$

81

1 26 : 180
0 00

1 26 49 : 1807
1 26 49
. . . . .

$\sqrt{8,|00|89} = 2{,}83$

4

4 00 : 48
3 84

16 89 : 563
16 89
. . . .

$\sqrt{0{,}00|76|21|29} = 0{,}0873$

64

12 21 : 167
11 69

52 29 : 1743
52 29
. . . .

$\sqrt{0{,}573}$; man schreibe: $\sqrt{0{,}57|30|00|00} = 0{,}7569$

49

8 30 : 145
7 25

1 05 00 : 1506
90 36

14 64 00 : 15 129
13 61 61

1 02 39 usw.

Soll aus einem **gewöhnlichen** Bruch die Quadratwurzel gezogen werden, so verwandelt man denselben in einen Dezimalbruch und zieht aus diesem die Wurzel.

Z. B. $\sqrt{\frac{3}{7}} = \sqrt{0{,}42|85|71|42} = 0{,}6546$

36

6 85 : 125
6 25

60 71 : 1304
52 16

8 55 42 : 13086
7 85 16

70 26 usw.

Auf die in diesem § gezeigte Art kann man aus jeder beliebigen Zahl die Quadratwurzel ausziehen. Die Resultate lassen sich in Tabellen bringen, die in den meisten technischen Kalendern zu finden sind und deren Benutzung von großem Vorteil ist.

3. Kapitel

Schlußrechnungen, Prozentrechnungen, Zinsrechnungen, Verteilungsrechnungen

§ 29 Einfache Schlußrechnungen

Während bisher die vier Rechnungsarten mit **unbenannten** Zahlen (ganzen Zahlen und Brüchen) behandelt wurden, soll im folgenden das Rechnen mit **benannten** Zahlen als Anwendung der bisher bekannten Regeln gelehrt werden. Bei allen hier vorkommenden Aufgaben handelt es sich darum, aus gewissen Beziehungen zwischen bekannten Größen eine zunächst noch unbekannte Größe durch Rechnen mit diesen bekannten Größen zu finden. Z. B.

Aufgabe 1: 15 Meter einer Ware kosten 135 DM. Wieviel DM kosten dann 4 Meter?

Lösung: Wenn 15 Meter 135 DM kosten, so kostet 1 Meter den 15ten Teil, also 135 DM : 15 = 9 DM. Da nun 4 Meter = 4 mal 1 Meter ist, so werden 4 Meter = 4 mal 9 DM, also 36 DM kosten.

Aufgabe 2: 8 Arbeiter fertigen eine bestimmte Arbeit in 40 Tagen. In wieviel Tagen wird dieselbe Arbeit von 5 Arbeitern angefertigt?

Lösung: Wenn 8 Arbeiter 40 Tage brauchen, so braucht 1 Arbeiter zu **derselben Arbeit** 8mal soviel Tage, also 320 Tage. 5 Arbeiter werden diese Arbeit jedoch schon im 5ten Teil dieser Zeit fertigen, also brauchen sie 320 Tage : 5 = 64 Tage.

In jeder dieser beiden Aufgaben sind drei Größen gegeben, eine vierte Größe wird gesucht. Derartige Aufgaben nennt man **Schlußrechnungen (Dreisatz-Aufgaben).**

In den eben gelösten Aufgaben zeigt es sich, daß die in ihnen vorkommenden Größen in einer gewissen Beziehung zueinander stehen müssen.

In Aufgabe 1 können wir sagen: **je mehr Ware, desto höher** ist der Preis, **je weniger Ware, desto niedriger** ist der Preis. In Aufgabe 2 dagegen gilt die Beziehung: **je mehr** Arbeiter, **desto weniger** Zeit ist erforderlich zu einer bestimmten Arbeit, und **je weniger** Arbeiter, **desto mehr** Zeit ist zu derselben Arbeit nötig. Man sagt: Menge einer Ware und Preis derselben stehen in einem **geraden** (direkten) Verhältnis; Anzahl der Arbeiter und die Zeit zu einer bestimmten Arbeit stehen in einem **umgekehrten** (indirekten) Verhältnis.

Ein **gerades Verhältnis** ist also dadurch gekennzeichnet, daß, wenn der Vordersatz mit **„je mehr“** beginnt, der Nachsatz mit **„desto mehr“** folgt; oder daß auf **„je weniger“** im Vordersatz, **„desto weniger“** im Nachsatz steht.

Ein **umgekehrtes Verhältnis** ist dadurch gekennzeichnet, daß auf **„je mehr“** im Vordersatz **„desto weniger“** im Nachsatz folgt und auf **„je weniger“** im Vordersatz, **„desto mehr“** im Nachsatz. Wir lösen zunächst

Schlußrechnungen mit geraden Verhältnissen:

Aufgabe 1: 24 Stück einer Ware kosten 120 DM. Was kosten 19 Stück?

Lösung 1: Man sucht den Preis der Einheit (**eines** Stückes) und dann den Preis der im Fragesatz angegebenen Anzahl von Einheiten.

24 Stück kosten 120 DM
1 Stück kostet dann $\frac{120}{24}\cdot$ DM
19 Stück kosten $\frac{120}{24}\cdot 19 \text{ DM} = 5\cdot 19 \text{ DM} = 95 \text{ DM}$

Das Schema dieser und jeder derartigen Aufgabe ist:

24 Stück	120 DM	Das x bedeutet: Es soll eine noch
19 Stück	x DM	unbekannte Größe berechnet werden.
1 Stück	$\frac{120}{24}$ DM	
19 Stück	$x = \frac{120}{24}\cdot 19 \text{ DM} = 95 \text{ DM}$	

oder noch kürzer

24 Stück 120 DM
19 Stück x DM

$$x = \frac{120\cdot 19}{24} = 5\cdot 19 = 95 \text{ DM}$$

Man ersieht hieraus:

Gleichartige Größen stehen im Schema untereinander. Die unbekannte Größe steht als **letztes** Glied. In der Ausrechnung steht die Größe **über x stets** im Zähler, das erste Glied dagegen im Nenner, während das dritte Glied (hier 19), welches dieselbe Benennung hat wie das erste, als Faktor im Zähler steht.

Aufgabe 2: Für 6,25 DM erhält man 100 Meter. Wieviel Meter erhält man für 20 DM?

Lösung: Es ist hier nach **Metern** gefragt; folglich ist der Ansatz

6,25 DM 100 m
20 DM x m

$$x = \frac{100\cdot 20}{6{,}25} = 320 \text{ m}$$

Aufgabe 3: 84 kg kosten 32,76 DM. Wieviel kg erhält man für 20,67 DM?

Lösung:

32,76 DM 84 kg
20,67 DM x kg

$$x = \frac{84\cdot 20{,}67}{32{,}76} = 53 \text{ kg}$$

Anmerkung: Man wird vor der Ausrechnung zu kürzen suchen, wobei zu bedenken, daß Dezimalbrüche ebenso gekürzt werden, wie ganze Zahlen. Auch kann man vorher den Bruch mit 100 erweitern, wodurch die Dezimalbrüche in ganze Zahlen verwandelt werden.

Aufgabe 4: 8 Arbeiter verdienen wöchentlich 4530.80 DM. Wieviel verdienen in derselben Zeit 100 Arbeiter?

Lösung:

8 Arbeiter 4530,80 DM
100 Arbeiter x DM

$$x = \frac{4530{,}80\cdot 100}{8} = 56635 \text{ DM}$$

Aufgabe 5: 1533 Zentner reichen 77 Tage. Wie lange reichen 1095 Ztr.?

Lösung:

1533 Zentner 77 Tage
1095 Zentner x Tage

$$x = \frac{77\cdot 1095}{1533} = 55 \text{ Tage}$$

Aufgabe 6: $2\frac{1}{6}$ Pfund kostet $27\frac{5}{8}$ DM. Wieviel kosten $7\frac{7}{12}$ Pfund?

Lösung: $x = \frac{27\frac{5}{8} \cdot 7\frac{7}{12}}{2\frac{1}{6}} = 96\frac{11}{16}$ DM = 96 DM 69 Pf

Aufgaben zu selbständiger Lösung:

1. 24 [18]*) Stück kosten 40 [22] DM 80 [35] Pf. Wieviel kosten 84 [76] Stück?
2. 6,9 [135,8] m kosten 472 DM 65 Pf [1536,76 DM]. Was kosten 8,3 [68] m?
3. Für $148\frac{3}{4}$ [135,66] DM erhält man $5\frac{5}{6}$ [4,522] t. Wieviel für 367,20 [825] DM?
4. 39 [56] Arbeiter verdienen 513,50 [685,36] Einheiten. Wieviel verdienen in derselben Zeit 22 [33] Arbeiter?
5. Ein Rad macht in 27 [1] Minuten 2295 [2400] Umdrehungen. Wieviel in 48 Minuten [1 Sekunde].
6. Ein Vorrat von 1145 [1840,7] kg reicht für 65 [28] Tage. Für wieviele Tage reicht ein Vorrat von 1374 [2425] kg?

Lösungen:			
	1. 142 DM 80 Pf	3. 14,4 t	5. 4080 Umdrehungen
	2. 568 DM 55 Pf	4. 289 DM 67 Pf	6. 78 Tage

Schlußrechnungen mit umgekehrten Verhältnissen

Hier folgt, das Schema bleibt dasselbe. In der Ausrechnung ändert sich die Stelle des ersten und des dritten (darunterstehenden) Gliedes des Schemas.

Aufgabe 1: Eine gewisse Arbeit kann von 85 Arbeitern in 91 Tagen gefertigt werden; in wieviel Tagen von 65 Arbeitern?

Lösung: 85 Arbeiter brauchen 91 Tage, folglich
1 Arbeiter 91 **mal** 85 Tage
65 Arbeiter $\frac{91 \cdot 85}{65}$ Tage = 119 Tage

Das Schema ist:

85 Arbeiter 91 Tage
65 Arbeiter x Tage

$x = \frac{91 \cdot 85}{65} = 119$ Tage

Aufgabe 2: Der Inhalt eines Gasometers reicht für 153 Laternen 16 Stunden lang; wieviel Stunden reicht der Inhalt für 90 Laternen?

Lösung: 153 Laternen 16 Stunden
90 Laternen x Stunden

$x = \frac{16 \cdot 153}{90} = 27\frac{1}{5}$ Stunden

Aufgabe 3: Für 1800 Mann reicht ein bestimmter Vorrat 10 Monate; wie lange reicht er für 1250 Mann?

Lösung: 1800 Mann 10 Monate
1250 Mann x Monate

$x = \frac{10 \cdot 1800}{1250} = 14\frac{2}{5}$ Monate

*) Die in den [ ] befindlichen Zahlen geben eine neue Aufgabe, deren Lösung dem Leser anzuraten ist.

Aufgaben zu selbständiger Lösung:

1. Für einen bestimmten Preis werden 750 [1130] kg 64 [125] Kilometer weit befördert. Wie weit werden für denselben Preis 600 [895] kg befördert?
2. Ein Buch zählt 128 [160] Seiten bei 48 [38] Zeilen pro Seite. Wieviel Seiten würde es zählen bei 40 [58] Zeilen pro Seite?
3. Zum Pflastern eines Platzes braucht man 7600 [8600] Steine von 3,6 [4] Quadratdezimeter oberer Fläche. Wieviel Steine sind erforderlich, wenn die obere Fläche 3,8 [2,8] Quadratdezimeter beträgt?

Lösungen: 1. 80 km 2. $153\frac{3}{5}$ Seiten 3. 7200 Steine

§ 30 Zusammengesetzte Schlußrechnungen

Sind zur Bestimmung einer unbekannten Größe mehr als drei bekannte Größen, die in einem geraden oder umgekehrten Verhältnis zur unbekannten Größe stehen, gegeben, so führt ein ähnliches, erweitertes Verfahren zum Ziele. Z. B.

Aufgabe 1: 15 Mann fertigen in 30 Tagen 120 Stück. Wieviel Stück werden dann von 18 Mann in 45 Tagen gefertigt?

Lösung:

15 Mann fertigen in 30 Tagen	120 Stück
15 Mann fertigen in 1 Tage	$\frac{120}{30}$ Stück
1 Mann fertigt in 1 Tage	$\frac{120}{30 \cdot 15}$ Stück
18 Mann fertigen in 1 Tage	$\frac{120 \cdot 18}{30 \cdot 15}$ Stück
18 Mann fertigen in 45 Tagen	$\frac{120 \cdot 18 \cdot 45}{30 \cdot 15}$ Stück = 216 Stück

Das Schema, welches hieraus folgt, ist:

15 Mann	30 Tage	120 Stück
18 Mann	45 Tage	x Stück

$$x = \frac{120 \cdot 18 \cdot 45}{30 \cdot 15} = 216 \text{ Stück}$$

Man ersieht hieraus: Die Größe über x steht als der erste Faktor im Zähler, die beiden anderen Größen der ersten Zeile als Faktoren im Nenner. Die Größen der zweiten Zeile (die gegebenen Größen des Fragesatzes) sind Faktoren des Zählers. Dies ist stets der Fall, wenn die vorkommenden Verhältnisse der gegebenen Größen zur Unbekannten **gerade** Verhältnisse sind. (Je mehr Mann, desto mehr Stück; je mehr Tage, desto mehr Stück.)

Aufgabe 2: Von 500 Arbeitern wird in 32 Tagen zu je 12 Stunden ein Weg von 1000 Meter Länge gebaut. In wieviel Tagen zu je 10 Stunden werden dann 800 Arbeiter einen Weg von gleicher Beschaffenheit, jedoch von 2500 Meter Länge bauen?

Lösung:

500 Arb. bauen einen Weg von 1000 m Länge bei 12stünd. Arbeitszeit in 32 Tagen
800 Arb. bauen einen Weg von 2500 m Länge bei 10stünd. Arbeitszeit in x Tagen

$$x = \frac{32 \cdot 500 \cdot 2500 \cdot 12}{800 \cdot 1000 \cdot 10} \text{ Tage} = 60 \text{ Tage}$$

Man ersieht hieraus: Diejenigen Größen der ersten Zeile, welche zur Anzahl der Tage (der gesuchten Größe) in geradem Verhältnis stehen, stehen im Nenner (je mehr Meter, desto mehr Tage), diejenigen Größen der ersten Zeile, die im umgekehrten Verhältnis zur Anzahl der Tage stehen, im Zähler. (Je mehr Arbeiter, desto weniger Tage; je mehrstündige Arbeitszeit, desto weniger Tage.) Die Größen der zweiten Zeile stehen **oben** oder **unten,** je nachdem die entsprechende Größe der ersten Zeile **unten** oder **oben** steht.

Aufgabe 3: Zur Bedielung eines Saales sind 90 Bretter von 4,8 m Länge und 30 cm Breite erforderlich. Wieviel Bretter müßte man haben, wenn sie 4,5 m lang und 36 cm breit wären?

Lösung:

Von 4,8 m langen 30 cm breiten Brettern braucht man 90 Stück
Von 4,5 m langen 36 cm breiten Brettern braucht man x Stück

$$x = \frac{90 \cdot 4{,}8 \cdot 30}{4{,}5 \cdot 36} = 80 \text{ Stück}$$

Aufgabe 4: Ein Keller von 7 m Länge, 3,45 m Breite und 2,7 m Tiefe ist von 5 Arbeitern in 9 Tagen ausgegraben worden. Wieviel Arbeiter würden hiernach erforderlich sein, um einen Keller von 10 m Länge, 5 m Breite und 3,5 m Tiefe in 6 Tagen auszugraben?

Lösung:

Zu einem Keller von 7 m Länge, 3,45 m Breite, 2,7 m Tiefe braucht man 9 Tage lang 5 Arbeiter
Zu einem Keller von 10 m Länge, 5 m Breite, 3,5 m Tiefe braucht man 6 Tage lang x Arbeiter

$$x = \frac{5 \cdot 10 \cdot 5 \cdot 3{,}5 \cdot 9}{7 \cdot 3{,}45 \cdot 2{,}7 \cdot 6} \text{ Arbeiter} = 20{,}1 \text{ Arbeiter}$$

Dieses Resultat ist nach **oben** (zur Sicherheit) auf Ganze abzurunden. Es sind also 21 Arbeiter erforderlich.

Aufgaben zu selbständiger Lösung:

1. 45 [56] Arbeiter verdienen in 18 [24] Tagen bei $10\frac{1}{2}$ [11] stündiger Arbeitszeit 2976,75 [4522,75] DM. In wieviel Tagen verdienen dann 28 Arbeiter bei $12\frac{1}{2}$ [$10\frac{1}{4}$] stündiger Arbeitszeit 1592,50 [1635,76] DM.

2. Eine Dampfmaschine von 20 [5] Pferdestärken hebt pro Minute 4,8 [1,1] Kubikmeter Wasser 15 m hoch. Wieviel Kubikmeter werden dann von einer Dampfmaschine von 25 [12] Pferdestärken pro Stunde 20 [34] m hochgehoben?

Lösungen: 1. 13 Tage 2. 270 m^3

§ 31 Prozentrechnung

Eine besondere Form der einfachen Schlußrechnung ist die **Prozentrechnung.** Im gewerblichen und besonders im Handels-Verkehr ist es üblich, als **Grundmaßstab für viele Berechnungen 100 Einheiten** zu nehmen und den **Anteil, welcher auf diese 100 Einheiten entfällt,** besonders auszuzeichnen. Diesen Anteil nennt man **Prozentsatz** und den auf Grund dieser Beziehung auf eine beliebige andere Anzahl von Einheiten entfallenden Anteil die **Prozente** (pro centum = für Hundert).

Einige Beispiele mögen dies erläutern:

Aufgabe 1: Jemand kauft eine Ware für 275 DM und verkauft sie wieder mit 40 Prozent Gewinn. Wieviel verdient er dabei?

Lösung: 40 Prozent (in Zeichen: 40%) bedeutet:
An 100 DM verdient er 40 DM, folglich
an 1 DM verdient er $\frac{40}{100}$ DM und
an 275 DM verdient er $\frac{40}{100} \cdot 275$ DM = 110 DM

Der Verdienst beträgt demnach 110 DM, der Verkaufspreis müßte also sein 275 DM + 110 DM = 385 DM.

Diese Summe würde man auch sofort erhalten haben durch folgende Schlußfolgerung:

Wenn man 40% gewinnen will, so muß man
für 100 DM Einkaufspreis 140 DM Verkaufspreis rechnen.
Also für 1 DM Einkaufspreis $\frac{140}{100}$ DM Verkaufspreis.
und für 275 DM Einkaufspreis $\frac{140}{100} \cdot 275$ DM Verkaufspreis = 385 DM.

Aufgabe 2: Jemand kauft eine Ware für 870 DM und verkauft sie für 948 DM 30 Pf. Wieviel Prozent hat er dabei gewonnen?

Lösung: Der Gewinn beträgt 948,30 DM minus 870 DM = 78,30 DM.

An 870 DM gewinnt er 78,30 DM
an 1 DM gewinnt er $\frac{78,30}{870}$ DM
an 100 DM gewinnt er $\frac{78,30}{870} \cdot 100$ DM = 9 DM

d. h. der Gewinn beträgt 9%.

Schema: An 870 DM gewinnt man 78,30 DM
an 100 DM gewinnt man x DM

$$x = \frac{78,30 \cdot 100}{870} = 9$$

Aufgabe 3: Jemand verkauft eine Ware mit 8% Gewinn für 799 DM 20 Pf. Was kostet dieselbe im Einkauf?

Lösung: An 100 DM verdient man 8 DM, also:

108 DM Verkaufspreis entspricht 100 DM Einkaufspreis
799,20 DM Verkaufspreis entspricht x DM Einkaufspreis

$$x = \frac{100 \cdot 799,20}{108} = 740 \text{ DM}$$

Aufgabe 4: Eine Ware, welche für 920 DM eingekauft wurde, wird mit 890 DM 10 Pf verkauft. Wieviel Prozent wurden dabei verloren?

Lösung: An 920 DM verliert man 29,90 DM
an 100 DM verliert man x DM

$$x = \frac{29,90 \cdot 100}{920} = 3,25 \text{ DM}$$

d. h. der Verlust beträgt $3\frac{1}{4}$ %.

Aufgabe 5: Eine Ware wird mit 5% Verlust für 624 DM 15 Pf verkauft. Wieviel kostet sie im Einkauf?

Lösung: An 100 DM verliert man 5 DM, also:

95 DM Verkaufspreis entspricht 100 DM Einkaufspreis
624,15 DM Verkaufspreis entspricht x DM Einkaufspreis

$$x = \frac{100 \cdot 624,15}{95} = 657 \text{ DM}$$

Aufgaben zu selbständiger Lösung:

1. Einkaufspreis 32 [28] DM Verkaufspreis 36,50 [35] DM. Wieviel % Gewinn?
2. Einkaufspreis 95 [70] DM Verkaufspreis 100,70 [98] DM. Wieviel % Gewinn?
3. Einkaufspreis 250 [530] DM Verkaufspreis 230 [500] DM. Wieviel % Verlust?

4. Einkaufspreis 740 [560] DM Verkaufspreis 714,10 [520] DM. Wieviel % Verlust?

5. Wieviel kostete eine Ware im Einkauf, welche bei 8 [12]% Gewinn mit 6 DM 75 Pf verkauft wird?

6. Eine Ware wird mit 12 [15]% Verlust für 3432 [395] DM verkauft. Was kostete dieselbe im Einkauf?

Lösungen:	1. $14\frac{1}{18}$%	3. 8%	5. 6 DM 25 Pf
	2. 6%	4. $3\frac{1}{2}$%	6. 3900 DM

Wenn jemand im Auftrage und für Rechnung eines anderen Geschäfte besorgt oder vermittelt, so erhält er dafür eine Vergütung, **Provision** genannt, die ebenfalls in Prozenten ausgedrückt wird. Z. B.

Aufgabe: Ein Hausbesitzer läßt durch einen Vermittler ein Hausgrundstück für 36500 DM verkaufen und hat dem Vermittler $1\frac{1}{2}$% der Verkaufssumme als Provision versprochen. Wieviel beträgt dieselbe?

Lösung: Für 100 DM zahlt man 1,50 DM
für 36500 DM zahlt man x DM

$$x = \frac{1{,}5 \cdot 36500}{100} = 547{,}50 \text{ DM}$$

Auch die **Unkosten (Spesen),** welche man bei einem Einkauf oder Verkauf hat, und welche sich auf Fracht, Vermittlungsgebühren, Steuern usw. erstrecken, pflegt man in Prozenten auszudrücken. Z. B.

Aufgabe: Der Reinertrag eines Verkaufes belief sich nach Abzug sämtlicher Spesen auf 582 DM. Wie groß war die Verkaufssumme, wenn die Spesen 3% derselben betrugen?

Lösung: Für 100 DM Verkaufssumme betragen die Spesen 3 DM. Es bleibt also ein Reinertrag von 97 DM; folglich ist das Schema:

Auf 97 DM Reinertrag kommen 100 DM Verkaufssumme
auf 582 DM Reinertrag kommen x DM Verkaufssumme

$$x = \frac{100 \cdot 582}{97} = 600 \text{ DM}$$

Oft wird dem Käufer eines größeren Postens Ware vom Verkäufer ein Abzug vom Preis der Ware gewährt, den man **Rabatt** nennt und der auch in Prozenten ausgedrückt wird. Z. B.

Aufgabe: Tausend Stück Ziegelsteine kosten 26 DM 50 Pf, bei Abnahme von 100000 Stück pro Tausend nur 26 DM. Wieviel Prozent beträgt der Rabatt?

Lösung: Anstatt 26 DM 50 Pf zahlt man nur 26 DM, folglich beträgt der Abzug 0,50 DM, also:

Auf 26,50 DM beträgt der Rabatt 0,50 DM
auf 100 DM beträgt der Rabatt x DM

$$x = \frac{0{,}50 \cdot 100}{26{,}50} = 1{,}89\%$$

§ 32 Zinsrechnung

Wenn jemand einem anderen Geld leiht, welches letzterer, so lange es in seinem Besitze ist, in seinem Nutzen verwerten kann, so hat er dafür dem Darleiher eine Vergütung zu zahlen, die ebenfalls in Prozenten ausgedrückt wird. Die Entschädigung wird aber nicht nur von der Größe der geliehenen Summe (**Kapital** genannt) abhängen, sondern auch von der **Zeit,** während welcher das Kapital in seinem Besitze verbleibt. Als **Zeiteinheit** für die Berechnung der Entschädigung (**Zinsen** genannt) gilt **ein Jahr.** Den Prozentsatz pro Jahr nennt man **Zinsfuß.**

Zinsen gesucht

Aufgabe 1: Wieviel betragen die jährlichen Zinsen für 2575 DM zu 4%?

Lösung: 100 DM geben jährlich 4 DM Zinsen
2575 DM geben jährlich x DM Zinsen

$$x = \frac{4 \cdot 2575}{100} = 103 \text{ DM}$$

Aufgabe 2: Wieviel Zinsen geben 820 DM zu $3\frac{1}{2}$% in $2\frac{3}{4}$ Jahren?

Lösung: 100 DM geben in 1 Jahr $3\frac{1}{2}$ DM
820 DM geben in $2\frac{3}{4}$ Jahren x DM

$$x = \frac{3\frac{1}{2} \cdot 820 \cdot 2\frac{3}{4}}{100 \cdot 1} = 78 \text{ DM } 93 \text{ Pf}$$

Es empfiehlt sich, zur Berechnung der Zinsen, wenn Kapital, Prozentsatz und Anzahl der Jahre gegeben ist, **eine allgemein gültige Regel** sich einzuprägen, die man sich am besten in Gestalt einer **Formel,** d. i. ein **in mathematischen Zeichen ausgedrücktes Gesetz,** merkt:

Bedeutet K das Kapital, p den Prozentsatz und n die Anzahl der Jahre, so ergibt sich die Formel für die **Zinsen** durch folgende Schlüsse:

100 DM geben in 1 Jahr	p	DM Zinsen
K DM geben in n Jahren	Z*)	DM Zinsen
1 DM geben in 1 Jahr	$\frac{p}{100}$	DM Zinsen
K DM geben in 1 Jahr	$\frac{K \cdot p}{100}$	DM Zinsen
K DM geben in n Jahren	$\frac{K \cdot n \cdot p}{100}$	DM Zinsen

Es ist also $Z = \frac{K \cdot n \cdot p}{100}$, d. h.:

Die Zinsen findet man, wenn man das Kapital, die Anzahl der Jahre und den Prozentsatz miteinander multipliziert und das Produkt durch 100 dividiert.

Will man z. B. die Zinsen berechnen für ein Kapital von 825 DM zu $3\frac{1}{2}$% in 1 Jahr und 2 Monaten, so setze man

$$K = 825; \; p = 3\frac{1}{2}; \; n = 1\frac{2}{12} = 1\frac{1}{6}$$

in die Formel ein:

$$Z = \frac{825 \cdot 1\frac{1}{6} \cdot 3\frac{1}{2}}{100} = \frac{825 \cdot 7 \cdot 7}{100 \cdot 6 \cdot 2} = 33{,}69 \text{ DM}$$

oder:

Aufgabe 3: Wieviel Zinsen geben 6440 DM zu $4\frac{1}{4}$% in 5 Monaten und 3 Tagen?

Lösung: Man setze $K = 6440$; $p = 4\frac{1}{4}$; $n = \frac{153}{360}$. (Die Zeit muß stets in **Jahren** eingesetzt werden. Man rechnet im Verkehrsleben 1 Monat = 30 Tage, 1 Jahr = 360 Tage.) Es ergibt sich dann

$$Z = \frac{6440 \cdot \frac{153}{360} \cdot 4\frac{1}{4}}{100} = \frac{6440 \cdot 153 \cdot 17}{100 \cdot 360 \cdot 4} = 116{,}32 \text{ DM}$$

*) Anstatt x setzt man hier ausnahmsweise Z, weil man dadurch an die Bedeutung „Zinsen" (Anfangsbuchstabe Z) erinnert wird.

Aufgabe 4: Wieviel Zinsen geben 4200 DM zu 4% in 123 Tagen?

Lösung: $Z = \frac{4200 \cdot \frac{123}{360} \cdot 4}{100} = 57{,}40 \text{ DM}$

Aufgabe 5: Ein Kapital von 8450 DM wird am 6. April 1896 zu $3\frac{1}{3}$% ausgeliehen und am 20. Januar 1897 zurückgezahlt. Wieviel Zinsen sind zu zahlen?

Lösung: Es ist zu setzen $K = 8450$; $p = 3\frac{1}{3}$. Bei der Bestimmung der Zeit ist es üblich, den Tag, an welchem das Kapital ausgeliehen wird, **nicht** mitzurechnen, so daß also 9 Monate (7. April bis 6. Januar) und 14 Tage (7. Januar bis 20. Januar) in Rechnung zu setzen sind. Es ist demnach $n = \frac{284}{360}$; und man erhält:

$$Z = \frac{8450 \cdot \frac{284}{360} \cdot 3\frac{1}{3}}{100} = \frac{8450 \cdot 284 \cdot 10}{100 \cdot 360 \cdot 3} = 222{,}20 \text{ DM}$$

Aufgaben zu selbständiger Lösung:

Wieviel Zinsen geben:

1. 1724 [1825] DM zu $3\frac{1}{4}$ [$4\frac{1}{2}$]% in 7 [5] Jahren?
2. 14880 [4800] DM zu $4\frac{1}{2}$ [5]% in $3\frac{1}{6}$ [$9\frac{1}{2}$] Jahren?
3. 2100 [4500] DM zu $3\frac{1}{2}$ [$2\frac{2}{3}$]% in $\frac{2}{3}$ [$\frac{1}{4}$] Jahren?
4. 1455 [825] DM zu $3\frac{1}{2}$ [$1\frac{3}{4}$]% in 7 [5] Monaten?
5. 3481 [8760] DM zu $4\frac{1}{2}$ [6]% in $2\frac{2}{3}$ [$3\frac{1}{3}$] Monaten?
6. 3120 DM zu $2\frac{1}{4}$% in 4 Monaten 5 Tagen?
7. 6200 DM zu 3% in 1 Monat 26 Tagen?
8. 9800 DM zu 3% ausgeliehen am 3. Jan., zurückgezahlt am 10. Febr.?
9. 43 DM 73 Pf zu $4\frac{1}{2}$% ausgeliehen am 2. Dez. 1895, zurückgezahlt am 25. April 1896?

Lösungen:

1. 392 DM 21 Pf	4. 29 DM 71 Pf	7. 28 DM 93 Pf
2. 2120 DM 40 Pf	5. 34 DM 81 Pf	8. 30 DM 22 Pf
3. 49 DM – Pf	6. 24 DM 38 Pf	9. – DM 78 Pf

Kapital gesucht

In den bisherigen Beispielen waren Kapital, Prozentsatz und Anzahl der Jahre gegeben, die Zinsen gesucht. Es kann nun auch eine der drei ersten Größen als Unbekannte auftreten, in welchem Falle dann die Zinsen gegeben sein müssen. Z. B.

Aufgabe 1: Welches Kapital bringt zu 4% 5600 DM jährliche Zinsen?

Lösung: 4 DM sind die jährl. Zinsen von 100 DM Kapital
5600 DM sind die jährl. Zinsen von K DM Kapital

$$K = \frac{100 \cdot 5600}{4} = 140000 \text{ DM}$$

Aufgabe 2: Welches Kapital bringt zu $3\frac{1}{3}$% monatlich 150 DM Zinsen?

Lösung: Man suche erst die jährlichen Zinsen = 150 DM · 12 = 1800 DM und setze nun an:

$3\frac{1}{3}$ DM sind die jährl. Zinsen von 100 DM
1800 DM sind die jährl. Zinsen von K DM

$$K = \frac{100 \cdot 1800}{3\frac{1}{3}} = \frac{100 \cdot 1800 \cdot 3}{10} = 54000 \text{ DM}$$

Aufgabe 3: Ein Haus bringt jährlich 1500 DM ein. Wieviel ist es wert, wenn man eine Verzinsung von 5% zugrundelegt?

Lösung:

5 DM sind die jährl. Zinsen von 100 DM
1500 DM sind die jährl. Zinsen von K DM

$$K = \frac{100 \cdot 1500}{5} = 30000 \text{ DM}$$

Aufgaben zu selbständiger Lösung:

1. Welches Kapital bringt in 1 Jahr zu 4% 1840 DM Zinsen?
2. Welches Kapital bringt in 1 Jahr zu $3\frac{1}{2}$% 770 DM Zinsen?
3. Welches Kapital bringt in 5 Jahren zu 3% 255 DM Zinsen?
4. Welches Kapital bringt in $2\frac{1}{3}$ Jahren zu $4\frac{1}{4}$% 511 DM 70 Pf Zinsen?
5. Welches Kapital bringt in 8 Monaten zu 4% 163 DM 20 Pf Zinsen?
6. Welches Kapital bringt in 2 Jahren 2 Monaten zu $4\frac{1}{2}$% 5031 DM Zinsen?
7. Welches Kapital bringt in 3 Monaten 7 Tagen zu 6% 164 DM 90 Pf Zinsen?
8. Welches Kapital bringt in 23 Tagen zu 5% 1541 DM Zinsen?

Lösungen:

1. 46000 DM
2. 22000 DM
3. 1700 DM
4. 5160 DM
5. 6120 DM
6. 51600 DM
7. 10200 DM
8. 482400 DM

Zeit gesucht

Aufgabe 1: In wieviel Jahren geben 3400 DM zu $3\frac{1}{2}$% 476 DM Zinsen?

Lösung: Man berechne zunächst die **jährlichen** Zinsen:

100 DM geben jährlich $3\frac{1}{2}$ DM
3400 DM geben jährlich Z DM

$$Z = \frac{3\frac{1}{2} \cdot 3400}{100} = 119 \text{ DM}$$

und weiter:

119 DM sind die Zinsen für 1 Jahr
476 DM sind die Zinsen für n Jahre

$$n = \frac{1 \cdot 476}{119} = 4 \text{ Jahre}$$

Aufgabe 2: In welcher Zeit geben 250 DM zu 4% 16 DM Zinsen?

Lösung: Die **jährlichen** Zinsen von 250 DM zu 4% sind:

$$Z = \frac{4 \cdot 250}{100} = 10 \text{ DM};$$

folglich:

10 DM sind die Zinsen für 1 Jahr
16 DM sind die Zinsen für n Jahre

$$n = \frac{1 \cdot 16}{10} = 1\tfrac{3}{5} \text{ Jahr,}$$

$\frac{3}{5}$ Jahre in Monate verwandelt (durch Multiplikation mit 12) gibt
$\frac{36}{5}$ Monate = $7\frac{1}{5}$ Monate,
$\frac{1}{5}$ Monat in Tage verwandelt (durch Multiplikation mit 30) gibt
$\frac{30}{5}$ Tage = 6 Tage.

Die gesuchte Zeit beträgt also 1 Jahr 7 Monate 6 Tage.

Aufgaben zu selbständiger Lösung:

1. In welcher Zeit geben 1800 DM zu $4\frac{1}{2}$% 243 DM Zinsen?
2. In welcher Zeit geben 4080 DM zu $3\frac{1}{2}$% 345 DM 10 Pf Zinsen?
3. In welcher Zeit geben 2000 DM zu 4% 66 DM 70 Pf Zinsen?

Lösungen: 1. 3 Jahre 2. 2 Jahre 5 Monate 3. 10 Monate 0,15 Tage

Zinsfuß gesucht

Aufgabe 1: Zu wieviel Prozent sind 900 DM ausgeliehen, wenn die jährlichen Zinsen 36 DM betragen?

Lösung: 900 DM geben jährlich 36 DM Zinsen
100 DM geben jährlich p DM Zinsen

$$p = \frac{36 \cdot 100}{900} = 4\%$$

Aufgabe 2: Zu wieviel Prozent sind 4260 DM ausgeliehen, wenn die Zinsen für 3 Jahre 4 Monate 710 DM betragen?

Lösung: Man berechne zunächst die **jährlichen** Zinsen:
Für $3\frac{1}{3}$ Jahre betragen die Zinsen 710 DM
für 1 Jahr betragen die Zinsen Z DM

$$Z = \frac{710 \cdot 1}{3\frac{1}{3}} = 213 \text{ DM}$$

und dann:
4260 DM geben jährlich 213 DM
100 DM geben jährlich p DM

$$p = \frac{213 \cdot 100}{4260} = 5\%$$

Aufgabe 3: Das Baukapital eines Hauses beträgt 171000 DM. Eine daraufstehende Hypothek von 48000 DM ist mit 3 % zu verzinsen. Die Abgaben betragen jährlich 904 DM 50 Pf, die jährlichen Reparaturkosten usw. betragen 757 DM 50 Pf. Zu wieviel Prozent verzinst sich das Kapital des Eigentümers, wenn der jährliche Mietertrag 9000 DM beträgt?

Lösung: Wenn auf dem Hause eine Hypothek von 48000 DM steht, so beträgt das für die Verzinsung in Rechnung zu ziehende Kapital

171000 DM. minus 48000 DM. = 123000 DM.

Die Ausgaben betragen pro Jahr:

Zinsen für 48000 zu $3\frac{1}{2}$% =	1680 DM — Pf
Abgaben	904 DM 50 Pf
Reparaturkosten usw.	757 DM 50 Pf
Summe der Ausgaben	3342 DM — Pf
Die Einnahmen pro Jahr	9000 DM — Pf
Also Reinertrag	5658 DM — Pf

und demnach lautet der Ansatz zur Bestimmung des Prozentsatzes, zu welchem sich das Haus verzinst:

123000 DM geben jährlich 5658 DM
100 DM geben jährlich p DM

$$p = \frac{5658 \cdot 100}{123000} = 4{,}6\%$$

Aufgaben zu selbständiger Lösung:

1. 2400 DM geben in 2 Jahren 228 DM Zinsen. Wie groß ist der Prozentsatz?
2. 2550 DM geben in $4\frac{1}{3}$ Jahren 386,75 DM Zinsen. Wie groß ist der Prozentsatz?
3. 17220 DM geben in 8 Monaten 459,20 DM Zinsen. Wie groß ist der Prozentsatz?
4. 9360 DM geben in 37 Tagen 48,10 DM Zinsen. Wie groß ist der Prozentsatz?

Lösungen: 1. $4\frac{3}{4}\%$ 2. $3\frac{1}{2}\%$ 3. 4% 4. 5%

§ 33 Verteilungsrechnung

Die Gesellschafts- oder Verteilungsrechnung löst die Aufgabe, eine gewisse Größe nach gegebenen Verhältnissen oder sonstigen Bedingungen zu verteilen. Z. B.

Aufgabe 1: 1920 DM sind so unter drei Personen A, B und C zu verteilen, daß A sovielmal 4 DM erhält, wie B 7 DM und C 9 DM erhält?

Lösung: Wenn A 4 DM, B 7 DM, C 9 DM erhalten hat, so haben sie zusammen 4 DM + 7 DM + 9 DM = 20 DM erhalten. So oft also 20 DM in 1920 DM enthalten sind, so oft wird A 4 DM, B 7 DM, C 9 DM erhalten können. Nun ist 1920 DM : 20 DM = 96. Folglich erhält:

A: 4 DM · 96 = 384 DM
B: 7 DM · 96 = 672 DM
C: 9 DM · 96 = 864 DM
Summe = 1920 DM

Aufgabe 2: Vier Teilnehmer an einem Geschäft zahlen 1200 DM, 2000 DM, 2400 DM und 4400 DM als Kapitaleinlagen. Der erzielte Gewinn beträgt 2000 DM. Wieviel erhält jeder Teilnehmer?

Lösung: Die Summe der eingezahlten Beiträge ist 10000 DM, folglich ist der auf 1 DM Einlage entfallende Gewinnanteil gleich

2000 DM : 10000 = 0,2 DM

und demnach sind die in den einzelnen Teilnehmern zukommenden Anteile:

1200 · 0,2 DM = 240 DM
2000 · 0,2 DM = 400 DM
2400 · 0,2 DM = 480 DM
4400 · 0,2 DM = 880 DM
Summe = 2000 DM

Aufgabe 3: Es ist eine Summe von 175 DM so zu verteilen, daß A $\frac{1}{5}$, B $\frac{1}{3}$ und C den Rest erhält. Wieviel erhält jeder?

Lösung:	Es erhält A: $\frac{1}{5} \cdot 175$ DM	= 35 DM — Pf
	B: $\frac{1}{3} \cdot 175$ DM	= 58 DM 33 Pf
	Beide zusammen also	= 93 DM 33 Pf

Folglich erhält C 175 DM minus 93 DM 33 Pf = 81 DM 67 Pf.

Aufgabe 4: Drei Arbeiter in Afrika erhalten für eine angefertigte Arbeit 51 DM 90 Pf. Die Arbeitszeit beträgt bei A 6 Tage zu 8 Stunden, bei B 5 Tage zu 9 Stunden, bei C 8 Tage zu 10 Stunden. Wieviel erhält jeder von obiger Summe?

Lösung: Die Zahl der Arbeitsstunden beträgt

bei A: $6 \cdot 8$ Stunden	= 48 Stunden
bei B: $5 \cdot 9$ Stunden	= 45 Stunden
bei C: $8 \cdot 10$ Stunden	= 80 Stunden
folglich die Summe der Arbeitsstunden	= 173 Stunden.

Der Lohn dafür ist 51 DM 90 Pf, demnach der Lohn pro Stunde:

51,90 DM : 173 = 0,30 DM

Es hat also zu beanspruchen:

A: 0,30 DM · 48	= 14,40 DM
B: 0,30 DM · 45	= 13,50 DM
C: 0,30 DM · 80	= 24,00 DM
Summe	= 51,90 DM

Aufgabe 5: Eine Arbeit war von 95 indischen Arbeitern in 3 Abteilungen von 25, 40 und 30 Mann für die Gesamtsumme von 3000 DM übernommen worden. Die erste Abteilung arbeitete 14 Tage zu 10 Stunden, die zweite 16 Tage zu 9 Stunden, die dritte 12 Tage zu 8 Stunden. Welchen Lohnanteil erhält jede der drei Abteilungen?

Lösung:

Die Zahl der Arbeitsstunden der 1. Abtlg. ist $25 \cdot 14 \cdot 10$	= 3500 Std.
Die Zahl der Arbeitsstunden der 2. Abtlg. ist $40 \cdot 16 \cdot 9$	= 5760 Std.
Die Zahl der Arbeitsstunden der 3. Abtlg. ist $30 \cdot 12 \cdot 8$	= 2880 Std.
Summe der Arbeitsstunden	= 12140 Std.

Der Lohn dafür beträgt 3000 DM, folglich ist der Lohn

pro Stunde = $\frac{3000}{12140}$ DM.

Es ist demnach:

Der Anteil der 1. Abtlg.: $\frac{3000}{12140}$ DM · 3500	= 864,91 DM
Der Anteil der 2. Abtlg.: $\frac{3000}{12140}$ DM · 5760	= 1423,39 DM
Der Anteil der 3. Abtlg.: $\frac{3000}{12140}$ DM · 2880	= 711,70 DM
Summe	= 3000,00 DM

Aufgaben zu selbständiger Lösung:

1. Zu einem gemeinschaftlichen Unternehmen leisten 5 Personen die einzelnen Beiträge von 2300 DM, 2980 DM, 3980 DM, 5440 DM und 6860 DM. Der Gewinn beträgt 2256 DM. Wie ist derselbe zu verteilen?

2. Eine Konkursmasse von 12240 DM soll unter vier Gläubiger nach dem Verhältnis ihrer Forderungen verteilt werden. Die einzelnen Forderungen sind 13400 DM, 26500 DM, 31900 DM, 48700 DM. Wieviel erhält jeder Gläubiger?

3. Von den drei Dorfgemeinden in China A, B und C ist ein Weg gebaut worden, an welchem die Gemeinde A mit 36 Mann und 16 Pferden 30 Tage, die Gemeinde B mit 50 Mann und 20 Pferden 60 Tage, die Gemeinde C mit 30 Mann und 12 Pferden 48 Tage lang gearbeitet hat. Die vom Staate hierzu gewährte Unterstützung von 19840 DM soll unter diese drei Gemeinden nach Verhältnis ihrer Leistungen verteilt werden, wobei die Leistung eines Pferdes der von drei Menschen gleichgeachtet wird. Wieviel erhält jede Gemeinde?

Lösungen:	1. 240,67 DM	2. 1361,13 DM	3. 4068,75 DM
	311,82 DM	2691,78 DM	10656,25 DM
	416,46 DM	3240,30 DM	5115,00 DM
	569,23 DM	4946,79 DM	19840,00 DM
	717,82 DM	12240,00 DM	
	2256,00 DM		

Lösungen der Aufgaben

aus den §§ 12 bis 27, bei denen steht: Lösungen folgen.(siehe auch Lösungsheft.)

Zu § 12, Seite 64, Erweitern von Brüchen:

$\frac{1}{2} = \frac{30}{60}$	$\frac{4}{5} = \frac{48}{60}$	$\frac{5}{6} = \frac{50}{60}$	$\frac{3}{20} = \frac{9}{60}$	$\frac{5}{30} = \frac{10}{60}$
$\frac{2}{3} = \frac{40}{60}$	$\frac{3}{5} = \frac{36}{60}$	$\frac{5}{12}$ $\frac{25}{60}$	$\frac{7}{20} = \frac{21}{60}$	$\frac{7}{30} = \frac{14}{60}$
$\frac{3}{4} = \frac{45}{60}$		$\frac{4}{15} = \frac{16}{60}$		

Nenner 240, Zähler 120, 160, 180, 192, 144, 200, 64, 36, 84, 40, 56,
Nenner 180, Zähler 90, 120, 135, 144, 108, 150, 75, 48, 27, 63, 30, 42,
Nenner 120, Zähler 60, 80, 90, 96, 72, 100, 50, 32, 18, 42, 20, 28.

Zu § 15, Seite 66, Addition:

1. $12\frac{215}{504}$	3. $22\frac{41}{84}$	5. $27\frac{517}{840}$	7. $36\frac{5}{63}$	9. $44\frac{13}{126}$
2. $10\frac{104}{105}$	4. $17\frac{23}{24}$	6. $35\frac{3}{28}$	8. $48\frac{251}{252}$	

Einrichten von Brüchen:

$3\frac{1}{3} = \frac{10}{3}$	$7\frac{1}{2} = \frac{15}{2}$	$66\frac{2}{3} = \frac{200}{3}$	$15\frac{8}{23} = \frac{353}{23}$	$133\frac{1}{3} = \frac{400}{3}$
$6\frac{2}{3} = \frac{20}{3}$	$8\frac{5}{6} = \frac{53}{6}$	$5\frac{7}{9} = \frac{52}{9}$	$17\frac{5}{7} = \frac{124}{7}$	$582\frac{3}{7} = \frac{4077}{7}$
$5\frac{1}{2} = \frac{11}{2}$	$33\frac{1}{3} = \frac{100}{3}$			

Zu § 16, Seite 67, Subtraktion:

1. $\frac{11}{24}$	4. $\frac{1}{16}$	7. $\frac{2}{21}$	9. $\frac{118}{363}$	11. $66\frac{2}{3}$
2. $\frac{8}{45}$	5. $\frac{37}{66}$	8. $\frac{11}{190}$	10. $1\frac{23}{30}$	12. $28\frac{2}{3}$
3. $\frac{2}{15}$	6. $\frac{4}{45}$			

Zu § 17, Seite 68, Multiplikation:

8. $\frac{1}{2}$	10. $1\frac{2}{3}$	12. $20\frac{3}{7}$	14. $203\frac{7}{16}$
9. $\frac{15}{301}$	11. 4	13. 183	15. $7\frac{13}{20}$

Zu § 18, Seite 68, Division:

1. $\frac{9}{10}$	4. $38\frac{2}{5}$	6. $\frac{4}{825}$	8. $\frac{23}{39}$	10. 7
2. $1\frac{13}{16}$	5. $\frac{17}{60}$	7. $6\frac{22}{57}$	9. $\frac{5}{27}$	11. $\frac{1}{6}$
3. $19\frac{1}{5}$				

Zu § 26, Seite 76, Verwandlung gewöhnlicher Brüche in Dezimalbrüche:

$\frac{1}{2} = 0{,}5$
$\frac{3}{4} = 0{,}75$
$\frac{5}{16} = 0{,}3125$
$\frac{3}{8} = 0{,}375$
$\frac{5}{32} = 0{,}15625$
$\frac{1}{64} = 0{,}015625$
$\frac{3}{500} = 0{,}006$
$\frac{7}{25} = 0{,}28$
$\frac{73}{125} = 0{,}584$

$\frac{2}{3} = 0{,}6\cdots$
$\frac{5}{6} = 0{,}83\cdots$
$\frac{7}{11} = 0{,}6363\cdots$
$\frac{4}{15} = 0{,}26\cdots$
$\frac{5}{12} = 0{,}416\cdots$
$\frac{3}{7} = 0{,}428571\cdots$
$\frac{8}{15} = 0{,}53\cdots$
$\frac{3}{17} = 0{,}1764705882352941\cdots$
$\frac{23}{11} = 2{,}0909\cdots$

$\frac{25}{3} = 8{,}3\cdots$
$3\frac{5}{6} = 3{,}83\cdots$
$4\frac{7}{8} = 4{,}875$
$3\frac{2}{9} = 3{,}22\cdots$
$3\frac{1}{7} = 3{,}142857\cdots$
$\frac{407}{900} = 0{,}452\cdots$
$\frac{53188}{9000} = 5{,}9097\cdots$
$\frac{4289}{9990} = 0{,}4293\cdots$

Zu § 27, Seite 78, Verwandeln von Dezimalbrüchen in gemeine Brüche:

$0{,}5 = \frac{1}{2}$
$0{,}25 = \frac{1}{4}$
$0{,}75 = \frac{3}{4}$
$0{,}125 = \frac{1}{8}$
$0{,}375 = \frac{3}{8}$
$0{,}2 = \frac{1}{5}$
$0{,}6 = \frac{3}{5}$
$0{,}8 = \frac{4}{5}$
$0{,}625 = \frac{5}{8}$
$0{,}0625 = \frac{1}{16}$

$0{,}1875 = \frac{3}{16}$
$0{,}3125 = \frac{5}{16}$
$0{,}4375 = \frac{7}{16}$
$0{,}04 = \frac{1}{25}$
$0{,}24 = \frac{6}{25}$
$0{,}44\cdots = \frac{4}{9}$
$0{,}555\cdots = \frac{5}{9}$
$0{,}111\cdots = \frac{1}{9}$
$0{,}055\cdots = \frac{1}{18}$
$0{,}277\cdots = \frac{5}{18}$

$0{,}722\cdots = \frac{8}{11}$
$0{,}0833\cdots = \frac{1}{12}$
$0{,}4166\cdots = \frac{5}{12}$
$0{,}4545 = \frac{5}{11}$
$0{,}04545 = \frac{1}{22}$
$0{,}466\cdots = \frac{7}{15}$
$0{,}1034545\cdots = \frac{569}{5500}$
$0{,}3852424\cdots = \frac{12713}{33000}$
$0{,}002533\cdots = \frac{19}{7500}$

4. Kapitel

Ergänzung zur Arithmetik

§ 34 Tabellarische Kurzfassung von Grundrechenmethoden

Grundrechnungsarten

Grundlage des Rechnens ist die **Zahlenreihe. Zahlzeichen** (Ziffern) und **Zahlwörter** dienen zur Unterscheidung der einzelnen **Zahlen. Unbenannte Zahlen**: 2, 3, 11, 509. **Benannte Zahlen**: 4 DM, 3 kg, 10 t. **Grundsatz des Zehnersystems**: (10 Finger an beiden Händen) Zehn Einheiten einer Ordnung bilden eine Einheit der nächst höheren Ordnung. Demnach: 10 E = 1 Z; 10 Z = 1 H; 10 H = 1 T; 10 T = 1 Zt; 10 Zt = 1 Ht; 10 Ht = 1 M; 1000 M = 1 Milliarde. (Abkürzung: E = Einer; Z = Zehner; H = Hunderter; T = Tausender; Ht = Hundertausend, usw.)

Römische Zahlen:

I	II	III	IV	V	VI	VII	VIII	IX	X	XI	XII	XX	XXX	XL	L	LX	LXX	LXXX	XC	C	CCC	D	CM	M
1	2	3	4	5	6	7	8	9	10	11	12	20	30	40	50	60	70	80	90	100	300	500	900	1000

Beispiel: MDCCCIC = 1899; MCMXXXIX = 1939.

Gesetz für das Lesen römischer Zahlen: Steht eine kleinere Zahl **hinter** einer größeren (MC = 1100), so wird sie zugezählt. Steht eine kleinere Zahl **vor** (CM = 900) einer größeren, so wird sie abgezogen.

Addition:
Summand und (plus) Summand gleich Summe
15 + 16 = 31

Addieren oder Zusammenzählen heißt, eine Zahl suchen, die so viel Einheiten hat wie die gegebenen Zahlen zusammen.

Subtraktion:
Minuend weniger (minus) Subtrahend gleich Differenz
31 − 15 = 16

Subtrahieren oder Abnehmen heißt, aus der Summe zweier Zahlen (31) und einem Summanden (15) den anderen Summanden (16) suchen.

Multiplikation:
Faktor mal Faktor gleich Produkt
9 · 4 = 36
oder 4 · 9 = 36

Multiplizieren, Malnehmen oder Vervielfältigen heißt, eine Zahl (9) so oft als Summand setzen, wie die andere (4) angibt.

Division:
Dividend durch Divisor gleich Quotient
36 : 9 = 4

Dividieren oder Teilen, Messen oder Enthaltensein heißt, aus dem Produkt zweier Zahlen (36) und einem Faktor (9) den anderen Faktor (4) suchen.

Einteilung der Zahlen: 1. Ganze Zahlen: 6, 18, 25, 2983
2. Gebrochene Zahlen: a) Dezimalzahlen (Dezimalbrüche): 0,3; 0,25; 0,185
b) Gemeine Brüche: $\frac{3}{4}$, $\frac{9}{10}$, $\frac{2}{15}$, $\frac{5}{16}$.

Addition:

1. Die Einer stehen untereinander:	2. Komma steht unter Komma:	Zähle zusammen:
	2,35 + 16,1 + 39,487 =	3m 35 cm, 14 m 6 cm, 28 m 14 cm, 9 m 7 cm, 36 m 22 cm
983	2,35	3,35 m
315	+ 16,1	14,06 m
1465	+ 39,487	28,14 m
4	57,937	9,07 m
28		36,22 m
2795		90,84 m

Man schreibt für:		Man rundet ab:
1,3 = 1,30 = 1,300	3 kg 125 g = 3,125 kg	2,755 = 2,76
2 = 2,00 = 2,000	1 m 4 cm = 1,04 m	4,452 = 4,45
4,47 = 4,470	3 hl 5 l = 3,05 hl	9,67 = 9,7
= 4,4700	2 km 15 m = 2,015 km	
	2 DM 3 Pf = 2,03 DM	

Subtraktion:

Ohne Verwandlung:		Mit Verwandlung:	
49 687	18,972	2.8.4.26	3.4.,5.[10 10]
− 25 643	− 5,641	− 1 9 8 35	− 1 7 ,8 4 5
24 044	13,331	8 5 91	1 6 ,6 5 5

Ergänzungsverfahren
(Kaufmännisches Rechnen)

	Subtrahend	+	Ergänzung	=	Minuend
1.					
965	2	+	3	=	5
−432	3	+	3	=	6
533	4	+	5	=	9
2.					
735	6	+	9	=	(1)5
−586	(1+8)	+	4	=	(1)3
149	(1+5)	+	1	=	7

Beispiel:
Berechne das Nettogewicht:
Brutto 9,15 kg
Tara 1,125 kg
(Hülle)

Lösung:
9,150 kg
− 1,125 kg
Netto 8,025 kg

Multiplikation:

1. Beispiel: 9 · 8 = 72 oder 8 · 9 = 72
Die Faktoren können vertauscht werden.

2. Beispiel: 10 · 12 = 120; 100 · 81 = 8100;
1000 · 24 = 24000

Man multipliziert eine Zahl mit 10, 100, 1000 usw., indem man so viel Nullen hinzufügt, wie der Multiplikand Nullen hat.

3. Beispiel:
10 · 3,6 = 36
100 · 14,756 = 1475,6
1000 · 0,07 = 70
10000 · 1,45 = 14500

Eine Dezimalzahl wird mit 10, 100, 1000 usw. multipliziert, indem das Komma so viel Stellen nach rechts gerückt wird, wie der Multiplikand Nullen hat.

Man multipliziert mit dem Faktor, durch den die geringste Anzahl Teilprodukte entsteht. Man rechnet: 14 · 15
10 x 15 = 150
4 x 15 = 60 = 210

1. Schreibform:	2. Schreibform:		3. Schreibform:	
426	25,3 · 1,23	287 · 28	287 · 28	25,3 · 1,23
x 35	369	2296	574	506
2130	615	574	2296	759
1278	246	8036	8036	31,119
14910	31,119			

Beispiel:
Ein Quadratmeter Bauland kostet 23 DM.
Wieviel kosten 586 Quadratmeter?

586 · 23
1758
1172
= 13478 DM

Division

1. Beispiel: 480 : 10 = 48; 9200 : 100 = 92 usw.
Man teilt eine Zahl durch 10, 100, 1000 usw., indem man so viel Nullen abstreicht, wie der Teiler Nullen hat.

1. 39256 : 4 = 9814 oder $\underline{39256 : 4}$ = 9814

2. 45027 : 9 = 5003 (027) **3.** 75,35 DM : 5 = 15,07 DM (25)

3. Abgekürztes Teilen: 75234 : 198 = 379,96
158_3
197_4
192_0
138_0
192_0

Merke: 1. Vergiß in der Antwort nicht die **Null**, wenn nicht geteilt werden kann.
2. Der **Rest** muß immer kleiner sein als der Divisor.

2. Beispiel: 357 : 10 = 35,7; 2126 : 100 = 21,26.
Man teilt eine ganze Zahl durch 10, 100 usw., indem man durch Komma so viel Stellen von rechts abschneidet, wie der Teiler Nullen hat.

3. Beispiel:
2,4 : 10 = 0,24;
9,58 : 100 = 0,0958;
175,65 : 1000 = 0,17565;
39,45 : 10000 = 0,003945.
Eine **Dezimalzahl** wird durch 10, 100, 1000 usw. dividiert, indem das Komma so viel Stellen nach links gerückt wird, wie der Divisor Nullen hat.

1. 43 : 0,6 = 430 : 6 = $71\frac{2}{3}$
2. 7203 : 0,07 = 720300 : 7 = 102900
3. 47,5 : 1,25 = 4750 : 125 = 38
4. 6,248 : 0,04 = 624,8 : 4 = 156,2

Regel: Ist der Teiler eine Dezimalzahl, so muß er durch Malnehmen mit 10, 100, 1000 usw. zu einer ganzen Zahl gemacht werden. Der Dividend muß mit der gleichen Zahl malgenommen werden.

Bruchrechnung

Gemeine Brüche:

1) Echte Brüche: $\frac{3}{4}, \frac{5}{6}, \frac{1}{2}, \frac{4}{5}$
2) Unechte Brüche: $\frac{12}{5}, \frac{17}{8}, \frac{20}{3}$
$3\frac{1}{3} = \frac{10}{3}$; $5\frac{1}{2} = \frac{11}{2}$; $7\frac{3}{8} = \frac{59}{8}$

$\frac{4 \text{ (Zähler)}}{5 \text{ (Nenner)}}$

Erweitern: (mit 3) $\frac{1}{2} = \frac{3}{6}$; (mit 4) $\frac{1}{2} = \frac{4}{8}$ usw.
(mit 3) $\frac{2}{5} = \frac{6}{15}$; (mit 4) $\frac{2}{5} = \frac{8}{20}$ usw.

Kürzen: $\frac{10}{15}$ (durch 5) $= \frac{2}{3}$; $\frac{12}{15}$ (durch 3) $= \frac{4}{5}$ usw.

Gleichnamig machen:
$\frac{3}{4} + \frac{4}{5}$ (Nenner)
4tel und 5tel ergeben
20stel (Hauptnenner)
$\frac{3}{4} = \frac{15}{20}$, $\frac{4}{5} = \frac{16}{20}$

Beispiel: $\frac{1}{2}, \frac{2}{5}, \frac{3}{8}, \frac{3}{4}$
$\frac{1}{2} = (2)$
$\frac{2}{5} = 5$
$\frac{3}{8} = 2 \cdot 2 \cdot 2$
$\frac{3}{4} = (2 \cdot 2)$

Ergebnis:
Nenner 2 und 4 geht in Nenner 8 auf, demnach Hauptnenner 5·8 = 40
Es ergibt:
$\frac{1}{2} = \frac{20}{40}$, $\frac{2}{5} = \frac{16}{40}$,
$\frac{3}{8} = \frac{15}{40}$, $\frac{3}{4} = \frac{30}{40}$

Multiplikation:

1. Beispiel: Bruch mal ganze Zahl, ohne Kürzung
$\frac{3}{4} \cdot 15 = \frac{3 \cdot 15}{4} = \frac{45}{4} = 11\frac{1}{4}$

2. Beispiel: Bruch mal ganze Zahl, mit Kürzung
$\frac{7}{9} \cdot 24 = \frac{7 \cdot 24}{9} = \frac{7 \cdot 8}{3} = \frac{56}{3} = 18\frac{2}{3}$
(9 und 24 durch 3 teilbar)

3. Beispiel: Bruch mal Bruch (Zähler x Zähler und Nenner x Nenner)
$\frac{5}{7} \cdot \frac{3}{8} = \frac{15}{56}$; $2\frac{2}{5} \cdot 3\frac{1}{2} = \frac{12 \cdot 7}{5 \cdot 2} = \frac{42}{5} = 8\frac{2}{5}$

Verwandlung gemeiner Brüche in Dezimalbrüche:

Aus einem gemeinen Bruch wird ein Dezimalbruch, wenn man den Zähler durch den Nenner dividiert.

$\frac{5}{8}$ = 5 : 8 = 0,625 (endlicher Dezimalbruch)
$\frac{2}{3}$ = 2 : 3 = 0,666.. (rein periodischer Dezimalbruch)
$\frac{1}{6}$ = 1 : 6 = 0,166.. (gemischtperiodischer Dezimalbruch)

Gemeine Brüche und Dezimalbrüche:

1. $\frac{3}{8} + 3{,}5 = \frac{3}{8} + 3\frac{1}{2} = \frac{3}{8} + 3\frac{4}{8} = 3\frac{7}{8}$
2. 7,7 kg − $2\frac{2}{5}$ kg = 7,7 kg − 2,4 kg = 5,3 kg
   3,75 DM − $1\frac{2}{5}$ DM = 3,75 DM − 1,40 DM = 2,35 DM
3. $0{,}9 \cdot \frac{3}{8} = \frac{9 \cdot 3}{10 \cdot 8} = \frac{27}{80}$ | 0,16 DM $\cdot \frac{5}{8} = \frac{16 \cdot 5}{100 \cdot 8} = \frac{2}{20} = \frac{1}{10}$ DM
4. $\frac{7}{11} : 0{,}35 = \frac{7 \cdot 100}{11 \cdot 35} = \frac{20}{11} = 1\frac{9}{11}$ | $1{,}2 : \frac{2}{3} = \frac{12 \cdot 3}{10 \cdot 2} = \frac{18}{10} = 1\frac{4}{5}$

Addition:

Nur die Zähler der Brüche werden zusammengezählt.

1. Beispiel: 45 (Gen.-N)

$\frac{2}{3}$	45 : 3 = 15, · 2 = 30
$+\frac{3}{5}$	45 : 5 = 9, · 3 = 27
$+\frac{4}{9}$	45 : 9 = 5, · 4 = 20
$+\frac{1}{15}$	45 : 15 = 3, · 1 = 3
$1\frac{7}{9}$	80:45

80 : 45 = $1\frac{35}{45} = 1\frac{7}{9}$

2. Beispiel: 24

$5\frac{1}{2}$	12
$+2\frac{7}{8}$	21
$+3\frac{1}{3}$	8
$+1\frac{5}{12}$	10
$13\frac{1}{8}$	51 : 24 = $2\frac{1}{8}$

11 + $2\frac{1}{8} = 13\frac{1}{8}$

Subtraktion:

1. Beispiel: Ohne Verwandlung (gleichnamig machen und abziehen)

	9
$53\frac{5}{9}$	5
$-15\frac{2}{9}$	2
$= 38\frac{1}{3}$	3 : 9 = $\frac{1}{3}$

2. Beispiel: Mit Verwandlung

	20	
$27\frac{3}{5}$	12	32 (20 + 12)
$-16\frac{3}{4}$	15	15
$= 10\frac{17}{20}$		17 : 20 = $\frac{17}{20}$

Division:

1. Beispiel: Ganze Zahl durch Bruch (Bruch umkehren, dann malnehmen) $24 : \frac{2}{11} = \frac{24 \cdot 11}{2} = 132$

2. Beispiel: Bruch durch eine ganze Zahl (Nenner x ganze Zahl) $\frac{4}{9} : 3 = \frac{4}{27}$; $\frac{20}{7} : 5 = \frac{20}{7 \cdot 5} = \frac{4}{7}$

3. Beispiel: Bruch durch Bruch (Divisorbruch umkehren und malnehmen)
$\frac{5}{6} : \frac{3}{8} = \frac{5 \cdot 8}{6 \cdot 3} = \frac{20}{9} = 2\frac{2}{9}$; $5\frac{1}{2} : 2\frac{3}{5} = \frac{11 \cdot 5}{2 \cdot 13} = \frac{55}{26} = 2\frac{3}{26}$

Verwandlung von Dezimalbrüchen in gemeine Brüche:

1. Endliche Dezimalbrüche
0,4 = $\frac{4}{10} = \frac{2}{5}$; 0,25 = $\frac{25}{100} = \frac{1}{4}$; 0,615 = $\frac{615}{1000} = \frac{123}{200}$

2. Rein periodische Dezimalbrüche

0,666...
10fache = 6,666
1fache = 0,666
9fache = 6
1fache = $\frac{6}{9} = \frac{2}{3}$

0,1818.....
100fache = 18,1818
1fache = 0,1818
99fache = 18
1fache = $\frac{18}{99} = \frac{2}{11}$

Der Zähler ist gleich der Periode, der Nenner hat so viel Neunen, wie die Periode Stellen hat.

3. Gemischt periodische Dezimalbrüche

0,56363...
1000fache = 563,6363..
10fache = 5,6363....
990fache = 558
1fache = $\frac{558}{990} = \frac{62}{110} = \frac{31}{55}$

0,4222...
100fache = 42,222
10fache = 4,222
90fache = 38
1fache = $\frac{38}{90} = \frac{19}{45}$

Dreisatzrechnung oder Regeldetri

Einfache Dreisatzrechnung

Anmerkung Der Dreisatz ist die **Grundlage** für alle bürgerlichen Rechnungsarten. Die Aufgabe, siehe 1. Beispiel, enthält stets 3 Zahlen, zu denen die 4te gesucht wird. Daher auch der Name „Regel von drei Zahlen" (Regeldetri). Die angegebenen 3 Zahlen heißen **Glieder** der Aufgabe, von denen die 3 das **erste**, die 6 das **zweite** und die 9 das **dritte** Glied ist. Das unbekannte (gesuchte) **vierte** Glied hat mit dem zweiten Glied die **gleiche** Benennung.

---

1. Beispiel: 3 m Stoff kosten 6 DM; wieviel kosten 9 m?

1. Lösung: Lösung **ohne** Bruchansatz: 3 m Stoff kosten 6 DM; 1 m kostet den 3. Teil von 6 DM = 2 DM; 9 m kosten 9 · 2 = 18 DM.

oder: 3 m = 6 DM.

$1\text{ m} = \frac{6}{3}\text{ DM.}$

$9\text{ m} = \frac{9 \cdot 6}{3} = 18\text{ DM}$

oder: 9 ist 3 x 3, also 9 m = 3 x 6 = 18 DM

2. Lösung mit Bruchansatz.
Kurze Darstellung der Aufgabe: 3 m = 6 DM
9 m = ? DM

Bruchsatz: $\frac{6 \cdot 9}{3} = \frac{54}{3} = 18\text{ DM}$

Man spricht: Für 3 m zahlt man 6 DM. (6 über den Strich), für 1 m zahlt man den 3. Teil von 6 DM. (3 unter den Strich), für 9 m zahlt man 9mal den 3. Teil von 6 DM. (9 über den Strich).

---

2. Beispiel: 4 Arbeiter brauchen zum Ausheben eines Grabens 15 Tage. In welcher Zeit leisten 3 Arbeiter diese Arbeit?

1. Lösung ohne Bruchansatz: 4 Arbeiter benötigen zu der Arbeit 15 Tage; 1 Arbeiter braucht 4 · 15 = 60 Tage; 3 Arbeiter brauchen den 3. Teil von 60 = 20 Tage.

oder: 4 Arbeiter = 15 Tage,
1 Arbeiter = 15 · 4 Tage,

$3\text{ Arbeiter} = \frac{4 \cdot 15}{3} = 20\text{ Tage.}$

2. Lösung mit Bruchansatz: Kurze Darstellung der Aufgabe:
4 Arbeiter = 15 Tage,
3 Arbeiter = ? Tage.

Bruchsatz: $\frac{15 \cdot 4}{3} = \frac{60}{3} = 20\text{ Tage.}$

3. Lösung: 4 x 15 = 3x, 60 = 3x, also x = 20.

---

3. Beispiel: Wie oft der Kaufmann rechnet: 50 kg Ware kosten 4,50 DM. Wieviel kosten 15 kg?

Lösung: 50 kg kosten 4,50 DM
10 kg kosten 4,50 : 5 = 0,90 DM
5 kg kosten 0,90 : 2 = 0,45 DM

15 kg kosten 1,35 DM

---

4. Beispiel: Wieviel Deutsche Mark sind 23 Frank, wenn 10 Frank = 1,70 DM sind?

Lösung: Kurze Darstellung der Aufgabe:
1. Frage: 23 Frank = ? DM
2. Angabe: 10 Frank = 1,70 DM

3. Ausrechnung: 10 Frank = 1,70 DM
1 Frank = 1,70 : 10 = 0,17 DM
23 Frank = 23 · 0,17 = 3,91 DM

Zusammengesetzte Dreisatzrechnung

Anmerkung: Aufgaben der zusammengesetzten Dreisatzrechnung zerlegt man der Einfachheit halber in **zwei einfache** Aufgaben, die man **jede** für sich löst. Bei der **einfachen** Dreisatzrechnung ist die unbekannte Größe von **einer** Bedingung, bei der zusammengesetzten von **mehr** als einer Bedingung abhängig. In der Regel sind daher 5 oder 7 oder noch mehr Zahlen gegeben.

---

1. Beispiel: Ein Gehilfe verdient in 1 Stunde 1,20 DM; wieviel verdienen 3 Gehilfen in 18 Stunden?

Lösung:
1. Frage: 3 Gehilfen verdienen in 18 Std. ? DM
2. Angabe: 1 Gehilfe verdient in 1 Std. 1,20 DM

3. Ausrechnung:
1 Geh. verd. in 1 Std. = 1,20 DM
3 Geh. verd. in 1 Std. 3 · 1,20 DM = 3,60 DM
3 Geh. verd. in 18 Std. 18 · 3,60 DM = 64,80 DM

---

2. Beispiel: Für $4\frac{1}{2}$ ha Land zahlt man auf 2 Jahre 282,– DM Pacht; wieviel zahlt man für $2\frac{3}{4}$ ha auf 6 Jahre?

1. Lösung ohne Bruchansatz:

$4\tfrac{1}{2}\text{ ha in 1 J.} = \frac{282}{2} = 141$

$1\text{ ha in 1 J.} = \frac{141}{4\frac{1}{2}}$

$2\tfrac{3}{4}\text{ ha in 1 J.} = \frac{2\frac{3}{4} \cdot 141}{4\frac{1}{2}}$

$2\tfrac{3}{4}\text{ ha in 6 J.} = \frac{6 \cdot 2\frac{3}{4} \cdot 141}{4\frac{1}{2}} = \frac{6 \cdot 11 \cdot 2 \cdot 141}{4 \cdot 9} = 517\text{ DM}$

2. Lösung mit Bruchansatz:

Kurze Darstellung der Aufgabe:
$4\frac{1}{2}$ ha kosten in 2 Jahren = 282 DM
$2\frac{3}{4}$ ha kosten in 6 Jahren = ? DM

Bruchsatz: $\frac{282 \cdot 2 \cdot 6 \cdot 11}{2 \cdot 9 \cdot 4} = 517\text{ DM}$

---

3. Beispiel mit Verwandlung in eine **einfache** Aufgabe: 15 Gehilfen fertigen in 40 Tagen = 120 Stück Gegenstände an; 20 Gehilfen in 50 Tagen wieviel Gegenstände?

1. Lösung: Man **verwandelt** so:

15 Gehilfen arbeiten 40 Tage an 120 Stück, dann arbeitet 1 Gehilfe an 120 Stück 15 · 40 = 600 Tage. An einem Tage stellt er also 120 : 600 = 0,2 Stück fertig. 20 Gehilfen in 50 Tagen leisten 20 · 50 = 1000mal soviel als 1 Gehilfe an einem Tage, folglich 1000 · 0,2 = 200 Stück.

2. Lösung mit Bruchansatz:

$\frac{120 \cdot 20 \cdot 50}{15 \cdot 40} = 200\text{ Stück.}$

Allgemeine Prozentrechnung

Es ist zur Regel geworden, jeden Wert zu 100 in Beziehung zu setzen. Die **Prozentrechnung** hat diese Tatsache zur Voraussetzung.

$\frac{100}{100}$ entspricht dem **Grundwert** jeder Zahl, für $\frac{100}{100}$ des Wertes sagt man auch 100 Prozent = 100%

1% = $\frac{1}{100}$ des Wertes	1% v. 4 DM = $\frac{4}{100}$ = 0,04 DM
2% = $\frac{2}{100}$ des Wertes	1% v. 400 DM = $\frac{400}{100}$ = 4 DM
10% = $\frac{10}{100}$ = $\frac{1}{10}$ d. W.	2% v. 400 DM = 2 · 4 = 8 DM
25% = $\frac{25}{100}$ = $\frac{1}{4}$ d. W.	25% v. 400 DM = 25 · 4 = 100 DM

35% = 0,35; 17% = 0,17; 8,5% = 0,085.

Der Prozentwert wird gesucht.

1. Beispiel: Wieviel sind $8\frac{1}{2}$% von 600 DM?

1. Lösung:
1% = 6,00 DM
8% = 8 · 6 = 48,00 DM
$\frac{1}{2}$% = 6,00 : 2 = 3,00 DM
$8\frac{1}{2}$% = 51,00 DM

2. Lösung:
1% = 6,00 DM
$8\frac{1}{2}$% = 8,5 · 6 = 51,00 DM

3. Lösung:
8,5% sind 0,085, vom Ganzen also 0,085 · 600 = 51,00 DM

$12\frac{1}{2}$% = $\frac{1}{8}$, $16\frac{2}{3}$% = $\frac{1}{6}$, 20% = $\frac{1}{5}$, 25% = $\frac{1}{4}$,
$33\frac{1}{3}$% = $\frac{1}{3}$, $66\frac{2}{3}$% = $\frac{2}{3}$, 50% = $\frac{1}{2}$, 75% = $\frac{3}{4}$,
des Grundwertes.

Der Grundwert wird gesucht.

2. Beispiel: Ein Hauskäufer will aus dem zu kaufenden Hause eine Verzinsung von 7% erzielen. Die Mieteinnahme beträgt jährl. 6300 DM. Wieviel darf er höchstens zahlen?

Lösung:
7% = 6300 DM
1% = 900 DM
100% = 90000 DM

Der Prozentsatz wird gesucht.

3. Beispiel: Der Mietpreis eines Werkplatzes, der früher 450 DM betrug, ist nach dem vorgenommenen Umbau auf 540 DM festgesetzt. Wieviel % (oder wieviel vom Hundert) beträgt die Steigerung?

Lösung:
Bei 450 DM = 90 DM Steigerung,
bei 1 DM = $\frac{90}{100}$ DM Steigerung,
bei 100 DM = $\frac{90 \cdot 100}{450}$ = 20 DM = 20%.

Promillerechnung

Schreibweise ‰ (pro mille), d. h. für 1000 DM = 1 DM

Beispiel:

Ein Meister versichert sein Gesamtinventar zu $1\frac{1}{4}$‰. Wieviel Prämie hat er zu zahlen, wenn die Versicherungssumme 8800 DM beträgt?

Lösung:
Für 1000 = 1,25 DM (= $\frac{5}{4}$ DM)
Für 8800 = ?

mithin $\frac{5 \cdot 8800}{4 \cdot 1000}$ = 11 DM

Gewichtsrechnung

Bruttogewicht = Gewicht der Ware **mit** Verpackung.
Nettogewicht = Gewicht der Ware **ohne** Verpackung.
Tara = Gewicht der Verpackung.

Brutto	Tara	Netto
||	||	||
Grundwert	Verminderung	Verminderter Grundwert

1. Beispiel:
Eine Kiste mit Baueisen wiegt einschl. der Verpackung $173\frac{1}{2}$ kg. Die Verpackung beträgt 17 kg. Wieviel wiegt der Inhalt?

Lösung:
$173\frac{1}{2}$ kg (Brutto) − 17 kg (Tara) = $156\frac{1}{2}$ kg (Netto)

2. Beispiel:
Eine Sendung Handwerkzeug wiegt mit Verpackung 35 kg, die Verpackung allein $3\frac{1}{2}$ kg. Wieviel % beträgt die Tara?

Lösung:
35 kg = 3,5 kg
bei 100 kg = ?
mithin $\frac{3{,}5 \cdot 100}{35}$ = 10 kg = 10%

3. Beispiel:
Das Bruttogewicht einer Sendung Steinschrauben beträgt 240 kg, die Tara 3%. Wie groß ist der Rechnungsbetrag, wenn 1 kg mit 1,90 DM berechnet ist?

Lösung: 240 kg Brutto − (3%) 7,2 kg Tara = 232,8 kg netto
232,8 kg zu je 1,90 DM = 232,8 · 1,90 = 442,32 DM

Kostenrechnung

Bezugspreis = Betrag der Rechnung + Spesen (Fracht, Zoll, Rollgeld, Lagermiete, Abfuhrkosten usw.).
Selbstkostenpreis = Bezugspreis + Geschäftsunkosten (Ladenmiete, Ausgaben für Heizung, Beleuchtung, Lohn, Bürobedarf, Steuern, usw.).
Verkaufspreis = Selbstkostenpreis + Gewinn oder **Selbstkostenpreis − Verlust**

1. Beispiel:
Der **Rechnungsbetrag** beträgt 88 DM, die Spesen = $12\frac{1}{2}$%. Berechne den Bezugspreis.
Lösung:
$12\frac{1}{2}$% von 88 DM = $\frac{1}{8}$ von 88 oder $\frac{88 \cdot 25}{100 \cdot 2}$ = 11 DM,
folglich 88 DM + 11 DM = 99 DM Bezugspreis.

2. Beispiel:
Der **Bezugspreis** ist 120 DM, die Geschäftsunkosten betragen $16\frac{2}{3}$%. Berechne den Selbstkostenpreis.
Lösung:
$16\frac{2}{3}$% von 120 DM = $\frac{1}{6}$ von 120 DM oder $\frac{120 \cdot 50}{100 \cdot 3}$ = 20 DM.
folglich 120 DM + 20 DM = 140 DM Selbstkostenpreis.

3. Beispiel:
Der **Selbstkostenpreis** beträgt 231 DM, der Gewinn $33\frac{1}{3}$%. Berechne den Verkaufspreis.
Lösung:
$33\frac{1}{3}$% von 231 DM = $\frac{1}{3}$ von 231 DM od. $\frac{231 \cdot 100}{100 \cdot 3}$ = 77 DM,
folglich 231 DM + 77 DM = 308 DM Verkaufspreis

Zinsrechnung

A. Berechnung der Zinsen

Anmerkung: Der **Zinsfuß** gibt an, wieviel Zinsen für 100 DM in einem Jahre gezahlt werden.

1. Jahreszinsen

Beispiel:
Schlossermeister G. leiht 830 DM auf 3 Jahre und muß sie mit 5% verzinsen.
a) Wieviel Zinsen zahlt er jährl.? b) Wieviel zahlt er in 3 Jahren?

Lösung:	**Kürzer:**
a) 1% = 8,30 DM jährlich 5% = 5 · 8,30 = 41,50 DM jährl.	$\frac{5 \cdot 830}{100}$ = 41,50 DM
b) In 3 Jahren 3 · 41,50 = 124,50 DM	$\frac{5 \cdot 3 \cdot 830}{100}$ = 124,50 DM

Regel: Zinsen = $\frac{\text{Kapital}}{100}$ x Zinsfuß x Zeit

Zinsrechnung

A. Berechnung der Zinsen (Forts.)

2. Monatszinsen

Beispiel:
Eine Hypothek von 4000 DM muß mit 5% verzinst werden. Wieviel Zinsen sind vierteljährlich zu entrichten?

Lösung:
1% = 40 DM Zinsen jährlich
5% = 5 · 40 = 200 DM Zinsen jährl.

Für 1 Mon. = $\frac{200}{12}$ DM Zinsen

Für 3 Mon. = $\frac{200 \cdot 3}{12}$ = 50 DM

Kürzer:

$\frac{4000 \cdot 5 \cdot 3}{100 \cdot 12}$ = 50 DM

Regel: Monatszinsen = $\frac{\textbf{Kapital}}{\textbf{100}}$ **x Zinsfuß x** $\frac{\textbf{Monate}}{\textbf{12}}$

3. Tageszinsen
Das Jahr wird zu 360 Tagen gerechnet. Der 1. Tag wird nicht gezählt, nur der letzte, z. B. vom 2. 4. bis 28. 4. = 26 Zinstage.

Beispiel:
Wieviel Zinsen bringen 750 DM zu 5% vom 1. Januar bis 11. Februar?

Lösung: Zinsen für 360 Tage = $\frac{750 \cdot 5}{100}$

Zinsen für 1 Tag = $\frac{7{,}50 \cdot 5}{360}$

Zinsen für 40 Tage = $\frac{7{,}50 \cdot 5 \cdot 40}{360}$ = 4,17 DM

1% von 750 = 7,50. 5% = 5 · 7,50

1. Regel: Tageszinsen = $\dfrac{\frac{\textbf{Kapital}}{\textbf{100}} \textbf{ x Zinsfuß x Tage}}{\textbf{360}}$

$\frac{\text{Kapital}}{100}$ x Tage = **Zinszahl**

$\frac{360}{\text{Zinsfuß}}$ = **Zinsdivisor**

2. Regel: Tageszinsen = $\frac{\textbf{Zinszahl}}{\textbf{Zinsdivisor}}$

B. Berechnung des Zinsfußes

1. Beispiel:
550 DM bringen in 3 Jahren 99 DM Zinsen. Zu wieviel % sind sie ausgeliehen?

Lösung:
In 3 Jahren 99 DM Zinsen

In 1 Jahre $\frac{99}{3}$ = 33 DM Zinsen

550 DM = 33 DM Zinsen
100 DM = ?

$\frac{33 \cdot 100}{550}$ = 6%

2. Beispiel: 800 DM bringen in 25 Tagen 3,89 DM Zinsen. Zu wieviel % sind sie ausgeliehen?

Lösung: In 25 Tagen = 3,89 DM Zinsen

In 360 Tagen = $\frac{3{,}89 \cdot 360}{25}$ = 56 DM Zinsen.

mithin $\frac{56 \cdot 100}{800}$ = 7%

Regel: Die Zinsen müssen erst für 1 Jahr berechnet werden.

Zinsfuß = $\frac{\textbf{Jahreszinsen x 100}}{\textbf{Kapital}}$

C. Berechnung des Kapitals

1. Beispiel: Welches Kapial muß bei 5% erspart werden, damit später jährlich 1200 DM Zinsen verbraucht werden können?

Lösung: Zu 5 DM jährliche Zinsen gehören 100 DM Kapital, zu 1200 DM jährliche Zinsen gehören ? DM.

Kapital? $\frac{100 \cdot 1200}{5}$ = 24000 DM

2. Beispiel: Welches Kapital bringt zu 6% in 5 Jahren 900 DM einfache Zinsen?

Lösung: In 5 Jahren 900 DM Zinsen

In 1 Jahr $\frac{900}{5}$ DM Zinsen

zu 6 DM Zinsen geh. 100 DM Kapital.
Zu $\frac{900}{5}$ DM Zins. geh. ? DM Kapital

$\frac{100 \cdot 900}{6 \cdot 5}$ = 3000 DM

3. Beispiel: Geselle M. bekommt monatlich 26,50 DM Rente. Welches Kapital hätte er sparen müssen, um bei 4% ebensoviel Zinsen zu erhalten?

Lösung:
In 1 Mon. = 26,50 DM Zinsen
In 12 Mon. (12 · 26,5) 318,00 DM Zinsen

Zu 4 DM Zinsen gehören 100 DM Kapital
Zu 318 DM Zinsen gehören ? DM Kapital?

$\frac{100 \cdot 318}{4} = \frac{31800}{4}$ = 7950 DM

Regel: Kapital = $\frac{\textbf{Jahreszinsen} \cdot \textbf{100}}{\textbf{Zinsfuß}}$

D. Berechnung der Zeit

1. Beispiel: In wieviel Jahren bringen 1500 DM bei $4\frac{1}{2}$% 90 DM Zinsen?

Lösung:
1500 DM bringen in 1 Jahr bei $4\frac{1}{2}$% = $67\frac{1}{2}$ = $\frac{135}{2}$ DM Zinsen.

Zu $67\frac{1}{2}$ DM Zinsen ist 1 Jahr nötig,
zu 90 DM Zinsen sind ? Jahre nötig?

$\frac{1 \cdot 2 \cdot 90}{135} = \frac{4}{3} = 1\frac{1}{3}$ Jahre

2. Beispiel: In wieviel Monaten bringen 800 DM bei 6% 20 DM Zinsen?

Lösung:
800 DM bringen in 1 Jahr bei 6% = 48 DM Zinsen.

Zu 48 DM Zinsen sind 12 Mon. nötig
Zu 20 DM Zinsen sind ? Mon. nötig?

$\frac{12 \cdot 20}{48}$ = 5 Mon.

3. Beispiel: In wieviel Tagen bringen 1000 DM bei $5\frac{1}{2}$% 5,50 DM Zinsen?

Lösung:
1000 DM bringen bei $5\frac{1}{2}$% oder 5,5% in 1 Jahr = 55 DM Zinsen.

Zu 55 DM Zs. sind 360 Tage nötig
Zu 5,50 DM Zs. sind ? Tage nötig?

$\frac{360 \cdot 5{,}5}{55}$ = 36 Tage

Regel:
Die Zinsen müssen erst für 1 Jahr berechnet werden.

1. Zahl der Jahre	2. Zahl der Mon.	3. Zahl der Tage
= $\frac{\textbf{1 Jahr x Zins.}}{\textbf{Jahreszinsen}}$	= $\frac{\textbf{12 M. x Zins.}}{\textbf{Jahreszinsen}}$	= $\frac{\textbf{360 T. x Zins.}}{\textbf{Jahreszinsen}}$

Rabatt – Skonto – Diskont

Rabatt, Skonto und Diskont sind Geldabzüge. Rabatt = Preisnachlaß, z. B. bei Ausverkauf, Geschäftsverlegung, Geschäftsaufgabe (Lockmittel). **Skonto** und **Diskont** setzen **Kredit** voraus. Bei Nichtausnutzung des Kredits (also bei Vollauszahlung) wird eine Vergütung gewährt. Wird diese Vergütung **prozentual** berechnet, dann spricht man von **Skonto**, wird dagegen die Vergütung genau wie **Zinsen** berechnet, dann spricht man von **Diskont. Diskontrechnung** findet meistens in der Wechselrechnung Verwendung.

1. Beispiel:
Ein Handwerker kauft Werkstoffe zum Preise von 168 DM. Als Wiederverkäufer erhält er $12\frac{1}{2}\%$ Rabatt. Wie teuer sind die Werkstoffe?

Lösung:

$12\frac{1}{2}\% = \frac{25}{2}$ von 168 DM $= \frac{1}{8}$ von 168 DM

oder $\frac{168 \cdot 25}{100 \cdot 2} = 21$ DM

folglich $168 - 21 = 147$ DM Barzahlung.

2. Beispiel:
Ein Geschäftsmann bezieht für 356 DM Waren, zahlbar nach 3 Monaten. Da er gleich bezahlt, bekommt er 3% Skonto. Welchen Betrag hat er einzuschicken?

Lösung:

3% von 356 DM $= \frac{356 \cdot 3}{100} = 10{,}68$ DM Skonto,

folglich $356 - 10{,}68 = 345{,}32$ DM an Zahlung.

3. Beispiel:
Ein Handwerker verkauft am 1. Oktober an ein Bankgeschäft einen Wechsel über 750 DM, der am 1. Januar fällig ist. Wieviel bekommt er ausgezahlt, wenn 6% Diskont für das Jahr berechnet werden?

Lösung:

für 1 Jahr = 6%, für $\frac{1}{4}$ Jahr $= 6 : 4 = 1\frac{1}{2}\%$.

folglich $1\frac{1}{2}\% = \frac{3}{2}$ von 750 DM $= \frac{750 \cdot 3}{100 \cdot 2} = 11{,}25$ DM Disk.

$750 - 11{,}25 = 738{,}75$ DM

4. Beispiel:
Die Nordwestbank diskontiert am 4. September einen Wechsel über 1200 DM, der erst am 4. Oktober fällig ist, mit 5% Diskont und $\frac{1}{2}\%$ Provision. Wieviel zahlt sie für den Wechsel?

Lösung:

Diskont für 30 Tage $= \frac{1200 \cdot 5 \cdot 30}{100 \cdot 360} = 5{,}00$ DM

Provision $\frac{1}{2}\%$ von 1200 DM $= 6{,}00$ DM

Abzüge 11,00 DM

Die Bank zahlt 1200 DM $- 11$ DM $= 1189$ DM

Anmerkung: Wenn ein Kunde bei der Lieferung nicht sofort zu zahlen braucht, also der Zahlungstermin nach der Lieferung liegt, dann erhält er **Kredit** (Kredit-Vertrauen); er kauft auf Ziel. Gibt er sein Zahlungsversprechen schriftlich, so stellt er einen **Wechsel** aus, der am Fälligkeitstage **eingelöst** werden muß. Wird der Wechsel vorher von einer Bank gegen bares Geld angenommen, so wird er **diskontiert.** Vor Ablauf der Frist besitzt er noch nicht den angegebenen Wert; die Bank zieht deshalb den **Diskont** ab, außerdem einen bestimmten Prozentsatz für die Bemühungen (**Provision**).

Mischungsrechnung

1. Beispiel:
Ein **Weichlot** besteht aus 10 Teilen Zinn und 15 Teilen Blei. Wieviel von jedem Metall sind zu 5 kg Weichlot erforderlich?

1. Lösung:

$10 + 15 = 25$ Teile $= 5$ kg

1 Teil $= \frac{5}{25} = \frac{1}{5}$ kg;

also 10 Teile $= \frac{10}{5} = 2$ kg

15 Teile $= \frac{15}{5} = 3$ kg

zusammen 5 kg

2. Lösung:

Verhältnis Zinn zu Blei $= 10:15 = 2:3$.

5 Teile = 5 kg

1 Teil = 1 kg

2 Teile Zinn = 2 kg

3 Teile Blei = 3 kg

zusammen 5 kg

2. Beispiel:
Silberlot 45 (SnL 45) besteht aus 30% Kupfer, 25% Zink und 45% Silber. Wieviel von jedem Metall sind in 2,5 kg Silberlot enthalten?

Lösung:

30% + 25% + 45% ergeben 100%.

100% = 2,5 kg = 2500 g; $1\% = \frac{2500}{100}$ g = 25 g;

mithin 30% Kupfer $= 30 \cdot 25 =$ 750 g = 0,750 kg

25% Zink $= 25 \cdot 25 =$ 625 g = 0,625 kg

45% Silber $= 45 \cdot 25 =$ 1125 g = 1,125 kg

zusammen 2,5 kg

Verhältnis- und Gesellschaftsrechnung.

Anmerkung: Die Gesellschaftsrechnung wird angewandt bei Verteilung von Gewinnen oder Verlusten, von Waren oder Erbschaften, Gruppenakkorden u. a.

1. Beispiel:
Zwei Schlossergesellen derselben Tariflohnklasse erhalten für den Zusammenbau einer Maschine einen Akkordlohn von 66,– DM. A hat 24 Std., B 36 Std. daran gearbeitet. Wieviel erhält jeder?

Lösung:

Beide haben zusammen $24 + 36 = 60$ Std. gearbeitet und erhalten für diese 60 Std. 66,– DM, für 1 Std. daher $66 : 60 = 1{,}10$ DM.

A erhält $24 \cdot 1{,}10 = 26{,}40$ DM
B erhält $36 \cdot 1{,}10 = 39{,}60$ DM

2. Beispiel:
Welchen Anteil an den 66,– DM würde jeder erhalten, wenn A einen Tarif-Stundenlohn von 80 Pf, B einen solchen von 100 Pf erhält und sie im gleichen Zeitverhältnis arbeiten? (S. 1. Beispiel.)

Lösung:

A und B erhalten zunächst ihren Stundenlohn; A $24 \cdot 80 = 19{,}20$ DM, B $36 \cdot 100 = 36{,}–$ DM, zusammen 55,20 DM.
Für $1920 + 3600 = 5520$ Teile stehen DM 10,80 zur Verfügung.
1 Teil $= 1080 : 5520 = 0{,}1956$
oder: 1920 Teile $= 375{,}65 = 3{,}76$ DM
3600 Teile $= 704{,}35 = 7{,}04$ DM
Demnach erhält A = 19,20 DM + 3,76 = 22,96 DM
B = 36,–– DM + 7,04 = 43,04 DM

§ 35 Maße, Gewichte, Strecken

Längenmaße

Abkürzungen: km = Kilometer, m = Meter, dm = Dezimeter, cm = Zentimeter, mm = Millimeter

Die Einheit ist 1 m, das ist der Abstand zwischen den Endstrichen des internationalen Meter-Normmaßes bei der Temperatur des schmelzenden Eises. Die Länge (Strecke) hat **eine** Ausdehnung.

a) Teilmaße
1 m = 10 dm = 100 cm = 1000 mm
1 dm = 10 cm = 100 mm
1 cm = 10 mm

b) Sammelmaße
1 km = 1000 m; 1 Landmeile = 7,5 km = 7500 m; 1 Seemeile = 1,852 km; 1 Knoten = 1 Seemeile je Stunde (1 Sm/1 h); 1 geograph. Meile = 7,42 km; 1 engl. Meile = 1760 Yards = ≈ 1609 m.

Anmerkung: In einer Stunde geht man etwa 4 bis 5 (6) km.

Dezimale Schreibweise: 1 mm = 0,1 cm; 1 cm = 0,1 dm = 0,01 m; 1 dm = 0,1 m - 120 mm = 12 cm = 1,2 dm = 0,12 m. 285,40 cm = 2,85 m; 85,74 dm = 8,57 m; 0,52 m = 52 cm.

Zollmaß

Größe in Zoll	engl. Zoll in mm	Größe in Zoll	engl. Zoll in mm
$\frac{1}{16}$	1,587	1	**25,400**
$\frac{1}{8}$	3,175	$1\frac{1}{4}$	31,750
$\frac{1}{4}$	6,350	$1\frac{1}{2}$	**38,100**
$\frac{3}{8}$	9,525	$1\frac{3}{4}$	44,450
$\frac{1}{2}$	**12,700**	**2**	**50,800**
$\frac{5}{8}$	15,875	$2\frac{1}{2}$	63,500
$\frac{3}{4}$	19,050	$2\frac{3}{4}$	69,850
$\frac{7}{8}$	22,225	**3**	**76,200**

Flächenmaße

Abkürzungen: m^2 (qm) = Quadratmeter, dm^2 (qdm) = Quadratdezimeter, cm^2 (qcm) = Quadratzentimeter, mm^2 (qmm) = Quadratmillimeter, km^2 (qkm) = Quadratkilometer, ha = Hektar, a = Ar.

Die Einheit ist 1 m^2, das ist die Fläche eines Quadrates von 1 m Seitenlänge. Jede Fläche hat 2 Ausdehnungen, eine Länge und eine Breite.

a) Teilmaße
1 m^2 = 100 dm^2 = 10000 cm^2 = 1000000 mm^2
1 dm^2 = 100 cm^2 = 10000 mm^2
1 cm^2 = 100 mm^2
1 pr. Morgen = 180 Quadratruten = 0,2553 ha = ≈2553 m^2 = einem Quadrat von 50,53 m Seitenlänge
1 pr. □-Rute = 14,185 m^2 = einem Quadrat von $\sqrt{14,185}$ = 3,766 m Seitenlänge; 1 engl. □-Meile = 2,59146 km^2.

b) Sammelmaße
1 km^2 = 100 ha = 10000 a = 1000000 m^2
1 ha = 100 a = 10000 m^2
1 a = 100 m^2

1 a = 1 □ von 10 m Seitenlänge
1 ha = 1 □ von 100 m Seitenlänge
1 km^2 = 1 □ von 1000 m Seitenlänge

Dezimale Schreibweise: 1 mm^2 = 0,01 cm^2; 1 cm^2 = 0,01 dm^2; 1 dm^2 = 0,01 m^2. - 200 mm^2 = 2 cm^2; 253,25 dm^2 = 2,53 m^2, 1527 mm^2 = 15,27 cm^2; 4675,34 cm^2 = 0,468 m^2.

Körper- und Hohlmaße

Abkürzungen: m^3 (cbm) = Kubikmeter, dm^3 (cdm) = Kubikdezimeter, cm^3 (ccm) = Kubikzentimeter, mm^3 (cmm) = Kubikmillimeter, hl = Hektoliter, l = Liter, **nicht** Ltr.

Die Einheit ist 1 m^3, das ist der Inhalt eines Würfels bei 1 m Kantenlänge. Jeder Körper hat 3 Ausdehnungen, eine Länge, eine Breite und eine Höhe.

1 m^3 = 1000 dm^3 = 1000000 cm^3 = 1 Milliarde mm^3
1 dm^3 = 1000 cm^3 = 1000000 mm^3
1 cm^3 = 1000 mm^3

1 m^3 = 10 hl = 1000 l
1 hl = 100 l
1 l = 1 dm^3

Dezimale Schreibweise: 1 mm^3 = 0,001 cm^3; 1 cm^3 = 0,001 dm^3; 1 dm^3 = 0,001 m^3. - 350 cm^3 = 0,350 dm^3; 14857,60 cm^3 = 0,0149 m^3; 67 dm^3 = 0,067 m^3; 0,25 m^3 = 250 dm^3 (l).

Gewichte

a) alte Gewichte
Abkürzungen: t = Tonne, dz = Doppelzentner, kg = Kilogramm, hg = Hektogramm, g = Gramm, **nicht** gr.
Die Einheit ist 1 kg, das ist das Gewicht von 1 l (1 dm^3) reinen Wassers bei 4° C (seine größte Dichte) unter dem Druck von 1 Atmosphäre.
1 m^3 Wasser wiegt 1 t = 10 dz = 1000 kg = 1000000 g, 1 dz = 100 kg = 100000 g, 1 kg = 1000 g, 1 hg = 100 g.

Unterteilung des kg
Z. B.:
früher $\frac{1}{8}$ Pfund, jetzt 62,5 g ($\frac{1}{16}$ kg),
früher $\frac{1}{4}$ Pfund, jetzt 125 g ($\frac{1}{8}$ kg),
früher $\frac{3}{8}$ Pfund, jetzt 187,5 g ($\frac{3}{16}$ kg),
früher $\frac{1}{2}$ Pfund, jetzt 250 g ($\frac{1}{4}$ kg),
früher $\frac{3}{4}$ Pfund, jetzt 375 g ($\frac{3}{8}$ kg),
früher 1 Pfund, jetzt 500 g ($\frac{1}{2}$ kg),
früher 2 Pfund, jetzt 1000 g (1 kg)

b) Dezimale Schreibweise: 1 kg = 0,001 t; $\frac{1}{2}$ dz = 0,05 t = $\frac{1}{20}$ t; 275 kg = 0,275 t = 2,75 dz; 31 g = 0,031 kg; 30562 g = 30,562 kg = 0,031 t; 0,34 t = 340 kg.

c) neue Gewichte
1 kg = 9,80665 N (Newton) = 1 kp (Kilopond) = 1000 g – 1 N = 0,10197 kg; 1000 N = 101,97 kg = 0,10197 Mp

Ältere Maße und Gewichte

1 Eimer	64,14 l
1 Elle	66,69 cm
1 Faden (preuß.)	1,833 m
1 Faden (hamb.)	1,919 m
1 Fuder	8,24 hl
1 Fuß (preuß.)	0,31 m
1 Gros = 12 Dtzd.	= 144 Stück
1 Kabellänge	1,85 m
1 Klafter	3,333 m³
1 Knoten	7,70 m
1 Kummt (Torfmaß)	4,185 m³
1 rheinländ. Linie	2,18 mm
1 Metze (preuß.)	3,50 l
1 han. Morgen = 120 □ Ruten = 0,2661 ha = □ von 51,19 m Seite	
1 han. Rute = 21,842 m² = □ von 4,67 m Seite.	
1 preuß. Morgen = 2553,3 m²	
1 preuß. Rute = 14,20 m²	
1 preuß. Morgen = 180 □ Ruten; 1 □ Seite = 3,77 m	
1 Registertonne	2,833 m³
1 Scheffel = 16 Metzen	= 54,69 l
1 Schock = 4 Mandel	= 60 Stück
1 Schritt	71 cm
1 Wispel	13,2 hl
1 Yard (engl.)	91 cm
1 Zoll (preuß.)	26,1 mm

Brutto- und Nettoregistertonnen: Die Registertonne ist ein Raum- oder Hohlmaß. Den Rauminhalt eines Schiffes gibt man in **Registertonnen** an. Man versteht unter dem Rauminhalt in **Bruttoregistertonnen** den **gesamten** Hohlraum des Schiffes. Sind **Nettoregistertonnen** angegeben, dann sind Maschinen-, Wohnräume und dgl. in Abzug gebracht; es verbleibt also nur der **reine Laderaum.**
Die Registertonne ist = 100 Kubikfuß = 2,83 m³. Ein Dampfer von 1000 t faßt ungefähr 250 Eisenbahnwagen.

Vergleich ausländischer Gewichte mit deutschen

Amerika 1 Hundr. = 4 Quarter je 25 Pfd. = 45,359 kg
Metrisches Gewicht zulässig
Belgien, Brasilien wie Deutschland
China 1 Pikul = 100 Kätties je 16 Tael = 60,453 kg
Dänemark 1 Zentner je 100 Pfund = 100 Quintin je 10 Ort = 50,000 kg
England 1 Hundredweight (Zentner) = 4 Quarter je 2 Stones je 14 Pfund je 16 Unzen je 16 Drachmen = 50,800 kg
Frankreich wie Deutschland
Griechenland 1 Stat. = 44 Oken je Dr. = 56,320 kg
1 Pfd. Venetienne = 0,48 kg, 1 Coffin = 25,034 kg

Holland, Italien, Japan, Mexiko, Norwegen, Rußland wie Deutschland
Ostindien 1 Ser = 1,000 kg
Persien 1 Miskal = 24 Noch, je 4 Gendium = 0,00459 kg
Portugal Metr. Gewicht, früh. 1 Quintel = 4 Arrobas je 22 Arrateis (Pfund) = 58,752 kg
1 Quintal metrico = 100,000 kg
Rumänien 1 alte Oka = 4 Litra je 100 Dram. = 1,280 kg
Rußland 1 Pud = 40 Pfund je 32 Lot je 3 Solotnik = 16,380 kg)
Schweden, Serbien, Schweiz, Spanien, Türkei wie Deutschland

Vergleich ausländischer Maße mit deutschen

Amerika
Englische Maße und Gewichte, besonders die alten, metrisches Maß und Gewicht zulässig.

Dänemark (metrisches System)
1 Elle = 2 Fuß je 12 Zoll = 62,77 cm
1 Tonne = 8 Scheffel = 139,12 l (1 Lasta = 22 Tonn.)
1 Ahm = 4 Anker je 19¾ Kann. je 2 Pott = 149,75 l

England
1 Yard = 3 Fuß je 12 Zoll = 91,44 cm
1 Quarter = 8 Bushel je 3 Gallons je 8 Pints = 290,78 l
1 Gallon = 4 Quart = 4,54 l
1 Puncheon = 4 Gallons

Frankreich (metrisches System)
1 Tonneau Wein = 4 Barriques je 30 Veltes = 912 l
1 Tirçon = 20 Veltes = 152 l
1 Toise = 6 Fuß (Pariser) je 12 Zoll je 12 Linien = 1,949 m
1 Aune (Elle) = 1,1884 m
1 Lieu (Meile) = 4451,9 m

Italien (metrisches System)
1 Piede = 0,30 m
1 Canne mercantile = 1,99 m
1 Starello v. Cagliari = 49,15 l
1 Baril in Palermo = 34,38 l

Norwegen (metrisches System)
1 Elle = 2 Fuß je 10 Zoll je 10 Strich = 62,07 cm
1 Tonne (Tönde) = 120 Pots = 115,81 l
1 Kanne = 2,6 l

Ungarn (metrisches Systtem)
1 Elle = 0,78 m
1 Klafter = 6 Fuß je 12 Zoll je 12 Linien = 1,90 m
1 Metzen = 16 Maßel = 61,49 l
1 Eimer = 40 Maß = 56,59 l

Rußland (jetzt metrisches System)
1 Arschin = 16 Werschok = 0,7112 m
1 Saschen = 7 Fuß (3 Arschin) je 12 Zoll = 2,133 m
1 Werst = 500 Saschen = 1066,781 m = 1,067 km
1 russische Meile = 10 Werst = 10,67 km
1 Quadrat-Werst = 11380,2 ar = 1,138 km²
1 Deßjatine = 109,25 ar
1 Kubik-Saschen = 9,712 m³
1 Tschetwert = 8 Tschetwerik je 8 Garnots = 209,907 l
1 Last = 16 Tschetwert = 3358,5 l
1 Botschka (Faß) = 30 Wredo je 10 Kruschka je 10 Tscharka = 491,95 l
1 Anker = 30 Kruschka

Schweden (metrisches System)
1 Fuß = 10 Zoll = 29,69 cm, 1 Stange = 10 Fuß
1 Kubikfuß = 10 Kannen je 10 Kubikz. = 26,17 l

Spanien (metrisches System)
1 Vara = 3 Pie (Fuß) oder 4 Palmos = 0,84 m
1 Legua nueva = 6687,2 m
1 Cabiz (castli.) = 12 Fanegas je 12 Celemines (Almuda) = 666 l
1 Cantara = 8 Acumbr. je 4 Cuart. = je 4 Capas = 16,33 l

Vergleich verschiedener Entfernungen mit km

1 geographische Meile	7,42 km
1 deutsche Landmeile	7,50 km
1 Seemeile (Knoten)	1,85 km
1 belgische Postmeile	7,80 km
1 chinesische Meile (Li)	0,56 km
1 englische Meile (1760 Yards)	1,61 km
1 französische Postmeile	3,90 km
1 italienische Meile	1,82 km
1 japanische Meile (Ri)	3,93 km
1 niederländische Uur	5,56 km
1 norw. Meile = 18000 norw. Ellen	11,30 km
1 ehem. österreich. Meile = 4000 Klafter	7,25 km
1 russische Werst	1,07 km
1 schwed. Meile = 36000 schwed. Fuß	10,69 km
1 schweiz. Stunde = 16000 schweiz. Fuß	4,81 km
1 türkischer Berri	1,67 km

§ 36 Flächen- und Körperberechnung

Um die allgemein übliche **Lücke zwischen Arithmetik, Algebra** und **Geometrie bezüglich** der **einfachen Flächen-** und **Körperberechnung** zu schließen, nehmen wir in diesem Werk die **wesentlichen Rechenmethoden** (Formeln) **zur Flächen- und Körperberechnung** auf.

Es wird **davon ausgegegangen**, daß die **prinzipielle Fähigkeit** zur Berechnung von **Flächen** und **Inhalte bekannt** ist. Weiter wird auf die **vereinfachte Methode** verwiesen und zurückgegriffen, **unregelmäßige Flächen und Körper** durch **Zusammensetzen einfacher** Flächen und Körper zu berechnen.

Auf Grund dieser Voraussetzung und Annahme stellen wir dem Lernenden anheim, die im Nachfolgenden aufgeführten Formeln zu Berechnungen zu verwenden. Ganz besonders wird jedoch darauf verwiesen, die Entwicklung und den Therm der einfacheren Formeln zu verstehen und zu begreifen.

Auf die speziellen Eigenheiten, beispielsweise der Grundregeln des Dreiecks, des Kreises und alle in der Geometrie, Trigonometrie usw. behandelten speziellen Fälle, gehen wir in diesem Kapitel nicht ein.

Formeln und Beispiele für die Flächenberechnung

Quadrat

U = Umfang

F = Fläche

s = Seite

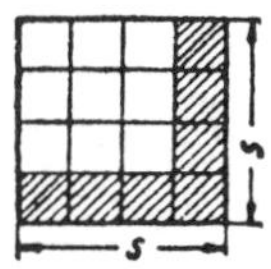

$U = 4 \cdot s$ $\quad F = s \cdot s = s^2$

$s = \sqrt{F}$

1. Beispiel: Die Seite s einer quadratischen Fläche ist 4,50 m. Wie groß ist der Umfang in m, die Fläche in m²?

Lösung:

$U = 4 \cdot s = 4 \cdot 4{,}50 = \mathbf{18{,}00\ m}$

$F = s \cdot s = 4{,}5 \cdot 4{,}5 = \mathbf{20{,}25\ m^2}$

2. Beispiel: Der Umfang einer quadratischen Fläche ist 28,00 m, die Fläche 49,00 m². Wie groß ist die Seite s?

Lösung:

$s = \frac{U}{4} = 28{,}00 : 4 = \mathbf{7{,}00\ m}$

$s = \sqrt{F} = \sqrt{49{,}00} = \mathbf{7{,}00\ m}$

Rechteck

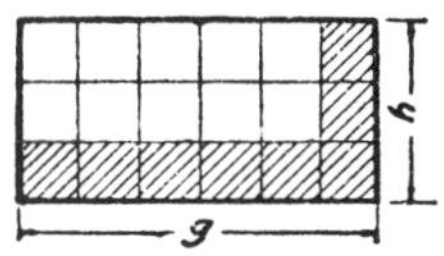

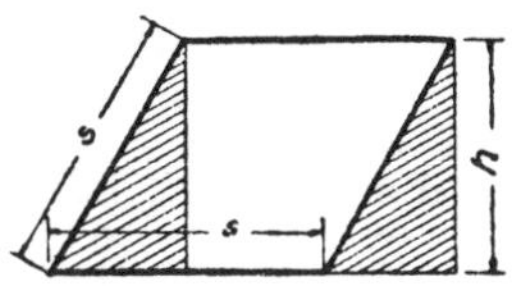

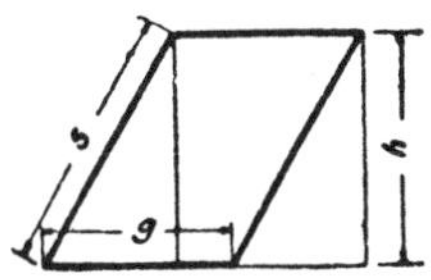

g = Grundlinie

h = Höhe

U = Summe aller Seiten

oder $U = 2(g + h)$; $F = g \cdot h$

$g = \frac{F}{h}$; $h = \frac{F}{g}$

Alle 4 Seiten gleich

Rhombus

$U = 4 \cdot s$

$F = s \cdot h$

Je 2 gegenüb. Seiten gleich

Rhomboid

$U = 2\,(g + s)$

$F = g \cdot h$

1. Beispiel: Bei einem Rechteck sei h = 2,30 m und g = 3,50 m. Berechne den Umfang in m, die Fläche in m²!

Lösung: $U = 2 \cdot g + 2 \cdot h = 2 \cdot 3{,}50 + 2 \cdot 2{,}30 = \mathbf{11{,}60\ m}$

$F = g \cdot h = 3{,}50 \cdot 2{,}30 = \mathbf{8{,}05\ m^2}$

2. Beispiel: Wie groß ist Seite g, wenn die Fläche 26,00 m² und h = 4,00 m ist?

Lösung: $g = \frac{F}{h} = 26{,}00 : 4{,}00 = \mathbf{6{,}50\ m}$

Dreieck

U = Summe aller Seiten

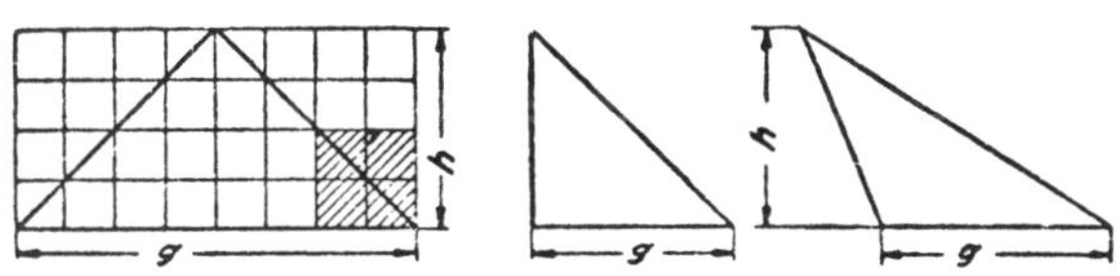

$F = \frac{g \cdot h}{2}$

$h = \frac{F \cdot 2}{g}$

$g = \frac{F \cdot 2}{h}$

1. Beispiel: In einem Dreieck sei die Grundlinie g = 3,00 m, die Höhe h = 2,50 m. Wie groß ist die Fläche in m²?

Lösung:

$F = \frac{g \cdot h}{2} = \frac{3{,}00 \cdot 2{,}50}{2} = \mathbf{3{,}75\ m^2}$

2. Beispiel: Die Fläche des Dreiecks sei 3,75 m², die Grundlinie 3,00 m. Wie groß ist die Höhe?

Lösung: $h = \frac{F \cdot 2}{g} = \frac{3{,}75 \cdot 2}{3{,}00} = \mathbf{2{,}50\ m}$

3. Beispiel: Wie groß ist die Grundlinie, wenn die Fläche 3,75 m² und die Höhe 2,50 m ist?

Lösung: $g = \frac{F \cdot 2}{h} = \frac{3{,}75 \cdot 2}{2{,}50} = \mathbf{3{,}00\ m}$

Trapez

Trapezoid

G = große Grundlinie

g = kleine Grundlinie

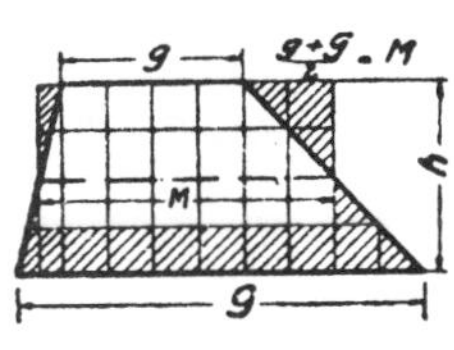

$F = \frac{G + g}{2} \cdot h$

$h = \frac{2 \cdot F}{G + g}$

$G = \frac{2F}{h} - g$; $g = \frac{2F}{h} - G$

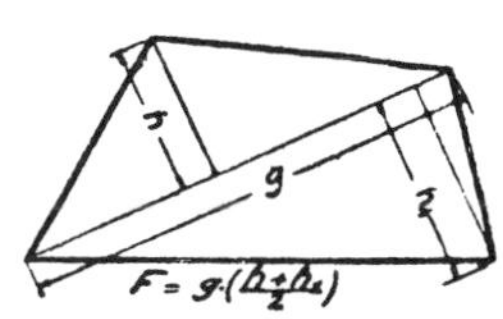

1. Beispiel: Seite G sei 50 cm, g = 40 cm, h = 35 cm. Berechne die Fläche in cm²!

Lösung: $F = \frac{G + g}{2} \cdot h = \frac{50 + 40}{2} \cdot 35$

$= 45 \cdot 35 = \mathbf{1575\ cm^2}$

Aus der gegebenen Mittellinie $M = \frac{(G + g)}{2}$ kann die Fläche des Trapezes gleichfalls berechnet werden.

2. Beispiel: Ist die Mittellinie M = 45 cm und die Höhe h = 35 cm, dann berechnet man die Fläche nach der Formel $F = M \cdot h$, mithin $F = 45 \cdot 35 = \mathbf{1575\ cm^2}$.

Regelmäßige und unregelmäßige Vielecke

S = Seite des Vielecks

h = r Radius

n = Anzahl der Seiten

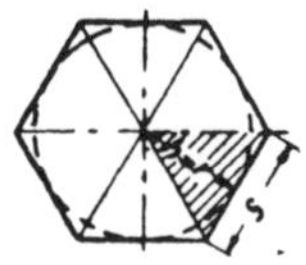

Gleiche Seiten

$U = s \cdot n$

$F = \frac{h \cdot s}{2} \cdot n$

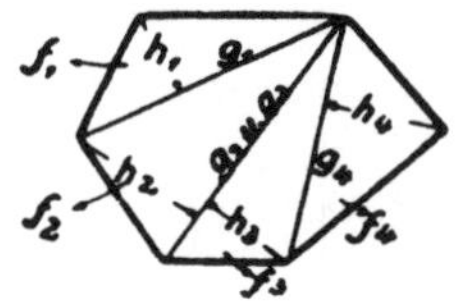

Ungleiche Seiten

$F_1 = \frac{1}{2}(g_1 \cdot h_1) + f_2$

$= f_1 + f_2 + f_3 + f_4$

oder Summen aller Flächen

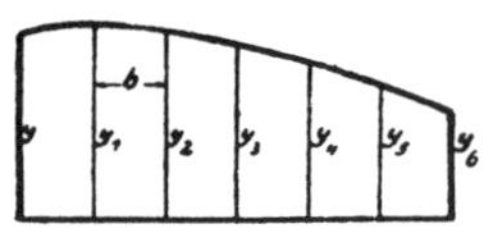

b = Breite; y bis y_6 = Höhe

Berechnung nach der **Trapezregel:** Die Einteilung der Fläche erfolgt in beliebig viel Streifen von **gleicher** Breite (s. Abb.). Man findet nach der Formel:

$F = b \cdot (\frac{y}{2} + \frac{y_6}{2} + y_1 + y_2 + y_3 + y_4 + y_5)$.

Anmerkung: Beliebig begrenzte Flächen werden in Dreiecke, Trapeze, Kreisstücke usw. zerlegt; dann berechnet man die einzelnen Teilflächen so, wie in den vorhergehenden Beispielen angegeben und zählt **alle** Flächen zusammen.

Berechnung regelmäßiger Vielecke nach Tabelle

n = Seitenanzahl; F = Fläche; s = Seite; R = Radius des Umkreises; r = Radius des Innenkreises

n	F			s		R		r	
3	$s^2 \cdot 0{,}433$	$R^2 \cdot 1{,}299$	$r^2 \cdot 5{,}196$	R · 1,732	r · 3,464	s · 0,577	r · 2,000	s · 0,289	R · 0,500
4	$s^2 \cdot 1{,}000$	$R^2 \cdot 2{,}000$	$r^2 \cdot 4{,}000$	R · 1,414	r · 2,000	s · 0,707	r · 1,414	s · 0,500	R · 0,707
5	$s^2 \cdot 1{,}721$	$R^2 \cdot 2{,}378$	$r^2 \cdot 3{,}633$	R · 1,176	r · 1,453	s · 0,851	r · 1,236	s · 0,688	R · 0,809
6	$s^2 \cdot 2{,}598$	$R^2 \cdot 2{,}598$	$r^2 \cdot 3{,}464$	R · 1,000	r · 1,155	s · 1,000	r · 1,155	s · 0,866	R · 0,866
8	$s^2 \cdot 4{,}828$	$R^2 \cdot 2{,}828$	$r^2 \cdot 3{,}314$	R · 0,765	r · 0,828	s · 1,307	r · 1,082	s · 1,207	R · 0,924
10	$s^2 \cdot 7{,}694$	$R^2 \cdot 2{,}939$	$r^2 \cdot 3{,}249$	R · 0,618	r · 0,650	s · 1,618	r · 1,051	s · 1,589	R · 0,951
12	$s^2 \cdot 11{,}196$	$R^2 \cdot 3{,}000$	$r^2 \cdot 3{,}215$	R · 0,518	r · 0,536	s · 1,932	r · 1,035	s · 1,866	R · 0,966

Beispiel:
Berechne die Fläche und den Radius des Um- und Innenkreises eines Sechsecks, wenn die **Seitenlänge** = 1,5 m ist!

Lösung:
Nach der Tabelle ist: $F = s^2 \cdot 2{,}598 = 1{,}5 \cdot 1{,}5 \cdot 2{,}598 =$ **5,845 m²**

$R = s \cdot 1{,}000 = 1{,}5 \cdot 1{,}000 =$ **1,500 m** (= Seitenlänge)

$r = s \cdot 0{,}866 = 1{,}5 \cdot 0{,}866 =$ **1,299 m**

Kreis

r = Radius (Halbmesser)

d = Durchmesser

π (pi) = 3,14

$\frac{\pi}{4} = 0{,}785$

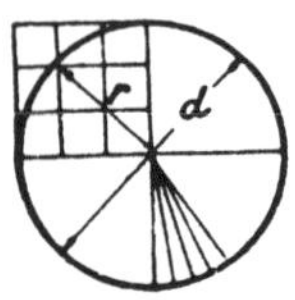

$U = d \cdot \pi$

oder $2r \cdot \pi$

$F = d^2 \cdot \frac{\pi}{4}$

oder $r^2 \cdot \pi$

$d = \frac{U}{\pi}$

$d = \sqrt{F \cdot \frac{4}{\pi}}$

$\pi = U : d$

1. Beispiel:
Wie groß ist der Umfang in cm, die Fläche in cm², wenn d = 450 mm ist?

Lösung:
Verwandle 450 mm in 45 cm

$U = d \cdot \pi = 45 \cdot 3{,}14$ oder $2 \cdot r \cdot \pi$

$= 45 \cdot 3{,}14 =$ **141,3 cm**

$F = d^2 \cdot \frac{\pi}{4} = 45 \cdot 45 \cdot 0{,}785 =$ **1589,63 cm²**

2. Beispiel: Der Umfang ist 140,70 cm, die Fläche 1576 cm². Wie groß ist d?

Lösung: d aus dem **Umfang** berechnet:

$d = \frac{U}{\pi} = \frac{140{,}7}{3{,}14} =$ **44,8 cm = 448 mm**

Lösung: d aus der Fläche berechnet:

$d = \sqrt{F \cdot \frac{4}{\pi}}$; $d^2 = 1576 \cdot \frac{4}{3{,}14} = 1576 \cdot 1{,}274 = 2007$

$d = \sqrt{2007} =$ **44,8 cm**

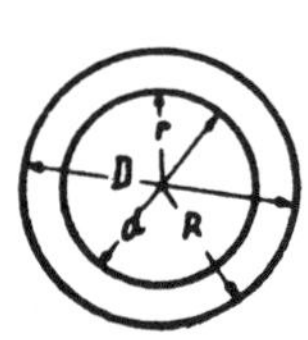

Kreisring

F = Fläche des großen Kreises weniger Fläche d, kleinen Kreises

$F = (D^2 - d^2) \cdot \frac{\pi}{4}$

oder

$F = (R^2 - r^2) \cdot \pi$

Beispiel:
Ein **Kreisring** hat D =24 cm, d = 16 cm. Wie groß ist die Ringfläche in cm²?

Lösung:

$F = (D^2 - d^2) \cdot \frac{\pi}{4}$

$(24 \cdot 24 - 16 \cdot 16) \cdot 0{,}785 = 320 \cdot 0{,}785 =$ **251,20 cm²**

Kreisausschnitt

$F = \frac{r^2 \cdot \pi \cdot \alpha^0}{360^\circ}$

oder $\frac{b \cdot r}{2}$

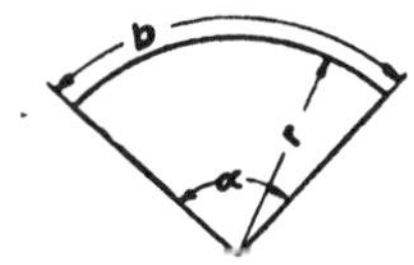

Bogenlänge $b = \frac{r \cdot \pi \cdot \alpha^\circ}{180^\circ}$

(Berechnung siehe auch auf Seite 112.)

1. Beispiel:
Berechne die Fläche eines **Kreisausschnittes**, wenn der Winkel α (Zentriwinkel) = 160° und r = 15 cm beträgt!
Lösung:

$F = \frac{r^2 \cdot \pi \cdot \alpha^0}{360^0} = \frac{15 \cdot 15 \cdot 3{,}14 \cdot 160}{360} = \mathbf{314\ cm^2}$

2. Beispiel:
Die Bogenlänge b berechnet man:

$b = \frac{r \cdot \pi \cdot \alpha^0}{180^\circ} = \frac{15 \cdot 3{,}14 \cdot 160}{180} = \mathbf{41{,}87\ cm}$

Kreisabschnitt

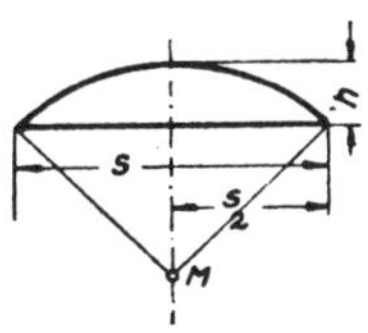

$F = \frac{h}{6 \cdot s} \cdot (3h^2 + 4\ s^2)$ oder

angenäherte Formel $F = s \cdot \frac{2}{3} \cdot h$

$r = \frac{\left(\frac{s}{2}\right)^2 + h^2}{2\ h}$

(Vgl. Segmentbögen auf Seite 112.)

Beispiel:
Welche Fläche hat der **Kreisabschnitt**, wenn die Sehne s = 60 cm, die Höhe h = 18 cm beträgt?

1. Lösung:

$F = \frac{h}{6 \cdot s} \cdot (3\ h^2 + 4\ s^2)$

$= \frac{18}{6 \cdot 60} \cdot (3 \cdot 18 \cdot 18 + 4 \cdot 60 \cdot 60)$

$= \frac{18}{360} \cdot 15372 = \mathbf{768{,}60\ cm^2}$

2. Lösung (aus der angenäherten Formel):

$F = s \cdot \frac{2}{3} \cdot h = 60 \cdot \frac{2}{3} \cdot 18 = \mathbf{720\ cm^2}$.

Beispiel: Die Seite ist 3,00 m, die Höhe 0,50 m. Wie groß ist der Radius r?
Lösung:

$r = \frac{\left(\frac{s}{2}\right)^2 + h^2}{2\ h} = \frac{1{,}50 \cdot 1{,}50 + 0{,}50 \cdot 0{,}50}{2 \cdot 0{,}50} = \frac{2{,}50}{1{,}00} = \mathbf{2{,}50\ m}$

Ellipse

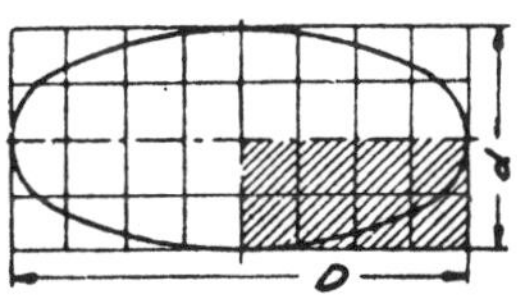

$F = D \cdot d \cdot \frac{\pi}{4}$

Umfang annähernd

$U \approx \frac{D + d}{2} \cdot \pi$

Je flacher die Ellipse, desto größer ist der Fehler.

U genauer: $U \approx 0{,}69 \cdot \pi \cdot \sqrt{D^2 + d^2}$

Beispiel:
Bei einer **Ellipse** sei D = 60 cm, d = 40 cm. Wie groß ist der Umfang in m, die Fläche in m²?

$U = \frac{D + d}{2} \cdot \pi = \frac{60 + 40}{2} \cdot 3{,}14$

$= \frac{100}{2} \cdot 3{,}14 = 157\ cm = \mathbf{1{,}57\ m}$

$F = D \cdot d \cdot \frac{\pi}{4} = 60 \cdot 40 \cdot 0{,}785 = \mathbf{1884\ cm^2}$

$= \frac{1884}{10000} = \mathbf{0{,}1884\ m^2} = \approx \mathbf{0{,}19\ m^2}$

Messen der Winkel

Wenn man von 2 Linien AC und BC, die zusammenfallen, die eine (AC) um den gemeinsamen Endpunkt C so weit dreht (Zirkelschenkel!), daß ihr freier Endpunkt A einen Kreis beschreibt und dann wieder auf BC zu liegen kommt, so hat der Schenkel AC auf seinem Wege einen **Vollwinkel** gebildet. Winkel um C = Vollwinkel.

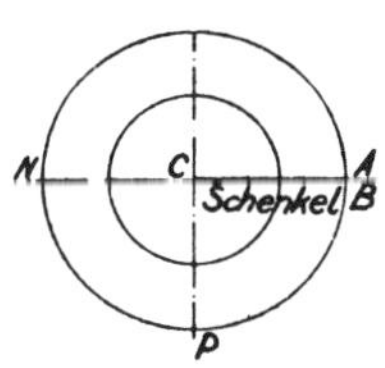

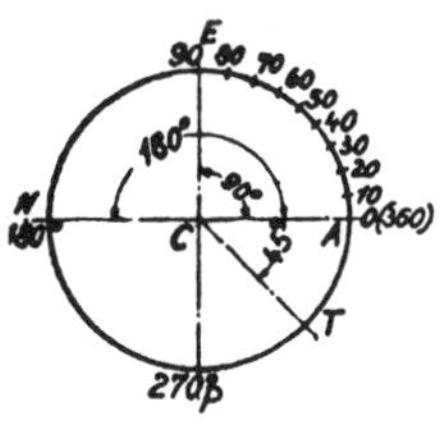

Um kleinere Winkel messen zu können, hat man den Kreis um den Scheitelpunkt C des Vollwinkels in 360 gleiche Teile geteilt, die man **Winkelgrade, Bogengrade** oder kurz **Grade** nennt. Den Grad teilt man in 60 gleiche Teile, **Minuten** (Bogenminuten), und die Minute in 60 **Sekunden** (Bogensekunden) ein.

1 Grad = 60 Minuten, 1° = 60′.
1 Minute 60 Sekunden, 1′ = 60″.

Verbindungen mit π = 3,141592654

π = 3,142	π : 1 = 3,142	π² = 9,869
2π = 6,283	π : 2 = 1,571	π³ = 31,006
3π = 9,425	π : 3 = 1,047	1 : π² = 0,101
4π = 12,566	π : 4 = 0,785	1 : π³ = 0,032
5π = 15,708	π : 5 = 0,628	∛π = 1,465
6π = 18,850	π : 6 = 0,524	√π = 1,772
	π : 12 = 0,262	1 : √π = 0,564
1 : π = 0,318	1 : π = 0,318	1 : ∛π = 0,683
1 : 2π = 0,159	2 : π = 0,637	π : 180 = 0,0175
1 : 3π = 0,106	3 : π = 0,955	
1 : 4π = 0,079	4 : π = 1,273	Annähernd ist:
1 : 5π = 0,063	5 : π = 1,592	$\pi = \frac{22}{7}$.
1 : 6π = 0,053	6 : π = 1,910	

1° : 10 = 6′	1° : 25 = 0,04° = 2′ 24″
1° : 100 = 36″	1° : 40 = 0,025° = 1′ 20″
1° : 1000 = 3,6″	1° : 75 = 0,0133° = ≈ 48″

Berechnung von Bogenlängen, Sehnen, Bogenhöhen, Kreisabschnitten für den Halbmesser 1:
Gegeben Zentriwinkel und Radius

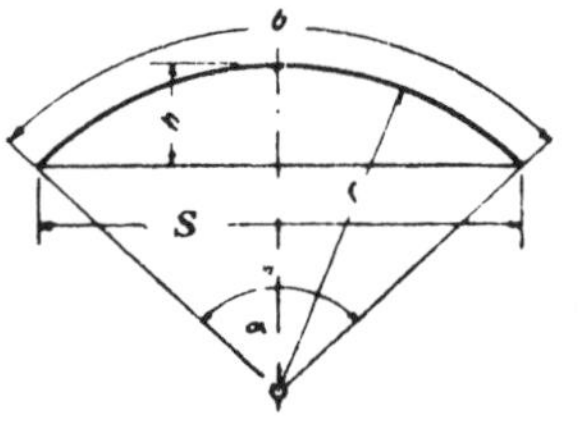

Anm.: Bei einem Halbmesser r = 5 m werden die **Längenmaße** (b, s und h) 5mal so groß wie in Tabelle für r = 1 angegeben. **Abschnittsfläche** wird 5 · 5 = 25 mal so groß; das **Verhältnis** b/h bleibt vom Halbmesser unabhängig.

1. Beispiel: Wie groß ist die Bogenlänge bei einem Winkel von 45° und r = 5 m?

Lösung: b = 5 · 0,785 = **3,925 m**

2. Beispiel: Wie lang ist die Sehne bei denselben Abmessungen?

Lösung: S = 5 · 0,765 = **3,83 m**

3. Beispiel: Berechne die Bogenhöhe bei den gleichen Abmessungen!

Lösung: h = 5 · 0,0761 = **0,38 m**

4. Beispiel: Berechne die Fläche des Kreisabschnittes, wenn r = 5 m und Winkel α = 45° ist!

Lösung: F = 5^2 · 0,0392 = 5 · 5 · 0,0392 = **0,98 m²**

Zentriwinkel α°	Bogenlänge b	Sehne s	Bogenhöhe h	$\frac{h}{s}$	Kreisabschnitt F
1°	0,018	0,018	0,0001	0,002	0,0000
5°	0,087	0,087	0,0010	0,011	0,0002
10°	0,175	0,174	0,0038	0,021	0,0004
15°	0,262	0,261	0,0086	0,033	0,0011
20°	0,349	0,347	0,0152	0,044	0,0035
25°	0,436	0,433	0,0237	0,054	0,0069
30°	0,524	0,518	0,0341	0,066	0,0118
35°	0,611	0,601	0,0463	0,077	0,0186
40°	0,698	0,684	0,0603	0,088	0,0277
45°	0,785	0,765	0,0761	0,099	0,0392
50°	0,873	0,845	0,0937	0,111	0,0533
60°	1,047	1,000	0,1340	0,134	0,0906
65°	1,135	1,075	0,1570	0,146	0,1141
72°	1,257	1,176	0,1910	0,162	0,1528
75°	1,309	1,218	0,2066	0,170	0,1715
80°	1,396	1,286	0,2340	0,182	0,2057
90°	1,571	1,414	0,2929	0,207	0,2854
100°	1,745	1,532	0,3572	0,233	0,3803
110°	1,920	1,638	0,4260	0,260	0,4901
120°	2,094	1,732	0,5000	0,289	0,6142
130°	2,269	1,813	0,5770	0,318	0,7514
135°	2,356	1,848	0,6170	0,334	0,8245
140°	2,444	1,879	0,6980	0,350	0,9003
150°	2,618	1,932	0,7410	0,383	1,0590
170°	2,967	1,992	0,9130	0,458	1,3967
180°	3,142	2,000	1,0000	0,500	1,5708

Segmentbögen

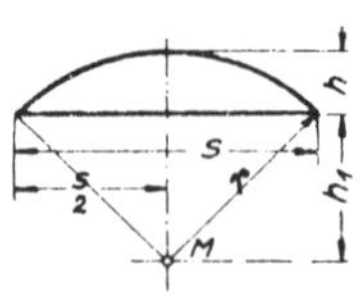

Anmerkung: In der Zahlentafel bedeutet s = Spannweite und h = Stichhöhe. Die Pfeilverhältnisse $\frac{s}{h}$ sind von 2,0 bis 20,9 und der Halbmesser r für eine Spannweite s = 1 m angegeben.

1. Beispiel: Gegeben s = 3,00 m, h = 0,50; $\frac{s}{h} = \frac{3,00}{0,50} = 6,0$; Wert unter 6,0 = 0,833; demnach r = 3,00 · 0,833 = **2,50 m.**

2. Beispiel: Gegeben s = 3,30, h = 0,45; $\frac{s}{h} = \frac{3,30}{0,45} = 7,33$. Zwischenwerte bei 7,3 = 0,981; bei 7,4 = 0,993. Demnach bei 7,33 = 0,985; r = 3,30 · 0,985 = = **3,25 m.**

s/h	0	1	2	3	4	5	6	7	8	9
2	0,500	0,501	0,502	0,505	0,508	0,513	0,517	0,523	0,529	0,535
3	0,542	0,549	0,556	0,564	0,572	0,580	0,589	0,598	0,607	0,616
4	0,625	0,634	0,644	0,654	0,664	0,674	0,684	0,694	0,704	0,715
5	0,725	0,736	0,746	0,757	0,768	0,778	0,789	0,800	0,811	0,822
6	0,833	0,844	0,856	0,867	0,878	0,889	0,901	0,912	0,924	0,935
7	0,946	0,958	0,969	0,981	0,993	1,004	1,016	1,027	1,039	1,051
8	1,063	1,074	1,086	1,098	1,109	1,121	1,133	1,145	1,157	1,169
9	1,181	1,192	1,204	1,216	1,228	1,240	1,252	1,264	1,276	1,288
10	1,300	1,312	1,324	1,336	1,348	1,360	1,372	1,384	1,396	1,408
11	1,420	1,433	1,445	1,457	1,469	1,481	1,493	1,505	1,517	1,530
12	1,542	1,554	1,566	1,578	1,590	1,603	1,615	1,627	1,639	1,651
13	1,663	1,676	1,688	1,700	1,712	1,725	1,737	1,749	1,761	1,773
14	1,786	1,798	1,810	1,822	1,835	1,847	1,859	1,872	1,884	1,896
15	1,908	1,421	1,933	1,945	1,957	1,970	1,982	1,994	2,007	2,019
16	2,031	2,044	2,056	2,068	2,080	2,093	2,105	2,117	2,130	2,142
17	2,154	2,167	2,179	2,191	2,204	2,216	2,228	2,241	2,253	2,265
18	2,278	2,290	2,302	2,315	2,327	2,340	2,352	2,364	2,377	2,389
19	2,401	2,414	2,426	2,438	2,451	2,463	2,476	2,488	2,500	2,513
20	2,525	2,537	2,550	2,562	2,575	2,587	2,599	2,612	2,624	2,636

Formel für $r = \frac{\left(\frac{s}{2}\right)^2 + h^2}{2h}$

Formeln und Beispiele für die Körperberechnung

Würfel

V = Rauminhalt (Volumen)

M = Mantelfläche

O = Oberfläche

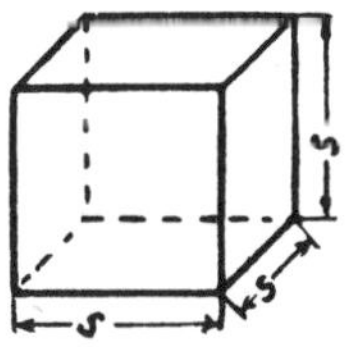

Abwicklung der Oberfläche

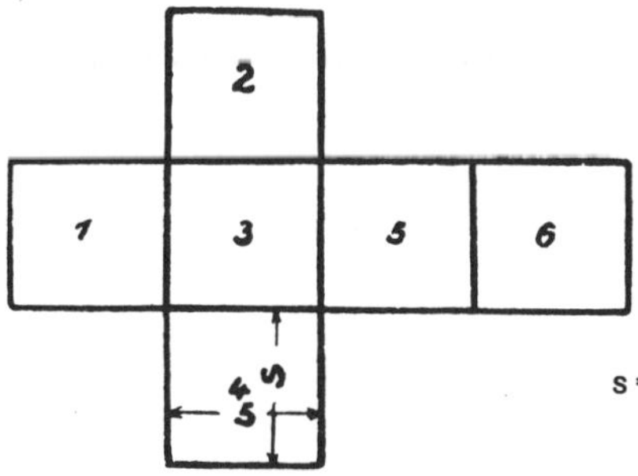

$V = s \cdot s \cdot s = s^3$

$M = s \cdot s \cdot 4$ oder $= s^2 \cdot 4$

$O = s \cdot s \cdot 6$ oder $= s^2 \cdot 6$

$s = \sqrt[3]{V}$

1. Beispiel:
Ein würfelförmiges Gefäß hat eine Seitenlänge von 30 cm. Berechne den Rauminhalt in cm^3!

Lösung:
$V = s^3 = 30 \cdot 30 \cdot 30 = \mathbf{27\,000\ cm^3}$

Berechne die Mantel- und Oberfläche.
$M = s^2 \cdot 4 = 30 \cdot 30 \cdot 4 = \mathbf{3600\ cm^2}$
$O = s^2 \cdot 6 = 30 \cdot 30 \cdot 6 = \mathbf{5400\ cm^2}$

2. Beispiel:
Der Rauminhalt eines würfelförmigen Gefäßes ist $0{,}125\ m^3$. Wie groß ist die Seite in m?

Lösung:
$s = \sqrt[3]{V} = \sqrt[3]{125\,000\ cm^3}$
$= \mathbf{50\ cm = 0{,}50\ m}$

Vierseitiges Prisma

F = Grundfläche

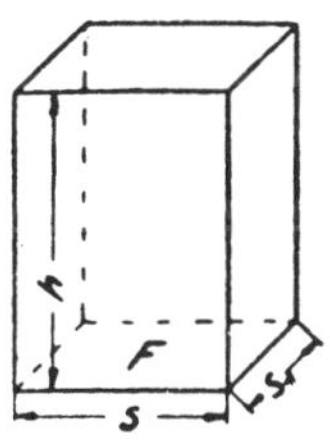

Abwicklung der Oberfläche

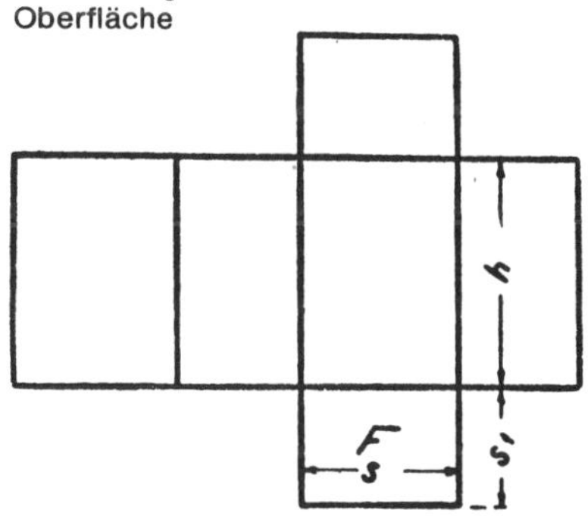

$V = F \cdot h = (s \cdot s_1) \cdot h$

O = Summe aller Außenflächen
$= 2 \cdot (s \cdot s_1) + 2 \cdot (s + s_1) \cdot h$

$M = 2 \cdot (s + s_1) \cdot h;\quad s = \frac{V}{s_1 \cdot h};\ s_1 = \frac{V}{s \cdot h};\ h = \frac{V}{s \cdot s_1}$

1. Beispiel:
Ein vierseitiges Prisma zu berechnen, wenn die Seite $s = 0{,}45$ m, $s_1 = 0{,}32$ m und die Höhe $h = 0{,}75$ m ist!

a) Wie groß ist der Inhalt in m^3?
b) Wieviel m^2 ist die Mantelfläche und die Oberfläche groß?

Lösung:
$V = F \cdot h = s \cdot s_1 \cdot h = 0{,}45 \cdot 0{,}32 \cdot 0{,}75$
$= \mathbf{0{,}108\ m^3}$ oder **108 Liter (l)**

$M = 2 \cdot (s + s_1) \cdot h = 2 \cdot (0{,}45 + 0{,}32) \cdot 0{,}75 = 2 \cdot 0{,}77 \cdot 0{,}75$
$= \mathbf{1{,}155\ m^2}$

$O = 2 \cdot (s + s_1) + 2 \cdot (s + s_1) \cdot h = 2 \cdot (0{,}45 \cdot 0{,}32)$
$+ 2 \cdot (0{,}45 + 0{,}32) \cdot 0{,}75 = 0{,}288 + 1{,}155 = \mathbf{1{,}443\ m^2}$

2. Beispiel:
Berechne die Seite s, wenn $s_1 = 0{,}32$ m, die Höhe 0,75 m und der Inhalt $= 0{,}108\ m^3$ ist!

Lösung:
$s = \frac{V}{s_1 \cdot h} = \frac{0{,}108}{0{,}32 \cdot 0{,}75} = 108 : 240 = \mathbf{0{,}45\ m}$

3. Beispiel:
Berechne die Höhe h, wenn $s = 0{,}45$ m, $s_1 = 0{,}32$ m ist!

Lösung:
$h = \frac{V}{s \cdot s_1} = \frac{0{,}108}{0{,}45 \cdot 0{,}32} = \mathbf{0{,}75\ m}$

Zylinder
Walze

Abwicklung
der Oberfläche

V = Rauminhalt

F = Fläche, Grundfläche

M = Mantelfläche

O = Oberfläche
= Mantelfläche + Grundfläche

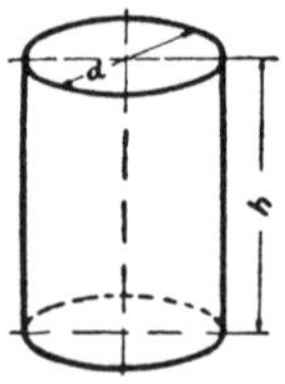

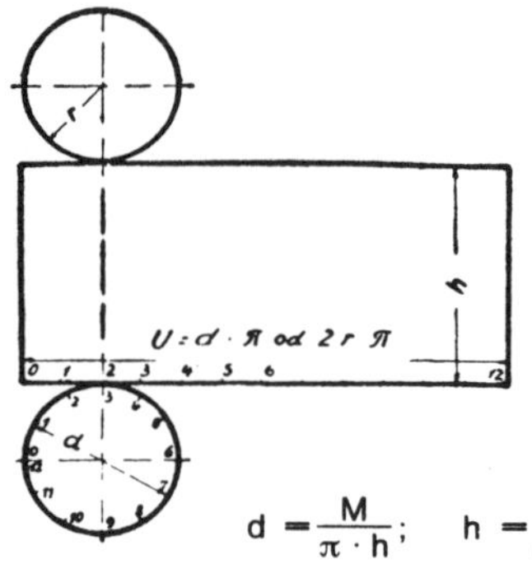

$V = F \cdot h$ oder $d^2 \cdot \frac{\pi}{4} \cdot h$ oder $r^2 \cdot \pi \cdot h$

$M = d \cdot \pi \cdot h$ oder $2r \cdot \pi \cdot h$

$O = 2 \cdot \left(d^2 \cdot \frac{\pi}{4}\right) + (d \cdot \pi \cdot h)$

$d = \frac{M}{\pi \cdot h}$; $h = \frac{M}{d \cdot \pi}$

$r = \sqrt{\frac{V}{\pi \cdot h}}$; $h = \frac{V}{d^2 \cdot \frac{\pi}{4}}$

1. Beispiel:
Den Inhalt und die Mantelfläche eines Gefäßes zu berechnen, wenn gegeben ist d = 28 cm und h = 55 cm?

Lösung:

$V = d^2 \cdot \frac{\pi}{4} \cdot h = 28 \cdot 28 \cdot 0{,}785 \cdot 55 = \mathbf{33849{,}20\ cm^3}$

$M = d \cdot \pi \cdot h = 28 \cdot 3{,}14 \cdot 55 = \mathbf{4835{,}6\ cm^2}$

2. Beispiel:
Wie groß ist die Höhe eines Gefäßes, wenn $V = 33849{,}20\ cm^3$ und d = 28 cm ist?

Lösung:

$h = \frac{V}{d^2 \cdot \frac{\pi}{4}} = \frac{33849{,}20}{28 \cdot 28 \cdot 0{,}785}$

$h = 33849{,}20 : 615{,}44 = \mathbf{55\ cm}$

Zylindrischer
Ring

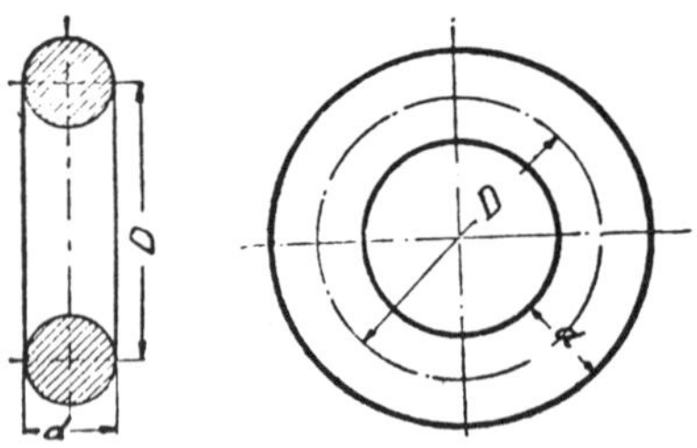

$V = d^2 \cdot \frac{\pi}{4} \cdot D \cdot \pi$

oder

$\frac{D \cdot d^2 \cdot \pi^2}{4}$

Beispiel:
Berechne: a) den Inhalt eines kupfernen Ringes mit D = 50 mm, d = 10 mm.
b) das Gewicht in g, wenn die Wichte = 8,85 ist!

Lösung:

a) $V = d^2 \cdot \frac{\pi}{4} \cdot D \cdot \pi = 10 \cdot 10 \cdot 0{,}785 \cdot 50 \cdot 3{,}14 = \mathbf{12324{,}50\ mm^3}$
$= \mathbf{12{,}325\ cm^3}$

b) $12{,}325 \cdot 8{,}9 = \mathbf{109{,}693\ g} = \approx \mathbf{0{,}110\ kg}$

Merke: $cm^3 \cdot$ Wichte ergibt g; $dm^3 \cdot$ Wichte = kg; $m^3 \cdot$ Wichte = t.

Pyramide

$V = \frac{F \cdot h}{3}$; $h = \frac{3 \cdot V}{F}$

n = Seitenzahl

F = Grundfläche

O = Oberfläche

V = Rauminhalt

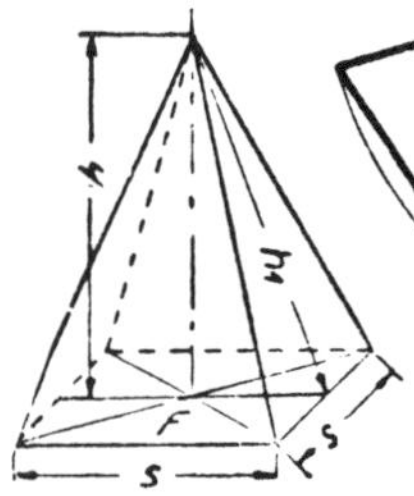

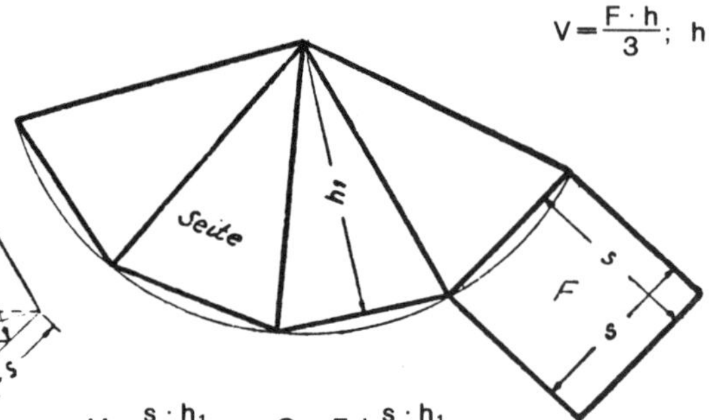

$M = \frac{s \cdot h_1}{2} \cdot n$; $O = F + \frac{s \cdot h_1}{2} \cdot n$

1. Beispiel:
Berechne den Inhalt einer quadratischen Pyramide in m^3, wenn die Seite s = 0,65 m und die Höhe h = 1,05 m ist!

Lösung:

$V = \frac{F \cdot h}{3} = \frac{s \cdot s \cdot h}{3} = \frac{0{,}65 \cdot 0{,}65 \cdot 1{,}05}{3} = \mathbf{0{,}148\ m^3}$

2. Beispiel:
Berechne die Mantel- und Oberfläche der Pyramide nach dem Beispiel 1, wenn h_1 = 1,10 m ist!

Lösung: $M = \frac{s \cdot h_1}{2} \cdot n = \frac{0{,}65 \cdot 1{,}10}{2} \cdot 4 = \mathbf{1{,}43\ m^2}$

$O = F + \frac{s \cdot h_1}{2} \cdot n = s \cdot s + \frac{s \cdot h_1}{2} \cdot n = 0{,}65 \cdot 0{,}65 + \frac{0{,}65 \cdot 1{,}10}{2} \cdot 4$
$= \mathbf{1{,}853\ m^3}$

Abgestumpfte Pyramide

F_1 = kleine Grundfläche

F = große Grundfläche

n = Seitenzahl

mf = Grundfläche in halber Höhe

V = Rauminhalt

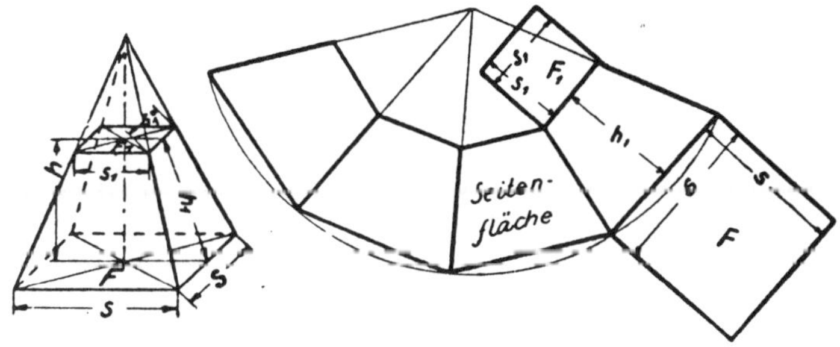

$$O = (F + F_1) + \left(\frac{s + s_1}{2}\right) \cdot h_1 \cdot n; \quad M = \left(\frac{s + s_1}{2}\right) \cdot h_1 \cdot n$$

$$V\,(\text{genau}) = (F + F_1 + 4 \cdot mf) \cdot \frac{h}{6}\ (\text{Simpsonsche Regel})$$

$$V\,(\text{genau}) = \frac{h}{3} \cdot (F + F_1 + \sqrt{F \cdot F_1}); \quad V\,(\text{annähernd}) = \left(\frac{F + F_1}{2}\right) \cdot h$$

1. Beispiel:
Wie groß ist der Inhalt einer abgestumpften quadratischen Pyramide, wenn s = 1,80 m, s_1 = 0,90 m, h = 0,85 m ist?

Lösung:

Angenäherte Formel: $V = \frac{F + F_1}{2} \cdot h = \frac{s \cdot s + s_1 \cdot s_1}{2} \cdot h$

$= \frac{1{,}80 \cdot 1{,}80 + 0{,}90 \cdot 0{,}90}{2} \cdot 0{,}85 = \mathbf{1{,}72\ m^3}$

Genaue Formel:

$V = \frac{h}{3}(F + F_1 + \sqrt{F \cdot F_1}) = \frac{h}{s}[(s \cdot s + s_1 \cdot s_1) + \sqrt{s \cdot s \cdot s_1 \cdot s_1}]$

$= \frac{0{,}85}{3} \cdot [(1{,}80 \cdot 1{,}80) + (0{,}90 \cdot 0{,}90)$

$+ [\sqrt{(1{,}80 \cdot 1{,}80 \cdot 0{,}90 \cdot 0{,}90)}]]$

$= \frac{0{,}85 \cdot 5{,}67}{3} = \approx \mathbf{1{,}61\ m^3}$

2. Beispiel:
Bestimme die Mantel- und Oberfläche, wenn h_1 = 0,962 m ist!

Lösung:

$M = \frac{s + s_1}{2} \cdot h_1 \cdot n = \frac{1{,}80 + 0{,}90}{2} \cdot 0{,}962 \cdot 4 = \frac{2{,}70}{2} \cdot 3{,}848$

$= \mathbf{5{,}19\ m^2}$

$O = (F + F_1) + \left(\frac{s + s_1}{2}\right) \cdot h_1 \cdot n$

$= (s \cdot s + s_1 \cdot s_1) + \left(\frac{s + s_1}{2}\right) \cdot h_1 \cdot n$

$= 1{,}80 \cdot 1{,}80 + 0{,}90 \cdot 0{,}90 + \left(\frac{1{,}80 + 0{,}90}{2}\right) \cdot 0{,}962 \cdot 4$

$= \mathbf{9{,}24\ m^2}$

Kegel

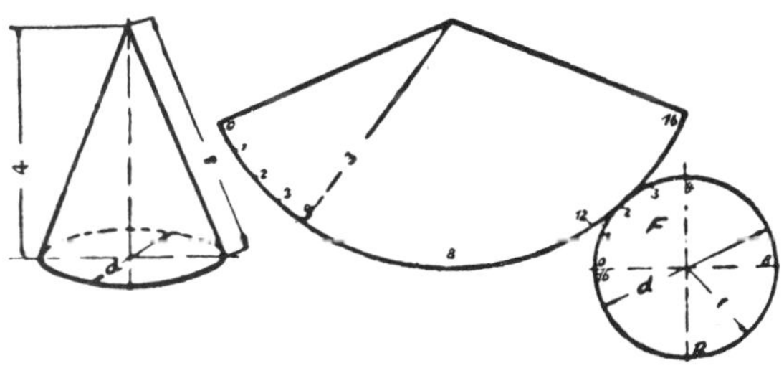

$$V = \frac{F \cdot h}{3} \text{ oder } \frac{d^2 \cdot \frac{\pi}{4} \cdot h}{3}; \quad M = \frac{d \cdot \pi \cdot s}{2}; \quad r = \sqrt[2]{\frac{3\,V}{\pi \cdot h}}; \quad h = \frac{3\,V}{\pi \cdot r^2}$$

Beispiel:
Bestimme a) den Inhalt eines Kegels, wenn d = 0,75 m, h = 1,20 m ist!
b) die Mantelfläche, wenn s = 1,26 m ist!

Lösung:

a) $V = \frac{F \cdot h}{3} \text{ oder } \frac{d^2 \cdot \frac{\pi}{4} \cdot h}{3} \text{ oder } \frac{r^2 \cdot \pi \cdot h}{3}$

$= \frac{0{,}75 \cdot 0{,}75 \cdot 0{,}785 \cdot 1{,}2}{3} = \mathbf{0{,}177\ m^3}$

b) $M = \frac{d \cdot \pi \cdot s}{2} = \frac{0{,}75 \cdot 3{,}14 \cdot 1{,}26}{2} = \mathbf{1{,}48\ m^2}$

Abgestumpfter Kegel

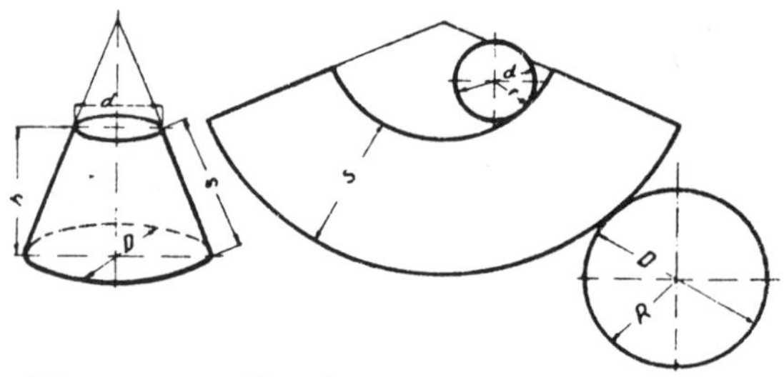

V (annähernd) $= \left(\frac{d^2 + D^2}{2}\right) \cdot \frac{\pi}{4} \cdot h$ oder $\left(\frac{r^2 + R^2}{2}\right) \cdot \pi \cdot h$

V (genau) $= (d^2 + d \cdot D + D^2) \cdot \frac{\pi}{12} \cdot h$ oder $V = (R^2 + R \cdot r + r^2) \cdot \frac{\pi}{3} \cdot h$; $M = \pi \cdot s \cdot \left(\frac{D + d}{2}\right)$

1. Beispiel:
Der Inhalt eines Behälters ist zu berechnen, der folgende Abmessungen hat: oberer Durchmesser d = 20 cm, unterer D = 30 cm, h = 32 cm.

Lösung:

Angenäherte Formel:
$V = \left(\frac{d^2 + D^2}{2}\right) \cdot \frac{\pi}{4} \cdot h = \left(\frac{20 \cdot 20 + 30 \cdot 30}{2}\right) \cdot 0{,}785 \cdot 32 = \mathbf{16328{,}00\ cm^3} = \approx \mathbf{16{,}33\ l}$

Genaue Formel:
$V = (d^2 + d \cdot D + D^2) \cdot \frac{\pi \cdot h}{12} = (20 \cdot 20 + 20 \cdot 30 + 30 \cdot 30) \cdot \frac{3{,}14 \cdot 32}{12}$
$= (400 + 600 + 900) \cdot 8{,}37 = 1900 \cdot 8{,}37 = \mathbf{15903\ cm^3}$ oder $\mathbf{15{,}903\ dm^3}$ **(l)**

2. Beispiel:
Wie groß ist die Mantelfläche, wenn s = 35 cm ist?

Lösung:
$M = \pi \cdot s \cdot \left(\frac{D + d}{2}\right)$
$= 3{,}14 \cdot 35 \cdot \left(\frac{30 + 20}{2}\right)$
$= 109{,}90 \cdot 25$
$= \mathbf{2747{,}50\ cm^2}$
oder $\mathbf{0{,}275\ m^2}$

Kugel

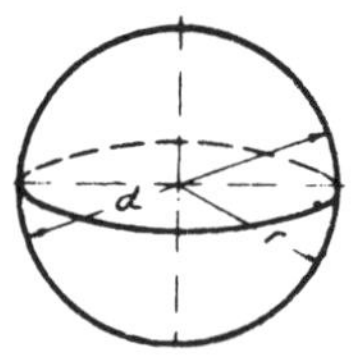

$V = d^3 \cdot \frac{\pi}{6}$ oder $d^3 \cdot 0{,}5236$ oder $\frac{4}{3} r^3 \cdot \pi$

$O = d^2 \cdot \pi$ oder $4r^2 \cdot \pi$

1. Beispiel:
Wie groß ist der Inhalt einer Kugel, wenn d = 25 cm ist?

Lösung: $V = d^3 \cdot \frac{\pi}{6} = 25 \cdot 25 \cdot 25 \cdot \frac{3.14}{6}$
$= 15625 \cdot 0{,}5236 = \mathbf{8181{,}25\ cm^3} = \approx \mathbf{8{,}2\ l}$

2. Beispiel:
Wie groß ist die Oberfläche der Kugel?

Lösung: $O = d^2 \cdot \pi = 25 \cdot 25 \cdot 3{,}14$
$= 625 \cdot 3{,}14 = \mathbf{1962{,}50\ cm^2} = \mathbf{0{,}196\ m^2}$

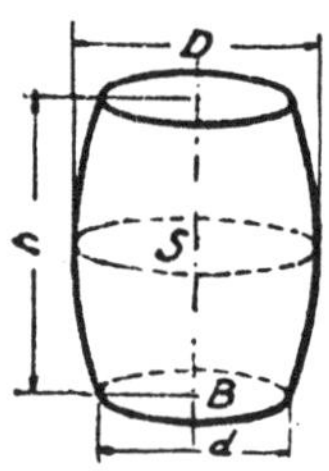

Faß – Tonne

Nach der Lambertschen Formel berechnet ist
$V = h \cdot \frac{\pi}{3} \cdot \left(\frac{D^2}{2} + \frac{d^2}{4}\right)$
angenähert ist
$V = \frac{\pi}{12} \cdot h \cdot (2\,D^2 + d^2)$

Beispiel:
Berechne den Rauminhalt eines Fasses, wenn D = 0,80 m, d = 0,60 m und die Höhe = 1,20 m ist.

Lösung:
$V = 1{,}20 \cdot 1{,}047 \cdot \left[\left(\frac{0{,}80 \cdot 0{,}80}{2}\right) + \left(\frac{0{,}60 \cdot 0{,}60}{4}\right)\right]$
$= 1{,}256 \cdot 0{,}41 = \approx \mathbf{0{,}515\ m^3}$ oder **515 l.**

Das griechische Alphabet

Anmerkung: Die griechischen Buchstaben benutzt man als Bezeichnung von Größen, so z. B. für Winkelgrößen (α, β, γ), für den Wirkungsgrad (η), für den Widerstand elektrischer Leitungen (Ω) usw.

Αα (a) Alpha	Ββ (b) Beta	Γγ (g) Gamma	Δδ (d) Delta	Εε (ĕ) Epsilon	Ζζ (ds) Zeta	Ηη (ē) Eta	Θϑ (th) Theta	Ιι (i) Jota	Κκ (k) Kappa	Λλ (l) Lamda	Μμ (m) My
Νν (n) Ny	Ξξ (kß) Xi	Οο (o) Omikron	Ππ (p) Pi	Ρρ (r) Rho	Σσ (ß) Sigma	Ττ (t) Tau	Υυ (ü) Ypsilon	Φφ (f,ph) Phi	Χχ (ch) Chi	Ψψ (pß) Psi	Ωω (o) Omega

§ 37 Lehrsatz von Pythagoras und Euklid
Ziehen der Quadratwurzeln

Lehrsatz von Pythagoras

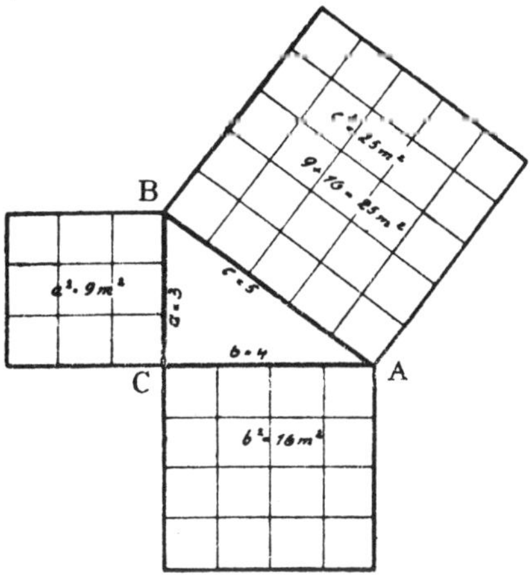

Anmerkung: Die den rechten Winkel einschließenden Seiten eines rechtwinkligen Dreiecks heißen die **Katheten** (Anseiten) (BC und AC); die dem rechten Winkel gegenüberliegende Seite heißt **Hypotenuse** (Gegenseite) (AB).
Errichtet man über jeder Seite des rechtwinkligen Dreiecks ein Quadrat, zieht durch die Trennpunkte der Seitenzentimeter Linien nach den gegenüberliegenden Trennpunkten, so zerfällt a^2 in $3 \cdot 3 = 9$, b^2 in $4 \cdot 4 = 16$ und c^2 in $5 \cdot 5 = 25$ gleiche Quadrate (cm^2).
Für rechtwinklige Dreiecke im Seitenverhältnis 3 : 4 : 5 gilt der **pythagoreische Lehrsatz:**
Das Hypotenusenquadrat ist gleich der Summe der beiden Kathetenquadrate.

s ist demnach:

$$5^2 = 3^2 + 4^2$$
$$25 = 9 + 16$$
$$c^2 = a^2 + b^2; \; c = \sqrt{a^2 + b^2}$$
$$b^2 = c^2 - a^2; \; b = \sqrt{c^2 - a^2}$$
$$a^2 = c^2 - b^2; \; a = \sqrt{c^2 - b^2}$$

Dreiecke mit dem Seitenverhältnis 3 : 4 : 5, also von 60, 80 und 100 cm (mm), von 1,50, 2,00 und 2,50 m, ebenso mit dem Seitenverhältnis 5 : 12 : 13, 7 : 24 : 25, 8 : 15 : 17 sind rechtwinklige (pythagoreische) Dreiecke. Der pythagoreische Lehrsatz gilt auch für jedes andere rechtwinklige Dreieck mit anderen Seitenverhältnissen; z. B. 7 : 24 : 25.

Lehrsatz: Im rechtwinkligen Dreieck ist die Summe der Kathetenquadrate gleich dem Hypotenusenquadrat $\mathbf{a^2 + b^2 = c^2}$

Beweis: Nach dem Lehrsatz von Euklid ist

$$a^2 = c \cdot p$$
$$b^2 = c \cdot q$$
$$a^2 + b^2 = c \cdot p + c \cdot q$$
$$c \cdot q + c \cdot p = c^2$$
$$a^2 + b^2 = c^2$$

Der entsprechende Lehrsatz für das schiefwinklige Dreieck ist kaum von Bedeutung, da er in der Praxis durch den einfacheren Kosinussatz ersetzt wird.

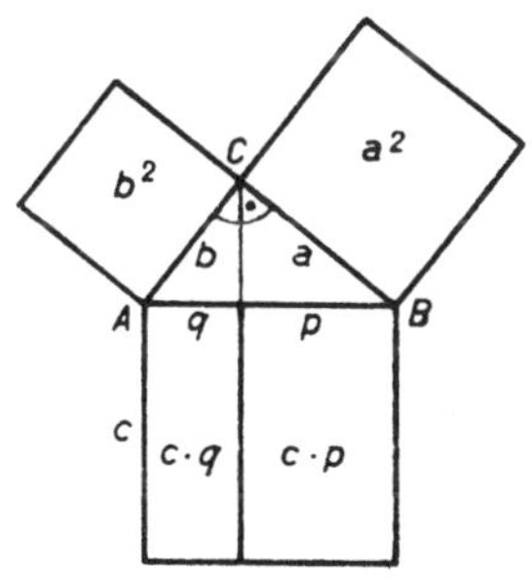

1. Beispiel:
Abstecken des echten Winkels auf der Arbeitsstätte.

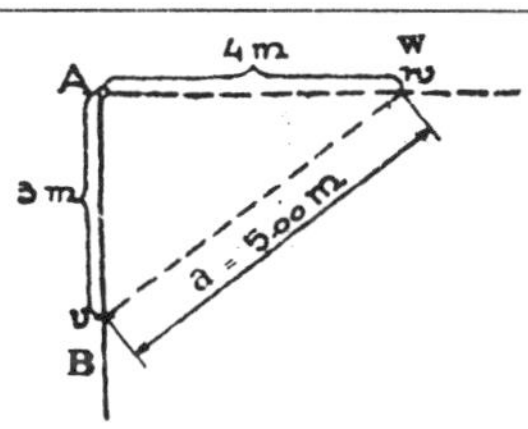

Lösung:
AB sei Fluchtlinie. Trage darauf 3 m ab (A v), auf eine Latte trage 4 m (A w) ab und halte sie an Punkt A an; darauf lege eine Latte oder ein Bandmaß von 5 m Länge an Punkt v und w an. Sobald beide Punkte sich berühren, entsteht bei Punkt A der rechte Winkel.

2. Beispiel:

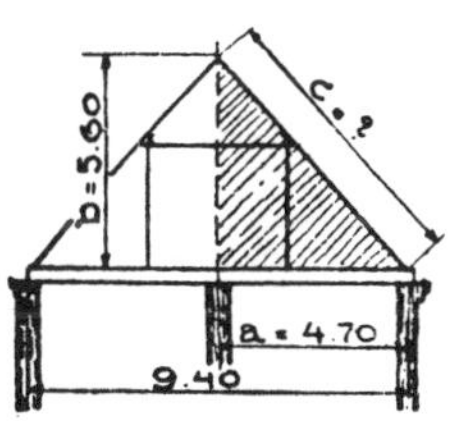

Die Seitenlänge c ist rechnerisch zu ermitteln, a = 4,70; b = 5,60; c = ? m.

Lösung:

$$c^2 = a^2 + b^2$$
$$\text{mithin } c^2 = 4{,}70^2 + 5{,}60^2$$
$$c = \sqrt{4{,}70^2 + 5{,}60^2}$$
$$= \sqrt{22{,}09 + 31{,}36}$$
$$c = \sqrt{53{,}45} = \mathbf{7{,}31\ m}$$

Lehrsatz des Euklid

Aufgabe:
Zeichne ein rechtwinkliges Dreieck ABC aus den Seiten a = 4 cm und b = 3 cm. Errichte auf den Seiten die Quadrate. Fälle von C die Höhe und teile durch ihre Verlängerung das Hypotenusenquadrat in zwei Rechtecke. Vergleiche die Flächeninhalte der Kathetenquadrate mit denen der entsprechenden Rechtecke aus der Hypotenuse und einem Hypotenusenabschnitt. (Die Hypotenusenabschnitte q und p nennt man auch Projektionen der Katheten b und a.)

Erkenntnis:
$$b^2 = c \cdot q$$
$$a^2 = c \cdot p$$

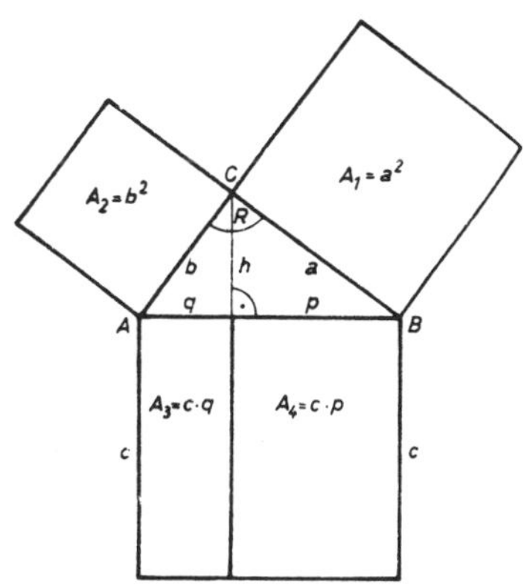

Lehrsatz:
Im rechtwinkligen Dreieck ist das Quadrat über einer Kathete gleich dem Rechteck aus der Hypotenuse und dem anliegenden Hypotenusenabschnitt (Kathetensatz von Euklid).

Beweis: $\triangle ABH \cong \triangle AFC$ (sws)

denn $\overline{HA} = \overline{AC}$

$\overline{AB} = \overline{AF}$

$\sphericalangle CAF = \sphericalangle HAB$ ($90° + a$)

Nun ist $\triangle ABH = \square \frac{ACGH}{2}$ ⎫ gleiche Grundlinie

und $\triangle AFC = \square \frac{AFED}{2}$ ⎭ und Höhe

$\square ACGH = \square AFED$

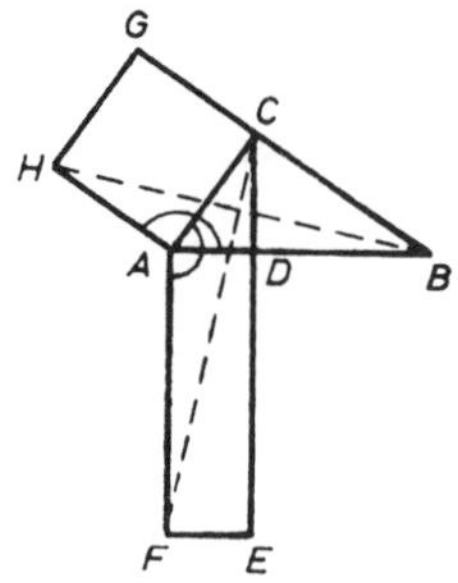

Beispiel:
Verwandle ein beliebiges Trapez ABCD in ein Quadrat.

Lösung:
Verwandle zunächst das gegebene Trapez ABCD in ein Rechteck FGHE. Trage darauf die kürzere Rechtecksseite $\overline{EF}$ vom Eckpunkt E auf der längeren Seite $\overline{EH}$ ab und errichte im Endpunkt die Senkrechte. Zeichne über der großen Rechtecksseite $\overline{EH}$ den Halbkreis, der die Senkrechte in K schneidet. Die Verbindung $\overline{KE}$ ist die gesuchte Quadratseite.

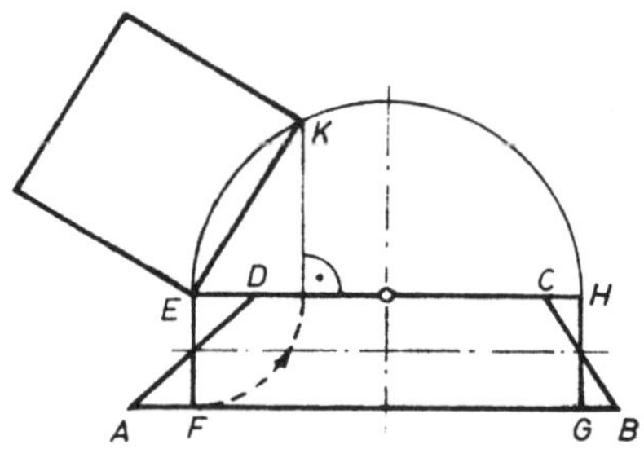

Ausziehen von Quadratwurzeln

Anmerkung:
Multipliziert man eine Zahl mit sich selbst, so heißt das Produkt **das Quadrat der Zahl**. Ist die Seite eines Quadrats 8 m lang, so hat das Quadrat $8 \cdot 8 = 64$ m². 64 ist demnach das **Quadrat** von 8. Für $8 \cdot 8$ schreibt man kurz 8^2. Wird die Zahl gesucht, die, mit sich selbst multipliziert, 64 ergibt, dann sucht man die **Quadratwurzel.**

Geschrieben: $\sqrt[2]{64}$ oder $\sqrt{64} = 8$

8 zerlegt man z. B. in $6 + 2$; $8^2 = (6+2)^2 = (6+2)(6+2)$

$(6+2)^2 = 36 + 2 \cdot 6 \cdot 2 + 4$

In Buchstaben: $6 = a$
$2 = b$

mithin $(a+b)^2 = (a+b)(a+b)$
$= a^2 + 2ab + b^2$

¹) $6 \cdot 6 = 6^2 = 36$
²) $2 \cdot 6 = 12$
³) $6 \cdot 2 = 12$
⁴) $2 \cdot 2 = 2^2 = 4$
$(6+2)^2 = 64$

1. Beispiel:

$\sqrt{7|84} = 20 = a$
$a^2 = 20 \cdot 20 =$ 4 00
3 84 : 40 (oder $2 \cdot a$) $= 8 = b$
$2 \cdot a \cdot b = 2 \cdot 20 \cdot 8 =$ 3 20
64
$b^2 = 8 \cdot 8 =$ 64
0

Wurzel
$= 20 + 8 = 28$

Abgekürztes Verfahren:

$\sqrt{7|84} = 28$
4
3 84 : 40
3 84
0

Sprechweise:
Die Wurzel ist zweistellig. $\sqrt{7} = 2$; $2^2 = 4$, von 7 abgezogen, gibt 3 Rest. Die nächste Gruppe heruntergezogen, gibt 384. Man teilt durch $2 \cdot 20 = 40$, gibt 8; $8^2 + 8 \cdot 40 = 384$.

$\sqrt{7\ 84}$ $\sqrt{7|84}$

Vor dem Rechnen wird die Zahl in Gruppen (2stellige Zahlen), und zwar von **rechts** nach **links** eingeteilt. Die Antwort hat soviel Stellen, wie Gruppen gebildet sind. – Bei einem **Dezimalbruch** erfolgt die Gruppenteilung vom Komma aus, und zwar gleichmäßig nach rechts und links.

2. Beispiel:
Abgekürztes Verfahren mit Dezimalbruch

$\sqrt{3|06|,25} =$ 10
$10 \cdot 10 =$ 1 00
2 06 : 20 ($= 2 \cdot 10$) $=$ 7
$2 \cdot 10 \cdot 7 =$ 1 40
66
$7 \cdot 7 =$ 49
17 25 : 340 ($= 2 \cdot 170$) $=$ 0,5
$2 \cdot 170 \cdot 5 =$ 17 00 17,5
25
$5 \cdot 5 =$ 25
0

Probe: $17{,}5 \cdot 17{,}5 =$ **306,25**

ALGEBRA

Einleitung

Wie bereits in der Einleitung zur Arithmetik bemerkt wurde, rechnet man in der **Algebra** mit **Buchstaben,** anstatt mit Zahlen. Hierdurch erreicht man, daß die Gesetze des Rechnens klarer erkannt werden und lange Rechnungsregeln, in Worten ausgedrückt, sich vermeiden lassen.

Der Unterschied zwischen einer **bestimmten** Zahl und einer **durch einen Buchstaben vertretenen** Zahl ist der, daß bei der **bestimmten** Zahl die Anzahl der zugrundeliegenden Einheiten **bekannt** ist, bei der **durch den Buchstaben vertretenen** Zahl ist diese Anzahl **unbestimmt** gelassen. Ein und derselbe Buchstabe kann daher die verschiedensten Zahlenwerte haben, jedoch muß in **derselben** Rechnung einem und demselben Buchstaben auch immer **derselbe** Zahlenwert beigelegt werden.

Die Rechnungszeichen sind bei der Rechnung mit Buchstabengrößen dieselben wie bei der Rechnung mit bestimmten Zahlen (vergl. § 1 bis 4 der Arithmetik), nur kann man bei Buchstabengrößen das Multiplikationszeichen ($\cdot$) weglassen. Statt also z. B. zu schreiben: $a \cdot b$ (gelesen a mal b) kann man schreiben: ab. Bei Zahlen ist dies nicht erlaubt; denn würde man z. B. bei $5 \cdot 7$ das Multiplikationszeichen ($\cdot$) weglassen, so erhielte man 57, was jedermann für siebenundfünfzig lesen würde.

Ein durch Buchstaben ausgedrücktes Rechnungsresultat nennt man eine **Formel.** Eine **Formel** kann man benutzen, um nach ihr beliebig viele Zahlenbeispiele zu rechnen, indem man an Stelle der Buchstaben bestimmte Zahlen setzt.

So lautet z. B. die Formel für den Inhalt eines Quaders

$$V = l b h$$

wo V den gesuchten Inhalt, l die Länge, b die Breite und h die Höhe des Körpers bezeichnet. Will man nun nach dieser Formel z. B. das Volumen einer Mauer berechnen, welche 18 m lang, 12 m hoch und 0,8 m breit (dick) ist, so hat man in der Formel $V = l b h$ an Stelle von l die Zahl 18, an Stelle von b die Zahl 0,8 und an Stelle von h die Zahl 12 zu setzen und erhält:

$$V = 18 \cdot 0{,}8 \cdot 12\,m^3 = 172{,}8\,m^3.$$

Wollte man das Volumen eines Behälters finden, dessen Länge 20 m, dessen Höhe 2 m und dessen Breite 15 m ist, so hätte man in der Formel $V = l b h$ an Stelle von l die Zahl 20, an Stelle von b die Zahl 15 und an Stelle von h die Zahl 2 zu setzen und erhielte:

$$V = 20 \cdot 15 \cdot 2\,m^3 = 600\,m^3.$$

Ein weiteres Beispiel für das Gesagte liefert die auf Seite 92 der Arithmetik abgeleitete Formel zur Berechnung der Zinsen

$$Z = \frac{Knp}{100}$$

nach welcher daselbst eine ganze Reihe von Aufgaben gelöst wurde.

1. Kapitel

Die Addition und Subtraktion – Einfache Gleichungen

§ 1 Die Addition*)

1. **Erklärungen:** Buchstabengrößen heißen **gleichartig,** wenn sie **dieselben** Buchstaben enthalten.

Z. B. 6a und 7a sind gleichartige Buchstabengrößen, ebenso 5b und 8b, 3ab und 7ab, $5\frac{a}{c}$ und $8\frac{a}{c}$ usw.

2. Die Zahl, welche angibt, wievielmal die betreffende Buchstabengröße vorhanden ist, heißt ihr **Koeffizient.**

Z. B. Bei 6a ist 6 der Koeffizient und a die Buchstabengröße; es gibt also die Zahl 6 an, daß die Buchstabengröße a 6mal vorhanden ist, oder kurz, 6mal a, wofür man (Arithmetik § 3, 1) auch schreiben kann: $6 \cdot a$. Es ist also unter 6a oder 5b oder $8\frac{a}{c}$ stets $6 \cdot a$, $5 \cdot b$, $8 \cdot \frac{a}{c}$ zu verstehen.

3. Der Koeffizient 1 wird in der Regel weggelassen, man schreibt also a anstatt 1a, ab statt 1ab. Wo daher bei einer Buchstabengröße **kein** Koeffizient steht, ist stets der Koeffizient 1 hinzuzudenken.

4. Buchstabengrößen heißen **ungleichartig,** wenn sie aus **verschiedenen** Buchstaben bestehen.

Z. B. 6a und 3b sind ungleichartige Größen, ebenso 5ab und 3ac, denn die erste Größe besteht aus ab, die zweite aus ac, also aus **verschiedenen** Buchstaben.

> **Regel 1: Gleichartige** Buchstabengrößen werden addiert, indem man ihre **Koeffizienten** addiert und die Buchstabengröße **unverändert** beibehält.

Die Reihenfolge, in welcher man addiert, ist beliebig.

Z. B. 3a	
und 6a	
Summe 9a	

Man zählt die Koeffizienten 3 und 6 zusammen und setzt hinter die Summe $3+6 = 9$ die Buchstabengröße a.

> **Regel 2: Ungleichartige** Größen werden addiert, indem man **zwischen** sie das Zeichen + setzt.

Z. B. 6a	
und 3b	
Summe 6a+3b	

6a und 3b gibt weder 9a, weil nur 6a vorhanden sind, noch 9b, weil nur 3b vorhanden sind, noch auch 9ab, denn wir haben nur eine Anzahl a und eine Anzahl b, aber keine ab.

5. Statt die einzelnen Summanden untereinander zu setzen, kann man sie auch nebeneinander, verbunden durch das Zeichen +, schreiben.

Die obigen Beispiele sehen dann so aus:

$$3a+6a = 9a$$
$$6a+3b = 6a+3b.$$

Bei dieser Schreibweise stellt die Aufgabe 6a+3b schon das Resultat vor, so daß man Regel 2 eigentlich folgendermaßen fassen müßte:

---

*) Vergl. wegen Benennungen, Zeichen usw. § 1 der Arithmetik.

Ungleichartige Größen können nicht addiert werden, sondern die Addition wird nur angedeutet, indem man zwischen die einzelnen Summanden das Zeichen + setzt.

Sollte der Anfänger manchmal im Zweifel sein, ob er eine Buchstabengröße zu einer andern addieren darf, so empfiehlt es sich, statt jeder der zu addierenden Buchstabengrößen sich einen Gegenstand zu denken, und zwar, sind die Buchstabengrößen gleichartig, für jede denselben Gegenstand, sind sie ungleichartig, für jede einen anderen Gegenstand.

Z. B. 6a+3b; waren wir im Zweifel, ob wir die beiden Größen addieren dürfen und was das Resultat ist, so denken wir uns z. B. statt a den Gegenstand „Buch", statt b den Gegenstand „Feder" und haben jetzt statt 6a+3b = 6 Bücher + 3 Federn. Fragen wir uns nun: Was ist hiervon die Summe? so gibt es hierfür nur eine Antwort. Bücher und Federn können nicht addiert werden, denn es sind ungleichartige Dinge, also ist auch 6a+3b nicht zu addieren und gibt eben 6a+3b.

Wie wir also im gewöhnlichen Leben ungleichartige Dinge nicht addieren können, ebensowenig können wir die Gegenstände in der Buchstabenrechnung, das sind die „Buchstabengrößen" addieren, wenn sie ungleichartig sind.

Beispiele:

1.	2.	3.	4.	5.
5a	8b	10a	5a	a
3a	7b	a	6c	b
8a	15b	11a	5a+6c	a+b

6.	7.	8.	9.	10.
5a	8b	8a	6b	5ab
2a	7b	3b	7c	7ac
3a	4b	2a	3b	3ab
10a	19b	10a+3b	9b+7c	8ab+7ac

11. 8a+3b+7a+2b = 15a+5b

Andeutung zur Lösung:

Zu 1. 5a und 3a sind gleichartige Größen, werden also nach Regel 1 addiert, indem man 5+3 = 8 addiert und die Buchstabengröße a beibehält.

Zu 3. Der zweite Summand heißt 1a, also 10a+1a = 11a.

Zu 4. 5a und 6c sind ungleichartige Größen, können also nach Regel 2 nur addiert werden, indem man zwischen sie das Zeichen + setzt.

Zu 6. Hier sind 3 Summanden vorhanden; da dieselben gleichartige Buchstabengrößen sind, so addiert man nach Regel 1 die Koeffizienten 5+2+3 = 10 und behält die Buchstabengröße a bei.

Zu 8. Hier sind 2 Summanden, nämlich 8a und 2a gleichartige Größen, also 8a+2a = 10a; der Summand 3b ist ungleichartig zu 10a, also nach Regel 2: 10a + 3b.

In 11. sind die Summanden nebeneinander, anstatt untereinander gesetzt, die Rechnung bleibt dieselbe.

Aufgaben zu selbständiger Lösung:

1. $5ab+6ac+7ac = ?$
2. $\frac{3}{5}a+\frac{1}{7}b+\frac{1}{5}a+\frac{4}{7}b = ?$
3. $\frac{1}{2}a+\frac{1}{2}b+\frac{2}{3}a+\frac{3}{4}b+2c = ?$
4. $\frac{2}{3}ab+\frac{3}{4}ac+\frac{5}{6}ab+4a+3b+7a+\frac{1}{2}ab+a+b = ?$
5. $5m+8n+5n+\frac{1}{2}m+6\frac{1}{4}n = ?$
6. $ax+\frac{1}{2}bx+\frac{2}{3}bx+4\frac{1}{2}ax+4\frac{1}{3}a+\frac{2}{5}b+3\frac{1}{4}x = ?$
7. $0{,}5ax+7x+\frac{3}{4}a+\frac{5}{9}x+0{,}6ax+\frac{1}{4}a+0{,}1+\frac{4}{9}x = ?$
8. $6bb+24b+8+3bb+6b+12 = ?$
9. $8{,}005a+3{,}05b+0{,}07+4{,}5b+1{,}995a+1{,}3 = ?$
10. $9{,}8x+3\frac{1}{6}x+0{,}1279+\frac{3}{5}y+10 = ?$

§ 2 Die Subtraktion*)

> **Regel 3: Gleichartige** Buchstabengrößen werden subtrahiert, indem man ihre Koeffizienten subtrahiert und die Buchstabengröße unverändert beibehält.

Z. B. Minuend	8a	
Subtrahend	5a	Man subtrahiere 8−5 = 3 und behalte die Buchstabengröße a bei.
Differenz	3a	

> **Regel 4: Ungleichartige** Buchstabengrößen werden subtrahiert, indem man zwischen sie das Zeichen − (minus) setzt.

Z. B. Minuend	8a	a	ab
Subtrahend	5b	b	8
Differenz	8a−5b	a−b	ab−8

Statt den Subtrahenden **unter** den Minuenden zu setzen, kann man auch den Subtrahenden **neben** den Minuenden setzen, beide getrennt durch das Zeichen − (minus).

Die obigen Beispiele sehen dann so aus:

$$8a-5a=3a$$
$$8a-5b=8a-5b$$

Bei dieser Schreibweise stellt die Aufgabe 8a−5b schon das Resultat vor, so daß man Regel 4 eigentlich so aussprechen müßte:

Ungleichartige Größen können nicht subtrahiert werden, sondern die Subtraktion wird nur angedeutet, indem man zwischen den Minuenden und Subtrahenden das Zeichen − (minus) setzt.

Beispiele:

Minuend:	1. 25a	2. 5a	3. 103b	4. 128m
Subtrahend:	6a	a	82b	100m
Differenz:	19a	4a	21b	28 m

5. 19a−6a = 13a
6. 28b−8b = 20b

Minuend:	7. 7a	8. n	9. 15a	10. 2a	11. x
Subtrahend:	3b	1	7	3b	4
Differenz:	7a−3b	n−1	15a−7	2a−3b	x−4

12. 15a−9b bleibt unverändert.
13. 25x−7y bleibt unverändert.
14. 10x+5x−7x = ?
15. 20m+m−3m−4m = ?
16. 6n+5m−3m−2n = ?
17. 18y+6z−11y+3y−4z = ?
18. 4a−a+9b+3a−4b = ?
19. 6x+2y−2x+3y−y = ?

Andeutung zur Lösung:

Zu 14. 10x+5x = 15x, 15x−7x = 8x
Zu 15. 20m+m = 21m, 21m−3m = 18m, 18m−4m = 14m
Zu 16. 6n−2n = 4n, 5m−3m = 2m, also Resultat 4n+2m
Zu 17. 18y−11y = 7y, 7y+3y = 10y, 6z−4z = 2z, demnach Resultat 10y+2z
Zu 18. 4a−a = 3a, 3a+3a = 6a, 9b−4b = 5b, also Resultat 6a+5b
Zu 19. 6x−2x = 4x, 2y+3y = 5y, 5y−y = 4y, demnach Resultat 4x+4y

*) Vergleiche wegen Benennungen, Zeichen usw. § 2 der Arithmetik.

Aufgaben zu selbständiger Lösung:

1. $25a+3b-5\frac{1}{5}a-2b = ?$
2. $\frac{1}{2}ab+\frac{2}{3}ac-\frac{1}{4}ab = ?$
3. $4\frac{1}{3}x-2x-x+5y-3\frac{1}{3}y-\frac{1}{2}x = ?$
4. $ax+10-ax-5+5ax-1 = ?$
5. $4ax+3bx-2ax-3bx-ax-7 = ?$
6. $14cx+bx+ax+12ax-11cx-bx-3ax = ?$
7. $10{,}25\frac{x}{y}-3{,}5\frac{x}{z}-9{,}75\frac{x}{y}+\frac{x}{y} = ?$
8. $0{,}4abc+2{,}8abx-0{,}3abc+0{,}2abx = ?$
9. $x-\frac{1}{2}x-\frac{1}{4}x-\frac{1}{8}x-\frac{1}{16}x-\frac{1}{32}x = ?$

§ 3 Die positive und negative Zahl

Bei der Subtraktion können drei Fälle eintreten:

Erster Fall: Der Minuend ist größer als der Subtrahend. In diesem Falle ist die Subtraktion ausführbar.

Z. B. 8−5 = 3 heißt, es sollen von 8 Einheiten 5 Einheiten weggenommen werden, es bleiben 3 Einheiten übrig.

Zweiter Fall: Der Minuend ist ebenso groß wie der Subtrahend. In diesem Falle ist die Subtraktion ebenfalls ausführbar.

Z. B. 9−9 = 0 heißt, es sollen von 9 Einheiten 9 Einheiten weggenommen werden; es bleibt nichts übrig, und das Zeichen für nichts ist Null.

Dritter Fall: Der Minuend ist kleiner als der Subtrahend. In diesem Falle ist die Subtraktion **nicht** ausführbar.

Z. B. 7−9 heißt: es sollen von 7 Einheiten 9 Einheiten weggenommen werden; von 7 Einheiten lassen sich aber nur 7 Einheiten wegnehmen, es bleiben also 2 Einheiten des Subtrahenden übrig, welche erst bei nächster Gelegenheit subtrahiert oder weggenommen werden können. Man bezeichnet dies durch ein vorgesetztes Subtraktionszeichen (−) und schreibt daher: 7−9 = −2 (gelesen: minus 2).

Eine Zahl nun, welche noch mit dem **Subtraktionszeichen** behaftet ist, heißt eine **negative Zahl** und das vorgesetzte − Zeichen ihr **Vorzeichen.**

Die Zahlen, mit welchen bisher gerechnet worden ist, nennt man im Gegensatz zu den **negativen** Zahlen **positive Zahlen.** Sie sind mit dem + (plus) Zeichen als **Vorzeichen** zu versehen.

Wenn eine positive Zahl **allein** oder zu **Anfang** eines Ausdruckes steht, so darf man ihr Vorzeichen + weglassen, also statt + 5a schreiben: 5a. **Umgekehrt muß man sich bei jeder Zahl, bei welcher kein Vorzeichen steht, das Zeichen + hinzudenken.**

Z. B. 7ab ist eigentlich + 7ab.

Die positiven und negativen Zahlen bezeichnet man auch mit dem gemeinschaftlichen Namen **relative** Zahlen oder **relative** Größen. Im Gegensatz hierzu nennt man die Zahlen ohne Vorzeichen **absolute Zahlen** oder **absolute Größen.**

Um den Unterschied zwischen positiven und negativen Zahlen noch klarer zu legen, denken wir uns folgende zwei Beispiele.

1. Beispiel: A geht, mit 12 DM versehen, in ein Geschäft und kauft für 7 DM Ware ein. Da er 12 DM besitzt, so behält er nach Bezahlung der 7 DM noch 5 DM übrig.

2. Beispiel: Ein anderes Mal geht A in ein Geschäft und kauft für 12 DM Ware ein. Als er bezahlen will, bemerkt er, daß er nur 7 DM in der Tasche hat, er kann also auch nur 7 DM bezahlen und muß 5 DM schuldig bleiben. Daß die beiden Resultate (5) in Beispiel 1 und 2 **verschiedene** Größen sind, wird durch folgendes klar werden: Wir nehmen an, daß A in beiden Fällen zu Hause noch 20 DM besitzt, dann wird er in Beispiel 1 besitzen: 20 DM zu Hause, 5 DM in der Tasche, also im Ganzen 20 DM + 5 DM = 25 DM. Im zweiten Falle hat er zu Hause 20 DM; im Geschäft 5 DM Schulden, es bleiben ihm also nach Bezahlung der 5 DM Schulden 20 DM − 5 DM = 15 DM.

Aus diesen Beispielen geht klar hervor, weshalb man die positive Zahl (die übriggebliebenen 5 DM in Beispiel 1) mit dem +-Zeichen versieht (weil sie zu den 20 DM **zugezählt** wurde), die negative dagegen (die schuldig gebliebenen 5 DM in Beispiel 2) mit dem −-Zeichen (weil sie von den 20 DM **abgezogen** wurde).

§ 4 Addition positiver und negativer Zahlen

Die Regeln für die Addition positiver und negativer Zahlen werden aus den folgenden Beispielen hervorgehen.

1. Wenn jemand bereits 7 DM besitzt und er bekommt noch 5 DM hinzu, so hat er im Ganzen 12 DM. Als Aufgabe geschrieben:

$$\begin{array}{r} +\ 7\,\text{DM} \\ +\ 5\,\text{DM} \\ \hline \text{Summe } +12\,\text{DM} \end{array}$$

2. Wenn jemand bereits 7 DM Schulden hat, und er macht noch 5 DM Schulden dazu, so hat er im Ganzen 12 DM Schulden. Da die Schulden als negative Größen angesehen werden können, so lautet die Aufgabe:

$$\begin{array}{r} -\ 7\,\text{DM} \\ -\ 5\,\text{DM} \\ \hline \text{Summe } -12\,\text{DM} \end{array}$$

Hieraus folgt die

> **Regel 5:** Zahlen mit **gleichen** Vorzeichen werden addiert, indem man, ohne Rücksicht auf die Vorzeichen, die Zahlen **addiert** und das gemeinschaftliche Vorzeichen beibehält.

Z. B.

$$\begin{array}{r} +15a \\ +\ 5a \\ \hline +20a \end{array} \qquad \begin{array}{r} -18b \\ -\ 8b \\ \hline -26b \end{array} \qquad \begin{array}{r} +3a-\ 2b \\ +6a-\ 8b \\ \hline +9a-10b \end{array} \qquad \begin{array}{r} +25ab-\ 3ac+\ 7d \\ +\ 5ab-12ac+\ 8d \\ \hline +30ab-15ac+15d \end{array}$$

3. Jemand hat 5 DM Schulden und bekommt, etwa durch Postanweisung 7 DM; er behält nach Bezahlung der Schulden noch 2 DM übrig. Die Aufgabe heißt also:

$$\begin{array}{r} -5\,\text{DM} \\ +7\,\text{DM} \\ \hline \text{Summe } +2\,\text{DM} \end{array}$$

4. Jemand hat 12 DM Schulden und bekommt durch Postanweisung 7 DM; da er nur 7 DM von seinen Schulden bezahlen kann, so behält er noch 5 DM Schulden übrig; die Aufgabe heißt also:

$$\begin{array}{r} -12\,\text{DM} \\ +\ 7\,\text{DM} \\ \hline \text{Summe } -\ 5\,\text{DM} \end{array}$$

In den Beispielen 3 und 4 wurde stets die kleinere Zahl von der größeren **abgezogen,** und das Resultat erhielt stets das Vorzeichen der **größeren** Zahl. Hieraus folgt daher die

> **Regel 6:** Zwei Zahlen mit **ungleichen** Vorzeichen werden addiert, indem man, ohne Rücksicht auf die Vorzeichen, die **kleinere** Zahl von der **größeren abzieht** und dem Resultat das Vorzeichen der **größeren** Zahl gibt.

Z. B.

$$\begin{array}{r} +19 \\ -\ 7 \\ \hline +12 \end{array} \qquad \begin{array}{r} +19a \\ -\ 7a \\ \hline +12a \end{array} \qquad \begin{array}{r} -18b \\ +\ 5b \\ \hline -13b \end{array} \qquad \begin{array}{r} -10x \\ +\ 8x \\ \hline -\ 2x \end{array} \qquad \begin{array}{r} +9d \\ -\ d \\ \hline +8d \end{array} \qquad \begin{array}{r} +7a-7b \\ -6a+3b \\ \hline +\ a-4b \end{array}$$

Sind die Größen **ungleichartig,** so hat man Regel 2 zu beachten. Um jedoch die Vorzeichen (+) von dem Additionszeichen (+) zu unterscheiden, schließt man jeden Summanden, samt seinem Vorzeichen, in eine Klammer.

Z. B.

$$\begin{array}{lrr} & +8a & -7a \\ & -3b & -5b \\ \hline \text{Summe} & (+8a)+(-3b) & (-7a)+(-5b) \end{array}$$

Da jedoch ein Mißverständnis nicht entstehen kann, wenn man das **Additionszeichen** + und die Klammern wegläßt, so kann man anstatt $(+8a)+(-3b)$ schreiben: $+8a-3b$ und anstatt: $(-7a)+(-5b)$ schreiben: $-7a-5b$.

Die 2. Regel läßt sich daher für relative Größen folgendermaßen aussprechen:

Ungleichartige Größen werden addiert, indem man sie einfach mit ihren Vorzeichen nebeneinander stellt.

Z. B.

$$\begin{array}{rrrrr} +7a & +a & -a & +x & -3y \\ -20b & -b & -b & -2 & +4x \\ \hline +7a-20b & +a-b & -a-b & +x-2 & +4x-3y \end{array}$$

Natürlich kann auch bei gleichartigen Größen die abgekürzte Schreibweise angewendet werden. Es ist also:

$(+5)+(-7)$ kürzer $5-7=-2$
$(-9)+(-7)=-9-7=-16$
$(-8)+(-4)+(+7)=-8-4+7=-5$
$(+8a)+(-3a)+(+2a)+(-20b)=8a-3a+2a-20b=+7a-20b$

Umgekehrt darf natürlich auch statt $a-b$ geschrieben werden
$(+a)+(-b)$ oder auch $a+(-b)$

Aufgaben zu selbständiger Lösung:

Addition relativer Größen

1.	+30	−18	+17	−25	−37	+48	−105
	+ 5	−12	− 4	−16	+60	−70	+ 18
2.	+12a	−40b	+18a	+25x	− a	−6y	− 4z
	+30a	− 7b	− 7a	+ x	+6a	+3y	+18z
3.	+a	−a	−a	+4a	+7a	−8a	−9n
	+b	−b	+b	−3b	+9b	−7b	+7m
4.	n	n	n−1	+3	x+1	x+1	
	+1	−1	−1	n−2	2	−2	
5.	x	−x	a+2b	a−3b	−2a		
	y−x	x+y	−3b	+7b	a−2b		
6.	n −4	n+2	m−1	m−2	m−2n		
	m+5	a−3	n +1	n −1	n −2m		
7.	+7a	−20b	+7p	+a	+x		
	−4a	+ 5b	−9q	−b	+y		
	+6a	+10b	−3p	+c	−z		
	−5a	−12b	+4q	+b	−3a		

8. $1\frac{3}{4}x-3\frac{1}{5}y+2\frac{1}{4}z-7\frac{1}{3}u+4\frac{1}{2}v-5\frac{1}{3}p$
$-2\frac{1}{4}x+2\frac{1}{3}y-1\frac{5}{8}z-2\frac{2}{3}u-1\frac{1}{2}v+4\frac{1}{4}p$

9. $\begin{array}{r} 0{,}9a+1{,}7b-13{,}8c+25{,}47d-0{,}6f \\ \underline{-0{,}5a+0{,}3b+1{,}27c-47{,}35d-0{,}6f} \end{array}$

Zur Beachtung: Von Aufgabe 4 ab kommen in den Beispielen gleichartige und ungleichartige Größen vor; stehen die gleichartigen nicht untereinander, so schreibe man sich dieselben erst untereinander, z. B.

$\begin{array}{r} +3 \\ \underline{n-2} \end{array}$ schreibe man erst $\begin{array}{l} +3 \\ \underline{n-2} \end{array}$ usw.

§ 5 Subtraktion positiver und negativer Zahlen*)

Es sollen subtrahiert werden:

	I	II	III	IV
Minuend:	+12	−12	−12	+12
Subtrahend:	+ 5	− 5	−(+ 5)	− 5

Lösung zu I: Von der Zahl +12 die Zahl +5 subtrahieren, heißt, eine neue Zahl finden, welche zu +5 **addiert,** +12 gibt, d. i. **+7.**

$$\begin{array}{lr} \text{Probe:} & +\ 5 \\ & \underline{+\ 7} \\ \text{Summe} & +12 \end{array}$$

Lösung zu II: Von der Zahl −12 die Zahl −5 subtrahieren, heißt, eine neue Zahl finden, welche zu −5 **addiert,** −12 gibt, d. i. **−7.**

$$\begin{array}{lr} \text{Probe:} & -\ 5 \\ & \underline{-\ 7} \\ \text{Summe} & -12 \end{array}$$

Lösung zu III: Von der Zahl −12 die Zahl +5 subtrahieren, heißt, eine neue Zahl finden, welche zu +5 **addiert,** −12 gibt, d. i. **−17.**

$$\begin{array}{lr} \text{Probe:} & +\ 5 \\ & \underline{-17} \\ \text{Summe} & -12 \end{array}$$

Lösung zu IV: Von der Zahl +12 die Zahl −5 subtrahieren, heißt, eine neue Zahl finden, welche zu −5 **addiert,** +12 gibt, d. i. **+17.**

$$\begin{array}{lr} \text{Probe:} & -\ 5 \\ & \underline{+17} \\ \text{Summe} & +12 \end{array}$$

Wir würden dieselben Resultate erhalten haben, wenn wir die Aufgaben

I	II	III	IV
+12	−12	−12	+12
− 5	+ 5	− 5	+ 5

addiert hätten. Diese Aufgaben unterscheiden sich aber von den obigen nur dadurch, daß die Zahlen der zweiten Zeile die entgegengesetzten Vorzeichen haben, d. h. statt plus steht minus und statt minus steht plus.

---

*) Vergl. § 2 der Arithmetik.

Hieraus folgt für die Subtraktion die

> **Regel 7: Subtrahiert** wird, indem man den Subtrahenden mit **entgegengesetztem** Zeichen zum Minuenden **addiert.**

Beispiele:	Minuend:	1. +18	2. −20	3. +25	4. −18a
	Subtrahend:	+ 7	+ 9	−15	+ 7a
Lösung:	Man **addiere:**	1. +18	2. −20	3. +25	4. −18a
		− 7	− 9	+15	− 7a
		+11	−29	+40	−25a

Anstatt die Aufgaben noch einmal als Additionsaufgaben zu schreiben, kann man auch die Zeichen des Subtrahenden gleich in der Aufgabe ändern, etwa so, daß man das entgegengesetzte Zeichen **unter** das gegebene schreibt:

Z. B.	Minuend:	−12a
	Subtrahend:	$\pm$ 7a
	Differenz:	−19a

Hier steht in der Aufgabe +7a, beim **Addieren** aber gilt das untere Zeichen, also −7a.

Enthält der Subtrahend mehrere Größen, so müssen natürlich die Vorzeichen aller entgegengesetzt genommen werden.

Z. B.	Minuend:	+ 7a − 9b + 3c
	Subtrahend:	$\mp$ 8a $\pm$ 4b $\pm$ 7c
	Differenz:	+15a − 13b − 4c

Sind ungleichartige Größen vorhanden, so schreibe man als Differenz den Subtrahenden mit entgegengesetzten Zeichen **neben** den Minuenden:

Z. B.	Minuend:	+5a	+a	+n	+2
	Subtrahend:	$\mp$3b	$\pm$b	$\pm$1	$\mp$n
	Differenz:	+5a+3b	+a−b	n−1	+2+n

Aufgaben zu selbständiger Lösung:

Subtraktion positiver und negativer Zahlen

1.	+15	−18	+15	+24	−25	−17	−8
	+ 9	− 7	− 9	− 3	− 6	+ 3	−8
2.	+8a	+12b	−11x	−8m	−8x	+ c	+9d
	+5a	− 3b	− 8x	+ m	+2x	+8c	+ d
3.	+a	−a	+a	−a	−7a	+2	+3x
	+b	−b	−b	+b	+4	+x	+2y
4.*)	3x	4n	−8y	−3y	+8	1	−7
	2y	−5m	4x	−4x	−4a	y	−3x

*) Wo kein Vorzeichen steht, ist + hinzuzudenken. Vergl. in § 3 das am Schlusse Gesagte.

5.	$n-1$	$n+1$	6	$x+4$	$x-6$	$x-4$	$2x-3$
	1	-1	$x+2$	7	5	-4	$+7$
6.	$x+1$	$n-1$	-5	-6	8	$3x$	
	$+2$	-2	$5-m$	$m-7$	$8-n$	$-2x-4$	
7.	$m-n$	$m-n$	$n+m$	$-y$	$-x$	$a-b$	
	$+n$	m	n	$x+y$	$x-y$	$2b$	
8.	$3a$	$x+y$	$a+4$	$n+1$	$8+x$	$m+1$	
	$2a-4b$	$x-y$	$-a-7$	$m+6$	$13-x$	$n-1$	
9.	$8a+4b$	$5a-x$	$x+y+2$		$10a-7b+6c-3d$		
	$4a+8b$	$8a+x$	$x-y+7$		$5a-3b-2c+5d$		

§ 6 Das Auflösen von Klammern

Die in den bisherigen Aufgaben fast ausschließlich angewandte Schreibweise, nämlich die einzelnen Größen **untereinander** zu schreiben, hat den Nachteil, daß man der Aufgabe nicht ansieht, ob es eine Additions- oder eine Subtraktionsaufgabe ist. Um das unterscheiden zu können, schreibe man die Größen, welche bisher die erste und die zweite Zeile bildeten, **nebeneinander** und schließe die Größen jeder Zeile in eine **Klammer** ( ). **Zwischen** die beiden Klammern setze man bei der Addition das Zeichen +, bei der Subtraktion das Zeichen −.

Die Klammer soll also nur anzeigen, was bisher in einer Zeile stand.

Die Additionsaufgabe:

$$\begin{array}{r} 2m+\ n-3 \\ \underline{-4m-6n+5} \end{array}$$

sieht dann so aus: $(2m+n-3)+(-4m-6n+5)$.

Die Subtraktionsaufgabe:

$$\begin{array}{lr} \text{Minuend:} & 8a-3b+7c \\ \underline{\text{Subtrahend:}} & \underline{-4a+6b-3c} \end{array}$$

sieht dann so aus: $\underset{\text{Minuend}}{(8a-3b+7c)} - \underset{\text{Subtrahend}}{(-4a+6b-3c)}$.

Nun verwandelt man aber die Subtraktionsaufgabe in eine Additionsaufgabe, indem man die Vorzeichen im Subtrahenden in die entgegengesetzten verwandelt. Die vorstehende Subtraktionsaufgabe geht also in die Additionsaufgabe:

$(8a-3b+7c)+(+4a-6b+3c)$ über.

Bei der Addition treten keine Zeichenänderungen ein. Die Klammern sind daher überflüssig, können also weggelassen werden. Man darf also die letzte Aufgabe auch schreiben:

$$8a-3b+7c+4a-6b+3c = 12a-9b+10c.$$

Man nennt dieses Verfahren **„Auflösen von Klammern"**. Die Regeln für das Auflösen von Klammern sind also:

> **Regel 8:** Klammern, vor welchen ein + -Zeichen steht, werden aufgelöst, indem man die Klammern samt dem davorstehenden + -Zeichen wegläßt.

> **Regel 9:** Klammern, vor welchen ein – -Zeichen steht, werden aufgelöst, indem man die Zeichen **in** der Klammer in die **entgegengesetzten** verwandelt und dann die Klammer, samt dem davorstehenden – -Zeichen wegläßt.

Beispiele:

1. $7a + (+3b - 2a) = 7a + 3b - 2a = 5a + 3b$
2. $(15a - 3c) + (+8a + 4c) = 15a - 3c + 8a + 4c = 23a + c$
3. $m - (-7n + 6m) = m + 7n - 6m = 7n - 5m$
4. $(a + b - c) + (a - b + c) = a + b - c + a - b + c = 2a$

Man denke stets daran, daß das +-Zeichen am Anfang eines Ausdruckes, also auch am Anfang einer Klammer, weggelassen werden kann.

5. $(7a - 3b) - (5a + 3b) - (a - 5b) = 7a - 3b - 5a - 3b - a + 5b = a - b$
6. $9xxx - (18 + 4xx) + (18 - x) - (8xxx - 2xx - 3x) = 9xxx - 18 - 4xx + 18 - x - 8xxx$
   $+ 2xx + 3x = xxx - 2xx + 2x$

Stehen in einer Klammer wieder Klammern, so hat man letztere je als eine Größe zu betrachten. Man löse zunächst die äußeren Klammern auf und dann die inneren Klammern. Um die verschiedenen Klammern unterscheiden zu können, schreibt man die äußeren Klammern anders als die inneren: [] = eckige Klammern, () = runde Klammern, manchmal schreibt man auch {} = geschwungene Klammern.

7. $15a - [3b + (12a - 4b) - 2a] = 15a - 3b - (12a - 4b) + 2a = 15a - 3b - 12a$
   $+ 4b + 2a = 5a + b$

Andeutung zur Lösung: In der eckigen Klammer stehen **drei** Größen: +3b ist die erste, + (12a – 4b) die zweite und – 2a die dritte Größe; es wird daher, wenn die **eckige** Klammer aufgelöst wird, dastehen: – 3b; – (12a – 4b) und + 2a. Hierauf wird noch die runde Klammer aufgelöst, dies gibt – 12a und + 4b, so daß nach Auflösung der Klammern obige fünfgliedrige algebraische Summe dasteht.

8. $[2x + (y - z - u) - y] - [(x + y - 2z) - (y - 3z)]$
   $= 2x + (y - z - u) - y - (x + y - 2z) + (y - 3z)$
   $= 2x + y - z - u - y - x - y + 2z + y - 3z$
   $= x - 2z - u$

Aufgaben zu selbständiger Lösung:

Das Auflösen von Klammern

1. $(8a - 4b) - (3a + 2b) - (4b - 7a) = ?$
2. $(5a - 4b + 3c) - (-3a + 2b - 8c) - (2a - 8b - 4c) = ?$
3. $6aa - (3ab - 2ac) + (5aa - 3a) - (9ab - 2ab + 6a) = ?$
4. $(28a - 25b + 3c) - (5a - 9b + 7c) + (3a - 2b - c) = ?$
5. $(8\tfrac{1}{3}a - 7\tfrac{3}{4}b + 6\tfrac{1}{2}c) - (3\tfrac{1}{3}a + 10\tfrac{1}{4}b - 13\tfrac{1}{2}c) = ?$
6. $9{,}3x - (4{,}7x - 4{,}37y) - (1{,}7x - 3{,}7y) - (3{,}2x + 4{,}7y) = ?$
7. $2{,}5\frac{a}{b} - (3{,}6\frac{b}{a} + 2\tfrac{1}{2}\frac{a}{b}) - (4a - 3\tfrac{3}{5}\frac{b}{a}) = ?$

8. $5\frac{1}{4}u - (6\frac{1}{2}v + 2\frac{1}{2}u) - (2a - 7b - 4u) = ?$
9. $a + [(p - q) + (q - d)] = ?$
10. $u + [(x + y) - (x - y)] = ?$
11. $a - [(u - v) - (x - a)] = ?$
12. $(5a - 3b) - [(2a - c) - (3b - 4c)] = ?$
13. $(8a - 4b) - \{[(4b - 7c) + 6a] - 2b\} = ?$
14. $(4a + 7b) - \{[(6a - 4b) - (2a - 11b) - 5c] + 3a\} = ?$

§ 7 Das Setzen von Klammern

Sollen zwei oder mehrere Größen in eine Klammer eingeschlossen werden, so muß man, falls **vor** die Klammer ein +-Zeichen kommt, die Größen in die Klammer mit **ungeänderten** Vorzeichen hineinschreiben; kommt **vor** die Klammer dagegen ein —-Zeichen, so sind die Vorzeichen der einzelnen Größen in die **entgegengesetzten** zu verwandeln.

Beispiele:

1. $a - b + c - d = (a - b) + (c - d)$
2. $a - 2b - 3c - d = a - (2b + 3c + d)$
3. $x + y - z - u = (x + y) - (z + u)$
4. $ax - by - cz = ax - (by + cz)$
5. $a - b = -(b - a)$
6. $5b - 3a = -(3a - 5b)$

Aufgaben zu selbständiger Lösung:

Das Setzen von Klammern

Schließe in den folgenden Aufgaben alle Größen außer der ersten, für die Aufgaben 1 bis 6 in einen Summanden, für die Aufgaben 7 bis 12 in einen Subtrahenden ein:

1. $a + b + c = ?$
2. $a + b - c = ?$
3. $x - y + z = ?$
4. $a - b + c = ?$
5. $a + 7b - 5c + 3d = ?$
6. $ab - ax + bx - cx = ?$
7. $a - b + c = ?$
8. $a - 5b - 3c = ?$
9. $u - a - b = ?$
10. $\frac{a}{b} - \frac{a}{c} - \frac{a}{d} = ?$
11. $m + a + b - 3c = ?$
12. $a + 2b + 3c - 9 = ?$

§ 8 Gleichungen

Erklärungen:

1. Sind zwei Größen einander gleich, so setzt man bekanntlich zwischen sie das Zeichen = und nennt das Ganze eine **Gleichung**.

   Z. B. $7 + 5 = 12$
   ist eine Gleichung.

2. Was links vom Gleichheitszeichen steht, heißt die **linke Seite** der Gleichung, was rechts davon steht, die **rechte Seite**.

3. Die einzelnen Größen selbst heißen **Glieder** der Gleichung.

In der Gleichung $7 + 5 = 12$ ist $7 + 5$ die linke Seite der Gleichung, 12 die rechte, die Größen 7, 5, 12 sind die Glieder der Gleichung.

Wenn $7 + 5 = 12$ ist, so ist auch $7 = 12 - 5$, das Glied 5 ist also von der linken auf die rechte Seite der Gleichung gewandert und zwar mit **entgegengesetztem** Vorzeichen, hieraus ergibt sich also:

Regel 10: Ein Glied einer Gleichung kann von der einen Seite auf die andere, mit **entgegengesetztem** Vorzeichen, gebracht werden.

Im folgenden wollen wir uns nun mit Gleichungen beschäftigen, bei welchen eine Größe erst so bestimmt werden soll, daß die Gleichheit erfüllt wird. Man nennt die zu bestimmende Größe die **Unbekannte** und bezeichnet sie gewöhnlich durch den Buchstaben x.

Das Ausrechnen der Unbekannten x nennt man das **Auflösen der Gleichung**.

Das Auflösen einer Gleichung geschieht nach bestimmten Regeln, von welchen wir uns zuerst merken:

Regel 11: Man ordne die Gleichung, d. h. man bringe die unbekannten Glieder auf die linke Seite der Gleichung, die bekannten Glieder auf die rechte.

Beispiele:

1. $x + 7 = 10$

Die bekannten Glieder sind 10 und 7, von denen 10 bereits auf der rechten Seite steht, also unverändert gelassen wird, während 7 von links nach rechts mit entgegengesetztem Zeichen gebracht wird. Das unbekannte Glied x steht links und soll links (unverändert) stehen bleiben, also

$$x = 10 - 7$$
$$x = 3.$$

Setzt man in der Aufgabe statt x die Zahl 3, so muß bei richtiger Lösung etwas Richtiges herauskommen, nämlich:

$$3 + 7 = 10,$$

was richtig ist.

Hätten wir uns verrechnet, indem wir z. B. geschrieben hätten:

$$x = 10 - 7$$
$$x = 4,$$

so erhielten wir jetzt beim Einsetzen dieses Wertes in die Gleichung:

$4 + 7 = 10$, was natürlich falsch ist,
denn $4 + 7 = 11$ und nicht 10.

2. $x - 12 = 5$

Die bekannten Glieder sind hier -12 und 5, von denen 5 bereits auf der rechten Seite steht, also unverändert bleibt, während -12 von der linken Seite auf die rechte Seite mit entgegengesetztem Zeichen gebracht wird. Die Unbekannte x steht links und bleibt unverändert stehen, also

$$x = 5 + 12$$
$$x = 17.$$

Probe: Setzt man in der Aufgabe statt x den gefundenen Wert, so muß etwas Richtiges herauskommen:

$$17 - 12 = 5,$$

was richtig ist.

3. $$5x + 9 = 4x + 20$$

Lösung: Unbekannt sind die Glieder 5x und 4x, bekannt sind die Glieder 20 und 9. Daher heißt die geordnete Gleichung:

$$5x - 4x = 20 - 9$$

oder zusammengezogen:

$$x = 11.$$

4. $$7x - 5 + 3x = 8 + 9x$$

Geordnet: $7x + 3x - 9x = 8 + 5$
oder: $x = 13.$

5. $$3 + 2x - 7 = x + 5$$
Geordnet: $2x - x = 5 + 7 - 3$
oder: $x = 9.$

Anstatt der bestimmten Zahlen kann man auch allgemeine Zahlen, d. h. Buchstaben setzen. Man nimmt als bekannte Buchstabengrößen gewöhnlich die ersten Buchstaben des Alphabets (a, b, c) an, als Unbekannte die letzten Buchstaben (x, y, z).

6. $$x + a = b$$

Die bekannten Glieder sind a und b, von denen b bereits auf der rechten Seite steht, also unverändert gelassen wird, während a von links nach rechts mit entgegengesetztem Zeichen gebracht wird. Also $x = b - a$.

7. $$x + a - b = c$$
Geordnet: $x = c + b - a.$

8. $$a - x = b - c$$
Geordnet: $-x = b - c - a,$

oder wenn man das unbekannte Glied auf die rechte und die bekannten Glieder auf die linke Seite schreibt:

$$a + c - b = x.$$

Ob nun aber die linke oder die rechte Seite zuerst gelesen wird, ist gleichgültig, es können also beide Seiten der Gleichung vertauscht werden, also ist auch:

$$x = a + c - b.$$

Vergleicht man dieses Resultat mit $-x = b - c - a$, so erkennt man, daß es in einer Gleichung erlaubt ist, **alle Vorzeichen in die entgegengesetzten zu verwandeln.**

9. $$a - x + b + c + d = 0$$

Geordnet: $-x = -a - b - c - d,$

alle Vorzeichen umgekehrt:

$$x = a + b + c + d.$$

$$10. \quad 5x + 3a = 7x - 2b - x$$

Geordnet:

$$5x - 7x + x = -3a - 2b$$

$$-x = -3a - 2b.$$

Vorzeichen umgekehrt:

$$x = 3a + 2b.$$

Aufgaben zur selbständigen Lösung:

Gleichungen

1. $x + 8 = 15$
2. $7 + x = 13$
3. $x - 9 = 2$
4. $x - 6 = 5$
5. $8 - x = 3$
6. $12 - x = 4$
7. $3x + 7 = 2x + 8$
8. $5x - 7 = 6x - 3$
9. $18 + 5x + 6 = 6x - 12$
10. $5x - 3 + x = 4x + 9 + x - 3$
11. $100 - 20x + 93 + 18x - 182 + 3x = 0$
12. $10x + x - 30 = 10x$
13. $99x - 125 + x - 5 = 29 + 88x - 13 + 11x$
14. $\frac{1}{2}x + \frac{1}{4}x + \frac{1}{6}x + 8 = 10 - \frac{1}{12}x$
15. $x + 5 = 7a - 3b + 5$
16. $5a - ax + bx - x = 3ax - 4ax + bx$
17. $m - 9 + b = x - a + m - 19$
18. $x - 34 + 7ax - 5bx = 46 + 3ax - 12bx + 8a + 7bx + 4ax$

2. Kapitel

Die Multiplikation und Division
Fortsetzung von Gleichungen

§ 9 Die Multiplikation

1. Multiplikation positiver Zahlen

Wie in der Arithmetik, § 3, bereits gesagt worden ist, heißen die einzelnen Größen, welche miteinander multipliziert werden sollen, **Faktoren** und das Resultat **Produkt**. Das **Zeichen** der Multiplikation ist ein **Punkt** (·), gelesen **mal**, welcher **zwischen** die einzelnen Faktoren gesetzt wird. Zwischen zwei **Buchstabenfaktoren** darf das Multiplikationszeichen auch **weggelassen** werden. Man erhält daher für die Multiplikation absoluter Größen die Regel:

> **Regel 12:** Buchstabengrößen werden miteinander multipliziert, indem man die **Koeffizienten ausmultipliziert** und die Buchstabengrößen, ohne eine wegzulassen, dahinter setzt.

Da die **Reihenfolge** der Faktoren willkürlich ist*), so setzt man gern die gleichen Faktoren nebeneinander und ordnet im übrigen nach dem Alphabet.

Z. B. $5a \cdot 8 = 5 \cdot 8 \cdot a = 40a$; $6a \cdot 7b = 42ab$;
$4ab \cdot 3ac = 4 \cdot 3aabc = 12aabc$.

Besteht ein Ausdruck aus zwei **Summanden** (ganz gleichgültig, ob aus positiven oder negativen), so nennt man ihn einen **zweigliedrigen Ausdruck.**

Z. B. $a + b$, $a - b$, $2a + 3b$, $x - 2y$, sind zweigliedrige Ausdrücke.

Besteht ein Ausdruck aus drei **Summanden**, so nennt man ihn einen **dreigliedrigen Ausdruck.**

Z. B. $a + b + c$, $a - b - c$, $3x + 5y - 7$, sind dreigliedrige Ausdrücke.

Allgemein: Besteht ein Ausdruck aus **mehreren** Summanden (ohne eine bestimmte Anzahl zu nennen), so nennt man den Ausdruck einen **mehrgliedrigen Ausdruck.**

Z. B. $5a + 7b - 3c + 4d - 8e$ ist ein mehrgliedriger Ausdruck.

Die einzelnen Summanden selbst nennt man auch **Glieder.**

Ist ein Faktor ein mehrgliedriger Ausdruck, so muß derselbe in Klammern geschlossen werden.

Soll z. B. der dreigliedrige Ausdruck $5a + 3b - 4c$ mit $7d$ multipliziert werden, so schreibt man dies

$$7d \cdot (5a + 3b - 4c).$$

Sind **Brüche** miteinander zu multiplizieren, so geschieht dies nach der 6. Regel der Arithmetik, indem man Zähler mit Zähler und Nenner mit Nenner multipliziert und, wenn

*) Beweise siehe unter § 7.

möglich, Faktoren des Zählers und Nenners kürzt. **Steht im Zähler und Nenner also derselbe Buchstabenfaktor, so kann man ihn wegkürzen.**

$$\text{Z. B. } \frac{5a}{3b} \cdot \frac{7ab}{4c} = \frac{5 \cdot 7aab}{3 \cdot 4bc} = \frac{35aa}{12c}.$$

Man beachte, daß nur **Faktoren** gekürzt werden dürfen. In dem Beispiel

$$\frac{5b}{a} \cdot \frac{3(a+b)}{b} = \frac{5 \cdot 3b(a+b)}{ab}$$

darf a im Nenner **nicht** gegen a im Zähler gekürzt werden, denn es ist wohl a im Nenner ein Faktor, aber a im Zähler ist nur ein Summand, der Faktor im Zähler heißt nicht a, sondern (a + b).

Beispiele:

1. $5a \cdot 7 = 35a$
2. $5a \cdot 4b = 20ab$
3. $\frac{2}{5}x \cdot \frac{3}{7}y = \frac{2 \cdot 3}{5 \cdot 7}xy = \frac{6}{35}xy$
4. $3\frac{1}{3}a \cdot 7\frac{1}{2}b = \frac{10}{3}a \cdot \frac{15}{2}b = \frac{10 \cdot 15}{3 \cdot 2}ab = 25ab$, zu beachten, daß gemischte Zahlen eingerichtet werden müssen;
5. $\frac{a}{b} \cdot \frac{c}{d} = \frac{ac}{bd}$
6. $\frac{a}{b} \cdot c = \frac{a}{b} \cdot \frac{c}{1} = \frac{ac}{b}$, denn eine ganze Zahl (c) ist ein Bruch mit dem Nenner 1, also $c = \frac{c}{1}$
7. $12adx \cdot 5\frac{1}{2} = \frac{12 \cdot 11}{2}adx = 66adx$
8. $\frac{3ab}{5cd} \cdot \frac{10ac}{9bx} = \frac{3 \cdot 10 \cdot aabc}{5 \cdot 9dbcx} = \frac{2aa}{3dx}$
9. $\frac{2a}{3x} \cdot \frac{4b}{5y} \cdot \frac{15x}{16b} = \frac{2 \cdot 4 \cdot 15abx}{3 \cdot 5 \cdot 16bxy} = \frac{a}{2y}$
10. $\frac{(a+5)\,x}{3b} \cdot \frac{2ab}{5\,(a+5)} = \frac{2abx\,(a+5)}{3 \cdot 5b\,(a+5)} = \frac{2ax}{15}$
11. $\frac{a+1}{a-1} \cdot \frac{5\,(a-1)}{8a} = \frac{5\,(a+1)\,(a-1)}{8a\,(a-1)} = \frac{5\,(a+1)}{8a}$

da der Zähler a + 1 des ersten Bruches auf dem Bruchstrich **allein** steht, so braucht er nicht in Klammern geschlossen zu werden, dasselbe gilt für den alleinstehenden Nenner a − 1; bei der Ausrechnung hingegen, wo man nur **einen** Bruchstrich macht, muß sowohl um (a + 1), als auch um (a − 1) eine Klammer gemacht werden;

12. $\frac{5\,(x-1)}{x+1} \cdot \frac{3\,(x+1)}{15} = \frac{5 \cdot 3 \cdot (x-1)\,(x+1)}{15\,(x+1)} = x - 1$
13. $\frac{3a\,(y+7)}{7c\,(u-3)} \cdot \frac{14cn\,(u-3)}{9ay\,(y-7)} = \frac{3 \cdot 14acn\,(y+7)\,(u-3)}{7 \cdot 9acy\,(u-3)\,(y-7)} = \frac{2n\,(y+7)}{3y\,(y-7)}$;

    (y + 7) darf gegen (y − 7) nicht gekürzt werden.

Aufgaben zu selbständiger Lösung:

Multiplikation

1. $9y \cdot 8 = ?$ $6\,(a+b) \cdot 5 = ?$ $8\,(b-c) \cdot 7 = ?$
2. $3x \cdot 7y = ?$ $8m \cdot 4n = ?$ $7u \cdot 3v = ?$

3. $\frac{8}{9}a \cdot \frac{7}{11}b = ?$ $\quad \frac{3}{4}a \cdot \frac{8}{9}b = ?$ $\quad \frac{5}{6}c \cdot \frac{3}{10}d = ?$

4. $8\frac{1}{2}u \cdot 1\frac{3}{17}v = ?$ $\quad 5\frac{1}{3}c \cdot 7\frac{3}{8}d = ?$ $\quad 2\frac{1}{2}u \cdot 5\frac{1}{3}v = ?$

5. $\frac{7a}{8} \cdot \frac{16b}{21} = ?$ $\quad \frac{3x}{4y} \cdot \frac{8x}{9y} = ?$ $\quad \frac{5x}{3z} \cdot \frac{7x}{4y} = ?$

6. $\frac{5a}{3b} \cdot 4c = ?$ $\quad \frac{15a}{16b} \cdot 24\,b = ?$ $\quad \frac{8a}{9b} \cdot \frac{3b}{4c} = ?$

7. $9b \cdot 7\frac{1}{2}cd = ?$ $\quad 5\frac{1}{2}ab \cdot 3\frac{3}{5}bc = ?$ $\quad 8\frac{1}{3}a \cdot 5\frac{1}{2}bc = ?$

8. $\frac{6abx}{7yz} \cdot \frac{14xyz}{9ac} = ?$ $\quad \frac{10ab}{3xy} \cdot \frac{12ac}{5bd} = ?$

9. $\frac{8u}{9v} \cdot \frac{10c}{4u} \cdot \frac{27v}{2b} = ?$ $\quad \frac{7f}{3p} \cdot \frac{9gh}{14cf} \cdot \frac{abc}{5g} = ?$

10. $\frac{m-4}{6} \cdot \frac{m-6}{m-4} \cdot \frac{10x}{m-6} = ?$ $\quad \frac{2x-z}{10x} \cdot \frac{6z}{x-2z} \cdot \frac{5x}{3z} = ?$

11. $\frac{a-m}{a-n} \cdot \frac{7\,(a-n)}{9\,(a+m)} = ?$ $\quad \frac{5a\,(x-y+3)}{8x\,(x+y-3)} \cdot \frac{4xy\,(x+y+3)}{10a\,(x-y+3)} = ?$

2. Multiplikation positiver und negativer Zahlen

Sollen **relative** Größen (das sind positive und negative Zahlen) miteinander multipliziert werden, so bestimmt man zunächst, nach den folgenden Zeichenregeln, das Vorzeichen des **Resultats** und multipliziert dann, **ohne weitere Rücksicht auf die Vorzeichen zu nehmen**, wie Regel 12 angibt.

> **Vorzeichenregel*) 13**: a) Zwei Faktoren mit **gleichen** Vorzeichen geben ein **positives** Resultat.

Z. B. $(+5) \cdot (+4) = +20$; $(-8) \cdot (-7) = +56$; $(+6a) \cdot (+3b) = +6 \cdot 3ab = +18ab$; $(-4a) \cdot (-3b) = +4 \cdot 3ab = 12ab$.

> b) Zwei Faktoren mit **ungleichen** Vorzeichen geben ein **negatives** Resultat.

Z. B. $(+8) \cdot (-3) = -24$; $(-9) \cdot (+5) = -45$; $(-6a) \cdot (+3b) = -6 \cdot 3ab = -18\,ab$; $(+8a) \cdot (-4c) = -8 \cdot 4ac = -32ac$.

Beispiele:

1. $(+3ac) \cdot (-4ad) = ?$
2. $(-3a) \cdot (-5b) = ?$
3. $(-8m) \cdot (+6n) = ?$
4. $5ax \cdot (-8ay) = ?$
5. $6bc \cdot (-3xy) = ?$
6. $(-a) \cdot (-b) \cdot (-c) = ?$
7. $(-a) \cdot (-b) \cdot (-c) \cdot (-d) = ?$
8. $\frac{3a}{b} \cdot (-bc) \cdot \frac{x}{c} = ?$
9. $\frac{5m}{7n} \cdot \left(-\frac{3np}{10xy}\right) \cdot \left(-\frac{14x}{9}\right) = ?$

Lösungen:

Zu 1. Die beiden Faktoren $(+3ac)$ und $(-4ad)$ haben ungleiche Vorzeichen, also nach der Zeichenregel b) ist das Vorzeichen des Resultats negativ, demnach ist $(+3ac) \cdot (-4ad) = -3 \cdot 4aacd = -12aacd$.

Zu 2. Die beiden Faktoren $(-3a)$ und $(-5b)$ haben gleiche Vorzeichen, also ist nach der Zeichenregel a) das Vorzeichen des Resultats positiv, demnach $(-3a) \cdot (-5b) = +3 \cdot 5ab = +15ab$.

Zu 3. $(-8m) \cdot (+6n) = -48mn$.

---

*) Beweis siehe unter 7.

Zu 4. $5ax \cdot (-8ay) = -40aaxy$, denn der erste Faktor 5ax hat kein Vorzeichen, es ist also das Vorzeichen + hinzuzudenken.

Zu 5. $6bc \cdot (-3xy) = -18bcxy$.

Zu 6. Drei oder mehr Faktoren werden (siehe Arithmetik § 3,[8]) miteinander multipliziert, indem man zunächst zwei miteinander multipliziert, das Resultat mit dem dritten, dieses mit dem vierten usw. Nun ist $(-a) \cdot (-b) = +ab$, also $(-a) \cdot (-b) \cdot (-c) = (+ab) \cdot (-c) = -abc$.

Zu 7. Nach Beispiel 6. ist $(-a) \cdot (-b) \cdot (-c) = -abc$, also $(-a) \cdot (-b) \cdot (-c) \cdot (-d) = (-abc) \cdot (-d) = +abcd$.

Aus den Beispielen 6. und 7. geht hervor, daß man die Vorzeichenregel 13 auch folgendermaßen aussprechen kann:

> c) Ist die Anzahl der **negativen** Faktoren eine **gerade,** so ist das Resultat **positiv.**
> d) Ist die Anzahl der **negativen** Faktoren eine **ungerade,** so ist das Resultat **negativ.**

Zu 8. Die Anzahl der Faktoren ist eine ungerade, es ist nur ein Faktor (—bc) negativ, also ist das Resultat negativ, demnach

$$\frac{3a}{b} \cdot (-bc)\frac{x}{c} = -\frac{3abcx}{bc} = -3ax.$$

Zu 9. Die Anzahl der negativen Vorzeichen ist eine gerade, es sind zwei negative Faktoren $\left(-\frac{3np}{10xy}\right)$ und $\left(-\frac{14x}{9}\right)$ vorhanden, folglich ist das Resultat positiv, also

$$\frac{5m}{7n} \cdot \left(-\frac{3np}{10xy}\right) \cdot \left(-\frac{14x}{9}\right) = +\frac{5 \cdot 3 \cdot 14mnpx}{7 \cdot 9 \cdot 10nxy} = +\frac{mp}{3y}$$

Aufgaben zu selbständiger Lösung:

Multiplikation (Fortsetzung)

1. $(-5a) \cdot (-7b) = ?$
2. $(-5a) \cdot (+\frac{4}{15}b) = ?$
3. $(-5ac) \cdot (+3bc) = ?$
4. $(-8) \cdot 5a = ?$
5. $4ax \cdot (-3ay) = ?$
6. $\frac{3a}{b} \cdot \left(-\frac{b}{a}\right) = ?$
7. $(-a) \cdot (-b) \cdot (-c) = ?$
8. $(-a) \cdot (-b) \cdot (-c) \cdot (-d) = ?$
9. $\frac{3x}{y} \cdot (-cx) \cdot \frac{a}{c} = ?$
10. $\frac{5m}{7n} \cdot \left(-\frac{3np}{15ab}\right) \cdot \left(-\frac{14ac}{p}\right) = ?$
11. $\frac{m}{x-1} \cdot \frac{x-1}{n} = ?$
12. $\frac{2(m-1)}{(a-1)x} \cdot \frac{(a+1)x}{3(m-1)} = ?$

3. Multiplikation eines mehrgliedrigen Ausdruckes mit einer Zahl

> **Regel 14:** Ein mehrgliedriger Ausdruck wird mit einer Zahl multipliziert, indem man **jedes Glied** des mehrgliedrigen Ausdrucks mit der Zahl multipliziert und die erhaltenen Produkte addiert.

Anmerkung: Da die erhaltenen Produkte in der Regel ungleichartige Größen sind, so beachte man, daß ungleichartige Größen addiert werden, indem man sie einfach mit ihren Vorzeichen nebeneinander schreibt.

Beispiele:

1. $5 \cdot (3a + 2b - 8c) = ?$

Lösung: Man multipliziere: $5 \cdot 3a = 15a$, $5 \cdot (+2b) = +10b$, $5 \cdot (-8c) = -40c$ und addiere diese Produkte, dies gibt:

$5 \cdot (3a + 2b - 8c) = 15a + 10b - 40c.$

2. $a \cdot (2m + 3n - p) = ?$

Lösung: Man multipliziere: $a \cdot 2m = 2am$, $a \cdot (+3n) = +3an$, $a \cdot (-p) = -ap$ und addiere diese Produkte, dies gibt:

$a\,(2m + 3n - p) = 2am + 3an - ap.$

3. $(-x) \cdot (3a - 4b - 2c) = ?$

Lösung: $(-x) \cdot (3a) = -3ax$, $(-x) \cdot (-4b) = +4bx$, $(-x) \cdot (-2c) = +2cx$, also: $(-x) \cdot (3a - 4b - 2c) = -3ax + 4bx + 2cx.$

4. $(-5a + 8b - 6c - 3d) \cdot (-5ab) = ?$

Lösung: $(-5a) \cdot (-5ab) = +25aab$, $(+8b) \cdot (-5ab) = -40abb$, $(-6c) \cdot (-5ab) = +30abc$, $(-3d) \cdot (-5ab) = +15abd$, demnach:

$(-5a + 8b - 6c - 3d) \cdot (-5ab) = 25aab - 40abb + 30abc + 15abd.$

5. $(4a + 3b - 7c) \cdot (-8x) = -32ax - 24bx + 56cx.$

6. $\left(\frac{a}{x} + \frac{b}{y} - \frac{c}{z}\right) \cdot \frac{y}{a} = ?$

Lösung: Man multipliziere: $\frac{a}{x} \cdot \frac{y}{a} = \frac{y}{x}$, $\left(+\frac{b}{y}\right) \cdot \frac{y}{a} = +\frac{b}{a}$, $\left(-\frac{c}{z}\right) \cdot \frac{y}{a} = -\frac{cy}{az}$ und addiere diese Produkte, dann ist:

$\left(\frac{a}{x} + \frac{b}{y} - \frac{c}{z}\right) \cdot \frac{y}{a} = \frac{y}{x} + \frac{b}{a} - \frac{cy}{az}.$

7. $\left(\frac{a}{b} - \frac{c}{d} - \frac{c}{b}\right) \cdot \frac{b}{c} = \frac{a}{b} \cdot \frac{b}{c} - \frac{c}{d} \cdot \frac{b}{c} - \frac{c}{b} \cdot \frac{b}{c} = \frac{a}{c} - \frac{b}{d} - 1.$

Man beachte: $\frac{c}{b} \cdot \frac{b}{c} = 1$ und nicht 0.

8. $5\,(2a + 4b - 3c) + 3\,(5a - 8b + 7c) - 6\,(3a + 2c - 3b) = ?$

Lösung: Man multipliziere $(2a + 4b - 3c)$ mit 5, dann $(5a - 8b + 7c)$ mit 3 und endlich noch $(3a + 2c - 3b)$ mit -6 und addiere die Produkte;

also: $10a + 20b - 15c + 15a - 24b + 21c - 18a - 12c + 18b.$

Die gleichartigen Größen müssen noch addiert werden, indem man ihre Koeffizienten addiert und die Buchstabengröße unverändert beibehält, also:

$10a + 15a - 18a = 7a$, $+20b - 24b + 18b = +14b$, $-15c + 21c - 12c = -6c$, demnach das Resultat: $7a + 14b - 6c.$

In derselben Weise rechnet man:

9. $3x\,(a + b - 2y) - 2y\,(a - 3b - 3x) - 3b\,(x + 2y) + 2ay$
$= 3ax + \underline{3bx} - \underline{\underline{6xy}} - \overline{2ay} + \overline{\overline{6by}} + \underline{\underline{6xy}} - \underline{3bx} - \overline{\overline{6by}} + \overline{2ay} = 3ax.$

Die **gleichartigen** Größen sind in **gleicher** Weise unterstrichen.

Aufgaben zu selbständiger Lösung:

Multiplikation (Fortsetzung)

1. $6\,(a + b + c) = ?$
2. $3\,(a - b - c) = ?$
3. $(4a - 3b + 2c) \cdot 7 = ?$
4. $a\,(2x + 3y + 5z) = ?$
5. $(5a + 7b + 3c - 4d) \cdot 8y = ?$
6. $(5ab + 4ac - 3bc) \cdot (-3abc) = ?$
7. $(8x - 7y + 5) \cdot \frac{3}{5}ab = ?$
8. $(a - b - 6) \cdot (-1\frac{1}{3}xy) = ?$
9. $(\frac{2}{3}x - \frac{5}{2}y - 7) \cdot (-\frac{6}{5}xy) = ?$
10. $(3\frac{1}{2}x - 4\frac{1}{3}y + 1\frac{1}{4}z) \cdot (-2\frac{2}{5}z) = ?$
11. $3xy\,(x - z) - xz\,(2y - 3x) - yz\,(3x - 2z) + 6xyy = ?$
12. $\frac{1}{2}\,(x + y - z) - \frac{1}{3}\,(x - y + z) + \frac{1}{6}\,(-x + y + z) = ?$
13. $1\frac{3}{4}\,(a + 4b) + 2\frac{1}{2}\,(-2a + 3b) + 5\frac{1}{6}\,(3a - 4b) = ?$

4. Multiplikation mehrgliedriger Ausdrücke miteinander

Wie eben gezeigt, ist $A\,(c + d) = Ac + Ad$; setzt man nun an Stelle von A etwa $(a + b)$, so erhält man

$$\underbrace{(a + b)}_{A} \cdot (c + d) = \underbrace{(a + b)}_{A} \cdot c + \underbrace{(a + b)}_{A} \cdot d$$

und dies läßt sich weiter ausmultiplizieren und gibt: $ac + bc + ad + bd$, es ist also: $(a + b) \cdot (c + d) = ac + bc + ad + bd$.

Es ist in diesem Beispiel ein mehrgliedriger Ausdruck $(a + b)$ mit einem anderen mehrgliedrigen Ausdruck $(c + d)$ multipliziert worden und zwar geschah dies, indem man jedes Glied des ersten Faktors $(a + b)$ mit jedem Gliede ($+c$ und $+d$) des zweiten Faktors multiplizierte. Hieraus folgt also die

> **Regel 15a:** Zwei mehrgliedrige Ausdrücke werden miteinander multipliziert, indem man **jedes** Glied des einen Ausdrucks (Faktors) mit **jedem** Gliede des anderen multipliziert.

Beispiele und Lösung:

1. $(x + y) \cdot (a + b) = ?$

Man multipliziere $(x + y)$ mit a und dann mit b und erhält so: $(x + y) \cdot (a + b) = ax + ay + bx + by$.

2. $(a + b) \cdot (c - d) = ?$
   Man multipliziere $(a + b)$ mit c und dann mit $(-d)$ und erhält:
   $(a + b) \cdot (c - d) = ac + bc - ad - bd$.
3. $(m - n)\,(x + y) = mx - nx + my - ny$.
4. $(5a - 3b + 2c) \cdot (3x - 4y) = 15ax - 9bx + 6cx - 20ay + 12by - 8cy$.
5. $(7a - 6b) \cdot (5a + 3b) = 35aa - \underline{30ab} + \underline{21ab} - 18bb$;
   die gleichartigen Größen addiert, erhält man: $35aa - 9ab - 18bb$.
6. $(5x - 3y) \cdot (6x + 2y) = 30xx - 18xy + 10xy - 6yy$;
   die gleichartigen Größen addiert, erhält man: $30xx - 8xy - 6yy$.
7. $\left(\frac{2x}{3y} - \frac{5y}{4x}\right) \cdot \left(\frac{3x}{2y} + \frac{4y}{5x}\right) = \frac{2x}{3y} \cdot \frac{3x}{2y} - \frac{5y}{4x} \cdot \frac{3x}{2y} + \frac{2x}{3y} \cdot \frac{4y}{5x} - \frac{5y}{4x} \cdot \frac{4y}{5x}$

oder gekürzt: $\frac{xx}{yy} - \frac{15}{8} + \frac{8}{15} - \frac{yy}{xx}$,

die gleichartigen Größen addiert, erhält man: $\frac{xx}{yy} - \frac{161}{120} - \frac{yy}{xx}$.

8. $(aa - ab + bb) \cdot (a + b) = aaa - \underline{aab} + \underline{\underline{abb}} + \underline{aab} - \underline{\underline{abb}} + bbb$;
 die gleichartigen Größen addiert, erhält man: aaa + bbb.
9. $(aa + ab + bb) \cdot (a - b) = aaa + \underline{aab} + \underline{\underline{abb}} - \underline{aab} - \underline{\underline{abb}} - bbb$;
 die gleichartigen Größen addiert, erhält man: aaa − bbb.
10. $(aaa - aab + abb - bbb) \cdot (a + b) = aaaa - \underline{aaab} + \underline{\underline{aabb}} - \underline{\underline{\underline{abbb}}} + \underline{aaab}$
 $- \underline{\underline{aabb}} + \underline{\underline{\underline{abbb}}} - bbbb$;
 die gleichartigen Größen addiert, ergibt: aaaa − bbbb.

Sind mehr als zwei mehrgliedrige Ausdrücke zu multiplizieren, so multipliziert man erst zwei derselben aus und die erhaltene Summe mit dem dritten Faktor usw. Z. B.:

11. $(x - 5)(x - 3)(x - 1) = ?$

Man multipliziere erst $(x - 5)(x - 3) = xx - 5x - 3x + 15 = xx - 8x + 15$ und diese Summe mit $(x - 1)$, also
$(xx - 8x + 15)(x - 1) = xxx - \underline{8xx} + \underline{\underline{15x}} - \underline{xx} + \underline{\underline{8x}} - 15 = xxx - 9xx + 23x - 15.$

12. $(a + b)(a + b)(a + b) = ?$

Man multipliziere:
$(a + b)(a + b) = aa + ab + ab + bb = aa + 2ab + bb$
und weiter $(aa + 2ab + bb)(a + b) =$
$aaa + \underline{2aab} + \underline{\underline{abb}} + \underline{aab} + \underline{\underline{2abb}} + bbb = aaa + 3aab + 3abb + bbb.$

5. Potenzen

In sehr vielen Beispielen kam es vor, daß **eine und dieselbe** Buchstabengröße **mehrmals** als Faktor gesetzt wurde, so z. B. in der Aufgabe 10 stand **aaaa**, oder **bbbb** usw. Statt dieser unbequemen Schreib- und Sprechweise zieht man es vor, eine kürzere Schreibweise einzuführen. Man schreibt nämlich den mehrfachen Faktor nur **einmal** hin und deutet die **Anzahl** der Faktoren durch eine rechts davon etwas höher gestellte Zahl an. Man schreibt also $aa = a^2$ (gelesen: a hoch zwei oder a-Quadrat); $aaaa = a^4$; $bbb = b^3$ usw. Man nennt a^4 (gelesen: a hoch vier) eine Potenz, und zwar heißt a die **Grundzahl,** 4 der **Exponent**. Eine Potenz ist also die abgekürzte Schreibweise für ein **Produkt** aus **gleichen** Faktoren. Die Zahl, welche als **Faktor** gesetzt wird, heißt **Grundzahl**, und die Zahl, welche angibt, **wie oft** die **Grundzahl** als Faktor gesetzt werden soll, **Exponent**. Das Rechnen mit Potenzen wird später gezeigt werden; hier soll die Potenz nur zur Abkürzung der Schreibweise dienen. Es ist also $a^2 = aa$, $b^3 = b \cdot b \cdot b$, $x^4 = x \cdot x \cdot x \cdot x$;
$(a + b)^2 = (a + b) \cdot (a + b)$; $(a - b)^2 = (a - b) \cdot (a - b)$;
$(x + y)^2 = (x + y) \cdot (x + y)$; $(a + b)^3 = (a + b) \cdot (a + b) \cdot (a + b)$

6. $(a + b)^2$; $(a - b)^2$; $(a + b) \cdot (a - b)$

Die in der Überschrift enthaltenen Ausdrücke kommen so häufig vor, daß es notwendig ist, sich die Resultate dieser Ausdrücke auswendig zu merken.

Es ist:
$(a + b)^2 = (a + b) \cdot (a + b) = a^2 + ab + ab + b^2 = a^2 + 2ab + b^2.$
$(a - b)^2 = (a - b) \cdot (a - b) = a^2 - ab - ab + b^2 = a^2 - 2ab + b^2.$

Oder in Worten: Ein zweigliedriger Ausdruck (a + b) oder (a − b) wird zum Quadrat erhoben, indem man bildet:

1. Das Quadrat des ersten Gliedes	$aa = a^2$
2. Das doppelte Produkt des ersten und zweiten Gliedes	$2ab$
3. Das Quadrat des zweiten Gliedes	$bb = b^2$
und diese drei Größen addiert	$a^2 + 2ab + b^2$

Bemerkung: Das doppelte Produkt bei $(a - b)^2$ ist $2a \cdot (-b) = -2ab$, was zu beachten ist.

Beispiele	Quadrat des ersten Gliedes	Doppeltes Produkt des ersten und zweiten Gliedes	Quadrat des zweiten Gliedes	Resultat
$(2a + 3b)^2$	$2a \cdot 2a$	$2 \cdot 2a \cdot 3b$	$3b \cdot 3b$	$4a^2 + 12ab + 9b^2$
$(3x + 5y)^2$	$3x \cdot 3x$	$2 \cdot 3x \cdot 5y$	$5y \cdot 5y$	$9x^2 + 30xy + 25y^2$
$(p - q)^2$	$p \cdot p$	$2 \cdot p \cdot (-q)$	$(-q) \cdot (-q)$	$p^2 - 2pq + q^2$
$(x - 10)^2$	$x \cdot x$	$2 \cdot x \cdot (-10)$	$(-10) \cdot (-10)$	$x^2 - 20x + 100$
$(3x - 4y)^2$	$3x \cdot 3x$	$2 \cdot 3x \cdot (-4y)$	$(-4y) \cdot (-4y)$	$9x^2 - 24xy + 16y^2$
$(a - 1)^2$	$a \cdot a$	$2 \cdot a \cdot (-1)$	$(-1) \cdot (-1)$	$a^2 - 2a + 1$
$(1 - x)^2$	$1 \cdot 1$	$2 \cdot 1 \cdot (-x)$	$(-x) \cdot (-x)$	$1 - 2x + x^2$

Hat man die dritte Formel der Überschrift: $(a + b) \cdot (a - b)$ zu bilden, so multipliziert man aus und erhält: $aa + ab - ab - bb = a^2 - b^2$.

Da a + b eine Summe, a − b eine Differenz genannt wird, so läßt sich die letzte Formel folgendermaßen ausdrücken:

> **Regel 15b:** das Produkt aus Summe und Differenz **zweier** Zahlen ist gleich der **Differenz** der **Quadrate** der beiden Zahlen.

Z. B. $(5a + 3b) \cdot (5a - 3b) = 5a \cdot 5a - 3b \cdot 3b = 25a^2 - 9b^2$.
$(7x + 8y) \cdot (7x - 8y) = 7x \cdot 7x - 8y \cdot 8y = 49x^2 - 64y^2$.
$(3x + 1) \cdot (3x - 1) = 3x \cdot 3x - 1 \cdot 1 = 9x^2 - 1$.
$(3a + 2) \cdot (3a - 2) = 3a \cdot 3a - 2 \cdot 2 = 9a^2 - 4$.

Da die Reihenfolge der Faktoren willkürlich ist, kann natürlich auch die Differenz den ersten Faktor bilden.
Z. B. $(5x - y) \cdot (5x + y) = 5x \cdot 5x - y \cdot y = 25x^2 - y^2$.

Aufgaben zu selbständiger Lösung:

Multiplikation (Fortsetzung)

1. $(a + b)(c + d) = ?$
2. $(a + b)(c - d) = ?$
3. $(x - y)(a - b) = ?$
4. $(2a - 3b)(5a + 4b) = ?$
5. $(5a + 1)(7b - 2) = ?$
6. $(x - 5y)(x + 3z) = ?$
7. $(a + b - c)(x - y) = ?$
8. $(2a - 3b + 5c)(5m - n) = ?$
9. $(x + y) \cdot (x + y) = ?$
10. $(x + 4) \cdot (x + 4) = ?$
11. $(5x + 3) \cdot (5x + 3) = ?$
12. $(a + b)^2 = ?$
13. $(x + y)^2 = ?$
14. $(3x + y)^2 = ?$
15. $(2x + 4y)^2 = ?$
16. $(4x + 7)^2 = ?$
17. $(7x + 5)^2 = ?$
18. $(a - b) \cdot (a - b) = ?$
19. $(x - y) \cdot (x - y) = ?$
20. $(x - 7) \cdot (x - 7) = ?$
21. $(x - 4)^2 = ?$
22. $(5x - 1)^2 = ?$

23. $(4x - 3y)^2 = ?$
24. $(6x - 5y)^2 = ?$
25. $(x + 1)^2 = ?$
26. $(1 - a)^2 = ?$
27. $(a - 1)^2 = ?$
28. $(3a - 5b)^2 = ?$
29. $(a + b) \cdot (a - b) = ?$
30. $(p + q) \cdot (p - q) = ?$
31. $(p + 5) \cdot (p - 5) = ?$
32. $(4a + 2b) \cdot (4a - 2b) = ?$
33. $(3x - 8y) \cdot (3x + 8y) = ?$
34. $(7a + 5b) \cdot (7a - 5b) = ?$
35. $(6a - 4b) \cdot (6a + 3b) = ?$
36. $(8x - 7y) \cdot (8x + 6y) = ?$
37. $(xx + xy + yy) \cdot (x - y) = ?$
38. $(a + b) \cdot (aaa - aab + abb - bbb) = ?$
39. $(x - y) \cdot (xxx + xxy + xyy + yyy) = ?$
40. $(a + b + c) \cdot (a + b - c) = ?$
41. $(x + y - z) \cdot (-x + y + z) = ?$
42. $(6xz - 3xu + 2yz - yu) \cdot (6xz + 3xu - 2yz - yu) = ?$
43. $(4ac - 6ax + 2by - 3xy) \cdot (4ab + 6ax - 2by - 3xy) = ?$
44. $(a + b) \cdot (a + b) \cdot (a + b) = ?$
45. $(a - b) \cdot (a - b) \cdot (a - b) = ?$
46. $(a - 1) \cdot (b - 2) \cdot (c - 3) = ?$
47. $(x - 5) \cdot (x - 6) \cdot (x - 2) = ?$
48. $(2a - 3) \cdot (3a - 7) \cdot (6a - 5) = ?$
49. $(3a + 5) \cdot (7a + 5) \cdot (2a - 1) = ?$
50. $\left(\frac{9xx}{8yy} + \frac{3x}{2y} + 2\right) \cdot \left(\frac{3}{4} - \frac{y}{x}\right) = ?$
51. $\left(\frac{3xx}{2} - \frac{2xy}{3} + \frac{3yy}{4}\right) \cdot \left(\frac{4x}{3} + \frac{3y}{4}\right) = ?$
52. $\left(\frac{5x}{2a} - \frac{4a}{3x} + \frac{5}{4}\right) \cdot \left(\frac{3x}{4a} - \frac{4a}{5x} - \frac{2}{5}\right) = ?$
53. $\left(\frac{3m}{2n} - \frac{2p}{n} + \frac{4pp}{3mn}\right) \cdot \left(\frac{3m}{2p} + \frac{4p}{3m} + 4\right) = ?$

7. Beweise*)

In den vorstehenden Nummern dieses § sind Regeln aufgestellt worden, deren Richtigkeit noch bewiesen werden muß.

Erklärung: Die Multiplikation ist eine abgekürzte Schreibweise für eine Addition gleicher Summanden (vergl. § 3 der Arithmetik).

$3 \cdot b = b + b + b$,
$7b = b + b + b + \ldots$ 7 Summanden (die Punkte sollen andeuten, daß nicht alle Summanden hingeschrieben sind),
$20 \cdot b = b + b + b + \ldots$ 20 Summanden, also auch
$a \cdot b = b + b + b + \ldots$ a Summanden.

Der erste Faktor gibt also an, wie oft der zweite als Summand gesetzt werden soll.

Folgerung: $a \cdot (b + c) = (b + c) + (b + c) + (b + c) + \ldots$ a Summanden. Da die Klammern um $b + c$ überflüssig sind (es steht ja ein +-Zeichen vor jeder), so kann man auch schreiben:

$$a \cdot (b + c) = \overbrace{b + b + b + \ldots \text{ a Summanden}}^{ab} + \overbrace{c + c + c + \ldots \text{ a Summanden}}^{ac}$$
$$= ab + ac$$

womit Regel 13 bewiesen ist.

*) Derjenige Leser, welcher die Algebra nur lernen will, um sie anzuwenden, kann ohne Schaden diese Nummer überschlagen.

Beweis des Satzes: Die Reihenfolge der Faktoren ist willkürlich.

Es ist bekanntlich $3 = 1 + 1 + 1$, $8 = 1 + 1 + 1 + \ldots$ 8 Summanden,
$b = 1 + 1 + 1 + \ldots$ b Summanden, also ist
$a \cdot b = a \cdot (1 + 1 + 1 + \ldots$ b Summanden, ausmultipliziert
$a \cdot b = a + a + a + \ldots$ b Summanden, und das ist nach der Erklärung
$= b \cdot a$, also ist
$a \cdot b = b \cdot a.$
Folgerung: $a \cdot o = o \cdot a.$
Nun ist $a \cdot o = o + o + o + \ldots$ a Summanden,
oder $a \cdot o = o$, daher ist auch
$o \cdot a = o.$

Beweis der Zeichenregel 13

Daß $(+a) \cdot (+b) = +ab$ ist, geht ohne weiteres aus der Erklärung der Multiplikation hervor.
Aber daß $(+a) \cdot (-b) = -ab$, $(-a) \cdot (+b) = -ab$ und $(-a) \cdot (-b) = +ab$ ist, muß bewiesen werden.

Beweis zu $(+a) \cdot (-b) = -ab.$

Es ist: $(+a) \cdot o = o.$

Für o kann man aber auch etwa schreiben: $(+3) + (-3)$ oder $(+b) + (-b)$, es wird daher

$$(+a) \cdot o = (+a) \cdot [(+b) + (-b)] = o,$$

oder ausmultipliziert:

$$(+a) \cdot (+b) + (+a) \cdot (-b) = o.$$

Nun ist $(+a) \cdot (+b) = +ab$; setzt man vorläufig für $(+a) \cdot (-b)$ den Buchstaben x, so erhält man:

$$+ab + x = o.$$

Addiert man auf beiden Seiten der Gleichung $-ab$, so ergibt sich*):

$$\frac{\begin{aligned} +ab + x &= o. \\ -ab \quad &= -ab. \end{aligned}}{+x = -ab,}$$

oder für x wieder seinen Wert gesetzt:

$$(+a) \cdot (-b) = -ab.$$

Beweis zu $(-a) \cdot (+b) = -ab.$

Es ist: $o \cdot (+b) = o.$

Für o kann man schreiben $(+a) + (-a)$, daher:

$$[(+a) + (-a)] \cdot (+b) = o.$$

oder ausmultipliziert:

$$(+a) \cdot (+b) + (-a) \cdot (+b) = o.$$

Setzt man für $(-a) \cdot (+b)$ den Buchstaben x, so erhält man:

$$+ab + x = o.$$

Addiert man beiderseits $-ab$, so ergibt sich:

$$\frac{\begin{aligned} +ab + x &= o. \\ -ab \quad &= -ab, \end{aligned}}{+x = -ab,}$$

oder für x wieder seinen Wert gesetzt:

$$(-a) \cdot (+b) = -ab.$$

Beweis zu $(-a) \cdot (-b) = +ab.$

Es ist: $(-a) \cdot o = o.$

Für o setzt man $(+b) + (-b)$, also:

$$(-a) \cdot [(+b) + (-b)] = o,$$

ausmultipliziert:

$$(-a) \cdot (+b) + (-a) \cdot (-b) = o.$$

Nun ist $(-a) \cdot (+b) = -ab$; setzt man $(-a) \cdot (-b) = x$, so erhält man:

$$-ab + x = o.$$

Addiert man auf beiden Seiten der Gleichung $+ab$,
so ergibt sich:

$$\frac{+ab \quad = +ab,}{+x = +ab.}$$

Für x wieder seinen Wert gesetzt:

$$(-a) \cdot (-b) = +ab.$$

*) Grundsatz: Gleiches zu gleichem addiert, gibt gleiches.

§ 10 Die Divison*)

1. Division positiver Zahlen

Erklärung: Eine Zahl a durch eine Zahl b dividieren, heißt, eine Zahl c suchen, welche mit b multipliziert, a gibt.
Die Zahl a, welche dividiert werden soll, heißt **Dividend.**
Die Zahl b, durch welche dividiert werden soll, heißt **Divisor**.
Die Zahl c, welche gesucht wird, heißt **Quotient**.
Das Zeichen für die Division ist ein Doppelpunkt (:) oder ein Strich (—), gelesen: **dividiert durch**. Setzt man statt des Doppelpunktes (:) den Strich (—), so hat man es mit einem Bruche zu tun, und man sagt dann anstatt Dividend **„Zähler"** und anstatt Divisor **„Nenner"**.

Die obige Erklärung heißt daher in Zeichen:

Dividend Divisor Quotient a : b = c Zähler, Quotient $\frac{a}{b} = c$ Nenner	Die Zahl c ist richtig bestimmt, wenn $b \cdot c = a$ ist.

Für einen Bruch gilt aber die Regel 2 der Arithmetik. Nach derselben bleibt der Wert eines Bruches ungeändert, wenn man ihn kürzt. **Der nicht mehr kürzbare Bruch ist nun der gesuchte Quotient c.**

Z. B. $20 : 8 = \frac{\overset{5}{20}}{\underset{2}{8}} = \frac{5}{2}$; es ist also $\frac{5}{2}$ der gesuchte Quotient, denn es ist $8 \cdot \frac{5}{2} = 20$, und 20 ist der Dividend. Hieraus ergibt sich für die Division ganzer Zahlen die

> **Regel 16:** Man dividiert ganze Zahlen durcheinander, indem man die Divisionsaufgabe in Bruchform schreibt und nun Faktoren des Zählers und Nenners gehörig kürzt.

Beispiele:

39ab : 3b gibt, in Bruchform geschrieben und gekürzt: $\frac{\overset{13}{39}ab}{3b} = 13a.$

25aab : 5ab gibt, in Bruchform geschrieben und gekürzt: $\frac{\overset{5}{25}aab}{5ab} = 5a.$

$8a : 4b = \frac{\overset{2}{8}a}{\underset{1}{4}b} = \frac{2a}{b}$; da sich weiter nichts kürzen läßt, so ist $\frac{2a}{b}$ der gesuchte Quotient.

$5x : 7y = \frac{5x}{7y}$; da sich nichts mehr kürzen läßt, so ist $\frac{5x}{7y}$ der gesuchte Quotient.

Nach diesen Beispielen wird es dem Leser nicht schwer werden, die folgenden zu rechnen:

5 (a + b) · c : 10 (a + b) · b; 25 (x − y) : 5x;

Andeutung der Lösung:

$\frac{5\,(a+b) \cdot c}{\underset{2}{10}\,(a+b) \cdot b} = \frac{c}{2b}$; $\frac{\overset{5}{25}\,(x-y)}{5x} = \frac{5\,(x-y)}{x}$

x im Nenner **darf** gegen x im Zähler **nicht** mehr gekürzt werden. (Vergl. auch das Beispiel der Multiplikation

*) Vergl. § 4 und 10 der Arithmetik.

Nach Regel 8 der Arithmetik werden Brüche durcheinander dividiert, indem man den Dividenden mit dem umgekehrten Divisor multipliziert.

Z. B. $\frac{a}{b} : \frac{c}{d} = \frac{a}{b} \cdot \frac{d}{c} = \frac{ad}{bc}$.

Da nun jede ganze Zahl als ein Bruch mit dem Nenner 1 aufgefaßt werden kann, so lautet die Regel für die Division in allgemeinster Form:

Regel 17: Dividiert wird, indem man den **Dividenden** mit dem **umgekehrten Divisor multipliziert.**

Z. B. $25ab : \frac{5}{7}ac = \frac{25ab}{1} : \frac{5ac}{7} = \frac{\overset{5}{25}ab}{1} \cdot \frac{7}{5ac} = \frac{35b}{c}$;

$\frac{1}{a} : b = \frac{1}{a} : \frac{b}{1} = \frac{1}{a} \cdot \frac{1}{b} = \frac{1}{ab}$.

$\frac{a}{x} : \frac{a}{y} = \frac{a}{x} \cdot \frac{y}{a} = \frac{y}{x}$;

$\frac{5ab}{6xy} : \frac{a}{2x} = \frac{5ab}{\underset{3}{6}xy} \cdot \frac{2x}{a} = \frac{5b}{3y}$;

$\frac{16xy}{21pq} : 5\frac{1}{3}px = \frac{16xy}{21pq} : \frac{16px}{3} = \frac{16xy}{\underset{7}{21}pq} \cdot \frac{3}{16px} = \frac{y}{7ppq}$.

Gemischte Zahlen, wie $5\frac{1}{3} = \frac{16}{3}$ müssen eingerichtet werden.

Aufgaben zu selbständiger Lösung:
Division

1. $48ab : 16a = ?$ $\quad 5ac : c = ?$ $\quad 15abc : 3ab = ?$
2. $105aabbc : 35abc = ?$ $\quad 60axxy : 10xy = ?$ $\quad 84aanx : 12ax = ?$
3. $4a : 2b = ?$ $\quad 6x : 8y = ?$ $\quad 9m : 15n = ?$
4. $48(a + b) \cdot (a - b)c : 16(a + b) = ?$ $\quad 84(x - y) : 12(x + y) = ?$
5. $x : \frac{x}{y} = ?$ $\quad \frac{y}{x} : \frac{1}{x} = ?$ $\quad \frac{a}{b} : \frac{3}{4} = ?$ $\quad \frac{a}{b} : 5 = ?$
6. $\frac{1}{a} : \frac{1}{b} = ?$ $\quad \frac{16abc}{9xyz} : \frac{8b}{3c} = ?$ $\quad \frac{14ax}{15y} : \frac{21am}{10by} = ?$
7. $\frac{36ny}{10x} : 8ay = ?$ $\quad \frac{12mq}{5x} : 24qy = ?$ $\quad \frac{27ab}{10c} : 18ad = ?$
8. $6xy : \frac{9xz}{5p} = ?$ $\quad 4an : \frac{12np}{3b} = ?$ $\quad 20ax : \frac{15xy}{7c} = ?$
9. $\frac{8am}{15bx} : \frac{12}{5}ax = ?$ $\quad \frac{9aab}{8cxx} : \frac{15abb}{4xyy} = ?$ $\quad \frac{5afx}{2bc} : \frac{3fxx}{4cdn} = ?$
10. $\frac{aad}{bcc} : \frac{ad}{bc} = ?$ $\quad \frac{a}{b} : \frac{ad}{bc} = ?$ $\quad \frac{d}{c} : \frac{ad}{bc} = ?$

2. Division positiver und negativer Zahlen

Nach der Erklärung der Division bedeutet (−40) : (+8), daß eine Zahl gesucht werden soll, welche mit +8 multipliziert −40 gibt; diese Zahl ist −5, denn (−5) · (+8) = −40 (nach Zeichenregel 13b).

(+40) : (−8) bedeutet: Es soll eine Zahl gesucht werden, welche mit −8 multipliziert +40 gibt; diese Zahl ist −5, denn (−5) · (−8) = +40 (nach Zeichenregel 13a).

$(-40) : (-8)$ bedeutet: Es soll eine Zahl gesucht werden, welche mit -8 multipliziert -40 gibt; diese Zahl ist $+5$, denn $(+5) \cdot (-8) = +40$ (nach Zeichenregel 13b).

Selbstverständlich ist $(+40) : (+8) = +5$.

Stellt man diese Resultate noch einmal zusammen, so hat man:
$(+40) : (+8) = +5 \qquad (-40) : (-8) = +5$
und
$(-40) : (+8) = -5 \qquad (+40) : (-8) = -5$

Hieraus folgen die beiden Zeichenregeln:

Zeichenregel 18a): Zwei Zahlen mit **gleichen** Vorzeichen durcheinander dividiert, geben einen positiven Quotienten.

Zeichenregel 18b): Zwei Zahlen mit **ungleichen** Vorzeichen durcheinander dividiert, geben einen negativen Quotienten.

Statt des Divisionszeichens (:) könnte man auch den Bruchstrich machen und erhielte:

$$\frac{+40}{+8} = +5 \qquad \frac{-40}{-8} = +5.$$

und

$$\frac{-40}{+8} = -5 \qquad \frac{+40}{-8} = -5.$$

Aus diesen Gleichungen lassen sich noch einige Folgerungen ziehen:

Da $\frac{+40}{+8} = +5$ und gleichfalls $\frac{-40}{-8} = +5$ ist, so ist auch $\frac{+40}{+8} = \frac{-40}{-8}$.
D. h.: Man darf die Vorzeichen im Zähler und Nenner eines Bruches in die entgegengesetzten verwandeln.

Kehrt man hingegen bei $\frac{-40}{+8} = -5$ nur das Vorzeichen des Zählers um, so erhält man $\frac{+40}{+8} = +5$.

Oder kehrt man bei $\frac{+40}{-8} = -5$ nur das Vorzeichen des Nenners um, so erhält man $\frac{+40}{+8} = +5$.

D. h.: Kehrt man die Vorzeichen nur im Zähler, oder nur im Nenner um, so ändert sich das Vorzeichen des Quotienten.

Es ist in der Regel immer von Vorzeichen (Mehrzahl) die Rede; denn ist der Zähler oder Nenner mehrgliedrig, so müssen **sämtliche** Vorzeichen des mehrgliedrigen Ausdrucks umgeändert werden.

Beispiele:

1. $(+15ab) : (-3b) = ?$

   Lösung: Man bestimme zunächst nach Regel 18 das Vorzeichen des Quotienten. Dasselbe ist hier $-$; dividiere dann ohne weitere Rücksicht auf die Vorzeichen, wie unter 1. gezeigt ist:

   also $(+15ab) : (-3b) = -\frac{\overset{5}{15}ab}{3b} = -5a.$

2. $(-24np) : (-6p) = +\frac{24np}{6p} = 4n.$

3. $\left(-\frac{8m}{n}\right) : (+6m) = -\frac{8m}{n} \cdot \frac{1}{6m} = -\frac{4}{3n}.$

4. $(-2\frac{1}{2}) : (-2\frac{1}{7}) = +\frac{5}{2} \cdot \frac{7}{15} = +\frac{7}{6} = +1\frac{1}{6}.$

5. $+\frac{x-a}{a-x}$; man ändere im Nenner die Vorzeichen und gebe dem Quotienten das entgegengesetzte Zeichen der Aufgabe, also:

$$+\frac{x-a}{a-x} = -\frac{x-a}{-a+x};$$

schreibt man im Nenner die positive Größe $+x$ vor die negative $-a$, so ergibt sich weiter:

$+\frac{x-a}{a-x} = -\frac{x-a}{x-a} = -1$; denn es ist $\frac{x-a}{x-a} = 1.$

3. Division eines mehrgliedrigen Ausdrucks durch einen eingliedrigen

Regel 19: Ein **mehrgliedriger** Ausdruck wird durch einen **eingliedrigen** dividiert, indem man **jedes** einzelne Glied dividiert und die erhaltenen Quotienten addiert.

Da die einzelnen Quotienten in der Regel ungleichartige Größen sind, so beachte man, daß ungleichartige Größen **addiert** werden, indem man sie mit ihren Vorzeichen nebeneinander schreibt.

Beispiele:

1. $(ax + bx) : x = ?$

Lösung: Man dividiere erst $ax : x = \frac{ax}{x} = a$ und weiter $+ bx : x = \frac{+bx}{x} = + b$ und erhält: $(ax + bx) : x = a + b.$

2. $(ab + ac - ad) : a = ?$

Lösung: Man bilde: $\frac{+ab}{a} = b$; $\frac{+ac}{a} = + c$; $\frac{-ad}{a} = - d$ und erhält:

$(ab + ac - ad) : a = b + c - d.$

3. $(27ab - 21bb - 6b) : (-3b) = ?$

Lösung: Man bilde: $\frac{27ab}{-3b} = - 9a$; $\frac{-21bb}{-3b} = + 7b$; $\frac{-6b}{-3b} = + 2$, folglich ist:

$(27ab - 21bb - 6b) : (-3b) = - 9a + 7b + 2.$

4. $\left(\frac{aad}{bcc} - \frac{a}{b} + \frac{d}{c}\right) : \frac{ad}{bc} = ?$

Lösung: Man bilde: $\frac{aad}{bcc} : \frac{ad}{bc} = \frac{aad}{bcc} \cdot \frac{bc}{ad} = \frac{a}{c}$;

$\left(-\frac{a}{b}\right) : \frac{ad}{bc} = -\frac{a}{b} \cdot \frac{bc}{ad} = -\frac{c}{d}$;

$\left(+\frac{d}{c}\right) : \frac{ad}{bc} = +\frac{d}{c} \cdot \frac{bc}{ad} = +\frac{b}{a}$,

und erhält: $\left(\frac{aad}{bcc} - \frac{a}{b} + \frac{d}{c}\right) : \frac{ad}{bc} = \frac{a}{c} - \frac{c}{d} + \frac{b}{a}.$

Aufgaben zu selbständiger Lösung.

Division (Fortsetzung).

1. $(+m) : (+n) = ?$ $(+a) : (-b) = ?$ $(-c) : (-d) = ?$
2. $\frac{+a}{+b} = ?$ $\frac{+a}{-b} = ?$ $\frac{-x}{+y} = ?$ $\frac{-u}{-v} = ?$
3. $\frac{-18}{-6} = ?$ $\frac{-40}{+4} = ?$ $\frac{-5}{-15} = ?$ $\frac{-5}{+10} = ?$
4. $\frac{12}{-36} = ?$ $\frac{-8}{+16} = ?$ $\frac{-24}{8} = ?$ $\frac{+7}{-49} = ?$
5. $(+6a) : (-2b) = ?$ $(-12x) : (-3y) = ?$ $(-48ab) : (+4b) = ?$
6. $\left(+\frac{a}{b}\right) : \left(-\frac{a}{c}\right) = ?$ $\left(+\frac{6a}{b}\right) : (-12c) = ?$
   $\left(-\frac{12a}{b}\right) : (+3c) = ?$ $\left(-\frac{25a}{2c}\right) : (-15a) = ?$
7. $\left(+\frac{3}{5}\right) : (-12) = ?$ $\left(-\frac{5}{7}\right) : \frac{5}{4} = ?$ $\left(+\frac{5}{9}\right) : \left(-\frac{20}{3}\right)$
8. $(+4\frac{1}{2}) : 9 = ?$ $(-3\frac{1}{3}) : (-2\frac{1}{6}) = ?$
9. $\frac{a-b}{a+b} = ?$ $\frac{a-1}{a-1} = ?$ $\frac{a-1}{1-a} = ?$ $\frac{x-y}{y-x} = ?$
10. $\frac{5(m-n)}{n-m} = ?$ $\frac{4(a-b)}{8(b-a)} = ?$ $\frac{9(a^2-b^2)}{3(b^2-a^2)} = ?$
11. $(+5a) \cdot (-3b) : (-15a) = ?$ $(-14a) \cdot (-12b) : (-42b) = ?$
12. $(-12x) \cdot (+3y) : (+16y) = ?$ $(-3ab) \cdot (-4c) : (-bc) = ?$
13. $\frac{12ab}{18uv} : \frac{2a}{6v} = ?$ $\frac{32xyz}{18abc} : \frac{12y}{3c} = ?$ $\frac{44amx}{13pqr} : \frac{11ay}{39qr} = ?$
14. $\frac{28ab}{23cd} : 14ac = ?$ $\frac{6ab}{5c} : 12uv = ?$ $\frac{36dc}{15a} : \frac{11ax}{39qr} = ?$
15. $9ab : \frac{3ax}{5y} = ?$ $8am : \frac{4mx}{3y} = ?$ $10ab : \frac{20ac}{2b} = ?$
16. $\frac{3}{4}a : \frac{2}{3}b = ?$ $3\frac{1}{8}ab : \frac{3}{10}ad = ?$ $7\frac{1}{2}ab : 5\frac{a}{b} = ?$
17. $\frac{8aab}{3cd} : \frac{16ab}{9cd} = ?$ $\frac{a-x}{5(a+x)} : \frac{7(a-x)}{15x} = ?$
18. $\frac{2(a-b)}{3(a+b)} : \frac{10(b-a)}{6(b+a)} = ?$ $\frac{5ab}{7(a+b)} : \frac{10ac}{21(a+b)} = ?$
19. $\frac{3abx(a-x)}{4cd(a+x)} : \frac{12acx(x-a)}{5da(a+x)} = ?$
20. $(25ab + 15ac - 75ad) : 5a = ?$
21. $(12ax - 28bx - 16cx) : (-4x) = ?$
22. $(21abx - 56bcx + 14bx) : 7b = ?$
23. $(3xx - 6) : 2x = ?$
24. $(3ac - 2ade - f) : 2a = ?$
25. $(125ab - 100ac + 50bc) : 25abc = ?$
26. $\left(\frac{3ab}{2xy} - \frac{8a}{3x} + \frac{10b}{3y}\right) : \frac{5by}{6ax} = ?$

Da man statt des Doppelpunktes auch den Bruchstrich machen kann, so kann man die Aufgabe 20 z. B. auch schreiben:

$$\frac{25ab + 15ac - 75ad}{5a} = \frac{25ab}{5a} + \frac{15ac}{5a} - \frac{75ad}{5a} = 5b + 3c - 15d.$$

Zur Übung möge der Leser die Aufgaben 21, 22 bis 25 in dieser Weise geschrieben, noch einmal rechnen.

4. Division mehrgliedriger Ausdrücke durcheinander*)

Die Regel für die Division mehrgliedriger Ausdrücke durcheinander, erläutert durch Beispiele.

Anleitung: Vergleiche Beispiel 1.

Nr. 1. Man **dividiere** das **erste Glied** des Dividenden aa durch das **erste Glied des Divisors a.**

Nr. 2. Man **multipliziere** mit dem **erhaltenen Quotienten a** den **ganzen Divisor a − b** und schreibe die erhaltenen Produkte aa − ab unter den Dividenden. Kommen hierbei gleichartige Größen vor, so schreibe man diese untereinander.

Nr. 3. Man **subtrahiere** diese Produkte von dem Dividenden.

Nr. 4. Man **dividiere** das **erste Glied des Restes +2ab** durch das **erste Glied des Divisors a** und schreibe den Quotienten +2b neben den unter Nr. 1 erhaltenen Quotienten a.

Nr. 5. Man **multipliziere** den unter Nr. 4 erhaltenen Quotienten +2b mit dem **Divisor a − b** und schreibe die erhaltenen Produkte 2ab − 2bb unter den Rest aus Nr. 3.

Nr. 6. Man **subtrahiere** diese Produkte von den darüber stehenden Größen.

Nr. 7. Bleibt kein weiterer Rest, so geht die Division auf; bleibt ein Rest, so verfahre man wieder, wie unter Nr. 4, 5, und 6 angegeben.

Beispiel 1:

Dividend / Divisor

$(aa + ab - 2bb) : (a - b)$

(Nr. 1 → a, Nr. 4 → 2b)

$(aa + ab - 2bb) : (a - b) = a + 2b$

Nr. 1. $aa : a = a$

$\pm aa \mp ab \ldots\ldots$ | Nr. 2. $= a\,(a - b)$ (Divisor)

Rest: $+ 2ab - 2bb$ | Nr. 3.

Nr. 4. $2ab : a = 2b$

$\pm 2ab \mp 2bb$ | Nr. 5. $= 2b\,(a - b)$ (Divisor)

Rest: „ | Nr. 6.

Beispiel 2:

$(ac - ad + bc - bd) : (c - d)$

(Nr. 1. → a, Nr. 4. → b)

$(ac - ad + bc - bd) : (c - d) = a + b$

Nr. 1. $ac : c = a$

$\pm ac \mp ad \ldots\ldots\ldots$ | Nr. 2. $= a\,(c - d)$

Rest: „ $bc - bd$ | Nr. 3.

Nr. 4. $bc : c = b$

$\pm bc \mp bd$ | Nr. 5. $= b\,(c - d)$

Rest: „ „ | Nr. 6.

*) Bevor der Leser an diese Division herantritt, wiederhole er die Regeln und Beispiele aus § 5.

Beispiel 3:

Nr. 1. 9aa : 3a = 3a

Nr. 4. 12ab : 3a = 4b

$$(9aa + 6ab - 8bb) : (3a - 2b) = \underset{\text{Nr. 1.}}{3a} + \underset{\text{Nr. 4.}}{4b}.$$

$$\begin{array}{r|l}
\underline{\pm 9aa \mp 6ab \;.\;.\;.\;.\;.} & \text{Nr. 2.} \\
+ 12ab - 8bb & \text{Nr. 3.} \\
\underline{\pm 12ab \mp 8bb} & \text{Nr. 5.} \\
.\;. \quad\quad .\;. & \text{Nr. 6.}
\end{array}$$

Beispiel 4:

Nr. 1. 48xx : 8x = 6x

Nr. 4. −24xy : 8x = −3y

$$(48xx + 6xy - 15yy) : (8x + 5y) = \underset{\text{Nr. 1.}}{6x} - \underset{\text{Nr. 4.}}{3y}.$$

$$\begin{array}{r|l}
\underline{\pm 48xx \pm 30xy \;.\;.\;.\;.\;.\;.\;.} & \text{Nr. 2} \\
- 24xy - 15yy & \text{Nr. 3.} \\
\underline{\mp 24xy \mp 15yy} & \text{Nr. 5.} \\
.\;. \quad\quad .\;. & \text{Nr. 6.}
\end{array}$$

Beispiel 5:

$$(21mm - 51mn - 24mp + 18nn + 48np) : (3m - 6n) = 7m - 3n - 8p.$$

$$\begin{array}{r|ll}
\underline{\pm 21mm \mp 42mn \;.\;.\;.\;.\;.\;.\;.\;.\;.\;.\;.\;.\;.\;.\;.\;.\;.\;.} & \text{Nr. 2.} & \\
- 9mn - 24mp + 18nn + 48np & \text{Nr. 3.} & \text{Nr. 1. } 21mm : 3m = 7m. \\
\underline{\mp 9mn \quad\quad\quad \pm 18nn \;.\;.\;.\;.\;.\;.\;.} & \text{Nr. 5.} & \text{Nr. 4. } -9mn : 3m = -3n. \\
- 24mp \quad\quad + 48np & \text{Nr. 6.} & \text{Nr. 4. } -24mp : 3m = -8p. \\
\underline{\mp 24mp \quad\quad \pm 48np} & \text{Nr. 5.} & \\
.\;. \quad\quad\quad .\;. & \text{Nr. 6.} &
\end{array}$$

Beispiel 6:

$$(12xx - 51xy - 24xz + 54yy + 48yz) : (4x - 9y - 8z) = 3x - 6y.$$

$$\begin{array}{r|ll}
\underline{\pm 12xx \mp 27xy \mp 24xz \;.\;.\;.\;.\;.\;.\;.\;.\;.\;.\;.\;.} & \text{Nr. 2.} & \text{Nr. 1. } 12xx : 4x = 3x. \\
- 24xy \quad\quad + 54yy + 48yz & \text{Nr. 3.} & \text{Nr. 4. } -24xy : 4x = -6y. \\
\underline{\mp 24xy \quad\quad \pm 54yy \pm 48yz} & \text{Nr. 5.} & \\
.\;. \quad\quad .\;. \quad .\;. & \text{Nr. 6.} &
\end{array}$$

Die vorstehende Regel setzt voraus, daß Dividend und Divisor in gleicher Weise **geordnet** sind, d. h. daß das **erste Glied** des Dividenden und das **erste Glied** des Divisors aus der **höchsten Potenz derselben Buchstabengröße** besteht. Sind Dividend und Divisor nicht in der angegebenen Weise geordnet, so muß man erst ordnen, bevor dividiert werden darf.

Beispiel 7:

(2a + aa + 1) : (a + 1) = ?

Lösung: Im Dividenden kommt **aa** als höchste Potenz von **a** vor, dieses Glied muß daher dem Gliede 2a vorangestellt werden, also heißt die Aufgabe geordnet:

$$(aa + 2a + 1) : (a + 1) = a + 1$$

$$\begin{array}{r|l}
\text{Rest: } \underline{\pm aa \pm a \quad\;\;} & \\
+ a + 1 & \text{Nr. 1. } aa : a = a, \\
1 \cdot (a + 1) = \underline{\pm a + 1} & \text{Nr. 4. } a : a = 1. \\
\text{Rest: } .\;. \quad .\;. &
\end{array}$$

Aber nicht nur der Dividend muß in derselben Weise geordnet sein wie der Divisor, sondern auch jeder sich ergebende Rest.

Beispiel 8:

$$(xxx - yyy) : (x - y) = xx + xy + yy.$$

$$\begin{array}{rl|l}
 & \underline{\pm xxx \mp xxy \cdots\cdots} & \text{Nr. 1. } xxx : x = xx. \\
\text{I ter Rest:} & \cdots + xxy - yyy \cdots & \text{Nr. 4. } xxy : x = xy. \\
 & \underline{\pm xxy \mp xyy} & \\
\text{II ter Rest:} & xyy - yyy & \text{Nr. 4. } xyy : x = yy. \\
 & \underline{\pm xyy \mp yyy} & \\
\text{Rest:} & \cdot\cdot \quad \cdot\cdot &
\end{array}$$

Der I te Rest wurde erhalten durch die Subtraktionsaufgabe:

$$\left.\begin{array}{ll}
\text{Minuend:} & xxx - yyy \\
\text{Subtrahend:} & \underline{xxx \mp xxy} \\
\text{Rest:} & + xxy - yyy
\end{array}\right\}$$

Da das erste Glied des Divisors x ist, so muß immer das Glied vorangestellt werden, welches die höchste Potenz von x enthält und das ist xxy; aus demselben Grunde muß im II ten Rest das Glied xyy vorangestellt werden.

Beispiel 9:

$$(a^4 + b^4) : (a + b) = a^3 - a^2b + ab^2 - b^3 + \frac{2b^4}{a+b}.$$

$$\begin{array}{l}
\underline{\pm a^4 \quad \pm a^3b} \\
- a^3b \quad + b^4 \\
\underline{\mp a^3b \qquad \mp a^2b^2} \\
+ a^2b^2 + b^4 \\
\underline{\pm a^2b^2 \qquad \pm ab^3} \\
- ab^3 \quad + b^4 \\
\underline{\mp ab^3 \quad \mp b^4} \\
\text{Rest: } 2b^4.
\end{array}$$

Der Rest $2b^4$ ist nicht mehr durch $a + b$ teilbar, die Division geht also **nicht** auf. Gerade so wie in der Arithmetik, z. B.:

$$\begin{array}{l}
42 : 5 = 8 + \frac{2}{5}, \\
\underline{40} \\
\text{Rest: } 2
\end{array}$$

schreibt man in diesem Falle zu dem Quotienten noch den Bruch $\frac{2b^4}{a+b}$.

Aufgaben zu selbständiger Lösung.

Division.

1. $(10ax + 8ay + 15bx + 12by) : (5x + 4y) = ?$
2. $(25pp - 80pq + 64qq) : (5p - 8q) = ?$
3. $(x^2 - 2x - 15) : (x - 5) = ?$
4. $(x^2 + x - 20) : (x - 4) = ?$
5. $(aa + ab + 2ac - 2bb + 7bc - 3cc) : (a + 2b - c) = ?$
6. $(- 2a^7b^2 + a^4b^2 - a^8 - a^6b^4) : (a^3b^2 + a^4 + a^2b) = ?$ (Ordnen!)
7. $(a^3 + b^3) : (a + b) = ?$ (Die Reste ordnen!)
8. $(a^5 - b^5) : (a - b) = ?$
9. $(x^4 + x^2y^2 + y^4) : (x^2 + xy + y^2) = ?$
10. $\left(\frac{a^2}{b} - \frac{b^2}{a}\right) : \left(\frac{1}{b} - \frac{1}{a}\right) = ?$ (Ist bereits geordnet!)
11. $[x^2 - (a + b)\, x + ab] : (x - a) = ?$
12. $[x^3 - (a + b + c)\, x^2 + (ab + ac + bc)\, x - abc] : (x - b) = ?$
13. $(x^2 + y^2) : (x + y) = ?$ (Geht nicht auf, den Quotienten richtig hinschreiben!)
14. $(x^4 + y^4) : (x + y) = ?$
15. $1 : (1 + x) = ?$ (Dividiere auf 5 Glieder und schreibe den Quotienten richtig an!)
16. $1 : (1 - x) = ?$

Wiedergolungsaufgaben.

1. $(-5) + (-7) + (-8) + (-9) = ?$
2. $11 + (-6) + 5 + (-8) + 4 + 12 + (-15) = ?$
3. $(5a - 7ab - 20ac + 6c) + (8ab - 7a - 9c + 8ac) = ?$
4. $18 - 5 = ?$
5. $20 - (-8) = ?$
6. $-19 - (-5) = ?$
7. $25 - (15 - 6 + 4) = ?$
8. $(18a - 5a + 3b) - (3b - 50) = ?$
9. $(3x - 4y + 5z - 2xy - 3yz) - (5x + 8z + 9xy - 7y - 10yz) = ?$
10. Minuend: $5a - 7b + 8$
    Subtrahend: $\underline{15a - 20b - 8}$
11. Minuend: $45x - 28y + 8z$
    Subtrahend: $\underline{23x + 5y + 3z}$
12. Minuend: $5a - 3b$
    Subtrahend: $\underline{6\,m - 8n}$
13. $(4\,mm - 7n + 5mp - 8mq) \cdot (-3m) = ?$
14. $\left(\frac{5a}{b} - \frac{13c}{2d} - \frac{6h}{5bg} + 7d\right) \cdot \frac{3a}{5d} = ?$
15. $(aa + ab + bb) \cdot (a - b) = ?$
16. $(20x - 8y) \cdot (-6x + 4y) = ?$
17. $(3{,}2a - 5b) \cdot (5a - 2{,}8b) = ?$
18. $\left(\frac{5a}{2x} - \frac{4x}{3a} + \frac{5}{4}\right) \cdot \left(\frac{3a}{4x} - \frac{4x}{5a} - \frac{2}{5}\right) = ?$
19. $(6a + 5b)^2 = ?$
20. $(5x - 3y)^2 = ?$
21. $(4x + 7)^2 = ?$
22. $(3u - 1)^2 = ?$
23. $(x + 10y)^2 = ?$
24. $(5x + 7y) \cdot (5x - 7y) = ?$
25. $(9a + 7b) \cdot (9a - 7b) = ?$
26. $(3x + 15y) \cdot (3x - 15y) = ?$
27. $(ab + 5bc) \cdot (ab - 5bc) = ?$

    24–27 sind nach der Formel $(a + b) \cdot (a - b) = a^2 - b^2$ zu rechnen.
28. $84aabbx : 12abcxy = ?$
29. $(-5xyz) : (+3xxy) = ?$
30. $(-12abcde) : (-8acd) = ?$
31. $\frac{3afx}{bc} : \frac{2fxx}{5cde} = ?$
32. $3fm : \left(-\frac{3am}{5by}\right) = ?$
33. $\frac{1}{7fggl} : \frac{1}{4fln} = ?$
34. $(14aaabb - 7aabc - 21abbcc + 35abbbccc) : 7ab = ?$
35. $\left(\frac{5a}{3bc} - \frac{3b}{2ac} + \frac{4c}{3ab}\right) : \frac{6}{abc} = ?$
36. $(14af - 21bf + 7cf + 6ag - 9bg + 3cg) : (7f + 3g) = ?$
37. $(108aa - 33ac - 9ad - 9ae - 24ab + 10bc + 2bd + 2be$
    $- 5cc - cd - ce) : (12a - 5c - d - e) = ?$
38. $\left(\frac{aa}{bc} - \frac{2a}{d} + \frac{ac}{be} + \frac{bc}{dd} - \frac{cc}{de}\right) : \left(\frac{a}{b} - \frac{c}{d}\right) = ?$

Gleichungen.

39. $x + 28 = 46.$
40. $x - 100 = 80.$
41. $x + 5 = 2.$
42. $25x - 9 + 3x - 17 - 8x = 7x + 10 - 2x + 14x.$

§ 11 Fortsetzung der Gleichungen

Bei den bisherigen Gleichungen war man nach dem Ordnen und Addieren der gleichartigen Größen stets auf die Gleichung

$$x = a$$

gekommen, wo a eine beliebige bekannte Zahl vorstellt. In den meisten Fällen kommt man jedoch zum Schluß auf eine Gleichung wie etwa die folgende:

$$5x = 30.$$

Hier steht bei x noch ein Koeffizient (Faktor). Um diesen zu entfernen (man will doch wissen, wie groß ist x und nicht 5x), bedenke man, daß x so bestimmt werden soll, daß die Gleichung

$$30 = 30$$

entsteht. Man erhält aber aus dieser Gleichung eine neue ebenfalls richtige Gleichung, wenn man beide Seiten durch 5 dividiert, nämlich

$$\frac{30}{5} = \frac{30}{5} \text{ oder } 6 = 6.$$

Würde man umgekehrt die Gleichung 6 = 6 mit 5 multiplizieren, so erhielte man wieder die Gleichung

$$30 = 30.$$

Man folgert hieraus:

> **Regel 20:** Eine jede Gleichung bleibt richtig, wenn man sie mit einer Zahl multipliziert, oder durch eine Zahl dividiert.

Multipliziert man die Gleichung mit −1, so ändern sich sämtliche Vorzeichen. **Man darf also in einer Gleichung sämtliche Vorzeichen in die entgegengesetzten verwandeln.**

Wendet man die Regel 20 auf die obige Gleichung

$$5x = 30$$

an und dividiert diese durch 5 (d. h. immer beide Seiten), so erhält man

$$\frac{5x}{5} = \frac{30}{5}$$

oder gekürzt:

$$x = 6.$$

> **Regel 21:** Um in einer Gleichung den Koeffizienten (Faktor) von x zu entfernen, **dividiere** man die Gleichung **durch diesen Koeffizienten** (Faktor).

Beispiele:

1. $6x = 54$.

Lösung: Der Koeffizient von x ist 6, man dividiere daher die Gleichung (immer **beide** Seiten) durch 6 und erhält:

$$\frac{6x}{6} = \frac{54}{6}$$

gekürzt: $x = 9$.

2. $7x = 4$.

Lösung: Die Gleichung durch den Koeffizienten 7 dividiert, gibt:

$$\frac{7x}{7} = \frac{4}{7}$$

gekürzt:

$$x = \frac{4}{7}.$$

3. $10x = 5$.

Lösung: Durch 10 dividiert: $\frac{10x}{10} = \frac{5}{10}$,

gekürzt: $x = \frac{1}{2}$.

Ist die Gleichung noch nicht geordnet, so muß sie selbstverständlich erst geordnet werden.

4. $5x + 8 = 24 - 3x$.

Lösung: Geordnet: $5x + 3x = 24 - 8$,
addiert: $8x = 16$,
durch 8 dividiert: $\frac{8x}{8} = \frac{16}{8}$,
gekürzt: $x = 2$.

Kommt die Unbekannte in Klammern vor, so müssen diese erst aufgelöst werden, ehe geordnet werden kann.

5. $5(x - 7) + 3(2x - 6) = 2$.

Lösung: Klammern ausmultipliziert: $5x - 35 + 6x - 18 = 2$,
geordnet: $5x + 6x = 2 + 18 + 35$,
addiert: $11x = 55$,
durch 11 dividiert: $\frac{11x}{11} = \frac{55}{11}$,
gekürzt: $x = 5$.

6. $8x - 7(2x - 3) = 4x - 5(6 - 3x) + 1$.

Lösung: Man multipliziere die Klammern aus, beachte aber, daß mit −7 beziehungsweise mit −5 multipliziert wird,
also: $8x - 14x + 21 = 4x - 30 + 15x + 1$,
geordnet: $8x - 14x - 4x - 15x = -30 + 1 - 21$,
addiert: $-25x = -50$,
Vorzeichen geändert: $+25x = +50$,
durch 25 dividiert: $\frac{25x}{25} = \frac{50}{25}$,
gekürzt: $x = 2$.

Aufgaben zu selbständiger Lösung.
Gleichungen.

1. $14x = 56.$
2. $5x = -25.$
3. $18x = -9.$
4. $3x + 7 = 22.$
5. $11x - 35 = 20.$
6. $9x - 8 = 19.$
7. $8x - 5 = 2x + 25.$
8. $4x + 17 = 8x - 3.$
9. $5x - 8 = 12x + 6.$
10. $5x - x + 2x - 3x = 144.$
11. $19 - 2x = 5x - 16.$
12. $12x - 10 + 8x - 6 + 4x - 2 = 0.$
13. $5x - (3x - 7) = 25.$
14. $5\,(x + 4) = 3\,(x + 7).$
15. $7\,(3x - 6) + 5\,(x - 3) = 11 - 4\,(17 - x).$

    Die Lösung ergibt: $22x = 0$, also $\frac{22x}{22} = \frac{0}{22}$ das ist $x = 0$
16. $10\,(13 - x) + 20 = 120.$
17. $9\,(2x - 3) - 10x = 3\,(5 - 2x).$

Anwendungen.

1. Von welcher Zahl beträgt das Achtfache 72?

Lösung: Die gesuchte Zahl sei x, dann ist das Achtfache 8x und dieses soll 72 sein, also ist

$$8x = 72$$
und $x = 9.$
Probe: $8 \cdot 9 = 72.$

2. Hätte ich noch 30 DM mehr als das Siebenfache, so besäße ich 380 DM. Wie groß ist meine Barschaft?

Lösung: Meine Barschaft ist x DM, das Siebenfache derselben ist also 7x und hierzu noch 30 DM gibt $7x + 30$; dies soll aber gleich 380 DM sein, folglich ist die gesuchte Gleichung:

$$7x + 30 = 380,$$
geordnet: $7x = 350,$
durch 7 dividiert: $x = 50.$
Probe: $7 \cdot 50 + 30 = 380$, was richtig ist.

3. In einer Maschinenfabrik befinden sich 3mal soviel Drehbänke als Hobelbänke und 8mal soviel Schraubstöcke als Drehbänke, im Ganzen 280 Stück. Wie viel von jeder Art?

Lösung: In der Maschinenfabrik befinden sich x Hobelbänke,
in der Maschinenfabrik befinden sich 3x Drehbänke,
in der Maschinenfabrik befinden sich $8 \cdot 3x$ Schraubstöcke.
Im Ganzen 280 Stück; dies gibt die Gleichung:

Hobelb. Drehb. Schraubst.
$$x + 3x + 24x = 280,$$
woraus: $x = 10$ folgt.
Also sind es 10 Hobelbänke, 30 Drehbänke und 240 Schraubstöcke.
Probe: $10 + 30 + 240 = 280.$

4. Eine Schule besteht aus vier Klassen, in welchen sich zusammen 76 Schüler befinden. In der zweiten Klasse sind 6 Schüler mehr als in der ersten, in der dritten 4 Schüler mehr als in der zweiten und in der vierten 2mal soviel als in der dritten. Wieviel Schüler befinden sich in jeder Klasse?

Lösung: Es befinden sich in der ersten Klasse x Schüler,
in der zweiten Klasse x + 6 Schüler,
in der dritten Klasse x + 6 + 4 Schüler,
in der vierten Klasse 2 · (x + 6 + 4) Schüler.
Da die Summe aller Schüler 76 ist, erhält man die Gleichung:

$$\underbrace{x}_{\text{erste Kl.}} + \underbrace{(x+6)}_{\text{zweite Kl.}} + \underbrace{(x+6+4)}_{\text{dritte Kl.}} + \underbrace{2\,(x+6+4)}_{\text{vierte Kl.}} = 76,$$

woraus $x = 8$

folgt. Es befinden sich also in der ersten Klasse 8 Schüler, in der zweiten 14, in der dritten 18 und in der vierten 2 · 18 = 36.

Probe: 8 + 14 + 18 + 36 = 76.

5. Zwei Freunde A und B, die 160 Meilen voneinander entfernt wohnen, wollen zusammentreffen. Nach wieviel Tagen wird dies geschehen, wenn A täglich 5 Meilen, B täglich 3 Meilen macht?

Lösung: Sie treffen sich nach x Tagen, A hat in dieser Zeit 5 · x Meilen, B in derselben Zeit 3 · x Meilen zurückgelegt. Beide zusammen müssen aber 160 Meilen zurückgelegt haben, daher die Gleichung:

$$5x + 3x = 160$$

hieraus: $x = 20$ Tage.

Probe: A macht in 20 Tagen 5 · 20 = 100 Meilen,
B macht in 20 Tagen 3 · 20 = 60 Meilen,
beide zusammen also 100 + 60 = 160.

6. Ein Vater ist jetzt 48 Jahre alt, sein Sohn 23; wann wird der Vater doppelt so alt sein wie sein Sohn?

Lösung: Nach x Jahren sei der Vater doppelt so alt wie der Sohn, dann ist
der Vater 48 + x Jahre alt,
der Sohn 23 + x Jahre alt.
Aus dem Alter des Sohnes findet man aber das Alter des Vaters durch Multiplikation mit 2; das Alter des Vaters läßt sich also auf zweifache Art ausdrücken und dies gibt dann die Gleichung:

$$\underbrace{2 \cdot (23 + x)}_{\text{Alter d. Sohnes}} = \underbrace{48 + x}_{\text{Alter d. Vaters}},$$

hieraus: $x = 2$

Probe: Nach 2 Jahren ist der Vater 50 Jahe alt, der Sohn 25, nun ist wirklich 2 · 25 = 50.

Aufgaben zu selbständiger Lösung:

In den folgenden Aufgaben ist die Lösung nicht angegeben, das Resultat jedoch steht in []. Sollte der Leser die Gleichung durchaus nicht finden können, so benutze er das Resultat und mache mit demselben die Probe; statt des Resultats dann wieder x gesetzt, muß sich die Gleichung ergeben.

1. Zwei Personen haben zusammen 38700 DM, die erste hat 2mal (doppelt) so viel wie die zweite, wie viel hat jede?

   [Die erste $\overbrace{25800}^{2x}$, die zweite $\overbrace{12900}^{x}$]

2. 420 DM sollen unter 3 Personen so verteilt werden, daß die zweite 17 DM mehr bekommt als die erste und die dritte 26 DM mehr als die zweite.

   [Die erste erhält $\overbrace{120}^{x}$ DM]

3. Ein Vater ist jetzt 30 Jahre alt, sein Sohn 4; wann wird der Vater 3mal so alt sein wie der Sohn?

   [Nach $\overset{x}{9}$ Jahren]

4. Zwei Arbeiter sollen einen Graben von 700 Meter Länge reinigen. Der eine macht täglich 45 Meter, der andere 25 Meter fertig. Wann wird die ganze Arbeit fertig sein?

   [Nach $\overset{x}{10}$ Tagen]

5. Zwei Reisende reisen von demselben Orte aus hintereinander her; A macht täglich 20 Meilen, B täglich 25 Meilen. Nach wieviel Tagen wird B den A einholen, wenn A schon 3 Tage früher abreiste als B?

Andeutung der Lösung: Wenn B den A eingeholt hat, dann haben beide **denselben** Weg zurückgelegt. Holt B den A nach x Tagen ein, so ist A bereits (x + 3) Tage unterwegs usw. [x = 12 Tage].

Gleichungen mit Nennern

Kommen in einer Gleichung Brüche vor, so schafft man am besten die Nenner der Brüche zuerst fort. **Dies geschieht, indem man die ganze Gleichung mit dem kleinsten gemeinschaftlichen Vielfachen der Nenner (Hauptnenner) multipliziert.** (Siehe Regel 20.)

Beispiele:

1. $\frac{x}{7} = 5.$

Lösung: Diese Gleichung hat nur den Nenner 7; man multipliziert dieselbe daher mit 7 und erhält:

$$7 \cdot \frac{x}{7} = 7 \cdot 5$$

oder $7 \cdot \frac{x}{7}$ gekürzt: $x = 35.$

2. $\frac{2x}{5} + 3 = 7.$

Lösung: Man multipliziere die ganze Gleichung, d. h. jedes einzelne Glied mit dem Nenner 5 und erhält:

$$5 \cdot \frac{2x}{5} + 5 \cdot 3 = 5 \cdot 7$$

oder $5 \cdot \frac{2x}{5}$ gekürzt: $2x + 15 = 35$

geordnet: $2x = 35 - 15$

$$2x = 20$$

durch den Koeffizienten 2 dividiert: $\frac{2x}{2} = \frac{20}{2}$

$$x = 10.$$

3. $5 = \frac{65}{x}.$

Lösung: Man multipliziere die ganze Gleichung mit dem Nenner x und erhält:

$$x \cdot 5 = x \cdot \frac{65}{x}$$

oder $x \cdot \frac{65}{x}$ gekürzt: $5x = 65$

durch 5 dividiert: $x = \frac{65}{5}$

$$x = 13.$$

4. $\frac{x}{2} + \frac{x}{4} - \frac{x}{8} = x - 30.$

Lösung: Das kleinste gemeinschaftliche Vielfache der Nenner 2, 4, 8 ist 8 und mit diesem multipliziere man jedes Glied der Gleichung. Man erhält:

$$8 \cdot \frac{x}{2} + 8 \cdot \frac{x}{4} - 8 \cdot \frac{x}{8} = 8 \cdot x - 8 \cdot 30$$

oder gekürzt: $4x + 2x - x = 8x - 240$

geordnet: $4x + 2x - x - 8x = -240$

addiert: $-3x = -240$

Vorzeichen geändert: $+3x = +240$

durch 3 dividiert: $x = \frac{240}{3}$

$x = 80.$

5. $2x - \frac{3}{5}x = \frac{3}{2}x - \frac{1}{2} - \frac{2}{5}x + 2.$

Lösung: Das kleinste gemeinschaftliche Vielfache der Nenner 5, 2, 2, 5 ist 10, man multipliziere also die ganze Gleichung mit 10 und erhält:

$$10 \cdot 2x - 10 \cdot \frac{3}{5}x = 10 \cdot \frac{3}{2}x - 10 \cdot \frac{1}{2} - 10 \cdot \frac{2}{5}x + 10 \cdot 2$$

gekürzt: $20x - 6x = 15x - 5 - 4x + 20$

geordnet: $20x - 6x - 15x + 4x = -5 + 20$

addiert: $3x = 15$

durch 3 dividiert: $x = \frac{15}{3} = 5.$

6. $2\frac{2}{3}x + \frac{x}{3} = 2\frac{1}{2} + x - 4\frac{1}{5}x + 5\frac{1}{4}.$

Lösung: Die gemischten Zahlen müssen erst eingerichtet werden. Dies gibt die Gleichung:

$$\frac{8}{3}x + \frac{x}{3} = \frac{5}{2} + x - \frac{21}{5}x + \frac{21}{4}.$$

Das kleinste gemeinschaftliche Vielfache der Nenner ist 60, die Gleichung mit 60 multipliziert, gibt:

$$60 \cdot \frac{8}{3}x + 60 \cdot \frac{x}{3} = 60 \cdot \frac{5}{2} + 60 \cdot x - 60 \cdot \frac{21}{5}x + 60 \cdot \frac{21}{4}$$

gekürzt: $160x + 20x = 150 + 60x - 252x + 315$

geordnet: $160x + 20x - 60x + 252x = 150 + 315$

addiert: $372x = 465$

durch 372 dividiert: $x = \frac{465}{372} = 1\frac{93}{372}.$

gekürzt: $x = 1\frac{1}{4}.$

7. $3x + \frac{2x+6}{5} = 5 + \frac{11x-37}{2}$.

Lösung: Man multipliziere die Gleichung mit 10; man erhält:

$$10 \cdot 3x + \overset{2}{10}\,\frac{2x+6}{5} = 10 \cdot 5 + \overset{5}{10}\,\frac{11x-37^{*)}}{2}$$

gekürzt:	$30x + 2(2x+6) = 50 + 5(11x-37)$
Klammern aufgelöst:	$30x + 4x + 12 = 50 + 55x - 185$
geordnet:	$30x + 4x - 55x = 50 - 185 - 12$
addiert:	$-21x = -147$
Vorzeichen geändert:	$+21x = +147$
durch 21 dividiert:	$x = \frac{147}{21} = 7.$

8. $4 - \frac{7-3x}{5} = 3 - \frac{3-7x}{10} + \frac{x+1}{2}$.

Lösung: Man multipliziere die Gleichung mit 10 und erhält:

$$10 \cdot 4 - \overset{2}{10} \cdot \frac{7-3x}{5} = 10 \cdot 3 - \overset{1}{10} \cdot \frac{3-7x}{10} + \overset{5}{10} \cdot \frac{x+1}{2}$$

gekürzt:	$40 - 2(7-3x) = 30 - 1(3-7x) + 5(x+1)$
Klammern aufgelöst:**)	$40 - 14 + 6x = 30 - 3 + 7x + 5x + 5$
geordnet:	$6x - 7x - 5x = 30 - 3 + 5 - 40 + 14$
addiert:	$-6x = +6$
Vorzeichen geändert:	$+6x = -6$
durch 6 dividiert:	$\frac{6x}{6} = -\frac{6}{6}$
gekürzt:	$x = -1.$

9. $x - \frac{20-x}{2} = -4 + \frac{3x-3}{5} - \frac{6x-8}{7} + \frac{4x-4}{5}$.

Lösung: Das kleinste Vielfache der Nenner ist: $2 \cdot 5 \cdot 7 = 70$. Die Gleichung mit diesem multipliziert, gibt:

$$70 \cdot x - \overset{35}{70}\,\frac{20-x}{2} = 70 \cdot (-4) + \overset{14}{70} \cdot \frac{3x-3}{5} - \overset{10}{70} \cdot \frac{6x-8}{7} + \overset{14}{70} \cdot \frac{4x-4}{5}$$

gekürzt:	$70x - 35(20-x) = -280 + 14(3x-3) - 10(6x-8) + 14(4x-4)$
Klammer aufgelöst:	$70x - 700 + 35x = -280 + 42x - 42 - 60x + 80 + 56x - 56$
geordnet:	$70x + 35x - 42x + 60x - 56x = -280 - 42 + 80 - 56 + 700$
addiert:	$67x = 402$
durch 67 dividiert:	$x = \frac{402}{67} = 6$

10. $\frac{5+3x}{2} + \frac{x+3}{5} = \frac{16x-27}{21} + \frac{4x-7}{3}$.

Lösung: Man multipliziere mit $2 \cdot 5 \cdot 3 \cdot 7 = 210$;

$$\overset{105}{210} \cdot \frac{5+3x}{2} + \overset{42}{210} \cdot \frac{x+3}{5} = \overset{10}{210} \cdot \frac{16x-27}{21} + \overset{70}{210} \cdot \frac{4x-7}{3}$$

---

*) Mehrgliedrige Faktoren müssen in Klammern geschlossen werden. Vgl. in § 9 Seite 134, ferner Seite 135

**) Man beachte $-1(3-7x) = -3 + 7x$.

gekürzt: $105(5+3x)+42(x+3)=10(16x-27)+70(4x-7)$

Kl. aufgel.: $525+315x+42x+126=160x-270+280x-490$

geordnet: $315x+42x-160x-280x=-270-490-525-126$

addiert: $-83x=-1411$

Vorzeichen geändert: $+83x=+1411$

durch 83 dividiert: $x=\frac{1411}{83}=17.$

11. $\frac{9}{x}+\frac{1}{2}=\frac{10}{x}+\frac{4}{9}.$

Lösung: Vielfaches: $x \cdot 2 \cdot 9 = 18x$. Die Gleichung mit 18x multipliziert:

$$18x \cdot \frac{9}{x}+18x \cdot \frac{1}{2}=18x \cdot \frac{10}{x}+18x \cdot \frac{4}{9}$$

gekürzt: $162+9x=180+8x$

geordnet: $9x-8x=180-162$

addiert: $x=18.$

12. $\frac{7}{3}+\frac{13}{5x}=\frac{13x-24}{3x}-\frac{37}{20}+\frac{10}{x}.$

Lösung: Vielfaches der Nenner: $3 \cdot 5 \cdot x \cdot 2 \cdot 2 = 60x$. Mit 60x multipliziert:

$$60x \cdot \frac{7}{3}+60x \cdot \frac{13}{5x}=60x \cdot \frac{13x-24}{3x}-60x \cdot \frac{37}{20}+60x \cdot \frac{10}{x}$$

gekürzt: $140x+156=20(13x-24)-111x+600$

Klammern aufgelöst: $140x+156=260x-480-111x+600$

geordnet: $140x-260x+111x=-480+600-156$

addiert: $-9x=-36$

Vorzeichen geändert: $9x=36$

durch 9 dividiert: $x=\frac{36}{9}=4.$

Aufgaben*)

1. $\frac{x}{8}=5$ [40]

2. $\frac{2x}{7}=16$ [56]

3. $\frac{5x}{3}=40$ [24]

4. $\frac{x}{5}+3=5$ [10]

5. $\frac{x}{4}+\frac{5}{8}=\frac{7}{8}$ [1]

6. $\frac{x}{3}+\frac{x}{4}+\frac{x}{2}=13$ [12]

7. $\frac{2}{3}x+\frac{3}{5}x=95$ [75]

*) Dem Leser wird dringend geraten, sämtliche Beispiele zu rechnen, da er nur durch viel Übung die erforderliche Sicherheit im Rechnen erlangen kann.
Die Lösungen stehen in [ ] dabei.

8. $x - \frac{3x}{2} + 9 = \frac{2x}{3} + 4 + \frac{5x}{6} - \frac{6x}{5} + \frac{1}{5}$ [6]

9. $0 = \frac{2x}{3} - \frac{x}{2} + \frac{x}{6} - 1\frac{3}{4}x + 2\frac{4}{5} - 3\frac{9}{10}x + 61$ [12]

10. $2x - \frac{35}{4} + \frac{x}{2} = \frac{55}{4}$ [9]

11. $x - \frac{19}{2} + \frac{x}{2} = \frac{x}{3} - \frac{11}{3}$ [5]

12. $\frac{2}{5}x - \frac{11}{2}x - 5 = -\frac{37}{2} - 3x - \frac{6}{5}$ [7]

13. $2x - \frac{4}{3} - x = 2 - \frac{4}{3}x + 6$ [4]

14. $\frac{3}{16}x + 21 + 3\frac{1}{2}x + \frac{5}{8} = \frac{5}{8}x + \frac{11}{16} + 48\frac{1}{2}$ 8,061

15. $\frac{x - 5}{4} + 6x = \frac{284 - x}{5}$ [9]

16. $x + \frac{11 - x}{3} = \frac{19 - x}{2}$ [5]

17. $13x + \frac{2x + 6}{5} = 5 + \frac{11x - 37}{2}$ 1,8608 . . .

18. $\frac{6x - 4}{3} - 2 = \frac{18 - 4x}{3} = 3$ [$3\frac{7}{10}$] unlösbar, da 2mal =

19. $21 - \frac{5x - 5}{8} = \frac{97 - 7x}{2} - \frac{3x - 11}{16}$ [9]

20. $3x - \frac{x - 4}{4} - 4 = \frac{5x + 14}{3} - \frac{1}{12}$ [7]

21. $\frac{x - 1}{7} + \frac{23 - x}{5} = 7 - \frac{4 + x}{4}$ [8]

22. $x - \frac{19 - x}{2} + \frac{11 - x}{3} = 0$ [5]

23. $3x - \frac{11x - 37}{2} = 5 - \frac{2x + 6}{5}$ [7]

24. $5 = \frac{30}{x}$ [6]

25. $\frac{10}{x} = \frac{9}{x} + \frac{1}{2}$ [2]

26. $\frac{7}{x} + \frac{1}{4x} = \frac{23 - x}{3x} - \frac{1}{3} + \frac{7}{12}$ [5]

27. $4 - \frac{2}{3x} - \frac{5}{6x} = 7 - \frac{8}{x} - \frac{11}{2x}$ [4]

28. $\frac{5}{6x} = \frac{4}{5} - \frac{3}{4x}$ [$1\frac{47}{48}$]

Anwendungen

1. Jemand bestimmt in seinem Testament die Hälfte seines Vermögens für seine Frau, für jeden seiner beiden Söhne $\frac{1}{6}$, für den Diener $\frac{1}{12}$, und den Rest von 600 DM den Armen; wie groß war sein Vermögen?

Lösung: Sein Vermögen betrug x DM. Hiervon erhält:

die Frau	$\frac{x}{2}$
ein Sohn	$\frac{x}{6}$
der andere Sohn	$\frac{x}{6}$
der Diener	$\frac{x}{12}$
die Armen	600
Alle zusammen:	$\frac{x}{2} + \frac{x}{6} + \frac{x}{6} + \frac{x}{12} + 600$ DM.

Man erhält demnach die Gleichung

$$\frac{x}{2} + \frac{x}{6} + \frac{x}{6} + \frac{x}{12} + 600 = x$$

Nenner weg: $6x + 2x + 2x + x + 7200 = 12x$

geordnet: $x = 7200$ DM.

Probe: Es erhält:

die Frau	$\frac{7200}{2} = 3600$
ein Sohn	$\frac{7200}{6} = 1200$
der andere Sohn	$\frac{7200}{6} = 1200$
der Diener	$\frac{7200}{12} = 600$
die Armen	$= 600$
	Summe 7200 DM.

2. Ein Knabe hatte eine Anzahl Nüsse. Ein anderer bat ihn, ihm einige abzugeben. Jener antwortete: Du sollst den vierten Teil und noch 10 haben, oder, was dasselbe ist, den fünften Teil und 15, wenn du ausrechnen kannst, wieviel ich habe. Wieviel Nüsse hatte er?

Lösung: Der Knabe hatte x Nüsse. Der vierte Teil hiervon sind $\frac{x}{4}$ und hierzu 10 gibt: $\frac{x}{4} + 10$. Diese Anzahl soll aber ebenso groß sein wie der fünfte Teil und noch 15, dies gibt die Gleichung:

$$\frac{x}{4} + 10 = \frac{x}{5} + 15$$

mal 20: $5x + 200 = 4x + 300$

geordnet: $5x - 4x = 300 - 200$

addiert: $x = 100.$

Probe: $\frac{100}{4} + 10 = \frac{100}{5} + 15$

$25 + 10 = 20 + 15$

$35 = 35.$

3. Ein Spieler verlor in dem ersten Spiele $\frac{1}{6}$, in dem zweiten $\frac{1}{10}$ von seinem mitgebrachten Gelde, gewann aber in dem dritten $\frac{1}{3}$ desselben wieder und hatte nun 3 DM mehr, als vor dem Spiele. Wieviel hatte er mitgebracht?

Lösung: Er besaß x DM, verlor $\frac{x}{6}$ und $\frac{x}{10}$, gewann $\frac{x}{3}$ und hatte jetzt 3 DM mehr als x DM (ursprünglich). Dies gibt die Gleichung:

$$x - \frac{x}{6} - \frac{x}{10} + \frac{x}{3} = x + 3$$

mal 30: $30x - 5x - 3x + 10x = 30x + 90$

geordnet: $2x = 90$

durch 2 dividiert: $x = 45.$

Probe: Er besitzt ursprünglich 45 DM, verliert im ersten Spiel $\frac{45}{6} = 7{,}5$ DM, verliert im zweiten Spiel $\frac{45}{10} = 4{,}5$ DM, er besitzt also nach dem zweiten Spiel $45 - 7{,}5 - 4{,}5 = 33$ DM, gewinnt im dritten Spiel $\frac{45}{3} = 15$ DM, hat also jetzt $33 + 15 = 48$ DM, und diese Zahl ist tatsächlich um 3 DM größer als seine ursprüngliche Barschaft.

4. 1200 DM sollen unter zwei Personen so verteilt werden, daß die zweite 50 DM und außerdem noch halb so viel wie die erste bekommt.

Lösung: Die erste Person bekommt x DM, dann erhält die zweite Person $50 + \frac{x}{2}$, beide Personen zusammen erhalten 1200 DM; dies gibt die Gleichung:

$$x + \left(50 + \frac{x}{2}\right) = 1200$$

mal 2: $2x + 100 + x = 2400$

geordnet: $3x = 2400 - 100 = 2300$

durch 3 dividiert: $x = 766{,}66$ DM

Probe: Die erste Person erhält 766,666 DM,
die zweite Person erhält 50 + 383,333 DM = 433,333 DM,
beide zusammen erhalten 766,666 + 433,333 = 1199,999 DM = 1200 DM.

5. Wann stehen die beiden Zeiger einer Uhr nach 1 Uhr übereinander?

Lösung: Der Minutenzeiger (große Zeiger) geht in der Stunde 60 Minutenstriche durch, während der kleine Zeiger, der Stundenzeiger, nur 5 Minutenstriche in der Stunde zurücklegt.

Genau um 12 Uhr stehen beide Zeiger übereinander; um 1 Uhr steht der große Zeiger auf 12, und der kleine ist während der Zeit von 12 bis 1 auf die 1 gerückt. Der kleine Zeiger ist also dem großen jetzt 5 Minutenstriche voraus, und es entsteht die Frage: Wann wird der große Zeiger, der doch 12mal schneller geht (denn er legt doch in 1 Stunde 60 Minutenstriche zurück, während der kleine Zeiger nur 5 zurücklegt), den kleinen einholen?

Es geschehe dies nach x Minuten. In x Minuten durchläuft der große Zeiger x Minutenstriche, während der kleine, der 12mal langsamer geht, nur $\frac{x}{12}$ Minutenstriche zurücklegt; der kleine Zeiger ist dem großen aber um 1 Uhr schon um 5 Minutenstriche voraus gewesen; wenn also der Minutenzeiger in x Minuten auch x Minutenstriche zurücklegt, so ist der Weg, den der kleine Zeiger zurückgelegt hat, $= \frac{x}{12} + 5$, d. h. gleich dem eigentlichen Wege $\frac{x}{12}$ plus dem Vorsprunge, den er vor dem großen Zeiger hat. Die beiden Zeiger treffen sich, wenn sie von der zwölf aus gerechnet dieselbe Anzahl von Minutenstrichen zurückgelegt haben; setzen wir die beiden Wege also einander gleich, so erhalten wir die Gleichung:

$$x = 5 + \frac{x}{12}$$

mal 12: $12x = 60 + x$

geordnet: $12x - x = 60$

addiert: $11x = 60$

durch 11 dividiert: $x = \frac{60}{11} = 5\frac{5}{11}$ Minuten.

3. Kapitel

Das Rechnen mit Brüchen

§ 12 Zerlegung in Faktoren

1. In § 9, 3 wurde gezeigt, daß $a(b + c) = ab + ac$ ist. Umgekehrt kann man aber auch

$$ab + ac = a(b + c)$$

schreiben. Man nennt diese Umkehrung „Zerlegung eines mehrgliedrigen Ausdruckes in Faktoren".

Um nun einen mehrgliedrigen Ausdruck in Faktoren zu zerlegen, sehe man zunächst nach, welcher Faktor in allen Gliedern vorkommt und schreibe diesen gemeinschaftlichen Faktor **vor** eine Klammer. **Die Glieder in der Klammer erhält man dann, indem man die Glieder, auf denen der Faktor herausgeschrieben werden soll, durch ihn dividiert.**

Beispiele:

1. $ax + bx + cx$ soll in Faktoren zerlegt werden.

Lösung: Die drei Glieder ax, bx und cx enthalten offenbar alle den Faktor x, man dividiere sie daher durch x, d. h. man bilde

$$(ax + bx + cx) : x = a + b + c.$$

Nach der Erklärung der Division (vgl. § 10 I) ist dann:

$$ax + bx + cx = x \cdot (a + b + c).$$

2. $ab + ac - a = ?$

Lösung: Alle Glieder enthalten a, man bilde daher:

$$(ab + ac - a) : a = b + c - 1$$

und es ist dann:

$$(ab + ac - a) = a(b + c - 1).$$

3. $15ab - 20bd + 35bx = ?$

Lösung: Alle Glieder enthalten den Faktor $5b$, man bilde daher:

$$(15ab - 20bd + 35bx) : 5b = 3a - 4d + 7x;$$

es ist also:

$$15ab - 20bd + 35bx = 5b(3a - 4d + 7x).$$

Häufig kommt man in die Lage, aus mehreren Gliedern einen **bestimmten** Faktor abzusondern, auch wenn derselbe nicht allen Gliedern gemeinschaftlich ist; das gezeigte Verfahren, um den anderen Faktor zu finden, bleibt dasselbe. Z. B. aus

4. $a + bx + cy$

soll c als gemeinschaftlicher Faktor abgesondert werden.

Lösung: Man bilde:

$$(a + bx + cy) : c = \frac{a}{c} + \frac{bx}{c} + y$$

und erhält:

$$a + bx + cy = c\left(\frac{a}{c} + \frac{bx}{c} + y\right)$$

2. Häufig haben nicht alle Glieder einen Faktor gemeinschaftlich, sondern nur zu zwei oder drei. In diesem Falle läßt sich vielfach die Zerlegung ausführen, wenn man aus den betreffenden Gliedern den gemeinschaftlichen Faktor absondert und dann zusieht, ob sich nicht jetzt ein weiterer Faktor absondern läßt. Z. B.

1. $ac + bc + ad + bd = ?$

Lösung: Aus den beiden ersten Gliedern läßt sich c, aus den beiden letzten d herausheben, also

$$ac + bc + ad + bd = c\,(a + b) + d\,(a + b).$$

Aus dem jetzt erhaltenen zweigliedrigen Ausdruck läßt sich $(a + b)$ absondern, also

$$c\,(a + b) + d\,(a + b) = (a + b)\,(c + d),$$

demnach ist

$$ac + bc + ad + bd = (a + b)\,(c + d)$$

2. $ax - bx + ay - by?$

Lösung: $ax - bx + ay - by = x\,(a - b) + y\,(a - b) = (a - b)\,(x + y).$

3. $ax + x - a - 1 = ?$

Lösung: $ax + x - a - 1 = x\,(a + 1) - (a + 1) = (a + 1)\,(x - 1).$

4. $40a^2 + 5a - 2b - 16ab = ?$

Lösung: $40a^2 + 5a - 2b - 16ab = 5a\,(8a + 1) - 2b\,(8a + 1) = (8a + 1)\,(5a - 2b).$

5. $ax + bx - cx + ay + by - cy = ?$

Lösung: $ax + bx - cx + ay + by - cy = x\,(a + b - c) + y\,(a + b - c) = (a + b - c)\,(x + y).$

3. Viele Zerlegungen lassen sich auch durch Umkehrung der Formel

$$(a + b) \cdot (a - b) = a^2 - b^2$$

erhalten; es ist nämlich:

$$\mathbf{a^2 - b^2 = (a + b) \cdot (a - b)}$$

d. h.: **Die Differenz zweier Quadratzahlen läßt sich in das Produkt aus Summe und Differenz der Grundzahlen zerlegen.**

Z. B. 1. $25x^2 - 64y^2 = ?$

Lösung: Hier sind die Quadratzahlen $25x^2$ und $64y^2$, also ihre Grundzahlen 5x und 8y; der eine Faktor enthält die Summe der Grundzahlen, d. i. $5x + 8y$, der andere ihre Differenz, d. i. $5x - 8y$, die ausgeführte Zerlegung gibt also:

$$25x^2 - 64y^2 = (5x + 8y) \cdot (5x - 8y).$$

2. $100a^2 - 49b^2 = ?$

Lösung: Die Quadratzahlen sind $100a^2$ und $49b^2$,
die zugehörigen Grundzahlen $10a$ und $7b$,
die Summe der Grundzahlen ist $10a + 7b$,
die Differenz der Grundzahlen ist $10a - 7b$,

folglich: $100a^2 - 49b^2 = (10a + 7b) \cdot (10a - 7b)$.

3. $36u^2 - 81v^2 = ?$

Lösung: Die Grundzahlen sind $6u$ und $9v$, folglich
$36u^2 - 81v^2 = (6u + 9v) \cdot (6u - 9v)$.

4. $(a - b)^2 - c^2 = ?$

Lösung: Die Quadratzahlen sind $(a - b)^2$ und c^2,
die zugehörigen Grundzahlen $(a - b)$ und c,
die Summe der Grundzahlen ist $(a - b) + c$,
die Differenz der Grundzahlen ist $(a - b) - c$.

Um nicht dieselbe Klammer zweimal anzuwenden, was zu Verwechslungen führen könnte, mögen die Faktoren in [ ] geschlossen werden, es ist also:

$$(a - b)^2 - c^2 = [(a - b) + c] \cdot [(a - b) - c].$$

Vor den () Klammern steht kein Zeichen, also ist + hinzuzudenken, steht aber ein +-Zeichen vor einer Klammer, so kann die Klammer auch weggelassen werden, man kann daher schreiben:

$$(a - b)^2 - c^2 = [a - b + c] \cdot [a - b - c]$$

oder auch: $(a - b)^2 - c^2 = (a - b + c) \cdot (a - b - c)$.

5. $x^2 - (y - z)^2 = ?$

Lösung: Die Quadratzahlen sind x^2 und $(y - z)^2$,
die zugehörigen Grundzahlen x und $(y - z)$,

also ist: $x^2 - (y - z)^2 = [x + (y - z)] \cdot [x - (y - z)]$,

oder die () Klammern in den einzelnen Faktoren (nach Regel 8 und 9 Seite 129) aufgelöst:

$$x^2 - (y - z)^2 = [x + y - z] \cdot [x - y + z].$$

Anmerkung: Der Leser ersieht aus diesem Beispiele, daß es notwendig ist, mehrgliedrige Ausdrücke in Klammern zu schließen, auch wenn anfangs die Klammern keinen Zweck zu haben scheinen.

6. $9a^2 - (b + c)^2 = ?$

Lösung: Die Quadratzahlen sind $9a^2$ und $(b + c)^2$,
die zugehörigen Grundzahlen $3a$ und $(b + c)$,

daher: $9a^2 - (b + c)^2 = [3a + (b + c)] \cdot [3a - (b + c)]$;

die () Klammern aufgelöst:

$$9a^2 - (b + c)^2 = [3a + b + c] \cdot [3a - b - c].$$

7. $16u^2 - 49\,(x - y)^2 = ?$

Lösung: Die Quadratzahlen sind $16u^2$ und $49\,(x - y)^2$,
die zugehörigen Grundzahlen $4u$ und $7\,(x - y)$,

daher: $16u^2 - 49\,(x - y)^2 = [4u + 7\,(x - y)] \cdot [4u - 7\,(x - y)]$;

die () Klammern durch ausmultiplizieren aufgelöst:

$$16u^2 - 49\,(x - y)^2 = [4u + 7x - 7y] \cdot [4u - 7x + 7y)].$$

8. $(2a + b)^2 - 9\,(a - 2x)^2 = ?$

Lösung: Die Quadratzahlen sind $(2a + b)^2$ und $9\,(a - 2x)^2$,
die zugehörigen Grundzahlen $(2a + b)$ und $3\,(a - 2x)$,

daher: $(2a + b)^2 - 9\,(a - 2x)^2 = [(2a + b) + 3\,(a - 2x)] \cdot [(2a + b) - 3\,(a - 2x)]$;

die () Klammern aufgelöst, gibt:

$$[2a + b + 3a - 6x] \cdot [2a + b - 3a + 6x]$$

in jedem Faktor die gleichartigen Größen addiert, gibt das Resultat:

$$[5a + b - 6x] \cdot [-a + b + 6x].$$

4. Häufig kann man auch die Formel

$a^2 + 2ab + b^2 = (a + b)\,(a + b)$ oder die Formel

$a^2 - 2ab + b^2 = (a - b)\,(a - b)$ zur Zerlegung verwenden.

1. $9a^2 + 30ab + 25b^2 = (3a)^2 + 2 \cdot 3a \cdot 5b + (5b)^2 = (3a + 5b)^2.$
2. $x^2 - 4x + 4 = x^2 - 2 \cdot 2x + 2^2 = (x - 2)^2.$
3. $x^2 + 6x + 9 = x^2 + 2 \cdot 3x + 3^2 = (x + 3)^2.$

5. Manchmal läßt sich erst ein gemeinschaftlicher Faktor absondern und dann der Rest nach einer der zuletzt genannten Formeln zerlegen. Z. B.

4. $x^3 + 4x^2 + 4x.$

Lösung: Alle Glieder besitzen den Faktor x, also

$$x^3 + 4x^2 + 4x = x\,(x^2 + 4x + 4),$$

der Faktor $x^2 + 4x + 4$ ist aber $(x + 2)^2$, folglich ist

$$x^3 + 4x^2 + 4x = x\,(x + 2)^2.$$

Aufgaben zu selbständiger Lösung:

Zerlegung in Faktoren

1. $ax + bx - cx = ?$
2. $ay - by + cy - y = ?$
3. $ad + bd - d = ?$
4. $2ab + 4ac - 12ad = ?$
5. $5x + 10ax + 15bx = ?$
6. $ax - x = ?$
7. $xx - x = ?$
8. $12by + 18cy - 24ay = ?$
9. $3mx + 6nx = ?$
10. $5x - 5 = ?$
11. $ax + a = ?$
12. $axx - bx = ?$
13. $5a - 10 = ?$
14. $8a - 16 = ?$
15. $2x + 4m = ?$
16. $9p + 12q = ?$
17. $14anx - 21bny - 7n = ?$
18. $a\,(x - y) + b\,(x - y) = ?$
19. $c\,(p - q) + p - q = ?$
20. $x^2 - ax - bx + ab = ?$
21. $15ax + 6ay - 20bx - 8by = ?$
22. $a^2 + 5am - 3an - 15mn = ?$
23. $10am - 15bm - 25mx - 2an + 3bn + 5xn = ?$
24. $p^2 - q^2 = ?$
25. $25x^2 - 9y^2 = ?$
26. $49a^2 - 64b^2 = ?$
27. $a^2 - 1 = ?$
28. $\frac{a^2}{9} - \frac{b^2}{16} = ?$
29. $(5x - 3y)^2 - 4a^2 = ?$
30. $(5a + 4b)^2 - 9b^2 = ?$
31. $(a^2 + x^2)^2 - (a^2 - x^2)^2 = ?$
32. $(a^2 + b^2)^2 - 4a^2b^2 = ?$
33. $(a^2 + b^2)^2 - a^2b^2 = ?$
34. $4x^2 + 12xy + 9y^2 = ?$
35. $25x^2 - 20xy + 4y^2 = ?$
36. $5a^2 + 10ab + 5b^2 = ?$
37. $ax^2 + 2axy + ay^2 = ?$

§ 13 Das Kürzen der Brüche

Schon mehrfach wurde erwähnt, daß **Faktoren**, welche im Zähler **und** Nenner eines Bruches vorkommen, gekürzt werden dürfen. Will man also einen Bruch kürzen, so muß man zunächst seinen Zähler und Nenner in Faktoren zerlegen, wie dies im vorigen § gezeigt worden ist und dann können die einzelnen Faktoren gekürzt werden.

Beispiele:

1. $\frac{ac - bc}{ax - bx} = ?$

Lösung: Die beiden Glieder des Zählers enthalten c, die beiden Glieder des Nenners x, folglich ist:

$$\frac{ac - bc}{ax - bx} = \frac{c\,(a - b)}{x\,(a - b)},$$

oder der Faktor (a − b) gekürzt:*)

$$\frac{ac - bc}{ax - bx} = \frac{c}{x}.$$

2. $\frac{5aab - 10abb}{15axy - 30bxy} = ?$

Lösung: $\frac{5aab - 10abb}{15axy - 30bxy} = \frac{5ab\,(a - 2b)}{15xy\,(a - 2b)} = \frac{ab}{3xy}.$

3. $\frac{ax + bx}{ax - bx} = ?$

Lösung: $\frac{ax + bx}{ax - bx} = \frac{x\,(a + b)}{x\,(a - b)} = \frac{a + b}{a - b}.$

4. $\frac{3aabc - 3abbd}{5acxy - 5bdxy} = ?$

Lösung: $\frac{3aabc - 3abbd}{5acxy - 5bdxy} = \frac{3ab\,(ac - bd)}{5xy\,(ac - bd)} = \frac{3ab}{5xy}.$

5. $\frac{ac - bc}{a^2 - b^2} = ?$

Lösung: $\frac{ac - bc}{a^2 - b^2} = \frac{c\,(a - b)}{(a + b) \cdot (a - b)} = \frac{c}{a + b}.$

6. $\frac{x^2 - y^2}{x^2 - xy} = ?$

Lösung: $\frac{x^2 - y^2}{x \cdot x - xy} = \frac{(x + y) \cdot (x - y)}{x\,(x - y)} = \frac{x + y}{x}.$

7. $\frac{(a^2 + c)^2 - b^2}{a^2 - (b - c)^2} = ?$

Lösung: $\frac{[(a + c) + b] \cdot [(a + c) - b]}{[a + (b - c)] \cdot [a - (b - c)]} = \frac{[a + c + b] \cdot [a + c - b]}{[a + b - c] \cdot [a - b + c]} = \frac{a + b + c}{a + b - c}.$

---

*) Der Leser erinnere sich an die *) Bemerkung im Teil der Arithmetik.

Aufgaben zu selbständiger Lösung:

Kürzen von Brüchen

1. $\frac{ab + ac}{ax + ay} = ?$
2. $\frac{xx - xy}{xx + xy} = ?$
3. $\frac{ax + ay}{bx + by} = ?$
4. $\frac{abc + abd}{abx - aby} = ?$
5. $\frac{aabc + abbc + abcc}{axy + bxy + cxy} = ?$
6. $\frac{ax + bx + ay + by}{ax - bx + ay - by} = ?$
7. $\frac{ax - 2a + 3x - 6}{ax - 2a - 3x + 6} = ?$
8. $\frac{px + p - x - 1}{px - p - x + 1} = ?$
9. $\frac{aa + ab}{a^2 - b^2} = ?$
10. $\frac{x^2 - y^2}{ax + ay} = ?$
11. $\frac{(a - b) \cdot (x - y)}{x^2 - y^2} = ?$
12. $\frac{6a^2 - 6ab}{3\,(a - b)^2} = ?$
13. $\frac{b^2y - y^2b}{b^2 - y^2} = ?$
14. $\frac{(a + b)^2 - c^2}{(a + c)^2 - b^2} = ?$
15. $\frac{a^2 - 2ab + b^2}{a^2 - b^2} = ?$
16. $\frac{(a^2 - b^2)^2 - a^2b^2}{a^2 + ab - b^2} = ?$

§ 14 Bruchrechnen*)

1. Erweitern von Brüchen

Das Erweitern der Brüche dient besonders dazu, um einen Bruch in einen andern von ganz bestimmtem Nenner zu verwandeln ohne aber den Wert des Bruches zu ändern. **Man dividiere zu diesem Zwecke den neuen Nenner durch den alten und erweitere mit dem erhaltenen Quotienten den gegebenen Bruch.**

Beispiele:

1. Der Bruch $\frac{5x}{3a}$ soll in einen anderen Bruch mit dem Nenner 60abc verwandelt werden.

Lösung: Man bilde 60abc : 3a = 20bc und erweitere mit diesem Quotienten den gegebenen Bruch $\frac{5x}{3a}$; dies gibt:

$$\frac{5x}{3a} = \frac{5x \cdot 20bc}{3a \cdot 20bc} = \frac{100bcx}{60abc}.$$

2. Der Bruch $\frac{13ab}{7xy}$ soll in einen Bruch mit dem Nenner $140x^2y^2$ verwandelt werden.

Lösung: Man bilde 140xxyy : 7xy = 20xy und erweitere hiermit den gegebenen Bruch $\frac{13ab}{7xy}$; dies gibt:

$$\frac{13ab}{7xy} = \frac{13ab \cdot 20xy}{7xy \cdot 20xy} = \frac{260abxy}{140x^2y^2}.$$

3. Die ganze Zahl 3ab soll in einen Bruch mit dem Nenner 120abc verwandelt werden.

Lösung: Da eine ganze Zahl ein Bruch mit dem Nenner 1 ist, so erhält man 120abc : 1 = 120abc; demnach:

$$3ab = \frac{3ab \cdot 120abc}{1 \cdot 120abc} = \frac{360aabbc}{120abc}.$$

*) Ehe der Leser an diesen § herangeht, wiederhole er die §§ 8, 14, 15 und 16 der Arithmetik.

4. Der Bruch $\frac{3a + 2b}{7x}$ soll in einen anderen mit dem Nenner 63xy verwandelt werden.

Lösung: Man bilde 63xy : 7x = 9y und erweitere hiermit; dies gibt:

$$\frac{3a + 2b}{7x} = \frac{(3a + 2b) \cdot 9y}{7x \cdot 9y} = \frac{27ay + 18by}{63xy}.$$

5. Den Bruch $\frac{5\,(2x - 3)}{4}$ in einen anderen mit dem Nenner 80ab zu verwandeln.

Lösung: Man bilde 80ab : 4 = 20ab und erweitere hiermit; dies gibt:

$$\frac{5\,(2x - 3)}{4} = \frac{5\,(2x - 3) \cdot 20ab}{4 \cdot 20ab} = \frac{100ab\,(2x - 3)}{80ab} = \frac{200abx - 300ab}{80ab}$$

6. Den Bruch $\frac{3x}{a + b}$ in einen anderen mit dem Nenner $a \cdot (a + b)$ zu verwandeln.

Lösung: Man bilde $a \cdot (a + b) : (a + b) = a$ und erweitere hiermit; dies gibt:

$$\frac{3x}{a + b} = \frac{3x \cdot a}{(a + b) \cdot a} = \frac{3ax}{a\,(a + b)}.$$

7. Den Bruch $\frac{y}{x + y}$ in einen anderen zu verwandeln, dessen Nenner $(x + y) \cdot (x - y)$ ist.

Lösung: Man bilde $(x + y) \cdot (x - y) : (x + y) = x - y$ und erweitere hiermit; dies gibt:

$$\frac{y}{x + y} = \frac{y \cdot (x - y)}{(x + y) \cdot (x - y)} = \frac{xy - y^2}{(x + y) \cdot (x - y)} = \frac{xy - y^2}{x^2 - y^2}.$$

2. Aufsuchen des Hauptnenners

Das kleinste gemeinschaftliche Vielfache mehrerer Nenner (der Hauptnenner) wird auch bei Buchstabennennern genau so bestimmt, wie es für reine Zahlennenner in § 8 der Arithmetik angegeben ist. Man zerlege nämlich jeden Nenner in seine Primfaktoren, schreibe vom ersten sämtliche Faktoren auf, von den folgenden Nennern aber nur die, die an dem Produkte des Nenners fehlen.

8. Es soll der Hauptnenner zu Nennern 15ab, 12ac, 20bc, 4a gesucht werden.

Lösung: Die Zerlegung gibt:

$15ab = 3 \cdot 5 \cdot a \cdot b$ $\qquad$ $20bc = 2 \cdot 2 \cdot 5 \cdot b \cdot c$

$12ac = 3 \cdot 2 \cdot 2 \cdot a \cdot c$ $\qquad$ $4a = 2 \cdot 2 \cdot a$

Der Hauptnenner ist also: $3 \cdot 5 \cdot a \cdot b \cdot 2 \cdot 2 \cdot c = 60abc$; denn nachdem der erste Nenner $3 \cdot 5 \cdot a \cdot b$ hingeschrieben war, fehlte am Produkte des zweiten Nenners nur noch $2 \cdot 2 \cdot c$, und an dem Produkte der übrigen fehlte nichts mehr.

9. Es soll das kleinste gemeinschaftliche Vielfache der Nenner

$$3x - 9, \quad 5x - 15, \quad 7x - 21, \quad 10x - 30$$

gesucht werden.

Lösung: Die Zerlegung gibt:

$3x - 9 = 3\,(x - 3)$ $\qquad$ $7x - 21 = 7\,(x - 3)$

$5x - 15 = 5\,(x - 3)$ $\qquad$ $10x - 30 = 2 \cdot 5\,(x - 3)$

das kleinste gemeinschaftliche Vielfache ist daher:

$$3\,(x - 3) \cdot 5 \cdot 7 \cdot 2 = 210\,(x - 3).$$

10. Es soll das kleinste gemeinschaftliche Vielfache der Nenner

$$5a + 5b, \; 10a - 10b, \; a^2 - b^2$$

gesucht werden.

Lösung: Es ist: $5a + 5b = 5(a+b)$, $10a - 10b = 2 \cdot 5(a-b)$, $a^2 - b^2 = (a+b) \cdot (a-b)$, daher
der Hauptnenner: $5(a+b) \cdot 2 \cdot (a-b) = 10(a+b) \cdot (a-b)$.

3. Das Gleichnamigmachen von Brüchen

11. Es sollen die Brüche $\frac{b}{6a}, \frac{c}{2b}, \frac{a}{9x}, \frac{d}{2ax}, \frac{2a}{b}$ auf denselben Nenner gebracht, d. h. gleichnamig gemacht werden.

Lösung: Der Hauptnenner der Nenner $6a = 2 \cdot 3a$, $2b = 2b$, $9x = 3 \cdot 3x$, $2ax = 2 \cdot a \cdot x$, $b = b$ ist:

$$2 \cdot 3 \cdot a \cdot b \cdot 3 \cdot x = 18abx$$

$18abx : 6a = 3bx$, demnach $\frac{b}{6a} = \frac{b \cdot 3bx}{6a \cdot 3bx} = \frac{3b^2x}{18abx}$

$18abx : 2b = 9ax$, demnach $\frac{c}{2b} = \frac{c \cdot 9ax}{2b \cdot 9ax} = \frac{9acx}{18abx}$

$18abx : 9x = 2ab$, demnach $\frac{a}{9x} = \frac{a \cdot 2ab}{9x \cdot 2ab} = \frac{2a^2b}{18abx}$

$18abx : 2ax = 9b$, demnach $\frac{d}{2ax} = \frac{d \cdot 9b}{2ax \cdot 9b} = \frac{9bd}{18abx}$

$18abx : b = 18ax$, demnach $\frac{2a}{b} = \frac{2a \cdot 18ax}{b \cdot 18ax} = \frac{36a^2x}{18abx}$

4. Addition und Subtraktion von Brüchen

Gleichnamige Brüche werden addiert (subtrahiert), indem man ihre Zähler addiert (subtrahiert) und der Summe (Differenz) den gemeinschaftlichen Nenner gibt. (Vergl. § 15 und 16 Regel 3 und 5 der Arithmetik.)

Beispiele:

12. $\frac{5}{a} + \frac{6}{a} + \frac{3}{a} = \frac{5+6+3}{a} = \frac{14}{a}$.

13. $\frac{a}{b} - \frac{c}{b} = \frac{a-c}{b}$.

14. $\frac{a}{x} + \frac{b}{x} - \frac{c}{x} = \frac{a+b-c}{x}$.

Sind die Brüche ungleichnamig, so müssen sie erst gleichnamig gemacht werden.

15. $\frac{x}{5ab} - \frac{y}{10ac} + \frac{z}{3bc} = ?$

Lösung: Der Hauptnenner ist:

$$5 \cdot a \cdot b \cdot 2 \cdot c \cdot 3 = 30abc.$$

$30abc : 5ab = 6c$, demnach $\frac{x}{5ab} = \frac{x \cdot 6c}{5ab \cdot 6c} = \frac{6cx}{30abc}$

$30abc : 10ac = 3b$, demnach $\frac{y}{10ac} = \frac{y \cdot 3b}{10ac \cdot 3b} = \frac{3by}{30abc}$

$30abc : 3bc = 10a$, demnach $\frac{z}{3bc} = \frac{z \cdot 10a}{3bc \cdot 10a} = \frac{10az}{30abc}$;

es ist also: $\frac{x}{5ab} - \frac{y}{10ac} + \frac{z}{3bc} = \frac{6cx - 3by + 10az}{30abc}$.

16. $\frac{a+b}{3x} + \frac{a}{12x} = ?$

Lösung: Der Hauptnenner ist: $3 \cdot x \cdot 2 \cdot 2 = 12x$

$12x : 3x = 4$, folglich $\frac{a+b}{3x} = \frac{(a+b) \cdot 4}{3x \cdot 4} = \frac{4a + 4b}{12x}$

$12x : 12x = 1$, folglich $\frac{a}{12x} = \frac{a}{12 \cdot x}$;

es ist also: $\frac{a+b}{3x} + \frac{a}{12x} = \frac{4a + 4b + a}{12x} = \frac{5a + 4b}{12x}$.

In derselben Weise sind die folgenden Beispiele gerechnet, nur ist nicht jedesmal angegeben worden, was gemacht worden ist, der Leser wird dies wohl selbst erkennen.

17. $\frac{a}{6x} - \frac{a-b}{2x} = \frac{a - 3 \cdot (a-b)}{6x} = \frac{a - 3a + 3b}{6x} = \frac{3b - 2a}{6x}$

18. $\frac{a - 2b}{c} + \frac{3b}{5c} = \frac{5 \cdot (a - 2b) + 3b}{5c} = \frac{5a - 10b + 3b}{5c} = \frac{5a - 7b}{5c}$

19. $\frac{2a - 3b + 4}{6} - \frac{3a - 4b + 5}{8} + \frac{a-1}{12}$

$= \frac{4 \cdot (2a - 3b + 4) - 3\,(3a - 4b + 5) + 2\,(a-1)}{24}$

$= \frac{8a - 12b + 16 - 9a + 12b - 15 + 2a - 2}{24} = \frac{a-1}{24}$

Man beachte, daß der Zähler des zweiten Bruches: $3a - 4b + 5$ mit (-3) multipliziert worden ist, was zur Folge hatte, daß sich sämtliche Vorzeichen dieses Zählers in die entgegengesetzten verwandelten. Die Umkehrung der Vorzeichen wird jedesmal eintreten, wenn ein Minuszeichen (–) vor einem Bruchstrich steht.

20. $\frac{3a - 7b}{15ab} - \frac{a - 4c}{12ac} - \frac{9b - 7c}{20bc} + \frac{5}{4a} + \frac{8}{5b} + \frac{7}{3c}$

$= \frac{4c \cdot (3a - 7b) - 5b \cdot (a - 4c) - 3a \cdot (9b - 7c) + 15bc \cdot 5 + 12ac \cdot 8 + 20ab \cdot 7}{60abc}$

$= \frac{12ac - 28bc - 5ab + 20bc - 27ab + 21ac + 75bc + 96ac + 140ab}{60abc}$

$= \frac{129ac + 67bc + 108ab}{60abc}$

21. $a + \frac{b+c}{d} = \frac{a \cdot d + b + c}{d} = \frac{ad + b + c}{d}$

22. $\frac{x}{a-x} + 1 = \frac{x + 1 \cdot (a-x)}{a-x} = \frac{x + a - x}{a-x} = \frac{a}{a-x}$

23. $-1 - \frac{2x-7}{7} = \frac{-7 - 1 \cdot (2x-7)}{7} = \frac{-7 - 2x + 7}{7} = -\frac{2x}{7}$

24. $\frac{9}{a+b} - \frac{7}{a} = \frac{9 \cdot a - 7 \cdot (a+b)}{(a+b) \cdot a} = \frac{9a - 7a - 7b}{a\,(a+b)} = \frac{2a - 7b}{a\,(a+b)}$

Man beachte, daß der Hauptnenner $(a+b) \cdot a$ ist und nicht, wie es der Anfänger gern annimmt, $a + b$, denn in $(a+b)$ ist der Nenner a nicht enthalten.

25. $\frac{a+b}{(x+y)} + \frac{b}{x} + \frac{a}{y} = \frac{(a+b) \cdot xy + b \cdot (x+y) \cdot y + a \cdot (x+y) \cdot x}{(x+y) \cdot x \cdot y}$

$= \frac{axy + bxy + bxy + by^2 + ax^2 + axy}{(x+y) \cdot xy} = \frac{ax^2 + by^2 + 2axy + 2bxy}{(x+y) \cdot xy}$

26. $\frac{8}{3(a-b)} + \frac{5}{4(a-b)} = \frac{32+15}{12(a-b)} = \frac{47}{12(a-b)}$

27. $\frac{7}{2x-2} + \frac{4}{3x-3} - \frac{5}{4x-4} = ?$

Lösung: Die Zerlegung gibt: $2x - 2 = 2(x-1)$; $3x - 3 = 3(x-1)$; $4x - 4 = 2 \cdot 2(x-1)$. Der Hauptnenner ist daher: $2 \cdot 3 \cdot 2 \cdot (x-1)$; folglich:

$$\frac{7}{2(x-1)} + \frac{4}{3(x-1)} - \frac{5}{4(x-1)} = \frac{42+16-15}{12(x-1)} = \frac{43}{12(x-1)}$$

28. $\frac{5}{a+b} + \frac{3a+2b}{a^2-b^2} = ?$

Lösung: Da $a^2 - b^2 = (a+b) \cdot (a-b)$ ist, so ist $(a+b) \cdot (a-b)$ der Hauptnenner, folglich ist:

$$\frac{5}{a+b} + \frac{3a+2b}{a^2-b^2} = \frac{5 \cdot (a-b) + 1 \cdot (3a+2b)}{(a+b) \cdot (a-b)} = \frac{5a-5b+3a+2b}{(a+b) \cdot (a-b)} = \frac{8a-3b}{a^2-b^2}$$

29. $\frac{a}{x+a} + \frac{b}{x+b} + \frac{c}{x+c} = ?$

Lösung: Da sich kein Nenner in Faktoren zerlegen läßt, so ist $(x+a) \cdot (x+b) \cdot (x+c)$ der Hauptnenner. Man erhält:

$$\frac{a}{x+a} + \frac{b}{x+b} + \frac{c}{x+c} = \frac{a(x+b)(x+c) + b(x+a)(x+c) + c(x+a)(x+b)}{(x+a)(x+b)(x+c)}$$

ausmultipliziert:

$$\frac{ax^2 + abx + acx + abc + bx^2 + abx + bcx + abc + cx^2 + acx + bcx + abc}{(x+a)(x+b)(x+c)}$$

geordnet:

$$= \frac{ax^2 + bx^2 + cx^2 + 2abx + 2acx + 2bcx + 3abc}{(x+a)(x+b)(x+c)}$$

Aufgaben zu selbständiger Lösung:

Addition und Subtraktion von Brüchen

1. $\frac{a}{b} + c = ?$
2. $\frac{a}{b} + \frac{c}{d} = ?$
3. $\frac{a}{b} + \frac{c}{d} + \frac{e}{f} = ?$
4. $\frac{3a}{5b} + \frac{c}{4d} + h = ?$
5. $\frac{a}{bc} + \frac{b}{ac} + \frac{c}{ab} = ?$
6. $\frac{a}{3x} + \frac{b}{12x} = ?$
7. $a - b - \frac{d}{ef} - \frac{c}{eg} = ?$
8. $\frac{a+b}{2} + \frac{a-b}{2} = ?$
9. $\frac{a+b}{2} - \frac{a-b}{2} = ?$
10. $\frac{13a-5b}{4} - \frac{7a-2b}{6} - \frac{3a}{5} = ?$
11. $\frac{3a-4b}{7} - \frac{2a-b-c}{3} = ?$
12. $\frac{3a+2b}{c} - \frac{5bd-2a-3d}{4cd} = ?$
13 $\frac{x-2y}{8y} - \frac{2x-y}{12y} = ?$
14. $\frac{a}{a+z} + \frac{z}{a-z} = ?$
15. $\frac{a+b}{a-b} + \frac{a-b}{a+b} = ?$
16. $\frac{a+b}{a-b} - \frac{a-b}{a+b} = ?$

17. $\frac{3a + 2x}{a + x} - \frac{5a - x}{a - x} + \frac{a}{2x} = ?$

18. $\frac{az}{a^2 - z^2} - \frac{a - z}{a + z} = ?$

19. $\frac{ac}{a^2 - 4y^2} + \frac{bd}{ac + 2cy} = ?$

20. $\frac{7}{2\,(x - 1)} - \frac{8}{3\,(x - 1)} = ?$

21. $\frac{1}{x + a} + \frac{2}{x + b} - \frac{3}{x + c} = ?$

22. $\frac{a - 1}{2a + 2} + \frac{2a - 1}{6a + 6} + \frac{3a - 4}{3a + 3} = ?$

23. $\frac{1}{x - 1} + \frac{2}{3x + 3} + \frac{5x - 4}{x^2 - 1} = ?$

24. $\frac{5}{x + 3} + \frac{7}{12x + 48} + \frac{x - 4}{x^2 + 7x + 12} = ?$ $\overbrace{\text{NB. } (x + 3)\,(x + 4) = ?}$

4. Kapitel

Proportionen und Fortsetzung der Gleichungen

§ 15 Einfache Proportionen

Erklärung:

1. Werden zwei Größen a und b in bezug auf ihre Größe miteinander verglichen, so kann man fragen, wievielmal ist a größer als b?

Um diese Frage zu beantworten, hat man einfach a durch b zu dividieren, d. h. zu bilden

$$a : b \text{ oder } \frac{a}{b}.$$

Den Ausdruck a : b nennt man ein **Verhältnis.** Die beiden miteinander verglichenen Größen a und b heißen die **Glieder** des Verhältnisses, und zwar heißt das erste Glied a das **Vorderglied**, das zweite Glied b das **Hinterglied**.

2. Jede **Gleichung**, deren Seiten geometrischeVerhältnisse sind, heißt eine **Proportion**.

Ist z. B. das Verhältnis a : b gleich einem andern c : d und setzt man a : b = c : d, so ist dies eine Proportion und man liest; a verhält sich zu b, wie c zu d. Jede der Größen a, b, c, d, gleichviel ob sie ein- oder mehrgliedrige Ausdrücke sind, heißt ein **Glied**. Das **erste** und **vierte** Glied, a und d, heißen **äußere**, das **zweite** und **dritte** Glied, b und c, heißen **innere** Glieder. Das **erste** und **dritte** Glied a und c, oder das **zweite** und **vierte** Glied b und d, heißen **homologe** oder **entsprechende** Glieder.

> **Regel 22:** In jeder Proportion ist das Produkt der äußeren Glieder gleich dem Produkt der inneren Glieder.

Ist $a : b = c : d$
die gegebene Proportion, so ist
$$a \cdot d = b \cdot c.$$

Die Richtigkeit läßt sich folgendermaßen zeigen: Schreibt man die gegebene Proportion in Bruchform (statt des Doppelpunktes als Divisonszeichen kann ja stets der Bruchstrich genommen werden), so gibt dies die Gleichung:

$$\frac{a}{b} = \frac{c}{d}.$$

Eine Gleichung darf aber (vgl. Regel 20 Seite 149) mit einer Zahl multipliziert werden, z. B. mit bd, dies gibt dann:

$$bd \cdot \frac{a}{b} = bd \cdot \frac{c}{d}$$

oder gekürzt: $ad = bc.$

Setzt man z. B. $\frac{8}{4} = 2$ und $\frac{36}{18} = 2$ zu einer Proportion zusammen, so gibt dies:

$$8 : 4 = 36 : 18.$$

Nach Regel 22 ist dann:

$$8 \cdot 18 = 4 \cdot 36 \text{ oder } 144 = 144.$$

Die Regel 22 gestattet in einfachster Weise, die Richtigkeit einer vorgelegten Proportion zu prüfen. Man bildet das Produkt der äußeren Glieder und das Produkt der inneren Glieder und sieht zu, ob diese Produkte gleich sind. Ist dies der Fall, so ist die vorgelegte Proportion richtig, ist dies nicht der Fall, so ist die vorgelegte Proportion falsch.

Z. B. Die Proportion

$$5 : 7 = 15 : 21$$

ist richtig, weil

$$5 \cdot 21 = 7 \cdot 15$$

ist.

Die Proportion

$$7 : 9 = 10 : 12$$

ist falsch, weil

$7 \cdot 12$ nicht gleich $9 \cdot 10$ ist.

Gewöhnlich benutzt man die Regel 22, um zu drei bekannten Gliedern einer Proportion das vierte unbekannte Glied zu bestimmen.

Es sei z. B. in der Proportion

$$x : 12 = 24 : 6$$

das Glied x zu bestimmen. Nach Regel 22 ist:

$$6 \cdot x = 12 \cdot 24$$

oder durch 6 dividiert:

$$x = \frac{12 \cdot 24}{6} = 48.$$

Aus der Auflösung $x = \frac{12 \cdot 24}{6}$ folgt die

Regel 23a: Ein **äußeres** Glied einer Proportion wird gefunden, indem man das Produkt der **inneren** Glieder durch das andere **äußere** dividiert.

Ist aus der Proportion

$$24 : x = 36 : 12$$

das unbekannte innere Glied x zu bestimmen, so gibt zunächst die Regel 22 die Gleichung:

$$36 \cdot x = 24 \cdot 12$$

oder durch 36 dividiert:

$$x = \frac{24 \cdot 12}{36} = 8.$$

Aus dieser Auflösung folgt die

Regel 23b: Ein **inneres** Glied einer Proportion wird gefunden, indem man das Produkt der **äußeren** Glieder durch das andere **innere** dividiert.

Beispiele:

Aus den folgenden Proportionen ist das unbekannte Glied x zu bestimmen.

1. $x : 4 = 9 : 12$
2. $4 : 6 = 8 : x$
3. $9 : x = 3 : 8$
4. $51 : 15 = 68 : x$
5. $20 : 95 = x : 57$
6. $11 : 12 = x : 36$
7. $10{,}5 : x = 15 : 7$
8. $23 : 24 = 46 : x$
9. $1\frac{1}{2} : 5\frac{1}{4} = 3\frac{1}{3} : x$

Lösungen:

Zu 1. Nach Regel 23a ist $x = \frac{4 \cdot 9}{12} = 3.$

Zu 2. Nach Regel 23a ist $x = \frac{6 \cdot 8}{4} = 12.$

Zu 3. Nach Regel 23b ist $x = \frac{9 \cdot 8}{3} = 24.$

Zu 4. $x = \frac{15 \cdot 68}{51} = 20.$

Zu 5. $x = \frac{20 \cdot 57}{95} = 12.$

Zu 6. $x = \frac{11 \cdot 36}{12} = 33.$

Zu 7. $x = \frac{10{,}5 \cdot 7}{15} = 4{,}9.$

Zu 8. $x = \frac{24 \cdot 46}{23} = 48.$

Zu 9. $x = \frac{5\frac{1}{4} \cdot 3\frac{1}{3}}{1\frac{1}{2}} = \frac{21 \cdot 10 \cdot 2}{4 \cdot 3 \cdot 3} = \frac{35}{3} = 11\frac{2}{3}.$

Da nach Regel 22 in jeder richtigen Proportion das Produkt der äußeren Glieder gleich ist dem Produkt der inneren Glieder, so kann man auch umgekehrt aus einer Produktgleichung eine Proportion bilden, indem man die **beiden** Faktoren des **einen** Produkts zu **äußeren** und die **beiden** Faktoren des **anderen** Produkts zu **inneren** Gliedern der Proportion macht. Da hierbei eine Anzahl willkürlicher Umstellungen möglich ist, so kann man aus der gegebenen Gleichung mehrere richtige Proportionen bilden.

Aus der Gleichung

$$3 \cdot 12 = 4 \cdot 9$$

lassen sich z. B. folgende Proportionen bilden:

1. $3 : 4 = 9 : 12$
2. $3 : 9 = 4 : 12$
3. $12 : 4 = 9 : 3$
4. $12 : 9 = 4 : 3$
5. $4 : 3 = 12 : 9$
6. $4 : 12 = 3 : 9$
7. $9 : 3 = 12 : 4$
8. $9 : 12 = 3 : 4.$

In allen diesen Proportionen ist 36 das Produkt der äußeren Glieder und ebenfalls 36 das Produkt der inneren Glieder.

Von diesen Umstellungen sind besonders zwei bemerkenswert, nämlich

Regel 24a: In jeder Proportion können die inneren Glieder miteinander vertauscht werden.

Z. B. aus $3 : 4 = 9 : 12$ kann gebildet werden $3 : 9 = 4 : 12$.

Regel 24b: In jeder Proportion können die äußeren Glieder miteinander vertauscht werden.

Z. B. aus $3 : 4 = 9 : 12$ kann gebildet werden $12 : 4 = 9 : 3$.

Regel 25: In jeder Proportion kann ein **äußeres und** ein **inneres** Glied mit einer und derselben Zahl **multipliziert,** oder durch eine und dieselbe Zahl **dividiert** werden.

Ist die Proportion

$$a : b = c : d$$

gegeben, so kann hieraus gebildet werden:

1. $na : nb = c : d$

oder 3. 2. $na : b = nc : d$.

ebenso: 3. $\frac{a}{n} : \frac{b}{n} = c : d$

oder 4. $\frac{a}{n} : b = \frac{c}{n} : d$.

Um die Richtigkeit dieser Behauptungen zu zeigen, schreibe man die gegebene Proportion in Bruchform, also

$$\frac{a}{b} = \frac{c}{d}.$$

Erweitert man den Bruch $\frac{a}{b}$ mit n, so ist $\frac{a}{b} = \frac{na}{nb}$, also auch:

$\frac{na}{nb} = \frac{c}{d}$, oder in Form einer Proportion geschrieben: $na : nb = c : d$ und das ist Proportion 1.

Dieselbe Gleichung $\frac{a}{b} = \frac{c}{d}$ mit n multipliziert ergibt $\frac{na}{b} = \frac{nc}{d}$, oder in Form einer Proportion geschrieben: $na : b = nc : d$ und das ist Proportion 2.

Hätte man, statt zu multiplizieren, dividiert, so hätte man die Proportionen 3. und 4. erhalten.

Anwendungen der Regel 25

Drücke folgende Proportionen, ohne das Glied x zu ändern, in den kleinsten ganzen Zahlen aus.

1. $28 : 8 = 21 : x$
2. $9 : 15 = x : 10$
3. $32 : 40 = 6 : x$
4. $56 : 21 = 40 : x$
5. $x : 6 = 10 : 42$
6. $3 : x = 30 : 14$
7. $x : 5 = 4 : \frac{3}{2}$
8. $\frac{5}{3} : \frac{3}{4} = x : 5$
9. $\frac{5}{6} : x = 3 : \frac{2}{7}$
10. $6\frac{2}{3} : 26\frac{1}{4} = x : 2\frac{1}{4}$
11. $\frac{7}{4}ab : \frac{5}{6}bc = c : \frac{10}{3}cd$
12. $\frac{u^2 - v^2}{u^2 + v^2} : \left(1 + \frac{u}{v}\right) = \left(1 - \frac{v}{u}\right) : x.$

Lösungen:

Zu 1. Man dividiere das erste und dritte Glied durch 7 und erhält: $4 : 8 = 3 : x$; jetzt dividiere man das erste und zweite Glied durch 4 und erhält:

$$1 : 2 = 3 : x$$

Zu 2. Man dividiere das zweite und vierte Glied durch 5, dies gibt: $9 : 3 = x : 2$; jetzt dividiere man das erste und zweite Glied durch 3 und erhält:

$$3 : 1 = x : 2.$$

Zu 3. Man dividiere das erste und zweite Glied durch 8, dies gibt: $4 : 5 = 6 : x$; jetzt dividiere man noch das erste und dritte Glied durch 2 und erhält:

$$2 : 5 = 3 : x.$$

Zu 4. I*) und II durch 7 dividiert gibt: $8 : 3 = 40 : x$; jetzt I und III durch 8 dividiert gibt:

$$1 : 3 = 5 : x.$$

Zu 5. II und IV durch 6 dividiert gibt: $x : 1 = 10 : 7$; oder auch III und IV durch 2 dividiert gibt: $x : 6 = 5 : 21$; und jetzt II und IV durch 3 dividiert gibt:

$$x : 2 = 5 : 7.$$

Zu 6. I und III durch 3 dividiert gibt: $1 : x = 10 : 14$; jetzt III und IV durch 2 dividiert gibt:

$$1 : x = 5 : 7.$$

Zu 7. Um den Nenner des vierten Gliedes wegzuschaffen, multipliziere man das zweite und vierte Glied mit 2 und erhält:

$$x : 10 = 4 : 3.$$

Zu 8. Man multipliziere das erste und zweite Glied mit 12, dies gibt:

$$20 : 9 = x : 5.$$

Zu 9. Man multipliziere das erste und dritte Glied mit 6, dies gibt: $5 : x = 18 : \frac{2}{7}$; jetzt multipliziere man das dritte und vierte Glied mit 7 also $5 : x = 126 : 2$; nun kann noch das dritte und vierte Glied durch 2 dividiert werden, man erhält dann endlich:

$$5 : x = 63 : 1.$$

Regel 26: Sind in zwei Proportionen drei Glieder, welche gleiche Stellen haben, einander gleich, so sind auch die vierten Glieder einander gleich.

Ist $a : b = c : x$
und $a : b = c : y$,
ist $x = y$.

Beweis: Aus $a : b = c : x$ folgt: $x = \frac{b \cdot c}{a}$

und aus $a : b = c : y$ folgt: $y = \frac{b \cdot c}{a}$.

Sind aber zwei Größen (x und y) einer dritten $\left(\frac{bc}{a}\right)$ gleich, so sind sie unter sich gleich, d. h. $x = y$.

Regel 27a: In jeder Proportion verhält sich die Summe der Glieder des ersten Verhältnisses zur Summe der Glieder des zweiten Verhältnisses, wie ein Paar entsprechende (homologe) Glieder.

*) Die römischen Zahlen I, II, III, IV geben die Gliedstellung an, also I bedeutet erstes Glied, II zweites Glied usw.

Wenn $a : b = c : d$
die gegebene Proportion ist, so kann man hieraus

$$(a + b) : (c + d) = b : d$$

bilden.

Um die Richtigkeit dieser Regel zu zeigen, schreibe man die gegebene Proportion $a : b = c : d$ in Bruchform

$$\frac{a}{b} = \frac{c}{d}$$

und addiere auf beiden Seiten dieser Gleichung die Zahl 1, so erhält man die ebenfalls richtige Gleichung:

$$\frac{a}{b} + 1 = \frac{c}{d} + 1.$$

Macht man nun jede Seite dieser Gleichung für sich gleichnamig, so gibt dies:

$$\frac{a + b}{b} = \frac{c + d}{d}.$$

Macht man nun statt des Bruchstriches wieder den Doppelpunkt, so ergibt sich die Proportion:

$$(a + b) : b = (c + d) : d.$$

Vertauscht man die inneren Glieder (siehe Regel 24a), so erhält man:

$$(a + b) : (c + d) = b : d.$$

Hätte man von beiden Seiten der Gleichung

$$\frac{a}{b} = \frac{c}{d}$$

die Zahl 1 abgezogen, so hätte man erhalten:

$$\frac{a}{b} - 1 = \frac{c}{d} - 1,$$

oder gleichnamig gemacht:

$$\frac{a - b}{b} = \frac{c - d}{d},$$

oder in Form einer Proportion geschrieben:

$$(a - b) : b = (c - d) : d,$$

die inneren Glieder vertauscht:

$$(a - b) : (c - d) = b : d, \text{ d. h.}$$

Regel 27b: In jeder Proportion verhält sich die Differenz der Glieder des ersten Verhältnisses zur Differenz der Glieder des zweiten Verhältnisses, wie ein Paar entsprechende Glieder.

Statt des Verhältnisses $b : d$ hätte man auch $a : c$ schreiben können, weil ja in der Proportion $a : b = c : d$ nach Vertauschung der inneren Glieder $a : c = b : d$ ist.

Aus den eben bewiesenen Proportionen

$$(a + b) : (c + d) = b : d$$

und

$$(a - b) : (c - d) = b : d$$

folgt:

$$(a + b) : (c + d) = (a - b) : (c - d)$$

oder die inneren Glieder vertauscht:

$$(a + b) : (a - b) = (c + d) : (c - d)$$

d. h. in Worten:

Regel 27c: In jeder Proportion verhält sich die Summe der Glieder des ersten Verhältnisses zur Differenz dieser Glieder, wie die Summe der Glieder des anderen Verhältnisses zur Differenz dieser Glieder.

Anwendungen der Regeln 27a, 27b, 27c

Die folgenden Proportionen sind erst so umzuformen, daß ein Glied x heißt, die anderen drei aber kein x enthalten, und dann ist aus dieser Proportion nach Regel 23a und 23b das x zu bestimmen.

1. $5 : 7 = (3 - x) : x$
2. $8 : 5 = (4 + x) : x$
3. $4 : 9 = x : (5 - x)$
4. $3 : 7 = 4 : (x - 4)$
5. $9 : 6 = 7 : (7 - x)$
6. $15 : 11 = x : (x - 4)$
7. $9 : 5 = (4 + x) : (4 - x)$
8. $11 : 8 = (x + 5) : (x - 5)$

Lösungen:

Zu 1. Wendet man Regel 27a an, so erhält man aus der gegebenen Proportion

$5 : 7 = (3 - x) : x$ die neue $(5 + 7) : (3 - x + x) = 7 : x$

oder $12 : 3 = 7 : x$, woraus jetzt $x = \frac{3 \cdot 7}{12} = \frac{7}{4} = 1\frac{3}{4}$ folgt.

Zu 2. Wendet man Regel 27b an, so erhält man aus der gegebenen Proportion

$8 : 5 = (4 + x) : x$ die neue: $(8 - 5) : (4 + x - x) = 5 : x$,

oder, was dasselbe ist:

$3 : 4 = 5 : x$, woraus jetzt $x = \frac{4 \cdot 5}{3} = 6\frac{2}{3}$ folgt.

Zu 3. Aus $4 : 9 = x : (5 - x)$ wird nach Regel 27a:

$(4 + 9) : (x + 5 - x) = 4 : x$

oder, was dasselbe ist:

$13 : 5 = 4 : x$, woraus $x = \frac{5 \cdot 4}{13} = 1\frac{7}{13}$ folgt.

Zu 4. Aus $3 : 7 = 4 : (x - 4)$ wird: $(3 + 7) : (4 + x - 4) = 3 : 4$

oder

$10 : x = 3 : 4$, woraus $x = \frac{4 \cdot 10}{3} = 13\frac{1}{3}$ folgt.

Zu 5. Wendet man Regel 27b an, so erhält man aus der gegebenen Proportion:

$9 : 6 = 7 : (7 - x)$ die neue: $(9 - 6) : [7 - (7 - x)] = 9 : 7$

oder, wenn man die () Klammer auflöst:

$3 : [7 - 7 + x] = 9 : 7$

oder, was dasselbe ist:

$3 : x = 9 : 7$, woraus $x = \frac{3 \cdot 7}{9} = 2\frac{1}{3}$ folgt.

Zu 6. Aus $15 : 11 = x : (x - 4)$ folgt durch Anwendung der Regel 27b:

$(15 - 11) : [x - (x - 4)] = 15 : x$

oder nach Auflösung der () Klammer:

$4 : [x - x + 4] = 15 : x$ oder $4 : 4 = 15 : x$,

woraus $x = \frac{4 \cdot 15}{4} = 15$ folgt.

Zu 7. Wendet man auf die Proportion $9 : 5 = (4 + x) : (4 - x)$ die Regel 27c an, so erhält man die neue Proportion:

$$(9 + 5) : (9 - 5) = [(4 + x) + (4 - x)] : [(4 + x) - (4 - x)]$$

oder die () Klammern aufgelöst:

$$14 : 4 = [4 + x + 4 - x] : [4 + x - 4 + x],$$

die gleichartigen Größen addiert:

$$14 : 4 = 8 : 2x.$$

Je ein inneres und ein äußeres Glied durch 2 dividiert, gibt:

$$7 : 2 = 4 : x, \text{ woraus } x = \frac{2 \cdot 4}{7} = 1\tfrac{1}{7} \text{ folgt.}$$

Zu 8. Auf die Proportion $11 : 8 = (x + 5) : (x - 5)$ die Regel 27c angewendet, gibt:

$$(11 + 8) : (11 - 8) = [(x + 5) + (x - 5)] : [(x + 5) - (x - 5)],$$

die () Klammern aufgelöst:

$$19 : 3 = [x + 5 + x - 5] : [x + 5 - x + 5].$$

Nun addiert:

$$19 : 3 = 2x : 10.$$

Ein inneres (2x) und ein äußeres Glied (10) durch 2 dividiert, gibt:

$$19 : 3 = x : 5, \text{ woraus } x = \frac{5 \cdot 19}{3} = 31\tfrac{2}{3} \text{ folgt.}$$

§ 16 Fortlaufende Proportionen

Die bisherigen Proportionen waren durch Gleichsetzung **zweier** gleicher Verhältnisse entstanden. Nun können aber auch **mehrere** Verhältnisse einander gleich sein, und auch diese lassen sich zu einer Proportion zusammensetzen. Ist z. B.

$$\frac{a}{b} = \frac{c}{d} = \frac{e}{f}$$

oder, was dasselbe ist:

$$a : b = c : d = e : f$$

so kann man dies folgendermaßen als Proportion schreiben:

$$a : c : e = b : d : f.$$

Man nennt eine solche Proportion eine **fortlaufende Proportion** und jede Seite der fortlaufenden Proportion ein **fortlaufendes Verhältnis. Man bildet also aus mehreren gleichen Verhältnissen eine fortlaufende Proportion, indem man die Vorderglieder (Zähler) der gleichen Verhältnisse zu Gliedern des einen fortlaufenden Verhältnisses und die Hinterglieder (Nenner) der gleichen Verhältnisse zu Gliedern des anderen fortlaufenden Verhältnisses macht.**

Umgekehrt kann man jede fortlaufende Proportion in mehrere einfache Proportionen auflösen, indem man das Verhältnis aus je zwei Gliedern des einen fortlaufenden Verhältnisses gleich dem Verhältnis aus den zwei entsprechenden Gliedern des anderen fortlaufenden Verhältnisses setzt.

So erhält man z. B. aus der fortlaufenden Proportion

$$15 : 24 : 36 = 5 : 8 : 12$$

die einfachen Proportionen:

$$15 : 24 = 5 : 8$$
$$15 : 36 = 5 : 12$$
$$24 : 36 = 8 : 12.$$

Aufgaben

Bilde aus den gleichen Verhältnissen eine fortlaufende Proportion:

1. $\frac{5}{10} = \frac{6}{12} = \frac{7}{14}$
2. $9 : 6 = 12 : 8 = 15 : 10$
3. $a : b = c : d = e : f = g : h$
4. $8 : 5 = 40 : 25 = 24 : 15 = 56 : 35.$

Löse die fortlaufenden Proportionen in einfache auf:

5. $5 : 10 : 15 = 6 : 12 : 18$
6. $3 : 15 : 12 = 7 : 35 : 28$
7. $a : b : c = e : f : g$
8. $a : b : c : d = x : y : z : u$
9. $x : y : z : u = 1 : 2 : 3 : 4$
10. $(a + b) : (a - b) : c = (x + y) : (x - y) : xy.$

Lösungen:

Zu 1. $5 : 6 : 7 = 10 : 12 : 14$

Zu 2. $9 : 12 : 15 = 6 : 8 : 10$

Zu 3. $a : c : e : g = b : d : f : h$

Zu 4. $8 : 40 : 24 : 56 = 5 : 25 : 15 : 35$

Zu 5. Aus $5 : 10 : 15 = 6 : 12 : 18$ folgt:
1. $5 : 10 = 6 : 12$ 2. $5 : 15 = 6 : 18$ 3. $10 : 15 = 12 : 18$

Zu 6. Aus $3 : 15 : 12 = 7 : 35 : 28$ folgt:
1. $3 : 15 = 7 : 35$ 2. $3 : 12 = 7 : 28$ 3. $15 : 12 = 35 : 28$

Zu 7. Aus $a : b : c = e : f : g$ folgt:
1. $a : b = e : f$ 2. $a : c = e : g$ 3. $b : c = f : g$

Zu 8. Aus $a : b : c : d = x : y : z : u$ folgt:
1. $a : b = x : y$ 3. $a : d = x : u$ 5. $b : d = y : u$
2. $a : c = x : z$ 4. $b : c = y : z$ 6. $c : d = z : u$

Zu 9. Aus $x : y : z : u = 1 : 2 : 3 : 4$ folgt:
1. $x : y = 1 : 2$ 3. $x : u = 1 : 4$ 5. $y : u = 2 : 4$
2. $x : z = 1 : 3$ 4. $y : z = 2 : 3$ 6. $z : u = 3 : 4$

Zu 10. Aus $(a + b) : (a - b) : c = (x + y) : (x - y) : xy$ folgt:
1. $(a + b) : (a - b) = (x + y) : (x - y)$
2. $(a + b) : c = (x + y) : xy$
3. $(a - b) : c = (x - y) : xy.$

Regel 28: In einer fortlaufenden Proportion verhält sich die Summe der Glieder des einen fortlaufenden Verhältnisses zur Summe der Glieder des anderen fortlaufenden Verhältnisses, wie ein Paar entsprechende Glieder.

Ist $a : b : c = e : f : g$ die gegebene fortlaufende Proportion, so folgt aus derselben:

$$(a + b + c) : (e + f + g) = a : e, \text{ oder } = b : f, \text{ oder } = c : g.$$

Um die Richtigkeit dieser Regel zu zeigen, bedenke man, daß die fortlaufende Proportion:

$$a : b : c = e : f : g$$

aus den gleichen Verhältnissen:

$$\frac{a}{e} = \frac{b}{f} = \frac{c}{g}$$

entstanden ist. Setzt man nun $\frac{a}{e} = x$, so ist auch $\frac{b}{f} = x$ und $\frac{c}{g} = x$.

Multipliziert man die Gleichung $\frac{a}{e} = x$ mit e, so ergibt sich $\frac{a}{e} \cdot e = e \cdot x$, oder $a = ex$;

multipliziert man $\frac{b}{f} = x$ mit f, so ergibt sich $\frac{b}{f} \cdot f = f \cdot x$, oder $b = f \cdot x$;

multipliziert man $\frac{c}{g} = x$ mit g, so ergibt sich $\frac{c}{g} \cdot g = g \cdot x$, oder $c = g \cdot x$.

Addiert man diese drei untereinanderstehenden Gleichungen, so ergibt sich:

$a + b + c = ex + fx + gx$, oder, wenn man den gemeinschaftlichen Faktor x absondert: $a + b + c = x(e + f + g)$.

Dividiert man diese Gleichung durch $e + f + g$, so entsteht:

$$\frac{a + b + c}{e + f + g} = \frac{x(e + f + g)}{e + f + g}.$$

Auf der rechten Seite dieser Gleichung kann man den Faktor $e + f + g$ im Zähler und Nenner kürzen, es bleibt dann:

$$\frac{a + b + c}{e + f + g} = x;$$

für x kann man wieder setzen entweder $\frac{a}{e}$, oder $\frac{b}{f}$, oder $\frac{c}{g}$; also

$\frac{a + b + c}{e + f + g} = \frac{a}{e}$, oder $\frac{a + b + c}{e + f + g} = \frac{b}{f}$, oder $\frac{a + b + c}{e + f + g} = \frac{c}{g}$;

schreibt man diese Brüche als Proportionen, so erhält man:

$$(a + b + c) : (e + f + g) = a : e,$$

oder

$$(a + b + c) : (e + f + g) = b : f,$$

oder

$$(a + b + c) : (e + f + g) = c : g.$$

Bemerkung: Die Regel 28 findet hauptsächlich in der Geometrie Verwendung. Der Vollständigkeit halber mußte sie aber hier ihren Platz finden.

§ 17 Fortsetzung der Gleichungen

Bereits auf Seite 133 sind einige Aufgaben gerechnet worden, in denen die bekannten Größen keine bestimmten Zahlen, sondern Buchstaben-Größen waren. Wie daselbst erwähnt, sieht man die ersten Buchstaben des Alphabets als bekannte Größen, die letzten (gewöhnlich x oder y oder z) als Unbekannte an. Das Aufsuchen der Unbekannten geschieht auch hier nach den früher gegebenen Regeln. Dieselben mögen, und zwar in der Reihenfolge, in welcher sie angewendet werden, noch einmal zusammengestellt werden.

Zusammenstellung der Regeln für das Auflösen von Gleichungen*)

1. Man schaffe die Nenner fort; dies geschieht, indem man die ganze Gleichung mit dem kleinsten gemeinschaftlichen Vielfachen der Nenner multipliziert.
2. Man löse die Klammern auf, in welchen die Unbekannte vorkommt.

---

*) Dem Leser wird dringend geraten, sich diese fünf Regeln der Reihe nach wörtlich auswendig zu merken.

3. Man ordne die Gleichung, d. h. man bringe die unbekannten Glieder auf die linke Seite der Gleichung, die bekannten Glieder auf die rechte.

4. Man sondere auf der linken Seite der Gleichung die Unbekannte als Faktor ab.

5. Man dividiere die ganze Gleichung durch den Faktor der Unbekannten.

Die Regel 4 erscheint hier in einer Fassung, in welcher sie dem Leser fremd erscheinen dürfte, da bei Zahlengleichungen eine andere Fassung vorteilhafter ist. Hat man nämlich die geordnete Zifferngleichung

$$8x + 3x = 55$$

aufzulösen, so sagt man jetzt einfach: die gleichartigen Größen addiert, gibt:

$$11x = 55$$

und weiter: die Gleichung durch den Faktor 11 der Unbekannten dividiert:

$$x = 5.$$

Ist aber die ebenfalls geordnete Gleichung:

$$ax + bx = c$$

gegeben, so kann man jetzt nicht sagen: die gleichartigen Größen addiert, gibt ..., denn hier sind ja gar keine gleichartigen Größen vorhanden. In diesem Falle sondere man, wie in Nr. 4 verlangt wird, die Unbekannte x als Faktor ab, wie dies in § 11 ausführlich gezeigt worden ist, und erhält

$$x\,(a + b) = c$$

Die ganze Gleichung durch den Faktor (a + b) der Unbekannten dividiert, gibt:

$$\frac{x\,(a+b)}{(a+b)} = \frac{c}{(a+b)}$$

und gekürzt:

$$x = \frac{c}{a+b}.$$

Es mögen nun die vorstehenden Regeln durch einige **Beispiele** erläutert werden.

1. $x + a = b.$

Lösung: Man ordne die Gleichung, d. h. man bringe das bekannte Glied a von der linken auf die rechte Seite der Gleichung, dies gibt dann das Resultat:

$$x = b - a.$$

(Hierzu Aufgabe 1–7 Seite 187.)

2. $ax = b.$

Lösung: Diese Gleichung ist bereits geordnet, denn links steht nur das unbekannte Glied ax (wo a Faktor von x ist) und rechts das bekannte Glied b, also dividiere man die ganze Gleichung durch a und erhält:

$$\frac{ax}{a} = \frac{b}{a},$$

oder gekürzt:

$$x = \frac{b}{a}.$$

Anmerkung: Anfänger verwechseln häufig die Auflösung der Gleichung 1. mit der Auflösung der Gleichung 2. Man beachte daher stets, daß in Gleichung 1. die Größe a ein bekanntes Glied vorstellt, dagegen ist in Gleichung 2. a kein Glied, sondern nur ein Faktor des unbekannten Gliedes ax.

3. $ax + b = c.$

Lösung: Man ordne die Gleichung, d. h. man schaffe das bekannte Glied b auf die rechte Seite der Gleichung und erhält:

$$ax = c - b.$$

Jetzt dividiere man die ganze Gleichung durch den Faktor a von x, dies gibt:

$$\frac{ax}{a} = \frac{c - b}{a},$$

gekürzt:

$$x = \frac{c - b}{a}.$$

(Hierzu Aufgaben 8—13 Seite 187.)

4. $\frac{x}{a} = \frac{b}{c}$.

Lösung: Diese Gleichung hat Nenner, man schaffe also dieselben zuerst fort; dies geschieht, indem man die ganze Gleichung mit dem kleinsten gemeinschaftlichen Vielfachen der Nenner, d. i. mit ac, multipliziert; man erhält:

$$\frac{x}{a} \cdot ac = \frac{b}{c} \cdot ac,$$

gekürzt: $cx = ab,$

und durch den Faktor der Unbekannten, d. i. durch c, dividiert:

$$\frac{cx}{c} = \frac{ab}{c},$$

gekürzt:

$$x = \frac{ab}{c}.$$

(Hierzu Aufgaben 14–17 Seite 187.)

5. $ax + bx = c - dx$.

Lösung: Man ordne die Gleichung, d. h. man bringe das unbekannte Glied dx von der rechten auf die linke Seite und erhält:

$$ax + bx + dx = c.$$

Jetzt sondere man nach 4. die Unbekannte x als Faktor ab; dies gibt:

$$x\,(a + b + d) = c$$

und dividiere nun die ganze Gleichung durch den Faktor (a + b + d) der Unbekannten, also:

$$\frac{x\,(a + b + d)}{(a + b + d)} = \frac{c}{a + b + d},$$

gekürzt:

$$x = \frac{c}{a + b + d}.$$

(Hierzu Aufgaben 18-25 Seite 187.)

6. $(a + x)\,b + (c + x)\,d = e$.

Lösung: Man löse die Klammern auf:

$$ab + bx + cd + dx = e.$$

Man ordne die Gleichung:

$$bx + dx = e - ab - cd.$$

Man sondere x als Faktor ab:

$$x\,(b + d) = e - ab - cd.$$

Man dividiere die Gleichung durch den Faktor (b + d) der Unbekannten:

$$\frac{x\,(b + d)}{b + d} = \frac{e - ab - cd}{b + d};$$

gekürzt:

$$x = \frac{c - ab - cd}{b + d}.$$

(Hierzu Aufgaben 25-30 Seite 187.)

$$7.\ \frac{a}{m + x} - b = c.$$

Lösung: Man schaffe die Nenner weg, indem man die ganze Gleichung mit (m + x) multipliziert:

$$(m + x) \cdot \frac{a}{(m + x)} - (m + x) \cdot b = (m + x) \cdot c,$$

gekürzt:

$$a - (m + x) \cdot b = (m + x) \cdot c.$$

Man löse die Klammern auf:

$$a - bm - bx = mc + cx.$$

Man ordne die Gleichung:

$$-bx - cx = -a + bm + mc.$$

Sämtliche Vorzeichen in die entgegengesetzten verwandelt:

$$bx + cx = a - bm - cm.$$

Man sondere die Unbekannte x als Faktor ab:

$$x\,(b + c) = a - bm - cm.$$

Man dividiere die Gleichung durch den Faktor der Unbekannten und kürze:

$$x = \frac{a - bm - cm}{b + c}.$$

Aufgaben zu selbständiger Lösung:

Gleichungen

1. $x - a = c$
2. $a + x = b$
3. $x + a - b = c$
4. $a - x = c - b$
5. $5a - 3x = 7a - 4x$
6. $a - 7 + b = x - m + 8$
7. $p + q - r - x = 0$
8. $ax + 5 = 8 + b$
9. $a - bx = c$
10. $p - 9x + c = -d$
11. $8x - p = 6x + 9$
12. $9ax + 7b = 5ax + 11b$
13. $4a - 3b + 7x = 12a - 5b$
14. $\frac{x}{a} = b$
15. $\frac{a}{x} = b$
16. $\frac{x}{b} - a = c$
17. $\frac{a}{x} - \frac{b}{x} = c$
18. $mx + nx = a$
19. $ax - b = cx + d$
20. $a - bx = cx - d$
21. $ax + bx = cx + d$
22. $ax = x + b$
23. $ax + bx = m + x$
24. $a - bx = cx - x$
25. $(a + x)\,b = c$
26. $(a - x)\,b + c\,(x - d) = e$
27. $ax = x\,(a - b) + c$
28. $a\,(x - 1) - b = x - a$
29. $(a - x) \cdot (b - x) = x^2$
30. $(x - a) \cdot (x - b) = x^2 - ab$
31. $a - \frac{b}{x} = c$
32. $\frac{a}{x} - 2 = \frac{b}{x} - 10$
33. $\frac{ax}{b} - \frac{cx}{d} = e$
34. $\frac{a + b}{x} - c = d - \frac{a - b}{x}$
35. $\frac{x}{p + q} - m = n + x$
36. $\frac{1 + x}{1 - x} = a$
37. $a - \frac{m + n}{x} = b - \frac{m - n}{x}$
38. $\frac{x}{ab} - (c + x)\,d = e - \frac{x + m}{an}$
39. $x = a + \frac{bc}{d} + \frac{cfx}{de}$
40. $\frac{ex}{f} + \frac{cx}{d} + \frac{ax}{b} - g = h$

41. $\frac{a + 3x}{4a} - \frac{7a - 5x}{6b} + 3 - \frac{9x}{4} = \frac{x}{ab} + \frac{5x}{6b}$

42. $\frac{6a - bx}{2a} + \frac{9b - cx}{3b} + \frac{20c - dx}{5c} = 10$

43. $\frac{ax}{b} - \frac{b - x}{2c} + \frac{a\,(b - x)}{3d} = a$

44. $\frac{a - x}{bc} + \frac{b - x}{ac} + \frac{c - x}{ab} = 0$

45 $\frac{a + 1}{b - 1} = \frac{a + x}{b - x}$

46. $\frac{a^2b - x}{a} + \frac{b^2c - x}{b} + \frac{ac^2 - x}{c} = 0$

47. $(a - x) : (b + x) = (c - x) : (x - d)$

48. $\frac{a + c}{x} : \frac{b - c}{x}$ $(a + x) : (b - x)$ geht nicht!

49. $(a + bx) : (a - b) = (c + dx) : (c - d)$

50. $\frac{px + q}{x} : \frac{p}{r} = \frac{q}{p} : \frac{x}{sx + r}$

51. $\frac{a + \frac{1}{x}}{a - \frac{1}{x}} = a + \frac{1}{a}$ [Andeutung zur Lösung: Richte $a + \frac{1}{x}$ und $a - \frac{1}{x}$ ein.]

52. $a - \frac{1}{a} = \frac{1}{\frac{1}{a} + \frac{1}{x}}$

53. $\frac{\frac{1}{a} - x}{\frac{1}{a} + x} + \frac{1}{a} = \frac{x}{\frac{1}{a} + x} - \frac{1}{a}$

54. $\frac{\frac{a}{b} - \frac{1}{x}}{\frac{a}{b} + \frac{1}{x}} - \frac{\frac{b}{a} - \frac{1}{x}}{\frac{b}{a} + \frac{1}{x}} = \frac{\frac{a}{b} - \frac{b}{a}}{\frac{1}{a} \cdot \frac{1}{x} + 1} \cdot \frac{1}{x}$

55. $\frac{a + bx}{c + dx} - \frac{g - fx}{c} = \frac{dfx^2}{c\,(c + dx)}$

56. $\frac{ax + b}{mx - m} - \frac{ax - b}{nx - n} = \frac{a}{m} - \frac{b}{n}$ (Hauptnenner?]

57. $(a + b)^2 = 3a^2 + b^2 - \frac{(a^2 - b^2)\,a}{x}$

58. $a^2 = \frac{a^3 - b^3}{a - b} - \frac{ab\,(a + b)}{x}$ $[(a^3 - b^3) : (a - b) = ?]$

59. $\frac{ax + b}{ax - b} - \frac{bx}{ax + b} = \frac{ax}{ax - b} - \frac{(ax^2 - 2b)\,b}{a^2x^2 - b^2}$ [Hauptnenner?]

60. $\frac{3abc}{a + b} + \frac{a^2b^2}{(a + b)^3} + \frac{(2a + b)\,b^2x}{a\,(a + b)^2} = 3cx + \frac{bx}{a}$ [Lösung: $x = \frac{ab}{a + b}$).

5. Kapitel

Ungleichungen

§ 18 Lineare Ungleichungen

1. Erklärung des Begriffs Ungleichung:

Was man **unter** einer **Gleichung versteht**, und **wie** man die **Lösung** einer Gleichung **findet**, ist im vorhergehenden Kapitel ausführlich behandelt worden.

Wir **wiederholen:**
Wenn man die Gleichung $2\,(x + 3) + 5 = 13$ lösen soll, dann lautet die Frage: **Welche Zahl** muß man statt x einsetzen, damit die linke Seite der Gleichung genauso groß ist wie die rechte Seite. Man findet, daß die Zahl **$x = 1$** diese Bedingung erfüllt. Man nennt dann diese Zahl **1 die Lösung** dieser Gleichung.

Aus der **Gleichung wird** eine **Ungleichung, wenn** man statt des Gleichzeichens – oder zusätzlich zum Gleichzeichen – eines der beiden **Zeichen** $>$ **oder** $<$ **schreibt.**
$>$ heißt: größer als; $\geqq$ heißt: größer als oder gleich
$<$ heißt: kleiner als; $\leqq$ heißt: kleiner als oder gleich.

$2\,(x + 3) + 5 \geqq 13$ ist also eine Ungleichung.
Die Frage lautet nun dabei: **Durch welche Zahlen** (Mehrzahl!) – statt x eingesetzt – wird die **linke Seite größer** oder gleich der **rechten Seite.** Diese Bedingung erfüllen hier alle Zahlen, die größer sind als 1, und die Zahl 1 selbst.

Jede Zahl x, für die gilt: $x \geqq 1$, ist also eine Lösung dieser Ungleichung. Es gibt hier also **unendlich viele Lösungen**, die man zur **Lösungsmenge** $\mathbb{L}$ zusammenfaßt.
Man schreibt: $\mathbb{L} = \{\mathbf{x} \mid \mathbf{x} \geqq \mathbf{1}\}$ und spricht: Die Lösungsmenge besteht aus allen Zahlen x, die größer oder gleich 1 sind.

2. Lösungsverfahren für einfache lineare Ungleichungen:

Es gilt ein wichtiger **Grundsatz:**
Man darf **bei** der **Lösung** einer **Ungleichung genauso** verfahren **wie** bei der Lösung einer **Gleichung**, nur mit einer – allerdings sehr wichtigen – **Ausnahme.**
Folgendes ist wie **bei** einer **Ungleichung erlaubt:**
a) Man darf **auf jeder Seite** der Ungleichung dieselbe Zahl **addieren** (bzw. **subtrahieren**):
Aus $x + 3 > 7$ folgt: $x > 4$
Aus $x - 6 > 11$ folgt: $x > 17$.

b) Man darf eine Ungleichung durch eine **positive** Zahl dividieren, bzw. mit einer **positiven** Zahl multiplizieren.
Aus $3\,x > 18$ folgt: $x > 6$ (durch Dividieren durch 3)
Aus $\frac{1}{4}x < -3$ folgt: $x < -12$ (durch Multiplizieren mit 4)

Die Ausnahme besteht in folgendem:

> **Regel 29:** Wenn man eine Ungleichung mit einer negativen Zahl multipliziert, oder durch eine negative Zahl dividiert, dann ändert sich das Ungleichzeichen, das heißt: aus $<$ wird $>$, und aus $>$ wird $<$.

Denn aus 5 > 3 folgt z. B. bei Multiplikation mit −1:

$-5 < -3!$

Man muß also beim Lösen einer Ungleichung immer dann höchste Vorsicht walten lassen, wenn man mit einer negativen Zahl multipliziert, oder durch eine negative Zahl dividiert. Sonst kann man vorgehen wie bei einer Gleichung.

1. Beispiel:

$$x^2 - 2(x-3) - (3+x)5 > (x-2)^2$$
$$x^2 - 2x + 6 - 15 - 5x > x^2 - 4x + 4$$
$$x^2 - 7x - 9 > x^2 - 4x + 4$$
$$-3x > 13 \mid : (-3) \quad \text{Vorsicht!}$$
$$x < -\tfrac{13}{3}$$
$$\mathbb{L} = \{x \mid x < -\tfrac{13}{3}\}$$

2. Beispiel:

$$\tfrac{1}{2}(x-1) + 3(1-x) \leqq -12$$
$$\tfrac{1}{2}x - \tfrac{1}{2} + 3 - 3x \leqq -12$$
$$-2\tfrac{1}{2}x \leqq -14\tfrac{1}{2} \mid : (-2\tfrac{1}{2}) \quad \text{Vorsicht!}$$
$$x \geqq (-\tfrac{29}{2}) : (-\tfrac{5}{2})$$
$$x \geqq \tfrac{29}{5}$$
$$\mathbb{L} = \{x \mid x \geqq \tfrac{29}{5}\}$$

3. Beispiel:

$$13x + 6 \geqq 10x + 5$$
$$3x \geqq -1 \mid : 3$$
$$x \geqq -\tfrac{1}{3}$$
$$\mathbb{L} = \{x \mid x \geqq -\tfrac{1}{3}\}$$

Aufgaben:

1. $\frac{3}{5}(x-2) + 0{,}5x < \frac{7}{10}(x-3)$
2. $17(x+5) + 15(x+4) > -1 - 14(3x+16)$
3. $(4x-1)^2 + (3x-1)^2 < (5x-2)^2$
4. $(3x+2)(2x-1) < (2x-1)(x+1) + (2x+1)^2$
5. $x^2 + (3x-1)^2 \geqq 10x(x+4) - 22$

Ein Sonderfall:

1. $(x-2)(x-3) > 0$

Ein Produkt ist größer 0, wenn **beide** Faktoren positiv sind, oder **beide** Faktoren negativ sind. Es muß also gelten:

a) $x - 2 > 0$ und gleichzeitig $x - 3 > 0$

Beide Bedingungen werden durch die Zahlen x mit $x > 3$ erfüllt.

b) $x - 2 < 0$ und gleichzeitig $x - 3 < 0$

Beide Bedingungen werden durch die Zahlen x mit < 2 erfüllt.

Es gilt also: $\mathbb{L} = \{x \mid x < 2 \text{ oder } x > 3\}$

2. $(3+x) \cdot (2x+1) < 0$

Ein Produkt ist kleiner als 0, wenn einer der beiden Faktoren positiv, der andere aber negativ ist. Es muß also gelten:

a) $3 + x < 0$ und gleichzeitig $2x + 1 > 0$

Beide Bedingungen sind gleichzeitig nicht erfüllbar.

b) $3 + x > 0$ und gleichzeitig $2x + 1 < 0$

Beide Bedingungen werden gleichzeitig durch die Zahlen x erfüllt, für die gilt: $-3 < x < -\frac{1}{2}$.

$\mathbb{L} = \{x \mid -3 < x < -\tfrac{1}{2}\}$

3. Ungleichungen, bei denen die Unbekannte x im Nenner vorkommt:

1. Beispiel: $\frac{5}{3x - 12} > 7$

Man muß – wie bei einer Gleichung – mit dem Nenner 3x − 12 multiplizieren. Dabei tritt jetzt aber die Schwierigkeit auf, daß man nicht weiß, ob 3x − 12 positiv oder negativ ist.

Man muß also 2 Fälle unterscheiden:
1. Fall: $3x - 12 > 0$ oder $x > 4$
Als Lösungen werden also nur Zahlen x zugelassen, für die gilt: $x > 4$.

Dann gilt: $\frac{5}{3x - 12} > 7 \mid \cdot (3x - 12)$

Das Zeichen > bleibt erhalten, da $(3x - 12) > 0$ vorausgesetzt ist.

$$5 > 7\,(3x - 12)$$
$$5 > 21x - 84$$
$$89 > 21x \mid : 21$$
$$\tfrac{89}{21} > x \quad \text{oder } x < 4\tfrac{5}{21}$$

Da von vorneherein nur Zahlen x als Lösungen zugelassen waren, für die gilt: $x > 4$, ergibt sich als Lösungsmenge $\mathbb{L}_1$ für Fall 1:

$$\mathbb{L}_1 = \{x \mid 4 < x < 4\tfrac{5}{21}\}$$

2. Fall: $3x - 12 < 0$ oder $x < 4$

$$\frac{5}{3x - 12} > 7 \mid \cdot (3x - 12)$$

Jetzt wird aus dem Zeichen > das Zeichen <, da $3x - 12 < 0$ vorausgesetzt ist.

$$5 < 7\,(3x - 12)$$
$$\tfrac{89}{21} < x$$
$$x > 4\tfrac{5}{21}.$$

Da jetzt nur Zahlen x als Lösungen zugelassen sind, für die gilt: $x < 4$, gilt: $\mathbb{L}_2 = \{\,\}$, da es keine Zahlen gibt, die beide Bedingungen erfüllen: $x < 4$ und gleichzeitig $x > 4\tfrac{5}{21}$.
Die Ungleichung hat insgesamt die Lösungsmenge
$\mathbb{L} = \mathbb{L}_1 \cup \mathbb{L}_2 = \{x \mid 4 < x < 4\tfrac{5}{21}\}$

2. Beispiel:

$$\frac{2x + 5}{2x - 3} > -\tfrac{1}{3}$$

1. Fall: $2x - 3 > 0$ oder $x > 1{,}5$

$$\frac{2x + 5}{2x - 3} > -\tfrac{1}{3} \mid \cdot 3\,(2x - 3)$$
$$3\,(2x + 5) > -(2x - 3)$$
$$6x + 15 > -2x + 3$$
$$8x > -12$$
$$x > -1{,}5$$

$\mathbb{L}_1 = \{x \mid x > 1{,}5\}$, weil von Anfang an nur Zahlen x als Lösungen zugelassen waren, für die gilt: $x > 1{,}5$.

2. Fall: $2x - 3 < 0$ oder $x < 1{,}5$

$$\frac{2x + 5}{2x - 3} > -\tfrac{1}{3} \mid \cdot 3\,(2x - 3)$$
$$3\,(2x + 5) < -(2x - 3), \text{ weil } 3(2x - 3) < 0!$$
$$6x + 15 < -2x + 3$$
$$x < -1{,}5$$
$$\mathbb{L}_2 = \{x \mid x < -1{,}5\}$$

$\mathbb{L} = \mathbb{L}_1 \cup \mathbb{L}_2 = \{x \mid x < -1{,}5 \text{ oder } x > 1{,}5\}$

3. Beispiel:

$$\frac{x}{4x+9} > \frac{x-2}{4x-1} \mid (4x-1)(4x+9)$$

1. Fall: $(4x-1)(4x+9) > 0$.
Das ist der Fall für $x > \frac{1}{4}$ oder $x < -\frac{9}{4}$.

$$x(4x-1) > (x-2)(4x+9)$$
$$4x^2 - x > 4x^2 - 8x + 9x - 18$$
$$-2x > -18 \mid :(-2)$$
$$x < 9$$

Da wegen $(4x-1)(4x+9)$ nur Lösungen zugelassen sind, für die gilt $x > \frac{1}{4}$ oder $x < -\frac{9}{4}$, folgt:
$\mathbb{L}_1 = \{x \mid -\infty < x < -\frac{9}{4} \text{ oder } \frac{1}{4} < x < 9\}$

2. Fall: $(4x-1)(4x+9) < 0$, das heißt: $-\frac{9}{4} < x < \frac{1}{4}$.
$4(4x-1) < (x-2)(4x+9)$, da mit einer negativen Zahl multipliziert wird.

$\mathbb{L}_2 = \{\ \}$, weil von Anfang an hier nur Lösungen x zugelassen sind, für die gilt: $-\frac{9}{4} < x < \frac{1}{4}$, und es unter diesen keine Zahl gibt, die zusätzlich die Bedingung $x > 9$ erfüllt.
$\mathbb{L} = \mathbb{L}_1 \cup \mathbb{L}_2 = \{x \mid -\infty < x < -\frac{9}{4} \text{ oder } \frac{1}{4} < x < 9\}$

Sonderfall:

1. $\frac{2x-3}{5+x} > 0$

Ein Bruch ist > 0, wenn **gleichzeitig** Zähler und Nenner positiv sind, oder **gleichzeitig** Zähler und Nenner negativ sind.

Also: 1. $2x - 3 > 0$ und gleichzeitig $5 + x > 0$
$x > 1{,}5$ und gleichzeitig $x > -5$
$\mathbb{L}_1 = \{x \mid x > 1{,}5\}$

2. $2x - 3 < 0$ und gleichzeitig $5 + x < 0$
$x < 1{,}5$ und gleichzeitig $x < -5$
$\mathbb{L}_2 = \{x \mid x < -5\}$

$\mathbb{L} = \mathbb{L}_1 \cup \mathbb{L}_2 = \{x \mid x < -5 \text{ oder } x > 1{,}5\}$

2. $\frac{x-1}{x-5} < 0$

Ein Bruch ist < 0, wenn Zähler und Nenner verschiedenes Vorzeichen haben.

Also: 1. $x - 1 > 0$ und gleichzeitig $x - 5 < 0$
$x > 1$ und gleichzeitig $x < 5$
$\mathbb{L}_1 = \{x \mid 1 < x < 5\}$

2. $x - 1 < 0$ und gleichzeitig $x - 5 > 0$
$x < 1$ und gleichzeitig $x > 5$
$\mathbb{L}_2 = \{\ \}$

$\mathbb{L} = \mathbb{L}_1 \cup \mathbb{L}_2 = \{x \mid 1 < x < 5\}$

Aufgaben:

1. $\frac{1}{x-1} \geqq \frac{1}{2}$
2. $\frac{1}{x+2} - \frac{1}{2} \leqq 4{,}5$
3. $\frac{1}{x-1} > \frac{1}{x}$
4. $\frac{4x-3}{x} < \frac{1}{x}$
5. $\frac{x+1}{x-1} < \frac{x-2}{x-3}$
6. $\frac{3x-2}{2x-3} > 0$

4. Der Absolutbetrag in Gleichungen und Ungleichungen:

Unter dem Absolutbetrag $|a|$ einer Zahl a versteht man:

$$|a| = \begin{cases} a & \text{falls } a \geqq 0 \\ -a & \text{falls } a < 0 \end{cases}$$

Der Absolutbetrag $|a|$ einer positiven Zahl a ist also mit der Zahl a identisch, z. B. $|7| = 7$. Falls a jedoch eine negative Zahl ist, ist ihr Absolutbetrag $|a| = -1 \cdot a$. Z. B. $|-7| = -1 \cdot (-7) = +7$. Der Absolutbetrag einer negativen Zahl ist also ebenfalls positiv.

Kommen in einer Gleichung oder Ungleichung Absolutbeträge von Ausdrücken vor, die die Unbekannte x enthalten, so muß man durch eine Fallunterscheidung den Absolutbetrag auflösen.

1. Beispiel:

$$|x - 3| \leqq \tfrac{1}{2}$$

1. Fall: $x - 3 \geqq 0$, das heißt $x \geqq 3$

Dann gilt: $x - 3 \leqq \frac{1}{2}$ oder $x \leqq 3{,}5$

$\mathbb{L}_1 = \{x \mid 3 \leqq x \leqq 3{,}5\}$

2. Fall: $x - 3 < 0$, das heißt $x < 3$

Dann gilt: $|x - 3| = -x + 3$, da $(x - 3) < 0$ vorausgesetzt ist.

Also: $-x + 3 \leqq \frac{1}{2}$

$x \geqq 2{,}5$

$\mathbb{L}_2 = \{x \mid 2{,}5 \leqq x < 3\}$

$\mathbb{L} = \mathbb{L}_1 \cup \mathbb{L}_2 = \{x \mid 2{,}5 \leqq x \leqq 3{,}5\}$

2. Beispiel:

$$3 \cdot |2x - 3| + x \geqq 5$$

1. Fall: $2x - 3 \geqq 0$ das heißt: $x \geqq 1{,}5$

Unter dieser Voraussetzung gilt: $|2x - 3| = (2x - 3)$

Also:

$$\begin{aligned} 3\,(2x - 3) + x &\geqq 5 \\ 6x - 9 + x &\geqq 5 \\ 7x &\geqq 14 \\ x &\geqq 2 \end{aligned}$$

$\mathbb{L}_1 = \{x \mid x \geqq 2\}$

2. Fall: $2x - 3 < 0$ das heißt: $x < 1{,}5$

Unter dieser Voraussetzung gilt: $|2x - 3| = -1 \cdot (2x - 3)$

Also:

$$\begin{aligned} -3\,(2x - 3) + x &\geqq 5 \\ -6x + 9 + x &\geqq 5 \\ -5x &\geqq -4 \mid : (-5) \\ x &\leqq \tfrac{4}{5} \end{aligned}$$

$\mathbb{L}_2 = \{x \mid x \leqq \frac{4}{5}\}$

$\mathbb{L} = \mathbb{L}_1 \cup \mathbb{L}_2 = \{x \mid x \leqq \frac{4}{5} \text{ oder } x \geqq 2\}$

Aufgaben:

1. $|3x - 6| + 4x \geqq -13$
2. $-2\,|1 - x| + |1 - x| < \frac{1}{10}$
3. $|3 + x| + 10 \geqq 0$

Lösung:

1. $\mathbb{L}_{ges} = \mathbb{L}_1 \cup \mathbb{L}_2 = \{x \mid -19 \leqq x < \infty\}$
2. $\mathbb{L} = \{x \mid -\infty < x < \infty\}$
3. $\mathbb{L} = \{x \mid -\infty < x < \infty\}$

6. Kapitel

Potenzen und Wurzeln

§ 19 Potenzen

Erklärung:

1. Eine Potenz ist die abgekürzte Schreibweise für ein Produkt aus gleichen Faktoren.
Z. B. $a^4 = a \cdot a \cdot a \cdot a$.

Die Zahl, welche als Faktor gesetzt werden soll, heißt **Grundzahl** oder **Basis**, die Zahl, welche angibt, wie oft die Grundzahl als Faktor gesetzt werden soll, heißt **Exponent**.
In a^4 ist a die Grundzahl oder Basis und 4 der Exponent.

2. Diese Erklärung hat nur Sinn, wenn der **Exponent** eine **ganze** und **positive** Zahl ist (der Exponent darf also weder ein Bruch, noch überhaupt eine negative Zahl sein). Die **Grundzahl** hingegen kann jede beliebige Zahl sein.

3. Ist der Exponent eine **gerade** Zahl, so nennt man die Potenz eine **gerade Potenz**, ist der Exponent eine **ungerade** Zahl, so heißt die Potenz eine **ungerade Potenz**.

Z. B. a^2, a^4, a^{10}, a^{20} sind **gerade** Potenzen,
a^3, a^7, a^9, a^{17} sind **ungerade** Potenzen.

Regel 29a: Wird eine **negative** Zahl zu einer **geraden** Potenz erhoben, so wird das Resultat **positiv.**

Z. B. $(-a)^4 = +a^4$.

Beweis: Nach der Erklärung 1 bedeutet:
$(-a)^4 = (-a) \cdot (-a) \cdot (-a) \cdot (-a)$.

Nach Regel c, Seite 137, ist aber das Resultat der Multiplikation positiv, wenn die Anzahl der negativen Faktoren eine gerade ist; also ist

$$(-a) \cdot (-a) \cdot (-a) \cdot (-a) = + a \cdot a \cdot a \cdot a.$$

Für $a \cdot a \cdot a \cdot a$ schreibt man kürzer: a^4, so daß $(-a)^4 = +a^4$ ist.

Regel 29b: Wird eine **negative** Zahl zu einer **ungeraden** Potenz erhoben, so wird das Resultat **negativ.**

Z. B. $(-a)^5 = -a^5$.

Beweis: Nach der Erklärung 1 bedeutet:
$(-a)^5 = (-a) \cdot (-a) \cdot (-a) \cdot (-a) \cdot (-a)$.

Nach Regel d, Seite 137, ist aber das Resultat der Multiplikation negativ, wenn die Anzahl der negativen Faktoren eine ungerade ist; also ist

$$(-a) \cdot (-a) \cdot (-a) \cdot (-a) \cdot (-a) = - a \cdot a \cdot a \cdot a \cdot a.$$

Nun schreibt man aber kürzer: $a \cdot a \cdot a \cdot a \cdot a = a^5$, es ist also

$$(-a)^5 = -a^5.$$

Anmerkung: Der Leser unterscheide $(-a)^5$ von $-a^5$, denn $(-a)^5$ ist die Abkürzung für $(-a) \cdot (-a) \cdot (-a) \cdot (-a) \cdot (-a)$, während $-a^5$ die Abkürzung von $- a \cdot a \cdot a \cdot a \cdot a$ ist. Im ersten Falle heißt die Grundzahl $-a$, im zweiten dagegen $+a$ oder kurzweg a, und das vorgesetzte Minus ist das Vorzeichen des Resultats.

Sind gleiche Potenzgrößen zu addieren oder zu subtrahieren, so beachte man:

Potenzen sind gleichartig, wenn sie in Grundzahl und Exponent übereinstimmen.

Z. B. $5a^7$ und $8a^7$ sind gleichartige Potenzgrößen, dagegen $5a^7$ und $8a^6$ sind ungleichartige Größen. Im übrigen gelten die Erklärungen und Regeln der §§ 1 bis 5 der Algebra.

Formeln

Der Leser möge sich beim Rechnen der folgenden Formeln bedienen:

1. $(a \pm b)^3 = a^3 \pm 3a^2b + 3ab^2 \pm b^3$
2. $(a \pm b)^4 = a^4 \pm 4a^3b + 6a^2b^2 \pm 4ab^3 + b^4$
3. $a^3 + b^3 = (a + b)(a^2 - ab + b^2)$
4. $a^3 - b^3 = (a - b)(a^2 + ab + b^2)$
5. $a^5 + b^5 = (a + b)(a^4 - a^3b + a^2b^2 - ab^3 + b^4)$
6. $a^5 - b^5 = (a - b)(a^4 + a^3b + a^2b^2 + ab^3 + b^4)$
7. $(a^n - b^n) = (a - b)(a^{n-1} + a^{n-2} + a^{n-3}b^2 + a^{n-4}b^3 + \ldots b^{n-1})$
8. $(a^n + b^n) = (a + b)(a^{n-1} - a^{n-2}b + a^{n-3}b^2 - a^{n-4}b^3 + \ldots b^{n-1})$.
   Diese Formel gilt nur, wenn n eine **ungerade** ganze Zahl ist.

Beispiele:

1. $7^4 = ?$ Lösung: $7^4 = 7 \cdot 7 \cdot 7 \cdot 7 = 2401$.
2. $(-4)^6 = ?$ Lösung: $(-4)^6 = +4^6 = 4 \cdot 4 \cdot 4 \cdot 4 \cdot 4 \cdot 4 = 4096$.
3. $(-3)^5 = ?$ Lösung: $(-3)^5 = -3^5 = -3 \cdot 3 \cdot 3 \cdot 3 \cdot 3 = -243$.
4. $(-5)^3 = ?$ Lösung: $(-5)^3 = -5^3 = -5 \cdot 5 \cdot 5 = -125$.
5. $1^2 + 2^2 + 3^2 = ?$ Lösung: $1 + 4 + 9 = 14$.
6. $4^2 + 4^3 + 4^4 = ?$ Lösung: $16 + 64 + 256 = 336$.
7. $2^4 \cdot 3^2 = ?$ Lösung: $2^4 : 3^2 = 16 \cdot 9 = 144$.
8. $4 \cdot 5^2 = ?$ Lösung: $4 \cdot 25 = 100$.
9. $\frac{6^3}{2^4} = ?$ Lösung: $\frac{6 \cdot 6 \cdot 6}{2 \cdot 2 \cdot 2 \cdot 2} = \frac{3 \cdot 3 \cdot 3}{2} = \frac{27}{2} = 13\tfrac{1}{2}$.
10. $5 \cdot 3^2 - 4 \cdot 2^3 = ?$ Lösung: $5 \cdot 9 - 4 \cdot 8 = 45 - 32 = 13$.
11. $(-4)^2 \cdot (-5)^3 = ?$ Lösung: $+16 \cdot (-125) = -2000$.
12. $3a^4 + 5a^4 = ?$ Lösung: $3a^4$ und $5a^4$ sind gleichartige Größen, also ist $3a^4 + 5a^4 = 8a^4$
13. $6a^7 - 5b^3 - 8a^7 + 12b^3 = ?$
    Lösung: $6a^7 - 8a^7 = -2a^7$; $-5b^3 + 12b^3 = 7b^3$, demnach Resultat: $-2a^7 + 7b^3$
14. $5a^nb^m - 9a^n + 8b^m + 3a^nb^m - 15a^n - 7b^m = ?$
    Lösung: $5a^nb^m + 3a^nb^m = 8a^nb^m$; $-9a^n - 15a^n = -24a^n$; $+8b^m - 7b^m = b^m$; Resultat: $8a^nb^m - 24a^n + b^m$.
15. $(m + n)x^3 + (m - n)x^2 + 7x - 5$ zu addieren zu $(m - n)x^3 - (m + n)x^2 - 7x + 5$
    Lösung: Man multipliziere zunächst die Klammern aus und addiere dann die gleichartigen Größen.
    Dies gibt:

$$\begin{array}{r}
mx^3 + nx^3 + mx^2 - nx^2 + 7x - 5 + \\
+\ mx^3 - nx^3 - mx^2 - nx^2 - 7x + 5 \\
\hline
2mx^3 \qquad\qquad\qquad - 2nx^2 \text{ als Resultat.}
\end{array}$$

16. In Aufgabe 15 soll die zweite Zeile von der ersten subtrahiert werden.
    Lösung: Man multipliziere aus und subtrahiere die gleichartigen Größen.
    Resultat: $2nx^3 + 2mx^2 + 14x - 10$.

Aufgaben zu selbständiger Lösung:

Berechne:

1. $2^3 = ?$ $3^2 = ?$ $2^5 = ?$ $5^2 = ?$ $4^3 = ?$ $3^4 = ?$ $5^3 = ?$ $3^5 = ?$ $7^2 = ?$ $8^3 = ?$
2. $(-2)^3 = ?$ $(-3)^2 = ?$ $(-4)^2 = ?$ $(-4)^3 = ?$ $(-5)^2 = ?$ $(-6)^3 = ?$ $(-8)^2 = ?$
3. $1^3 + 2^3 + 3^3 + 4^3 + 5^3 = ?$
4. $5^2 + 5^3 + 3^5 = ?$
5. $1^1 + 1^2 + 3^3 + 4^4 = ?$
6. $5^3 - 5^2 = ?$ $6^3 - 6^2 = ?$
7. $8^3 - 5^2 = ?$ $8^2 - 5^3 = ?$ $9^3 - 3^5 = ?$
8. $(-5)^2 + 3^2 = ?$ $(-6)^3 + (-5)^2 = ?$ *)
9. $(-4)^3 - 5^3 = ?$ $(-8)^2 - (-6)^2 = ?$
10. $(-7)^3 + (-5)^3 = ?$ $(-8)^2 - (-9)^2 = ?$
11. $2^3 \cdot 3^2 = ?$ $5^2 \cdot 2^3 = ?$ $7^2 \cdot 5^3 = ?$
12. $3 \cdot 5^2 = ?$ $7 \cdot 3^3 = ?$ $8 \cdot 4^2 = ?$
13. $\frac{15^3}{3^5} = ?$ $\frac{5^4}{3^2} = ?$ $8^3 : 5^2 = ?$
14. $6 \cdot 5^2 - 3 \cdot 7^2 = ?$ $8 \cdot 3^2 - 3 \cdot 2^3 = ?$
15. $(-5)^3 \cdot (-3)^2 = ?$ $(-4)^2 \cdot (-3)^4 = ?$
16. $\frac{2^7 - 4^3}{5^4 - 3^4} = ?$ $\frac{8 \cdot 5^2 - 4 \cdot 3^4}{7 \cdot 2^3 - 8 \cdot 3^2} = ?$
17. $10a^4 + 3a^4 + 6a^4 - a^4 - 5a^4 = ?$
18. $3a^7 + 10a^7 - 5a^7 + a^2b = ?$
19. $16a^4b^3c^5 - 6a^4b^3c^5 + 7a^4b^3c^5 = ?$
20. $a^nb^m - 9a^m + 5a^nb^m + 6a^m + 10a^nb^m = ?$
21. Die folgenden Ausdrücke zu addieren:
    $3x^3 - 4xy + 2$ und $5x^3 - 8x^2 + 2xy - 4$ und $2x^2 + xy + y^2 + 2 = ?$
22. Desgl. $(a + b) \cdot x^2 + (a - b)\, x + c$ und
    $(a - b)\, x^2 - (a + b) \cdot x - c = ?$
23. Die folgenden Ausdrücke zu subtrahieren:
    $9a^mx^2 - 13 + 20\, ab^3x - 4b^mcx^2$ weniger $3b^mcx^2 + 9a^mx^2 - 6 + 3ab^3x = ?$
24. Desgl. $5a^4 - 7a^3b^2 - 3cd^2 + 7d$ weniger $3a^4 - 15a^3b^2 - 7cd^2 - 3a^2 = ?$

Multiplikationen von Potenzen mit gleichen Grundzahlen

Haben zwei Potenzen gleiche Grundzahlen, so kann die Multiplikation derselben noch weiter ausgeführt werden, als dies nach Regel 11 geschieht. Nach Regel 11 gibt z. B. $5a^4b \cdot 3a^3c$ ausmultipliziert: $15a^4a^3bc$. Bedenkt man aber die Bedeutung der Potenz, so ergibt sich weiter:

$$a^4 \cdot a^3 = \overbrace{(a \cdot a \cdot a \cdot a)}^{a^4} \cdot \overbrace{(a \cdot a \cdot a)}^{a^3}.$$

Die Klammern um eingliedrige Faktoren sind überflüssig, können also weggelassen werden, daher:

$$a^4 \cdot a^3 = a \cdot a \cdot a \cdot a \cdot a \cdot a \cdot a,$$

oder kürzer:

$$a^4 \cdot a^3 = a^7.$$

Aus diesem Beispiele folgt für die Multiplikation von Potenzen mit gleichen Grundzahlen die

---

*) Beachte bei 8 bis 10 die Regeln 7 und 8 Seiten 127 und 129.

Regel 30: Potenzen mit **gleichen Grundzahlen** werden miteinander **multipliziert,** indem man die Grundzahl beibehält und die **Exponenten addiert.**

Beispiele:

1. $a^8 \cdot a^{10} = a^{8+10} = a^{18}$.
2. $b^n \cdot b^m = b^{n+m}$.
3. $c^m \cdot c = c^{m+1}$. Merke: $c = c^1$!
4. $x^{2m+7} \cdot x^{3n+5} = x^{2m+7+3n+5} = x^{2m+3n+12}$.
5. $5a^4b^6 \cdot 8a^9b^{15} = 5 \cdot 8a^4 \cdot a^9b^6 \cdot b^{15} = 40a^{13}b^{21}$.
6. $(a - b)^5 \cdot (a - b)^7 = ?$
   Lösung: Hier ist $a - b$ die Grundzahl, welche als zweigliedriger Ausdruck in Klammern geschlossen werden muß, also $(a - b)^5 \cdot (a - b)^7 = (a - b)^{12}$. Man beachte $(a - b)^{12}$ **nicht** gleich $a^{12} - b^{12}$.
7. $(a - b)^3 \cdot (b - a)^4 = ?$
   Lösung: $b - a = -(a - b)$, also ist zunächst $(b - a)^4 = [-(a - b)]^4 = +(a - b)^4$. Man merke sich daher, daß für eine gerade Potenz $(a - b)^{2n} = (b - a)^{2n}$ ist. (2n ist das allgemeine Zeichen für eine **gerade** Zahl und $2n \pm 1$ das allgemeine Zeichen für eine **ungerade** Zahl.) Hiermit wird: $(a - b)^3 \cdot (b - a)^4 = (a - b)^3 \cdot (a - b)^4 = (a - b)^7$.
8. $(a - b)^{2n} \cdot (b - a)^{2n+1} = ?$
   Lösung: $(b - a)^{2n+1} = [-(a - b)]^{2n+1} = -(a - b)^{2n+1}$,
   demnach: $(a - b)^{2n} \cdot (b - a)^{2n+1} = (a - b)^{2n} \cdot -(a - b)^{2n+1} = -(a - b)^{4n+1}$.
9. $(-b)^5 \cdot (-b)^7 = ?$
   Lösung: $(-b)^5 \cdot (-b)^7 = (-b)^{12} = +b^{12}$.
10. $(-a)^6 \cdot (-a)^3 = ?$
    Lösung: $(-a)^6 \cdot (-a)^3 = (-a)^9 = -a^9$
11. $(-a)^6 \cdot a^7 = ?$
    Lösung: Hier sind die Grundzahlen zunächst nicht gleich; denn die eine Grundzahl heißt $(-a)$, die andere a; nun ist aber $(-a)^6 = +a^6$, also wird $(-a)^6 \cdot a^7 = +a^6 \cdot a^7 = a^{13}$.
12. $(-a)^5 \cdot a^4 = ?$
    Lösung: $(-a)^5 = -a^5$, also $(-a)^5 \cdot a^4 = -a^9$.
13. $(a^m + b^n)^2 = ?$
    Lösung: Diesselbe erfolgt nach der Formel
    $$(p + q)^2 = p^2 + 2pq + q^2,$$
    also $(a^m + b^n)^2 = a^m \cdot a^m + 2 \cdot a^mb^n + b^nb^n = a^{2m} + 2a^mb^n + b^{2n}$.
14. $(a^{3n+4m} \cdot b^x + c^{p+q} \cdot d^r)(a^{3n-4m}b^{2x} - c^{p-q}d^{r-1}) = ?$
    Lösung: $a^{3n+4m}b^xa^{3n-4m}b^{2x} + a^{3n-4m}b^{2x}c^{p+q}d^r - a^{3n+4m}b^xc^{p-q} \cdot d^{r-1} - c^{p+q}d^rc^{p-q}d^{r-1} =$
    $= a^{6n}b^{3x} + a^{3n-4m}b^{2x}c^{p+q}d^r - a^{3n+4m}b^xc^{p-q}d^{r-1} - c^{2p}d^{2r-1}$.

Aufgaben zu selbständiger Lösung:

1. $a^5 \cdot a^2 = ?$ $b^8 \cdot b^3 = ?$ $a^6 \cdot a^4 = ?$ $a^n \cdot a^3 = ?$ $b^{n+2} \cdot b^{n+3} = ?$
2. $x^p \cdot x^q = ?$ $y^n \cdot y = ?$ $z^{n-1} \cdot z^3 = ?$ $x^{6n} \cdot x^{8n} = ?$
3. $a^{n+2} \cdot a^{n-3} = ?$ $a^{5n+7} \cdot a^{8n-5} = ?$ $a^{3+n} \cdot a^{7-n} = ?$
4. $b^{p+q} \cdot b^{q-p} = ?$ $a^{n+x} \cdot a^{5-x} = ?$ $a^{x-7} \cdot a^{5+x} = ?$
5. $a^2 \cdot a^3 \cdot a^4 = ?$ $b^7 \cdot b^5b^9 = ?$ $x^n \cdot x^{n+2} \cdot x^{9-2n} = ?$
6. $2a^5 \cdot 3a^8 = ?$ $4a^7 \cdot 5a^6 = ?$ $a^2b^3 \cdot a^8 \cdot b^4 = ?$
7. $7a^2b^3 \cdot 5a^8b^{11} = ?$ $12a^mb^n \cdot 3a^5b^7 = ?$ $9a^8x^4y^3 \cdot 10a^4x^2 \cdot y^{10} = ?$
8. $p^{2x-3y+4z} \cdot p^{8x+5y-4z} = ?$ $q^{3m+2n-8} \cdot q^{5m-8n+9} = ?$
9. $(-a)^4 \cdot (-a)^6 = ?$ $(-b)^3 \cdot (-b)^7 = ?$ $(-b)^8 \cdot (-b)^5 = ?$
10. $(-a)^8 \cdot a^5 = ?$ $(-b)^3 \cdot (+b)^4 = ?$ $(-a)^6 \cdot a^3 = ?$
11. $(a - b)^5 \cdot (a - b)^3 = ?$ $(b - c)^m \cdot (b - c)^{3m} = ?$ $(p - q)^5 \cdot (q - p)^6 = ?$
12. $(a - b)^9c^8 \cdot (a - b)^7a^5 = ?$ $(x - y)^{2m-3n}x^5y^7 \cdot (x - y)^{3m+2n}x^8 \cdot y^6 = ?$
13. $(a - x)^{n-1}x^4y^5 \cdot (a - x)^{n-2} \cdot x^6y^8 \cdot (x - a)^3x^{n-10}y^{m-13} = ?$
14. $(a^5 + a^3) \cdot (a^8 + a^4) = ?$ $(x^7 + x^4) \cdot (x^8 - x^3) = ?$
15. $(5a^2 + 7b^3) \cdot (6a^4 - 8b^5) = ?$ $(a^m + b^n) \cdot (a^m - 2b^n) = ?$

16. $(a^2 + b^2)^2 = ?$ $(a^2 - b^2)^2 = ?$ $(a^3 + b^3)^2 = ?$
17. $(a^m - a^n)^2 = ?$ $(2a^x - 3a^y)^2 = ?$ $(a^7 + a^5)^2 = ?$
18. $(x^4 + x^2y^2 + y^4) \cdot (x^4 - x^2y^2 + y^4) = ?$
19. $(6a^2 - 11ab + 3b^2) \cdot (9a^2 - 3ab - 2b^2) = ?$
20. $(a^{3n} + a^{2n}b + a^nb^2 + b^3) \cdot (a^n - b) = ?$

Division von Potenzen mit gleichen Grundzahlen

Regel 31: Potenzen **mit gleichen Grundzahlen** werden durcheinander **dividiert,** indem man die Grundzahl beibehält und den **Exponenten** des **Divisors (Nenners)** vom **Exponenten** des **Dividenden (Zählers)** abzieht.

Z. B.

$$\frac{a^{10}}{a^7} = 10^{10-7} = a^3; \qquad a^8 : a^3 = a^{8-3} = a^5;$$

$$\frac{b^n}{b^m} = b^{n-m}; \qquad a^p : a^q = a^{p-q};$$

$$\frac{a^n}{a^{m-p}} = a^{n-(m-p)} = a^{n-m+p}.$$

Man beachte, daß, wenn der Exponent des Divisors (Nenners) mehrgliedrig ist, derselbe in Klammern geschlossen werden muß, und daß beim Auflösen der Klammer die Vorzeichen umgekehrt werden müssen.

$$\frac{a^5}{a^{7-n}} = a^{5-(7-n)} = a^{5-7+n} = a^{n-2}$$

Die Richtigkeit der Regel 31 läßt sich folgendermaßen zeigen:

Soll $\frac{a^5}{a^3}$ gebildet werden, so gibt das nach der Erklärung der Potenz:

$\frac{a^5}{a^3} = \frac{a \cdot a \cdot a \cdot a \cdot a}{a \cdot a \cdot a}$, oder gekürzt a^2; dasselbe hätte man erhalten, wenn man nach Regel 31 den Exponenten 3 vom Exponenten 5 abgezogen hätte.

Allgemeiner läßt sich die Richtigkeit zeigen, wenn man bedenkt, daß die Division richtig ist, wenn Quotient mal Divisor den Dividenden ergibt.

Wenn also

Dividend Divisor Quotient

$$a^n : a^m = a^{n-m}$$

sein soll, so muß

$$a^{n-m} \cdot a^m = a^{n-m+m} = a^n$$

gleich dem Dividenden sein, was richtig ist.

Beispiele:

1. $a^{17} : a^5 = ?$ Lösung: $a^{17} : a^5 = a^{17-5} = a^{12}$.
2. $p^{7n} : p^{5n} = ?$ Lösung: $p^{7n-5n} = p^{2n}$.
3. $a^y : a^{5-y} = ?$ Lösung: $a^{y-(5-y)} = a^{y-5+y} = a^{2y-5}$.
4. $\frac{a^{p+q}}{a^{p-r}} = ?$ Lösung: $a^{p+q-(p-r)} = a^{p+q-p+r} = a^{q+r}$.
5. $\frac{18a^9}{27a^4} = ?$ Lösung: $\frac{2a^9}{3a^4} = \frac{2}{3}a^5$.
6. $\frac{a^5b^6c^7}{a^3b^4c^5} = ?$ Lösung: $a^{5-3}b^{6-4}c^{7-5} = a^2b^2c^2$.

7. $\frac{a^{m+2n}b^{p+q}c^7}{a^{m-3n}b^{5-2q}c^5} = ?$ Lösung: $a^{m+2n-(m-3n)}b^{p+q-(5-2q)}c^{7-5} = a^{5n}b^{p+3q-5}c^2$.

8. $\frac{a^9}{b^5} : \frac{a^6}{b^{12}} = ?$

Lösung: Brüche werden durcheinander dividiert, indem man den Dividenden mit dem umgekehrten Divisor multipliziert. Hiernach wird unsere Divisionsaufgabe in die Multiplikationsaufgabe: $\frac{a^9}{b^5} \cdot \frac{b^{12}}{a^6}$ verwandelt, deren Losung a^3b^7 ist.

9. $(ax^{10} + bx^8 + cx^6) : x^5 = ?$

Lösung: Man dividiere jedes einzelne Glied, bilde also: $ax^{10} : x^5 = ax^5$, $bx^8 : x^5 = bx^3$, $cx^6 : x^5 = cx$, demnach Resultat: $ax^5 + bx^3 + cx$.

10.*) $(x^{3m} + y^{3n}) : (x^m + y^n) = ?$

Lösung: $(x^{3m} + y^{3n}) : (x^m + y^n) = x^{2m} - x^m y^n + y^{2n}$.

$$\begin{array}{l}
\underline{-x^{3m} \pm x^{2m}y^n} \\
\quad -x^{2m}y^n + y^{3n} \\
\quad \underline{+x^{2m}y^n \mp x^m y^{2n}} \\
\qquad +x^m y^{2n} + y^{3n} \\
\qquad \underline{-x^m y^{2n} \pm y^{3n}} \\
\qquad \ldots \quad \ldots
\end{array}$$

11. $\frac{x^5 + y^5}{x + y} = ?$

Lösung: Man dividiere aus:

$(x^5 + y^5) : (x + y) = x^4 - x^3y + x^2y^2 - xy^3 + y^4$

$$\begin{array}{l}
\underline{x^5 \pm x^4y} \\
\quad -x^4y \\
\quad \underline{\mp x^4y \mp x^3y^2} \\
\qquad x^3y^2 \\
\qquad \underline{-x^2y^2 \pm x^2y^3} \\
\qquad\quad -x^2y^3 \\
\qquad\quad \underline{\mp x^2y^3 \mp xy^4} \\
\qquad\qquad +xy^4 + y^5 \\
\qquad\qquad \underline{\pm xy^4 \pm y^5} \\
\qquad\qquad \ldots \quad \ldots
\end{array}$$

Die Beispiele 12 bis 15 sind in Produkte zu verwandeln.

12. $5x^4 + 7x^6 + 8x^3 = ?$

Lösung: Zieht man x^3 vor die Klammer, so wird $5x^4 + 7x^6 + 8x^3 = x^3(5x + 7x^3 + 8)$. (Vergl. § 11, Seite 95.)

13. $\frac{p}{q} - \frac{q}{p} = ?$

Lösung: Man mache gleichnamig und erhält:

$\frac{p}{q} - \frac{q}{p} = \frac{p^2 - q^2}{p \cdot q} = \frac{(p + q)(p - q)}{p \cdot q}$.

14. $x^3 - y^3 = ?$ Lösung: Siehe Formel 4, Seite 195 $x^3 - y^3 = (x - y)(x^2 - xy + y^2)$

15. $(p^2 + q^2)^2 - (p^2 - q^2)^2 = ?$

Lösung: Nach der Formel $a^2 - b^2 = (a + b)(a - b)$ ist, wenn man $p^2 + q^2 = a$ und $p^2 - q^2 = b$ setzt:
$(p^2+q^2)^2 - (p^2 - q^2)^2 = (p^2 + q^2 + p^2 - q^2)[p^2 + q^2 - (p^2 - q^2)] = 2p^2 \cdot 2q^2 = 4p^2q^2$.

---

*) Man wiederhole zunächst, ehe man an die Lösung der Aufgaben für die Division mehrgliedriger Ausdrücke herangeht, die auf den Seiten 149 und 150 gegebenen Beispiele.

Die Beispiele 16 bis 20 sollen gekürzt werden:

16. $\dfrac{ax^7 + bx^6 + cx^5}{ax^n + bx^{n-1} + cx^{n-2}} = ?$

Lösung: $\dfrac{x^5\,(ax^2 + bx + c)}{x^{n-2}\,(ax^2 + bx + c)} = x^{5-(n-2)} = x^{7-n}.$

17. $\dfrac{a^5 - b^5}{a - b} = ?$

Lösung: $\dfrac{a^5 - b^5}{a - b} = \dfrac{(a - b)\,(a^4 + a^3b + a^2b^2 + ab^3 + b^4)}{(a - b)} = a^4 + a^3b + a^2b^2 + ab^3 + b^4.$

Vergleiche Formel 6, Seite 122.

18. $\dfrac{a^{2n} - 2a^nb^n + b^{2n}}{(a^n - b^n)} = ?$

Lösung: $a^{2n} - 2a^nb^n + b^{2n} = (a^n - b^n)^2$ also $\dfrac{a^{2n} - 2a^nb^n + b^{2n}}{a^n - b^n} = \dfrac{(a^n - b^n)^2}{(a^n - b^n)^1} = a^n - b^n.$

19. $\dfrac{p^{3n} + q^{3n}}{p^n + q^n} = ?$

Lösung: Es ist $p^{3n} = p^n \cdot p^n \cdot p^n = z^3$, wenn man $p^n = z$ setzt, ebenso ist $q^{3n} = u^3$, wenn $q^n = u$ gesetzt wird, also

$\dfrac{p^{3n} + q^{3n}}{p^n + q^n} = \dfrac{z^3 + u^3}{z + u} = z^2 - zu + u^2 = p^{2n} - p^nq^n + q^{2n}$ Formel 3, Seite 122.

20. $\dfrac{(p^2 - q^2)^2 - (q^2 - r^2)^2}{(p^2 - b^2)^2 - (b^2 - r^2)^2} = ?$

Lösung: Man setze im Zähler $p^2 - q^2 = u$, $q^2 - r^2 = v$, im Nenner $p^2 - b^2 = w$, $b^2 - r^2 = x$ und erhält:

$\dfrac{u^2 - v^2}{w^2 - x^2} = \dfrac{(u + v)\,(u - v)}{(w + x)\,(w - x)} = \dfrac{(p^2 - q^2 + q^2 - r^2)\,(p^2 - q^2 - q^2 + r^2)}{(p^2 - b^2 + b^2 - r^2)\,(p^2 - b^2 - b^2 + r^2)} = \dfrac{(p^2 - r^2)\,(p^2 + r^2 - 2q^2)}{(p^2 - r^2)\,(p^2 + r^2 - 2b^2)}$

$= \dfrac{p^2 + r^2 - 2q^2}{p^2 + r^2 - 2b^2}.$

In den Beispielen 21 bis 22 sind die Brüche auf gleiche Nenner zu bringen.

21. $\dfrac{a^3 - 1}{a^9} + \dfrac{a^2 - 1}{a^8} - \dfrac{a - 1}{a^7} = ?$

Lösung: Sucht man von Potenzen mit gleicher Grundzahl den Hauptnenner, so ist dies stets die Potenz mit dem **größten** Exponenten, also hier a^9, mithin

$\dfrac{a^3 - 1}{a^9} + \dfrac{a^2 - 1}{a^8} - \dfrac{a - 1}{a^7} = \dfrac{(a^3 - 1) + a\,(a^2 - 1) - a^2\,(a - 1)}{a^9} = \dfrac{a^3 - 1 + a^3 - a - a^3 + a^2}{a^9}$

$= \dfrac{a^3 + a^2 - a - 1}{a^9} = \dfrac{a^2\,(a + 1) - (a + 1)}{a^9} = \dfrac{(a + 1)\,(a^2 - 1)}{a^9}.$

22. $\dfrac{5\,(x - 2)}{x^n} + \dfrac{7}{x^{n-1}} = ?$

Lösung: Hauptnenner: x^n, also $\dfrac{5x - 10}{x^n} + \dfrac{7}{x^{n-1}} = \dfrac{(5x - 10) + 7x}{x^n} = \dfrac{12x - 10}{x^n}.$

Aufgaben zu selbständiger Lösung.

1. $a^9 : a^4 = ?$ $\dfrac{a^{10}}{a^7} = ?$ $\dfrac{a^{14}}{a^8} = ?$ $\dfrac{a^{35}}{a^{24}} = ?$ $a^{43} : a^{21} = ?$ $b^{17} : b^9 = ?$
2. $a : a^7 = ?$ $a^{8n} : a^{5n} = ?$ $a^{5n} : a^{2n} = ?$ $a^{6m} : a^{4m} = ?$
3. $\dfrac{a^{7n}}{a^{5n}} = ?$ $\dfrac{b^{10p}}{b^{5p}} = ?$ $\dfrac{b^{8n}}{b^3} = ?$ $\dfrac{b^9}{b} = ?$ $\dfrac{c^{7n}}{c^5} = ?$
4. $\dfrac{a^{x-1}}{a^2} = ?$ $\dfrac{a^{n+2}}{a^3} = ?$ $\dfrac{a^{n-3}}{a^4} = ?$ $\dfrac{a^{5n-7}}{a^{3n}} = ?$
5. $\dfrac{a^x}{a^{3-x}} = ?$ $\dfrac{a^8}{a^{7-x}} = ?$ $\dfrac{a^{10}}{y^{5+x}} = ?$ $\dfrac{a^{2n}}{a^{n-x}} = ?$

6. $\frac{a^{x+n}}{a^{x-n}} = ?$ $\frac{x^7}{x^{5-n}} = ?$ $\frac{a^{x-1}}{a^{x-2}} = ?$ $\frac{x^{x-9}}{a^{x-10}} = ?$

7. $\frac{a^5}{5a^2} = ?$ $\frac{15a^8}{3a^3} = ?$ $\frac{21a^7}{14a^3} = ?$ $\frac{a^7}{7} = ?$

8. $\frac{a^{n-1}}{b^{n+1}} = ?$ $\frac{a^{n-x}}{a^{x-n}} = ?$ $\frac{b^{y+m}}{b^{y-m}} = ?$ $\frac{a^{y+1}}{a^{y-1}} = ?$

9. $\frac{a^{m+1}}{a^{1-n}} = ?$ $\frac{b^{1+m}}{b^{1-2n}} = ?$ $\frac{a^{n-x}}{a^{n-1}} = ?$ $\frac{a^{5x+3y}}{a^{2x+4y}} = ?$

10. $\frac{a^7 \cdot b^8}{a^4b^3} = ?$ $\frac{a^9b^{10}c^5}{a^4b^3c^2} = ?$ $\frac{a^nb^mc^p}{a^2b^3c^4} = ?$

11. $\frac{a^{m+2}b^{n+3}c^2}{a^2b^3c} = ?$ $\frac{a^{m+n+p}b^{2m-3n+7}}{a^{m-n-p}b^{2m-4n-7}} = ?$

12. $\frac{5a^3b^4c^2}{7abc} \cdot \frac{14a^2b^5c^7}{25a^2b^2c^3} = ?$ $\frac{8a^5b^3c^6}{9a^8b^7c^5} \cdot \frac{27a^{10}b^{14}c^7}{16a^2bc} = ?$

13. $\frac{17a^{n+4}b^{m-2}}{21a^{2n-7}b^{3m-9}} \cdot \frac{35a^{5m-3}b^{7m-9}}{34a^8b^5} = ?$

14. $\frac{a^{m-n}b^{n-p}c^{p-m}}{x^{n-p}y^{p-m}z^{m-n}} \cdot \frac{a^{n+p}b^{p-m}c^{m+n}}{x^{p-1}y^{m-2}z^{n-3}} \cdot \frac{x^ny^pz^m}{a^mb^nc^p} = ?$

15. $\frac{a^5}{b^3} : \frac{a^4}{b^7} = ?$ $\frac{a^4}{b^{20}} : \frac{a^5}{b^{25}} = ?$ $\frac{a^8b^5}{c^4} : \frac{a^6b^3}{c^9}$

16. $\frac{2a^3b^7c^4}{3x^3y^4z^3} : \frac{4a^2b^6c^3}{5x^4y^5z^4} = ?$

17. $\frac{5a^7x^4y^2}{5b^3cz^4} : \frac{8a^5x^2y}{3b^4c^2z^5} = ?$

18. $\frac{5a^nb^{n-1}c^{n-2}}{6x^{n+1}z^{n+3}} : \frac{3a^{n-1}bc^{n-3}}{2x^{2n}z^{n+4}} = ?$

19. $\frac{a^{2x-3y}b^{3y-5}}{a^{3y-2x}b^{5x-3y}} : \frac{a^{7x-3y}b^{7y-6x}}{a^{3x+4y}b^{3x+4y}} = ?$

20.*) $(ax^8 + bx^6 + cx^5) : x^3 = ?$

21. $(ax^{2m} + bx^{2n}) : x^{m+1} = ?$

22. $(ax^m + bx^n + cx^{m+n}) : x^{m-n} = ?$

23. $(4a^5b^7c^6 + 3a^8b^4c^2 + 8a^3b^4c^3) : 12a^2b^3c = ?$

24. $(bc^3 - c^3x) : (b - x) = ?$

25. $(3a^5 + 16a^4b - 33a^3b^2 + 14a^2b^3) : (a^2 + 7ab) = ?$

26. $(a^4 - 2a^2b^2 + b^4) : (a^2 - b^2) = ?$

27. $(x^{2m} - y^{2n}) : (x^m - y^n) = ?$

28. $\frac{x^6 + y^6}{x^3 + y^3} = ?$ $\frac{x^6 - y^6}{x^2 - y^2} = ?$

29. $(x^4 + x^2y^2 + y^4) : (x^2 - xy + y^2) = ?$

Zerlegung in Faktoren

30. $ax^n + bx^{n+2} + cx^{n+3} = ?$

31. $a^{p+q} - a^{p-q} = ?$

---

*) Vergl. Regel 18, Seite 146.

32. $x^{2n} + 2x^ny^m + y^{2m} = ?$

33. $\frac{a}{b} - \frac{b}{a} = ?$

34. $\frac{a^n}{b^m} - \frac{b^m}{a^n} = ?$

35. $6a^{n+2} - 12a^n + 6a^{n-2} = ?$

36. $(x^2 + y^2)^2 - x^2y^2 = ?$

37. $a^4 + a^2b^2 + b^4 = ?$

38. $x^5 + y^5 = ?$

39. $\frac{a^5}{b} - \frac{b^5}{a} = ?$

40. $(a^2 - x^2)^2 - (x^2 - b^2)^2 = ?$

Kürzen der Brüche

41. $\frac{ax^n + bx^{n+1} + cx^{n+2}}{ax^p + bx^{p+1} + cx^{p+2}} = ?$ $\quad \frac{a^4b^3c^2 - a^2b^3c^4}{a^4b^2c^2 - a^2b^2c^4} = ?$

42. $\frac{x^{n+1} - x^{n-1}}{x^{p+1} - x^{p-1}} = ?$ $\quad \frac{a^5b^3 - a^3b^5}{a^2 - b^2} = ?$

43. $\frac{a^{n+2} - a^{n-2}}{a^{x+1} - a^{x-1}} = ?$ $\quad \frac{a^3 - b^3}{a - b} = ?$

44. $\frac{a^{3n} - b^{3n}}{a^n - b^n} = ?$ $\quad \frac{a^5 + b^5}{a^3 + b^3} = ?$

45. $\frac{a^{2n} + 2a^nb^m + b^{2m}}{a^n + b^m} = ?$ $\quad \frac{x^{2n} - 2x^ny^m + y^{2m}}{x^n - y^m} = ?$

46. $\frac{(a^2 - b^2)^2 - (b^2 - c^2)^2}{(a^2 - d^2)^2 - (d^2 - c^2)^2} = ?$ $\quad \frac{(a^2 - b^2)^2 - a^2b^2}{a^2 + ab - b^2} = ?$

Addition der Brüche

47. $\frac{1}{a^5} + \frac{1}{a^3} + \frac{1}{a^2} = ?$ $\quad \frac{1}{a^3} + \frac{1 - a^2}{a^5} = ?$

48. $\frac{1 - a^2}{a^5} + \frac{1 - a^2}{a^3} + \frac{1}{a} = ?$

49. $\frac{a + 1}{a^n} - \frac{a - 1}{a^{n-1}} - \frac{1}{a^{n-2}} = ?$

50. $\frac{a}{x^m} + \frac{b}{x^{m-1}} + \frac{c}{x^{m-2}} + \frac{d}{x^{m-3}} + \frac{e}{x^3} + \frac{f}{x} + g = ?$

Potenzen mit dem Exponenten 0

Hat man $a^8 : a^8$ zu dividieren, so erhält man $a^{8-8} = a^0$. Nun ist aber $a^8 : a^8$, d. h. jede Größe durch sich selbst dividiert auch gleich 1; es ist also $a^0 = 1$. Man erhält demnach die

Regel 32: Jede Potenz mit dem Exponenten 0 hat den Wert 1.

Potenzen mit negativem Exponenten

Hat man $a^3 : a^5$ zu dividieren, so erhält man $a^{3-5} = a^{-2}$. Man hätte jedoch auch schreiben können:

$$\frac{a^3}{a^5} = \frac{a \cdot a \cdot a}{a \cdot a \cdot a \cdot a \cdot a} = \frac{1}{a^2};$$

es ist also $a^{-2} = \frac{1}{a^2}$. Man erhält demnach die

> **Regel 33:** Eine Potenz mit **negativem Exponenten** ist ein Bruch, dessen **Zähler 1** und dessen **Nenner** dieselbe Potenz mit **positivem Exponenten** ist.

Um diese Regel zu beweisen, hätte man auch folgendermaßen verfahren können:

Es kann a^{-n} auch geschrieben werden a^{0-n}, und dies kann man sich entstanden denken aus der Aufgabe $\frac{a^0}{a^n}$; nun ist, nach Regel 32, $a^0 = 1$, daher $a^{-n} = \frac{1}{a^n}$.

Beispiele:

1. $a^3 \cdot b^{-2}$; man soll hier den negativen Exponenten wegbringen.

Wir wissen, daß $b^{-2} = \frac{1}{b^2}$ ist, also

$$a^3 \cdot b^{-2} = a^3 \cdot \frac{1}{b^2} = \frac{a^3}{b^2}.$$

2. $3a^{-2}b^6c^{-3}$; man soll die negativen Exponenten wegbringen. Es ist wieder:

$$3a^{-2}b^6c^{-3} = 3 \cdot \frac{1}{a^2}b^6\frac{1}{c^3} = \frac{3b^6}{a^2c^3}.$$

3. $\frac{5a^4}{b^{-3}}$; man soll den negativen Exponenten wegbringen. Es ist wieder $b^{-3} = \frac{1}{b^3}$,

also: $$\frac{5a^4}{b^{-3}} = \frac{5a^4}{\frac{1}{b^3}}$$

Nun werden aber Doppelbrüche durcheinander dividiert, indem man den Zähler mit dem umgekehrten Nenner multipliziert, daher

$$\frac{5a^4}{b^{-3}} = 5a^4 \cdot \frac{b^3}{1} = 5a^4b^3.$$

Aus den vorangegangenen Beispielen läßt sich noch die Regel herleiten:

> **Regel 34:** Steht eine Potenz mit **negativem Exponenten** als **Faktor** im Zähler eines Bruches, so kann man sie mit **psitivem Exponenten** in den Nenner als Faktor setzen; und umgekehrt:
> Steht eine Potenz mit **negativem Exponenten** als **Faktor** im Nenner eines Bruches, so kann man sie mit **positivem Exponenten** in den Zähler als Faktor setzen.

Anmerkung: In der vorstehenden Regel ist das Wort **Faktor** zu beachten, denn sonst gilt die Regel nicht.

Z. B. $$\frac{a^3b^{-2}}{c^{-5}} = \frac{a^3c^5}{b^2},$$

dagegen

$$\frac{a^{-2} - b^{-2}}{a^{-1} + b^{-1}} \text{ nicht } \frac{a^1 + b^1}{a^2 - b^2},$$

sondern

$$\frac{a^{-2}-b^{-2}}{a^{-1}+b^{-1}}=\frac{\frac{1}{a^2}-\frac{1}{b^2}}{\frac{1}{a}+\frac{1}{b}}=\frac{\frac{b^2-a^2}{a^2b^2}}{\frac{b+a}{ab}}=\frac{b^2-a^2}{a^2b^2}\cdot\frac{ab}{b+a}$$

$$=\frac{(b-a)(b+a)\cdot ab}{a^2b^2(b+a)}=\frac{b-a}{ab}.$$

Für die Potenzen mit dem Exponenten 0 und mit negativen Exponenten gelten dieselben Gesetze wie für positive Exponenten, also vor allem die Regeln 30 und 31.

Beispiele:

In den Resultaten der folgenden Beispiele und Aufgaben sollen weder Potenzen mit negativem Exponenten noch mit dem Exponenten Null vorkommen.

1. $a^7 \cdot a^0 = ?$ Lösung: $a^7 \cdot a^0 = a^{7+0} = a^7$.
2. $7(x-y)^0 = ?$ Lösung: $(x-y)^0 = 1$ also $7 \cdot 1 = 7$.
3. $9 \cdot 3^{-2} = ?$ Lösung: $9 \cdot 3^{-2} = \frac{9}{3^2} = \frac{9}{9} = 1$.
4. $2^3 \cdot 4^{-2} = ?$ Lösung: $2^3 \cdot 4^{-2} = \frac{2^3}{4^2} = \frac{8}{16} = \frac{1}{2}$.
5. $\frac{1}{5^{-2}} = ?$ Lösung: $\frac{1}{5^{-2}} = 1 \cdot 5^2 = 25$.
6. $\frac{a^0}{b^{-n}} = ?$ Lösung: $\frac{a^0}{b^{-n}} = a^0 \cdot b^n = b^n$
7. $\frac{b}{a^{-5}} + \frac{c}{a^{-4}} + \frac{f}{a^{-3}} = ?$ Lösung: $ba^5 + ca^4 + fa^3$
8. $a^9 \cdot a^{-7} = ?$ Lösung: $a^9 \cdot a^{-7} = a^2$.
9. $a^0 \cdot a^{-7} = ?$ Lösung: $a^0a^{-7} = \frac{a^0}{a^7} = \frac{1}{a^7}$.
10. $\frac{3}{4}x^4y^3 \cdot \frac{8}{9}x^{-4}y^{-2} \cdot \frac{3}{2}x^{-10}y^{-12} = ?$ Lösung: $\frac{3}{4} \cdot \frac{8}{9} \cdot \frac{3}{2} x^{4-4-10}y^{3-2-12} = x^{-10}y^{-11} = \frac{1}{x^{10}y^{11}}$.
11. $(a-b)^{-5} \cdot (b-a)^4 = ?$ Lösung: $(b-a)^4 = (a-b)^4$ also $(a-b)^{-5} \cdot (b-a)^4 = \frac{(a-b)^4}{(a-b)^5} = \frac{1}{a-b}$.
12. $a^{15} : a^{-7} = ?$ Lösung: $a^{15} : a^{-7} = a^{15-(-7)} = a^{22}$.
13. $\frac{a^{n-5}}{a^{-7}} = ?$ Lösung: $a^{n-5-(-7)} = a^{n+2}$.
14. $a^{-9} : -a^8 = ?$

    Lösung: Beachte das Zeichen — bei $-a^8$. Dieses Minuszeichen hat mit dem Zeichen des Exponenten (−9) nichs zu tun, sondern bestimmt lediglich nach Regel 18b das Vorzeichen des Resultats.

    $a^{-9} : -a^8 = -\frac{a^{-9}}{a^8} = -a^{-9-8} = -a^{-17} = -\frac{1}{a^{17}}$.
15. $-14a : a^{-14}$ Lösung: $-14a : a^{-14} = -\frac{14a}{a^{-14}} = -14a^{1-(-14)} = -14a^{15}$.

Aufgaben zu selbständiger Lösung

1. $a^0 \cdot a^{15} = ?$ $a^{14} \cdot 7^0 = ?$ $b^5 \cdot 5^0 = ?$ $b^0 \cdot c^0 = ?$
2. $25(a-b)^0 = ?$ $13^0(x-y) = ?$ $9^0(a+b)^0 = ?$ $1^0 = ?$
3. $8 \cdot 2^{-3} = ?$ $25 \cdot 10^{-2} = ?$ $10^{-4} = ?$ $10^{-6} \cdot 5^3 = ?$

4. $\frac{1}{10^{-3}} = ?$ $\frac{5}{2^{-3}} = ?$ $\frac{6}{36^{-1}} = ?$ $\frac{5^{-2}}{3^{-4}} = ?$ $(0,1)^{-1} = ?$ $(-0,9)^{-3} = ?$

5. $\frac{a^0}{x^{-5}} = ?$ $\frac{a^3}{x^{-4}} = ?$ $\frac{-5}{2^{-4}} = ?$ $\frac{-6}{-3^{-2}} = ?$

6. $a^5 \cdot a^{-12} = ?$ $a^{-4} \cdot a^{-10} = ?$ $\frac{1}{a^{-5}} \cdot \frac{1}{a^{-9}} = ?$

7. $\frac{3^{-4}a^{-2}bc^{-2}}{7m^3d^{-3}} = ?$ $\frac{5a^{-m}b^{-n}c^{p+q}}{3a^{-2}b^{-3}c^2} = ?$

8. $\frac{4^{-2}b^3c^{-5}}{2^{-3}a^{-5}d^{-6}} = ?$ $\frac{7ab^{-2}cd^{-3}}{8abc^{-2}d^{-5}} = ?$

9. $(a^{-7}b^{-3}c^{-5}d^6) \cdot (a^{-8}b^{-5}c^4d^{-7}) \cdot (a^{-1}b^0c^{17}d^{-10}) = ?$

10. $a^{-5} : a^{-6} = ?$ $a^{-8} : a^9 = ?$ $a^{-2}b^3 : x^4y^{-5} = ?$

11. $a^{-10} : -10 = ?$ $6a^{-4} : -12a^{-6} = ?$ $(a - b)^3 : (a - b)^{-4} = ?$

12. $(a - b)^{-4} \cdot (b - a)^{-6} = ?$ $(a - b)^{-5} \cdot (b - a)^{-7} = ?$

13. $(ax^{-6} + bx^{-3} + cx^{-2} + dx^{-1} + fx^0) \cdot x^8 = ?$

14. $(x^{-2} + y^{-2}) \cdot (x^2 + y^2) = ?$

15. $(a + a^{-1})^2 = ?$

16. $(2a + 3a^{-1} + 5)(2a + 3a^{-1} - 5) = ?$

Potenzieren von Produkten und Brüchen

Nach der Erklärung der Potenz bedeutet

$$(ab)^3 = (ab) \cdot (ab) \cdot (ab) = aaabbb = a^3b^3.$$

Nun ist ab ein Produkt, welches zur 3ten Potenz erhoben wurde, a und b sind die Faktoren dieses Produktes, so daß man die Regel erhält:

Regel 35: Ein **Produkt** wird potenziert, indem man **jeden einzelnen** Faktor **potenziert.**

$$(ab)^n = a^nb^n$$

Soll der Bruch $\left(\frac{a}{b}\right)$ zur 3ten Potenz erhoben werden, so ist

$$\left(\frac{a}{b}\right)^3 = \left(\frac{a}{b}\right) \cdot \left(\frac{a}{b}\right) \cdot \left(\frac{a}{b}\right) = \frac{a \cdot a \cdot a}{b \cdot b \cdot b} = \frac{a^3}{b^3}, \text{ d. h.}$$

Regel 36: Ein **Bruch** wird potenziert, indem man **Zähler** und **Nenner** potenziert.

$$\left(\frac{a}{b}\right)^n = \frac{a^n}{b^n}$$

Wenn $(ab)^m = a^m \cdot b^m$, so ist auch umgekehrt $a^mb^m = (ab)^m$ und wenn $\left(\frac{a}{b}\right)^m = \frac{a^m}{b^m}$,

so ist auch $\frac{a^m}{b^m} = \left(\frac{a}{b}\right)^m$, d. h.:

Potenzen mit gleichen Exponenten werden miteinander multipliziert, indem man die Grundzahlen multipliziert und dann das Produkt potenziert.

Potenzen mit gleichen Exponenten werden durcheinander dividiert, indem man die Grundzahlen zuerst dividiert und dann den Quotienten potenziert.

Beispiele:

1. Soll z. B. $2^4 \cdot 5^4$ gebildet werden, so multipliziere man zunächst die Grundzahlen 2 und 5 miteinander, dies gibt 10 und erhebe jetzt das Produkt 10 zur 4ten Potenz, so daß also

$$2^4 \cdot 5^4 = (2 \cdot 5)^4 = 10^4 = 10000 \text{ ist.}$$

Bemerkung: Der Leser merke sich: 10^n ist eine 1 mit n-Nullen.

2. Soll $\frac{75^4}{25^4}$ gebildet werden, so dividiere man erst die Grundzahlen 75 und 25 durcheinander, dies gibt $75 : 25 = 3$ und erhebe den Quotienten 3 zur 4ten Potenz, so daß also

$$\frac{75^4}{25^4} = \left(\frac{75}{25}\right)^4 = 3^4 = 3 \cdot 3 \cdot 3 \cdot 3 = 81 \text{ ist.}$$

3. $$\left(1\frac{3}{4}\right)^3 \cdot \left(3\frac{1}{7}\right)^3 = \left(\frac{7}{4} \cdot \frac{22}{7}\right)^3 = \left(\frac{11}{2}\right)^3 = \frac{11^3}{2^3} = \frac{1331}{8} = 166\tfrac{3}{8}.$$

4. $$(ab)^2 \left(\frac{a}{b}\right)^2 \left(\frac{1}{a}\right)^3 = \frac{a^2b^2a^2}{b^2a^3} = a.$$

5. $$\frac{(6abc)^4\,(5abd)^3}{(4ab)^5\,(3ac)^4 \cdot (25ac)^2} = \frac{6^4 \cdot 5^3}{4^5 \cdot 3^4 \cdot 25^2}\;\frac{a^4b^4c^4a^3b^3d^3}{a^5b^5a^4c^4a^2c^2}$$

$$= \left(\frac{6}{3}\right)^4 \frac{5 \cdot 5 \cdot 5}{4 \cdot 4 \cdot 4 \cdot 4 \cdot 4 \cdot 25 \cdot 25}\;\frac{a^7b^7c^4d^3}{a^9b^5c^6}$$

$$= \frac{2 \cdot 2 \cdot 2 \cdot 2}{4 \cdot 4 \cdot 4 \cdot 4 \cdot 4 \cdot 5}\;\frac{b^2d^3}{a^2c^2} = \frac{1}{320}\;\frac{b^2d^3}{a^2c^2}.$$

6. $$\left(\frac{u+v}{p+q}\right)^7 \cdot \left(\frac{u-v}{p-q}\right)^7 \cdot \left(\frac{p^2-q^2}{u^2-v^2}\right)^5 = \frac{(u+v)^7\,(u-v)^7\,[(p+q)\,(p-q)]^5}{(p+q)^7\,(p-q)^7\,[(u-v)\,(u-v)]^5}$$

$$= \frac{(u+v)^7\,(u-v)^7\,(p+q)^5\,(p-q)^5}{(p+q)^7\,(p-q)^7\,(u+v)^5\,(u-v)^5} = \frac{(u+v)^2\,(u-v)^2}{(p+q)^2\,(p-q)^2} = \left(\frac{u^2-v^2}{p^2-q^2}\right)^2.$$

Aufgaben zu selbständiger Lösung.

1. $125^6 \cdot 8^6 = ?$ $\quad 25^7 \cdot 4^7 = ?$ $\quad 45^2 \cdot 2^2 = ?$
2. $\frac{125^3}{25^3} = ?$ $\quad \frac{512^4}{64^4} = ?$ $\quad \frac{125^3 \cdot 6^4}{3^4 \cdot 25^3} = ?$
3. $(1\frac{1}{2})^4 \cdot (6\frac{2}{3})^4 = ?$ $\quad (1\frac{1}{3})^3 \cdot (1\frac{1}{2})^3 = ?$ $\quad (7\frac{1}{2})^5 \cdot (1\frac{1}{3})^5 = ?$
4. $(xy)^2 \cdot \left(\frac{x}{y}\right)^2 \cdot \left(\frac{1}{x}\right)^3 = ?$ $\quad \frac{(3ab)^2 \cdot (4ac)^3 \cdot (5bc)^4}{(25abc)^2 \cdot (6abc)^3} = ?$
5. $\frac{(6xyz)^3 \cdot (10xyu)^4}{(4xy)^4 \cdot (3xu)^3 \cdot (25yu)^2} = ?$ $\quad \left(\frac{a+b}{x+y}\right)^3 \cdot \left(\frac{a-b}{x-y}\right)^8 \cdot \left(\frac{x^2-y^2}{a^2-b^2}\right)^2 = ?$

Potenzieren von Potenzen

Soll die Potenz a^3 potenziert werden, etwa zur 4ten Potenz erhoben werden, so schreibt man dies

$$(a^3)^4.$$

Nach der Erklärung der Potenz bedeutet nun

$$(a^3)^4 = a^3 \cdot a^3 \cdot a^3 \cdot a^3 = a^{3+3+3+3} = a^{12}.$$

Das Resultat wurde also erhalten, indem man den Exponenten 3 viermal als Summand setzte, oder was dasselbe ist, indem man den Exponenten 3 mit dem Exponenten 4 multiplizierte. Es ergibt sich also hieraus die

> **Regel 37:** Eine Potenz wird **potenziert**, indem man die Grundzahl beibehält und die **Exponenten multipliziert.**

Z. B. $(a^3)^5 = a^{3 \cdot 5} = a^{15}$; $(b^5)^n = b^{5n}$; $(c^{2m})^{3n} = c^{6mn}$;

$(a^{-3})^2 = a^{-6} = \frac{1}{a^6}$; $(a^5)^{-7} = a^{-35} = \frac{1}{a^{35}}$;

$(a^{-4})^{-5} = a^{(-4)\cdot(-5)} = a^{+20}$.

Aufgaben zu selbständiger Lösung.

1. $(a^4)^9 = ?$ $(b^4)^5 = ?$ $(x^5)^n = ?$ $(a^n)^p = ?$ $(a^3)^{x-1} = ?$
2. $(x^{n+1})^5 = ?$ $(a^3)^{2n} = ?$ $(a^n)^m = ?$ $(x^{n+5})^{n-5} = ?$
3. $(a^4b^2)^7 = ?$ $(a^5b^7)^9 = ?$ $(x^4x^8)^7 = ?$ $(x^4y^2z^8)^4 = ?$
4. $(2a^3b^3c^4)^5 = ?$ $(4a^3b^4c)^2 = ?$ $(3a^3b^3c^4)^4 = ?$
5. $\left(\frac{a^2}{b^3}\right)^4 = ?$ $\left(\frac{5a^3}{4b^2}\right)^2 = ?$ $\left(\frac{4a^nb^{2n}}{7c^8}\right)^2 = ?$ $\left(\frac{3ab^5}{2x^2y}\right)^2 = ?$
6. $\frac{(a^3x^4)^4}{(ax)^9} = ?$ $\frac{(a^3)^2 \cdot (b^5)^8}{(ab^2)^5} = ?$ $\frac{(a^4b^3)^5}{(a^2b^4)^3} = ?$
7. $\frac{(2^3)^5}{2^8} = ?$ $\frac{(2^4)^5}{4^9} = ?$ $\frac{(3^4)^3}{9^6} = ?$ $\frac{(3^8)^5}{27^{18}} = ?$
8. $\left(\frac{2x^3y^2}{3ab^4}\right)^2 \cdot \left(\frac{3a^4b}{5x^2y}\right)^3 \cdot \left(\frac{5xb^2}{2ya^2}\right) = ?$
9. $\frac{3\ (2x^2y^3)^2}{4\ (3a^3b^2)^3} \cdot \frac{7\ (3a^4b^3)^2}{5\ (2xy^2)^3} = ?$
10. $(a^3)^{-2n} = ?$ $\left(\frac{a^{-2}b^3}{x^{-1}y^{-6}}\right)^2 = ?$ $\left(\frac{a^{-8}b}{x^3y^{-2}}\right)^{-8} = ?$ $\left(\frac{a^{-4}b^3}{x^2y^{-3}}\right)^{-2} = ?$
11. $\left(\frac{a^0b^{-2}}{xy^3}\right) = ?$ $\left(\frac{a^{-2}b^0}{x^4y^{-1}}\right)^{-2} = ?$ $\left(\frac{a^5b^{-3}}{x^{-1}y^2}\right)^{-1} = ?$

§ 20 Wurzeln

Definition der Wurzel

1. Die nte Wurzel aus einer Zahl a ziehen, heißt, eine Zahl z suchen, die zur nten Potenz erhoben die Zahl (a) gibt, aus welcher die Wurzel gezogen werden soll. In Zeichen:

$$\sqrt[n]{a} = z \quad \text{(gelesen nte Wurzel aus a gleich z).}$$

Diese Gleichung ist richtig, wenn

$$z^n = a \text{ ist.}$$

Die Zahl a, aus welcher die Wurzel gezogen werden soll, heißt der **Radikand**, das Resultat (z) heißt die **Wurzel** und n der **Wurzelexponent**. Es ist hiernach das Wurzelziehen eine Umkehrung des Potenzierens.

2. Der Radikand kann jede beliebige Form und Größe haben, während der Wurzelexponent eine **ganze** Zahl sein muß.

3. Der Wurzelexponent 2 wird häufig weggelassen, also anstatt $\sqrt[2]{a}$ schreibt man $\sqrt{a}$ (vergl. Seite 31).

4. Aus der Erklärung 1. folgt:

$$\sqrt[n]{a^n} = a, \text{ ebenso ist } (\sqrt[n]{a})^n = a.$$

Beispiele:

1. $\sqrt[1]{8} = ?$ Lösung: $\sqrt[1]{8}$ bedeutet eine Zahl suchen, die zur ersten Potenz erhoben 8 ergibt, und dies ist 8, denn $8^1 = 8$.
2. $\sqrt[0]{1} = ?$ Lösung: $\sqrt[0]{1} = x$ heißt $x^0 = 1$, also kann x jede beliebige Zahl sein.
3. $(\sqrt[5]{2})^5 = ?$ Lösung: $(\sqrt[5]{2})^5 = 2$.
4. $\sqrt[3]{a}\,\sqrt[3]{a}\,\sqrt[3]{a} = ?$ Lösung: a.
5. $\sqrt[3]{a^6} = ?$ Lösung: $\sqrt[3]{a^6}$ heißt eine Zahl suchen, welche zur dritten Potenz erhoben a^6 gibt, und dies ist a^2.
6. $\sqrt[5]{32} = ?$ Lösung: $\sqrt[5]{32} = x$ heißt $x^5 = 32$, und das ist $x = 2$, denn $2^5 = 2 \cdot 2 \cdot 2 \cdot 2 \cdot 2 = 32$.
7. $a\sqrt{a^2} = ?$ Lösung: $\sqrt{a^2} = a$, also $a\sqrt{a^2} = a \cdot a = a^2$.
8. $5\sqrt{16} = ?$ Lösung: $\sqrt{16} = 4$ also ist $5\sqrt{16} = 5 \cdot 4 = 20$.
9. $2\sqrt[3]{125} = ?$ Lösung: $\sqrt[3]{125} = 5$ also ist $2\sqrt[3]{125} = 2 \cdot 5 = 10$.
10. $(5\sqrt{a})^2 = ?$ Lösung: $(5\sqrt{a})^2 = 5^2 \cdot (\sqrt{a})^2 = 25a$.
11. $(4\sqrt{a})^2 + (3\sqrt[3]{a})^3 + (2\sqrt[4]{a})^4 = ?$ Lösung: $16a + 27a + 16a = 59a$.
12. $(2\sqrt{2a - 9b})^2 - (3\sqrt[3]{2a - 3b})^3 = ?$
    Lösung: $4\,(2a - 9b) - 27\,(2a - 3b) = 8a - 36b - 54a + 81b = -46a + 45b$

Beachte: Für ein fortfallendes Wurzelzeichen **muß** eine Klammer gesetzt werden.

Aufgaben zu selbständiger Lösung
Definition der Wurzel.

1. $\sqrt[1]{10} = ?$ $\sqrt[1]{b} = ?$ $\sqrt[6]{1} = ?$ $\sqrt[n]{1} = ?$ $\sqrt[5]{0} = ?$
2. $\sqrt[4]{x^0} = ?$ $\sqrt[3]{64} = ?$ $\sqrt[5]{32} = ?$ $\sqrt[3]{125} = ?$ $\sqrt[3]{512} = ?$
3. $5\sqrt[3]{27} = ?$ $8\sqrt{64} = ?$ $2\sqrt[4]{16} = ?$ $6\sqrt[5]{32} = ?$ $4\sqrt[4]{81} = ?$
4. $\sqrt[5]{x^{10}} = ?$ $\sqrt[7]{a^{21}} = ?$ $\sqrt[3]{a^{15}} = ?$ $(\sqrt[3]{a})^{15} = ?$ $\sqrt[15]{a^{30}}$?
5. $\sqrt{(a-b)^2} = ?$ $\sqrt[4]{(a-b)^8} = ?$ $\sqrt[4]{a^{16}} = ?$ $\sqrt[5]{(a-b)^{10}} = ?$
6. $\sqrt[n]{a^{2n}} = ?$ $\sqrt[n]{a^{mn}} = ?$ $(\sqrt[n]{a^m})^n$
7. $(2\sqrt{a})^4 = ?$ $(3\sqrt{5})^2 = ?$ $\left(\frac{5}{3}\sqrt{2}\right)^2 = ?$ $\frac{6}{7}\sqrt{49} = ?$
8. $5\sqrt[3]{27} - 4\sqrt{16} = ?$ $(2\sqrt{5})^2 - 7 = ?$ $\left(\frac{3\sqrt{3}}{4\sqrt{2}}\right)^2 = ?$
9. $(6\sqrt{x})^2 + (3\sqrt[3]{x})^3 + \sqrt[4]{x^4} - 15x = ?$
10. $(5\sqrt{a})^2 - (7\sqrt{b})^2 + (3\sqrt{a-b})^2 + (5\sqrt{2a-3b})^2 = ?$

11. $(4\sqrt{a-b})^2 + (3\sqrt[3]{2a-5b})^3 - (2\sqrt[3]{8a+2b})^3 = ?$

12. $(2\sqrt{5x+7y-2})^2 - (3\sqrt[3]{2x+y-1})^3 - (\sqrt[4]{5x-7y-9})^4 = ?$

Erklärung: 5. Aus der Erklärung des Wurzelbegriffes folgt:

$\sqrt[4]{a^2}$ ist diejenige Zahl, welche zur 4ten Potenz erhoben a^2 gibt; diese Zahl würde demnach zur 2ten Potenz erhoben a^1 geben. Letztere Zahl nennt man aber $\sqrt[2]{a}$; es ist demnach $\sqrt[4]{a^2}$ und $\sqrt[2]{a^1}$ dasselbe. Ebenso ist z. B. $\sqrt[6]{a^4}$ diejenige Zahl, welche zur 6ten Potenz erhoben a^4 gibt; dieselbe Zahl würde zur 3ten Potenz erhoben a^2 geben, d. h. $\sqrt[6]{a^4}$ und $\sqrt[3]{a^2}$ ist dasselbe. Ferner würde $\sqrt[3m]{a^m}$ diejenige Zahl sein, welche zur $3m^{ten}$ Potenz erhoben oder, was dasselbe ist, erst zur 3ten und dann noch zur m^{ten} Potenz erhoben a^m gibt. Dieselbe Zahl würde demnach, nur zur 3ten Potenz erhoben, a geben, d. h. $\sqrt[3m]{a^m}$ ist dasselbe wie $\sqrt[3]{a}$. Stellen wir diese Ergebnisse zusammen:

$$\sqrt[4]{a^2} = \sqrt[2]{a^1}; \qquad \sqrt[6]{a^4} = \sqrt[3]{a^2}; \qquad \sqrt[3m]{a^m} = \sqrt[3]{a^1}, \text{ so folgt:}$$

Regel 38: Hat man eine Potenz zu radizieren, so darf man Wurzelexponent **und** Potenzexponent durch ein und dieselbe Zahl **dividieren,** oder auch umgekehrt mit einer und derselben Zahl **multiplizieren.**

Man kann also mit den beiden Exponenten gerade so verfahren, wie mit Nenner und Zähler eines Bruches (Kürzen und Erweitern).

Beispiele:

1. $\sqrt[8]{x^6} = \sqrt[4]{x^3};$
2. $\sqrt[12]{b^9} = \sqrt[4]{b^3};$
3. $\sqrt[6]{c^3} = \sqrt[2]{c^1} = \sqrt{c};$
4. $\sqrt[5x]{a^{10}} = \sqrt[x]{a^2};$
5. $\sqrt[9]{(ab)^6} = \sqrt[3]{(ab)^2};$
6. $\sqrt[4]{(a+b)^2} = \sqrt[2]{(a+b)^1} = \sqrt{a+b};$
7. $\sqrt[4]{x^8} = \sqrt[1]{x^2} = x^2;$

denn die 1te Wurzel aus einer Zahl ist diejenige Zahl, welche zur 1ten Potenz erhoben den Radikanden gibt; das ist aber der Radikand selbst.

Ebenso ist umgekehrt:

$$\sqrt[3]{x^2} = \sqrt[6]{x^4}; \qquad \sqrt{a} = \sqrt[6]{a^3}; \qquad \sqrt[5]{a+b} = \sqrt[10]{(a+b)^2}.$$

Aufgaben zu selbständiger Lösung.

In folgenden Beispielen sind Wurzelexponent und Potenzexponent möglichst klein zu machen:

1. $\sqrt[12]{x^9} = ?$ $\quad \sqrt[9]{(ax)^3} = ?$ $\quad \sqrt[20]{\left(\frac{a}{b}\right)^4} = ?$ $\quad \sqrt[18]{(a-x)^{12}} = ?$

2. $\sqrt[3]{m^6} = ?$ $\quad \sqrt[4]{z^{10}} = ?$ $\quad \sqrt[mn]{a^{mx}} = ?$ $\quad \sqrt[16]{\left(\frac{x}{a}\right)^{12}} = ?$

3. $\sqrt[4x]{x^8} = ?$ $\quad \sqrt[10]{b^{5m}} = ?$ $\quad \sqrt[m]{a^{2m}} = ?$ $\quad \sqrt[15]{(ab)^{10}} = ?$

Wurzeln aus Produkten

Hat man aus einem Produkte, z. B. 25 · 9 die 2te Wurzel zu ziehen, also den Wert des Ausdruckes $\sqrt{25 \cdot 9}$ zu berechnen, so kann man das Produkt erst ausmultiplizieren und dann die Wurzel daraus ziehen:

$$\sqrt{25 \cdot 9} = \sqrt{225} = 15.$$

Dasselbe Resultat erhält man aber auch, wenn man die Faktoren 25 und 9 einzeln radiziert und die erhaltenen Werte dann erst multipliziert:

$$\sqrt{25 \cdot 9} = \sqrt{25} \cdot \sqrt{9} = 5 \cdot 3 = 15.$$

Ebenso ist auch

$$\sqrt{144 \cdot 36} = \sqrt{5184} = 72$$

und auch

$$\sqrt{144 \cdot 36} = \sqrt{144} \cdot \sqrt{36} = 12 \cdot 6 = 72,$$

oder ferner

$$\sqrt{64 \cdot 5} = \sqrt{320} = 17{,}889$$

und auch

$$\sqrt{64 \cdot 5} = \sqrt{64} \cdot \sqrt{5} = 8 \cdot \sqrt{5} = 8 \cdot 2{,}2361 = 17{,}889.$$

Wir schließen daher aus diesen Beispielen die Allgemeingültigkeit der Formel

$$\sqrt[n]{ab} = \sqrt[n]{a} \cdot \sqrt[n]{b}.$$

Diese Formel besagt:

Regel 39: Ein Produkt wird radiziert, indem man **jeden** Faktor radiziert.

Beweis: Um die Richtigkeit obiger Formel nachzuweisen, erheben wir beide Seiten derselben zur n^{ten} Potenz:

$$(\sqrt[n]{ab})^n = (\sqrt[n]{a} \cdot \sqrt[n]{b})^n.$$

(Wenn man zwei **gleiche** Größen zu **derselben** Potenz erhebt, muß man **gleiche Werte** erhalten.)

Die linke Seite ergibt sofort den Wert ab; denn $\sqrt[n]{ab}$ ist ja diejenige Zahl, welche zur n^{ten} Potenz erhoben ab gibt. Die rechte Seite ist eine Potenz, deren Grundzahl ein Produkt $\sqrt[n]{a} \cdot \sqrt[n]{b}$ ist. Wir werden daher die Regel 35 anwenden und erhalten:

$$(\sqrt[n]{a} \cdot \sqrt[n]{b})^n = (\sqrt[n]{a})^n \cdot (\sqrt[n]{b})^n.$$

Nun ist aber $(\sqrt[n]{a})^n = a$ und $(\sqrt[n]{b})^n = b$. Es hat demnach auch die rechte Seite den Wert ab.

Die Regel 39 wird vorzugsweise angewendet, wenn es sich darum handelt, den Radikanden möglichst einfach zu gestalten.

Beispiele:

1. $\sqrt[3]{a^6b^9c} = \sqrt[3]{a^6} \cdot \sqrt[3]{b^9} \cdot \sqrt[3]{c} = a^2b^3 \cdot \sqrt[3]{c};$
2. $\sqrt{50a} = \sqrt{25 \cdot 2a} = \sqrt{25} \cdot \sqrt{2a} = 5 \cdot \sqrt{2a};$
3. $\sqrt{24x^6y} = \sqrt{4 \cdot 6 \cdot x^6y} = \sqrt{4} \cdot \sqrt{x^6} \cdot \sqrt{6y} = 2x^3\sqrt{6y};$
4. $\sqrt[4]{32m^{20}} = \sqrt[4]{16 \cdot 2 \cdot m^{20}} = \sqrt[4]{16} \cdot \sqrt[4]{m^{20}} \cdot \sqrt[4]{2} = 2m^5 \cdot \sqrt[4]{2};$
5. $\sqrt{x^3} = \sqrt{x^2 \cdot x} = \sqrt{x^2} \cdot \sqrt{x} = x \cdot \sqrt{x};$
6. $\sqrt[3]{a^4b} = \sqrt[3]{a^3 \cdot ab} = \sqrt[3]{a^3} \cdot \sqrt[3]{ab} = a \cdot \sqrt[3]{ab};$
7. $\sqrt{40x^5} = \sqrt{4 \cdot 10 \cdot x^4 \cdot x} = \sqrt{4} \cdot \sqrt{x^4} \cdot \sqrt{10x} = 2x^2\sqrt{10x};$

8. $\sqrt[n]{a^{2n}b^5} = \sqrt[n]{a^{2n}} \cdot \sqrt[n]{b^5} = a^2\sqrt[n]{b^5}$;

9. $\sqrt{80} = \sqrt{16 \cdot 5} = \sqrt{16} \cdot \sqrt{5} = 4 \cdot \sqrt{5}$;

10. $\sqrt[3]{128} = \sqrt[3]{64 \cdot 2} = \sqrt[3]{64} \cdot \sqrt[3]{2} = 4 \cdot \sqrt[3]{2}$;

11. $\sqrt{x^3 - ax^2} = \sqrt{x^2 (x - a)} = \sqrt{x^2} \cdot \sqrt{x - a} = x \sqrt{x - a}$;

12. $\sqrt[3]{a^3 - a^4} = \sqrt[3]{a^3 (1 - a)} = \sqrt[3]{a^3} \cdot \sqrt[3]{1 - a} = a \sqrt[3]{1 - a}$;

13. $\sqrt{x^4 + 2x^3y + x^2y^2} = \sqrt{x^2 (x^2 + 2xy + y^2)} = \sqrt{x^2 (x + y)^2} = x (x + y)$;

14. $\sqrt[n]{a^{3n+1}} = \sqrt[n]{a^{3n} \cdot a} = \sqrt[n]{a^{3n}} \cdot \sqrt[n]{a} = a^3 \cdot \sqrt[n]{a}$.

Aufgaben zu selbständiger Lösung.
Vereinfachung des Radikanden.

1. $\sqrt{28} = ?$ $\quad \sqrt{75} = ?$ $\quad \sqrt{200} = ?$ $\quad \sqrt{512} = ?$
2. $\sqrt[3]{16} = ?$ $\quad \sqrt[3]{1024} = ?$ $\quad \sqrt[3]{24} = ?$ $\quad \sqrt[3]{7290} = ?$
3. $\sqrt{a^3b} = ?$ $\quad \sqrt{98xy^2} = ?$ $\quad \sqrt{243 (a + b)^2} = ?$ $\quad \sqrt{4x^2 + 8x^3} = ?$
4. $\sqrt[4]{a^5x^2} = ?$ $\quad \sqrt[5]{64m^{10}} = ?$ $\quad \sqrt{a^3 + 2a^2b + ab^2} = ?$ $\quad \sqrt[3]{u^{10}v^{10}} = ?$
5. $\sqrt[3]{b^{4n}c^{5n}} = ?$ $\quad \sqrt[4]{x^{4n+1}} = ?$ $\quad \sqrt{a^3b^{2n}} = ?$ $\quad \sqrt{v^4 + v^2} = ?$
6. $\sqrt[n]{x^{2n}y^{2n+1}} = ?$ $\quad \sqrt[x]{x^{x+1}} = ?$ $\quad \sqrt[2m]{a^{3m-1}} = ?$ $\quad \sqrt[p]{c^{4p+q}} = ?$
7. $\sqrt[3]{a^{10} - a^9x} = ?$ $\quad \sqrt[n]{c^{n+1} + c^nx} = ?$ $\quad \sqrt[5x]{a^{5x+y}} = ?$ $\quad \sqrt[4]{x^3y^2} = ?$
8. $\sqrt{a^3b + 2a^2b^2 + ab^3} = ?$ $\quad \sqrt[n]{x^{2n+1} \cdot y^{3n+1}} = ?$

Wurzeln aus Brüchen

Hat man aus einem Bruch $\frac{9}{25}$, die 2te Wurzel zu ziehen, so kann man erst die Division ausführen (den Bruch in einen Dezimalbruch verwandeln) und dann radizieren:

$$\sqrt{\tfrac{9}{25}} = \sqrt{0{,}36} = 0{,}6.$$

Zu demselben Resultat gelangt man aber auch, wenn man Zähler und Nenner für sich radiziert und die Resultate dann erst dividiert.

$$\sqrt{\frac{9}{25}} = \frac{\sqrt{9}}{\sqrt{25}} = \frac{3}{5} = 0{,}6.$$

Soll dieses zweite Verfahren allgemein gültig sein, so muß sein

$$\sqrt[n]{\frac{a}{b}} = \frac{\sqrt[n]{a}}{\sqrt[n]{b}}.$$

Um die Richtigkeit dieser Formel nachzuweisen, erheben wir beide Seiten zur n^{ten} Potenz. Erhalten wir auf beiden Seiten denselben Wert, so ist die Formel richtig. Die linke Seite potenziert, gibt:

$$\left(\sqrt[n]{\frac{a}{b}}\right)^n = \frac{a}{b},$$

denn $\sqrt[n]{\frac{a}{b}}$ ist diejenige Zahl, welche zur n^{ten} Potenz erhoben $\frac{a}{b}$ gibt. Die rechte Seite der Formel ist ein Bruch. Wir werden daher Regel 36 anwenden:

$$\left(\frac{\sqrt[n]{a}}{\sqrt[n]{b}}\right)^n = \frac{(\sqrt[n]{a})^n}{(\sqrt[n]{b})^n} = \frac{a}{b}.$$

Das ist aber derselbe Wert, den die linke Seite der Formel, zur n^{ten} Potenz erhoben, gibt. Mithin ist die Richtigkeit der Formel erwiesen und wir erhalten aus ihr

Regel 40: Ein Bruch wird radiziert, indem man Zähler **und** Nenner radiziert.

Diese Regel wird vorzugsweise angewendet, wenn es sich darum handelt, einen Wurzelausdruck, dessen Radikand ein Bruch ist, so umzuformen, daß der Radikand eine ganze Zahl wird. Zu diesem Zwecke hat man nur nötig, vor Anwendung obiger Regel den Bruch mit einer Zahl zu erweitern, so daß der Nenner, falls es sich um eine 2te Wurzel handelt, eine Quadratzahl, falls es sich um eine 3te Wurzel handelt, eine Kubikzahl usw. wird.

Beispiele:

1. $\sqrt{\frac{2}{3}} = \sqrt{\frac{2 \cdot 3}{3 \cdot 3}} = \frac{\sqrt{6}}{\sqrt{3^2}} = \frac{\sqrt{6}}{3} = \frac{1}{3}\sqrt{6};$

2. $\sqrt{\frac{5}{8}} = \sqrt{\frac{5 \cdot 2}{8 \cdot 2}} = \sqrt{\frac{10}{16}} = \frac{\sqrt{10}}{\sqrt{16}} = \frac{\sqrt{10}}{4} = \frac{1}{4}\sqrt{10};$

3. $\sqrt[3]{\frac{5}{18}} =$ Man zerlege 18 in seine Primfaktoren $3^2 \cdot 2$ und multipliziere Zähler und Nenner mit $3 \cdot 2^2$, denn dann wird der Nenner $3^2 \cdot 2 \cdot 3 \cdot 2^2 = 3^3 \cdot 2^3$. Es läßt sich also aus ihm die 3te Wurzel ziehen:

$$\sqrt[3]{\frac{5}{18}} = \sqrt[3]{\frac{5 \cdot 3 \cdot 2^2}{3^2 \cdot 2 \cdot 3 \cdot 2^2}} = \frac{\sqrt[3]{60}}{\sqrt[3]{3^3 \cdot 2^3}} = \frac{\sqrt[3]{60}}{3 \cdot 2} = \frac{\sqrt[3]{60}}{6} = \frac{1}{6}\sqrt[3]{60};$$

4. $\sqrt{\frac{5}{6}} = \sqrt{\frac{5 \cdot 6}{6^2}} = \frac{\sqrt{30}}{\sqrt{6^2}} = \frac{\sqrt{30}}{6} = \frac{1}{6}\sqrt{30};$

5. $\sqrt{\frac{7}{24}} = \sqrt{\frac{7}{2^3 \cdot 3}} = \sqrt{\frac{7 \cdot 2 \cdot 3}{2^3 \cdot 3 \cdot 2 \cdot 3}} = \frac{\sqrt{42}}{\sqrt{2^4 \cdot 3^2}} = \frac{\sqrt{42}}{2^2 \cdot 3} = \frac{1}{12}\sqrt{42};$

6. $\sqrt[3]{1\frac{1}{4}} = \sqrt[3]{\frac{5}{4}} = \sqrt[3]{\frac{10}{8}} = \frac{\sqrt[3]{10}}{\sqrt[3]{8}} = \frac{\sqrt[3]{10}}{2} = \frac{1}{2}\sqrt[3]{10};$

7. $\sqrt[3]{\frac{ab}{c^2}} = \sqrt[3]{\frac{abc}{c^3}} = \frac{\sqrt[3]{abc}}{\sqrt[3]{c^3}} = \frac{1}{c}\sqrt[3]{abc};$

8. $m\sqrt{\frac{x}{m}} = m\sqrt{\frac{mx}{m^2}} = m\frac{\sqrt{mx}}{\sqrt{m^2}} = \frac{m\sqrt{mx}}{m} = \sqrt{mx};$

9. $5\sqrt[3]{\frac{3}{5}} = 5\sqrt[3]{\frac{3 \cdot 5^2}{5^3}} = 5\frac{\sqrt[3]{75}}{\sqrt[3]{5^3}} = \frac{5\sqrt[3]{75}}{5} = \sqrt[3]{75};$

10. $ax\sqrt[3]{\frac{y}{a}} = ax\sqrt[3]{\frac{a^2y}{a^3}} = ax\frac{\sqrt[3]{a^2y}}{\sqrt[3]{a^3}} = ax\frac{\sqrt[3]{a^2y}}{a} = x\sqrt[3]{a^2y};$

11. $\sqrt[6]{\frac{a^5}{b^4}} = \sqrt[6]{\frac{a^5 \cdot b^2}{b^6}} = \frac{\sqrt[6]{a^5b^2}}{\sqrt[6]{b^6}} = \frac{\sqrt[6]{a^5b^2}}{b} = \frac{1}{b}\sqrt[6]{a^5b^2};$

12. $\sqrt[m]{\frac{a}{b}} = \sqrt[m]{\frac{a \cdot b^{m-1}}{b \cdot b^{m-1}}} = \frac{\sqrt[m]{ab^{m-1}}}{\sqrt[m]{b^m}} = \frac{\sqrt[m]{ab^{m-1}}}{b} = \frac{1}{b}\sqrt[m]{ab^{m-1}};$

13. $\sqrt{\frac{a}{a-x}} = \sqrt{\frac{a(a-x)}{(a-x)^2}} = \frac{\sqrt{a(a-x)}}{\sqrt{(a-x)^2}} = \frac{\sqrt{a(a-x)}}{a-x};$

14. $(m+x)\sqrt[3]{\frac{m}{m-x}} = (m+x)\sqrt[3]{\frac{m(m-x)^2}{(m-x)^3}} = \frac{m+x}{m-x} \cdot \sqrt[3]{m(m-x)^2};$

15. $\sqrt{1\frac{4}{5}} = \sqrt{\frac{9}{5}} = \sqrt{\frac{9 \cdot 5}{5^2}} = \frac{\sqrt{9 \cdot 5}}{\sqrt{5^2}} = \frac{3\sqrt{5}}{5} = \frac{3}{5}\sqrt{5}.$

Aufgaben zu selbständiger Lösung:

1. $\sqrt{\frac{7}{8}} = ?$ $\quad \sqrt{1\frac{3}{5}} = ?$ $\quad \sqrt{2\frac{2}{3}} = ?$ $\quad \sqrt{7\frac{1}{6}} = ?$

2. $\sqrt[3]{\frac{7}{8}} = ?$ $\quad \sqrt[3]{1\frac{5}{9}} = ?$ $\quad \sqrt[3]{10\frac{1}{8}} = ?$ $\quad \sqrt[3]{5\frac{7}{16}} = ?$

3. $\sqrt{\frac{a}{2b}} = ?$ $\quad \sqrt{\frac{a-m}{m}} = ?$ $\quad \sqrt{\frac{5x}{4y}} = ?$ $\quad \sqrt{\frac{abx}{z}} = ?$

4. $\sqrt[3]{\frac{a}{b}} = ?$ $\quad \sqrt[3]{\frac{a}{4b}} = ?$ $\quad \sqrt[3]{\frac{x-y}{x^2}} = ?$ $\quad \sqrt[3]{\frac{4m}{3u}} = ?$

5. $2\sqrt{\frac{5}{6}} = ?$ $\quad a\sqrt{\frac{x}{a}} = ?$ $\quad \frac{m}{x}\sqrt{\frac{x}{m}} = ?$ $\quad b\sqrt{\frac{8x}{3b}} = ?$

6. $\sqrt[m]{\frac{a^2b}{x}} = ?$ $\quad \sqrt[m]{\frac{1}{a}} = ?$ $\quad b\sqrt[n]{\frac{ac}{b^{n-1}}} = ?$ $\quad y\sqrt[n]{\frac{5x}{y^3}} = ?$

Multiplikation und Division gleichnamiger, eingliedriger Wurzeln.

Die Formeln

$$\sqrt[n]{ab} = \sqrt[n]{a} \cdot \sqrt[n]{b} \text{ und } \sqrt[n]{\frac{a}{b}} = \frac{\sqrt[n]{a}}{\sqrt[n]{b}}$$

liefern uns ferner die Regeln für das Multiplizieren und Dividieren von Wurzeln mit **gleichen Exponenten (gleichnamige Wurzeln** genannt); denn wenn wir obige Formeln von rechts nach links lesen (die beiden Seiten vertauschen), so erhalten wir

$$\sqrt[n]{a} \cdot \sqrt[n]{b} = \sqrt[n]{ab}, \text{ d. h.}$$

Regel 41: Gleichnamige Wurzeln werden multipliziert, indem man die Radikanden multipliziert und dann das Produkt radiziert.

und

$$\frac{\sqrt[n]{a}}{\sqrt[n]{b}} = \sqrt[n]{\frac{a}{b}}, \text{ d. h.}$$

Regel 42: Gleichnamige Wurzeln werden dividiert, indem man die Radikanden dividiert und dann den Quotienten radiziert.

Beispiele:

1. $\sqrt{18} \cdot \sqrt{3} = \sqrt{18 \cdot 3} = \sqrt{54} = \sqrt{9 \cdot 6} = 3 \cdot \sqrt{6}$, oder auch
   $\sqrt{18} \cdot \sqrt{3} = \sqrt{9 \cdot 2} \cdot \sqrt{3} = \sqrt{9 \cdot 2 \cdot 3} = 3 \cdot \sqrt{6}$;
2. $\sqrt{12} \cdot \sqrt{5} = \sqrt{4 \cdot 3} \cdot \sqrt{5} = \sqrt{4 \cdot 3 \cdot 5} = 2 \cdot \sqrt{3 \cdot 5} = 2\sqrt{15}$;
3. $\sqrt{0{,}5} \cdot \sqrt{2{,}5} = \sqrt{1{,}25} = \sqrt{\frac{125}{100}} = \frac{\sqrt{25 \cdot 5}}{\sqrt{100}} = \frac{5\sqrt{5}}{10} = \frac{1}{2}\sqrt{5}$;

4. $\sqrt{\frac{5}{6}} \cdot \sqrt{\frac{9}{10}} = \sqrt{\frac{5}{6} \cdot \frac{9}{10}} = \sqrt{\frac{3}{4}} = \frac{\sqrt{3}}{\sqrt{4}} = \frac{1}{2}\sqrt{3};$

5. $\sqrt{2\frac{2}{5}} \cdot \sqrt{7\frac{1}{2}} = \sqrt{\frac{12}{5} \cdot \frac{15}{2}} = \sqrt{18} = \sqrt{9 \cdot 2} = 3\sqrt{2};$

6. $\sqrt[3]{1{,}2} \cdot \sqrt[3]{5} = \sqrt[3]{6};$

7. $\sqrt[3]{5{,}2} \cdot \sqrt[3]{10} = \sqrt[3]{52};$

8. $\sqrt[3]{2{,}4} \cdot \sqrt[3]{90} = \sqrt[3]{216} = 6;$

9. $\sqrt{ab} \cdot \sqrt{\frac{a}{b}} = \sqrt{ab \cdot \frac{a}{b}} = \sqrt{a^2} = a;$

10. $\sqrt{\frac{a}{b}} \cdot \sqrt{\frac{b}{a}} = \sqrt{\frac{a}{b} \cdot \frac{b}{a}} = \sqrt{1} = 1;$

11. $\sqrt{\frac{2x}{3}} \cdot \sqrt{\frac{3a}{2}} = \sqrt{\frac{2x}{3} \cdot \frac{3a}{2}} = \sqrt{ax};$

12. $\sqrt{\frac{a+b}{a-b}} \cdot \sqrt{a^2-b^2} = \sqrt{\frac{a+b}{a-b}(a^2-b^2)} = \sqrt{\frac{a+b}{a-b}(a+b)(a-b)}$
$= \sqrt{(a+b)^2} = a+b;$

13. $\sqrt[3]{2a} \cdot \sqrt[3]{4a} = \sqrt[3]{8a^2} = 2\sqrt[3]{a^2};$

14. $\sqrt[3]{0{,}2b} \cdot \sqrt[3]{20b} = \sqrt[3]{4b^2};$

15. $\sqrt[3]{a+b} \cdot \sqrt[3]{(a+b)^2} = \sqrt[3]{(a+b)^3} = a+b;$

16. $\sqrt[3]{x^2(m-1)} \cdot \sqrt[3]{x(m+1)} = \sqrt[3]{x^3(m+1)(m-1)} = x\sqrt[3]{m^2-1};$

17. $\sqrt[3]{a^2} \cdot \sqrt[3]{a} \cdot \sqrt[3]{a} = \sqrt[3]{a^2 \cdot a \cdot a} = \sqrt[3]{a^3 \cdot a} = a\sqrt[3]{a};$

18. $\sqrt[4]{xy} \cdot \sqrt[4]{x^3y} \cdot \sqrt[4]{y} = \sqrt[4]{xy \cdot x^3y \cdot y} = \sqrt[4]{x^4y^3} = x\sqrt[4]{y^3};$

19. $\sqrt[n]{ab} \cdot \sqrt[n]{ac} \cdot \sqrt[n]{bc} = \sqrt[n]{ab \cdot ac \cdot bc} = \sqrt[n]{a^2b^2c^2} = \sqrt[n]{(abc)^2};$

20. $\sqrt[n]{x^{n-1}} \cdot \sqrt[n]{x^2} = \sqrt[n]{x^{n-1}x^2} = \sqrt[n]{x^{n+1}} = \sqrt[n]{x^n \cdot x} = x\sqrt[n]{x};$

21. $\sqrt{ab} \cdot \sqrt{ax} \cdot \sqrt{bx} = \sqrt{ab \cdot ax \cdot bx} = \sqrt{a^2b^2x^2} = abx;$

22. $\sqrt[3]{2{,}5m} \cdot \sqrt[3]{4m} \cdot \sqrt[3]{(10m)^2} = \sqrt[3]{2{,}5m \cdot 4m \cdot 100m^2} = \sqrt[3]{1000m^3 \cdot m} = 10m\sqrt[3]{m};$

23. $\sqrt[5]{c^4} \cdot \sqrt[5]{c^3} \cdot \sqrt[5]{c^2} \cdot \sqrt[5]{c} = \sqrt[5]{c^4 \cdot c^3 \cdot c^2 \cdot c} = \sqrt[5]{c^{10}} = c^2;$

24. $\sqrt[3]{\frac{2a^2b}{5x}} \cdot \sqrt[3]{\frac{10ax^2}{b}} \cdot \sqrt[3]{16x^2} = \sqrt[3]{\frac{2a^2b}{5x} \cdot \frac{10ax^2}{b} \cdot 16x^2} = \sqrt[3]{64a^3x^3} = 4ax;$

25. $\sqrt{21} : \sqrt{7} = \sqrt{21 : 7} = \sqrt{3};$

26. $\sqrt{120} : \sqrt{15} = \sqrt{120 : 15} = \sqrt{8} = \sqrt{4 \cdot 2} = 2\sqrt{2};$

27. $\sqrt{ax} : \sqrt{x} = \sqrt{ax : x} = \sqrt{a};$

28. $\sqrt{180} : \sqrt{5} = \sqrt{36} = 6;$

29. $\sqrt{4\frac{1}{2}} : \sqrt{1\frac{1}{4}} = \sqrt{\frac{9}{2} : \frac{5}{4}} = \sqrt{\frac{9}{2} \cdot \frac{4}{5}} = \sqrt{\frac{9 \cdot 2 \cdot 5}{5 \cdot 5}} = \frac{3}{5}\sqrt{10};$

30. $\sqrt{\frac{ab}{cd}} : \sqrt{\frac{ac}{bd}} = \sqrt{\frac{ab}{cd} : \frac{ac}{bd}} = \sqrt{\frac{ab}{cd} \cdot \frac{bd}{ac}} = \sqrt{\frac{b^2}{c^2}} = \frac{b}{c};$

31. $\sqrt[3]{6{,}45} : \sqrt[3]{0{,}15} = \sqrt[3]{6{,}45 : 0{,}15} = \sqrt[3]{43};$

32. $\sqrt[3]{207} : \sqrt[3]{0{,}9} = \sqrt[3]{207 : 0{,}9} = \sqrt[3]{230};$

33. $\sqrt[3]{39} : \sqrt[3]{6} = \sqrt[3]{39 : 6} = \sqrt[3]{\frac{13}{2}} = \sqrt[3]{\frac{13 \cdot 4}{2 \cdot 4}} = \sqrt[3]{\frac{52}{8}} = \frac{1}{2}\sqrt[3]{52};$

34. $\sqrt[3]{5\frac{1}{3}} : \sqrt[3]{1\frac{1}{2}} = \sqrt[3]{\frac{16}{3} : \frac{3}{2}} = \sqrt[3]{\frac{16}{3} \cdot \frac{2}{3}} = \sqrt[3]{\frac{32}{9}} = \sqrt[3]{\frac{8 \cdot 4}{9}} = \sqrt[3]{\frac{8 \cdot 4 \cdot 3}{27}} = \frac{2}{3}\sqrt[3]{12};$

35. $\sqrt[3]{bx^2} : \sqrt[3]{\frac{b^2}{x}} = \sqrt[3]{bx^2 : \frac{b^2}{x}} = \sqrt[3]{bx^2 \cdot \frac{x}{b^2}} = \sqrt[3]{\frac{b^2x^3}{b^3}} = \frac{x}{b}\sqrt[3]{b^2};$

36. $\sqrt[m]{a^2bc^4} : \sqrt[m]{abc} = \sqrt[m]{a^2bc^4 : abc} = \sqrt[m]{ac^3};$

37. $\frac{\sqrt{ax}}{\sqrt{x}} = \sqrt{\frac{ax}{x}} = \sqrt{a};$

38. $\frac{\sqrt[3]{2{,}5ax^2}}{\sqrt[3]{5a^2}} = \sqrt[3]{\frac{2{,}5ax^2}{5a^2}} = \sqrt[3]{\frac{0{,}5x^2}{a}} = \sqrt[3]{\frac{x^2}{2a}} = \sqrt[3]{\frac{x^2 \cdot 4a^2}{2a \cdot 4a^2}} = \frac{1}{2a}\sqrt[3]{4a^2x^2};$

39. $\frac{\sqrt[n]{a^{n-1}}}{\sqrt[n]{a^5}} = \sqrt[n]{\frac{a^{n-1}}{a^5}} = \sqrt[n]{a^{n-6}};$

40. $\frac{\sqrt[n]{\frac{ab}{c}}}{\sqrt[n]{abc^2}} = \sqrt[n]{\frac{ab}{c \cdot abc^2}} = \sqrt[n]{\frac{1}{c^3}} = \sqrt[n]{\frac{c^{n-3}}{c^3 \cdot c^{n-3}}} = \sqrt[n]{\frac{c^{n-3}}{c^n}} = \frac{1}{c}\sqrt[n]{c^{n-3}}.$

Aufgaben zu selbständiger Lösung.
Multiplikation und Division.

1. $\sqrt{98} \cdot \sqrt{2} = ?$ $\quad \sqrt{5{,}12} \cdot \sqrt{200} = ?$ $\quad \sqrt{8\frac{1}{3}} \cdot \sqrt{1\frac{4}{5}} = ?$ $\quad \sqrt{10\frac{1}{8}} \cdot \sqrt{32} = ?$

2. $\sqrt{abx} \cdot \sqrt{aby} = ?$ $\quad \sqrt{\frac{x}{y}} \cdot \sqrt{\frac{2x}{y}} = ?$ $\quad \sqrt{a-b} \cdot \sqrt{a+b} = ?$

3. $\sqrt[3]{18} \cdot \sqrt[3]{12} = ?$ $\quad \sqrt[3]{9{,}25} \cdot \sqrt[3]{4} = ?$ $\quad \sqrt[3]{4{,}25} \cdot \sqrt[3]{4{,}8} = ?$ $\quad \sqrt[3]{100} \cdot \sqrt[3]{10} = ?$

4. $\sqrt[3]{a^2bx} \cdot \sqrt[3]{\frac{b^2x^2}{a^2}} = ?$ $\quad \sqrt[3]{\frac{2}{3}xy} \cdot \sqrt[3]{3x^2} = ?$ $\quad \sqrt[3]{1\frac{3}{5}a} \cdot \sqrt[3]{10a^2} = ?$

5. $\sqrt[n]{x^{n-3}} \cdot \sqrt[n]{x^3} = ?$ $\quad \sqrt[n]{a^2bx} \cdot \sqrt[n]{\frac{a}{x}} = ?$ $\quad \sqrt[x]{m^{x-1}} \cdot \sqrt[x]{m^2} = ?$

6. $\sqrt{50} : \sqrt{5} = ?$ $\quad \sqrt{35{,}5} : \sqrt{0{,}5} = ?$ $\quad \sqrt{75{,}6} : \sqrt{1{,}8} = ?$ $\quad \sqrt{10} : \sqrt{0{,}2} = ?$

7. $\sqrt{abx} : \sqrt{ax} = ?$ $\quad \sqrt{(a+b)\,c} : \sqrt{c} = ?$ $\quad \sqrt{21mn} : \sqrt{7m} = ?$

8. $\sqrt[3]{12{,}5} : \sqrt[3]{0{,}1} = ?$ $\quad \sqrt[3]{7{,}5xy} : \sqrt[3]{0{,}3x} = ?$ $\quad \sqrt[3]{2\frac{1}{7}a} : \sqrt[3]{2\frac{1}{3}a} = ?$

9. $\frac{\sqrt[4]{ac^2}}{\sqrt[4]{ac^3}} = ?$ $\quad \frac{\sqrt[3]{1{,}5mx^2}}{\sqrt[3]{0{,}5mx}} = ?$ $\quad \frac{\sqrt[n]{a^{10}}}{\sqrt[n]{a^9}} = ?$ $\quad \frac{\sqrt[n]{ax}}{\sqrt[n]{\frac{a}{x}}} = ?$

10. $\sqrt{2c\,(x+5)} \cdot \sqrt{3c\,(x+5)} = ?$ $\quad \sqrt[p]{a^{m-p}} \cdot \sqrt[p]{a^{p-m}} = ?$

11. $\sqrt[3]{\frac{25b^2c}{4a}} \cdot \sqrt[3]{5bc} = ?$ $\quad \sqrt{\frac{ax}{4b}} : \sqrt{\frac{a}{b}} = ?$

12. $\sqrt[3]{\frac{ab}{c}} : \sqrt[3]{abc^2} = ?$

Addition und Subtraktion von Wurzeln.

Hat man Wurzeln zu **addieren** oder zu **subtrahieren**, so beachte man:
Wurzelgrößen sind gleichartig, wenn sie im Radikanden und Wurzelexponenten übereinstimmen.

Beispiele:

1. $2\sqrt{5} + 4\sqrt{5} = 6\sqrt{5}$;
2. $7\sqrt{x} - 3\sqrt{x} = 4\sqrt{x}$;
3. $\sqrt{15} + \sqrt[3]{15}$ läßt sich dagegen nicht zu einem Glied vereinigen, da hier die Exponenten (2 und 3) verschieden sind. Die Wurzeln müssen einzeln gezogen und die Werte dann addiert werden.
   Ebenso läßt sich
4. $\sqrt{22} + \sqrt{33}$ nicht vereinigen, da die Radikanden nicht übereinstimmen. Man hat auch hier die Wurzelwerte erst auszurechnen und dann zu addieren.
5. $a\sqrt{x} + b\sqrt{x} = (a+b)\sqrt{x}$;
6. $a\sqrt{5} + \sqrt{5} = (a+1)\sqrt{5}$;
7. $m\sqrt{2} - n\sqrt{2} = (m-n)\sqrt{2}$;
8. $x\sqrt{3} - \sqrt{3} = (x-1)\sqrt{3}$;
9. $x\sqrt[3]{m} + y\sqrt[3]{m} - z\sqrt[3]{m} = (x+y-z)\sqrt[3]{m}$;
10. $b\sqrt[3]{a+b} - c\sqrt[3]{a+b} + 5\sqrt[3]{a+b} = (b-c+5)\sqrt[3]{a+b}$;
11. $10\sqrt{11} - 8\sqrt{17} + 3\sqrt{17} - 4\sqrt{11} = 6\sqrt{11} - 5\sqrt{17}$;
12. $2x\sqrt[3]{ab} - y\sqrt[3]{x} - \sqrt[3]{ab} + \sqrt[3]{x} = (2x-1)\sqrt[3]{ab} - (y-1)\sqrt[3]{x}$;
13. $\sqrt{m} + \sqrt[3]{m} + 2\sqrt{m} + 3\sqrt[3]{m} = 3\sqrt{m} + 4\sqrt[3]{m}$.
    Oft kann man die Radikanden mehrerer Wurzeln durch Anwendung von Regel 39 oder 40 gleich machen, z. B.:
14. $\sqrt{28} + \sqrt{63} = 2\sqrt{7} + 3\sqrt{7} = 5\sqrt{7}$;
15. $\sqrt[3]{16} + \sqrt[3]{128} - \sqrt[3]{2} = 2\sqrt[3]{2} + 4\sqrt[3]{2} - \sqrt[3]{2} = 5\sqrt[3]{2}$;
16. $\sqrt[3]{3ax} + \sqrt[3]{81ax} = \sqrt[3]{3ax} + 3\sqrt[3]{3ax} = 4\sqrt[3]{3ax}$;
17. $\sqrt{\frac{3}{4}} + \sqrt{\frac{3}{100}} = \frac{1}{2}\sqrt{3} + \frac{1}{10}\sqrt{3} = \frac{3}{5}\sqrt{3}$;
18. $\sqrt{\frac{5}{8}} + \sqrt{\frac{5}{18}} = \sqrt{\frac{10}{16}} + \sqrt{\frac{10}{36}} = \frac{1}{4}\sqrt{10} + \frac{1}{6}\sqrt{10} = \frac{5}{12}\sqrt{10}$;

19. $10\sqrt{4a} + 4\sqrt{9a} + 3\sqrt{45a} - 10\sqrt{36a} - 2\sqrt{80a}$

$= 10 \cdot 2\sqrt{a} + 4 \cdot 3\sqrt{a} + 3 \cdot 3\sqrt{5a} - 10 \cdot 6\sqrt{a} - 2 \cdot 4\sqrt{5a}$

$= 20\sqrt{a} + 12\sqrt{a} + 9\sqrt{5a} - 60\sqrt{a} - 8\sqrt{5a} = \sqrt{5a} - 28\sqrt{a}$;

20. $8\sqrt{12} - 6\sqrt{27} + 5\sqrt{108} + 7\sqrt{48} - \sqrt{75}$

$= 8 \cdot 2\sqrt{3} - 6 \cdot 3\sqrt{3} + 5 \cdot 6\sqrt{3} + 7 \cdot 4\sqrt{3} - 5\sqrt{3}$

$= 16\sqrt{3} - 18\sqrt{3} + 30\sqrt{3} + 28\sqrt{3} - 5\sqrt{3} = 51\sqrt{3}$;

21. $\sqrt{(x-y)^2 x} + \sqrt{(x+y)^2 x} - \sqrt{x^3} = (x-y)\sqrt{x} + (x+y)\sqrt{x} - x\sqrt{x}$

$= (x - y + x + y - x)\sqrt{x} = x\sqrt{x}$.

22. $\sqrt{a+x} + \sqrt{4a+4x} + \sqrt{9a+9x} = \sqrt{a+x} + \sqrt{4(a+x)} + \sqrt{9(a+x)}$

$= \sqrt{a+x} + 2\sqrt{a+x} + 3\sqrt{a+x} = 6\sqrt{a+x}$.

Aufgaben zu selbständiger Lösung.
Addition und Subtraktion von Wurzeln.

1. $5\sqrt{10} + 3\sqrt{10} + \frac{1}{2}\sqrt{10} - 3\frac{1}{2}\sqrt{10} = ?$
2. $\sqrt{20x} - \sqrt{24x} + 3\sqrt{36x} + 10\sqrt{45x} + \sqrt{54x} = ?$
3. $\sqrt{2} + \sqrt{3} + \sqrt{12} + \sqrt{32} + \sqrt{128} + \sqrt{27} = ?$
4. $\frac{1}{2}\sqrt{15} - \frac{1}{3}\sqrt{60} + \frac{2}{5}\sqrt{135} + \sqrt{1500} + \sqrt{0{,}15} = ?$
5. $\sqrt[3]{16} + 2\sqrt[3]{54} + 3\sqrt[3]{81} - \sqrt[3]{2} - \sqrt[3]{3} = ?$
6. $\sqrt{8} + \sqrt[3]{8} + \sqrt{16} + \sqrt[3]{16} + \sqrt{32} + \sqrt[3]{32} = ?$
7. $\sqrt{0{,}2} + \sqrt{0{,}5} + \sqrt[3]{0{,}04} + \sqrt[3]{\frac{1}{4}} = ?$
8. $\sqrt{ax^2} + \sqrt{a^2x} + \sqrt{4ax^2} + \sqrt{9a^2x} = ?$

Multiplikation mehrgliedriger Wurzelausdrücke

Hat man einen **mehrgliedrigen Ausdruck** mit einer **Wurzelgröße** oder auch mit einem andern (oder auch demselben) **mehrgliedrigen Ausdruck** zu multiplizieren, so wird man, nachdem man gehörig vereinfacht hat, nach Regel 13 oder 14 ausmultiplizieren und die erhaltene Summe von neuem zu vereinfachen suchen.

Beispiele:

1. $(\sqrt{2} + \sqrt{8} + 2\sqrt{3} + \sqrt{75}) \cdot \sqrt{6} = (\sqrt{2} + 2\sqrt{2} + 2\sqrt{3} + 5\sqrt{3}) \cdot \sqrt{6} = (3\sqrt{2} + 7\sqrt{3}) \cdot \sqrt{6}$

   $= 3\sqrt{12} + 7\sqrt{18} = 3 \cdot \sqrt{4 \cdot 3} + 7 \cdot \sqrt{9 \cdot 2} = 6\sqrt{3} + 21\sqrt{2}$.

2. $(2\sqrt{5} + 3\sqrt{20} + 3\sqrt{45} - \sqrt{0{,}2}) \cdot \sqrt{5} = (2\sqrt{5} + 6\sqrt{5} + 9\sqrt{5} - \frac{1}{5}\sqrt{5}) \cdot \sqrt{5}$

   $= 16\frac{4}{5}\sqrt{5} \cdot \sqrt{5} = 84$.

3. $(\sqrt{ax} + \sqrt{bx} - \sqrt{cx}) \cdot \sqrt{x} = \sqrt{ax^2} + \sqrt{bx^2} - \sqrt{cx^2} = x\sqrt{a} + x\sqrt{b} - x\sqrt{c}$

   $= x(\sqrt{a} + \sqrt{b} - \sqrt{c})$.

4. $(\sqrt{3} + \sqrt{6})(\sqrt{3} - \sqrt{2}) = \sqrt{3} \cdot \sqrt{3} + \sqrt{6} \cdot \sqrt{3} - \sqrt{3} \cdot \sqrt{2} - \sqrt{6} \cdot \sqrt{2} =$

   $= \sqrt{9} + \sqrt{18} - \sqrt{6} - \sqrt{12} = 3 + 3\sqrt{2} - \sqrt{6} - 2\sqrt{3}$.

5. $(4 + \sqrt{5})(5 - \sqrt{5}) = 4 \cdot 5 + 5\sqrt{5} - 4\sqrt{5} - \sqrt{5} \cdot \sqrt{5} = 20 + \sqrt{5} - 5 = 15 + \sqrt{5}$.

6. $(\sqrt{a} + \sqrt{b}) \cdot (\sqrt{a} + \sqrt{b}) = \sqrt{a} \cdot \sqrt{a} + \sqrt{a} \cdot \sqrt{b} + \sqrt{a} \cdot \sqrt{b} + \sqrt{b} \cdot \sqrt{b}$

$= a + \sqrt{ab} + \sqrt{ab} + b = a + b + 2\sqrt{ab}$.

7. $(\sqrt{x} - \sqrt{y}) \cdot (\sqrt{x} - \sqrt{y}) = \sqrt{x} \cdot \sqrt{x} - \sqrt{x} \cdot \sqrt{y} - \sqrt{x} \cdot \sqrt{y} + \sqrt{y} \cdot \sqrt{y}$

$= x - \sqrt{xy} - \sqrt{xy} + y = x + y - 2\sqrt{xy}$.

8. $(\sqrt{a} + \sqrt{x})(\sqrt{a} - \sqrt{x}) = \sqrt{a} \cdot \sqrt{a} + \sqrt{a} \cdot \sqrt{x} - \sqrt{a} \cdot \sqrt{x} - \sqrt{x} \cdot \sqrt{x} = a + \sqrt{ax} - \sqrt{ax} - x$

$= a - x$.

Die drei letzten Aufgaben konnten auch mit Hilfe der Regeln auf Seite 141 gelöst werden; denn in den beiden ersten dieser Aufgaben ist ein zweigliedriger Ausdruck zu quadrieren, in der letzten Aufgabe die Summe zweier Zahlen mit ihrer Differenz zu multiplizieren. Unter Anwendung dieser Regeln ist also z. B.

9. $(\sqrt{5} + \sqrt{7})^2 = (\sqrt{5})^2 + 2\sqrt{5} \cdot \sqrt{7} + (\sqrt{7})^2 = 5 + 2\sqrt{35} + 7 = 12 + 2\sqrt{35}$.

10. $(2 - \sqrt{3})^2 = 2^2 - 2 \cdot 2\sqrt{3} + (\sqrt{3})^2 = 4 - 4\sqrt{3} + 3 = 7 - 4\sqrt{3}$.

11. $(12 + \sqrt{10})^2 = 12^2 + 2 \cdot 12 \cdot \sqrt{10} + (\sqrt{10})^2 = 144 + 24\sqrt{10} + 10 = 154 + 24\sqrt{10}$.

12. $(\sqrt{6} - \sqrt{2})^2 = (\sqrt{6})^2 - 2 \cdot \sqrt{6} \cdot \sqrt{2} + (\sqrt{2})^2 = 6 - 2\sqrt{12} + 2 = 8 - 2\sqrt{12} = 8 - 4\sqrt{3}$.

13. $(3\sqrt{2} - 5\sqrt{3})^2 = (3\sqrt{2})^2 - 2 \cdot 3\sqrt{2} \cdot 5\sqrt{3} + (5\sqrt{3})^2 = 9 \cdot 2 - 30\sqrt{6} + 25 \cdot 3$

$= 18 - 30\sqrt{6} + 75 = 93 - 30\sqrt{6}$.

14. $(a + \sqrt{x})^2 = a^2 + 2a\sqrt{x} + (\sqrt{x})^2 = a^2 + x + 2a\sqrt{x}$.

15. $(\sqrt{b} - c)^2 = (\sqrt{b})^2 - 2c \cdot \sqrt{b} + c^2 = b + c^2 - 2c\sqrt{b}$.

16. $(1 + \sqrt{a})^2 = 1^2 + 2 \cdot 1 \cdot \sqrt{a} + (\sqrt{a})^2 = 1 + 2\sqrt{a} + a$.

17. $(\sqrt{5} - 3)^2 = (\sqrt{5})^2 - 2 \cdot 3 \cdot \sqrt{5} + 3^2 = 5 - 6\sqrt{5} + 9 = 14 - 6\sqrt{5}$.

18. $(\sqrt{7} - \sqrt{6})(\sqrt{7} + \sqrt{6}) = (\sqrt{7})^2 - (\sqrt{6})^2 = 7 - 6 = 1$.

19. $(\sqrt{m} + 2)(\sqrt{m} - 2) = (\sqrt{m})^2 - 2^2 = m - 4$.

20. $(1 + \sqrt{x})(1 - \sqrt{x}) = 1^2 - (\sqrt{x})^2 = 1 - x$.

21. $(2\sqrt{a} + 3\sqrt{b})(2\sqrt{a} - 3\sqrt{b}) = (2\sqrt{a})^2 - (3\sqrt{b})^2 = 4a - 9b$.

22. $(5 + 4\sqrt{6})(5 - 4\sqrt{6}) = 5^2 - (4\sqrt{6})^2 = 25 - 16 \cdot 6 = 25 - 96 = -71$.

Aufgaben zu selbständiger Lösung.

1. $(\sqrt{8} - \sqrt{0{,}5} + 3\sqrt{3} + \sqrt{\tfrac{1}{3}}) \cdot \sqrt{2} = ?$

2. $(\sqrt{6} + 2\sqrt{24} - \sqrt{54} + \sqrt{\tfrac{1}{6}}) \cdot \sqrt{3} = ?$

3. $(1 + \sqrt{5})(\sqrt{5} + 5) = ?$ $\quad (\sqrt{2} + 3\sqrt{3})(\sqrt{3} - \sqrt{2}) = ?$

4. $(a + \sqrt{x}) \cdot (\sqrt{x} + 1) = ?$ $\quad (\sqrt{3} + \sqrt{15})(5 - \sqrt{15}) = ?$

5. $(\sqrt{5} + \sqrt{6})^2 = ?$ $\quad (2\sqrt{x} + 3)^2 = ?$ $\quad (\sqrt{5} + 1)^2 = ?$ $\quad (\sqrt{a} + \sqrt{2x})^2 = ?$

6. $(\sqrt{2a} - b)^2 = ?$ $\quad (9 - \sqrt{19})^2 = ?$ $\quad (\sqrt{15} - \sqrt{5})^2 = ?$ $\quad (1 - 2\sqrt{x})^2 = ?$

7. $(a + \sqrt{3b})(a - \sqrt{3b}) = ?$ $\quad (2\sqrt{5} + 3\sqrt{2})(2\sqrt{5} - 3\sqrt{2}) = ?$

8. $(ax + \sqrt{b})(ax - \sqrt{b}) = ?$ $\quad (\sqrt{5} + 1)(\sqrt{5} - 1) = ?$

Rationalmachen des Nenners

Hat man den Wert eines Bruches zu berechnen, dessen **Nenner eine Wurzelgröße** enthält, z. B. $\frac{3}{\sqrt{2}}$, so ist zuerst $\sqrt{2}$ auf mehrere Stellen zu bestimmen und der Zähler 3 dann durch die so erhaltene Zahl 1,4142 zu dividieren. Diese Division mit einem mehrstelligen Dezimalbruch ist jedoch ziemlich zeitraubend; man kann sie umgehen, wenn man den Bruch vorher durch Erweitern so umformt, daß der **Nenner rational, d. h. von Wurzelgrößen frei** wird. Erweitert man nämlich obigen Bruch mit $\sqrt{2}$:

$$\frac{3}{\sqrt{2}} = \frac{3 \cdot \sqrt{2}}{\sqrt{2} \cdot \sqrt{2}} = \frac{3\sqrt{2}}{2}$$

so erhält man einen Bruch, dessen Nenner keine Wurzelgrößen mehr enthält, und der sich infolgedessen bequemer berechnen läßt. Ebenso ist z. B.

$$\frac{12}{5\sqrt{7}} = \frac{12 \cdot \sqrt{7}}{5 \cdot \sqrt{7} \cdot \sqrt{7}} = \frac{12\sqrt{7}}{5 \cdot 7} = \frac{12\sqrt{7}}{35} = \frac{12}{35}\sqrt{7};$$

$$\frac{\sqrt{5}}{3\sqrt{6}} = \frac{\sqrt{5} \cdot \sqrt{6}}{3 \cdot \sqrt{6} \cdot \sqrt{6}} = \frac{\sqrt{30}}{3 \cdot 6} = \frac{\sqrt{30}}{18} = \frac{1}{18}\sqrt{30};$$

$$\frac{a}{\sqrt{x}} = \frac{a\sqrt{x}}{\sqrt{x} \cdot \sqrt{x}} = \frac{a\sqrt{x}}{x} = \frac{a}{x} \cdot \sqrt{x};$$

$$\frac{1}{a\sqrt{b}} = \frac{\sqrt{b}}{a\sqrt{b} \cdot \sqrt{b}} = \frac{\sqrt{b}}{ab} = \frac{1}{ab} \cdot \sqrt{b};$$

$$\frac{\sqrt{\frac{2}{3}}}{2\sqrt{3}} = \frac{\sqrt{\frac{2}{3}} \cdot \sqrt{3}}{2\sqrt{3} \cdot \sqrt{3}} = \frac{\sqrt{\frac{2}{3} \cdot 3}}{2 \cdot 3} = \frac{\sqrt{2}}{6} = \frac{1}{6}\sqrt{2}.$$

Enthält der Nenner eine 3te Wurzel, so muß man den Bruch mit der zweiten Potenz der dritten Wurzel erweitern, z. B.:

$$\frac{2}{\sqrt[3]{10}} = \frac{2\,(\sqrt[3]{10})^2}{\sqrt[3]{10} \cdot (\sqrt[3]{10})^2} = \frac{2 \cdot \sqrt[3]{10} \cdot \sqrt[3]{10}}{(\sqrt[3]{10})^3} = \frac{2 \cdot \sqrt[3]{100}}{10} = \frac{1}{5}\sqrt[3]{100};$$

$$\frac{1}{3\sqrt[3]{5}} = \frac{(\sqrt[3]{5})^2}{3 \cdot \sqrt[3]{5} \cdot (\sqrt[3]{5})^2} = \frac{\sqrt[3]{25}}{3 \cdot (\sqrt[3]{5})^3} = \frac{\sqrt[3]{25}}{3 \cdot 5} = \frac{1}{15}\sqrt[3]{25};$$

$$\frac{ax}{\sqrt[3]{x}} = \frac{ax\,(\sqrt[3]{x})^2}{\sqrt[3]{x} \cdot (\sqrt[3]{x})^2} = \frac{ax\sqrt[3]{x^2}}{(\sqrt[3]{x})^3} = \frac{ax\sqrt[3]{x^2}}{x} = a\sqrt[3]{x^2}.$$

Ist der Radikand des Nenners schon eine **zweite** Potenz, so genügt natürlich das Erweitern mit der 3ten Wurzel der **ersten** Potenz des Radikanden.

Z. B.

$$\frac{m}{\sqrt[3]{m^2}} = \frac{m \cdot \sqrt[3]{m}}{\sqrt[3]{m^2} \cdot \sqrt[3]{m}} = \frac{m\sqrt[3]{m}}{\sqrt[3]{m^3}} = \frac{m\sqrt[3]{m}}{m} = \sqrt[3]{m};$$

$$\frac{15}{\sqrt[3]{9}} = \frac{15 \cdot \sqrt[3]{3}}{\sqrt[3]{9} \cdot \sqrt[3]{3}} = \frac{15 \cdot \sqrt[3]{3}}{\sqrt[3]{27}} = \frac{15\sqrt[3]{3}}{3} = 5\sqrt[3]{3};$$

$$\frac{a+b}{\sqrt[3]{(a-b)^2}} = \frac{(a+b)\sqrt[3]{a-b}}{\sqrt[3]{(a-b)^2} \cdot \sqrt[3]{a-b}} = \frac{(a+b)\sqrt[3]{a-b}}{a-b} = \frac{a+b}{a-b} \cdot \sqrt[3]{a-b}.$$

Aufgaben zu selbständiger Lösung.

In den folgenden Brüchen sind die Nenner rational zu machen:

1. $\frac{4}{\sqrt{6}} = ?$ $\quad \frac{5x}{\sqrt{7}} = ?$ $\quad \frac{a+b}{\sqrt{3}} = ?$ $\quad \frac{y}{\sqrt{y}} = ?$

2. $\frac{1}{3\sqrt{10}} = ?$ $\quad \frac{2}{5\sqrt{x}} = ?$ $\quad \frac{ab}{\sqrt{abc}} = ?$ $\quad \frac{1+x}{\sqrt{x}} = ?$

3. $\frac{9}{\sqrt[3]{15}} = ?$ $\quad \frac{a}{\sqrt[3]{b}} = ?$ $\quad \frac{mx}{y\sqrt[3]{x}} = ?$ $\quad \frac{u}{\sqrt[3]{2u}} = ?$

4. $\frac{1}{\sqrt[3]{16}} = ?$ $\quad \frac{ab}{\sqrt[3]{a^2}} = ?$ $\quad \frac{7x}{2\sqrt[3]{x^2}} = ?$ $\quad \frac{u+v}{\sqrt[3]{(u+v)^2}} = ?$

Ist der Nenner eine **mehrgliedrige Größe**, wie z. B. in dem Bruche $\frac{5}{2+\sqrt{2}}$, so führt das angegebene Verfahren **nicht** zum Ziele; denn erweitert man obigen Bruch mit $\sqrt{2}$, so erhält man

$$\frac{5}{2+\sqrt{2}} = \frac{5\sqrt{2}}{2\sqrt{2}+\sqrt{2}\cdot\sqrt{2}} = \frac{5\sqrt{2}}{2\sqrt{2}+2}\ .$$

Man muß vielmehr in diesem Falle den Satz zu Hilfe nehmen, **daß das Produkt aus der Summe und der Differenz zweier Zahlen gleich ist der Differenz der Quadrate dieser Zahlen.**

Es ist demnach z. B.

$$(\sqrt{a}+\sqrt{b})(\sqrt{a}-\sqrt{b}) = (\sqrt{a})^2 - (\sqrt{b})^2 = a - b;$$
$$(a+\sqrt{b})(a-\sqrt{b}) = a^2 - (\sqrt{b})^2 = a^2 - b;$$
$$(\sqrt{a}+b)(\sqrt{a}-b) = (\sqrt{a})^2 - b^2 = a - b^2.$$

In jeder dieser Formeln ist die **rechte Seite rational.** Man hat daher zu merken: Steht im Nenner eine **Summe zweier Zahlen**, so erweitere man den Bruch mit der **Differenz** dieser Zahlen und umgekehrt:
Steht im Nenner eine **Differenz**, so erweitere man den Bruch mit der **Summe** der beiden Zahlen.

Beispiele:

1. $\frac{5}{2+\sqrt{2}} = \frac{5(2-\sqrt{2})}{(2+\sqrt{2})(2-\sqrt{2})} = \frac{5(2-\sqrt{2})}{2^2-(\sqrt{2})^2} = \frac{5(2-\sqrt{2})}{4-2} = \frac{5(2-\sqrt{2})}{2};$

2. $\frac{10}{\sqrt{15}-\sqrt{5}}$ ist mit $\sqrt{15}+\sqrt{5}$ zu erweitern, um einen rationalen Nenner zu erhalten:

$$\frac{10}{\sqrt{15}-\sqrt{5}} = \frac{10(\sqrt{15}+\sqrt{5})}{(\sqrt{15}-\sqrt{5})(\sqrt{15}+\sqrt{5})} = \frac{10(\sqrt{15}+\sqrt{5})}{(\sqrt{15})^2-(\sqrt{5})^2} = \frac{10(\sqrt{15}+\sqrt{5})}{15-5}$$
$$= \frac{10(\sqrt{15}+\sqrt{5})}{10} = \sqrt{15}+\sqrt{5};$$

3. $\frac{a}{b + \sqrt{x}}$ mit $b - \sqrt{x}$ erweitert, gibt:

$$\frac{a}{b + \sqrt{x}} = \frac{a\,(b - \sqrt{x})}{(b + \sqrt{x})\,(b - \sqrt{x})} = \frac{a\,(b - \sqrt{x})}{b^2 - x};$$

4. $\frac{8}{\sqrt{5} - 1}$ mit $\sqrt{5} + 1$ erweitert, gibt:

$$\frac{8\,(\sqrt{5} + 1)}{(\sqrt{5} - 1)\,(\sqrt{5} + 1)} = \frac{8\,(\sqrt{5} + 1)}{5 - 1} = \frac{8\,(\sqrt{5} + 1)}{4} = 2\,(\sqrt{5} + 1);$$

5. $\frac{\sqrt{a} + \sqrt{x}}{\sqrt{a} - \sqrt{x}}$ mit $\sqrt{a} + \sqrt{x}$ erweitert, gibt:

$$\frac{\sqrt{a} + \sqrt{x}}{\sqrt{a} - \sqrt{x}} = \frac{(\sqrt{a} + \sqrt{x})^2}{(\sqrt{a} - \sqrt{x})\,(\sqrt{a} + \sqrt{x})} = \frac{a + x + 2\sqrt{ax}}{a - x}.$$

Besteht der Nenner aus drei oder vier Gliedern, so faßt man durch eine Klammer je zwei als **ein** Glied zusammen und wiederholt das Verfahren.

In dem Beispiel

6. $\frac{28}{3 + \sqrt{2} + \sqrt{7}}$ schreibe man $\sqrt{2} + \sqrt{7}$ in Klammern und erhält $\frac{28}{3 + (\sqrt{2} + \sqrt{7})}$. Diesen Ausdruck erweitere man mit $3 - (\sqrt{2} + \sqrt{7})$, dies gibt $\frac{28\,[3 - (\sqrt{2} + \sqrt{7})]}{[3 - (\sqrt{2} + \sqrt{7})]\;[3 + (\sqrt{2} + \sqrt{7})]}$

$$= \frac{28\,[3 - \sqrt{2} - \sqrt{7}]}{9 - (\sqrt{2} + \sqrt{7})^2} = \frac{28\,(3 - \sqrt{2} - \sqrt{7})}{9 - (2 + 2\sqrt{14} + 7)} = \frac{28\,(3 - \sqrt{2} - \sqrt{7})}{9 - 9 - 2\sqrt{14}} = \frac{14\,(3 - \sqrt{2} - \sqrt{7})}{-\sqrt{14}}.$$

Da jetzt der Nenner eingliedrig geworden ist, so ist nur noch mit $\sqrt{14}$ zu erweitern, also

$$\frac{14(3 - \sqrt{2} - \sqrt{7})\sqrt{14}}{-\sqrt{14} \cdot \sqrt{14}} = \frac{14\,(3 - \sqrt{2} - \sqrt{7})\,\sqrt{14}}{-14} = \frac{+3\sqrt{14} - \sqrt{28} - \sqrt{7 \cdot 14}}{-1}$$ und wegen des negativen Nenners alle Vorzeichen umgekehrt $= -3\sqrt{14} + 2\sqrt{7} + 7\sqrt{2}$.

7. $$\frac{\sqrt{10} - \sqrt{8} + \sqrt{6}}{\sqrt{10} + \sqrt{8} - \sqrt{6}} = \frac{(\sqrt{10} - \sqrt{8} + \sqrt{6})\,[\sqrt{10} - (\sqrt{8} - \sqrt{6})]}{[\sqrt{10} + (\sqrt{8} - \sqrt{6})]\,[\sqrt{10} - (\sqrt{8} - \sqrt{6})]} = \frac{(\sqrt{10} - \sqrt{8} + \sqrt{6})\,(\sqrt{10} - \sqrt{8} + \sqrt{6})}{10 - (\sqrt{8} - \sqrt{6})^2}$$

$$= \frac{10 - \sqrt{80} + \sqrt{60} - \sqrt{80} + 8 - \sqrt{48} + \sqrt{60} - \sqrt{48} + 6}{10 - (8 - 2\sqrt{48} + 6)} = \frac{24 - 8\sqrt{5} + 4\sqrt{15} - 8\sqrt{3}}{-4 + 8\sqrt{3}};$$

durch 4 gekürzt $= \frac{6 - 2\sqrt{5} + \sqrt{15} - 2\sqrt{3}}{2\sqrt{3} - 1}$,

jetzt mit $2\sqrt{3} + 1$ erweitert: $\frac{(6 - 2\sqrt{5} + \sqrt{15} - 2\sqrt{3})\,(2\sqrt{3} + 1)}{(2\sqrt{3} - 1)\,(2\sqrt{3} + 1)}$

$$= \frac{12\sqrt{3} - 4\sqrt{15} + 2\sqrt{45} - 12 + 6 - 2\sqrt{5} + \sqrt{15} - 2\sqrt{3}}{12 - 1}$$

$$= \frac{10\sqrt{3} - 3\sqrt{15} + 4\sqrt{5} - 6}{11}.$$

Aufgaben zu selbständiger Lösung.

1. $\frac{2}{\sqrt{5}+\sqrt{3}} = ?$ $\quad \frac{20}{\sqrt{7}-\sqrt{3}} = ?$ $\quad \frac{60}{\sqrt{8}+\sqrt{5}} = ?$ $\quad \frac{1}{\sqrt{6}-\sqrt{5}} = ?$

2. $\frac{12}{3+\sqrt{3}} = ?$ $\quad \frac{26}{10-\sqrt{35}} = ?$ $\quad \frac{a}{\sqrt{2x}-\sqrt{x}} = ?$ $\quad \frac{m}{m-\sqrt{m}} = ?$

3. $\frac{1+\sqrt{5}}{1-\sqrt{5}} = ?$ $\quad \frac{\sqrt{6}+\sqrt{3}}{\sqrt{6}-\sqrt{3}} = ?$ $\quad \frac{5-2\sqrt{3}}{5+2\sqrt{3}} = ?$ $\quad \frac{x}{2\sqrt{x}-x} = ?$

4. $\frac{2}{\sqrt{2}-\sqrt{3}+\sqrt{11}} = ?$ $\quad \frac{9\sqrt{2}-6\sqrt{3}-\sqrt{6}}{3\sqrt{2}-2\sqrt{3}+\sqrt{6}} = ?$ $\quad \frac{1}{\sqrt{3}+\sqrt{5}+\sqrt{7}} = ?$

5. $\frac{23}{2\sqrt{3}-4\sqrt{5}+6\sqrt{7}} = ?$ $\quad \frac{2\sqrt{3}-4\sqrt{5}-6\sqrt{7}}{\sqrt{3}-3\sqrt{5}-5\sqrt{7}} = ?$

Wurzeln aus Potenzen

Hat man eine Potenz zu radizieren, so kann man, da eine Potenz ja auch ein Produkt ist, die Regel 39 anwenden, z. B.:

$$\sqrt[5]{a^3} = \sqrt[5]{a \cdot a \cdot a} = \sqrt[5]{a} \cdot \sqrt[5]{a} \cdot \sqrt[5]{a} = (\sqrt[5]{a})^3$$

oder allgemein

$$\sqrt[m]{a^n} = \sqrt[m]{a \cdot a \cdot a \cdots \text{(n Faktoren)}} = \sqrt[m]{a} \cdot \sqrt[m]{a} \cdot \sqrt[m]{a} \cdots \text{(n Faktoren)} = (\sqrt[m]{a})^n.$$

Also

$$\sqrt[m]{a^n} = (\sqrt[m]{a})^n, \text{ d. h.:}$$

Regel 43: Hat man eine Zahl zu potenzieren und dann zu radizieren, so kann man auch die Zahl erst radizieren und dann potenzieren, umgekehrt:
Hat man eine Zahl zu radizieren und dann zu potenzieren, so kann man auch die Zahl erst potenzieren und dann radizieren.

Diese Regel wird man mit Vorteil dann anwenden, wenn die Zahl selbst schon eine Potenz ist, aus der sich die verlangte Wurzel ziehen läßt.

Beispiele:

1. $\sqrt{25^3} = (\sqrt{25})^3 = 5^3 = 125;$
2. $\sqrt[3]{27^2} = (\sqrt[3]{27})^2 = 3^2 = 9;$
3. $\sqrt[4]{16^3} = (\sqrt[4]{16})^3 = 2^3 = 8;$
4. $\sqrt[3]{125^4} = (\sqrt[3]{125})^4 = 5^4 = 625;$
5. $\sqrt[5]{100000^3} = (\sqrt[5]{100000})^3 = 10^3 = 1000;$
6. $\sqrt[3]{729^4} = (\sqrt[3]{729})^4 = 9^4 = 6561;$
7. $(\sqrt[3]{2})^5 = \sqrt[3]{2^5} = \sqrt[3]{32};$
8. $(\sqrt{7})^3 = \sqrt{7^3} = \sqrt{343};$
9. $(\sqrt[m]{x})^3 = \sqrt[m]{x^3}.$

Wurzeln aus Wurzeln

Wenn man aus einer Zahl a erst die zweite Wurzel und aus diesem Werte noch die dritte Wurzel zieht, so wird man eine Zahl erhalten, welche nicht schon zur **zweiten** Potenz erhoben a gibt, sondern welche erst zur zweiten und darauf noch zur dritten Potenz erhoben, also zur sechsten Potenz erhoben, a gibt. Dieser Bedingung genügt aber $\sqrt[6]{a}$; es ist demnach

$$\sqrt[3]{\sqrt[2]{a}} = \sqrt[6]{a},$$

Ebenso folgt z. B.

$$\sqrt[2]{\sqrt[2]{a}} = \sqrt[4]{a}, \qquad \sqrt[2]{\sqrt[5]{a}} = \sqrt[10]{a}$$

Allgemein

$$\sqrt[m]{\sqrt[n]{a}} = \sqrt[mn]{a}.$$

Beweis: Erhebt man beide Seiten zur m^{ten} Potenz, so erhält man **links**:

$$\left(\sqrt[m]{\sqrt[n]{a}}\right) = \sqrt[mn]{a} \text{ (vergl. Definition des Wurzelbegriffes).}$$

Die **rechte** Seite $(\sqrt[mn]{a})$ zur m^{ten} Potenz erhoben, gibt:

$$(\sqrt[mn]{a})^m$$

Regel 43 angewendet:

$$(\sqrt[mn]{a})^m = \sqrt[mn]{a^m} = \sqrt[n]{a} \text{ (nach Regel 38).}$$

Beide Seiten der Formel geben also, zur m^{ten} Potenz erhoben denselben Wert $\sqrt[n]{a}$. Die Formel ist demnach richtig. Sie besagt:

> **Regel 44:** Die Wurzel aus einer Wurzel ist gleich derjenigen Wurzel, deren Exponent das Produkt der beiden Wurzeln ist.

Z. B.

$$\sqrt{\sqrt[3]{x}} = \sqrt[6]{x}; \qquad \sqrt[3]{\sqrt[3]{x}} = \sqrt[9]{x}; \qquad \sqrt[3]{\sqrt[4]{x}} = \sqrt[12]{x};$$

$$\sqrt[3]{\sqrt[2]{\sqrt[2]{x}}} = \sqrt[12]{x}; \qquad \sqrt[m]{\sqrt[n]{\sqrt[2]{x}}} = \sqrt[2mn]{x}.$$

Da $\sqrt[mn]{a} = \sqrt[nm]{a}$, so ist auch $\sqrt[m]{\sqrt[n]{a}} = \sqrt[n]{\sqrt[m]{a}}$, d. h.:

Hat man eine Zahl mehrere Male zu radizieren, so ist es gleichgültig, in welcher Reihenfolge man dies tut.

So ist z. B.

$$\sqrt[3]{\sqrt[2]{27}} = \sqrt[2]{\sqrt[3]{27}} = \sqrt[2]{3};$$

$$\sqrt[2]{\sqrt[3]{36}} = \sqrt[3]{\sqrt[2]{36}} = \sqrt[3]{6};$$

$$\sqrt[3]{\sqrt[5]{8}} = \sqrt[5]{\sqrt[3]{8}} = \sqrt[5]{2}.$$

Besonders wichtig ist die Umkehrung von Regel 44:

$$\sqrt[mn]{a} = \sqrt[m]{\sqrt[n]{a}}, \text{ d. h.:}$$

Hat man eine Wurzel zu ziehen, deren Exponent ein Produkt ist, so kann man statt dessen mehrere Male Wurzeln ziehen, deren Exponenten die Faktoren des Produktes sind.

Es folgt nämlich unter anderem hieraus: Wenn man 2te und 3te Wurzeln ziehen kann, so kann man auch diejenigen Wurzeln ziehen, deren Exponenten Produkte aus den Faktoren 2 und 3 sind. Es ist z. B.:

$$\sqrt[4]{a} = \sqrt{\sqrt{a}}; \qquad \sqrt[6]{a} = \sqrt{\sqrt[3]{a}} = \sqrt[3]{\sqrt{a}};$$

$$\sqrt[8]{a} = \sqrt{\sqrt{\sqrt{a}}}; \qquad \sqrt[9]{a} = \sqrt[3]{\sqrt[3]{a}}; \qquad \sqrt[12]{a} = \sqrt{\sqrt{\sqrt[3]{a}}};$$

$$\sqrt[16]{a} = \sqrt{\sqrt{\sqrt{\sqrt{a}}}}; \qquad \sqrt[18]{a} = \sqrt[3]{\sqrt[3]{\sqrt{a}}} \text{ usw.}$$

Man muß also, um beispielsweise die 12te Wurzel zu ziehen, erst die 3te und dann noch zweimal hinter einander die 2te Wurzel ziehen; um die 16te Wurzel aus einer Zahl zu erhalten, muß man viermal hinter einander die 2te Wurzel ziehen.

Aufgaben zu selbständiger Lösung.

1. $\sqrt{36^3} = ?$ $\quad \sqrt[4]{81^3} = ?$ $\quad \sqrt[3]{8^4} = ?$ $\quad \sqrt{144^3} = ?$
2. $\sqrt[3]{27^5} = ?$ $\quad \sqrt{121^3} = ?$ $\quad \sqrt[4]{625^5} = ?$ $\quad \sqrt{16^5} = ?$
3. $\sqrt[4]{\sqrt[3]{a}} = ?$ $\quad \sqrt{\sqrt{\sqrt{5}}} = ?$ $\quad \sqrt{\sqrt{36}} = ?$ $\quad \sqrt{\sqrt[3]{49}} = ?$
4. $\sqrt[3]{\sqrt{\sqrt{125}}} = ?$ $\quad \sqrt{\sqrt[3]{64}} = ?$ $\quad \sqrt[9]{512} = ?$ $\quad \sqrt[4]{144} = ?$

Multiplikation ungleichnamiger Wurzeln

Hat man **Wurzeln** mit **verschiedenen Exponenten (ungleichnamige Wurzeln** genannt) miteinander zu multiplizieren oder durcheinander zu dividieren, so darf man die Regeln 41 und 42, da letztere nur für Multiplizieren und Dividieren **gleichnamiger** Wurzeln gelten, nicht ohne weiteres anzuwenden. Man muß vielmehr vorher unter Benutzung von Regel 38 die ungleichnamigen Wurzeln durch Multiplikation der Wurzelexponenten und Potenzexponenten mit einer passenden Zahl erst gleichnamig machen.

Ist der Radikand keine Potenz, so gibt man ihm den Exponenten 1, z. B.:

$$\sqrt{a} = \sqrt[2]{a^1}; \qquad \sqrt[3]{a+b} = \sqrt[3]{(a+b)^1}; \qquad \sqrt[m]{\frac{a}{x}} = \sqrt[m]{\left(\frac{a}{x}\right)^1}$$

Das Verfahren nu, ungleichnamige Wurzeln gleichnamig zu machen, ist ganz dasselbe, wie das Gleichnamigmachen von Brüchen (vergl. Arithmetik S. 64 und 65). An Stelle des Nenners tritt der Wurzelexponent, an Stelle des Zählers der Potenzexponent.

Beispiele:

1. $\sqrt[3]{a^2}$ und $\sqrt[4]{a^3}$ gleichnamig zu machen: Das kleinste gemeinschaftliche Vielfache von 3 und 4 ist 12; es ist demnach der Exponent der ersten Wurzel mit 4, der der zweiten Wurzel mit 3 zu multiplizieren:

$$\sqrt[3]{a^2} = \sqrt[12]{a^8}; \qquad \sqrt[4]{a^3} = \sqrt[12]{a^9}.$$

2. $\sqrt{x}$ und $\sqrt[3]{x}$ gleichnamig zu machen: Kleinstes gemeinschaftliches Vielfaches von 2 und 3 ist 6; daher sind die Exponenten der ersten Wurzel mit 3, die der zweiten Wurzel mit 2 zu multiplizieren:

$$\sqrt{x} = \sqrt[2]{x^1} = \sqrt[6]{x^3}; \qquad \sqrt[3]{x} = \sqrt[3]{x^1} = \sqrt[6]{x^2}.$$

3. $\sqrt{a}$, $\sqrt[3]{b}$ und $\sqrt[4]{c}$ gleichnamig zu machen: Kleinstes gem. Vielfaches von 2, 3 und 4 ist 12, daher sind die Exponenten der ersten Wurzelgröße mit 6, die der zweiten mit 4 und die der dritten mit 3 zu multiplizieren:

$$\sqrt{a} = \sqrt[2]{a^1} = \sqrt[12]{a^6}; \qquad \sqrt[3]{b} = \sqrt[3]{b^1} = \sqrt[12]{b^4};$$
$$\sqrt[4]{c} = \sqrt[4]{c^1} = \sqrt[12]{c^3}.$$

4. $\sqrt[3]{a+x}$, $\sqrt[5]{(a-x)^2}$ und $\sqrt[6]{a^5}$ gleichnamig zu machen: Kleinstes gem. Vielfaches von 3, 5 und 6 ist 30, daher sind die Exponenten der ersten Wurzelgröße mit 10, die der zweiten mit 6 und die der dritten mit 5 zu multiplizieren:

$$\sqrt[3]{a+x} = \sqrt[3]{(a+x)^1} = \sqrt[30]{(a+x)^{10}}; \qquad \sqrt[5]{(a-x)^2} = \sqrt[30]{(a-x)^{12}};$$
$$\sqrt[6]{a^5} = \sqrt[30]{a^{25}}.$$

5. $\sqrt{3}$ und $\sqrt[4]{5}$ gleichnamig zu machen: Kleinstes gem. Vielfaches von 2 und 4, daher sind die Exponenten der ersten Wurzelgröße mit 2, die der zweiten mit 1 zu multiplizieren (d. h. die Exponenten der zweiten Wurzelgröße bleiben unverändert):

$$\sqrt{3} = \sqrt[2]{3^1} = \sqrt[4]{3^2} \text{ und } \sqrt[4]{5^1} = \sqrt[4]{5^1}.$$

6. $\sqrt{ab}$, $\sqrt[3]{ac}$ und $\sqrt[6]{ax}$ gleichnamig zu machen: Kleinstes gem. Vielfaches von 2, 3 und 6 ist 6, daher sind die Exponenten der ersten Wurzelgröße mit 3, die der zweiten mit 2 und die der dritten mit 1 zu multiplizieren:

$$\sqrt{ab} = \sqrt[2]{(ab)^1} = \sqrt[6]{(ab)^3} = \sqrt[6]{a^3b^3};$$
$$\sqrt[3]{ac} = \sqrt[3]{(ac)^1} = \sqrt[6]{(ac)^2} = \sqrt[6]{a^2c^2};$$
$$\sqrt[6]{ax} = \sqrt[6]{(ax)^1} = \sqrt[6]{ax}.$$

7. $\sqrt[3]{2x^2}$ und $\sqrt[4]{ay^3}$ gleichnamig zu machen: Beide Wurzeln werden in 12te Wurzeln verwandelt:

$$\sqrt[3]{2x^2} = \sqrt[12]{(2x^2)^4} = \sqrt[12]{16x^8};$$
$$\sqrt[4]{ay^3} = \sqrt[12]{(ay^3)^3} = \sqrt[12]{a^3y^9}.$$

8. $\sqrt{a+x}$ und $\sqrt[3]{a+x}$ gleichnamig zu machen: Auf den Wurzelexponenten 6 gebracht: gibt:

$$\sqrt{a+x} = \sqrt[6]{(a+x)^3} \text{ und } \sqrt[3]{a+x} = \sqrt[6]{(a+x)^2}.$$

9. $\sqrt[n]{x}$ und $\sqrt[2n]{x}$ gleichnamig zu machen: Hier hat man nur Wurzel- und Potenzexponent der ersten Wurzel mit 2 zu multiplizieren:

$$\sqrt[n]{x} = \sqrt[2n]{x^2}.$$

Die zweite Wurzel hat schon den Exponenten 2n.

10. $\sqrt{\frac{a}{m}}$ und $\sqrt[5]{\frac{x}{y}}$ in 10te Wurzeln verwandelt, gibt:

$$\sqrt{\frac{a}{m}} = \sqrt[10]{\left(\frac{a}{m}\right)^5} = \sqrt[10]{\frac{a^5}{m^5}}$$

und

$$\sqrt[5]{\frac{x}{y}} = \sqrt[10]{\left(\frac{x}{y}\right)^2} = \sqrt[10]{\frac{x^2}{y^2}}.$$

Nach diesen Vorübungen können wir zum **Multiplizieren** und **Dividieren ungleichnamiger Wurzeln** übergehen: Hat man z. B. zu multiplizieren $\sqrt{a} \cdot \sqrt[3]{a}$, so macht man beide Wurzeln erst gleichnamig $\sqrt{a} = \sqrt[6]{a^3}$, $\sqrt[3]{a} = \sqrt[6]{a^2}$ und wendet dann Regel 41 an:

$$\sqrt{a} \cdot \sqrt[3]{a} = \sqrt[6]{a^3} \cdot \sqrt[6]{a^2} = \sqrt[6]{a^3 \cdot a^2} = \sqrt[6]{a^5}.$$

Ebenso ist:

11. $\sqrt[3]{x^2} \cdot \sqrt[4]{x^3} = \sqrt[12]{x^8} \cdot \sqrt[12]{x^9} = \sqrt[12]{x^{17}} = \sqrt[12]{x^{12} \cdot x^5} = x \sqrt[12]{x^5}.$
12. $\sqrt{c} \cdot \sqrt[4]{c} = \sqrt[4]{c^2} \cdot \sqrt[4]{c} = \sqrt[4]{c^3}.$
13. $\sqrt{ab} \cdot \sqrt[3]{ac} = \sqrt[6]{(ab)^3} \cdot \sqrt[6]{(ac)^2} = \sqrt[6]{a^3b^3} \cdot \sqrt[6]{a^2c^2} = \sqrt[6]{a^5b^3c^2}.$
14. $\sqrt{x} \cdot \sqrt[3]{x} \cdot \sqrt[4]{x} = \sqrt[12]{x^6} \cdot \sqrt[12]{x^4} \cdot \sqrt[12]{x^3} = \sqrt[12]{x^6 \cdot x^4 \cdot x^3} = \sqrt[12]{x^{13}} = \sqrt[12]{x^{12} \cdot x} = x \sqrt[12]{x}.$
15. $\sqrt{3m} \cdot \sqrt[4]{2m} = \sqrt[4]{(3m)^2} = \sqrt[4]{2m} = \sqrt[4]{9m^2 \cdot 2m} = \sqrt[4]{18m^3}.$
16. $\sqrt[5]{z^2} \cdot \sqrt[4]{z} = \sqrt[20]{z^8} \cdot \sqrt[20]{z^5} = \sqrt[20]{z^{13}}.$
17. $\sqrt[6]{4y} \cdot \sqrt[3]{y} \cdot \sqrt{3y} = \sqrt[6]{4y} \cdot \sqrt[6]{y^2} \cdot \sqrt[6]{(3y)^3} = \sqrt[6]{4y \cdot y^2 \cdot 27y^3} = \sqrt[6]{108y^6} = y \sqrt[6]{108}.$
18. $\sqrt{\frac{a}{b}} \cdot \sqrt[3]{\frac{b}{a}} = \sqrt[6]{\left(\frac{a}{b}\right)^3} = \sqrt[6]{\left(\frac{b}{a}\right)^2} = \sqrt[6]{\frac{a^3}{b^3} \cdot \frac{b^2}{a^2}} = \sqrt[6]{\frac{a}{b}}.$
19. $\sqrt[3]{a} \cdot \sqrt[4]{\frac{x}{a}} = \sqrt[12]{a^4} \quad \sqrt[12]{\left(\frac{x}{a}\right)^3} = \sqrt[12]{a^4 \cdot \frac{x^3}{a^3}} = \sqrt[12]{ax^3}.$
20. $\sqrt{2} \cdot \sqrt[3]{5} = \sqrt[6]{8} \cdot \sqrt[6]{25} = \sqrt[6]{200}.$
21. $\sqrt{\frac{2}{3}} \cdot \sqrt[4]{45} = \sqrt[4]{\frac{4}{9}} \cdot \sqrt[4]{45} = \sqrt[4]{\frac{4}{9} \cdot 45} = \sqrt[4]{20}.$

Division ungleichnamiger Wurzeln

Sind ungleichnamige Wurzeln zu dividieren, so wird man sie ebenfalls erst gleichnamig machen und dann Regel 42 anwenden, z. B.:

1. $\frac{\sqrt{b}}{\sqrt[3]{b}} = \frac{\sqrt[6]{b^3}}{\sqrt[6]{b^2}} = \sqrt[6]{\frac{b^3}{b^2}} = \sqrt[6]{b}.$

2. $\frac{\sqrt[3]{mx}}{\sqrt[4]{x}} = \frac{\sqrt[12]{(mx)^4}}{\sqrt[12]{x^3}} = \sqrt[12]{\frac{m^4x^4}{x^3}} = \sqrt[12]{m^4x}.$

3. $\frac{\sqrt{5}}{\sqrt[3]{2}} = \frac{\sqrt[6]{125}}{\sqrt[6]{4}} = \sqrt[6]{\frac{125}{4}} = \sqrt[6]{31{,}25}.$

4. $\frac{\sqrt[4]{a^3x}}{\sqrt[3]{a}} = \frac{\sqrt[12]{(a^3x)^3}}{\sqrt[12]{a^4}} = \sqrt[12]{\frac{a^9x^8}{a^4}} = \sqrt[12]{a^5x^3}.$

5. $\frac{\sqrt{8}}{\sqrt[3]{4}} = \frac{\sqrt[6]{8^3}}{\sqrt[6]{4^2}} = \frac{\sqrt[6]{512}}{\sqrt[6]{16}} = \sqrt[6]{\frac{512}{16}} = \sqrt[6]{32}.$

oder auch

$$\frac{\sqrt{8}}{\sqrt[3]{4}} = \frac{\sqrt{2^3}}{\sqrt[3]{2^2}} = \frac{\sqrt[6]{(2^3)^3}}{\sqrt[6]{(2^2)^2}} = \frac{\sqrt[6]{2^9}}{\sqrt[6]{2^4}} = \sqrt[6]{2^5} = \sqrt[6]{32}.$$

6. $\frac{\sqrt[4]{a}}{\sqrt[x]{a}} = \frac{\sqrt[4x]{a^x}}{\sqrt[4x]{a^x}} = \sqrt[4x]{a^{x-4}}.$

Aufgaben zu selbständiger Lösung.

1. $\sqrt{x} \cdot \sqrt[5]{x} = ?$ $\quad \sqrt[3]{a} \cdot \sqrt[6]{a} = ?$ $\quad \sqrt[4]{m^3} \cdot \sqrt[3]{m^2} \cdot \sqrt{m} = ?$ $\quad \sqrt{x} \cdot \sqrt[4]{y} = ?$

2. $\sqrt{ab} \cdot \sqrt[3]{bc} = ?$ $\quad \sqrt{\frac{a}{2x}} \cdot \sqrt[4]{\frac{x^3}{a}} = ?$ $\quad \sqrt[3]{\frac{mx}{n}} \cdot \sqrt[9]{\frac{n^4}{m^2}} = ?$ $\quad \sqrt{6} \cdot \sqrt[3]{10} = ?$

3. $\frac{\sqrt{b}}{\sqrt[5]{b}} = ?$ $\quad \frac{\sqrt{cy}}{\sqrt[4]{cy}} = ?$ $\quad \frac{\sqrt{3}}{\sqrt[3]{3}} = ?$ $\quad \frac{\sqrt{a+b}}{\sqrt[3]{a+b}} = ?$

4. $\frac{\sqrt[n]{x}}{\sqrt[2n]{x}} = ?$ $\quad \frac{\sqrt[3]{9}}{\sqrt{3}} = ?$ $\quad \frac{\sqrt{x}}{\sqrt[n]{x}} = ?$ $\quad \frac{\sqrt[3]{p}}{\sqrt[n]{p}} = ?$

Wenn verlangt wird, ein Produkt von der Form $a\sqrt[n]{b}$ als Wurzel zu schreiben, so bedenke man, daß $a = \sqrt[n]{a^n}$ (s. Seite 208; folglich ist:

$$a\sqrt[n]{b} = \sqrt[n]{a^n} \cdot \sqrt[n]{b} = \sqrt[n]{a^n b}.$$

Diese Formel ergibt die

Regel 45: Ein **Faktor,** der vor einem Wurzelzeichen steht, wird unter dasselbe gebracht, indem man ihn zunächst zur Potenz des Wurzelexponenten erhebt und dann unter das Wurzelzeichen schreibt.

Beispiele:

1. $5\sqrt[3]{2} = \sqrt[3]{5^3} \cdot \sqrt[3]{2} = \sqrt[3]{5^3 \cdot 2} = \sqrt[3]{125 \cdot 2} = \sqrt[3]{250};$
2. $a\sqrt{x} = \sqrt{a^2} \cdot \sqrt{x} = \sqrt{a^2 x};$
3. $a\sqrt{\frac{b}{a}} = \sqrt{a^2} \cdot \sqrt{\frac{b}{a}} = \sqrt{\frac{a^2 b}{a}} = \sqrt{ab};$
4. $4\sqrt[3]{0{,}5} = \sqrt[3]{4^3} \cdot \sqrt[3]{0{,}5} = \sqrt[3]{64 \cdot 0{,}5} = \sqrt[3]{32};$
5. $ax\sqrt[3]{\frac{x}{a}} = \sqrt[3]{(ax)^3} \cdot \sqrt[3]{\frac{x}{a}} = \sqrt[3]{\frac{a^3x^3 \cdot x}{a}} = \sqrt[3]{a^2x^4};$
6. $3\sqrt{\frac{5}{9}} = \sqrt{3^2} \cdot \sqrt{\frac{5}{9}} = \sqrt{9 \cdot \frac{5}{9}} = \sqrt{5}.$

Quadratwurzeln aus mehrgliedrigen Radikanden

Bisher waren Wurzeln nur gezogen worden, wenn der Radikand ein produkt darstellte. War derselbe wie in den Beispielen 11, 12 und 13 auf Seite 211 ein mehrgliedriger

Ausdruck, so verwandelte man denselben zunächst in ein Produkt und zog dann aus jedem einzelnen Faktor die Wurzel. Da es aber vielfach nicht gelingt, den betreffenden Ausdruck in ein Produkt zu zerlegen, so möge ein Verfahren angegeben werden, um Quadratwurzeln aus mehrgliedrigen Ausdrücken zu ziehen. Es entspricht demjenigen, welches auf den Seiten 81 und 84 für Zahlen gezeigt wurde.

Beispiele:

1. $\sqrt{a^2 + 2ab + b^2} = ?$

Lösung:

I. Man ziehe die Wurzel aus dem ersten Gliede (a^2) des nach fallenden Potenzen von a geordneten Radikanden und ziehe das Quadrat dieser Größe a^2 von dem Radikanden ab.

$$\begin{array}{ll} & \sqrt{\mathbf{a}^2 + 2ab + b^2} = \mathbf{a} \\ & \underline{a^2 \qquad\qquad\qquad} \\ \text{Rest} \ „ & \quad 2ab + b^2 \end{array}$$

II. Dividiere jetzt den Rest ($2ab + b^2$) durch das Doppelte des erhaltenen Resultates
($2ab + b^2$) : $2a = b$.

$$\begin{array}{l} \sqrt{a^2 + 2ab + b^2} = a \\ \underline{a^2 \qquad\qquad\qquad} \\ „ \quad (\mathbf{2ab} + \mathbf{b}^2) : \mathbf{2a} = b \end{array}$$

III. Den Divisionsquotienten (b) schreibe man als Summanden zu dem Divisor (2a) **und** dem bisher erhaltenen Resultat a.

$$\begin{array}{l} \qquad\qquad\qquad\qquad \text{Resultat} \\ \sqrt{a^2 + 2ab + b^2} = a + b \\ \underline{a^2 \qquad\qquad\qquad} \ \text{Divisor} \\ „ \quad (2ab + b^2) : 2a + \mathbf{b} \end{array}$$

IV. Multipliziere mit diesem Quotienten (b) den jetzt dastehenden Divisor ($2a + b$) und setze das Produkt ($2ab + b^2$) unter den Dividenden ($2ab + b^2$) und subtrahiere.

$$\begin{array}{ll} & \sqrt{a^2 + 2ab + b^2} = a + b \\ & \underline{a^2 \qquad\qquad\qquad} \\ & „ \quad (2ab + b^2) : (2a + b) \\ (2a+b) \cdot b = & \underline{2ab + b^2 \qquad\qquad} \\ & \text{Rest} \ „ \quad „ \end{array}$$

2. $\sqrt{x^4 + 2x^2y^2 + y^4} = ?$

Lösung:

I. $\sqrt{x^4} = x^2$

$$\begin{array}{ll} & \sqrt{x^4 + 2x^2y^2 + y^4} = \mathbf{x}^2 \\ (x^2)^2 = & \underline{x^4 \qquad\qquad\qquad} \\ \text{Rest} & \quad \mathbf{2x^2y^2} + \mathbf{y}^4 \end{array}$$

II. $(2x^2y^2 + y^4) : 2x^2 = y^2$

III. $\sqrt{x^4 + 2x^2y^2 + y^4} = x^2 + \mathbf{y}^2$

$$\begin{array}{l} \underline{x^4 \qquad\qquad\qquad} \\ \quad (2x^2y^2 + y^4) : (2x^2 + \mathbf{y}^2) \end{array}$$

IV.

$$\begin{array}{ll} & \sqrt{x^4 + 2x^2y^2 + y^4} = x^2 + y^2 \\ & \underline{x^4 \qquad\qquad\qquad} \\ & \quad (2x^2y^2 + y^4) : (2x^2 + y^2) \\ (2x^2 + y^2) \cdot y^2 = & \underline{\quad 2x^2y^2 + y^4} \\ & \quad „ \qquad „ \end{array}$$

3. $\sqrt{9x^2 - 30xy + 25y^2} = ?$

Lösung:

I. $\sqrt{9x^2} = 3x$

$$\sqrt{9x^2 - 30xy + 25y^2} = 3x$$

$(3x)^2 = \underline{9x^2}$

Rest $\quad - 30xy + 25y^2$

II. $(-30xy + 25y^2) : 6x = -5y$

III. $\sqrt{9x^2 - 30xy + 25y^2} = 3x - 5y$

$\underline{9x^2}$

$(- 30xy + 25y^2) : (6x - 5y)$

IV. $\sqrt{9x^2 - 30xy + 25y^2} = 3x - 5y$

$\underline{9x^2}$

$(- 30xy + 25y^2) : (6x - 5y)$

$(6x - 5y) \cdot (-5y) = \underline{- 30xy + 25y^2}$

Rest „ „

4. $\sqrt{a^4 - 6a^3 + 13a^2 - 12a + 4} = ?$

Lösung:

I. $\sqrt{a^4} = ?$

$$\sqrt{a^4 - 6a^3 + 13a^2 - 12a + 4} = a^2 - 3a$$

$(a^2)^2 = \underline{a^4}$

$(- 6a^3 + 13a^2 - 12a + 4) : 2a^2 - 3a$ II. u. III. $-6a^3 : 2a^2 = -3a$

$(2a^2 - 3a) \cdot (-3a) = \underline{- 6a^3 \pm 9a^2}$

Rest $\quad 4a^2 - 12a + 4$

Diesen Rest dividiere man durch das Doppelte des erhaltenen Resultates, also durch $2a^2 - 6a$

$$(4a^2 - 12a + 4) : (2a^2 - 6a) = + 2$$

und hänge den Quotienten (2) sowohl an das bisher erhaltene Resultat $(a^2 - 3a)$ als auch an den Quotienten $(2a^2 - 6a)$. Multipliziere mit 2 aus. Die Rechnung ist dann die folgende:

$$\sqrt{a^4 - 6a^3 + 13a^2 - 12a + 4} = a^2 - 3a + 2$$

$\underline{a^4}$

Rest $\quad (- 6a^3 + 13a^2 - 12a + 4) : (2a^2 - 6a)$

$\underline{- 6a^3 \pm 9a^2}$

$+ 4a^2 - 12a + 4) : (2a^2 - 6a + 2)$

$(2a^2 - 6a + 2) \cdot 2 = \underline{+ 4a^2 - 12a + 4}$

Rest „

5. $\sqrt{4x^2 - 12xy + 9y^2 + 16x - 24y + 16} = 2x - 3y + 4$

$(2x)^2 = \quad 4x^2$

$-12xy : 4x = -3y \qquad (-12xy + 9y^2 + 16x - 24y + 16) : (4x - 3y)$

$(4x - 3y)(-3y) \qquad -12xy + 9y^2$

$16x : 4x = 4 \qquad (16x - 24y + 16) : (4x - 6y) + 4$

$(4x - 6y + 4) \cdot 4 = \qquad 16x - 24y + 16$

〃 〃 〃

6. $\sqrt{13a^4 + 13a^2 + 4a^6 - 14a^3 + 4 - 4a - 12a^5} = ?$

Lösung:

Man ordne zunächst den Radikanden nach fallenden Potenzen von a.

$\sqrt{4a^6 - 12a^5 + 13a^4 - 14a^3 + 13a^2 - 4a + 4} = 2a^3 - 3a^2 + a - 2$

$(2a^3)^2 = \quad 4a^6$

$-12a^5 : 4a^3 = -3a^2 \qquad (-12a^5 + 13a^4 - 14a^3 + 13a^2 - 4a + 4 : 4a^3 - 3a^2$

$(-3a^2)(4a^3 - 3a^2) = \qquad \mp 12a^5 \pm 9a^4$

$4a^4 : 4a^3 = a \qquad (4a^4 - 14a^3 + 13a^2 - 4a + 4) : 4a^3 - 6a^2 + a$

$(4a^3 - 6a^2 + a) \cdot a = \qquad 4a^4 \mp 6a^3 \pm a^2$

$-8a^3 : 4a^3 = -2 \qquad (-8a^3 + 12a^2 - 4a + 4) : (4a^3 - 6a^2 + 2a -)2$

$(4a^3 - 6a^2 + 2a - 2)(-2) = \qquad -8a^3 + 12a^2 - 4a + 4$

〃 〃 〃 〃

7. $\sqrt{1 + x} = 1 + \frac{1}{2}x - \frac{1}{8}x^2 + \frac{1}{16}x^3 - \frac{5}{128}x^4$

1

$+x : \left(2 + \frac{1}{2}x\right)$

$+x + \frac{1}{4}x^2$

$-\frac{1}{4}x^2 : \left(2 + x - \frac{1}{8}x^2\right)$

$-\frac{1}{4}x^2 - \frac{1}{8}x^3 + \frac{1}{64}x^4$

$\left(+\frac{1}{8}x^3 - \frac{1}{64}x^4\right) : \left(2 + x - \frac{1}{4}x^2 + \frac{1}{16}x^3\right)$

$+\frac{1}{8}x^3 + \frac{1}{16}x^4 - \frac{1}{64}x^5 + \frac{1}{256}x^6$

$\left(-\frac{5}{64}x^4 + \frac{1}{64}x^5 - \frac{1}{256}x^6\right) : 2 + x - \frac{1}{4}x^2 + \frac{1}{8}x^3 - \frac{5}{128}x^4$

$-\frac{5}{64}x^4 - \frac{5}{128}x^5 + \frac{5}{512}x^6 - \frac{5}{1024}x^7 - \frac{25}{16384}x^8$

$\frac{7}{128}x^5 - \frac{7}{512}x^6 + \frac{5}{1024}x^7 + \frac{25}{16384}x^8$ u.s.f.

8. $\sqrt{1{,}005}$ zu berechnen auf 6 Dezimalstellen.

Lösung:

$\sqrt{1{,}005} = \sqrt{1 + \frac{5}{1000}}$, es ist also in dem Beispiel 7. $x = 0{,}005$ oder $\frac{5}{1000}$ zu setzen.

$$\sqrt{1 + \frac{5}{1000}} = 1 + \frac{1}{2} \cdot \frac{5}{1000} - \frac{1}{8}\left(\frac{5}{1000}\right)^2 + \frac{1}{16} \cdot \left(\frac{5}{1000}\right)^2 - \frac{5}{128} \cdot \left(\frac{5}{1000}\right)^4$$

$$= 1 + \frac{2{,}5}{1000} - \frac{3{,}125}{1000000} + \frac{7{,}8125}{1000000000} -$$

$$= 1 + 0{,}0025 - 0{,}000003125 + 0{,}0000000078125 -$$

$$= 1 + 0{,}0025 - 0{,}0000031 = 1{,}002469.$$

Bemerkung: Man sieht, daß das 4te Glied auf die sechste Dezimalstelle keinen Einfluß hat. Hätte man sich mit einer Genauigkeit auf 4 Dezimalstellen begnügt, so hätte das 3te Glied bereits vernachlässigt werden können. Man zieht hieraus den Schluß, daß, wenn x eine kleine Zahl ist, $\sqrt{1 + x} = 1 + \frac{1}{2}x$ angenähert gesetzt werden kann.

Aufgaben zu selbständiger Lösung.

1. $\sqrt{16a^2 + 56ab + 49b^2} = ?$
2. $\sqrt{4x^2 - 24xy + 36y^2} = ?$
3. $\sqrt{25a^2 + 10a + 1} = ?$
4. $\sqrt{a^2 + 2 + \frac{1}{a^2}} = ?$
5. $\sqrt{x^2 + 2xy + 2xz + 2yz + y^2 + z^2} = ?$
6. $\sqrt{4x^2 - 16xy + 16y^2 + 40x - 80y + 100} = ?$
7. $\sqrt{a^2 + 4ab + 4b^2 + 9c^2 + 24cd + 16d^2 + 6ac + 12bc + 8ad + 16bd} = ?$
8. $\sqrt{1 - x} = ?$ (Auf 5 Glieder zu berechnen.)
9. Berechne $\sqrt{10}$ nach Beispiel 7., denn es ist $\sqrt{10} = \frac{10}{3}\sqrt{1 - \frac{1}{10}}$. (6 Stellen)
10. Berechne $\sqrt{2}$ nach Beispiel 7., denn es ist $\sqrt{2} = \frac{3}{2}\sqrt{1 - \frac{1}{9}}$. (4 Stellen)

§ 21 Bruchpotenzen

Die ursprüngliche Bedeutung des Potenzbegriffes verlangte, daß der Exponent eine **positive** ganze Zahl sei (vergl. § 19). Im weiteren Verlaufe wurde jedoch diese Einschränkung fallen gelassen und gezeigt, daß auch eine Potenz mit **negativem** ganzen Exponenten jederzeit berechnet werden kann (vergl. Regel 33, S. 203).

Es fragt sich nun: Hat auch eine Potenz, deren Exponent ein Bruch ist, eine mathematische Bedeutung?, d. h. läßt sich eine derartige Potenz ihrem Wert nach bestimmen? Ist z. B. vorgelegt die Potenz $125^{\frac{1}{3}}$, so würden wir unter Anwendung von Regel 37, wenn wir obige Potenz zur 3ten Potenz erheben sollen, erhalten:

$$(125^{\frac{1}{3}})^3 = 125^{\frac{3}{3}} = 125^1 = 125.$$

d. h. wenn wir $125^{\frac{1}{3}}$ zur dritten Potenz erheben, erhalten wir die Basis 125.

Nun ist aber auch $\sqrt[3]{125}$ diejenige Zahl, welche zur dritten Potenz erhoben, 125 gibt (vergl. § 19). Es folgt hieraus, daß

$$125^{\frac{1}{3}} = \sqrt[3]{125} = 5.$$

ist.

Um ganz allgemein zu beweisen, daß

$$a^{\frac{1}{n}} = \sqrt[n]{a}$$

ist, erheben wir beide Seiten zur n^{ten} Potenz, wir erhalten dann auf **beiden Seiten** denselben Wert a, wodurch der Beweis geliefert ist:

$$\left(a^{\frac{1}{n}}\right)^n = a^{\frac{1}{n} \cdot n} = a^{\frac{n}{n}} = a^1 = a$$

und

$$(\sqrt[n]{a})^n = a.$$

Um die Bedeutung von $a^{\frac{m}{x}}$ zu ermitteln, erheben wir diese Potenz zur x^{ten} Potenz. Wir erhalten dann nach Regel 37 (S. 207)

$$\left(a^{\frac{m}{x}}\right)^x = a^{\frac{mx}{x}} = a^m,$$

d. h.: $a^{\frac{m}{x}}$ ist diejenige Zahl, welche, zur x^{ten} Potenz erhoben, a^m gibt.

Dieselbe Eigenschaft hat aber auch die Zahl $\sqrt[x]{a^m}$; denn es ist

$$(\sqrt[x]{a^m})^x = a^m.$$

Hieraus folgt

$$a^{\frac{m}{x}} = \sqrt[x]{a^m}, \text{ d. h. die}$$

Regel 46: Eine Potenz mit gebrochenem Exponenten (kurz Bruchpotenz genannt) bedeutet eine Wurzel aus einer Potenz von gleicher Basis. Der **Zähler** des Bruches ist der **Potenzexponent,** der **Nenner** des Bruches der **Wurzelexponent.**

Um eine Zahl a zur $\frac{m}{x}$ ten Potenz zu erheben, hat man also a zur m^{ten} Potenz zu erheben und aus dem so erhaltenen Wert die x^{te} Wurzel zu ziehen.

Da nun auch $\sqrt[x]{a^m} = (\sqrt[x]{a})^m$, Regel 43, so ist auch $a^{\frac{m}{x}} = (\sqrt[x]{a})^m$, d. h.:

Um eine Zahl a zur $\frac{m}{x}$ ten Potenz zu erheben, kann man auch aus a die x^{te} Wurzel ziehen und den so erhaltenen Wert zur m^{ten} Potenz erheben.

Man ist also mit Hilfe dieses neuen Begriffes in den Stand gesetzt, den Wert jeder Potenz, mag der Exponent eine positive oder negative, ganze oder gebrochene Zahl sein, zu berechnen.

Beispiele:

1. $1000^{\frac{2}{3}} = (\sqrt[3]{1000})^2 = 10^2 = 100.$
2. $16^{\frac{3}{4}} = (\sqrt[4]{16})^3 = 2^3 = 8.$
3. $36^{\frac{1}{2}} = \sqrt[2]{36} = 6.$
4. $125^{\frac{4}{3}} = (\sqrt[3]{125})^4 = 5^4 = 625.$

5. $64^{-\frac{3}{2}} = \frac{1}{64^{\frac{3}{2}}} = \frac{1}{(\sqrt[2]{64})^3} = \frac{1}{8^3} = \frac{1}{512}$.

6. $49^{-\frac{1}{2}} = \frac{1}{49^{\frac{1}{2}}} = \frac{1}{\sqrt{49}} = \frac{1}{7}$.

7. $a^{\frac{2}{5}} = \sqrt[5]{a^2}$.

8. $(a + b)^{\frac{1}{2}} = \sqrt{a + b}$.

9. $(a^2 - x^2)^{\frac{1}{3}} = \sqrt[3]{a^2 - x^2}$.

10. $u^{1\frac{1}{2}} = u^{\frac{3}{2}} = \sqrt{u^3}$.

11. $x^{-\frac{1}{4}} = \frac{1}{x^{\frac{1}{4}}} = \frac{1}{\sqrt[4]{x}}$.

Aufgaben zu selbständiger Lösung.

1. $8^{\frac{5}{3}} = ?$ $\quad 9^{\frac{1}{2}} = ?$ $\quad 125^{-\frac{1}{3}} = ?$ $\quad 27^{-\frac{2}{3}} = ?$ $\quad 81^{\frac{5}{4}} = ?$ $\quad 100^{-\frac{1}{2}} = ?$

2. $4^{\frac{3}{2}} = ?$ $\quad 32^{\frac{1}{5}} = ?$ $\quad 10000^{\frac{3}{4}} = ?$ $\quad 0{,}25^{\frac{1}{2}} = ?$ $\quad 0{,}512^{\frac{1}{3}} = ?$ $\quad 0{,}01^{\frac{1}{2}} = ?$

Die folgenden Ausdrücke sind als Wurzeln zu schreiben:

3. $a^{\frac{1}{3}} = ?$ $\quad b^{\frac{2}{5}} = ?$ $\quad c^{-\frac{1}{2}} = ?$ $\quad x^{0,5} = ?$ $\quad y^{-\frac{2}{3}} = ?$ $\quad z^{0,25} = ?$

4. $(ab)^{\frac{1}{2}} = ?$ $\quad \left(\frac{a}{x}\right)^{\frac{2}{3}} = ?$ $\quad (a + b)^{\frac{1}{4}} = ?$ $\quad (a^2 + b^2)^{\frac{1}{2}} = ?$ $\quad 5^{\frac{1}{2}} = ?$ $\quad 20^{\frac{1}{3}} = ?$

Aber auch umgekehrt ist man jetzt imstande, jeden Ausdruck, der die Form einer Wurzel hat, als Potenz zu schreiben.

Beispiele:

1. $\sqrt{a} = a^{\frac{1}{2}}$.
2. $\sqrt[3]{x} = x^{\frac{1}{3}}$.
3. $\sqrt[4]{y^3} = y^{\frac{3}{4}}$.
4. $\sqrt[3]{a^3 + b^3} = \sqrt[3]{(a^3 + b^3)^1} = (a^3 + b^3)^{\frac{1}{3}}$.
5. $\sqrt[4]{\frac{a}{b}} = \left(\frac{a}{b}\right)^{\frac{1}{4}}$.
6. $\sqrt[n]{a^x} = a^{\frac{x}{n}}$.
7. $\sqrt[3]{a^5} = a^{\frac{5}{3}}$.
8. $\sqrt{29} = 29^{\frac{1}{2}}$.
9. $\sqrt[3]{10} = 10^{\frac{1}{3}}$.
10. $\sqrt[n]{ab} = (ab)^{\frac{1}{n}}$.

Aufgaben zu selbständiger Lösung.

Man schreibe folgende Wurzelgrößen als Potenzen:

1. $\sqrt[4]{a^3} = ?$ $\quad \sqrt{x} = ?$ $\quad \sqrt[3]{a^n} = ?$ $\quad \sqrt[3]{x + y} = ?$ $\quad \sqrt[4]{a^2 - b^2} = ?$

2. $\sqrt[3]{(a - 1)} = ?$ $\quad \sqrt[n]{x^{n-1}} = ?$ $\quad \sqrt[5]{ab} = ?$ $\quad \sqrt[x]{x} = ?$

Ein weiterer Vorteil erwächst ferner daraus, daß man Rechenoperationen mit Wurzelgrößen nach den für Potenzen geltenden Regeln ausführen kann. Man hat nur nötig, die vorkommenden Wurzeln vor der Rechnung als Potenzen zu schreiben. In folgendem soll bewiesen werden, daß die Formeln für das Rechnen mit Potenzen, deren Exponent eine **ganze** Zahl ist, auch für Potenzen mit **gebrochenem** Exponenten gelten:

I. $a^{\frac{m}{x}} \cdot a^{\frac{n}{y}} = a^{\frac{m}{x}+\frac{n}{y}}$ (vergl. Regel 30).

Beweis: $a^{\frac{m}{x}} \cdot a^{\frac{n}{y}} = \sqrt[x]{a^m} \cdot \sqrt[y]{a^n} = \sqrt[xy]{a^{my}} \cdot \sqrt[xy]{a^{nx}} = \sqrt[xy]{a^{my} \cdot a^{nx}} = \sqrt[xy]{a^{my+nx}} = a^{\frac{my+nx}{xy}} = a^{\frac{my}{xy}+\frac{nx}{xy}} = a^{\frac{m}{x}+\frac{n}{y}}.$

II. $\frac{a^{\frac{m}{x}}}{a^{\frac{n}{y}}} = a^{\frac{m}{x}-\frac{n}{y}}$ (vergl. Regel 31).

Beweis: $\frac{a^{\frac{m}{x}}}{a^{\frac{n}{y}}} = \frac{\sqrt[x]{a^m}}{\sqrt[y]{a^n}} = \frac{\sqrt[xy]{a^{my}}}{\sqrt[xy]{a^{nx}}} = \sqrt[xy]{\frac{a^{my}}{a^{nx}}} = \sqrt[xy]{a^{my-nx}} = a^{\frac{my-nx}{xy}} = a^{\frac{my}{xy}-\frac{nx}{xy}} = a^{\frac{m}{x}-\frac{n}{y}}.$

III. $(ab)^{\frac{m}{x}} = a^{\frac{m}{x}} \cdot b^{\frac{m}{x}}$ (vergl. Regel 35).

Beweis: $(ab)^{\frac{m}{x}} = \sqrt[x]{(ab)^m} = \sqrt[x]{a^m b^m} = \sqrt[x]{a^m} \cdot \sqrt[x]{b^m} = a^{\frac{m}{x}} \cdot b^{\frac{m}{x}}.$

IV. $\left(\frac{a}{b}\right)^{\frac{m}{x}} = \frac{a^{\frac{m}{x}}}{b^{\frac{m}{x}}}$ (vergl. Regel 36).

Beweis: $\left(\frac{a}{b}\right)^{\frac{m}{x}} = \sqrt[x]{\left(\frac{a}{b}\right)^m} = \sqrt[x]{\frac{a^m}{b^m}} = \frac{\sqrt[x]{a^m}}{\sqrt[x]{b^m}} = \frac{a^{\frac{m}{x}}}{b^{\frac{m}{x}}}.$

V. $\left(a^{\frac{m}{n}}\right)^{\frac{x}{y}} = a^{\frac{mx}{ny}}$ (vergl. Regel 37).

Beweis: $\left(a^{\frac{m}{n}}\right)^{\frac{x}{y}} = \sqrt[y]{(\sqrt[n]{a^m})^x} = \sqrt[y]{\sqrt[n]{a^{mx}}} = \sqrt[ny]{a^{mx}} = a^{\frac{mx}{ny}}.$

Beispiele:

1. $x^{\frac{1}{2}} \cdot x^{\frac{1}{3}} = x^{\frac{1}{2}+\frac{1}{3}} = x^{\frac{5}{6}} = \sqrt[6]{x^5}.$
2. $a^{\frac{2}{3}} \cdot a^{\frac{1}{3}} = a^{\frac{3}{3}} = a^1 = a.$
3. $b^{\frac{2}{5}} \cdot \sqrt[5]{b} = b^{\frac{2}{5}} \cdot b^{\frac{1}{5}} = b^{\frac{3}{5}} = \sqrt[5]{b^3}.$
4. $(a+b)^{\frac{1}{2}} \cdot (a+b)^{\frac{1}{4}} = (a+b)^{\frac{1}{2}+\frac{1}{4}} = (a+b)^{\frac{3}{4}} = \sqrt[4]{(a+b)^3}.$
5. $\frac{a^{\frac{1}{3}}}{a^{\frac{1}{4}}} = a^{\frac{1}{3}-\frac{1}{4}} = a^{\frac{1}{12}} = \sqrt[12]{a}.$
6. $\frac{x^2}{x^{1\frac{1}{2}}} = x^{2-1\frac{1}{2}} = x^{\frac{1}{2}} = \sqrt{x}.$
7. $\frac{(a-b)^{\frac{2}{3}}}{(a-b)^{\frac{1}{3}}} = (a-b)^{\frac{2}{3}-\frac{1}{3}} = (a-b)^{\frac{1}{3}} = \sqrt[3]{a-b}.$
8. $x^{-\frac{1}{2}} \cdot y^{-\frac{2}{3}} = \frac{1}{x^{\frac{1}{2}} \cdot y^{\frac{2}{3}}} = \frac{1}{\sqrt{x} \cdot \sqrt[3]{y^2}} = \frac{1}{\sqrt[6]{x^3} \cdot \sqrt[6]{y^4}} = \frac{1}{\sqrt[6]{x^3 y^4}}.$
9. $\frac{\sqrt[4]{c^3}}{c^{\frac{1}{8}}} = \frac{c^{\frac{3}{4}}}{c^{\frac{1}{8}}} = c^{\frac{3}{4}-\frac{1}{8}} = c^{\frac{5}{8}} = \sqrt[8]{c^5}.$
10. $\left(a^{\frac{2}{3}}\right)^{\frac{3}{4}} = a^{\frac{2}{3}\cdot\frac{3}{4}} = a^{\frac{1}{2}} = \sqrt{a}.$
11. $(m^5)^{\frac{2}{5}} = m^{5 \cdot \frac{2}{5}} = m^2.$

12. $\left(b^{\frac{5}{6}}\right)^3 = b^{\frac{5}{6} \cdot 3} = b^{\frac{5}{2}} = \sqrt{b^5}$.

13. $(c^3)^{\frac{4}{3}} = c^{3 \cdot \frac{4}{3}} = c^4$.

14. $(36 \cdot 64)^{\frac{1}{2}} = 36^{\frac{1}{2}} \cdot 64^{\frac{1}{2}} = 6 \cdot 8 = 48$.

15. $(8 \cdot 27)^{\frac{2}{3}} = 8^{\frac{2}{3}} \cdot 27^{\frac{2}{3}} = (\sqrt[3]{8})^2 \cdot (\sqrt[3]{27})^2 = 4 \cdot 9 = 36$.

16. $(c^{-2})^{-\frac{1}{2}} = c^{(-2) \cdot (-\frac{1}{2})} = c^1 = c$.

17. $(x^{\frac{4}{5}})^{-\frac{5}{6}} = x^{-\frac{4}{5} \cdot \frac{5}{6}} = x^{-\frac{2}{3}} = \frac{1}{x^{\frac{2}{3}}} = \frac{1}{\sqrt[3]{x^2}}$.

18. $(10^{0,5})^4 = 10^{0,5 \cdot 4} = 10^2 = 100$.

19. $(21^{-0,25})^{-4} = 21^{(0,25) \cdot (-4)} = 21^1 = 21$.

20. $(30^{0,3})^{\frac{5}{3}} = 30^{0,3 \cdot \frac{5}{3}} = 30^{\frac{3}{10} \cdot \frac{5}{3}} = 30^{\frac{1}{2}} = \sqrt{30}$.

21. $\left[(1 - x^2)^{\frac{1}{2}}\right]^{\frac{2}{3}} = (1 - x^2)^{\frac{1}{2} \cdot \frac{2}{3}} = (1 - x^2)^{\frac{1}{3}} = \sqrt[3]{1 - x^2}$.

22. $\left[(a + \sqrt{b})^{\frac{2}{3}}\right]^{-1} = (a + \sqrt{b})^{-\frac{2}{3}} = \frac{1}{(a + \sqrt{b})^{\frac{2}{3}}} = \frac{1}{\sqrt[3]{(a + \sqrt{b})^2}}$

Aufgaben zu selbständiger Lösung.

1. $a^{\frac{3}{4}} \cdot a^{\frac{1}{4}} = ?$ $\quad x^{\frac{3}{5}} \cdot x^{\frac{5}{7}} = ?$ $\quad p^5 \cdot p^{\frac{3}{4}} = ?$
2. $x^{\frac{3}{5}} \sqrt[4]{x^3} = ?$ $\quad a^{4\frac{2}{3}} \cdot \sqrt[3]{a} = ?$ $\quad a^{\frac{5}{6}} \sqrt[3]{a^2} = ?$
3. $(a + b)^{\frac{1}{3}} \cdot (a + b)^{\frac{1}{4}} = ?$ $\quad (a^2 + b^2)^2 \cdot (a^2 + b^2)^{\frac{5}{3}} = ?$
4. $\sqrt{a + b} \cdot (a + b)^{\frac{1}{2}} = ?$ $\quad \sqrt[3]{x^2 + y^2} \cdot (x^2 + y^2)^{\frac{2}{3}} = ?$
5. $\frac{a^{\frac{3}{5}}}{a^{\frac{1}{4}}} = ?$ $\quad a^{\frac{5}{9}} : a^{\frac{2}{3}} = ?$ $\quad a^{\frac{2}{7}} : a^{\frac{3}{7}} = ?$ $\quad a^5 : a^{\frac{3}{5}} = ?$
6. $a^{-\frac{1}{4}} \cdot a^{\frac{5}{8}} = ?$ $\quad a^0 \cdot a^{\frac{2}{5}} = ?$ $\quad x^{-\frac{2}{3}} \cdot x^{-\frac{1}{3}} = ?$
7. $a^{-\frac{1}{4}} : a^{-\frac{3}{4}} = ?$ $\quad x^{-\frac{1}{2}} : x^{-\frac{2}{3}} = ?$ $\quad p^2 : p^{-\frac{3}{4}} = ?$
8. $\sqrt{a} : a^{-\frac{1}{2}} = ?$ $\quad \sqrt[3]{a^2} : a^{-\frac{1}{6}} = ?$ $\quad \sqrt[4]{a^5} : a^{-\frac{3}{4}} = ?$
9. $(x^{\frac{2}{3}})^3 = ?$ $\quad (\sqrt[3]{x^2})^{\frac{3}{2}} = ?$ $\quad (\sqrt{a + b})^{\frac{1}{3}} = ?$
10. $a^{\frac{1}{3}}b^{\frac{1}{3}} = ?$ $\quad a^{\frac{3}{4}} \cdot b^{\frac{1}{2}} = ?$ $\quad a^{\frac{5}{9}} \cdot \sqrt[9]{b^4} = ?$
11. $a^{\frac{1}{4}} : b^{\frac{1}{4}} = ?$ $\quad x^{\frac{2}{3}} : y^{\frac{2}{3}} = ?$ $\quad \frac{x^{\frac{1}{2}}}{y^{\frac{1}{4}}} = ?$ $\quad \frac{a^{\frac{1}{3}}}{b^{\frac{5}{6}}} = ?$
12. $(\frac{4}{5})^{\frac{1}{2}} \cdot (3\frac{1}{3})^{\frac{1}{2}} \cdot (\frac{3}{2})^{\frac{1}{2}} = ?$ $\quad (7\frac{1}{2})^{\frac{1}{3}} \cdot (2\frac{2}{3})^{\frac{1}{3}} \cdot (3\frac{1}{5})^{\frac{1}{3}} = ?$

§ 22 Imaginäre Größen

Nach der Erklärung der Wurzel bedeutet $\sqrt{16}$ eine Zahl suchen, die zum Quadrat erhoben 16 gibt, dies ist +4 oder auch −4, denn $(+4^2) = 16$, aber auch $(-4)^2 = 16$. Ebenso ist $\sqrt{a^2} = \pm a$, denn sowohl $(+a)^2$ gibt a^2, als auch $(-a)^2$ gibt a^2.

Dagegen ist $\sqrt[3]{+64}$ = nur +4 und $\sqrt[3]{-64}$ = nur −4.

Wir sehen hieraus, daß die **Quadratwurzel** aus einer Zahl ebensowohl positiv als negativ sein kann, während die **dritte** Wurzel nur **ein** Vorzeichen besitzt, und zwar ist die dritte Wurzel aus einer negativen Zahl eine **negative** Zahl. Will man nun in gleicher Weise $\sqrt{-64}$ bestimmen, so läßt uns unsere Erklärung im Stich, denn weder +8 noch −8 geben zum Quadrat erhoben −64. Es ist also unmöglich $\sqrt{-64}$ zu ziehen. Man nennt die Quadratwurzel aus einer **negativen** Zahl eine **imaginäre Größe**. Da man in der Rechnung häufig auf derartige Größen kommt, so ist man übereingekommen, jeden negativen Radikanden als Produkt einer positiven Größe und (−1) aufzufassen, also $-a = (+a)(-1)$ zu schreiben. Hiernach ist

$$\sqrt{-a} = \sqrt{(+a)(-1)} = \sqrt{a} \cdot \sqrt{-1}.$$

Den Ausdruck $\sqrt{-1}$ nennt man die **imaginäre Einheit** und bezeichnet sie mit i, setzt also

$$\sqrt{-1} = i.$$

Unser Beispiel $\sqrt{-64}$ ist hiernach

$$\sqrt{-64} = \sqrt{(+64)(-1)} = \sqrt{64} \cdot \sqrt{-1} = 8 \cdot \sqrt{-1} = 8i.$$

Beim Rechnen mit i wird dieser Wert zunächst als Buchstabengröße aufgefaßt, mit welcher alle Operationen in bekannter Weise vorgenommen werden. Kommen Potenzen von i vor, so lassen sich dieselben auf ±1 oder ±i zurückführen, wenn man sich die folgenden fünf Werte merkt:

I. $\mathbf{i = \sqrt{-1}}$

II. $\mathbf{i^2 = (\sqrt{-1})^2 = -1}$ (Vergl. Beispiel 6 und die Fußnote hierzu.)

III. $\mathbf{i^3 = i^2 \cdot i = (-1) \cdot i = -i}$

IV. $\mathbf{i^4 = (i^2)^2 = (-1)^2 = +1}$

V. $\mathbf{i^{4n} = (i^4)^n = (+1)^n = +1}$

Hiernach ist

$$i^{4n+1} = i^{4n} \cdot i^{+1} = 1 \cdot i; \qquad i^{4n+2} = i^{4n} \cdot i^2 = -1;$$

$$i^{4n+3} = i^{4n} \cdot i^{+3} = 1 \cdot i^3 = -i.$$

Beispiele:

1. $\sqrt{-49} = \sqrt{49 \cdot (-1)} = \sqrt{49} \cdot \sqrt{-1} = 7 \cdot \sqrt{-1} = 7i.$
2. $\sqrt{-8} = \sqrt{4 \cdot 2 \cdot (-1)} = 2 \cdot \sqrt{2} \cdot \sqrt{-1} = 2i\sqrt{2}.$
3. $5\sqrt{-40} = 5\sqrt{4 \cdot 10 \cdot (-1)} = 5 \cdot \sqrt{4} \cdot \sqrt{10} \cdot \sqrt{-1} = 5 \cdot 2i\sqrt{10} = 10i\sqrt{10}.$
4. $\sqrt{-a^4} = \sqrt{a^4 \cdot (-1)} = \sqrt{a^4} \cdot \sqrt{-1} = a^2 \cdot i.$
5. $\sqrt[3]{-125} = -5. \qquad \sqrt[3]{-128} = \sqrt[3]{-64 \cdot 2} = -4\sqrt[3]{2}.$
6. $\sqrt{-a} \cdot \sqrt{-a} = \sqrt{a \cdot (-1)} \cdot \sqrt{a \cdot (-1)} = \sqrt{a} \cdot i \cdot \sqrt{a} \cdot i = i^2 \cdot a = -a$*)
7. $\sqrt{-a} \cdot \sqrt{-b} = \sqrt{a \cdot (-1)} \cdot \sqrt{b \cdot (-1)} = \sqrt{a} \cdot \sqrt{-1} \cdot \sqrt{b} \cdot \sqrt{-1} = i\sqrt{a} \cdot i\sqrt{b} = i^2\sqrt{ab} = -\sqrt{ab}.$
8. $i^7 = i^4 i^3 = 1 \cdot (-i) = -i. \qquad i^{22} = i^{20} \cdot i^2 = (i^4)^5 \cdot i^2 = -1.$
9. $i^{21} = i^{20+1} = i^{20} \cdot i = (i^4)^5 \cdot i = 1^5 \cdot i = i.$
10. $xi \cdot yi = xyi^2 = -xy.$

---

*) Oder: $\sqrt{-a} \cdot \sqrt{-a} = (\sqrt{-a})^2 = -a$. Hätte man gerechnet $\sqrt{-a} \cdot \sqrt{-a} = \sqrt{(-a)(-a)} = \sqrt{+a^2}$, so dürfte man nicht schließen $\sqrt{+a^2} = a$, sondern $\sqrt{+a^2} = \pm a$ und wie gezeigt, ist das Resultat diesmal −a und nicht +a.

11. $7i \cdot \sqrt{-98} = 7i\sqrt{49 \cdot 2 \cdot (-1)} = 7i^2 \cdot 7 \cdot \sqrt{2} = -49\sqrt{2}.$

12. $\frac{\sqrt{-12}}{\sqrt{-2}} = \frac{i\sqrt{12}}{i\sqrt{2}} = \sqrt{\frac{12}{2}} = \sqrt{6}. \qquad \frac{ai}{\sqrt{-a}} = \frac{ai}{i\sqrt{a}} = \sqrt{a}.$

13. $\sqrt{x-y}\,\sqrt{y-x} = \sqrt{x-y}\,\sqrt{-(x-y)} = \sqrt{x-y} \cdot i\sqrt{x-y} = i\,(x-y).$

14. $(4 + 3i)(9 + 5i) = 36 + 27i + 20i + 15i^2 = 36 + 47i - 15 = 21 + 47i.$

15. $(3 + 4i\sqrt{2})(5 - 6i\sqrt{6}) = 15 + 20i\sqrt{2} - 18i\sqrt{6} - 24i^2\sqrt{12}$
$= 15 + 2i\,(10\sqrt{2} - 9\sqrt{6}) + 24\sqrt{12}.$

16. $(a + bi)(a - bi) = a^2 - (bi)^2 = a^2 - b^2i^2 = a^2 - b^2(-1) = \mathbf{a}^2 + \mathbf{b}^2$ (Formel).

17. $\sqrt{3 + 4i}\,\sqrt{3 - 4i} = \sqrt{9 + 16} = \sqrt{25} = 5.$

18. $(a + bi)^2 = a^2 + 2abi + b^2i^2 = a^2 - b^2 + 2abi.$

19. $\frac{4}{1 + i\sqrt{3}} = \frac{4(1 - i\sqrt{3})}{(1 + i\sqrt{3})(1 - i\sqrt{3})} = \frac{4(1 - i\sqrt{3})}{4} = 1 - i\sqrt{3}.$

20. $\frac{a + bi}{c + di} + \frac{a - bi}{c - di} = \frac{(a + bi)(c - di) + (a - bi)(c + di)}{(c + di)(c - di)}$
$= \frac{ac + bci - adi - bdi^2 + ac - bci + adi - bdi^2}{c^2 + d^2} = \frac{2ac - 2bdi^2}{c^2 + d^2} = \frac{2ac + 2bd}{c^2 + d^2}.$

Aufgaben zu selbständiger Lösung:

1. $\sqrt{-81} = ?$ $\quad \sqrt{-100} = ?$ $\quad \sqrt[3]{-512} = ?$ $\quad \sqrt{-121} = ?$ $\quad \sqrt[3]{-64} = ?$
2. $\sqrt{-27} = ?$ $\quad \sqrt{-72} = ?$ $\quad 5\sqrt{-24} = ?$ $\quad 3\sqrt{-98} = ?$ $\quad 2\sqrt[3]{-54} = ?$
3. $\sqrt{-5} \cdot \sqrt{-15} = ?$ $\quad \sqrt{-x^2} \cdot \sqrt{-1} = ?$ $\quad \sqrt{-5} \cdot \sqrt{-20} = ?$
4. $i^6 = ?$ $\quad i^7 = ?$ $\quad i^9 = ?$ $\quad i^{25} = ?$ $\quad i^{37} = ?$ $\quad i^{52} = ?$
5. $i\sqrt{x} \cdot i\sqrt{y} = ?$ $\quad i\sqrt{x} \cdot \sqrt{-x} = ?$ $\quad 8i \cdot i^5\sqrt{6} = ?$
6. $\sqrt{-i^2} = ?$ $\quad \sqrt{-i^4} = ?$ $\quad \sqrt{-i^5} = ?$ $\quad \sqrt{ai^2} = ?$
7. $\frac{\sqrt{-10}}{\sqrt{-5}} = ?$ $\quad \frac{\sqrt{-18}}{i\sqrt{6}} = ?$ $\quad \frac{5\sqrt{-24}}{3\sqrt{-75}} = ?$ $\quad \frac{7i\sqrt{28}}{14\sqrt{-7}} = ?$
8. $(6 + 4i)(5 - 3i) = ?$ $\quad (24 + 2i)(2 - 4i) = ?$
9. $(\sqrt{3} - i\sqrt{6})(\sqrt{2} - i\sqrt{6}) = ?$ $\quad (2\sqrt{7} + 3i\sqrt{8})(3\sqrt{7} - 10i\sqrt{2}) = ?$
10. $(p + qi)(p - qi) = ?$ $\quad (5 + 7i)(5 - 7i) = ?$
11. $(3 + 4i)(3 - 4i) = ?$ $\quad (6 + 8i)(6 - 8i) = ?$
12. $(3 + 4i)^2 = ?$ $\quad (3 - 4i)^2 = ?$ $\quad (2 + 5i)^2 = ?$
13. $(\sqrt{3} + 2i\sqrt{6})^2 = ?$ $\quad (\sqrt{5} - i\sqrt{10})^2 = ?$
14. $(\sqrt{4 + 3i} + \sqrt{4 - 3i})^2 = ?$ $\quad (\sqrt{1 + i} - \sqrt{1 - i})^2 = ?$
15. $\frac{i\sqrt{3} - i\sqrt{2}}{\sqrt{-3} + \sqrt{-2}}$ rational zu machen.
16. $\frac{1 - 33i\sqrt{3}}{4 - 3i\sqrt{3}} = ?$

7. Kapitel

Gleichungen

(Fortsetzung)

§ 23 Gleichungen mit Wurzeln

Bei den bisher gelösten Gleichungen führte die Anwendung der Grundsätze 1 bis 5 (Seite 116) stets zum Ziele, d. h. zur Ermittlung der unbekannten Größe x. Kommt jedoch in einer Gleichung die Unbekannte unter einem Wurzelzeichen vor, so muß man den Grundsatz anwenden: **Gleiche Größen zu gleicher Potenz erhoben geben Gleiches. Man muß, nachdem man die die Unbekannte enthaltende Wurzel auf eine Seite allein gebracht hat, beide Seiten potenzieren, und zwar zur zweiten Potenz erheben, wenn die Wurzel eine Quadratwurzel ist, zur dritten Potenz, wenn die Wurzel eine Kubikwurzel ist usw.**

Beispiele:

1. $\sqrt{x} = 8$ quadriert: $(\sqrt{x})^2 = 64$
   $x = 64.$

2. $\sqrt[3]{x} = 5$ zur dritten Potenz erhoben:
   $(\sqrt[3]{x})^3 = 5^3, \quad x = 125.$

3. $\sqrt{x-1} = 10,$ quadriert:
   $(\sqrt{x-1})^2 = 100, \quad x - 1 = 100$
   $x = 100 + 1 = 101.$

4. $\sqrt[3]{2x+7} = 5.$ Beide Seiten zur 3ten Potenz erhoben, gibt:
   $2x + 7 = 125,$ daraus $2x = 125 - 7 = 118,$
   $x = 59.$

Ist die Wurzel mit einem Faktor behaftet, so dividiert man zunächst beide Seiten durch diesen Faktor, z. B.:

5. $6 \cdot \sqrt{x-3a} = 3b,$ durch 6 dividiert:
   $\sqrt{x-3a} = \frac{b}{2},$ quadriert:
   $x - 3a = \frac{b^2}{4},$ geordnet:
   $x = 3a + \frac{b^2}{4}.$

6. $\frac{2}{3}\sqrt[3]{a^2x - b^3} = 6b,$ durch $\frac{2}{3}$ dividiert:
   $\sqrt[3]{a^2x - b^3} = 9b,$ zur 3ten Potenz erhoben:
   $a^2x - b^3 = 729b^3,$ geordnet:
   $a^2x = 730b^3.$
   $x = \frac{730b^3}{a^2}.$

7. $\sqrt{\frac{a-b}{x}} = \sqrt{a+b}$, quadriert:

$\frac{a-b}{x} = a + b$, mit dem Nenner x multipliziert:

$a - b = x\,(a + b)$, beide Seiten vertauscht und durch den Faktor von x dividiert:

$x = \frac{a-b}{a+b}$.

Besteht jede Seite der gegebenen Gleichung aus nur **einer** Wurzel mit oder ohne Faktor, so wird die Gleichung ebenfalls ohne weiteres potenziert, z. B.:

8. $\sqrt{5x+1} = \sqrt{22+2x}$, quadriert:
$5x + 1 = 22 + 2x$, geordnet:
$5x - 2x = 22 - 1$,
$3x = 21$,
$x = 7$.

9. $2\sqrt[3]{x+2a} = 3\sqrt[3]{x-3a}$, zur 3ten Potenz erhoben:
$8\,(x + 2a) = 27\,(x - 3a)$, die Klammern ausmultipliziert:
$8x + 16a = 27x - 81a$, geordnet:
$8x - 27x = -81a - 16a$,
$-19x = -97a$, die Vorzeichen geändert und durch 19 dividiert:
$x = \frac{97a}{19}$.

10. $a\sqrt[3]{x} = b\sqrt[3]{x-1}$, zur 3ten Potenz erhoben:
$a^3x = b^3\,(x - 1)$, die Klammern ausmultipliziert:
$a^3x = b^3x - b^3$, geordnet:
$a^3x - b^3x = -b^3$, Vorzeichen geändert und x als Faktor abgesondert:
$x\,(b^3 - a^3) = b^3$, durch den Faktor von x dividiert:
$x = \frac{b^3}{b^3 - a^3}$.

11. $a + \sqrt{bx + a^2} = b$, die Wurzel mit der Unbekannten isoliert, d. h. auf eine Seite allein gebracht:
$\sqrt{bx + a^2} = b - a$, beide Seiten quadriert (man beachte, daß die rechte Seite eine zweigliedrige Summe ist):
$bx + a^2 = (b - a)^2 = b^2 - 2ab + a^2$, geordnet:
$bx = b^2 - 2ab + a^2 - a^2 = b^2 - 2ab$,
$x = \frac{b^2 - 2ab}{b} = \frac{b\,(b - 2a)}{b} = b - 2a$.

12. $5 - \sqrt{\frac{x}{2} - 1} = 3$, die Wurzel isoliert:
$-\sqrt{\frac{x}{2} - 1} = 3 - 5 = -2$, quadriert:
$\frac{x}{2} - 1 = 4$, mit 2 multipliziert:
$x - 2 = 8$,
$x = 10$.

Kommt die Unbekannte x in zwei Wurzeln vor, so bringt man eine davon auf eine Seite allein und potenziert dann, z. B.:

13. $\sqrt{x + 10} - \sqrt{x + 5} = 1,$

$\sqrt{x + 10} = 1 + \sqrt{x + 5},$ quadriert (die rechte Seite ist eine Summe):

$x + 10 = 1^2 + 2 \cdot \sqrt{x + 5} + (\sqrt{x + 5})^2$

$x + 10 = 1 + 2\sqrt{x + 5} + x + 5,$ (das Glied x hebt sich auf beiden Seiten)

$10 - 1 - 5 = 2\sqrt{x + 5},$

$4 = 2\sqrt{x + 5},$ durch 2 dividiert und beide Seiten vertauscht, gibt:

$\sqrt{x + 5} = 2,$ quadriert:

$x + 5 = 4,$ und $x = 4 - 5 = -1.$

Sind die Radikanden Produkte mit dem Faktor x, so kann man diesen Faktor absondern, z. B.:

14. $\sqrt{2x} + \sqrt{3x} = 10.$ Man schreibt:

$\sqrt{2x} = \sqrt{2} \cdot \sqrt{x}$ und $\sqrt{3x} = \sqrt{3} \cdot \sqrt{x}$ (vergl. Regel 39) und erhält:

$\sqrt{2} \cdot \sqrt{x} + \sqrt{3} \cdot \sqrt{x} = 10;$ $\sqrt{x}$ als Faktor abgesondert:

$\sqrt{x}\,(\sqrt{2} + \sqrt{3}) = 10,$ durch $(\sqrt{2} + \sqrt{3})$ dividiert:

$$\sqrt{x} = \frac{10}{\sqrt{2} + \sqrt{3}} = \frac{10\,(\sqrt{2} - \sqrt{3})}{(\sqrt{2} + \sqrt{3})\,(\sqrt{2} - \sqrt{3})} = \frac{10\,(\sqrt{2} - \sqrt{3})}{2 - 3}$$

(vergl. Seite 210)

$$\sqrt{x} = \frac{10\,(\sqrt{2} - \sqrt{3})}{-1}.$$

Multipliziert man Zähler und Nenner der rechten Seite mit −1, so erhält man:

$\sqrt{x} = 10\,(\sqrt{3} - \sqrt{2}),$ quadriert:

$x = 100\,(\sqrt{3} - \sqrt{2})^2 = 100\,(5 - 2\sqrt{6}).$

15. $5\sqrt{x} - \sqrt{6x} = 19,$

$5\sqrt{x} - \sqrt{6} \cdot \sqrt{x} = 19,$

$\sqrt{x}\,(5 - \sqrt{6}) = 19,$

$$\sqrt{x} = \frac{19}{5 - \sqrt{6}} = \frac{19\,(5 + \sqrt{6})}{(5 - \sqrt{6})(5 + \sqrt{6})},$$

$$\sqrt{x} = \frac{19\,(5 + \sqrt{6})}{25 - 6} = \frac{19\,(5 + \sqrt{6})}{19} = 5 + \sqrt{6},$$

$x = (5 + \sqrt{6})^2 = 31 + 10\sqrt{6}.$

16. $\sqrt{a - x} + \sqrt{b - x} = \sqrt{a + b}.$ Man bringe die zweite Wurzel links auf die rechte Seite und quadriere:

$\sqrt{a - x} = \sqrt{a + b} - \sqrt{b - x},$

$(\sqrt{a - x})^2 = (\sqrt{a + b})^2 - 2\sqrt{(a + b)\,(b - x)} + (\sqrt{b - x})^2$

$a - x = a + b - 2\sqrt{(a + b)\,(b - x)} + b - x,$

Jetzt hebt sich das Glied a und das Glied −x auf beiden Seiten. Bringt man die Wurzel auf die linke Seite, so erhält man:

$$
\begin{aligned}
2\sqrt{(a+b)(b-x)} &= 2b, && \text{durch 2 dividiert und quadriert:}\\
(a+b)(b-x) &= b^2, && \text{die Klammern ausmultipliziert:}\\
ab + b^2 - ax - bx &= b^2. && \text{Geordnet } (b^2 \text{ hebt sich}):\\
-ax - bx &= -ab, && \text{die Vorzeichen geändert:}\\
ax + bx &= ab,\\
x(a+b) &= ab,\\
x &= \frac{ab}{a+b}.
\end{aligned}
$$

17. $\sqrt{12x - 11} + \sqrt{3x + 16} = \frac{9x + 27}{\sqrt{3x + 16}}$.

Man schaffe zunächst den Nenner weg, indem man die ganze Gleichung mit $\sqrt{3x + 16}$ multipliziert:

$$\sqrt{12x - 11}\,\sqrt{3x + 16} + (\sqrt{3x + 16})^2 = 9x + 27$$

oder

$$\sqrt{(12x - 11)(3x + 16)} + 3x + 16 = 9x + 27,$$

die Wurzel allein auf eine Seite gebracht:

$$\sqrt{36x^2 - 33x + 192x - 176} = 6x + 11,$$

quadriert:

$$36x^2 + 159x - 176 = 36x^2 + 132x + 121,$$

geordnet:

$$
\begin{aligned}
159x - 132x &= 121 + 176,\\
27x &= 297,\\
x &= \frac{297}{27} = 11.
\end{aligned}
$$

Kommen in einer Gleichung mehrere Wurzelgrößen vor, und ist der Radikand, welcher die Unbekannte x enthält, kein Produkt, sondern eine Summe, wie in der Gleichung

18. $\sqrt{2x - 1} + \sqrt{2x + 8} = 9$,

so bringt man, wie dies schon in Aufgaben 13 und 16 (Seite 240) geschehen ist, vor dem Quadrieren die eine der beiden Wurzeln auf die andere Seite:

$$\sqrt{2x - 1} = 9 - \sqrt{2x + 8}.$$

Quadriert man, so hat man zu beachten, daß die rechte Seite eine Differenz und demnach nach der Formel $(a - b)^2 = a^2 - 2ab + b^2$ zu behandeln ist:

$$2x - 1 = 81 - 2 \cdot 9\sqrt{2x + 8} + 2x + 8.$$

Jetzt hat man nur noch **eine** Wurzel fortzuschaffen. Zu diesem Zwecke bringt man sie auf die linke Seite **allein**:

$$18\sqrt{2x + 8} = 90.$$

Beide Seiten durch 18 dividiert:

$$\sqrt{2x + 8} = 5.$$

Noch einmal quadriert:

$$
\begin{aligned}
2x + 8 &= 25\\
2x &= 25 - 8 = 17\\
x &= 8{,}5.
\end{aligned}
$$

19. $\sqrt{3x+7} = 7 - \sqrt{3x}$. Quadriert man beide Seiten, so erhält man

$$3x + 7 = 49 - 14\sqrt{3x} + 3x.$$

Das Glied 3x hebt sich auf beiden Seiten. Bringt man das Glied $-14\sqrt{3x}$ auf die linke Seite allein, so erhält man

$$14\sqrt{3x} = 42, \quad \text{durch 14 geteilt:}$$
$$\sqrt{3x} = 3, \quad \text{quadriert:}$$
$$3x = 9,$$
$$x = 3.$$

20. $\sqrt{a - mx} - \sqrt{b - mx} = \sqrt{a - b}$. Zunächst bringt man die zweite Wurzel der linken Seite mit auf die rechte:

$$\sqrt{a - mx} = \sqrt{a - b} + \sqrt{b - mx}.$$

Quadriert man jetzt beide Seiten, so ergibt sich:

$$a - mx = a - b + 2\sqrt{(a - b)(b - mx)} + b - mx.$$

Die jetzt noch vorhandene Wurzel hat, da alle übrigen Glieder sich heben, den Wert 0:

$$\sqrt{(a - b)(b - mx)} = 0.$$

Hieraus folgt, daß auch der Radikand gleich 0 sein muß:

$$(a - b)(b - mx) = 0.$$

Die linke Seite dieser Gleichung ist ein Produkt. Ein Produkt wird gleich 0, wenn **ein** Faktor den Wert 0 hat. In obigem Produkt muß also, da der Faktor $a - b$ nicht 0 ist, der andere Faktor $b - mx$ gleich 0 sein; also:

$$b - mx = 0, \text{ oder}$$
$$mx = b,$$
$$x = \frac{b}{m}.$$

Auf etwas umständlicherem Wege gelangt man zum Ziele, wenn man die Gleichung 20 quadriert, **ohne** vorher die eine der beiden Wurzeln auf die andere Seite gebracht zu haben. Man erhält dann:

$$a - mx - 2\sqrt{(a - mx)(b - mx)} + b - mx = a - b.$$

Bringt man das Glied mit der Wurzel auf die rechte Seite und alle übrigen Glieder auf die linke, so erhält man

$$2b - 2mx = 2\sqrt{(a - mx)(b - mx)}.$$

Dividiert man die Gleichung jetzt durch 2:

$$b - mx = \sqrt{(a - mx)(b - mx)}$$

und quadriert:

$$b^2 - 2bmx + m^2x^2 = (a - mx)(b - mx)$$

so ergibt sich, nachdem man die Klammern rechts ausmultipliziert hat:

$$b^2 - 2bmx + m^2x^2 = ab - bmx - amx + m^2x^2.$$

Das Glied m^2x^2 hebt sich auf beiden Seiten. Nachdem man geordnet und den Faktor x vor die Klammer genommen hat, so erhält man

$$x(am - bm) = ab - b^2$$

oder

$$x = \frac{ab - b^2}{am - bm} = \frac{b(a - b)}{m(a - b)} = \frac{b}{m}.$$

Aufgaben zu selbständiger Lösung:

1. $\sqrt{x} = \frac{ab}{c}$ $\qquad \sqrt[3]{2x} = 4m$ $\qquad 5\sqrt{2x} = 15$

2. $\sqrt{x - 7} = 3$ $\qquad \sqrt[3]{4 + x} = 2$ $\qquad \sqrt{a + x} = b$

3. $\sqrt{21x - 14} = 7$ $\qquad \sqrt[3]{ax - b^2} = 1$

4. $15\sqrt{x - 1} = 30$ $\qquad a\sqrt[3]{1 - x} = a^2$

5. $2\sqrt{x + 5} = \sqrt{12}$ $\qquad 1 + 6\sqrt[3]{5x + 6} = 25$

6. $\sqrt{\frac{x + 1}{x - 1}} = 3$ $\qquad \sqrt{8ab - x} = 2\sqrt{x - 3ab}$

7. $\sqrt{\frac{a}{2x}} = b$ $\qquad \sqrt{\frac{ab}{cx}} = \frac{c}{a}$

8. $\frac{2}{5}\sqrt{1 + x} = 10$ $\qquad \frac{a\sqrt[3]{x + m}}{b} = b$

9. $\frac{a}{\sqrt{x + b}} = c$ $\qquad \frac{a}{\sqrt{x}} = \frac{b}{\sqrt{2x + 1}}$

10. $\sqrt{5x} + \sqrt{2x} = 6$

11. $\sqrt{3x + 1} - \sqrt{3x - 8} = 1$

12. $\sqrt{x + 11} - 1 = \sqrt{x - 2}$

13. $\frac{a + \sqrt{x}}{b + \sqrt{x}} = 2$

14. $\sqrt{\frac{a - b}{x - b}} = \frac{1}{2}$

15. $a = \dfrac{1}{1 + 2x + 2x\sqrt{1 + \frac{1}{x}}}$

16. $a = 1 + 2x - 2\sqrt{x^2 + x}$

17. $x = \sqrt{a^2 + x\sqrt{b^2 + x^2 - a^2}} + a$

18. $\sqrt[3]{\frac{n^2 + mx}{m^2 - nx}} = \sqrt{\frac{n^2 + mx}{m^2 - nx}}$ $\qquad$ And. zur Lösung: Man erhebe zur 6ten Potenz.

8. Kapitel

Logarithmen

§ 24 Erklärung des Begriffes „Logarithmus". Aufsuchen des Logarithmus ganzer Zahlen

Wenn in der Gleichung

$$\mathbf{b^L = N}$$

die Zahl b und L gegeben sind und die Zahl N gesucht wird, so hat man b zur L^{ten} Potenz zu erheben, d. h. man hat zu **potenzieren**.

Sind die Zahlen L und N gegeben und b gesucht, so hat man zu **radizieren**, denn b ist diejenige Zahl, welche zur L^{ten} Potenz erhoben N gibt (vergl. S. 207):

$$b = \sqrt[L]{N}.$$

Sind endlich die Zahlen b und N gegeben und L gesucht, so folgt aus der oben gegebenen Gleichung: **L ist diejenige Zahl, mit welcher man b potenzieren muß, um N zu erhalten. Zur Bestimmung von L dient eine neue Rechnungsoperation, die man Logarithmieren nennt.** Um diese neue Operation zu bezeichnen, schreibt man

$$L = \log N_{(b)}$$

(gelesen: L ist gleich dem Logarithmus der Zahl N, bezogen auf die Basis b).

Die Basis **b** ist fast überall, wo das Rechnen mit Logarithmen in der Praxis vorkommt, gleich **10**. Man läßt daher in diesem Falle die Basis als selbstverständlich weg und schreibt kurz

$L = \log N$ (gelesen: L gleich Logarithmus von N)

d. h.: **log N ist diejenige Zahl, mit welcher man 10 potenzieren muß, um N zu erhalten,** durch eine Formel ausgedrückt:

$$\mathbf{10^{\log N} = N}.$$

Durch diese Formel ist der Begriff „Logarithmus" definiert. Es ist demnach z. B.:

$\log 10000 = 4$, weil $10^4 = 10000$,
$\log 1000 = 3$, weil $10^3 = 1000$,
$\log 100 = 2$, weil $10^2 = 100$,
$\log 10 = 1$, weil $10^1 = 10$,
$\log 1 = 0$, weil $10^0 = 1$ (vergl. Regel 32, Seite 202)

$\log 0{,}1 = -1$, weil $10^{-1} = \frac{1}{10^1} = 0{,}1$,

$\log 0{,}01 = -2$, weil $10^{-2} = \frac{1}{10^2} = \frac{1}{100} = 0{,}01$,

$\log 0{,}001 = -3$, weil $10^{-3} = \frac{1}{10^3} = \frac{1}{1000} = 0{,}001$ usw.

Die Logarithmen derjenigen Potenzen von 10, deren Exponent eine positive oder negative **ganze** Zahl ist, sind, wie man aus diesen Beispielen ersieht, ganze, positive oder negative Zahlen. Die Logarithmen aller anderen Zahlen sind unechte oder echte Brüche. So ist z. B. log 35 ein Bruch größer als 1, aber kleiner als 2; denn 35 liegt zwischen 10 und 100, deren Logarithmen gleich 1 resp. gleich 2 sind. Daselbe gilt für die Logarithmen aller Zahlen, die zwischen 10 und 100 liegen. Die Logarithmen dieser Zahlen haben also sämtlich die Form 1,..., wobei die Punkte Zehntel, Hundertstel usw. bedeuten. Auf gleiche Weise kommt man zu dem Resultat: Die Logarithmen aller Zahlen zwischen 100 und 1000 haben die Form 2,..., die Logarithmen der Zahlen zwischen 1000 und 10000 die Form 3,..., usw.

Da ferner log 1 = 0 und log 10 = 1 ist, so liegen die Logarithmen derjenigen Zahlen, die größer als 1, aber kleiner als 10 sind, zwischen 0 und 1; sie haben daher die Form 0,... .

Die Zahl 1 ist die Grenze zwischen unechten und echten Brüchen, die Zahl 0 die Grenze zwischen positiven und negativen Zahlen. Da nun log 1 = 0 ist, so folgt:

Die Logarithmen von unechten Brüchen sind positive Zahlen (größer als 0), **die Logarithmen echter Brüche sind negative Zahlen** (kleiner als 0).

Liegt ein echter Bruch zwischen 1 und 0,1, so liegt sein Logarithmus zwischen 0 und −1. Letzerer wird also die Form haben 0,... − 1.

Liegt ein echter Bruch zwischen 0,1 und 0,01, d. h. enthält er keine Zehntel, sondern nur Hundertstel, Tausendstel usw., so liegt sein Logarithmus zwischen −1 und −2; er wird dann die Form haben 0,... − 2 usw.

Die Berechnung des Logarithmus irgend einer Zahl ist eine Aufgabe, auf die hier nicht näher eingegangen werden kann; für das praktische Rechnen mit Logarithmen ist das auch nicht erforderlich. Mit Hilfe von Tabellen ist man in den Stand gesetzt, den Logarithmus jeder beliebigen Zahl zu finden und für die Rechnung zu benutzen. Der Mathematiker **Briggs** (gest. 1631) berechnete zuerst alle Logarithmen für die Basis 10. Nach ihm heißen deshalb diese Logarithmen **Briggs'sche Logarithmen.** Wir benutzen zum logarithmischen Rechnen die Logarithmentafel von Schaefer (Lindauer Verlag München) oder ein anderes fünfstelliges Tafelwerk.

Aufsuchen des Logarithmus von ganzen Zahlen

1. **Seite 1 der Logarithmentafel von Schaefer enthält die Logarithmen der ganzen Zahlen von 1 bis 100 auf fünf Dezimalstellen ausgerechnet.** In der Vertikalreihe mit der Überschrift N (Anfangsbuchstabe des lateinischen Wortes Numerus = Zahl) findet man die **Zahl**, und **rechts** daneben in der Reihe mit der Überschrift Log (= Logarithmus) den zu dieser Zahl gehörigen **Logarithmus**. Z. B.: log 8 = 0,90309, log 97 = 1,98677.

2. **Seite 2 bis 21 enthält zunächst die Logarithmen der ganzen Zahlen von 100 bis 1000.** Da alle diese Zahlen größer als 10^2 und kleiner als 10^3 sind, so haben ihre Logarithmen alle die Form 2,... . Diese ganze Zahl 2 ist deshalb als selbstverständlich in der Tabelle weggelassen und man findet nur die fünf ersten Dezimalstellen unmittelbar neben der die Zahlen von 100 bis 1000 enthaltenden Vertikalreihe mit der Überschrift N. Z. B. auf S. 5: log 178 = 2,25042. Da bei einer Anzahl aufeinander folgender Zahlen die zugehörigen Logarithmen in den **beiden ersten** Stellen übereinstimmen, sind letztere so lange weggelassen, bis sie sich wieder um eine Einheit der zweiten Stelle erhöhen. So ist z. B. log 179 = 2,25285; log 180 = 2,25527; log 181 = 2,25768. Bei log 182 ist dagegen die zweite Stelle um 1 gestiegen; also log 182 = 2,26007 usw.

3. **Die Logarithmen sämtlicher ganzen Zahlen von 1000 bis 10000** befinden sich ebenfalls auf Seite 2 bis 21. Da alle diese Zahlen größer als 10^3 und kleiner als 10^4 sind, so haben ihre Logarithmen die Form 3,... . Diese Zahl ist daher wieder weggelassen und man findet nur die zugehörigen Dezimalstellen in den Tafeln. Um diese zugehörigen Dezimalstellen zu finden, hat man folgendermaßen zu verfahren: Man suche zunächst in der Reihe unter N **die drei ersten Ziffern** der gegebenen Zahl, gehe von da aus horizontal herüber, bis man vertikal unter (oder über) der vierten (letzten) Ziffer der gegebenen Zahl sich befindet (die Ziffern von 0 bis 9 stehen in der Tabellenüberschrift). Die drei an der so gefundenen Stelle befindlichen Ziffern sind die drei letzten Stellen des Dezimalbruches. Die beiden ersten Stellen sind dieselben, die entweder unmittelbar **neben** den drei ersten Stellen der gegebenen Zahl oder **darüber** sich befinden.

Um z. B. die Dezimalstellen zu log 4952 zu finden, suche man in der Reihe unter N die Zahl 495 (Seite 11), gehe von da horizontal herüber bis senkrecht unter die 2 (d. i. die letzte Stelle der gegebenen Zahl). An der so erhaltenen Stelle der Tabelle stehen die Ziffern 478; das sind die drei letzten Stellen des gesuchten Logarithmus. Die beiden ersten Stellen sind in der ersten Vertikalreihe neben oder über 495 zu suchen, sie sind 69. Es ist also:

$$\log 4952 = 3{,}69478.$$

2. Beispiel: log 1508 zu bestimmen.

Man suche unter N die Zahl 150 (S. 5), gehe waagerecht herüber bis unter die Ziffer 8. An dieser Stelle steht 840. Das sind die drei letzten Dezimalstellen des gesuchten Logarithmus. Die beiden ersten Stellen sind 17, also

$$\log 1508 = 3{,}17840.$$

3. Beispiel: log 5754 zu bestimmen.

Man suche unter N die Zahl 575 (S. 13), gehe herüber bis unter die 4. Man findet 997 als zugehörige letzte drei Stellen. Die beiden ersten Stellen sind 75, also

$$\log 5754 = 3{,}75997.$$

4. Beispiel: log 5756 zu suchen.

Man suche unter N die Zahl (575 (S. 13), gehe herüber bis unter die Ziffer 6. Man findet *012, das sind die drei letzten Dezimalstellen des gesuchten Logarithmus. **Das Sternchen bedeutet nun, daß die beiden ersten Stellen nicht über oder neben 575 zu suchen sind, sondern unter dieser Zahl.** Die beiden ersten Stellen sind also **nicht** 75, **sondern** 76. Demnach:

$$\log 5756 = 3{,}76012.$$

5. Beispiel: log 1519 zu suchen.

Unter N suche man 151 (S. 5), horizontal herüber bis unter 9 findet man *156, also

$$\log 1519 = 3{,}18156.$$

§ 25 Formeln und Regeln für das Rechnen mit Logarithmen

Ehe wir zum Aufsuchen des Logarithmus eines Dezimalbruches übergehen, ist es vorteilhaft, die **Regeln für das Rechnen mit Logarithmen** kennen zu lernen:

Nach der Erklärung des Begriffes „Logarithmus" ist man, wenn man den Logarithmus irgend einer Zahl kennt, imstande, diese Zahl als Potenz von 10 zu schreiben. Z. B.:

$$n = 10^{\log n}; \qquad x = 10^{\log x}; \qquad 35 = 10^{\log 35} = 10^{1,54407};$$
$$a = 10^{\log a}; \qquad b = 10^{\log b}; \qquad ab = 10^{\log ab};$$
$$\frac{a}{b} = 10^{\log \frac{a}{b}} \text{ usw.}$$

Multipliziert man zunächst die rechten und linken Seiten der beiden Gleichungen

$$a = 10^{\log a}$$
$$b = 10^{\log b}$$

miteinander, so erhält man, da Gleiches mit Gleichem multipliziert wieder Gleiches gibt:

$$ab = 10^{\log a} \cdot 10^{\log b} = 10^{\log a + \log b}$$ (vergl. Regel 30, Seite 197).

Andererseits ist aber auch

$$ab = 10^{\log ab},$$

folglich auch

$$10^{\log ab} = 10^{\log a + \log b}.$$

In dieser Gleichung steht auf jeder Seite eine Potenz mit der gleichen Basis 10. Es müssen also, da die Potenzen einander gleich sind, auch die Exponenten einander gleich sein. Wir erhalten so als **erste Hauptformel**:

I. $\log ab = \log a + \log b$.

a b ist nun ein Produkt mit den Faktoren a und b. Die oben erhaltene Formel sagt daher aus:

> **Regel 47:** Der Logarithmus eines Produktes ist gleich der Summe der Logarithmen der einzelnen Faktoren.

Z. B.: $\log 2 \cdot 3 = \log 2 + \log 3$,

Beweis: $\log 2 = 0{,}30\,103$
$\log 3 = 0{,}47\,712$

$\log 2 + \log 3 = 0{,}77\,815 = \log 6$ (siehe Logarithmentafel).

Wenn man dagegen die beiden Gleichungen

$$a = 10^{\log a} \quad \text{und} \quad b = 10^{\log b}$$

durcheinander dividiert, so erhält man, da Gleiches durch Gleiches dividiert auch wieder Gleiches gibt:

$$\frac{a}{b} = \frac{10^{\log a}}{10^{\log b}} = 10^{\log a - \log b}$$ (Regel 31, Seite 198).

Andererseits ist auch

$$\frac{a}{b} = 10^{\log \frac{a}{b}},$$

folglich

$$10^{\log \frac{a}{b}} = 10^{\log a - \log b}.$$

Die beiden Seiten dieser Gleichung sind Potenzen mit derselben Basis, folglich müssen auch die Exponenten gleich sein. Wir erhalten daher als **zweite Hauptformel**:

II. $\log \frac{a}{b} = \log a - \log b$, d. h.:

> **Regel 48:** Der Logarithmus eines Bruches ist gleich dem Logarithmus des Zählers, vermindert um den Logarithmus des Nenners.

Z. B.: $\log \frac{40}{5} = \log 40 - \log 5$.

Beweis: $\log 40 = 1{,}60206$

$\log 5 = 0{,}69897$

$\log 40 - \log 5 = 0{,}90309 = \log 8$ (siehe Logarithmentafel).

Mit Hilfe dieser beiden Formeln I und II kann man also den Logarithmus jedes Produktes und jedes Bruches durch die Logarithmen der Faktoren des Produktes resp. durch die Logarithmen des Zählers und des Nenners des Bruches ausdrücken.

Beispiele:

1. $\log abc = \log a + \log b + \log c$.
2. $\log \frac{ab}{c} = \log ab - \log c = \log a + \log b - \log c$.
3. $\log \frac{ab}{cd} = \log ab - \log cd = (\log a + \log b) - (\log c + \log d)$.
4. $\log \frac{3a}{5b} = \log 3a - \log 5b = (\log 3 + \log a) - (\log 5 + \log b)$.
5. $\log a \cdot a \cdot a = \log a + \log a + \log a = 3 \cdot \log a$.

Da nun $a \cdot a \cdot a = a^3$, so ist

$$\log a^3 = 3 \cdot \log a.$$

Ebenso würde man erhalten

$$\log a^5 = 5 \cdot \log a.$$

Allgemein also erhält man als **dritte Hauptformel:**

III. $\mathbf{\log a^n = n \cdot \log a}$, d. h.:

> **Regel 49:** Der Logarithmus einer Potenz ist gleich dem Exponenten, multipliziert mit dem Logarithmus der Basis.

Z. B.: $\log 7^2 = 2 \log 7$.

Beweis: $\log 7 = 0{,}84510$

$2 \cdot \log 7 = 1{,}69020 = \log 49$ (siehe Logarithmentafel).

Beispiele:

1. $\log a^3 \cdot b^4 = \log a^3 + \log b^4 = 3 \log a + 4 \log b$.
2. $\log 5a^6 = \log 5 + \log a^6 = \log 5 + 6 \cdot \log a$.
3. $\log \frac{2x^n}{y^3} = \log 2x^n - \log y^3 = (\log 2 + n \log x) - 3 \log y$.
4. $\log \frac{ab^3}{cd^5} = \log ab^3 - \log cd^5 = (\log a + 3 \log b) - (\log c + 5 \log d)$
5. $\log a^{\frac{1}{n}} = \frac{1}{n} \log a$.

Da nun $a^{\frac{1}{n}} = \sqrt[n]{a}$ (vergl. Seite 232), so ist allgemein **(vierte Hauptformel):**

IV. $\mathbf{\log \sqrt[n]{a} = \frac{1}{n} \log a = \frac{\log a}{n}}$, d. h.:

Regel 50: Der Logarithmus einer Wurzel ist gleich dem Logarithmus des Radikanden, dividiert durch den Wurzelexponenten.

Aus praktischen Gründen schreibe man **nicht** $\frac{\log a}{n}$, sondern $\frac{1}{n}\log a$, was ja dasselbe bedeutet.

Es ist hiernach z. B. $\log \sqrt[3]{64} = \frac{1}{3}\log 64.$

Beweis: $\log 64 = 1{,}80618$
$\frac{1}{3}\log 64 = 1{,}80618 : 3$
$= 0{,}60206 = \log 4.$ $[4 = \sqrt[3]{64}]$

Mit Hilfe dieser vier Regeln ist man imstande, den Logarithmus jedes Zahlenausdruckes, der die Form eines Produktes, eines Bruches, einer Potenz oder einer Wurzel hat, aus den Logarithmen seiner Bestandteile zusammenzusetzen.

Beispiele:

1. $\log a\sqrt[3]{b} = \log a + \log \sqrt[3]{b} = \log a + \frac{1}{3}\log b.$
2. $\log \frac{a^2 \cdot b^3}{\sqrt{c}} = \log a^2 \cdot b^3 - \log \sqrt{c} = (\log a^2 + \log b^3) - \log \sqrt{c} = (2\log a + 3\log b) - \frac{1}{2}\log c.$
3. $\log \frac{2{,}5x}{7{,}2y} \cdot \sqrt[3]{a^2} = \log \frac{2{,}5x}{7{,}2y} + \log \sqrt[3]{a^2} = \log 2{,}5\,x - \log 7{,}2\,y + \frac{1}{3}\log a^2$
   $= (\log 2{,}5 + \log x) - (\log 7{,}2 + \log y) + \frac{2}{3}\log a.$
4. $\log \sqrt[4]{\frac{ab}{cx}} = \frac{1}{4}\log \frac{ab}{cx} = \frac{1}{4}[\log ab - \log cx] = \frac{1}{4}[(\log a + \log b) - (\log c + \log x)].$
5. $\log (ab)^3 = 3\log ab = 3[\log a + \log b].$
6. $\log \left(\frac{a}{2b}\right)^2 = 2\log \frac{a}{2b} = 2[\log a - \log 2b] = 2[\log a - (\log 2 + \log b)].$
7. $\log \frac{7a\sqrt{x}}{b\sqrt[3]{y}} = \log 7a\sqrt{x} - \log b\sqrt[3]{y} = (\log 7 + \log a + \frac{1}{2}\log x) - (\log b + \frac{1}{3}\log y).$
8. $\log \frac{a+b}{a-b} = \log (a+b) - \log (a-b).$

Man hüte sich vor dem **Fehler**, zu schreiben:

$\log (a+b) = \log a + \log b,$

denn (a + b) ist eine **Summe** und die **Bezeichnung** log ist kein Faktor, mit dem man (a + b) ausmultiplizieren kann. Den Logarithmus einer Summe kann man **nicht** ausdrücken durch die Logarithmen der Summanden. Dasselbe gilt von der Differenz.

Aufgaben zu selbständiger Lösung:

1. $\log \frac{ab}{xyz} = ?$ $\quad \log \frac{a+b}{x+y} = ?$ $\quad \log (a+b)\sqrt{c} = ?$
2. $\log (ab)^2 \cdot \sqrt[3]{c} = ?$ $\quad \log \frac{a}{b} \cdot \frac{c}{a} = ?$ $\quad \log \frac{a+1}{b+1}\sqrt{y} = ?$
3. $\log \frac{ab}{10} \cdot \sqrt{\frac{xy}{z}} = ?$ $\quad \log \sqrt{\frac{a+b}{c}} = ?$ $\quad \log \frac{a^2 - b^2}{a^2 - c^2} = ?$
4. $\log \left(\frac{1{,}2x}{y}\right)^2 = ?$ $\quad \log \frac{1}{abc} = ?$ $\quad \log a^{0{,}24} = ?$

§ 26 Aufsuchen des Logarithmus zu unechten und echten Brüchen

Kennt man den Logarithmus einer ganzen Zahl, z. B. log 6802 = 3,83264, so erhält man den Logarithmus des 10ten Teiles dieser Zahl mit Hilfe von Formel II:

$$\log \frac{6802}{10} = \log 6802 - \log 10.$$

Da nun $\frac{6802}{10} = 680{,}2$ und log 10 = 1 ist, so wird

$$\log 680{,}2 = \log 6802 - 1 = 3{,}83264 - 1 = \mathbf{2}{,}83264 \text{ sein,}$$

d. h.: **Dividiert man eine Zahl durch 10, so vermindert sich ihr Logarithmus um 1.**

Es ist nun sofort klar: Dividiert man eine Zahl durch 100, 1000, 10000 usw., so vermindert sich ihr Logarithmus um 2, 3, 4 usw. Es würde also sein

$$\log \frac{6802}{100} = \log 68{,}02 = 3{,}83264 - 2 = 1{,}83264,$$

$$\log \frac{6802}{1000} = \log 6{,}802 = 3{,}83264 - 3 = 0{,}83264,$$

$$\log \frac{6802}{10000} = \log 0{,}6802 = 3{,}83264 - 4 = 0{,}83264 - 1,$$

$$\log \frac{6802}{100000} = \log 0{,}06802 = 3{,}83264 - 5 = 0{,}83264 - 2,$$

$$\log \frac{6802}{1000000} = \log 0{,}006802 = 3{,}83264 - 6 = 0{,}83264 - 3.$$

Die Zahlen 680,2; 68,02; 6,802; 0,6802; 0,06802; 0,006802 haben die **Ziffernfolge** (6802) **gemeinsam**; sie unterscheiden sich nur durch den Rang, den die Ziffern einnehmen. Die **Logarithmen** dieser Zahlen unterscheiden sich, wie man aus obigem Beispiel ersieht, nur durch die Anzahl der **Ganzen**, der **Dezimalbruch ist derselbe** (0,83264). Man ersieht hieraus: **Der Logarithmus einer Zahl zerfällt in zwei Teile, eine Anzahl von Ganzen** (die auch 0 und negativ sein kann) **und einen echten Bruch; der erste Teil (Kennziffer** genannt) **ist nur abhängig von der Stellung des Dezimalkommas der Zahl, der zweite Teil (Mantisse** genannt) **ist nur abhängig von der Ziffernfolge.**

Die Kennziffer des Logarithmus einer ganzen Zahl oder eines unechten Bruches ist positiv (oder 0), und zwar ist sie immer gleich der um 1 verminderten Anzahl der Stellen der Ganzen; denn alle Zahlen z. B., die größer als 100, aber kleiner als 1000 sind, haben links vom Komma **drei** Stellen. Ihr Logarithmus hat daher die Kennziffer 3 − 1 = 2. Zahlen zwischen 1 und 10 haben **eine** Stelle links vom Komma. Ihr Logarithmus hat daher die Kennziffer 1 − 1 = 0.

Die Kennziffer des Logarithmus eines echten Bruches ist negativ, und zwar ist sie an Größe gleich der Anzahl der Nullen vor den Ziffern (die Null vor dem Komma eingerechnet).

Die Mantisse ist stets ein positiver echter Bruch. Ihre Größe richtet sich **nur** nach der Ziffernfolge.

Während also z. B. die Logarithmen der Zahlen 30,5; 77,24; 80 **dieselbe Kennziffer** (1), aber **verschiedene Mantissen** haben, werden die Logarithmen der Zahlen 425; 42,5; 4,25; 0,425; 0,0425 **dieselbe Mantisse**, aber **verschiedene Kennziffern** haben:

log 30,5 = **1**,48430	log 77,24 = **1**,88784	log 80 = **1**,90309
log 425 = 2,**62839**	log 42,5 = 1,**62839**	log 4,25 = 0,**62839**
	log 0,425 = 0,**62839** − 1	log 0,0425 = 0,**62839** − 2.

Man bestimmt beim Aufsuchen des Logarithmus einer Zahl immer zunächst die Kennziffer und schreibt sie hin, auch wenn sie negativ ist (positive Kennziffern schreibt man **vor**, negative Kennziffern **hinter** die Mantisse), z. B.:

log 5031 = 3,.....	log 47,2 = 1,.....	log 2,588 = 0,.....
log 0,76 = 0,..... − 1	log 0,07851 = 0,..... − 2	
log 0,0008409 = 0,..... − 4	log 0,000006 = 0,..... − 6.	

Hierauf erst sucht man in der Tabelle die Mantisse, die man dann in den frei gelassenen Raum schreibt:

log 5031 = 3,70165	log 47,2 = 1,67394	log 2,588 = 0,41296
log 0,76 = 0,88081 − 1	log 0,07851 = 0,89492 − 2	
log 0,0008409 = 0,92474 − 4	log 0,000006 = 0,77815 − 6.	

Aufgaben zu selbständiger Lösung.

Man bestimme:

1. log 17,6 = ?	log 9,009 = ?	log 0,09258 = ?
2. log 12,31 = ?	log 0,045 = ?	log 0,00789 = ?
3. log 158,7 = ?	log 0,1008 = ?	log 1,008 = ?
4. log 20,04 = ?	log 2,755 = ?	log 100,8 = ?
5. log 0,005 = ?	log 1,05 = ?	log 10,05 = ?
6. log 18,03 = ?	log 0,004376 = ?	log 0,00001005 = ?

Aufsuchen des Logarithmus einer fünfzifferigen Zahl

Aus Regel 47 folgt: Wenn man eine Zahl mit 10, 100, 1000 usw. **multipliziert**, so wird ihr Logarithmus um 1, 2, 3 usw. größer (log 10 = 1; log 100 = 2; log 1000 = 3 usw.). Es **ändert sich also in diesem Falle auch nur die Kennziffer, die Mantisse bleibt dieselbe; z. B.:**

log 6 = 0,77815	log 60 = 1,77815	log 600 = 2,77815
log 4503 = 3,65350	log 45030 = 4,65350	log 450300 = 5,65350

Um die Mantisse des Logarithmus einer Zahl zu finden, die aus fünf Ziffern besteht (Nullen am Ende einer ganzen Zahl oder am Anfang eines echten Bruches haben keinen Einfluß), muß man **interpolieren**, d. h. zu der in der Tabelle stehenden Mantisse der vier ersten Ziffern den auf die fünfte Ziffer entfallenden Betrag hinzufügen. Diese hinzuzufügenden Beträge findet man auf der rechten Seite der Tabelle unter der Überschrift P. P. (d. h. partes proportionales = Verhältnisteile). Die Einrichtung dieser Rubrik wird am besten an einem Beispiel gezeigt: Es sei zu bestimmen log 55610 und log 55620. Die Kennziffer beider Logarithmen ist 4; die Mantissen, welche unmittelbar nebeneinander stehen, da die vierten Stellen der Zahlen (1 und 2) nebeneinander stehen, sind 74515 und 74523; ihr Unterschied ist 8 Einheiten der fünften (letzten) Stelle; der Unterschied der beiden gegebenen Zahlen ist 10. Es folgt hieraus: Wächst die Zahl 55610 nur um 1, wird sie also 55611, so muß ihre Mantisse um 0,8 Einheiten der fünften

Stelle wachsen. Bei einer Zunahme der Zahl um 2 Einheiten (55612) wird die Mantisse um 2 · 0,8 Einheiten = 1,6 Einheiten zunehmen usw. Diese Zunahmen sind nun unter der Rubrik P. P. schon ausgerechnet (siehe Tabelle). Man findet:

	8
1	0,8
2	1,6
3	2,4
4	3,2
5	4,0
6	4,8
7	5,6
8	6,4
9	7,2

d. h. log 55610 = 4,74515

log 55611 = 4,74515
+ 0,8
4,745158

log 55612 = 4,74515
+ 1,6
4,745166

log 55613 = 4,74515
+ 2,4
4,745174 usw.

Da nun die Logarithmen immer auf 5 Stellen abgerundet werden, muß man schreiben:

log 55611 = 4,74516; log 55612 = 4,74517;
log 55613 = 4,74517 usw.

Diese letzteren endgültigen Resultate wird man daher ohne weiteres finden, wenn man die hinzuzufügenden Teile 0,8; 1,6; 2,4 usw. **gleich** auf Ganze abgerundet (0,8 = 1; 1,6 = 2; 2,4 = 2 usw.) setzt.
Das Verfahren, die zu einer fünfzifferigen Zahl gehörige Mantisse zu finden, ist also folgendes:
Man sucht die zu den vier ersten Ziffern gehörige Mantisse, zieht diese von der nächst höheren Mantisse ab und addiert dann zu ersterer so viele Einheiten der fünften (letzten) Dezimalstelle, als die zu dem gefundenen Unterschied gehörige, unter der Rubrik P. P. stehende Tabelle für die zu berücksichtigende fünfte Ziffer der gegebenen Zahl angibt (auf Ganze abgerundet).

1. **Beispiel:** log 26034 = 4,.....

Die Mantisse zu den 4 ersten Ziffern 2603 ist 41547. Die daneben stehende höhere Mantisse hat die drei letzten Ziffern 564, folglich Unterschied 564 − 547 = 17. Das Täfelchen unter P. P. mit der Überschrift 17 gibt die zur letzten Ziffer 4 der gegebenen Zahl gehörige Zunahme 6,8 (= 7). Es ist demnach die gesuchte Mantisse

41547
+ 7
41554, also log 26034 = 4,41554.

2. **Beispiel:** log 91,973 = 1,.....

Die Mantisse zu 9197 ist 96365. Die nächste Mantisse hat die drei letzten Ziffern 369, folglich Unterschied 369 − 365 = 4. Täfelchen mit Überschrift 4 zeigt: Zu 3 gehört 1,2 (= 1) als Zuwachs; folglich wird die gesuchte Mantisse

96365
+ 1
= 96366, d. h. log 91,973 = 1,96366.

3. **Beispiel:** log 0,0098052 = 0,..... − 3

Die Mantisse zu 9805 ist 99145; von der nächst höheren Mantisse abgezogen gibt den Unterschied = 4; folglich gehört zu der letzten Ziffer 2 die Zunahme 0,8 (= 1), d. h. log 0,0098052 = 0,99146 − 3.

Aufgaben zu selbständiger Lösung.

log 812,78 = ?	log 3,0451 = ?	log 0,91472 = ?
log 16,045 = ?	log 9,8112 = ?	log 4,0078 = ?
log 0,19352 = ?	log 6,8005 = ?	log 2887,3 = ?

Für die Zahlen 1000 bis 1100 sind die Mantissen, weil sie sehr klein sind, auf Seite 22 bis 23 auf 7 Stellen angegeben. Es ist also für diese Zahlen das Interpolieren nicht notwendig.

Z. B. $\log 10527 = 4{,}0223046.$

§ 27 Das Aufsuchen der Zahl (Numerus) zu einem gegebenen Logarithmus

Ebenso wichtig wie die Bestimmung des Logarithmus zu einer gegebenen Zahl ist umgekehrt **die Bestimmung der Zahl, die zu einem gegebenen Logarithmus gehört.** Im folgenden soll das Verfahren gezeigt und erklärt werden.

Der Logarithmus einer Zahl zerfällt, wie gezeigt worden ist, in zwei Teile: Kennziffer und Mantisse. Die Kennziffer ist für **unechte** Brüche eine **positive** ganze Zahl (oder auch 0), für **echte** Brüche eine **negative** ganze Zahl. Die Mantisse ist stets ein positiver echter Bruch (fünfstellig). Ist die **Kennziffer** bekannt, so weiß man, zwischen welchen Potenzen von 10 die zugehörige Zahl liegt. Ist z. B. die Kennziffer gleich 3, so liegt die Zahl zwischen 1000 ($= 10^3$) und 10000 ($= 10^4$), sie hat auf alle Fälle vor dem Dezimalkomma **vier** Stellen, also die Form .... (die Punkte bedeuten Ziffern); ist die Kennziffer 1, so liegt die Zahl zwischen 10 und 100, sie hat vor dem Komma **zwei** Stellen, also die Form ..; ist die Kennziffer 0, so liegt die Zahl zwischen 10^0 ($= 1$) und 10^1 ($= 10$), hat demnach vor dem Komma **eine** Stelle, also die Form ., allgemein: **Die Zahl der Stellen eines unechten Bruches vor dem Komma ist stets um 1 größer als die Kennziffer.** (Umkehrung der Regel Seite 250).

Zur Bestimmung der Ziffern selbst, aus denen die gesuchte Zahl besteht, dient die **Mantisse.** Die Mantissen der Tabellen bilden, ebenso wie die zugehörigen Zahlen, eine aufsteigende Reihe, nur ist der Unterschied je zweier aufeinanderfolgender Mantissen nicht immer derselbe, sondern er nimmt nach hinten ab. Die gegebene Mantisse wird nun entweder unter den Mantissen der Tabelle enthalten sein, oder zwischen je zweien liegen. Im ersteren Falle ist die zu der Mantisse gehörige Zahl **vierzifferig** (drei Ziffern **links** von der gegebenen Mantisse, die vierte **über** derselben). Im anderen Falle ist die zugehörige Zahl **fünfzifferig;** die vier ersten Ziffern sind dieselben, wie für diejenige Mantisse, welche zunächst unter der gegebenen liegt; um die **fünfte** Ziffer zu finden, muß man die Täfelchen unter P. P. zu Hilfe nehmen. Ist z. B. die Zahl gesucht, deren Logarithmus = 1,75610 ist, so sagt die Kennziffer (1), daß die Zahl die Form .., hat (zwei Stellen vor dem Komma). Hierauf sucht man unter den Mantissen 75610 zunächst die ersten beiden Stellen 75 (Seite 13) direkt unter der Überschrift L, und dann unter den Horizontalreihen die drei letzten Stellen 610. Um die hierzu gehörige Zahl zu finden, geht man von 610 links herüber bis in die Rubrik mit der Überschrift N, man findet 570 als die **drei ersten Ziffern** und senkrecht über 610 die **vierte** Ziffer 3, so daß die zur Mantisse 75610 gehörige Zahl die Ziffernfolge 5703 hat. Die gesuchte Zahl heißt daher 57,03.

Um anzudeuten, daß man zu einem gegebenen Logarithmus die zugehörige Zahl sucht, schreibt man vor denselben N log (gelesen: Numerus logarithmi). Also

N log 1,75610 = 57,03.

d. h. die Zahl, deren Logarithmus gleich 1,75610 ist, heißt 57,03.

2. N log 0,87175 − 2 zu bestimmen.

Lösung: Die negative Kennziffer (−2) besagt, daß die zu dem gegebenen Logarithmus gehörige Zahl ein echter Bruch ist, der vor den Ziffern (die Null vor dem Komma mitgerechnet) **zwei** Nullen hat (vergl. Seite 180). Die Ziffern selbst findet man, indem man **unter den Mantissen** zunächst die beiden ersten Ziffern 87 (S. 16) und darauf in den dazugehörigen Horizontalreihen die drei letzten Stellen 175 sucht. Links neben diesen Stellen findet man nun unter N die drei Ziffern 744 und senkrecht über 175 die vierte Ziffer 3. Es ist also

N log 0,87175 − 2 = 0,07443.

3. N log 0,51014 zu bestimmen.

Lösung: Die Kennziffer 0 sagt uns, daß die zugehörige Zahl ein **unechter** Bruch mit **einer** Stelle vor dem Komma ist. Um die Ziffern zu finden, suchen wir unter den Mantissen 51 (Seite 8) und unter den hierzu gehörigen Horizontalreihen die drei Ziffern 014. Unmittelbar neben 51 steht aber schon 055, also zuviel; wir müssen daher in die **darüber**stehende Reihe gehen und unter den mit **Sternchen** versehenen Ziffern *014 suchen. Links herüber bis unter N gehend, finden wir die drei ersten Ziffern 323 und senkrecht über *0,14 die vierte Ziffer 7. Es ist also

N log 0,51014 = 3,237.

4. N log 2,30350 zu bestimmen.

Lösung: Die Kennziffer 2 sagt aus, daß die gesuchte Zahl **drei** Stellen vor dem Komma hat. Wir suchen unter den Mantissen 30 und unter den zugehörigen Horizontalreihen noch 350. Letztere Zahl finden wir **nicht**; die zu suchende Zahl ist daher nicht vierzifferig, sondern **fünfzifferig**. Zunächst unter 350 liegt 341 und darüber 363. Der Unterschied ist 363 − 341 = 22. Die vier ersten Ziffern der zu bestimmenden Zahl sind dann dieselben, wie die zur nächst kleineren in der Tabelle stehenden Mantisse 30341 gehörigen, nämlich 2011. Die **fünfte** Ziffer findet man mittels des Täfelchens unter P. P. mit der Überschrift 22 auf folgende Weise: man sucht den Unterschied zwischen den drei letzten Stellen der **gegebenen** Mantisse und der zunächst darunter in der Tabelle stehenden: 350 − 341 = 9 und hierauf unter den in der **rechten** Vertikalreihe des Täfelchens stehenden Zahlen diejenige, welche dem gefundenen Unterschied 9 **am nächsten liegt**. Diese Zahl ist 8,8 und dazu gehört die unmittelbar links daneben stehende Ziffer 4. Das ist die gesuchte fünfte Ziffer. Es ist demnach

	22
1	2,2
2	4,4
3	6,6
4	8,8
5	11,0
6	13,2
7	15,4
8	17,6
9	19,8

N log 2,30350 = 201,14.

Aufgaben zu selbständiger Lösung.

Es sind zu bestimmen:

N log 1,30771 = ?	N log 0,08207 − 2 = ?	N log 4,33786 = ?
N log 0,25212 − 1 = ?	N log 4,70008 = ?	N log 0,73046 = ?
N log 3,80010 = ?	N log 2,49220 = ?	N log 0,91408 − 3 = ?
N log 0,69011 = ?	N log 0,00903 − 1 = ?	N log 3,99991 = ?
N log 0,83826 = ?	N log 4,94016 = ?	N log 1,76070 = ?
N log 0,63149 − 1 = ?	N log 2,44960 = ?	N log 2,19008 = ?
N log 3,09545 = ?	N log 0,18901 − 2 = ?	N log 5,24171 = ?
N log 1,20034 = ?	N log 0,07788 − 1 = ?	N log 0,97023 = ?

§ 28 Berechnung von Zahlenausdrücken mit Hilfe von Logarithmen

Der große Nutzen, den die Logarithmen beim Ziffern-Rechnen gewähren, besteht darin, daß sich der **Logarithmus eines Produktes, eines Bruches, einer Potenz oder einer Wurzel mit Hilfe der Regeln I bis IV leichter berechnen läßt als der gegebene Ausdruck selbst:** denn das Multiplizieren ist zurückgeführt auf das Addieren, das Dividieren auf das Subtrahieren, das Potenzieren auf das Multiplizieren und das Radizieren auf das Dividieren der Logarithmen der gegebenen Zahlen. Da man nun, wie wir eben gesehen haben, zu jedem beliebigen Logarithmus die zugehörige Zahl bestimmen kann, so kann man auch den Wert jedes Ausdruckes, der eine der vier obigen Formen hat, aus dem gefundenen Logarithmus desselben bestimmen.

Beispiele:

1. $x = \dfrac{5{,}342 \cdot 9{,}8765}{3{,}1416} = ?$

Lösung: Man bilde: $\log x = \log 5{,}342 + \log 9{,}8765 - \log 3{,}1416$, dann ist $x = N \log x$.
Die Rechnung ist folgende:

$$\begin{aligned} \log 5{,}342 &= 0{,}72770 \\ \log 9{,}8765 &= \underline{0{,}99460} \\ &1{,}72230 \\ -\log 3{,}1416 &= \underline{-0{,}49715} \\ \log x &= 1{,}22515 \end{aligned}$$

demnach $x = N \log 1{,}22515 = 16{,}794$.

2. Man berechne $x = \dfrac{500{,}3 \cdot 0{,}0808}{87{,}062 \cdot 0{,}1084}$.

Lösung: $\log x = \log 500{,}3 + \log 0{,}0808 - (\log 87{,}062 + \log 0{,}1084)$

$$\begin{aligned} \log 500{,}3 &= 2{,}69923 & \log 87{,}062 &= 1{,}93983 \\ \log 0{,}0808 &= \underline{0{,}90741 - 2} & \log 0{,}1084 &= \underline{0{,}03503 - 1} \\ &3{,}60664 - 2 & &1{,}97486 - 1 \\ &= 1{,}60664 & &= 0{,}97486 \end{aligned}$$

$$\begin{aligned} &1{,}60664 \\ &\underline{-0{,}97486} \\ \log x = &0{,}63178 \end{aligned}$$

demnach $x = N \log 0{,}63178 = 4{,}2833$.

3. Zu berechnen: $x = 2{,}002^4$.

Lösung: $\log x = 4 \cdot \log 2{,}002$

$$\begin{aligned} 4 \cdot \log 2{,}002 &= \underline{0{,}30146 \cdot 4} \\ \log x &= 1{,}20584 \end{aligned}$$

Demnach ist $x = 2{,}002^4 = N \log 1{,}20584 = 16{,}064$.

4. Man bestimme $x = \sqrt[3]{607{,}34}$.

Lösung: $\log x = \frac{1}{3} \log 607{,}34$

$$\begin{aligned} \tfrac{1}{3} \log 607{,}34 &= \underline{2{,}78343 : 3} \\ \log x &= 0{,}92781 \end{aligned}$$

Es ist also

$$x = \sqrt[3]{607{,}34} = N \log 0{,}92781 = 8{,}4686.$$

5. Man berechne $x = \dfrac{0{,}772}{2{,}8084} \cdot \sqrt[3]{0{,}7765}$.

Lösung: $\log x = \log 0{,}772 - \log 2{,}8084 + \frac{1}{3} \log 0{,}7765$

$$\begin{aligned} \log 0{,}772 &= 0{,}88762 - 1 \\ -\log 2{,}8084 &= \underline{-0{,}44846} \\ &0{,}43916 - 1 \end{aligned}$$

$$\tfrac{1}{3} \log 0{,}7765 = \frac{0{,}89014 - 1}{3}.$$

Wollte man hier die Division ohne weiteres ausführen, so würde man erhalten 0,29 671 − $\frac{1}{3}$. Da jedoch die Kennziffer stets eine **ganze** Zahl sein muß, so muß man den Dividenden vor der Division so umformen, daß man bei der Division eine **ganze** Zahl als Kennziffer erhält; man muß anstatt 0,89 014 − 1 schreiben: 2,89 014 − 3, d. h. man muß 2 − 2 addieren, wodurch der Wert des Logarithmus, da 2 − 2 gleich 0 ist, ja nicht geändert wird. Es ist also:

$$\tfrac{1}{3} \log 0{,}7765 = \frac{2{,}89\,014 - 3}{3} = 0{,}96\,338 - 1.$$

Dieser Logarithmus wird zu obigem addiert (erst die Mantissen, dann die Kennziffern):

$$\begin{array}{l} 0{,}43\,916 - 1 \\ \underline{0{,}96\,338 - 1} \\ 1{,}40\,254 - 2 \end{array}$$

Da die Mantisse stets ein positiver **echter** Bruch sein muß, so muß man (− 1 + 1) addieren, wodurch man erhält:

$$\begin{array}{l} \;\;1{,}40\,254 - 2 \\ \underline{-1 \qquad\quad + 1} \\ \;\;0{,}40\,254 - 1 \end{array}$$

Demnach ist der gegebene Ausdruck:

$$x = \text{N} \log 0{,}40\,254 - 1 = 0{,}25\,266.$$

Anmerkung: Die Umformung des Logarithmus eines Radikanden vor der Division durch den Wurzelexponenten ist nur erforderlich, wenn die Kennziffer **negativ** und nicht schon an sich durch den Wurzelexponenten teilbar ist.

6. $x = \dfrac{41{,}085}{\sqrt[3]{0{,}0905}}$ zu berechnen.

Lösung: log 41,085 = 1,61 369. Hiervon ist zu subtrahieren:

$$\tfrac{1}{3} \log 0{,}0905 = \frac{0{,}95\,665 - 2}{3} = \frac{1{,}95\,665 - 3}{3} = 0{,}65\,222 - 1$$

$$\begin{array}{lcl} 1{,}61\,369 & = & 1{,}61\,396 \\ -(0{,}65\,222 - 1) & = & \underline{-\,0{,}65\,222 + 1} \\ & & 0{,}96\,147 + 1 = 1{,}96\,147. \end{array}$$

Der Wert des gegebenen Bruches ist daher

$$\text{N} \log 1{,}96\,147 = 91{,}51.$$

7. Zu berechnen $x = \sqrt{\dfrac{218{,}7 \cdot 0{,}912}{705{,}6 \cdot 81{,}724}}$.

Lösung: log x = $\frac{1}{2}$ [log 218,7 + log 0,912 − (log 705,6 + log 81,724)]. Also:

$$\begin{array}{rl} \log 218{,}7 = & 2{,}33\,985 \\ \log 0{,}912 = & \underline{0{,}95\,999 - 1} \\ \text{log d. Zählers} = & 3{,}29\,984 - 1 \\ = & 2{,}29\,984 \end{array} \qquad \begin{array}{rl} \log 705{,}6 = & 2{,}84\,856 \\ \log 81{,}724 = & \underline{1{,}91\,235} \\ \text{log d. Nenners} = & 4{,}76\,091 \end{array}$$

Demnach log des Bruches:

$$\begin{array}{r} 2{,}29\,984 \\ \underline{-\,4{,}76\,091} \end{array}$$

Da der Subtrahend größer ist als der Minuend, so würde man eine negative Zahl, also auch eine **negative Mantisse** erhalten. Um letzteres zu vermeiden, addiert man zum Minuenden 3 − 3, man schreibt also:

$$\begin{array}{rl} & 5{,}29\,984 - 3 \\ & \underline{-\,4{,}76\,091 \qquad} \\ \text{log d. Bruches} = & 0{,}53\,893 - 3, \end{array}$$

folglich

$$\text{log d. Wurzel} = \frac{0{,}53\,893 - 3}{2} = \frac{1{,}53\,893 - 4}{2} = 0{,}76\,947 - 2$$

und die Wurzel selbst erhält den Wert

$$x = \text{N} \log 0{,}76\,947 - 2 = 0{,}058812.$$

8. $x = \left(\frac{5{,}618}{6{,}054}\right)^3 \cdot \sqrt[3]{812{,}65}$ zu berechnen:

Lösung: $\log x = 3\,(\log 5{,}618 - \log 6{,}054) + \frac{1}{3} \log 812{,}65$

$$\log 5{,}618 = 0{,}74958 = 1{,}74958 - 1$$
$$-\log 6{,}054 = -0{,}78204$$
$$\log \text{d. Bruches} = 0{,}96754 - 1$$
$$\log \text{d. Potenz} = (0{,}96754 - 1) \cdot 3 = 2{,}90262 - 3$$
$$= 0{,}90262 - 1.$$

Der Logarithmus der Wurzel ist

$$\frac{1}{3} \log 812{,}65 = \frac{2{,}90991}{3} = 0{,}96997,$$

folglich der Logarithmus des gegebenen Produktes:

$$0{,}90262 - 1$$
$$+\,0{,}96997$$
$$1{,}87259 - 1 = 0{,}87259$$

und mithin das Produkt selbst:

$$x = \text{N} \log 0{,}87259 = 7{,}4574.$$

9. Zu berechnen $5{,}024^{1,6}$.

Lösung: Man suche zunächst log 5,024 = 0,70105. Letzterer wird mit dem Exponenten 1,6 multipliziert:

$$0{,}70105 \cdot 1{,}6 = 1{,}12168;$$

folglich

$$5{,}024^{1,6} = \text{N} \log 1{,}12168 = 13{,}234.$$

10. Zu berechnen $0{,}8752^{2,4}$.

Lösung: Man suche log 0,8752 = 0,94211 − 1. Dieser Logarithmus ist mit 2,4 zu multiplizieren. Die weitere Rechnung kann auf zweierlei Weise ausgeführt werden.

1. Art: Man führe die angedeutete Subtraktion aus, nämlich

$$0{,}94211 - 1 = -0{,}05789$$

und multipliziere diese Zahl mit 2,4:

$$-0{,}05789 \cdot 2{,}4 = -0{,}13894 \text{ (auf fünf Stellen abgerundet).}$$

Zu diesem Logarithmus ist die Zahl zu suchen; er ist zu diesem Zwecke vorher so umzuformen, daß die **Mantisse positiv** wird (man addiert und subtrahiert 1):

$$(1 - 0{,}13894) - 1 = 0{,}86106 - 1;$$

folglich ist die gesuchte Potenz

$$0{,}8752^{2,4} = \text{N} \log 0{,}86106 - 1 = 0{,}7262.$$

2. Art: Man multipliziere den zweigliedrigen Ausdruck (0,94211 − 1) mit 2,4, dies gibt

$$2{,}26106 - 2{,}4.$$

Addiert und subtrahiert man 0,6, bildet also

$$2{,}26106 - 2{,}4$$
$$+\,0{,}6 \qquad -\,0{,}6$$

so entsteht $2{,}86106 - 3 = 0{,}86106 - 1$

folglich wie oben

$$0{,}8752^{2,4} = \text{N} \log 0{,}86106 - 1 = 0{,}7262.$$

11. Zu berechnen $\sqrt[3]{\sqrt{1{,}5} + \sqrt{0{,}0234}}$.

Lösung: Der gegebene Ausdruck ist eine Wurzel, deren Radikand eine **Summe** ist. Den Logarithmus der letzteren kann man nicht aus den Logarithmen der Summanden finden, sondern man muß die Summanden für sich ausrechnen, dann summieren und zu diesem so gefundenen Radikanden den Logarithmus bestimmen, der dann nach Regel IV. durch 3 zu dividieren ist, also:

$$\frac{1}{2} \log 1{,}5 = \frac{0{,}17609}{2} = 0{,}08805.$$

$$\sqrt{1{,}5} = \text{N} \log 0{,}08805 = 1{,}2248$$

$$\frac{1}{2} \log 0{,}0234 = \frac{0{,}36922 - 2}{2} = 0{,}18461 - 1$$

$$\sqrt{0,0234} = \text{N log } 0,18461 - 1 = 0,15297.$$

Der Radikand der dritten Wurzel ist demnach

$$\begin{array}{r} \sqrt{1,5} + \sqrt{0,0234} = 1,22\,48 \\ +\,0,15\,297 \\ \hline 1,37\,777 = 1,3778. \end{array}$$

Den Logarithmus dieses Radikanden hat man nun noch durch 3 zu dividieren:

$$\tfrac{1}{3} \log 1,3778 = \frac{0,13\,919}{3} = 0,04\,640.$$

Man erhält demnach den Wert des gegebenen Ausdruckes =

$$\text{N log } 0,04\,640 = 1,1128.$$

12. $\sqrt{\left(\frac{9,07}{12,38}\right)^2 - \left(\frac{1,92}{5,72}\right)^2}$ zu berechnen.

Lösung: Auch hier müssen die beiden Quadrate unter der Wurzel einzeln ausgerechnet und dann subtrahiert werden:

$$\begin{array}{rl} \log 9,07 = & 0,95\,761 = 1,95\,761 - 1 \\ -\log 12,38 = & -1,09\,272 = -1,09\,272 \\ \hline & (0,86\,489 - 1) \cdot 2 = 1,72\,978 - 2 \end{array}$$

$$\text{N log } 1,72\,978 - 2 = \text{N log } 0,72\,978 - 1 = 0,53\,676,$$

$$\text{d. h.} \left(\frac{9,07}{12,38}\right)^2 = 0,53\,676.$$

Ebenso findet man den Subtrahenden:

$$\begin{array}{rl} \log 1,92 = & 0,28\,330 = 1,28\,330 - 1 \\ -\log 5,72 = & -0,75\,740 = -0,75\,740 \\ \hline & (0,52\,590 - 1) \cdot 2 = 1,05\,180 - 2 \end{array}$$

$$\text{N log } 1,05\,180 - 2 = \text{N log } 0,05\,180 - 1 = 0,11\,267,$$

$$\text{d. h.} \left(\frac{1,92}{5,72}\right)^2 = 0,11\,267.$$

Es ist demnach der Radikand

$$\begin{array}{r} 0,53\,677 \\ -\,0,11\,267 \\ \hline 0,42\,409. \end{array}$$

Hiervon ist noch der Logarithmus zu bestimmen, durch 2 zu dividieren und dazu dann der Numerus zu suchen:

$$\tfrac{1}{2} \log 0,42\,409 = \frac{0,62\,746 - 1}{2} = \frac{1,62\,746 - 2}{2} = 0,81\,373 - 1;$$

folglich der Wert des gegebenen Ausdruckes:

$$\text{N log } 0,81\,373 - 1 = 0,65\,122.$$

Aufgaben zu selbständiger Lösung.

Folgende Ausdrücke sind mit Hilfe von Logarithmen zu berechnen:

1. $2,6045 \cdot 7,0025 = ?$
2. $0,0123 \cdot 0,904 \cdot 8,9075 = ?$
3. $\frac{528,72 \cdot 3,55}{17,987} = ?$
4. $\frac{4,2803 \cdot 5,001}{0,275 \cdot 1,088} = ?$
5. $3,7062^5 = ?$ $\quad 1,035^{20} = ?$ $\quad 0,58764^{12} = ?$
6. $\left(\frac{0,08972}{0,3256}\right)^3 = ?$ $\quad \frac{5,23^4 \cdot 2,718^3}{0,947^2 \cdot 8,16^5} = ?$
7. $\sqrt[5]{832} = ?$ $\quad \frac{6,085}{15,555} \sqrt[4]{2,783} = ?$ $\quad \sqrt[7]{0,056} = ?$

8. $\sqrt{\dfrac{4{,}725 \cdot 100{,}2 \cdot 0{,}04}{60{,}37 \cdot 50{,}834}} = ?$

9. $\dfrac{0{,}0582^3 \cdot 100{,}2^2}{\sqrt{0{,}875}} = ?$

10. $4{,}7562^{1{,}2} = ?$

11. $\sqrt[3]{12{,}5 + \sqrt{\dfrac{14{,}3}{3{,}50}}} = ?$

12. $(1{,}02^3 + 2{,}087^3)^2 = ?$

13. $\sqrt[5]{7147 + \sqrt[3]{\dfrac{9058}{13764}}} = ?$

14. $\sqrt[7]{25\sqrt[3]{6} - 19{,}54\sqrt{0{,}058953}} = ?$

15. $\sqrt{97{,}543^2 - 28{,}907^2} = ?$

16. $\sqrt{144{,}5^2 + 17{,}548^2} = ?$

§ 29 Umrechnung der Logarithmen mit der Basis e in Briggs'sche Logarithmen und umgekehrt

Auf Seite 244 war $L = \log N_{(b)}$ definiert worden, wenn

$$b^L = N$$

ist. Die Basis b kann jede beliebige positive Zahl sein. Bei vielen Rechnungen der höheren Mathematik kommt man auf Logarithmen, deren Basis die Zahl 2,7182818... ist, die man zur Abkürzung mit e bezeichnet und Basis des **natürlichen** Logarithmensystems nennt.

Es ist also

$$L = \log N_{(e)},$$

was man gewöhnlich

$$L = \ln N \text{ (gelesen } L = \text{Logarithmus naturalis } N)$$

schreibt. Es entsteht nun die Frage, wie berechnet man L, wenn man in den Tafeln keine natürlichen Logarithmen findet? Die Lösung ist folgende: Wenn $L = \ln N$ ist, so ist auch $e^L = N$. Logarithmiert man beide Seiten dieser Gleichung, und zwar für die Basis 10, so erhält man

$$L \log e = \log N$$

und hieraus

$$L = \frac{\text{Log } N}{\log e} = \frac{\log N}{\log 2{,}71828} = \frac{\log N}{0{,}43429}$$

oder

$$L = \frac{1}{0{,}43429} \log N = 2{,}302585 \log N.$$

Es ist also

$$\mathbf{\ln N = 2{,}302585 \log N.}$$

Beispiele:

1. $\ln 7 = 2{,}302585 \log 7 = 2{,}302585 \cdot 0{,}84510 = 1{,}9459$
2. $\ln 10 = 2{,}302585 \log 10 = 2{,}302585 \cdot 1$
3. $\ln 78356 = 2{,}302585 \log 78356 = 2{,}302585 \cdot 4{,}89407 = 11{,}26902$

Würde umgekehrt eine Tabelle der natürlichen Logarithmen berechnet sein und sollte danach der Logarithmus (L) einer Zahl (N) für die Basis 10 bestimmt werden, so erhielte man durch Logarithmieren der Gleichung $10^L = N$ für die Basis e

$$L \ln 10 = \ln N$$

oder

$$L = \frac{\ln N}{\ln 10} = \frac{\ln N}{2{,}302585} = 0{,}43429 \ln N$$

also

$$\mathbf{L = \log N_{(10)} = 0{,}43429 \ln N.}$$

Beispiele:

1. Wie groß ist log 8, wenn ln 8 = 2,0794 ist?
   Lösung: $\log 8 = 0{,}43429 \cdot 2{,}0794 = 0{,}90309.$
2. Wie groß ist log 5,25, wenn ln 5,25 = 1,6582 ist?
   Lösung: $\log 5{,}25 = 0{,}43429 \cdot 1{,}6582 = 0{,}72016.$

§30 Natürliche Logarithmen

Basis der natürlichen Logarithmen: e = 2,718281828459

$$e = 1 + \frac{1}{1!} + \frac{1}{2!} + \frac{1}{3!} + \frac{1}{4!} + \ldots\ldots$$

$$e^x = 1 + \frac{x}{1!} + \frac{x^2}{2!} + \frac{x^3}{3!} + \frac{x^4}{4!} + \ldots\ldots$$

$$\ln(1 + x) = \ln x + 2\left(\frac{1}{2x + 1} + \frac{1}{3(2x + 1)^3} + \frac{1}{5(2x + 1)^5} + \ldots\ldots\right)$$

$$\ln x = \tfrac{1}{2}\ln(x^2 - 1) + \frac{1}{2x^2 - 1} + \frac{1}{3(2x^2 - 1)^3} + \frac{1}{5(2x^2 - 1)^5} + \ldots\ldots$$

Potenzen von e

e^1	2.71 828	e^6	403.429	e^{-1}	0.36 788	e^{-6}	0.002 479
e^2	7.38 906	e^7	1096.633	e^{-2}	0.13 534	e^{-7}	0.000 912
e^3	20.08 554	e^8	2980.958	e^{-3}	0.04 979	e^{-8}	0.000 335
e^4	54.59 815	e^9	8103.084	e^{-4}	0.01 832	e^{-9}	0.000 123
e^5	148.41 316	e^{10}	22026.466	e^{-5}	0.00 674	e^{-10}	0.000 045

Verwandlung der gemeinen Logarithmen in natürliche und umgekehrt:

$\log e = 0.4342945$ $\quad$ $\ln 10 = 2.3025851$ $\quad$ $\log e \cdot \ln 10 = 1$

$\ln z = 2.30\,259 \log z$

$\log z = 0.43\,429 \ln z$

Vielfache von 2.30 259		Vielfache von 0.43 429	
1	2.30 259	1	0.43 429
2	4.60 517	2	0.86 859
3	6.90 776	3	1.30 288
4	9.21 034	4	1.73 718
5	11.51 293	5	2.17 147
6	13.81 551	6	2.60 577
7	16.11 810	7	3.04 006
8	18.42 068	8	3.47 436
9	20.72 327	9	3.90 865
10	23.02 585	10	4.34 294

Die natürlichen Logarithmen

der Zahlen

von **1–100**

N.	Log. nat.	N.	Log. nat.	N.	Log. nat.	N.	Log. nat.	N.	Log. nat.
0	–	**20**	2. 99 573	**40**	3. 68 888	**60**	4.09 434	**80**	4. 38 203
1	0. 00 000	21	3. 04 452	41	3. 71 357	61	4. 11 087	81	4. 39 445
2	0. 69 315	22	3. 09 104	42	3. 73 767	62	4. 12 713	82	4. 40 672
3	1. 09 861	23	3. 13 549	43	3. 76 120	63	4. 14 313	83	4. 41 884
4	1. 38 629	24	3. 17 805	44	3. 78 419	64	4. 15 888	84	4. 43 082
5	1. 60 944	25	3. 21 888	45	3. 80 666	65	4. 17 439	85	4. 44 265
6	1. 79 176	26	3. 25 810	46	3. 82 864	66	4. 18 965	86	4. 45 435
7	1. 94 591	27	3. 29 584	47	3. 85 015	67	4. 20 469	87	4. 46 591
8	2. 07 944	28	3. 33 220	48	3. 87 120	68	4. 21 951	88	4. 47 734
9	2. 19 722	29	3. 36 730	49	3. 89 182	69	4. 23 411	89	4. 48 864
10	2. 30 259	**30**	3. 40 120	**50**	3.91 202	**70**	4. 24 850	**90**	4. 49 981
11	2. 39 790	31	3. 43 399	51	3. 93 183	71	4. 26 268	91	4. 51 086
12	2. 48 491	32	3. 46 574	52	3. 95 124	72	4. 27 667	92	4. 52 179
13	2. 56 495	33	3. 49 651	53	3. 97 029	73	4. 29 046	93	4. 53 260
14	2. 63 906	34	3. 52 636	54	3. 98 898	74	4. 30 407	94	4. 54 329
15	2. 70 805	35	3. 55 535	55	4. 00 733	75	4. 31 749	95	4. 55 388
16	2. 77 259	36	3. 58 352	56	4. 02 535	76	4. 33 073	96	4. 56 435
17	2. 83 321	37	3. 61 092	57	4. 04 305	77	4. 34 381	97	4. 57 471
18	2. 89 037	38	3. 63 759	58	4. 06 044	78	4. 35 671	98	4. 58 497
19	2. 94 444	39	3. 66 356	59	4. 07 754	79	4. 36 945	99	4. 59 512
20	2. 99 573	**40**	3. 68 888	**60**	4. 09 434	**80**	4. 38 203	**100**	4. 60 517

9. Kapitel

Gleichungen

(Fortsetzung)

§ 31 Exponential-Gleichungen

Kommt in einer Gleichung die Unbekannte im **Exponenten** vor, so heißt dieselbe eine **Exponential-Gleichung.**

Die Gleichungen $a^x = b$, $3^x + 3^{x+2} = 27$ sind Exponential-Gleichungen.

Soll die Gleichung

$$a^x = b$$

aufgelöst werden, so **logarithmiere** man dieselbe und erhält:

$$x \log a = \log b$$

$$x = \frac{\log b}{\log a}$$

Der Leser hüte sich vor dem Fehler: $x = \log b - \log a$.

Beispiele:

1. $a^{5x+7} = a^{4x+10}$

Lösung: Logarithmiert man, so ergibt sich:

$$(5x + 7) \log a = (4x + 10) \log a,$$

beide Seiten durch log a dividiert:

$$5x + 7 = 4x + 10,$$

geordnet:

$$5x - 4x = 10 - 7$$
$$x = 3.$$

2. $(a^{5x+1})^5 = (a^{7x-1})^7 \cdot (a^{x-6})^9$.

Lösung: Die Logarithmierung beider Seiten ergibt:

$$(5x + 1)\, 5 \cdot \log a = 7\,(7x - 1) \log a + 9\,(x - 6) \log a.$$

Die ganze Gleichung durch log a dividiert:

$$(5x + 1)\, 5 = 7\,(7x - 1) + 9\,(x - 6),$$

Klammern aufgelöst:

$$25x + 5 = 49x - 7 + 9x - 54,$$

geordnet:

$$25x - 49x - 9x = -7 - 54 - 5$$
$$-33x = -66$$
$$x = 2.$$

3. $a^3 \cdot \sqrt[x]{a^{7+5x}} = \sqrt[x]{a^{23}}$.

Lösung: Die Logarithmierung beider Seiten ergibt:

$$3 \log a + \frac{1}{x}(7 + 5x) \log a = \frac{1}{x} \cdot 23 \log a$$

oder

$$3 + \frac{7 + 5x}{x} = \frac{23}{x},$$

Nenner fortgeschafft:

$$3x + 7 + 5x = 23,$$

geordnet:

$$\begin{aligned} 3x + 5x &= 23 - 7 \\ 8x &= 16, \\ x &= 2. \end{aligned}$$

4. $\sqrt{a^{3-4x}} = a^{4,5} \cdot \sqrt[5]{a^{6-7x}}.$

Lösung: $\frac{3 - 4x}{2} \log a = 4,5 \log a + \frac{6 - 7x}{5} \log a.$

$$\begin{aligned} \frac{3 - 4x}{2} &= 4,5 + \frac{6 - 7x}{5} \\ 5\,(3 - 4x) &= 2 \cdot 5 \cdot 4,5 + 2\,(6 - 7x) \\ 15 - 20x &= 45 + 12 - 14x \\ -20x + 14x &= 45 + 12 - 15 \\ -6x &= 42 \\ x &= -7. \end{aligned}$$

5. $5^x = 125.$

Lösung: $x \log 5 = \log 125.$

$$x = \frac{\log 125}{\log 5} = \frac{\log 5^3}{\log 5} = \frac{3 \log 5}{\log 5} = 3.$$

6. $\sqrt[x]{735} = 28.$

Lösung: $\frac{1}{x} \log 735 = \log 28,$ oder $\log 735 = x \log 28$

$$x = \frac{\log 735}{\log 28} = \frac{2,86629}{1,44716}$$

Die weitere Ausrechnung kann nur durch Ausdividieren geschehen, oder man berechnet den Ausdruck logarithmisch.

Es ist in letzterem Falle

$$\begin{aligned} \log x &= \log 2,86629 - \log 1,44716 \\ &= 0,45732 - 0,16052 = 0,29680 \\ x &= \mathrm{N} \log 0,29680 = 1,9806. \end{aligned}$$

7. $3^{5x} \cdot 2^{7x} = 270.$

Lösung: $5x \log 3 + 7x \log 2 = \log 270$

$$x\,(5 \log 3 + 7 \log 2) = \log 270$$

$$x = \frac{\log 270}{5 \log 3 + 7 \log 2} = \frac{2,43136}{5 \cdot 0,47712 + 7 \cdot 0,30103}$$

$$x = \frac{2,43136}{2,38560 + 2,10721} = \frac{2,43136}{4,49281} = 0,54....$$

Das weitere Ausdividieren möge der Leser selbst ausführen.

In den bisherigen Beispielen bestanden die beiden Seiten der Gleichung nur aus Faktoren. Ist dies nicht der Fall, so muß man zunächst versuchen, jede Seite in ein Produkt zu verwandeln. Gelingt dies, so ist die Gleichung, wie gezeigt, lösbar, gelingt es nicht, so ist auch die Lösung nicht ausführbar.

8. $3^x - 5^{x+2} = 3^{x+4} - 5^{x+3}$.

Lösung: Man bringe die Potenzen mit gleicher Basis, also hier von 3, auf die eine, und die Potenzen von 5 auf die andere Seite der Gleichung.

$$-5^{x+2} + 5^{x+3} = 3^{x+4} - 3^x$$

und schreibe jetzt $5^{x+3} = 5^x \cdot 5^3$ usw., also

$$-5^x \cdot 5^2 + 5^x \cdot 5^3 = 3^x \cdot 3^4 - 3^x,$$

oder links 5^x, rechts 3^x abgesondert:

$$5^x (5^3 - 5^2) = 3^x (3^4 - 1)$$
$$5^x (125 - 25) = 3^x \cdot (81 - 1)$$
$$5^x \cdot 100 = 3^x \cdot 80$$
$$x \log 5 + \log 100 = x \log 3 + \log 80$$
$$x \log 5 - x \log 3 = \log 80 - \log 100$$
$$x (\log 5 - \log 3) = \log 80 - 2$$
$$x = \frac{\log 80 - 2}{\log 5 - \log 3} = \frac{1{,}90309 - 2}{0{,}69897 - 0{,}47712} = \frac{-0{,}09691}{0{,}22185} = -0{,}43...$$

Aufgaben zu selbständiger Lösung.

1. $a^{5x+32} = a^{7x-44}$
2. $m^{5(x-8)} = m^{2x+20}$
3. $b^0 \cdot b^{4(2x-9)} = b^2 \cdot b^{7x-30}$
4. $(a^{x-5})^{x-6} = (a^{x-8})^{x-1}$
5. $m^7 \cdot (m^{x-1})^{5x-1} = m^{x-8} \cdot (m^{x-2})^{5x-7}$
6. $\sqrt[5]{a^{15-10x}} = a^{5x-6}$
7. $\sqrt[x-3]{a^7} = \sqrt[x-2]{a^9}$
8. $\sqrt[m]{a^{x-m}} = \sqrt[x-n]{a^n}$
9. $3^x = 81$
10. $5^x = 625$
11. $64^x = 4$
12. $100^x = 100000$
13. $\sqrt[x]{a} = b$
14. $a^x \cdot b^{7x} = c$
15. $a^{n-x} = c \cdot b^x$
16. $a^{mx-q} = b^{nx-p}$
17. $a^{3x-2} \cdot b^{4x-7} = c^{6x-5}$
18. $100^x = 23$
19. $100^{5x-4} = 47$

20. $10^x = 2 \qquad 10^x = 5 \qquad 10^x = 25 \qquad 10^x = 823$

21. $5{,}386^x = 85346$

22. $36^{-x} = 823$

23. $\left(\frac{3}{7}\right)^{5x-2} = \left(\frac{5}{9}\right)^{2x+6}$

24. $35^{\frac{1}{x}} = 8{,}4276$

25. $5^x + 7^{x+6} + 5^{x+10} = 7^x$

26. $8^{2x-1} - 3^{3x-2} = 8^{2x+1} - 3^{3x+2}$

27. $3^x + 3^{x+1} + 3^{x+2} + 3^{x+4} = 5^{2x} + 5^{2x+1} + 5^{2x+2}$

10. Kapitel

Der Rechenstab (Rechenschieber)

§ 32 Theorie des Rechenstabes

Bei der Behandlung der Logarithmen wurde gesagt, daß durch die Benutzung der Logarithmen eine Rechenart auf die nächstniedrigere zurückgeführt werden kann.

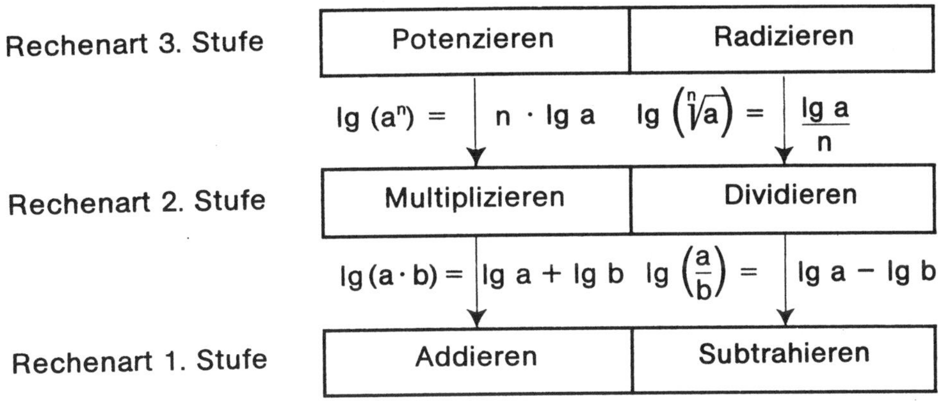

Schon um das Jahr 1620 hatte der englische Theologe und Mathematiker Gunter erkannt, daß man mit den Logarithmen viel schneller rechnen könne, wenn man die logarithmischen Werte graphisch, d. h. als Strecken, darstellt. Jeden einzelnen logarithmischen Wert trug Gunter vom Ausgangspunkt eines Maßstabes aus als Strecke ab und bezeichnete die einzelnen Endpunkte mit ihren entsprechenden Numeri.

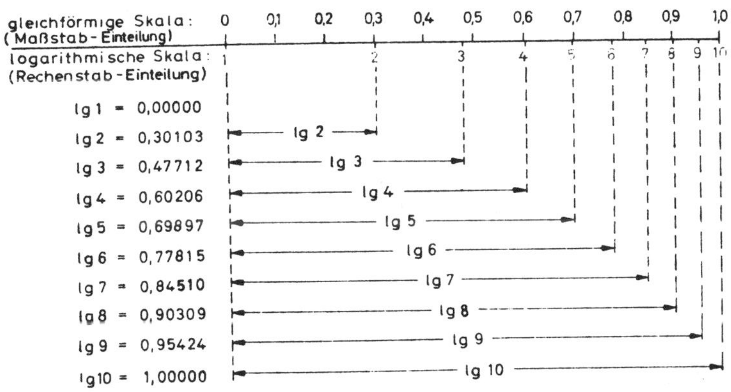

Fig. 1

Die auf diese Weise entstehende Skala nennt man logarithmische Skala. Ihre Genauigkeit hängt von der gewählten Längeneinheit ab. Es gibt heute eine Vielzahl an Ausführungen von Rechenstäben und Rechenscheiben für die verschiedensten Erfordernisse. Da es unmöglich ist, auf alle einzugehen, soll hier nur das allen Rechenstäben Gemeinsame erörtert werden.

Bei Betrachtung der logarithmischen Skala ist immer daran zu denken, daß die Bezeichnung „lg" bei allen Zahlen der Übersichtlichkeit halber fortgelassen wurde. Die Zahlen 1,

2, 3, 4, ... werden also immer durch ihre Logarithmen veranschaulicht. Der Rechenstab ist im Grunde nichts weiter als eine für jede Zahl einstellbare Logarithmentafel. Der Numerus steht auf der Skala und die Länge der Strecke entspricht der Mantisse des Logarithmus.

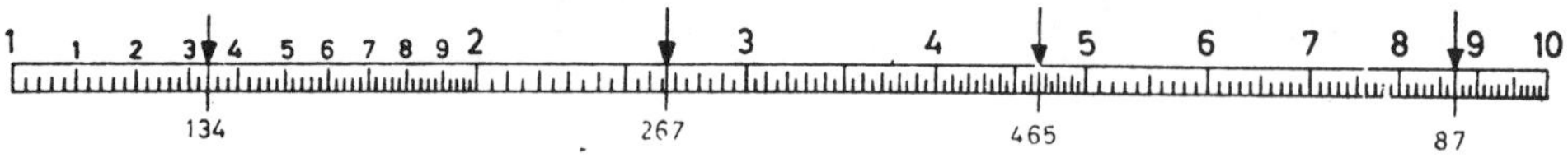

Fig. 2

Da die Längen der Strecken den Mantissen der Logarithmen der Zahlen zugeordnet sind, entspricht die Addition logarithmischer Strecken der Multiplikation der zugehörigen Numeri. Bei der Division ist es genau umgekehrt. Aus praktischen Gründen benutzt man zwei gleiche, gegeneinander verschiebbare logarithmische Skalen.

Beim Potenzieren und Radizieren werden entsprechende, feste logarithmische Skalen gegenübergestellt. Da man immer nur Ziffern ablesen kann, muß die Kommastellung durch eine Überschlagsrechnung bestimmt werden.

Fig. 2a

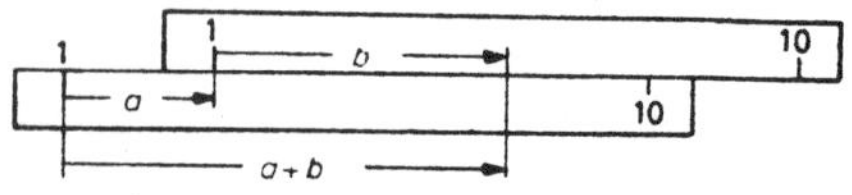

Strecke a + Strecke $b = \lg a + \lg b = \lg (a \cdot b)$

Fig. 2b

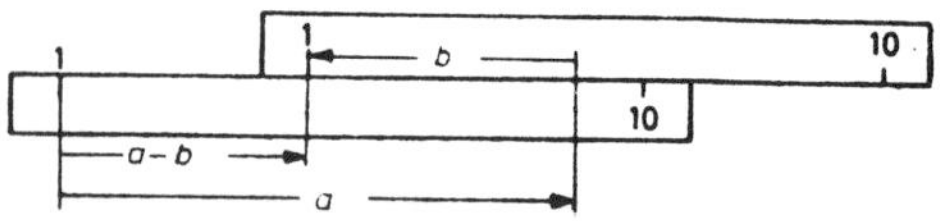

Strecke a — Strecke $b = \lg a - \lg b = \lg \left(\frac{a}{b}\right)$

Fig. 3

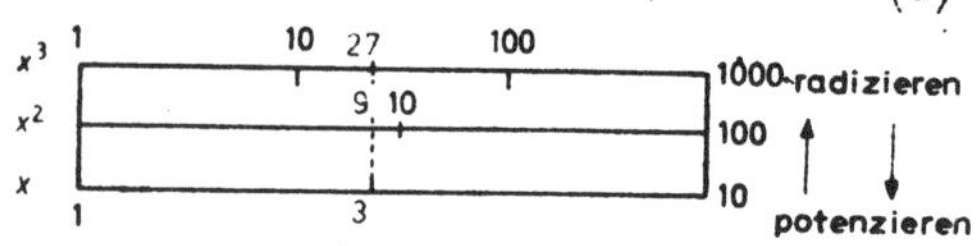

$3^2 = 9; \quad \sqrt[2]{9} = 3$

$3^3 = 27; \quad \sqrt[3]{27} = 3$

Auf welchem System beruht also das Rechnen mit dem Rechenstab?

Legt man zwei gewöhnliche Lineale mit Zentimeter-Teilung nach nachstehender Abb. übereinander, so erhält man nach rechts gehend das Ergebnis

3,5 + 4,5 = 8 (also eine **Addition**) oder
8 − 4,5 = 3,5 (also eine **Subtraktion**) (Fig. 4a)

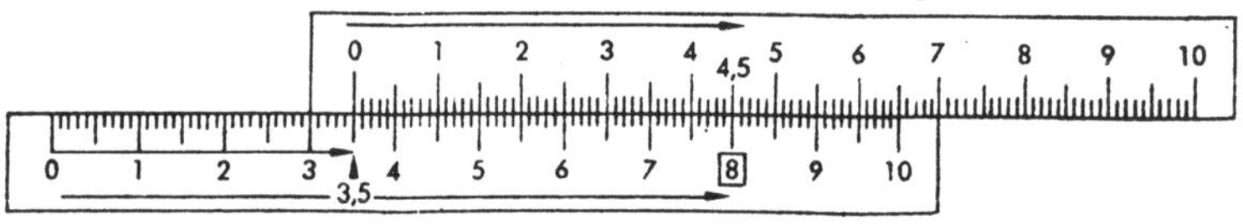

Fig. 4a

Man hat also mit Hilfe beider Millimeter-Teilungen „gerechnet“, indem man die Zahlen 3,5 und 4,5 als Strecken auffaßte und aneinandersetzte, bzw. im zweiten Fall die Strecke 4,5 von der Strecke 8 abzog.

Genau so arbeitet der Rechenstab, nur daß er, weil die Teilungen entsprechend aufgebaut sind, durch das Aneinandersetzen nicht die **Summe**, sondern das **Produkt** der Zahlen liefert, im zweiten Falle nicht die **Differenz**, sondern den **Quotienten**.

Legt man also 2 Skalen eines Rechenstabes in gleicher Weise wie der erwähnten Lineale aneinander, dann lautet das Ergebnis

3,5 · 4,5 = 15,75 (also eine **Multiplikation**) oder
15,75 : 4,5 = 3,5 (also eine **Division**) (Fig. 4b)

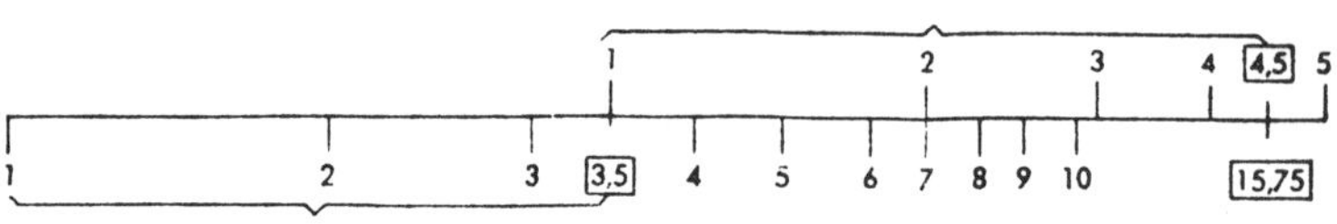

Fig. 4b

Schlußfolgerung:

Wenn man beim Rechenstab 2 Strecken addiert, so ergibt das eine Multiplikation, wenn man eine von der anderen subtrahiert, so ergibt das eine Division.

§ 33 Erklärung des Rechenstabes

Die heute üblichen Rechenstäbe bestehen aus Kunststoff und besitzen eine kleinere oder größere Anzahl verschiedener Skalen. Die Art und Zusammenstellung der Skalen hängt vom Verwendungszweck des Stabes ab. Neben dem Normalrechenstab gibt es besondere Stäbe für den Kaufmann mit Skalen für die Prozentrechnung und die Umrechnung von Währungen, für den Bauhandwerker, den Elektriker, den Physiker und andere. Beherrscht man das Rechnen mit dem Normalstab, so bereiten die Spezialrechenstäbe keine Schwierigkeiten mehr.

Skalen der Vorderseite

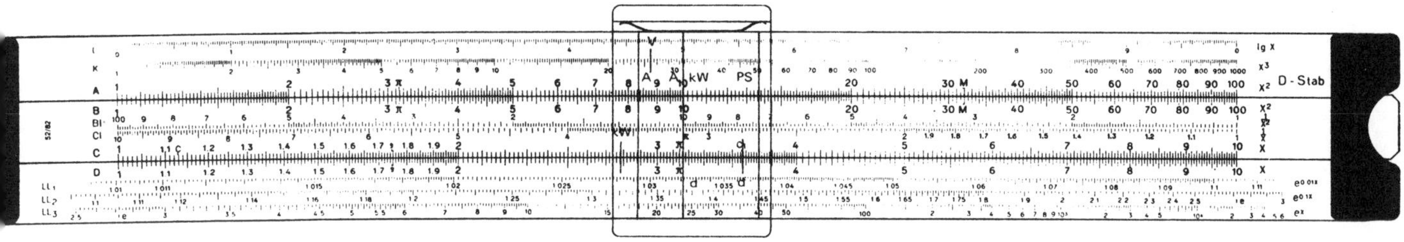

Fig. 5

Kurze Erklärung eines Stabes

Der Rechenstab besteht aus **drei** Teilen:

1. dem festen Hauptteil, dem eigentlichen **Stabkörper**, der aus den beiden durch Laschen verbundenen Stabkörperwangen besteht.
2. der beweglichen **Zunge**, die in den Fugen der Stabkörperwangen gleitet.
3. dem **Läufer**, der den Stabkörper ganz umschließt.

Vorbemerkung:
Die wichtigsten Hauptskalen A, B, C, D auf der Vorderseite, und CF und C auf der Rückseite sind durch grüne Farbstreifen gekennzeichnet. Dieses Grün wirkt vorteilhaft auf die Augen beim häufigen Arbeiten mit den Hauptskalen und ermöglicht es beim Anfangsunterricht, diese schnell aufzufinden.

Die Skalen der Vorderseite

Mantissenskala	L	.... lg x	..........von 0,0–1,0	Stabkörper oben
Kubenskala	K	.... x^3	..........von 1–1000	
Quadratskala	A	.... x^2	..........von 1–100	
Quadratskala	B	.... x^2	..........von 1–100	Zunge oben
Reziprokskala zu B	BI	.... $100:x^2$..........		Zunge Mitte
Reziprokskala zu C	CI	.... 10:x	..........von 10–1	
Grundskala	C	 x	..........von 1–10	Zunge unten
Grundskala	D	 x	..........von 1–10	Stabkörper unten
Exponentialskalen für positive Expon.	LL_1	.... $e^{0,01x}$	..........von 1,0095–1,115	
	LL_2	.... $e^{0,1x}$	..........von 1,095–3	
	LL_3	.... e^x	..........von $2,5–6 \cdot 10^4$	

Die Skalen der Rückseite

1. Tangensskala	T_1	..... ∢ tan 0,1 x	..... von 5,5°–45°	Stabkörper oben
2. Tangensskala	T_2	..... ∢ tan x	.... von 45°–84,5°	Stabkörper oben
π-vers. Grundskala	DF	..... πx	.... von 3,14–3,14	Stabkörper oben
π-vers. Grundskala	CF	..... πx	.... von 3,14–3,14	Zunge oben
Reziprokskala zu CF	CIF	..... 1 : πx	 3,2–3,2	Zunge Mitte
2. Sinusskala	S'	..... sin, cos	.... von 5,5°–90°	Zunge Mitte
Grundskala	C	 x	.... von 1–10	Zunge unten
Grundskala	D	 x	.... von 1–10	Stabkörper unten
Sinusskala	S	..... ∢ sin 0,1 x	..... von 5,5°–90°	Stabkörper unten
arc-Skala	ST	..... ∢ arc 0,01 x	von 0,55°–6°	Stabkörper unten
Pythagor. Skala	P	..... $\sqrt{1-(0{,}1x)^2}$		

Das Komma

Da die oberen Skalen nur von 1 bis 100, die unteren sogar nur von 1 bis 10 reichen, glaubt der Anfänger, man könne auf dem Stabe nur mit Zahlen innerhalb dieses Bereiches arbeiten. Das ist ein Irrtum. Den Dezimalwert einer Zahl, also die Stellung des Kommas, beachtet man beim Stabrechnen nicht. Liest man auf einer Teilung den Wert 3, so kann das auch 0,3; 300; 0,03; 30000 usw. bedeuten.*

Im Ergebnis setzt man das Komma selbst ein, was bei praktischen Aufgaben nie Schwierigkeiten macht.

Mithin kann man auf dem Stabe mit **allen** Zahlen rechnen.

* Eine Ausnahme bilden die LL-Skalen.

Skalen der Rückseite

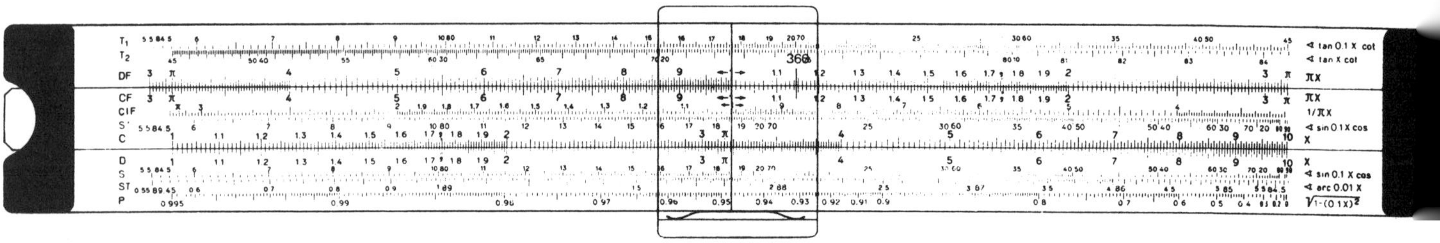

Fig. 6

Das Lesen der Skalen

Man kann nicht jeden Teilstrich mit einer Zahl versehen; dazu fehlt der Raum. Es stehen also nur ganz wenige Leitzahlen da. Den Wert der anderen Teilstriche kann man danach erkennen. Man beachte aber, daß die Unterteilung nicht überall gleich ist, da die Teilstriche nach rechts zu enger aneinander rücken.

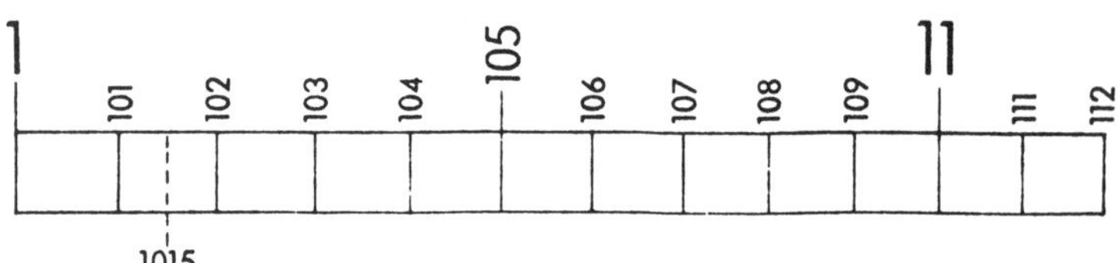

Von Leitzahl 1 zu Leitzahl 1.1

Fig. 7

Ausschnitt aus dem Teilungsbereich von 1 bis 2 (Fig. 7)
mit 10 Unterabschnitten zu je 10 Intervallen (= 1/100 oder 0,01 pro Teilstrich)

Hier lassen sich ohne weiteres 3 Stellen genau ablesen (z. B. 1-0-1). Durch **Halbieren** der Strecke zwischen 2 Teilstrichen kann man 4 Ziffern genau einstellen (z. B. 1-0-1-5). Die letzte Zahl ist dann immer eine 5.

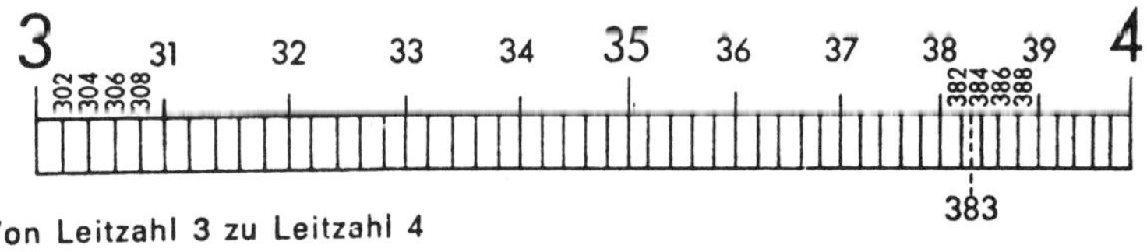

Von Leitzahl 3 zu Leitzahl 4

Fig. 8

Ausschnitt aus dem Teilungsbereich von 2 bis 4 (Fig. 8)
mit je 10 Unterabschnitten zu je 5 Intervallen (= 1/50 oder 0,02 pro Teilstrich)

Hier lassen sich 3 Ziffern genau ablesen (3-8-2). Letzte Ziffer ist immer eine gerade Zahl (2, 4, 6, 8). Halbiert man die Zwischenräume, erhält man auch die ungeraden Zahlen 1, 3, 5, 7, 9 (3-8-3).

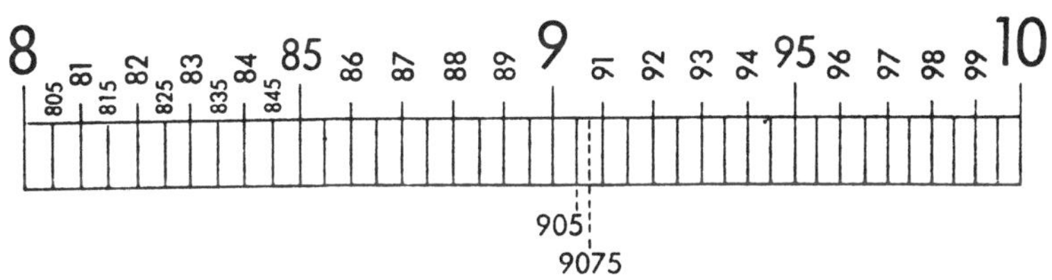

Fig. 9

Von Leitzahl 8 zu Leitzahl 9
und von Leitzahl 9 zu Leitzahl 10

Ausschnitt aus dem Teilungsbereich von 4 bis 10 (Fig. 9)
mit je 10 Unterabschnitten zu je 2 Intervallen (= 1/20 oder 0,05 pro Teilstrich)

Hier kann man 3 Stellen genau ablesen, wenn die letzte Ziffer eine 5 ist (9-0-5). Durch Halbieren der Zwischenräume erhält man sogar 4 genaue Stellen. Die letzte Ziffer ist auch hier stets eine 5 (9-0-7-5).

Sonstige Zwischenwerte müssen geschätzt werden.

Sind wir mit der Einteilung der Grundskalen C und D vertraut, werden wir sogleich erkennen, daß die Skalen CI, CF und DF genau so unterteilt sind; die Systematik der übrigen Skalen wird uns ebenfalls leicht klar werden.

Die Marken π, M, $\frac{\pi}{4}$, e, q, C und C_1

Veschiedene, häufig benötigte Konstanten sind gesondert markiert:

π = 3,1416 auf den Skalen A, B, CI, C, D, CF, DF, CIF

M = $\frac{1}{\pi}$ = 0,318 auf den Skalen A und B

$\frac{\pi}{4}$ = 0,785 auf A und B

e = Markierung der Basis des natürlichen Logarithmus e = 2,71828 auf LL_2 und LL_3.

q = $\frac{\pi}{180}$ = 0,01745 auf C und D

Die Marken C und C_1 (nicht verwechseln mit Zungenanfang C 1) erleichtern die Berechnung von Querschnitten aus gegebenem Durchmesser.

Beispiel:
Setzt man C mit Hilfe des Läuferstrichs über 2,82 cm auf Skala D (zuerst Läuferstrich über 2,82 auf D, dann Marke C darunter ziehen), kann man auf Skala A über der Anfangs-1 der oberen Zungenskala B (künftig stets B 1 bezeichnet) den Querschnitt 6,24 cm^2 ablesen.

Man hätte statt der Marke C auch die Marke C_1 (nicht verwechseln mit Anfangs-1 der unteren Zungenskala C, folgend stets C 1 genannt) nehmen können. Das Ergebnis steht dann über B 100 (100 der Skala B) auf Skala A. Man nimmt für die Einstellung stets die Marke C oder C_1, bei der die Zunge am wenigsten weit herausgezogen werden muß.

Vorbemerkung: Für Einstellen und Ablesen von Zahlenwerten werden stets der durchgehende Hauptstrich (nachfolgend kurz „Läuferstrich" genannt), und Anfangs-1 oder End-10 bzw. End-100 der Skalen A, B, Cl, C, D benutzt; bei CF und DF die ←1→. Die beiden langen Rand-Läuferstriche gelten für den Fall, daß an den Teilungsenden mit dem Hauptstrich nicht abgelesen werden kann.

§ 34 Rechnen mit dem Rechenstab

A. Multiplizieren

Man verwendet vor allem die Hauptskalen C und D. (Skalen CF und DF).

Beispiel:

2,45 · 3 = 7,35 (Fig. 10).

Fig. 10

Man stellt 1 am Zungenanfang (**C** 1) über 2,45 der unteren Stabteilung (**D** 245), bringt den Läuferstrich über 3 der unteren Zungenteilung (**C** 3) und liest das Produkt 7,35 unter dem Läuferstrich auf der unteren Stabteilung (**D** 735) ab.

(Mit diesen Einstellungen hat man die Strecke 1 – 2,45 der Skala D und die Strecke 1 – 3 der Skala C aneinandergesetzt. Beide Strecken ergeben in ihrer Gesamtheit die Strecke 1-7,35 auf D und damit das Ergebnis 7,35.) Haben Sie immer dieses Schema vor Augen, dann wird Ihnen stets die Systematik des Stabrechnens klar sein.

Es kommt beim Rechnen auf den Skalen C und D vor, daß die **Zunge** mit der Einstellung C 1 über 1. Faktor auf Skala D zu weit nach **rechts heraussteht**, so daß der 2. Faktor **nicht mehr** auf C **eingestellt** werden kann. In **diesem Fall** schiebt man die **Zunge nach links** so weit durch, bis statt Zungenanfang C 1 das Zungenende C 10 unter dem Läuferstrich steht. Dies ist das sogenannte **„Durchschieben der Zunge"**.

Man kann es vermeiden, wenn man im Bedarfsfall gleich C 10 über den 1. Faktor stellt. Geübte Rechner wissen sofort, welche Einstellung erforderlich ist.

Beispiel:

7,5 · 4,8 = 36 (Fig. 11).

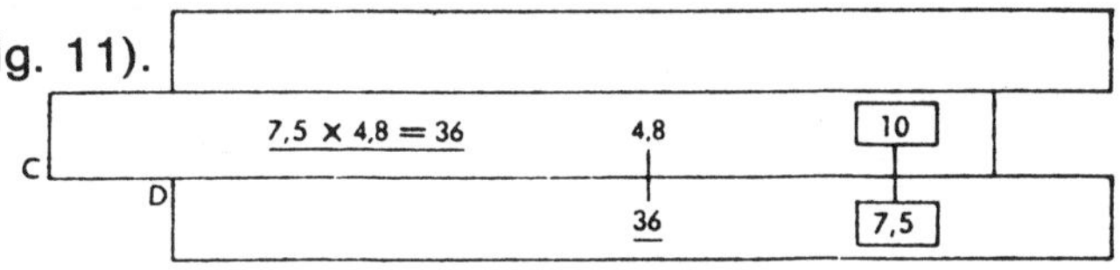

Fig. 11

Man stellt C 10 über D 7,5, schiebt den Läuferstrich über den 2. Faktor 4,8 auf C und liest darunter auf Skala D das Ergebnis 36 ab.
Die Einstellung von C 10 wird allgemein dann gewählt, wenn die beiden ersten Ziffern, miteinander multipliziert, im Ergebnis größer als 10 werden.

Das Durchschieben der Zunge ist erforderlich, wenn man mit den π-versetzten Skalen CF und DF arbeitet.
Bei laufenden Rechnungen, wenn z. B. zuvor ins Quadrat erhoben wurde, kann man auf A und B weiter multiplizieren.

Beispiel:

2,5 · 3 = 7,5 (Fig. 12)

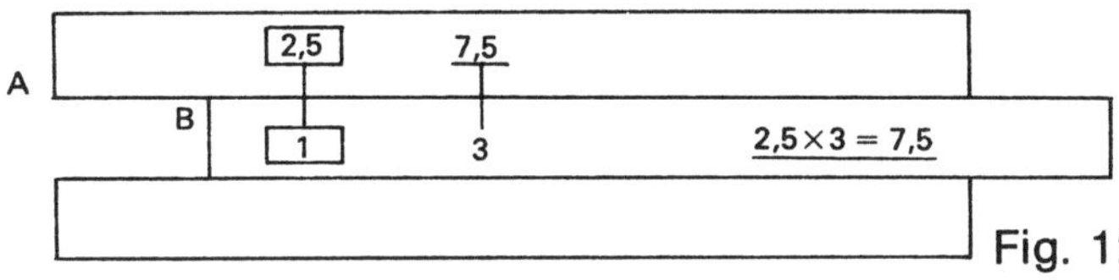

Fig. 12

Übungen: Einstellung C 1: 1,82 · 3,9 = 7,1; 0,246 · 0,37 = 0,091
Einstellung C 10: 4,63 · 3,17 = 14,7; 0,694 · 0,484 = 0,336

B. Stellenwerte ablesen bzw. bestimmen

Bisher war es dem Lernenden überlassen, selbst die Stellenzahl des Resultates zu bestimmen. (Der Verfasser ist sogar der Ansicht, daß dies eine sehr brauchbare Methode ist, da man ja doch stets eine kleine Überschlagsrechnung machen soll, um die ungefähre Größe des Resultats zu bestimmen.) Der Schieber gestattet jedoch ebenfalls die Stellenzahl sofort anzugeben. Man braucht sich nur den Satz zu merken:

Das Produkt aus einer m stelligen und einer n stelligen Zahl ist entweder (m + n) oder (m + n − 1) stellig.

Multipliziert man z. B. 2 mit 3, so ist das Resultat (6) eine einstellige Zahl, es ist hier m = 1, n = 1 und die Stellenzahl des Resultats 1 + 1 − 1 = 1

Multipliziert man hingegen 3 mit 5, so ist das Resultat (15) zweistellig.

Hieraus folgt für den Schieber die Regel:

Wird das **Produkt** zweier Zahlen **rechts** vom **ersten** Faktor abgelesen, so ist das Resultat m + n − 1 stellig. Wird hingegen das Produkt **links** vom ersten Faktor abgelesen, so ist das Resultat m + n stellig.

Oder: Ragt beim Multiplizieren die Zunge nach rechts heraus, so ist die Stellenzahl m + n − 1.

Anmerkung: Der Dezimalbruch 0,5 ist eine 0stellige Zahl, hingegen 0,05 eine −1stellige, 0,005 eine −2stellige Zahl usw.

Beispiele:

1. 35 · 36 = 910 (das Resultat wird rechts von der Einstellung abgelesen, oder, die Zunge ragt nach rechts heraus, das Resultat besitzt also 2 + 2 − 1 = 3 Stellen).

2. 46 · 55 = 2530 (das Resultat wird links von der Einstellung abgelesen, ist also m + n oder 2 + 2 = 4stellig).

3. 2,57 · 345 = 887 (das Resultat wird rechts abgelesen, oder die Zunge ragt rechts heraus, daher hat dasselbe m + n − 1 = 1 + 3 − 1 = 3 Stellen).

4. 7,75 · 83,2 = 645 (das Resultat wird links abgelesen, also m + n = 1 + 2 = 3stellig).

5. 0,84 · 1,97 = 1,65 (das Resultat wird links abgelesen, also m + n = 0 + 1 = 1stellig).

6. 0,0425 · 3,76 = 0,16 (das Resultat wird links abgelesen, also m + n = − 1 + 1 = 0stellig).

7. 0,0026 · 0,000185 = 0,000000481 (die Zunge ragt nach rechts heraus, also ist das Resultat m + n − 1 = − 2 + (−3) − 1 = −6stellig.

8. 0,0126 · 0,00085 = 0,0000107 (das Resultat wird links abgelesen, also ist die Stellenzahl m + n = (−1) + (−3) = −4.

Zusammenfassung: Die Rechenstabmultiplikation ist die Addition der betreffenden Logarithmen.

Soll das Produkt der Faktoren a und b gebildet werden, so bedenke man, daß log a b = log a + log b, also

$$a\,b = N(\log a + \log b)$$

ist (siehe Fig. 13).

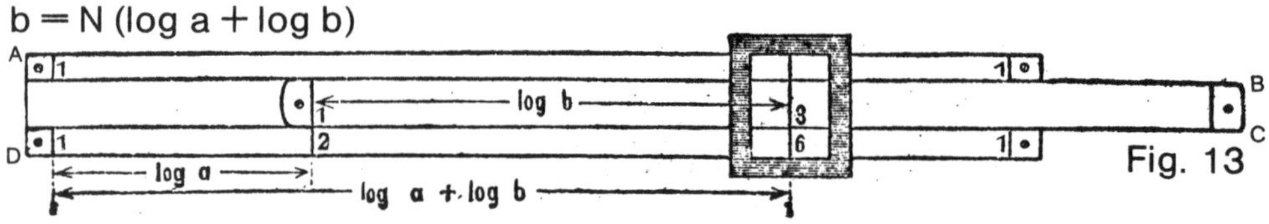

Fig. 13

Soll z. B. 2 mit 3 multipliziert werden, so setze man in Skala C an die Länge 1 bis 2 die Länge 1 bis 3 an. Dies geschieht, indem man die 1 (links) der Zunge an die 2 des Stabes setzt und nun auf der **Zunge** mit Hilfe des Läufers die 3 sucht; unter derselben steht dann auf dem Stabe das Resultat 6.

C. Dividieren

Soll der Quotient $\frac{a}{b}$ gebildet werden, so erinnere man sich, daß

$$\log \frac{a}{b} = \log a - \log b$$

ist, oder $\frac{a}{b} = N(\log a - \log b)$. (Vergl. Fig. 14)

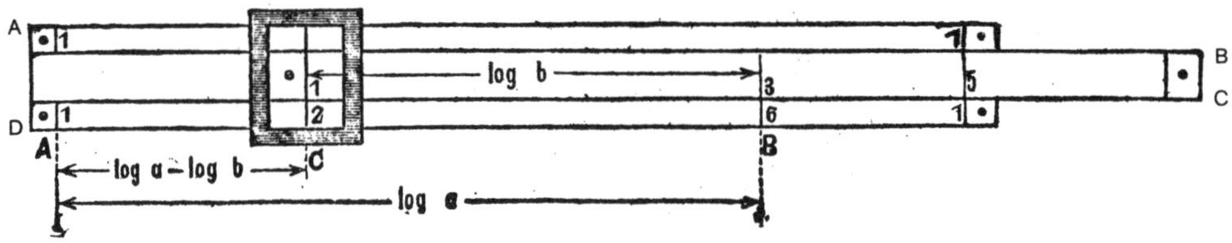

Fig. 14

Soll also 6 : 3 berechnet werden, so hat man den log 3 von log 6 abzuziehen. Wäre $\overline{AB}$ = log 6, $\overline{BC}$ = log 3, so ist $\overline{AC} = \overline{AB} - \overline{BC}$ = log 6 − log 3.

Die Ausführung der Rechnung ist folgende: Auf dem **Stabe** stelle man mit dem Läufer den Dividenden (6) ein und schiebe jetzt den Divisor (3) auf der **Zunge** über den Dividenden: das Ende 1 der **Zunge** (links oder rechts) steht nun über dem Quotienten (2). (Der fortgeschrittenere Leser beachte die Einstellung (5) auf der Zunge über der 1 des Schiebers. Sie stellt den umgekehrten, reziproken Wert der Division 6 : 3, also den Quotienten 3 : 6 = 0,5 dar.)

2. 25 : 7,5 = 3,333. (Stelle mit dem Läufer auf dem Stabe 25 ein, schiebe darüber die 7,5 der Zunge und lese an der 1 **rechts** das Resultat ab; die letzte Dezimale 3 ist nur geschätzt.) Der umgekehrte Wert 7,5 : 25 = 0,3 steht auf der Zunge über der 1 des Stabes.

Ist eine m stellige Zahl durch eine n stellige zu dividieren, so ist das Resultat entweder (m − n + 1), oder (m − n) stellige.

Ragt der Schieber nach rechts heraus, wird also der Quotient links vom Dividenden abgelesen, so ist das Resultat (m − n + 1) stellig, im anderen Falle (m − n) stellig.

also:
Mit Hilfe des Läuferstrichs stellt man Zähler und Nenner auf C und D gegenüber und kann unter Zungenanfang C 1 oder Zungenende C 10 das Ergebnis ablesen.

Beispiel:

9,85 : 2,5 = 3,94 (Fig. 15).

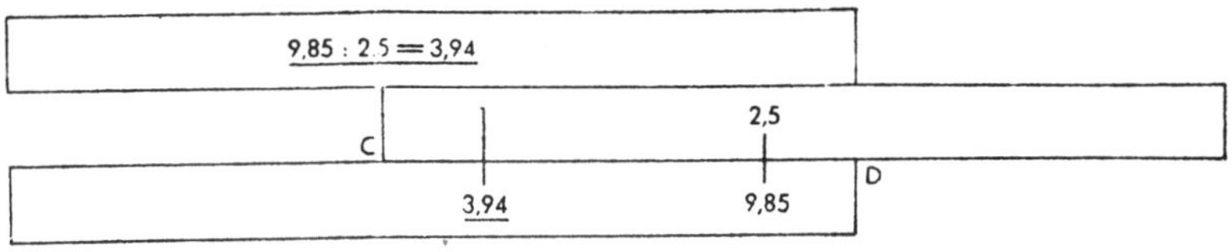

Fig. 15

Man schiebt zuerst den Läuferstrich über den Zähler 9,85 auf der unteren Skala D, zieht dann den Nenner 2,5 (auf Teilung C) unter den Läuferstrich.
Jetzt stehen Zähler und Nenner gegenüber, und unter dem Zungenanfang C 1 kann man das Ergebnis 3,94 auf Skala D ablesen.
Selbstverständlich kann man auch auf A und B dividieren. Wieder stellt man Zähler (auf A) und Nenner (auf B) mit Hilfe des Läuferstrichs gegenüber und liest das Ergebnis auf Skala A über B 1 oder B 100 ab.

Übungen: 970 : 26,8 = 36,19; 285 : 3,14 = 90,7; 0,685 : 0,454 = 1,51

Beispiele:

1. 625 : 48 = 13 (Resultat wird links vom Dividenden abgelesen, also m − n + 1 = 3 − 2 + 1 = 2stellig).

2. 375 : 59 = 6,36 (Resultat rechts, also m − n = 3 − 2 = 1stellig).

3. 8,75 : 15,6 = 0,56 (Resultat links, also m − n + 1 = 1 − 2 + 1 = 0stellig).

4. 135 : 0,0675 = 2000 (Resultat rechts, also m − n = 3 − (−1) = 4stellig).

5. 0,0067 : 125 = 0,0000536 (Resultat links, also m − n + 1 = − 2 − 3 + 1 = −4stellig).

Zur Unterstützung des Gedächtnisses steht auf unserem Schieberstabe links „Q + 1“, rechts „P − 1“. Die Bedeutung ist klar:
Wird der **Quotient (Q) links** vom Dividenden abgelesen, so ist seine Stellenzahl m − n + 1; wird das **Produkt (P) rechts** vom ersten Faktor abgelesen, so ist seine Stellenzahl m + n − 1.
Oder: **Ragt die Zunge rechts heraus**, so ist das Produkt m + n − 1, der Quotient m − n + 1.

D. Mehrfache Multiplikation und Division

Sollen mehrere Multiplikationen und Divisionen ausgeführt werden, so liest man nur das Endresultat ab. Die Reihenfolge, in welcher die Rechnungen ausgeführt werden, ist beliebig, doch ist es am vorteilhaftesten, auf eine Multiplikation eine Division folgen zu lassen.

Beispiele:

1. $\frac{35 \cdot 46}{57} = ?$

Lösung: Man bilde $\frac{35}{57}$ und multipliziere diesen Quotienten mit 46, indem man auf der Zunge 46 aufsucht und hier die Läufermarke einstellt, darunter findet man auf Skala D das Resultat 28,3. Stellenzahl: Der Schieber ragt sowohl bei der Division, als auch bei der Multiplikation **nicht** nach rechts heraus, also ist die Stellenzahl die Summe der Stellen des Zählers vermindert um die Summe der Stellen des Nenners = 4 – 2 = 2 Stellen.

2. $\frac{98 \cdot 105 \cdot 225}{855 \cdot 136} = 19{,}9.$

Man bilde $\frac{98}{855}$ (Zunge steht rechts heraus, also merke + 1), multipliziere mit 105 (Zunge steht rechts heraus, also merke – 1), dividiere durch 136 und multipliziere mit 225, gibt 199). Stellenzahl: Zähler 8 Stellen, Nenner 6, das gemerkte +1 und –1 hebt sich, also 8 – 6 = 2 Stellen.

3. $\frac{432 \cdot 32{,}4 \cdot 0{,}0217 \cdot 0{,}98}{0{,}00000621 \cdot 412000 \cdot 0{,}175 \cdot 4{,}71} = 141.$

Lösung: Bilde $\frac{432}{621}$, multipliziere das Resultat mit 324, dividiere durch 412, multipliziere mit 217, dividiere durch 175, multipliziere mit 98 und dividiere durch 471. Bei der letzten Division ragte die Zunge nach rechts heraus, also ist die Stellenzahl um 1 zu vermehren. Die Stellenzahl der Zählerfaktoren ist 3 + 2 + (–1) + 0 = 4. Die Stellenzahl der Nennerfaktoren (–5) + 6 + 0 + 1 = 2, also ist die Stellenzahl des Resultates 4 – 2 + 1 = 3.

4. $\frac{0{,}00376 \cdot 0{,}853 \cdot 11270 \cdot 53{,}2}{0{,}0165 \cdot 0{,}422 \cdot 955000 \cdot 18{,}33} = 0{,}01578.$

Lösung: Bilde $\frac{376}{165}$ und merke + 1, $\frac{376}{165} \cdot 853$, dividiere durch 422, multipliziere mit 1127 und merke – 1, dividiere durch 955, multipliziere mit 532, dividiere durch 1833 und merke + 1. Die Stellenzahl des Zählers ist – 2 + 0 + 5 + 2 = 5, die des Nenners – 1 + 0 + 6 + 2 = 7. Gemerkt war + 1 – 1 + 1 = + 1, also ist die Stellenzahl des Resultates 5 – 7 + 1 = – 1.

E. Tabellenbilden

1. Man will Yards in Meter umrechnen. Parität. 82 Yards sind 75 Meter. Man stellt mit Hilfe des Läuferstrichs 82 auf Skala D und 75 auf C gegenüber: Stelle zuerst den Läuferstrich über D 82 und ziehe die Zunge so weit nach rechts bis C 75 darunter und damit gegenüber D 82 steht.

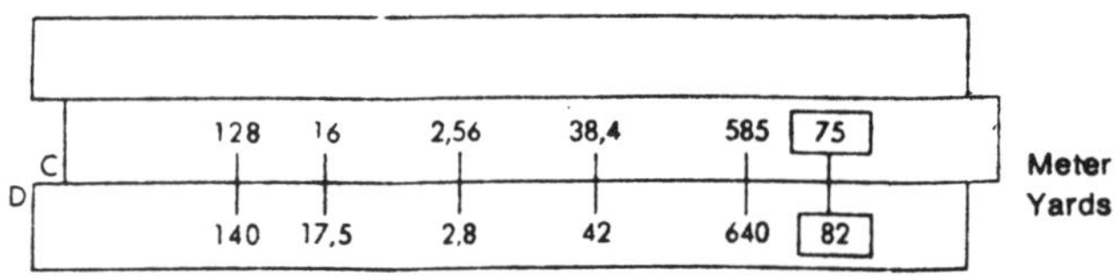

Fig. 16

Nun stellt man den Läuferstrich über den bekannten Yard-Wert auf D und kann darüber auf C die Meterzahl ablesen und umgekehrt:
z. B. 17,5 yards sind 16 m; 140 yards sind 128 m und umgekehrt; 38,4 m sind 42 yards; 2,56 m sind 2,8 yards; 585 m sind 640 yards.
Es kommt vor, daß man einige Werte nicht einstellen oder ablesen kann, weil die Zunge zu weit nach links oder rechts heraussteht.
Z. B. kann man für 105 Yards den Gegenwert 96 m nicht mehr ablesen.

Hier behilft man sich mit dem sog. „Durchschieben der Zunge“, d. h. man hält die Einstellung der Tabelle fest, indem man den Läuferstrich über C 1 stellt und nun die Zunge so weit nach links durchschiebt, bis C 10 unter dem Läuferstrich steht. Jetzt kann man auch die übrigen Werte ablesen.

2. Ist statt der Parität der Einheitswert bekannt, z. B. 1 yd = 0,914 m, stellt man C 1 oder C 10 (für 1 yd.) über 0,194 auf Skala D. Mit Hilfe des Läuferstrichs kann man wieder Yards und Meter auf C und D ablesen.

3. Oder der oft benötigte Wert 1 engl. Zoll = 25,4 mm. Man stellt C 1 über D 25,4 und liest mit Hilfe des Läuferstrichs z. B. 17" = 43,2 cm oder 37" = 94 cm.

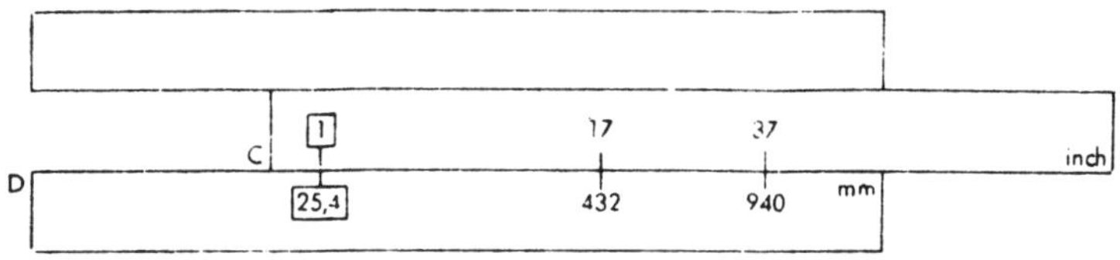

Fig. 17

Bei 42" z.B. kann man wieder nicht mehr einstellen und ablesen und schiebt wieder C 10 an die Stelle von C 1.

4. Achten Sie darauf, daß bei alllen Einstellungen stets Einheitswerte bzw. Gegenwert an den Skalenenden unter C 1 bzw. über D 10 und umgekehrt ablesbar sind. Steht also C 1 über D 25,4 (für 1 engl. Zoll = 25,4 mm), so steht über D 10 der Wert 0,3937 auf Skala C (für 1 cm = 0,3937").

F. Quadrat und Quadratwurzel suchen

Da log a^2 = 2 log a ist, so entspricht einer Einstellung (a) auf Skala D des Stabes die Ablesung a^2 auf dem Stabe der Skala A, da ja der Maßstab, nach welchem Skala A hergestellt wurde, nur halb so groß war, wie der zur Herstellung von D benutzte.

Daraus folgt:

1. Quadratzahl

Durch die Tatsache, daß die oberen Skalen **A** und **B** von 1 bis 100, und die unteren Skalen von 1 bis 10 unterteilt sind, bewirkt, daß man zu jeder Zahl auf **D** das Quadrat auf **A** findet.

Beispiel:

$2{,}3^2 = 5{,}29$ (Fig. 18).

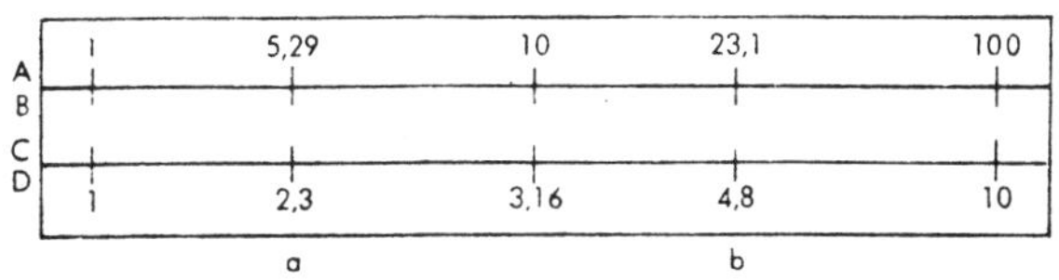

Fig. 18

Man stelle den Läuferstrich über 2,3 auf D und liest unter dem Läuferstrich auf A das Ergebnis 5,29 ab.

Übungen: $1{,}345^2 = 1{,}81$; $4{,}57^2 = 20{,}9$; $0{,}765^2 = 0{,}585$; $9{,}7^2 = 94{,}1$.

Ablese-Beispiele:

Man stelle den Läufer auf 2 in Skala D und lese auf Skala A ab; man findet 4 resp. 2^2; ebenso steht über 3 die Quadratzahl 9, über 4 die Quadratzahl 16 in der zweiten Hälfte der

Skala A usw. **Erhebt man aber eine n stellige Zahl** zum Quadrat, so besitzt das Resultat entweder 2n − 1 oder 2n Stellen.

Liest man die Quadratzahl in der ersten Hälfte der Skala A ab, so ist das Resultat 2n − 1 stellig, dagegen ist es für die zweite Hälfte 2n stellig.

Beispiele:

1. $12{,}5^2 = 156{,}3$ (das Resultat liegt auf der ersten Hälfte, ist also $2n - 1 = 2 \cdot 2 - 1 = 3$stellig).

2. $352^2 = 123900$ (das Resultat wird auf der zweiten Hälfte der Skala A abgelesen, ist also $2n = 2 \cdot 3 = 6$stellig).

3. $0{,}00478^2 = 0{,}0000228$ (Resultat wird auf der zweiten Hälfte abgelesen, ist also $2n = 2\,(-2) = -4$stellig).

4. $0{,}000135^2 = 0{,}0000000182$ (Resultat wird auf der ersten Hälfte abgelesen, ist also $2n - 1 = 2 \cdot (-3) - 1 = -7$stellig).

2. Multiplikation und Division von Quadratzahlen mit Grundzahlen

Sind erste Potenzen mit Quadratzahlen zu multiplizieren, so suche man die Grundzahlen auf Skala D auf und multipliziere auf Skala A weiter.

Beispiele:

1. $25 \cdot 3{,}14^2 = ?$

Lösung: Suche 3,14 auf Skala D auf, setze die 1 rechts der Zunge hier an und suche auf der oberen Skala der Zunge 25 auf; man findet auf Skala A 246. Stellenzahl $3{,}14^2$ ist $2n - 1$ stellig, also $2 \cdot 1 - 1$ stellig, das Resultat der Multiplikation mit 25 liegt links auf derselben Skala also $m + n = 1 + 2 = 3$stellig.

2. $4{,}5\,\frac{192^2}{108^2} = ?$

Lösung: Man schreibe die Aufgabe: $4{,}5\left(\frac{192}{108}\right)^2$, bilde auf Skala D den Quotienten $\frac{192}{108}$ und multipliziere auf Skala A mit 4,5, das gibt 142. Stellenzahl: $\frac{192}{108}$ ist, da der Schieber nach rechts herausragt, $3 - 3 + 1 = 1$stellig, das Quadrat hiervon $2n - 1$, also $2 \cdot 1 - 1$ ebenfalls 1stellig. Die Multiplikation mit 4,5 auf der oberen Skala fällt in die zweite Hälfte der Skala A, also $1 + 1 = 2$stellig, mithin Resultat 14,2.

3. Berechne x aus der Proportion

$$x : 63{,}5 = 118^2 : 182^2.$$

Lösung: $x = 63{,}5\left(\frac{118}{182}\right)^2 = 26{,}7.$

Stellenzahl $\frac{118}{182}$ ist $3 - 3 = 0$stellig (Resultat 0,65), $\left(\frac{118}{182}\right)^2$ also $2n = 2 \cdot 0 = 0$stellig. $\left(\frac{118}{182}\right)^2 \cdot 63{,}5$ wird links von der Einstellung auf derselben Skala abgelesen, also $m + n = 0 + 2 = 2$stellig. $x = 26{,}7$.

3. Quadratwurzeln

Soll die Quadratwurzel aus einer Zahl gezogen werden, so stelle man mit dem Läufer den Radikanden auf Skala A ein und lese die Wurzel auf Skala D ab. Man hat hierbei den

Radikanden auf der ersten Hälfte von A einzustellen, wenn er eine ungerade Anzahl von Stellen besitzt, im anderen Falle auf der zweite Hälfte.

also:

Die Quadratwurzel erhält man durch Einstellen des Radikanden auf **A** und Ablesen der darunter stehenden Zahl auf **D**.

Beispiel: $\sqrt{23,1} = 4,8$ (Fig. 18).
Man stellt den Läuferstrich über 23,1 auf **A** und liest unter dem Läuferstrich auf **D** das Ergebnis 4,8 ab.
Beim Quadratwurzelziehen ist es nicht gleichgültig, auf welcher Teilungshälfte von A oder B man einstellt; in der ersten Teilungshälfte sind die Werte von 1 bis 10, in der zweiten Hälfte die Werte von 10 bis 100 einzustellen. Darüber oder darunter liegende Zahlen muß man durch Absondern von Potenzen in die Intervalle 1–10 bzw. 10–100 verlegen, wie es folgende Beispiele zeigen:

$\sqrt{1936}$. Man zerlegt $\sqrt{1936} = \sqrt{100 \cdot 19,36} = 10 \cdot \sqrt{19,36} = 10 \cdot 4,4 = 44$
$\sqrt{145,8} = \sqrt{100 \cdot 1,458} = 10 \cdot \sqrt{1,458} = 10 \cdot 1,207 = 12,07$

Will man das Absondern der Potenzen von 10 vermeiden, so kann man sich auch rein mechanisch merken, wie einzustellen ist:
Auf der linken Hälfte müssen die Zahlen eingestellt werden, die eine, drei, fünf usw. **Stellen vor** dem Komma oder eine, drei, fünf usw. **Nullen hinter** dem Komma haben; auf der rechten Seite sind die Zahlen einzustellen, die zwei, vier usw. **Stellen vor** dem Komma oder keine, zwei, vier usw. **Nullen hinter** dem Komma haben.

Übungen: $\sqrt{10,24} = 3,2$; $\sqrt{62} = 7,874$; $\sqrt{4,56} = 2,135$; $\sqrt{7,68} = 2,77$.

Beispiele:

$\sqrt{6} = 2,45$ (stelle 6 auf der ersten Hälfte von Skala A ein).
$\sqrt{60} = 7,75$ (stelle 6 auf der zweiten Hälfte ein).
$\sqrt{5,83} = 2,42$.
$\sqrt{58,3} = 7,64$ (58 ist eine zweistellige, also geradstellige Zahl).
$\sqrt{0,36} = 0,6$ (0,36 ist ein nullstellige, also geradstellige Zahl).
$\sqrt{0,036} = 0,19$ (0,036 ist eine –1stellige, also ungeradstellige Zahl).
$\sqrt{0,00057} = 0,0239$ (0,00057) ist eine –3stellige, also ungeradstellige Zahl).

Ist der Radikand 2n, d. h. geradstellig, oder 2n – 1, d. h. ungeradstellig, so ist die Wurzel immer n stellig.
$\sqrt{76000} = 276$ ($2n - 1 = 5$, also $n = 3$).
$\sqrt{760\,000} = 872$ ($2n = 6$, also $n = 3$).
$\sqrt{0,000\,459} = 0,0214$ ($2n - 1 = -3$, also $n = -1$).
$0,361 \sqrt{124} = ?$
1. Lösung: Stelle 124 auf der ersten Hälfte von Skala A ein und multipliziere das Wurzelresultat (11,15) mit 0,361 auf Skala D, dies gibt 4,02.
2. Lösung: Man suche auf Skala D 361 und setze die Zunge mit der linken 1 daran, dann suche man auf der oberen Skala **der Zunge** 124 (erste Hälfte), so liest man auf Skala D das Resultat 4,02.

$\frac{5}{\sqrt{2}} = ?$ Stelle auf Skala D mit dem Läufer die 5 ein und schiebe darunter die 2 der

oberen Skala der Zunge (erste Hälfte), dann steht unter der 1 der Zunge auf Skala D das Resultat: 3,54.

$\frac{13}{\sqrt{20}} = 2{,}91.$ (Stelle die Marke des Läufers auf 13 der Skala D und darüber die 2 (ist 20) der oberen Skala der Zunge (zweite Hälfte), dann liest man auf Skala D das Resultat ab.)

$\frac{0{,}5}{\sqrt{3}} = 0{,}0289.$ (Stelle die Marke des Läufers auf 5 der Skala D und darüber die 3 der oberen Skala der Zunge (erste Hälfte), dann liest man auf Skala D das Resultat ab.)

G. Kubikzahlen und Kubikwurzeln

Da $\log a^3 = 3 \log a$ ist, so entspricht einer Einstellung (a) auf der Skala D eine Kubikzahl (a^3) auf der Skala K.
Nun hat eine Kubikzahl entweder 3n, oder 3n – 1, oder 3n – 2 Stellen, wenn n die Anzahl der Stellen der Grundzahl bedeutet.

Findet man den Kubus im ersten Drittel der Skala K, so ist das Resultat 3n – 2 stellig, im zweiten Drittel 3n – 1 stellig und im dritten Drittel 3n stellig.

Die Kubenskala besteht aus drei gleichen Abschnitten 1–10, 10–100 und 100–1000 und wird in Verbindung mit **D** benutzt. Man stellt den Läufer über den Wert auf **D** und liest darüber auf **K** den Kubus ab.

Beispiel: $2{,}66^3 = 18{,}8$; $1{,}54^3 = 3{,}65$; $2{,}34^3 = 12{,}8$; $6{,}14^3 = 232$

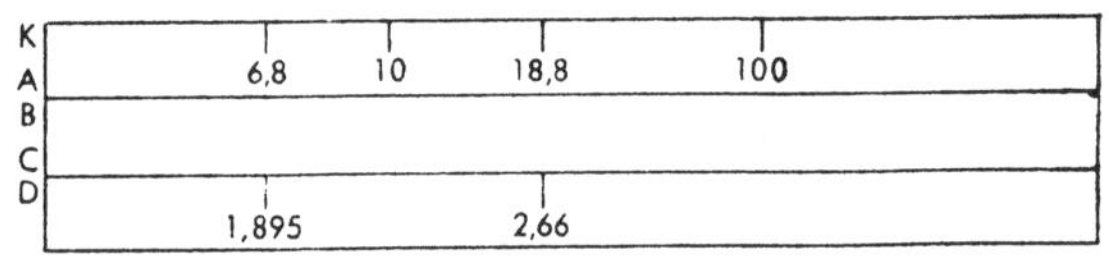

Fig. 19

Will man die Kubikzahl ziehen, geht man den umgekehrten Weg. Es ist auf **K** einzustellen und auf **D** abzulesen.

Beispiel: $\sqrt[3]{6{,}8} = 1{,}895$; $\sqrt[3]{4{,}66} = 1{,}670$; $\sqrt[3]{29{,}5} = 3{,}09$; $\sqrt[3]{192} = 5{,}77$

Liegt der Radikand unter 1 oder über 1000, so muß man, ähnlich wie bei den Quadratwurzeln, den Radikanden durch das Absondern geeigneter Potenzen von 10 in das Intervall von 1–1000 verlegen.

Will man a in die Potenz $a^{\frac{3}{2}}$ ($= \sqrt[2]{a^3}$) erheben, sucht man die Grundzahl auf A und das Ergebnis auf K.

Bei der Potenz $a^{\frac{2}{3}}$ geht man den umgekehrten Weg, stellt also mittels Läuferstrich a auf K ein und liest darunter auf A das Ergebnis $a^{\frac{2}{3}}$ ($= \sqrt[3]{a^2}$) ab.

$12{,}8^{\frac{3}{2}} = 45{,}795$ $\qquad 172^{\frac{2}{3}} = 30{,}93$

Beispiele:

1. $1{,}8^3 = 5{,}8$ (1,8 einstellig, Resultat im ersten Drittel $3 \cdot 1 - 2 = 1$stellig).
2. $2{,}94^3 = 25{,}4$ (2,94 einstellig, Resultat im zweiten Drittel, also $3 \cdot 1 - 2 = 1$stellig).
3. $47^3 = 104\,000$ (47 zweistellig, Resultat im dritten Drittel, also $3 \cdot 2 = 6$stellig).

4. $131^3 = 2\,250\,000$ (131 dreistellig, Resultat im ersten Drittel, also $3 \cdot 3 - 2 = 7$stellig).

5. $0{,}045^3 = 0{,}000\,0091$ (Stellenzahl: $3 \cdot (-1) - 2 = -5$).

6. $0{,}000\,85^3 = 0{,}000\,000\,000\,61$ (Stellenzahl: $3 \cdot (-3) = -9$.

7. $\sqrt[3]{8} = 2$. Man stelle auf dem ersten Drittel der Skala K mit der Läufermarke die 8 ein und lese auf Skala D ab.

8. $\sqrt[3]{27} = 3$. Man stelle auf dem zweiten Drittel der Skala K mit der Läufermarke die 27 ein und lese auf Skala D ab.

9. $\sqrt[3]{512} = 8$. Man stelle auf dem dritten Drittel der Skala K mit der Läufermarke 512 ein und lese auf Skala D ab.

10. $\sqrt[3]{18\,000} = 26{,}2$. Lösung: Man teile von rechts nach links in Klassen zu je drei Stellen; da die höchste Klasse (18) zwei Stellen hat, so stelle man den Läufer auf 18 im zweiten Drittel von K ein und lese auf D ab. Das Resultat ist zweistellig.

11. $\sqrt[3]{0{,}064|} = 0{,}4$. Man teile vom Komma aus die Dezimalen von links nach rechts in Klassen zu je drei Stellen. Die höchste Klasse besitzt zwei Stellen, also 64 auf Skala K im zweiten Drittel eingestellt.

12. $\sqrt[3]{0{,}012} = 0{,}229$ (12, zweites Drittel).

13. $\sqrt[3]{0{,}120} = 0{,}493$ (120, drittes Drittel).

14. $120 \sqrt[3]{\frac{50}{120}} = ?$

Lösung: Man rechne auf Skala D $\frac{50}{120} = 0{,}417$; $\sqrt[3]{0{,}417} \cdot 120 = 90$.

15. $25 \sqrt[3]{\frac{120 \cdot 85}{1300}} = ?$

Lösung: $\frac{120 \cdot 85}{1300} = 7{,}85$; $\sqrt[3]{7{,}85} \cdot 25 = 49{,}7$.

H. Rechnen mit der reziproken Teilung BI

Die reziproke Quadratskala BI stellt die Umkehrung der Teilung B dar und arbeitet als Quadratskala mit CI, als reziproke Teilung mit A und B zusammen. Dies ist für zusammengesetzte Rechnungen vorteilhaft.
Man kann hier die gleichen Rechnungen ausführen wie unter 1–5, nur treten an Stelle der Teilungen A, B, CI, C und D die Teilungen D, CI, BI, B und A.
Beispiel Nr. 1: $1 : 8 = 0{,}125$. – Man stellt den Läuferstrich über 8 auf BI oder **B** und liest darüber auf **B** oder darunter auf BI den reziproken Wert 0,125.
Hier ein Beispiel für eine zusammengesetzte Rechnung, bei der besonders vorteilhaft von A und B aus auf BI weitergerechnet werden kann.

Beispiel: $(2{,}45 \cdot 3)^2 \cdot 2{,}27 = 122{,}6$.

Man stellt C 1 über D 2-4-5, rückt den Läuferstrich über C 3, liest das Zwischenergebnis 7,35 (auf D) nicht ab, sondern findet gleichfalls unter dem Läuferstrich das Quadrat 54 auf A (Quadrieren). Dieses multipliziert man mit 2,27, indem man BI 2-2-7 unter den Läuferstrich zieht. Über B 1 auf A findet man das Ergebnis 122,6.

Beispiel: Gesucht ist die Oberfläche einer Kugel mit $r = 7{,}2$ cm.

$O = 4\pi r^2 = 651\ \text{cm}^2$. Man stellt BI 4 unter A π und liest über C 7-2 auf A für 0 den Wert 651 cm^2 ab.

J. Rechnen mit den π-versetzten Skalen CF und DF

1. Tabellenbilden

Da bei den π-versetzten Skalen CF und DF der Wert 1 etwa in der Mitte liegt, kann man sie vorteilhaft beim Tabellenrechnen und beim Multiplizieren verwenden und dadurch das „Durchschieben der Zunge" auf C und D ersparen.

Beispiel: 75 engl. Pfund (lbs.) ergeben 34 kg.
Man stellt CF 3-4 mit Hilfe des Läuferstrichs unter DF 7-5 und hat nun eine Tabelle für die Umrechnung lbs. in kg. Auf CF oder C stehen die kg und auf DF oder D die lbs. Sie können mit dem Läuferstrich eingestellt und abgelesen werden.

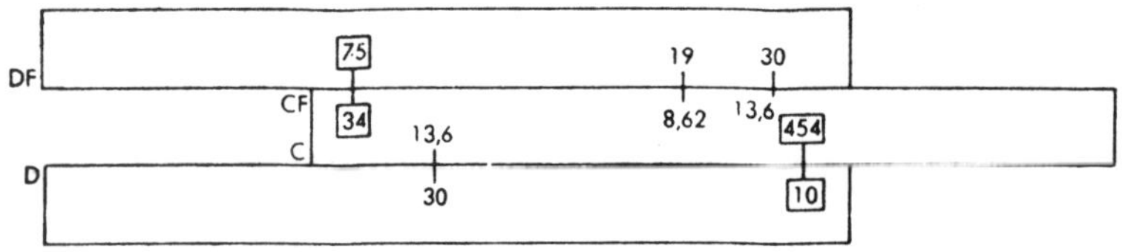

Fig. 20

Achten Sie darauf, daß bei obiger Einstellung gleichzeitig über D 10 auf C der Einheitswert 454 erscheint (1 lb. = 0,454 kg).

Übungen für die Einstellung CF 34 unter DF 75:
30 lbs = 13,6 kg; man stellt den Läuferstrich über DF 3 (oder D 3) und kann darunter auf CF (oder darüber auf C) den Wert 13,6 ablesen.
19 lbs = 8,62 kg; man stellt den Läufer auf DF 19 (auf D kann dieses Mal nicht eingestellt werden) und liest darunter auf CF den Wert 8,62 ab.
Beim Übergang von den unteren auf die oberen Skalen und umgekehrt hat man also stets den gesamten Teilungsbereich zur Verfügung.
Bei der Einstellung CF-3-4 unter DF-7-5 verläuft er von C 1 bis C 4-5-4 (1 kg = 0,454 lbs) und dann oben weiter von CF-3-1-4 über CF-1 bis CF-1-4-2-5. Betrachten Sie zur Übung auch den Bereich von DF.

2. Multiplizieren

Ist beim Multiplizieren auf C und D der 2. Faktor (mit dem Läuferstrich) nicht einstellbar, bzw. muß ein „Durchschieben des Schiebers" in Kauf genommen werden, kann man dies vermeiden, indem man auf CF und DF weiterarbeitet.

Beispiel: 2,91 · 4 = 11,64.
Man stellt C 1 über D 2,91 (oder CF 1 unter DF 2,91), schiebt den Läufer über CF 4 und liest darüber auf DF das Ergebnis 11,64 ab.

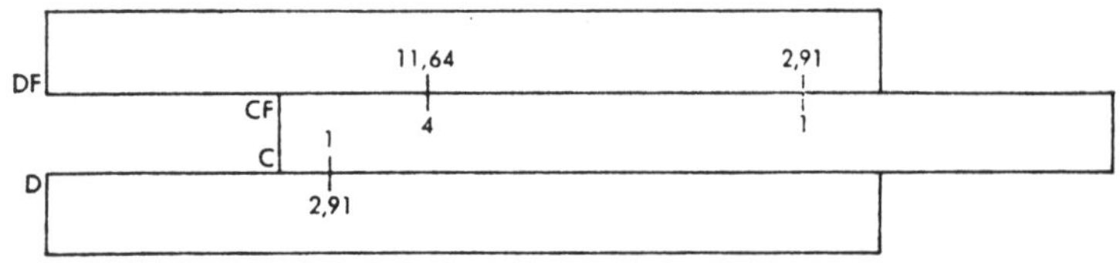

Fig. 21

Übungen: 18,4 · 7,4 = 136,1; man stellt CF 1 unter DF 18,4 (oder C 1 über D 18,4), schiebt den Läuferstrich über DF 7,4 (auf C kann nicht eingestellt werden!) und liest darüber auf DF den Wert 136,1 ab.

42,25 · 3,7 = 156,3; CF 1 unter DF 42,25 (es steht auch C 10 über D 42,25!); anschließend Läufer über C 3,7 und darunter auf D den Wert 156,3 ablesen. (Auf CF kann 3,7 nicht eingestellt werden!)

3. Multiplikation und Division mit dem Wert π

Der Übergang von den Skalen C und D auf die Skalen CF bzw. DF ist direkt mit dem Läufer durchführbar und ergibt eine Multiplikation mit dem Faktor π.

Beispiel: $1{,}184\pi = 3{,}72$.
Man stellt den Läuferstrich über D 1,184 (oder bei Nullstellung C) und liest auf DF (oder CF bei Nullstellung) das Ergebnis 3,72 gleichfalls unter dem Läuferstrich ab.
Der umgekehrte Vorgang also, Übergang von CF und DF auf C und D, ergibt eine Division durch π.

Beispiel: $\frac{18{,}65}{\pi} = 5{,}94$.

Man stellt den Läuferstrich auf DF 18,65 (bei Nullstellung auf CF 18,65) und liest auf D (oder C bei Nullstellung) das Ergebnis 5,94 ab.

K. Rechnen mit der reziproken Skala CI

Sie ist von 1–10 unterteilt, entspricht also im Teilungsbild den Skalen C und D, verläuft aber in entgegengesetzter Richtung.

1. Sucht man zu einer gegebenen Zahl a den reziproken Wert 1 : a, stellt man diese auf C oder CI ein und liest darüber auf CI oder darunter auf C den reziproken Wert ab. Die Ablesung geschieht ohne Verstellen der Zunge, allein durch Läufereinstellung.

Beispiele: 1 : 8 = 0,125; 1 : 2 = 0,5; 1 : 4 = 0,25; 1 : 3 = 0,333.

2. Sucht man $1 : a^2$, so richtet man den Läuferstrich auf a der Skala CI und liest darüber auf B das Ergebnis ebenfalls unter dem Läuferstrich ab.

Beispiel: $1 : 2{,}44^2 = 0{,}168$ Überschlag für Stellenwert: weniger als $\frac{1}{5} = 0{,}2$

3. Sucht man $1 : \sqrt{a}$, so stellt man den Läuferstrich auf a der Skala B und findet auf CI das Ergebnis ebenfalls unter dem Läuferstrich.

Beispiel: $1 : \sqrt{27{,}4} = 0{,}191$ Überschlag für Stellenwert: kleiner als $\frac{1}{5} = 0{,}2$

4. **Man kann mit den Skalen D und CI auch multiplizieren.** (Division mit dem reziproken Wert = Multiplikation). Viele Rechner wenden diese Methode gern an.
Z. B. 0,66 · 20,25. Man geht wie bei der Division vor, d. h. stellt zuerst den Läuferstrich über 0,66 auf D, zieht dann 20,25 auf CI unter den Läuferstrich und kann nun das Produkt 13,37 auf D unter C 1 ablesen.

5. So sind sehr einfach **Produkte mit mehreren Faktoren** zu lösen:

Fig. 22

Man multipliziert die beiden ersten Faktoren wie oben unter 4., hat mit dem Ergebnis C 1 über 13,37 sofort die Einstellung für Multiplikation mit dem nächsten Faktor (zuerst gelernte Methode der Multiplikation Seite 270).

Beispiel: $0{,}66 \cdot 20{,}25 \cdot 2{,}38 = 31{,}8$.
Man rechnet $0{,}66 \cdot 20{,}25$ wie unter 4., hat dann die Einstellung C 1 über dem Zwischenergebnis und schiebt nun den Läuferstrich über den 3. Faktor 2,38 auf C. Darunter das Ergebnis 31,8 auf D.
Nun könnte man sofort wieder eine Multiplikation anschließen, indem man den nächsten Faktor auf CI unter den Läuferstrich schiebt und das Ergebnis unter C 1 (bzw. C 10) auf D abliest.
Also abwechselnd Multiplikation mit Hilfe von D und CI und anschließend nach erster Methode mit Hilfe von C und D.

L. Rechnen mit der reziproken Teilung CIF

Die **Skala CIF** wird zusammen mit den Skalen CF und DF verwendet.

Beispiele für die Multiplikation mit mehreren Faktoren:

$2{,}23 \cdot 16{,}7 \cdot 1{,}175 \cdot 24{,}2 = 1059$.

Lösung: CI-2,23 mit Hilfe des Läuferstrichs über D-16,7; Stab wenden, Läuferstrich über CF-1,175; CI-24,2 unter den Läuferstrich, Ergebnis 1059 auf DF über CF-1 ablesen.

$0{,}53 \cdot 0{,}73 \cdot 39{,}1 \cdot 0{,}732 = 11{,}07$.

Lösung: CI-0,53 mit Hilfe des Läuferstrichs über D-0,73; Stab wenden, Läuferstrich über CF-39,1; CIF-0,732 unter den Läuferstrich; Ergebnis 11,07 auf DF über CF-1 ablesen.

M. Höhere Potenzen und Wurzeln

Wie erwähnt, bilden die Skalen L und D eine Logarithmentafel. Sollen also bisher nicht besprochene Potenzen oder Wurzeln berechnet werden, so geschieht die Rechnung logarithmisch.

Beispiele:

1. $5000^{1,6}$ zu berechnen.
Lösung: Ist $5000^{1,6} = x$, so ist $\log x = 1{,}6 \log 5000$. Man stelle auf Skala D die Zahl 5 ein und lese auf L die zugehörige Mantisse ab, also

$$\log 5000 = 3{,}699,$$
$$1{,}6 \cdot 3{,}699 = 5{,}91 \text{ (auf Skala D ausgerechnet)},$$

folglich ist $5000^{1,6} = \text{N} \log 5{,}91 = 813\,000,$
indem auf Skala L zur Mantisse 91 der Numerus 813 in Skala D gehört.

2. $\sqrt[7]{342} = ?$
Lösung: Ist $x = \sqrt[7]{342}$, so ist $\log x = \frac{1}{7} \cdot \log 342$; $\log 342 = 2{,}534$; $\log x = 0{,}362$ und $x = \text{N} \log 0{,}362 = 2{,}30$.

N. Berechnung des Kreisinhaltes

Gegeben der Durchmesser d eines Kreises, gesucht der Inhalt

Lösung: Der Inhalt ist $F = d^2\frac{\pi}{4} = d^2 \cdot 0{,}785$. Um den Inhalt F zu finden, stelle man den Durchmesser d auf der Skala D mit der 1 rechts ein und multipliziere mit 0,785 in Skala A. Zur Erleichterung der Einstellung ist die Zahl $\frac{\pi}{4}$ durch einen längeren Strich bei 785 sowohl auf der Zunge als auch auf der Skala A der zweiten Hälfte hervorgehoben.

Beispiele:

1. $d = 3{,}7,\ F = 3{,}7^2 \cdot \frac{\pi}{4} = 10{,}7.$

Lösung: Auf Skala D wird mit dem rechten Zungenende (1) die 3,7 eingestellt und auf der Zunge der Strich $\frac{\pi}{4}$ aufgesucht, über welchem das Resultat 10,7 steht.

2. $d = 2{,}42;\quad F = 2{,}42^2 \cdot \frac{\pi}{4} = 4{,}6.$

3. $d = 1{,}1;\ F = 1{,}1^2 \cdot \frac{\pi}{4} = ?$

Lösung: Stellt man das rechte Zungenende auf 1,1, so ragt die Länge $\frac{\pi}{4}$ über den Schieber hinaus, also setzen wir diesmal das linke Ende der Zunge an 1,1 und multiplizieren mit $\frac{\pi}{4}$; wir erhalten 0,95.

Zweite Lösung (nur bei unserem Schieber zu empfehlen). Es ist

$$F = d^2 \cdot \frac{\pi}{4} = \frac{d^2}{\frac{4}{\pi}} = \frac{d^2}{\left(\sqrt{\frac{4}{\pi}}\right)^2} = \left(\frac{d}{\sqrt{\frac{4}{\pi}}}\right)^2.$$

Nun ist $\sqrt{\frac{4}{\pi}} = 1{,}13 = C$, welche Größe auf der Skala D der Zunge durch einen Strich angedeutet ist. Man stellt also, um F zu finden, den Durchmesser d auf Skala D ein und dividiert durch C, dann findet man F auf Skala A am Anfang oder Ende der Zunge.

Gegeben der Inhalt eines Kreises, gesucht der Durchmesser

Aus $F = \frac{d^2\pi}{4}$ findet man $d = \sqrt{\frac{F}{\frac{\pi}{4}}}$, d. h. man stellt auf Skala A den Inhalt F ein (in der ersten Hälfte, wenn F **ungeradstellig**, in der zweiten Hälfte, wenn F **geradstellig** ist), dividiert durch $\frac{\pi}{4}$ (Marke bei 785) und liest an der Zungeneins auf Skala D ab.

Z. B.: F = 7,5, dann ist auf der ersten Hälfte der Skala A 7,5 durch $\frac{\pi}{4}$ zu dividieren und das Resultat 3,09 auf Skala D abzulesen.

$$F = 33;\ d = \sqrt{\frac{33}{\frac{\pi}{4}}} = 6{,}48.$$

O. Trigonometrie

1. Die trigonometrischen Skalen S, ST, T_1 und T_2

Die trigonometrischen Skalen T_1, T_2 und S sind dezimal untertelt und zeigen in Verbindung mit der Grundskala D die Winkelfunktionen bzw. bei umgekehrter Ablesung die Winkel.

Benutzung als Tafeln

Bei Benutzung der Skalen S, T_1 und T_2 in Verbindung mit der Skala D als **trigonometrische Tafel** ist folgendes zu beachten (Skala ST s. umseitig):
Die **S-Skala** ergibt in Vebindung mit der **D-Skala** eine **Sinustafel**.

Die **S-Skala** mit den Werten der Komplementärwinkel (von rechts nach links ansteigend) ergibt in Verbindung mit der **D-Skala** eine **Kosinustafel.**
Die **beiden T-Skalen** ergeben mit der **D-Skala** eine **Tangenstafel** bis 84,28°.
Die **beiden T-Skalen** mit den Werten der Komplementärwinkel (von rechts nach links ansteigend) ergeben mit der **D-Skala** eine **Kotangenstafel.**

Aufgabe:	Einstellung:	
sin 13° = cos 77° = 0,225	S 13° – D 0,225	Für diese Einstellungen wird lediglich der lange Läuferstrich benötigt.
sin 76° = cos 14° = 0,97	S 76° – D 0,97	
cos 28° = sin 62° = 0,883	S 62° – D 0,883	
cos 78° = sin 12° = 0,208	S 12° – D 0,208	
tan 32° = cot 58° = 0,625	T_1 32° – D 0,625	
tan 57° = cot 33° = 1,54	T_2 57° – D 1,54	
cot 18° = tan 72° = 3,08	T_2 18° – D 3,08*	
cot 75° = tan 15° = 0,268	T_1 75° – D 0,268*	

* oder

cot 18° = tan 72° = 3,08	T_1 18° – Cl 3,08	Einstellung mit dem langen Läuferstrich bei **Nullstellung** des Stabes.
cot 75° = tan 15° = 0,268	T_2 75° – Cl 0,268	

Die ST-Skala

Die **ST-Skala** ergibt mit der **D-Skala** eine Tafel der **arc-Funktion (Bogenmaß)** und bei Verwendung der Korrekturmarken eine Sinus- bzw. Tangensskala für die Winkel 0,55°–6°.

Als arc-Skala (für das Bogenmaß):
Einstellung des Winkelwerts auf ST, Ablesung der Funktionswerte auf D (mit Hilfe des Läuferstrichs).
Beispiele: arc 2,5° = 0,0436; arc 4,02° = 0,07; und umgekehrt
$\widehat{0{,}04} = 2{,}29°$; $\widehat{0{,}021} = 1{,}205°$.

Die arc-Skala gilt auch für die 10-fachen Winkelwerte, doch muß dann der Funktionswert mit 10 multipliziert werden.
Beispiele: arc 31° = 0,515; 0,64 = 39,8°.

Als Tangensskala bzw. Sinusskala für kleine Winkel und zwar bis 3° beim Tangens bzw. bis 5° beim Sinus gemäß der Beziehung tan $\alpha \approx$ sin $\alpha \approx$ arc α.
Beispiele: tan 2,5° ≈ sin 2,5° ≈ arc 2,5° = 0,0436
tan 4° ≈ sin 4° ≈ arc 4° = 0,0697

Für das **genaue** Ablesen des Tangens 4° wird die Korrekturmarke **rechts** neben dem Teilstrich 4° benutzt. Man liest den Wert 0,0699 ab.

Für die Korrekturmarken des Tangens gilt also:
Tangens **größer** als arc, daher Korrekturmarke **rechts** vom Teilstrich!
Beispiel: tan 5° = 0,0875

Liegt der Winkel zwischen den mit Korrekturmarken versehenen vollen Graden, so muß man das Korrektur-Intervall entsprechend übertragen:
Beispiel: tan 3,5° = 0,0612; tan 4,2° = 0,0734; tan 5,33° = 0,0934

Ist der Funktionswert gegeben und der Winkel gesucht, wird das Korrektur-Intervall nach **links** berücksichtigt.

Für den Sinus ist die Korrekturmarke **links** vom Teilstrich 6° angebracht. Sie gilt für den Bereich von 5°–6°.
Es wird damit wie oben, nur entgegengesetzt gearbeitet.

2. Das Rechnen mit den trigonometrischen Skalen S, ST, T_1 und T_2

Da jede Funktion ein Verhältnis „Seite zu Seite" ist, braucht man jeweils die **Skalenstrecke der D-Skala** an die **Skalenstrecke der CI-Skala** anzureihen. Lotet man dann den Endpunkt dieser Streckenaddition auf die entsprechende Winkelfunktionsskala (ST für 0,01 x; S und T_1 für 0,1 x und T_2 für x), so kann man sofort den Winkelwert ablesen.

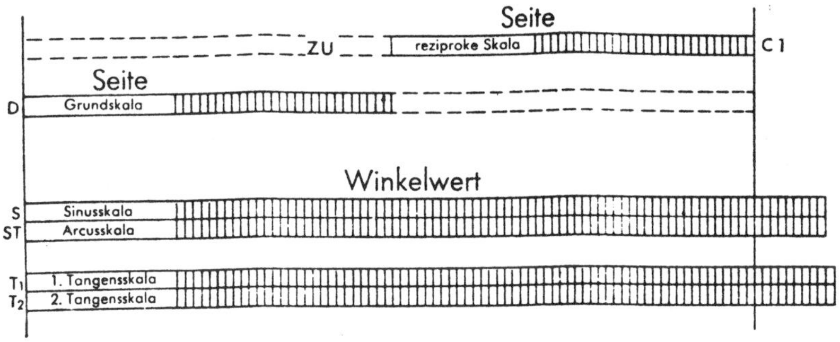

Fig. 23

Aber auch für den Fall, daß der Winkel und eine Seite gegeben sind, läßt sich das gleiche Rechenschema anwenden, nur muß hierbei erst der Winkelwert mit dem Läuferstrich aufgesucht werden, und auf den Skalen D oder CI die entsprechende Seite des Dreiecks berücksichtigt werden.

Beispiele für das rechtwinklige Dreieck:

1. Gegegeben a = 3, b = 4. Gesucht α und c.
C 1 über D 3, Läuferstrich auf CI 4 und auf T_1-Skala für α den Winkel 36,9° ablesen. Jetzt Läufer auf S 36,9° ergibt auf CI die Hypotenuse 5.

2. a = 30, b = 4. Gesucht α und c.
Einstellung wie oben, also C 1 über D 3, Läuferstrich auf CI 4, aber auf T_2-Skala für α den Winkel 82,4° ablesen (da $30 : 4 > 1$); für Ermittlung von c Läufer auf S 82,4°, auf CI steht 30,3 für c.

3. a = 3; b = 40. Gesucht α und c.
Einstellung wie oben, aber Winkel auf ST mit 4,28° ablesen (erste Ablesung 4,3°, Korrektur nach links ergibt 4,29°). Mit dieser korrigierten Einstellung 4,29° wird auf CI für c = 40,1 abgelesen.

4. a = 8,2; b = 21,6. Gesucht c und α.
C 10 über D 8,2, Läufer auf CI 21,6 und auf T_1-Skala 20,78° für α ablesen. Läufer auf 20,78° der S-Skala stellen und auf CI 23,1 für c ablesen.

5. a = 21,6; b = 8,2. Gesucht c und α.
C 1 über D 21,6, Läufer auf CI 8,2 und auf T_2-Skala 69,22° für α ablesen. Läufer auf 69,22 der S-Skala stellen und auf CI den Wert 23,1 für c ablesen.

Und noch ein Beispiel mit Benutzung der Korrekturmarke:

6. a = 51,2; c = 612. Gesucht α und b.
C 1 über D 51,2, Läufer auf CI 612; auf ST-Skala 4,8° ablesen. Jetzt um das Korrekturintervall für Tangens nach rechts gehen und auf CI für b = 610 ablesen.

Beispiele für das schiefwinkelige Dreieck:

Hierfür gilt die Beziehung $\frac{a}{\sin\alpha} = \frac{b}{\sin\beta} = \frac{c}{\sin\gamma}$

1. a = 38,3; α = 52°; β = 59°; γ = 69°. Gesucht b und c.
C 383 über S 52° stellen. Mit Hilfe des Läuferstrichs kann man über S 59° und 69° die Ergebnisse b = 41,7 und c = 45,4 auf C ablesen.

2. α = 6°; β = 5°; c = 165. Gesucht a und b.
Bekanntlich ist γ = 180° − (α + β) = 169° und sin γ = sin (180° − y) = sin 11°.
Man stellt somit C 165 über S 11° und kann auf der Arcusskala unter Benutzung der Korrekturmarken die Winkel mit dem Läuferstrich aufsuchen und auf der C-Skala die Werte für a = 90,4 und b = 75,4 ablesen.

Kosinus und **Kotangens** erhält man mit Hilfe der Komplementärwinkel cos α = sin (90°−α); cot α = tan (90°−α).

Beispiele:

1. b = 1,17; a = 2,23. Gesucht α und c.
C 1 über D 1,17, Läufer auf CI 2,23; darüber auf T_1-Skala für α (invers, rote Zahlen) 62,3° ablesen. Nun Läufer auf (invers, rote Zahlen) 62,3° der S-Skala. Darüber auf CI 2,52 für c ablesen.

2. b = 4,42; c = 46,2. Gesucht α und a.
C 1 über D 4,42; Läufer über CI 46,2. Auf ST (invers) 84,52° für α ablesen. (Wird Korrekturwert berücksichtigt, nämlich eine Teilstrichbreite nach **rechts**, erhalten wir genau 84,5°.) Nun Läufer auf (invers) 84,5° de ST-Skala (Tangenskorrektur berücksichtigen!) und darüber auf CI für a = 46 ablesen.

P. Besondere Rechengänge

1. Gebrauch der ϱ-Marke

Man kann auch die ϱ-Marke zur Bestimmung von Bogenmaß bzw. arc-Funktion benutzen gemäß der Beziehung

$$g \cdot \alpha = 0{,}01745 \cdot \alpha = \text{arc}\ \alpha.$$

Stellt man C 1 über ϱ auf D oder CF 1 unter ϱ auf DF, hat man eine arc-Tabelle auf D (Winkelwert auf C) oder auf DF (Winkelwert auf CF).

Beispiele: arc 2,5° = 0,0436; arc 0,4° = 0,00698; arc 0,0052° = 0,0000907
Einstellen und Ablesen mit Hilfe des Läufers.

2. Die pythagoreische Teilung P

Diese Teilung stellt die Funktion $y = \sqrt{1 - (0{,}1\ x)^2}$ dar; sie arbeitet mit D (= x) zusammen. Die Teilung ist gegenläufig, daher rot eingefärbt.

3. Trigonometrische Berechnungen

Die **P**-Skala bietet den Vorteil, daß man für **große Sinus-** und **kleine Cosinuswinkel** genauere Werte erhält. Während man auf der Skala D z. B. für sin 67° das Ergebnis nur mit 0,92 ablesen kann, findet man auf **P**, unter cos 67° = sin (90–67) den Wert genauer mit 0,9204.

Beispiele: sin 72,3° = 0,9526; cos 12,3° = 0,9771
sin 81,2° = 0,98821; cos 6,3° = 0,99397

Zu jedem **sin-Wert** auf der Skala D über dem Winkel auf S findet man den **cos-Wert auf der P-Skala** und umgekehrt. Man hat immer beide Werte sin α und cos α und kann ohne den Winkel abzulesen gleich vom sin zum cos übergehen.

Beispiel: sin 77° = 0,974 entspricht dem cos-Wert 0,225

4. Wurzelberechnungen

Für Zahlen nahe unter 1, 100 usw. findet die **P**-Skala mit großer Genauigkeit Verwendung.

Beispiel: $\sqrt{0{,}925} = \sqrt{1-0{,}075} = \sqrt{1-(0{,}274)^2} = 0{,}9618$

Der Radikand wird von der nächsthöheren Zehnerpotenz subtrahiert. Die Differenz wird mit dem Läuferstrich auf der A-Skala eingestellt und die gesuchte Wurzel auf P abgelesen, diese wird noch mit der Wurzel der Zehnerpotenz, von der wir subtrahierten, multipliziert.

5. Auflösung des rechtwinkeligen Dreiecks

Mit Hilfe der Skala P lassen sich Aufgaben dieser Art auch bei einer der Hypotenuse gegenüber sehr unterschiedlichen Kathetenlänge fast immer ohne Schieberumstellung lösen. Ist z. B. die Hypotenuse mit 13 cm und eine Kathete mit 5 cm gegeben, so stellt man C 13 über D 1 und liest unter C 5 auf P den Wert 0,923 ab. Dieser wird mit dem Läufer auf DF übertragen. Auf der Skala CF findet man dann die Länge der zweiten Kathete mit 12 cm.

6. Die Mantissenskala L für dekadische Logarithmen

Sie arbeitet mit Skala D zusammen und erlaubt das Ablesen der dekadischen Logarithmen.

Beispiel: lg 1,35 = 0,1303; lg 13,5 = 1,1303;
man stellt den Läuferstrich übe 1,35 der Skala D und liest darüber auf L das Ergebnis – 1303 ab. Die Kennziffer wird, wie üblich, selbst bestimmt.

Umgekehrt findet man zu dem Logarithmus den Numerus, man stellt den Läufer auf L ein und liest darunter auf D ab.

Übungen: lg 3 = 0,4772; lg 36,2 = 1,5587; lg 1,479 = 0,170 oder auch lg sin 25° = lg 0,4225 (auf D) = 0,6258–1 (auf L) = 9,6258–10; man kann also mit dem Läufer direkt von S 25° nach L-6258 ablesen.

7. Das Rechnen mit den Exponentialskalen LL_1, LL_2 und LL_3

Sie liegen am unteren Rand der Stabvorderseite, verlaufen von 1,0095 bis $6 \cdot 10^4$ und arbeiten mit C und D zusammen. Bei den LL-Skalen muß die Kommastellung beachtet werden.

1. Der Übergang von LL_1 nach LL_2 und von LL_2 nach LL_3 ergibt **Zehnerpotenzen** und der umgekehrte Vorgang **Zehnerwurzeln.**

Beispiele: $1{,}02^{10} = 1{,}219$; $1{,}035^{10} = 1{,}4106$; $1{,}204^{10} = 6{,}401$;
$1{,}443^{10} = 39{,}144$; $\sqrt[10]{2{,}1} = 1{,}07702$; $\sqrt[10]{1{,}28} = 1{,}025$;
$\sqrt[10]{75} = 1{,}54$; $\sqrt[10]{950} = 1{,}985$.

2. Der Übergang von LL_1 nach LL_3 ergibt **Hunderterpotenzen** und der umgekehrte Vorgang **Hunderterwurzeln.**

Beispiele: $1{,}025^{100} = 11{,}8$; $1{,}05^{100} = 131{,}5$;

$\sqrt[100]{6} = 1{,}0181$; $\sqrt[100]{300} = 1{,}0587$.

3. Bevorzugte Anwendung findet die **LL_1-Skala** auch in der **Zinseszinsrechnung.**

Beispiel 1:
Ein Kapital von DM 375 soll 10 Jahre zu 3% verzinst werden. Wie groß ist das Endkapital?
$K = K \cdot q^n$; $K = 375 \cdot 1{,}03^{10}$
Berechnung des Aufzinsungsfaktors $1{,}03^{10}$:
Man braucht nur den Läuferstrich auf LL_1-1,03 zu stellen und darunter auf LL_2 den Aufzinsungsfaktor 1,344 abzulesen.
Die Multiplikation 375 · 1,344 auf den Skalen C und D ergibt DM 504,–.

Beispiel 2:
Auf welche Summe wachsen DM 614,– in 8 Jahren bei 4½% an?
$K = 614 \cdot 1{,}045^8$.
Stelle C-10 mit Hilfe des Läuferstriches über LL_1-1,045. Nun kann man auf der Skala LL_2 unter C-8 das Ergebnis 1,422 ablesen.
Das Anfangskapital von DM 614,– mit dem Faktor 1,422 multipliziert ergibt DM 873,–.

Beispiel 3:
Es soll das Endkapital von einem Anfangskapital von 1540,– DM errechnet werden, das 14,5 Jahre mit 3¼% auf Zinseszins gestanden hat.
$K = 1540 \cdot 1{,}0325^{14{,}5}$.
In diesem Falle muß man von der LL_1-Skala auf die LL_2-Skala überwechseln, da die Anzahl der Jahre über 10 ist. (Steigt die Jahresanzahl über 100, geht man sofort von der LL_1-Skala auf die LL_3-Skala über.) Man stellt mit Hilfe des Läuferstriches C-1 und LL_1-1,0325 gegenüber und liest auf der LL_2-Skala unter C-1,45 den Aufzinsungsfaktor 1,59 ab. Die Multiplikation des Anfangskapitals DM 1540,– mit dem Aufzinsungsfaktor 1,59 ergibt das Endkapital von DM 2450.

8. Die Potenzen der Zahl $e \approx 2{,}71828$

Man stellt den Läufer über den Exponenten auf D.
Die e-Potenz wird auf den LL-Skalen abgelesen; es gilt bei LL_3 für die D-Skala der Bereich 1–10, bei LL_2 der Bereich 0,1–1 und bei LL_1 der Bereich 0,01–0,1.

Beispiele:
$e^{1{,}61} = 5$. Man schiebt den Läuferstrich über D 1-6-1 und liest auf LL_3 das Ergebnis 5 ab.
$e^{0{,}161} = 1{,}1747$. Läuferstrich auf D 1-6-1, das aber jetzt als 0,161 zu gelten hat, Ergebnis 1,1747 auf LL_2.
$e^{6{,}22} = 5 \cdot 10^2 = 503$; $e^{0{,}622} = 1{,}863$; $e^{2{,}64} = 14$.
$e^{0{,}0161} = 1{,}01625$; $e^{0{,}0622} = 1{,}0642$.

Ist der Potenzexponent negativ, so verwendet man $e^{-n} = \frac{1}{e^n}$, rechnet also zunächst mit positivem n und sucht dann den reziproken Wert.

Beispiel: $e^{-0{,}0161} = \frac{1}{e^{0{,}0161}} = \frac{1}{1{,}01625} = 0{,}98403$.

9. Die Wurzeln aus der Zahl e

Man schreibt die Wurzel aus Potenz mit reziprokem Exponenten und verfährt wie oben erwähnt.

Beispiele: $\sqrt[4]{e} = e^{0,25} = 1,284$; $\sqrt[0,25]{e} = e^{4} = 54,6$; $\sqrt[8]{e} = e^{0,125} = 1,133$;
$\sqrt[0,125]{e} = e^{8} = 2981$; $\sqrt[12,5]{e} = e^{0,08} = 1,0833$.

10. Die natürlichen Logarithmen

findet man, wenn man von den LL-Skalen auf die Grundskalen übergeht.
Hierbei gilt für die D-Skala wieder der Bereich 1–10 beim Arbeiten mit LL_3, der Bereich 0,1–1 mit LL_2 und der Bereich 0,01–0,1 mit LL_1.

Beispiele: ln 25 = 3,22; man stellt den Läufer über LL_3-25 und liest darüber auf D das Ergebnis 3,22 ab.
ln 1,3 = 0,262; man stellt den Läufer über LL_2-1,3 und findet darüber auf D das Ergebnis 0,262.

Übungen: ln 145 = 4,98; ln 36 = 3,58; ln 1,84 = 0,61; ln 1,0145 = 0,0144.
Die natürlichen Logarithmen der Zahlen unter 1 findet man gemäß der Beziehung
$\ln a = - \ln \frac{1}{a}$.

11. Potenzen beliebiger Zahlen

Potenzen der Form a^n erhält man, indem C 1 mit Hilfe des Läuferstrichs über den Basiswert a der entsprechenden LL-Skala gebracht und der Läuferstrich dann auf C-n verschoben wird. Es gilt wieder die Stellenwertsregel, also bei LL_3 für die D-Skala der Bereich 1–10, bei LL_2 der Bereich 0,1–1 und bei LL_1 der Bereich 0,01–0,1.

Beispiel: $3,75^{2,96} = 50$;
stelle Läufer über LL_3-3,75; ziehe C 1 unter den Läuferstrich, dann Läuferstrich über C 2,96 und darunter auf LL_3 das Ergebnis 50 ablesen.

Übungen: $4,2^{2,16} = 22,2$; $4,2^{0,216} = 1,363$; aus beiden Beispielen ist ersichtlich, daß die Stellenwertsregel zu beachten ist.

Weitere Übungen: $1,124^{2,22} = 1,296$; $1,282^{1,66} = 1,51$; $11,5^{2,53} = 483$.
Kann n auf C rechts nicht mehr eingestellt werden, stellt man C 10 statt C 1 über den Basiswert, liest aber das Ergebnis auf der nächsten LL-Skala ab.

Übungen: $1,665^{3,15} = 4,98$; $1,96^{6,65} = 87,8$; $2,46^{2,32} = 8,07$.
Übersteigt der Exponent 10, kann die Potenz oft ausgerechnet werden, indem man den Übergang von LL_2 zu LL_3 ausnutzt.

Beispiel: $1,0275^{14,5} = (1,0275^{10})^{1,45} = 1,482$; $1,254^{13} = (1,254^{10})^{1,3} = 18,96$.
Eine Ablesung des Zwischenergebnisses ist nicht nötig.

12. Wurzeln beliebiger Zahlen

Man rechnet den Wurzelexponenten in einen Potenzexponenten um, gemäß $\sqrt[n]{a} = a^{\frac{1}{n}}$, oder benützt bei der Einstellung gleich die Skala CI.

Beispiel: $\sqrt[4,4]{23} = 2{,}04$; stelle CI 10 mit Hilfe des Läuferstrichs über LL_3-23 und lies ebenfalls mit dem Läuferstrich bei CI 4,4 auf LL_2 das Ergebnis 2,04 ab.

Übungen:

$\sqrt[0{,}60]{15{,}2} = 93{,}3$; (CI-10 über LL_3-15,2 einstellen; ablesen auf LL_3)

$\sqrt[1{,}95]{23{,}5} = 5{,}05$; (CI-1 über LL_3-23,5, unter CI 1,95 auf LL_3 5,05 ablesen)

$\sqrt[2{,}36]{15} = 3{,}15$; (CI 1 über LL_3-15, unter CI 2,36 auf LL_3 3,15 ablesen)

$\sqrt[1{,}75]{8{,}75} = 3{,}454$; (CI 10 über LL_3-8,75, unter CI 7,15 auf LL_2 1,354 ablesen).

13. Logarithmen mit beliebiger Basis

Man stellt den Zungenanfang C 1 oder Zungenende C 10 über die Basis auf der LL-Skala und erhält eine Tabelle der entsprechenden Logarithmen.

Beispiel: $^2\log 200 = 7{,}65$; $^2\log 22 = 4{,}46$; $^2\log 1{,}89 = 0{,}918$.

Man stellt C 1 oder C 10 mit Hilfe des Läuferstrichs über LL_2-2, erhält eine Tabelle und kann nun mit Hilfe des Läufers ablesen: bei LL_3-200 den Wert 7,65 auf C; bei LL_3-22 den Wert 4,46 auf C; bei LL_2-1,89 den Wert 0,918 auf C.

Übungen: $^5\log 25 = 2$; $^5\log 60 = 2{,}54$; $^5\log 800 = 4{,}15$
$^{10}\log 20 = 1{,}301$; $^{10}\log 2 = 0{,}301$; $^{10}\log 800 = 2{,}9$.

14. Die dekadischen Logarithmen

Mit Hilfe des Läuferstrichs stellt man C 1 oder C 10 über LL_3-10 und hat damit eine Tabelle der dekadischen Logarithmen.
Gleichfalls mit dem Läuferstrich kann nun eingestellt und abgelesen werden.
$\lg 10 = 1$; $\lg 100 = 2$; $\lg 1000 = 3$; $\lg 200 = 2{,}301$
$\lg 20 = 1{,}301$; $\lg 2 = 0{,}301$; $\lg 1{,}1 = 0{,}0414$.

15. Die Sinusskala S'

befindet sich auf der Stabrückseite. Da die Skala beweglich ist, können vereinfachte Multiplikationen und Divisionen von Winkelfunktionen durchgeführt werden, ohne die Funktionswerte ablesen zu müssen:

Beispiel: $\sin 41° \cdot \sin 23° = 0{,}2562$

Rechtes Skalenende mit Hilfe des Läuferstrichs über S 41 (Stabkörper unten). Lies unter S' 23 (Zungenmitte) das Ergebnis 0,2562 auf Skala D ab. Bei Aufgaben $a \cdot \sin\alpha \cdot \sin\beta$ beginnt man stets mit a auf Skala D.

Übungsbeispiele: $\tan\beta = \tan 40° \cdot \cos 12° = 0{,}82$; $\beta = 39{,}38°$

$\tan\beta = \frac{\tan 37°}{\sin 14°} = 3{,}115$; $\beta = 72{,}2°$

$\sin\beta = \frac{\cos 33°}{\cos 48°} = 1{,}2534$; $\beta =$ **sin >1, unlösbar**

Q. Der Mehrstrichläufer

Der Mehrstrichläufer ermöglicht verschiedene, wichtige Rechnungen.

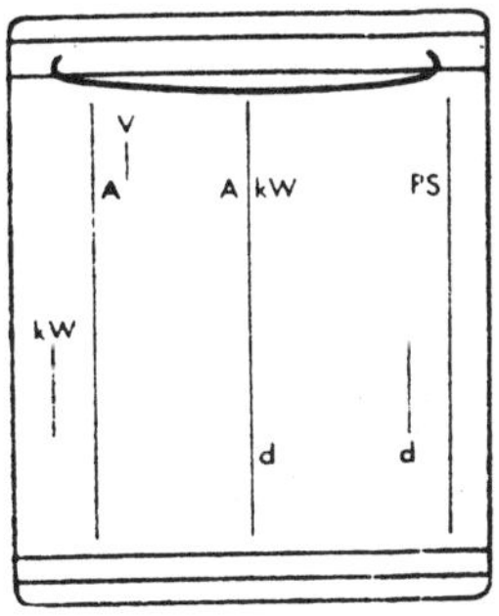

1. Berechnung des Flächeninhalts eines Kreises aus gegebenem Durchmesser. Man stellt den mittleren oder rechten unteren Läuferstrich über den Durchmesser 3,2 cm auf der Teilung **D** und liest auf dem links davon liegenden Läuferstrich auf der Teilung **A** das Ergebnis 8,04 cm^2 ab.

2. Berechnung von Rundeisen in kg/m.
Man stellt den rechten unteren Läuferstrich über den Ø, z. B. 4,3 cm, und kann unter dem linken oberen Läuferstrich das Metergewicht 11,4 kg ablesen.

3. Umwandlung von kW in PS und umgekehrt.

Beispiel: 28 PS = 20,6 kW.
Man stellt den rechten Läuferstrich über 28 auf der Skala **A**. Unter dem Läuferstrich **kW** findet man gleichfalls auf **A** die gesuchte Wattzahl 20,6.
Die beiden Seitenstriche sind anzuwenden, wenn an den Teilungsenden mit dem Hauptstrich nicht mehr eingestellt und abgelesen werden kann.

Für **direkte Rechnung mit dem Faktor 3,6** dient die obere rechte Strichmarke auf der Läuferrückseite.

Beispiele:
150 km/h = 41,6 m/sek (Marke 3,6 auf DF 150 ergibt unter dem Hauptstrich auf D 41,6).
Die Zinsen von 2420,– DM zu 3,75% in 95 Tagen sind zu ermitteln (Marke 3,6 auf DF 2420; CI 3,75 unter Hauptstrich, über CF 95 die Zinsen DM 24,– auf DF ablesen).

Läufermarke V zur Berechnung von Kugelvolumen

Der Kugeldurchmesser wird auf der Skala D unter der **rechten** Marke d eingestellt, das Volumen auf der Skala K unter der Marke V abgelesen.

Beispiele:	d = 2,16	V = 5,27
	2,5	8,17
	4,0	33,5
	8,3	299

R. Behandlung des Schulrechenstabes

Schulrechenstäbe sind aus Spezialkunststoff gefertigt. Dieser ist hochelastisch und daher bei sachgemäßer Behandlung bruchsicher. Er ist klimabeständig, unempfindlich gegen Feuchtigkeit, nicht entflammbar, beständig gegen die meisten Chemikalien. Man soll Kunststoff-Rechenstäbe aber nicht mit ätzenden Flüssigkeiten oder starken Lösungsmitteln (z. B. Benzin) in Verbindung bringen, die, wenn nicht den Werkstoff selbst, doch zumindest die Farbe der Teilstriche angreifen können. Bei Bedarf kann die Schieberzügigkeit durch reine Vaseline oder Silikonöl günstig beeinflußt werden. Um die Ablesegenauigkeit nicht zu beeinträchtigen, sollten die Skalen und der Läufer vor Verschmutzung und Verkratzung geschützt und mit den Spezialmitteln gereinigt werden.

11. Kapitel

Gleichungen vom ersten Grade mit mehreren Unbekannten

§ 35 Gleichungen mit zwei Unbekannten

Kommen in einer Gleichung **zwei unbekannte Größen**, die man gewöhnlich mit x und y bezeichnet, vor, z. B. in der Gleichung

$$9x + 5y = 33,$$

so würde man für x erhalten

$$x = \frac{33 - 5y}{9}.$$

Da nun y noch nicht bestimmt ist, so kann man auch den Bruch $\frac{33 - 5y}{9}$ nicht ausrechnen, folglich auch den Wert von x nicht bestimmen. Wollte man die Unbekannte y aus der gegebenen Gleichung berechnen, so würde man erhalten:

$$y = \frac{33 - 9x}{5}.$$

Dieser Bruch ist aber auch nicht bestimmbar, da er die unbekannte Größe x noch enthält. Es läßt sich also gar kein bestimmter Wert von x oder von y ermitteln. Die gegebene Gleichung hat unendlich viele Lösungen: **zu jedem beliebig angenommenen y gehört ein anderer Wert von x und umgekehrt.** So erhält man z. B. für y = 2

$$x = \frac{33 - 5 \cdot 2}{9} = \frac{33 - 10}{9} = \frac{23}{9} = 2\tfrac{5}{9},$$

Probe: $9 \cdot 2\tfrac{5}{9} + 5 \cdot 2 = 33$
$23 + 10 = 33,$

für y = 3 wird $x = \frac{33 - 5 \cdot 3}{9} = \frac{33 - 15}{9} = \frac{18}{9} = 2,$

Probe: $9 \cdot 2 + 5 \cdot 3 = 33$
$18 + 15 = 33,$

für y = 4 wird $x = \frac{33 - 5 \cdot 4}{9} = \frac{33 - 20}{9} = \frac{13}{9} = 1\tfrac{4}{9},$

Probe: $9 \cdot 1\tfrac{4}{9} + 5 \cdot 4 = 33$
$13 + 20 = 33.$

Kommt jedoch zu der gegebenen Gleichung 9x + 5y = 33 **noch eine zweite Gleichung,** z. B.: 4x + 7y = 29 hinzu, so gibt es von den **unendlich vielen Lösungen,** welche die erste Gleichung zuläßt nur **einen einzigen Wert** für x und **einen einzigen Wert** für y, welche auch der **zweiten** Gleichung genügen, und diese sind x = 2; y = 3; denn $4 \cdot 2 + 7 \cdot 3 = 8 + 21 = 29$. Alle anderen aus der ersten Gleichung folgenden Werte für x und y würden, in die zweite Gleichung eingesetzt, für die linke Seite einen anderen Wert ergeben wie für die rechte.

Man ersieht hieraus:

Zur Bestimmung von zwei Unbekannten müssen zwei Gleichungen gegeben sein.

Es gibt nun **verschiedene Methoden**, um aus zwei Gleichungen mit zwei Unbekannten die letzteren zu bestimmen.

A. Die Substitutionsmethode

Die erste Methode, die sogenannte **Substitutionsmethode** oder **Einsetzungsmethode**, besteht darin, daß man aus einer der beiden Gleichungen **eine** der beiden Unbekannten ausrechnet (natürlich wird in dem gefundenen Ausdruck die andere Unbekannte noch vorkommen) und diesen Ausdruck an Stelle dieser Unbekannten in die andere Gleichung einsetzt. Man erhält dann eine neue Gleichung, in welcher nur die andere Unbekannte noch vorkommt, also eine Gleichung mit nur **einer** Unbekannten, deren Lösung nach den früher gegebenen Regeln gefunden wird.

Beispiele:

1.

$$\text{I.}\quad 9x + 5y = 33$$
$$\text{II.}\quad 4x + 7y = 29.$$

Wir berechnen aus Gleichung I:

$$y = \frac{33 - 9x}{5}$$

und setzen diesen Bruch an Stelle von y in Gl. II ein:

$$4x + 7 \cdot \frac{33 - 9x}{5} = 29.$$

Diese neue Gleichung enthält jetzt nur noch die Unbekannte x. Um letztere zu bestimmen, multiplizieren wir beide Seiten mit dem Nenner 5:

$$20x + 7 \cdot (33 - 9x) = 29 \cdot 5$$
$$20x + 231 - 63x = 145$$
$$-43x = 145 - 231 = -86$$
$$43x = 86$$
$$x = \frac{86}{43} = 2.$$

Die andere Unbekannte y findet man, wenn man in den Bruch

$$y = \frac{33 - 9x}{5} \text{ (siehe oben!)}$$

für x den gefundenen Wert 2 einsetzt:

$$y = \frac{33 - 9 \cdot 2}{5} = \frac{33 - 18}{5} = \frac{15}{5} = 3.$$

Es ist also $x = 2$; $y = 3$.

2. Gegeben die beiden Gleichungen:

$$\text{I.}\quad 2x + y = 16$$
$$\text{II.}\quad 5x - 3y = 7.$$

Lösung: Aus I. folgt y = 16 − 2x. Dieser Wert in II. eingesetzt gibt:

$$\begin{aligned} 5x - 3(16 - 2x) &= 7 \\ 5x - 48 + 6x &= 7 \\ 11x &= 7 + 48 = 55 \\ x &= \frac{55}{11} = 5. \end{aligned}$$

Den Wert für y findet man aus dem oben gefundenen

$$y = 16 - 2x = 16 - 2 \cdot 5 = 16 - 10 = 6.$$

Es ist also x = 5 und y = 6.

Probe:

$$\begin{aligned} 2 \cdot 5 + 6 &= 10 + 6 = 16 \\ 5 \cdot 5 - 3 \cdot 6 &= 25 - 18 = 7. \end{aligned}$$

Zu denselben Werten x = 5 und y = 6 würde man gelangen, wenn man aus einer der beiden gegebenen Gleichungen x ausrechnet und den Wert in die andere Gleichung einsetzt. Aus Gleichung I. z. B. ergibt sich

$$x = \frac{16 - y}{2}.$$

Dies an Stelle von x in Gleichung II. eingesetzt:

$$5 \cdot \frac{16 - y}{2} - 3y = 7.$$

Diese Gleichung enthält nur noch y. Multipliziert man letztere mit 2, so erhält man

$$5(16 - y) - 6y = 14$$

oder

$$\begin{aligned} 80 - 5y - 6y &= 14 \\ -11y &= 14 - 80 = -66 \\ y &= 6, \end{aligned}$$

folglich

$$x = \frac{16 - y}{2} = \frac{16 - 6}{2} = \frac{10}{2} = 5.$$

Als praktische Regel ergibt sich, daß man **diejenige Unbekannte**, welche am **einfachsten** aus einer der beiden Gleichungen zu bestimmen ist, **zuerst** berechnet.

3. I. $x + y = 30$
   II. $x - y = 8.$

Lösung: Aus Gl. I. erhält man y = 30 − x, dies in Gl. II. eingesetzt:

$$\begin{aligned} x - (30 - x) &= 8 \\ x - 30 + x &= 8 \\ 2x &= 38 \\ x &= 19 \end{aligned}$$

und, da y = 30 − x oben gefunden war, so wird

$$y = 30 - 19 = 11.$$

Probe: 19 + 11 = 30; 19 − 11 = 8.

4. I. $10x = 3y - 5$
   II. $y = 4x.$

Lösung: Gl. II. ist schon nach y aufgelöst. Man setzt daher in Gl. I. $y = 4x$ und erhält

$$\begin{aligned} 10x &= 3 \cdot 4x - 5 \\ 10x &= 12x - 5 \\ -2x &= -5 \\ x &= 2{,}5 \\ y &= 4x = 4 \cdot 2{,}5 = 10. \end{aligned}$$

5. I. $x + y = 3{,}6$

II. $\frac{x}{y} = 1{,}5.$

Lösung: Aus Gl. II. folgt $x = 1{,}5y$; demnach wird Gl. I.:

$$\begin{aligned} 1{,}5y + y &= 3{,}6 \\ 2{,}5y &= 3{,}6; \\ y &= \frac{3{,}6}{2{,}5} = 1{,}44 \\ x &= 1{,}5y = 1{,}5 \cdot 1{,}44 = 2{,}16. \end{aligned}$$

6. I. $ax = by + c$

II. $bx = ay.$

Lösung: Aus Gleichung II. folgt $x = \frac{ay}{b}$. Dies in Gleichung I. eingesetzt, gibt

$$\begin{aligned} \frac{a^2y}{b} &= by + c \\ a^2y &= b^2y + bc \\ (a^2 - b^2)y &= bc \\ y &= \frac{bc}{a^2 - b^2}. \end{aligned}$$

Setzt man diesen Wert in $x = \frac{ay}{b}$ für y ein, so wird

$$x = \frac{abc}{b\,(a^2 - b^2)} = \frac{ac}{a^2 - b^2}.$$

7. I. $ax + y = b$

II. $x - y = a.$

Lösung: Aus Gleichung II. erält man $x = a + y$; dies in Gleichung I. eingesetzt, gibt

$$\begin{aligned} a\,(a + y) + y &= b \\ a^2 + ay + y &= b \\ y\,(a + 1) &= b - a^2 \\ y &= \frac{b - a^2}{a + 1} \end{aligned}$$

und $$x = a + y = a + \frac{b - a^2}{a + 1}.$$

Bringt man beide Glieder auf den Nenner $a + 1$, so wird

$$x = \frac{a\,(a + 1) + b - a^2}{a + 1} = \frac{a^2 + a + b - a^2}{a + 1} = \frac{a + b}{a + 1}.$$

8. I. $\frac{x}{m} + \frac{y}{n} = 1$

II. $\frac{by}{ax} = 1.$

Lösung: Gleichung II. nach y aufgelöst gibt $y = \frac{ax}{b}$. Dies in Gleichung I., nachdem man die Nenner beseitigt, eingesetzt:

$$nx + \frac{amx}{b} = mn$$
$$bnx + amx = bmn$$
$$x\,(am + bn) = bmn$$
$$x = \frac{bmn}{am + bn}.$$

Setzt man diesen Wert noch in $y = \frac{ax}{b}$ für x ein, so wird

$$y = \frac{abmn}{b\,(am + bn)} = \frac{amn}{am + bn}.$$

B. Die Gleichsetzungsmethode

Eine zweite Methode, die beiden Unbekannten aus zwei Gleichungen zu berechnen, ist die **Gleichsetzungsmethode** (auch **Komparationsmethode** genannt). **Sie besteht darin, daß man aus beiden Gleichungen eine und dieselbe Unbekannte ausrechnet, und die so gefundenen Werte einander gleich setzt.** Die neue hierdurch entstandene Gleichung enthält dann nur noch **eine** Unbekannte. Aus ihr bestimmt man den Wert dieser Unbekannten und setzt ihn schließlich, um auch die andere Unbekannte zu erhalten, in eine der beiden Gleichungen, die man für die letztere gefunden hat, ein.

Beispiele:

1. I. $12x - 5y = 65$
   II. $x + 2y = 32.$

Lösung: Aus Gleichung I. ergibt sich $y = \frac{12x - 65}{5}$, aus Gleichung II. $y = \frac{32 - x}{2}$. Durch Gleichsetzung dieser beiden Werte für y erhält man die neue Gleichung.

$$\frac{12x - 65}{5} = \frac{32 - x}{2},$$

welche nur noch x enthält. Löst man sie nach x auf, so wird

$$2\,(12x - 65) = 5\,(32 - x)$$
$$24x - 130 = 160 - 5x$$
$$29x = 290$$
$$x = 10.$$

Um y zu finden, setzt man diesen Wert in die Gleichung $y = \frac{12x - 65}{5}$ oder in $y = \frac{32 - x}{2}$ ein und erhält dann

$$y = \frac{12 \cdot 10 - 65}{5} = \frac{120 - 65}{5} = \frac{55}{5} = 11,$$

oder auch

$$y = \frac{32 - 10}{2} = \frac{22}{2} = 11.$$

2. I. $\frac{x}{2y} = 1{,}5$
   II. $2x + 15y = 105.$

Lösung: Aus Gleichung I. folgt $x = 3y$, aus Gleichung II. $x = \frac{105 - 15y}{2}$, folglich, beide Werte von x einander gleichgesetzt:

$$3y = \frac{105 - 15y}{2}$$
$$6y = 105 - 15y$$
$$21y = 105$$
$$y = 5.$$

Dies eingesetzt in die aus Gleichung I. folgende Gleichung $x = 3y$ gibt $x = 3 \cdot 5 = 15$, oder auch in die aus Gleichung II. folgende Gleichung

$$x = \frac{105 - 15y}{2} = \frac{105 - 15 \cdot 5}{2} = \frac{105 - 75}{2} = \frac{30}{2} = 15.$$

3. I. $x + y = m$
II. $ax - by = c^2$.

Lösung: Aus Gleichung I. folgt $y = m - x$; aus Gleichung II. folgt $y = \frac{ax - c^2}{b}$; demnach erhält man durch Gleichsetzen der beiden Werte von y:

$$m - x = \frac{ax - c^2}{b},$$

eine Gleichung mit der einzigen Unbekannten x. Multipliziert man mit b, so wird

$$bm - bx = ax - c^2.$$

Geordnet:

$$-ax - bx = -bm - c^2.$$

Mit −1 multipliziert und x vor die Klammer genommen:

$$x\,(a + b) = bm + c^2$$
$$x = \frac{bm + c^2}{a + b}.$$

Den Wert von y findet man am leichtesten aus $y = m - x$, wenn man hierin für x den gefundenen Wert einsetzt:

$$y = m \frac{bm + c^2}{a + b} = \frac{am + bm - bm - c^2}{a + b} = \frac{am - c^2}{a + b}.$$

4. I. $\frac{y + b}{x} = a$
II. $\frac{y + a}{x} = b.$

Lösung: Aus den beiden Gleichungen folgt

$$x = \frac{y + b}{a} \text{ und } x = \frac{y + a}{b};$$

demnach

$$\frac{y + b}{a} = \frac{y + a}{b}$$
$$by + b^2 = ay + a^2$$
$$by - ay = a^2 - b^2$$

oder $\qquad y\,(b - a) = a^2 - b^2$, woraus

$$y = \frac{a^2 - b^2}{b - a} = \frac{(a + b)\,(a - b)}{-(a - b)} = -(a + b)$$

und

$$x = \frac{y + b}{a} = \frac{-(a + b) + b}{a} = \frac{-a - b + b}{a} = \frac{-a}{a} = -1 \text{ folgt.}$$

C. Die Additions- und Subtraktionsmethode

Den beiden bisher behandelten Auflösungsmethoden vorzuziehen ist in den meisten Fällen die dritte sogenannte **Methode der gleichgemachten Koeffizienten** (auch **Additions-** und **Subtraktionsmethode** genannt), deren Wesen zunächst an dem folgenden Beispiel erklärt werden soll:

1. $\qquad$ I. $7x + 6y = 58.$
$\qquad$ II. $25x - 9y = 55.$

Will man beispielsweise die Koeffizienten des y gleichmachen, so multipliziert man die **erste** Gleichung mit dem Faktor von y in der **zweiten** Gleichung, d. h. mit 9, und die **zweite** Gleichung mit dem Faktor von y in der **ersten** Gleichung, d. h. mit 6, und erhält

$$63x + 54y = 522$$
$$150x - 54y = 330.$$

Addiert man jetzt die beiden Gleichungen, so hebt sich +54y gegen −54y und es ergibt sich

$$213x = 852,$$

oder

$$x = \frac{852}{213} = 4.$$

Will man die Unbekannte y bestimmen, so multipliziert man die **erste** Gleichung mit dem Faktor von x in der **zweiten** Gleichung, d. h. mit 25, und die **zweite** Gleichung mit dem Faktor von x in der **ersten** Gleichung, d. h. mit 7:

$$175x + 150x = 1450$$
$$175x - \ \ 63y = 385$$

und **subtrahiert** die zweite so erhaltene Gleichung von der anderen.
(Man ändert die Vorzeichen der Glieder der zweiten Gleichung und addiert sodann.)

$$\begin{array}{rcr} 175x + 150y & = & 1450 \\ -175x + \ \ 63y & = & -385 \\ \hline 213y & = & 1065 \end{array}$$

$$y = \frac{1065}{213} = 5.$$

Probe: $7 \cdot 4 + 6 \cdot 5 = 58$
$\qquad 25 \cdot 4 - 9 \cdot 5 = 55.$

Aus diesem Beispiel ersieht man, daß man auch bei dieser Methode aus **zwei Gleichungen** mit **zwei Unbekannten** zunächst **eine Gleichung** mit nur **einer Unbekannten** bilden muß. Soll die Gleichung nur noch die Unbekannte x enthalten, so multipliziert man die erste Gleichung mit dem Faktor von y in der zweiten Gleichung und die zweite Gleichung mit dem Faktor von y in der ersten Gleichung. Hierdurch erhält man zwei neue Gleichungen, in welchen die fortzuschaffende Unbekannte y mit demselben Faktor (dem Produkt der beiden ursprünglichen Faktoren) multipliziert ist. Sind die Vorzeichen der beiden Glieder mit y gleich, so multipliziert man eine der beiden Gleichungen noch mit −1 und addiert; sind die Vorzeichen verschieden, so wird ohne weiteres addiert. Die so entstehende Gleichung enthält nur noch die Unbekannte x. Man sagt, die Unbekannte y sei **eliminiert** (fortgeschafft) worden. Will man y bestimmen, so müssen die Faktoren von x in derselben Weise gleichgemacht werden. Haben die beiden Faktoren der zu eliminierenden Unbekannten einen gemeinsamen Faktor, so braucht man nur mit den übrigen Faktoren zu multiplizieren. In obigem Beispiel würde man demnach y auch schon eliminiert haben, wenn Gleichung I. mit 3, Gleichung II. mit 2 multipliziert worden wäre:

$$\begin{aligned} 21x + 18y &= 174 \\ \underline{50x - 18y} &\underline{= 110} \\ 71x \qquad &= 284 \\ x \qquad &= \frac{284}{71} = 4. \end{aligned}$$

2. $$\begin{aligned} \text{I.}\ \ 3x + 4y &= 40 \\ \text{II.}\ \ 2x + 5y &= 43. \end{aligned}$$

Lösung: Um y zu eliminieren, multipliziert man Gleichung I. mit 5, Gleichung II. mit 4:

$$\begin{aligned} 15x + 20y &= 200 \\ 8x + 20y &= 172. \end{aligned}$$

Die beiden Glieder mit y haben gleiches Vorzeichen; man muß daher die beiden Gleichungen subtrahieren, d. h. die Vorzeichen der einen Gleichung (II.) ändern und dann addieren:

$$\begin{aligned} 15x + 20y &= 200 \\ \underline{-\ 8x - 20y} &\underline{= -172} \\ 7x \qquad &= 28 \\ x \qquad &= \frac{28}{7} = 4. \end{aligned}$$

Um y zu erhalten, müssen wir x aus den gegebenen Gleichungen eliminieren, indem wir Gleichung I. mit 2, Gleichung II. mit 3 multiplizieren und dann wieder die Vorzeichen einer der beiden so entstandenen Gleichungen ändern und addieren:

$$\begin{aligned} \pm 6x \pm \ \ 8y &= \pm\ 80 \\ \underline{6x \pm 15y} &\underline{= \ \ 129} \\ 7y &= \ \ 49 \\ y &= \ \ \ 7. \end{aligned}$$

3. $$\begin{aligned} 15x - 8y &= 78 \ \big|\ 3\ \big|\ 2\ \big|\ ^{*)} \\ 10x - 6y &= 46 \ \big|\ 4\ \big|\ 3\ \big| \end{aligned}$$

Lösung: Die Unbekannte y wird eliminiert, wenn man Gleichung I. mit 3, Gleichung II. mit 4 multipliziert (8 und 6 haben den gemeinsamen Faktor 2, den man daher beim Multiplizieren weglassen kann). Da die beiden Glieder mit y **gleiches** Vorzeichen haben, muß man die Vorzeichen **einer** Gleichung ändern und dann addieren:

$$\begin{aligned} 45x - 24y &= \ \ 234 \\ \underline{\pm 40x \mp 24y} &\underline{= \pm 184} \\ 5x \qquad &= \ \ 50 \\ x \qquad &= \ \ 10. \end{aligned}$$

*) Die Zahlen zwischen den Strichen sind die Faktoren, mit denen die Gleichungen multipliziert werden sollen.

Um y zu erhalten, muß Gleichung I. mit 2, Gleichung II. mit 3 multipliziert werden (15 und 10 haben den gemeinsamen Faktor 5, der beim Multiplizieren weggelassen werden kann). Da die beiden Glieder mit x **gleiches** Vorzeichen haben, müssen in **einer** der beiden Gleichungen die Vorzeichen geändert werden, ehe man sie addiert:

$$\begin{array}{rl} 30x - 16y = & 156 \\ \underline{\pm 30x \mp 18y = } & \underline{\pm 138} \\ 2y = & 18 \\ y = & 9. \end{array}$$

4. I. $2x + y = 18$

II. $2x - y = 12.$

Lösung: In diesen Gleichungen haben sowohl x, als auch y schon **gleiche Faktoren**. Man wird daher y eliminieren, indem man beide Gleichungen addiert:

$$\begin{array}{l} 2x + y = 18 \\ \underline{2x - y = 12} \\ 4x \quad = 30 \\ x \quad = 7{,}5. \end{array}$$

Die Unbekannte x wird eliminiert, indem man die beiden Gleichungen subtrahiert oder, was dasselbe ist, nachdem man das Vorzeichen der einen geändert hat, addiert:

$$\begin{array}{rl} 2x + y = & 18 \\ \underline{-2x + y = } & \underline{-12} \\ 2y = & 6 \\ y = & 3. \end{array}$$

5. I. $\frac{2x}{3} + \frac{3y}{4} = 19$

II. $3x - 10y = 32.$

Lösung: Gleichung I. ist zunächst mit dem Hauptnenner 12 zu multiplizieren. Man erhält dann

$$\begin{array}{ll} \text{Ia.} & 8x + 9y = 288 \;\big|\; 10 \;\big|\; 3 \\ \text{IIa.} & 3x - 10y = 32 \;\big|\; 9 \;\big|\; 8 \end{array}$$

Multipliziert man jetzt Gleichung Ia. mit 10, Gleichung IIa. mit 9, so erhält man

$$\begin{array}{rl} 80x + 90y = & 2280 \\ \underline{27x - 90y = } & \underline{288} \end{array}$$

Addiert:

$$107x = 2568$$

$$x = \frac{2568}{107} = 24.$$

Die Größe y wird erhalten, wenn man Gleichung Ia. mit 3, Gleichung IIa. mit 8 multipliziert und dann vor dem Addieren die Vorzeichen von Gleichung IIa. ändert

$$\begin{array}{rl} 24x + 27y = & 684 \\ \underline{\pm 24x \mp 80y = } & \underline{\pm 256} \\ 107y = & 428 \\ y = & \frac{428}{107} = 4. \end{array}$$

6. I. $4x = 3y - 5{,}5$

II. $\frac{x+2}{y} = 1.$

Lösung: Gleichung I. muß zunächst geordnet und Gleichung II. mit y multipliziert und ebenfalls geordnet werden. Man erhält dann:

$$\begin{array}{lrcl|c|c} \text{Ia.} & 4x - 3y & = & -5{,}5 & 1 & 1 \\ \text{IIa.} & x - \;\; y & = & -2 & 3 & 4 \end{array}$$

Multipliziert man jetzt Gleichung Ia., mit 1 (dem Faktor von y in Gleichung IIa.) und Gleichung IIa. mit 3, so ergibt sich, wenn man noch die Vorzeichen von Gleichung IIa. ändert und dann addiert:

$$\begin{array}{rcl} 4x - 3y & = & -5{,}5 \\ \underline{-3x + 3y} & \underline{=} & \underline{+6} \\ x \qquad & = & 0{,}5. \end{array}$$

Die Unbekannte y wird bestimmt, wenn man Gleichung Ia. mit 1, Gleichung IIa. mit 4 multipliziert und dann die Vorzeichen der letzteren Gleichung ändert:

$$\begin{array}{rcl} 4x - 3y & = & -5{,}5 \\ \underline{-4x + 4y} & \underline{=} & \underline{+8} \\ y & = & 2{,}5. \end{array}$$

7. $$\text{I. } \frac{0{,}2x + 1}{3} = \frac{0{,}3y - 2}{4}$$

$$\text{II. } \frac{x}{y} = \frac{1}{2}$$

Lösung: Schafft man in beiden Gleichungen den Nenner fort, so ergibt sich:

$$\begin{array}{rcl} 0{,}8x + 4 & = & 0{,}9y - 6 \\ 2x & = & y. \end{array}$$

Ordnet man, so wird

$$\begin{array}{lrcl} \text{Ia.} & 0{,}8x - 0{,}9y & = & -10 \\ \text{IIa.} & 2x - y & = & 0. \end{array}$$

Um die Dezimalbrüche zu beseitigen, wird Gleichung Ia. noch mit 10 multipliziert:

$$\begin{array}{rcl|c|c} 8x - 9y & = & -100 & 1 & 1 \\ 2x - \;\; y & = & 0 & 9 & 4 \end{array}$$

Die Größe y wird jetzt eliminiert indem man die erste Gleichung mit 1, die zweite mit 9 multipliziert und, nachdem man die Vorzeichen einer der beiden Gleichungen (der ersten) geändert hat, beide Gleichungen addiert. Man erhält dann eine Gleichung für x:

$$\begin{array}{rcl} -8x + 9y & = & +100 \\ \underline{18x - 9y} & \underline{=} & \underline{0} \\ 10x \qquad & = & 100 \\ x \qquad & = & 10 \end{array}$$

Um y zu bestimmen, wird x eliminiert, und zwar durch Multiplikation mit 1 respektive 4 und nachheriger Änderung der Vorzeichen der ersten Gleichung:

$$\begin{array}{rcl} -8x + 9y & = & 100 \\ \underline{8x - 4y} & \underline{=} & \underline{0} \\ 5y & = & 100 \\ y & = & 20 \end{array}$$

8. $$\begin{array}{lrcl|c|c} \text{I.} & ax + by & = & c & n & m \\ \text{II.} & mx + ny & = & p & b & a \end{array}$$

Lösung: Man multipliziere Gleichung I. mit n, Gleichung II. mit b und ändere die Vorzeichen von Gleichung II.:

$$\begin{array}{r} anx + bny = cn \\ -bmx - bny = -bp \\ \hline \end{array}$$

dann wird

$$(an - bm)\,x = cn - bp$$

$$x = \frac{cn - bp}{an - bm}.$$

Die Unbekannte y wird gefunden, wenn man Gleichung I. mit m, Gleichung II. mit a multipliziert und die Vorzeichen der ersten Gleichung ändert:

$$\begin{array}{r} -amx - bmy = -cm \\ amx + any = ap \\ \hline (an - bm)\,y = ap - cm \end{array}$$

$$y = \frac{ap - cm}{an - bm}.$$

9.
$$\text{I.}\quad x + my = a$$
$$\text{II.}\quad x - my = b$$

Lösung: Die Glieder mit x und mit y haben schon in beiden Gleichungen denselben Faktor. Man braucht daher nur, um **eine** Gleichung zu erhalten, in der nur x vorkommt, Gleichung I. und II. zu addieren:

$$2x = a + b$$

$$x = \frac{a + b}{2}.$$

Um eine Gleichung zu erhalten, die nur y noch enthält, ändert man die Vorzeichen von Gleichung II. und addiert sodann:

$$\begin{array}{r} x + my = a \\ -x + my = -b \\ \hline 2my = a - b \end{array}$$

$$y = \frac{a - b}{2m}.$$

10.
$$\text{I.}\quad \frac{x}{a} + \frac{y}{b} = 1$$
$$\text{II.}\quad \frac{x}{a} - \frac{y}{b} = 0.$$

Lösung: In diesen beiden Gleichungen haben sowohl die Glieder mit x, als auch die Glieder mit y gleiche Nenner. Es ist daher, da man Brüche mit gleichen Nenner addieren kann, nicht nötig, die Brüche zu beseitigen, sondern man wird sofort Gleichung I. und II. addieren:

$$\frac{2x}{a} = 1; \quad x = \frac{a}{2}.$$

Die Unbekannte y erhält man, wenn man die Vorzeichen von Gleichung II. ändert und dann addiert:

$$\frac{2y}{b} = 1; \quad y = \frac{b}{2}.$$

11. I. $ax + \frac{b}{y} = c \quad \Big| \; a \; \Big| \; 1$

II. $x - \frac{a}{y} = d \quad \Big| \; b \; \Big| \; a$

Lösung: Da die beiden auftretenden Brüche gleichnamig sind (Nenner y), so wird man dieselben, und damit zugleich y, eliminieren, wenn man die Zähler gleich macht; wenn man also Gleichung I. mit a, Gleichung II. mit b multipliziert und dann addiert:

$$\begin{aligned} a^2x + \frac{ab}{y} &= ac \\ bx - \frac{ab}{y} &= bd \\ \hline x(a^2 + b) &= ac + bd \\ x &= \frac{ac + bd}{a^2 + b} \end{aligned}$$

Zur Bestimmung von y wird man x eliminieren, indem man Gleichung I. mit 1, Gleichung II. mit a multipliziert und die Vorzeichen von Gleichung II. ändert:

$$\begin{aligned} ax + \frac{b}{y} &= c \\ -ax + \frac{a^2}{y} &= -ad \\ \hline \frac{b}{y} + \frac{a^2}{y} &= c - ad \\ b + a^2 &= (c - ad)\, y \\ y &= \frac{a^2 + b}{c - ad}. \end{aligned}$$

12. I. $m\,(a - x) = n\,(b - y)$

II. $ax = by.$

Lösung: Ordnet man beide Gleichungen, nachdem man in Gleichung I. die Klammern ausmultipliziert hat, so erhält man:

Ia. $-mx + ny = bn - am \quad \big| \; b \; \big| \; a$

IIa. $ax - by = 0 \quad \big| \; n \; \big| \; m$

Multipliziert man Gleichung Ia. mit b, Gleichung IIa. mit n und addiert, so wird y eliminiert und man erhält

$$\begin{aligned} -bmx + bny &= b\,(bn - am) \\ anx - bny &= 0 \\ \hline x\,(an - bm) &= b\,(bn - am) \\ x &= \frac{b\,(bn - am)}{an - bm}. \end{aligned}$$

Multipliziert man Gleichung Ia. mit a, Gleichung IIa. mit m, so fällt beim Addieren x fort:

$$\begin{array}{r} -amx + any = a\,(bn - am) \\ amx - bmy = 0 \\ \hline y\,(an - bm) = a\,(bn - am) \\ y = \dfrac{a\,(bn - am)}{an - bm}. \end{array}$$

13. $$\begin{array}{llr|c|c} \text{I.} & a\sqrt{x} + m\sqrt{y} = & c & 1 & 1 \\ \text{II.} & \sqrt{x} - \sqrt{y} = & \sqrt{c} & m & a \end{array}$$

Lösung: Man betrachte nicht x und y, sondern $\sqrt{x}$ und $\sqrt{y}$ zunächst als Unbekannte. Um $\sqrt{y}$ zu eliminieren, multipliziert man mit 1 resp. mit m und addiert:

$$\begin{array}{r} a\sqrt{x} + m\sqrt{y} = c \\ m\sqrt{x} - m\sqrt{y} = m\sqrt{c} \\ \hline (a + m)\sqrt{x} = c + m\sqrt{c} \\ \sqrt{x} = \dfrac{c + m\sqrt{c}}{a + m}, \end{array}$$

quadriert: $$x = \left(\frac{c + m\sqrt{c}}{a + m}\right)^2.$$

Die andere Unbekannte wird gefunden, wenn man Gleichung I. mit 1, Gleichung II. mit a multipliziert und die Vorzeichen von Gleichung II. ändert:

$$\begin{array}{r} a\sqrt{x} + m\sqrt{y} = c \\ -a\sqrt{x} + a\sqrt{y} = -a\sqrt{c} \\ \hline (a + m)\sqrt{y} = c - a\sqrt{c} \\ \sqrt{y} = \dfrac{c - a\sqrt{c}}{a + m}, \end{array}$$

quadriert: $$y = \left(\frac{c - a\sqrt{c}}{a + m}\right)^2.$$

14. $$\begin{array}{llr|c} \text{I.} & x + 2y = & a & 3 \\ \text{II.} & 3x + 6y = & 3a & 1 \end{array}$$

Lösung: Multipliziert man Gleichung I. mit 3, Gleichung II. mit 1, so erhält man, wenn man die Vorzeichen von Gleichung II. ändert:

$$\begin{array}{r} 3x + 6y = 3a \\ -3x - 6y = -3a \\ \hline 0 = 0 \end{array}$$

d. h.: Aus den beiden gegebenen Gleichungen kann man x und y **nicht** bestimmen. Bei näherer Prüfung findet man, daß die zweite Gleichung **nicht unabhängig** von der ersten ist; denn multipliziert man Gleichung I. mit 3, so erhält man Gleichung II. Die letztere ist also eine Folge der ersteren. Man ersieht hieraus: **Zwei Gleichungen mit zwei Unbekannten müssen voneinander unabhängig sein, wenn man die beiden Unbekannten bestimmen soll.**

Aufgaben zu selbständiger Lösung.

1. $\left| \begin{array}{l} 3x + y = 73 \\ 2x - y = 32 \end{array} \right|$

2. $\left| \begin{array}{l} \frac{1}{3}x + \frac{1}{4}y = 6 \\ 3x - 4y = 4 \end{array} \right|$

3. $\left| \begin{array}{l} 2x + 5y = 1 \\ 6x + 7y = 3 \end{array} \right|$

4. $\left| \begin{array}{l} 4y - 5x = 1 \\ 1{,}7x - 2{,}2y = -7{,}9 \end{array} \right|$

5. $\left| \begin{array}{l} 5x + 4y = 58 \\ 3x + 7y = 67 \end{array} \right|$

6. $\left| \begin{array}{l} 3x - 2y = 4 \\ -5x + 7y = 3 \end{array} \right|$

7. $\left| \begin{array}{l} 4x - 3y = 6 \\ 2x + 5y = 2 \end{array} \right|$

8. $\left| \begin{array}{l} 6x - 9y = 24 \\ 2x + 4y = 5 \end{array} \right|$

9. $\left| \begin{array}{l} x + y = 28 \\ x - y = 10 \end{array} \right|$

10. $\left| \begin{array}{l} x + 4y = 43 \\ 2x - y = 5 \end{array} \right|$

11. $\left| \begin{array}{l} x + y = 2p \\ x - y = 2r \end{array} \right|$

12. $\left| \begin{array}{l} ax + y = b \\ x - ay = c \end{array} \right|$

13. $\left| \begin{array}{l} 15x = 7y \\ 21x + 5y = 222 \end{array} \right|$

14. $\begin{array}{l} ax = by \\ x + ay = \dfrac{a^2 + b}{ab} \end{array} \Bigg|$

15. $\left| \begin{array}{l} ax + y = a^2 + b \\ x + by = a + b^2 \end{array} \right|$

16. $\begin{array}{l} x + y = a + b \\ \dfrac{x}{y} = \dfrac{a}{b} \end{array} \Bigg|$

17. $\left| \begin{array}{l} 10x + 7y + 4 = 0 \\ 6x + 5y + 2 = 0 \end{array} \right|$

18. $\left| \begin{array}{l} \dfrac{3}{x} + \dfrac{8}{y} = 3 \\ \dfrac{15}{x} - \dfrac{4}{y} = 4 \end{array} \right|$

19. $\left| \begin{array}{l} x + 19 = 3y \\ y + 23 = 3x \end{array} \right|$

20. $\begin{array}{l} \dfrac{3x + 1}{4 - 2y} = 1\frac{1}{3} \\ x + y = 1 \end{array} \Bigg|$

21. $\left| \begin{array}{l} 5x - 2{,}2y = 29 \\ x + 1{,}2y = 14 \end{array} \right|$

22. $\left| \begin{array}{l} \dfrac{7{,}5x - 2}{7} = 5 - y \\ \dfrac{3x}{y} = 12 \end{array} \right|$

23. $\left| \begin{array}{l} \dfrac{1}{x} + \dfrac{1}{y} = 10 \\ \dfrac{1}{x} - \dfrac{1}{y} = 0{,}2 \end{array} \right|$

24. $\left| \begin{array}{l} \dfrac{x + 4}{2} = y + 1 \\ \dfrac{x + 2}{3} = y - 1 \end{array} \right|$

25. $\left| \begin{array}{l} x + y = 2a \\ x - y = 2b \end{array} \right|$

26. $\left| \begin{array}{l} ax + by = c \\ x - y = 1 \end{array} \right|$

27. $\left| \begin{array}{l} x + b = y \\ y - b = x \end{array} \right|$

28. $\left| \begin{array}{l} \dfrac{x + 1}{y} = a \\ \dfrac{y + 1}{x} = b \end{array} \right|$

29. $\left| \begin{array}{l} 3x - 2y = 5 - 6x \\ 5y + 4x = 4 - 7y \end{array} \right|$

30. $\left| \begin{array}{l} \dfrac{x}{2} + \dfrac{y}{3} = 7 \\ \dfrac{x}{3} + \dfrac{y}{2} = 8 \end{array} \right|$

31. $\left| \begin{array}{l} \dfrac{x}{7} + 7y = 99 \\ \dfrac{y}{7} + 7x = 51 \end{array} \right|$

32. $\left| \begin{array}{l} \frac{x+2}{3} - 31 = -8y \\ 10x + \frac{y+5}{4} = 192 \end{array} \right|$

33. $\left| \begin{array}{l} 18 = 14 + \frac{2x-y}{2} \\ 19 = 16 + \frac{2y-x}{3} \end{array} \right|$

34. $\left| \begin{array}{l} \frac{x+2}{3} - 31 = -8y \\ 192 - 10x = \frac{y+5}{4} \end{array} \right|$

35. $\left| \begin{array}{l} \frac{x}{3} + 8y = \frac{91}{3} \\ 10x + \frac{y}{4} = \frac{763}{4} \end{array} \right|$

36. $\left| \begin{array}{l} \frac{2x-y}{2} = 4 \\ \frac{2y+x}{3} = 3 \end{array} \right|$

37. $\left| \begin{array}{l} 3x = 22 + \frac{7}{2}y \\ 11y = 20 + \frac{2}{5}x \end{array} \right|$

38. $\left| \begin{array}{l} \frac{x-2}{5} - \frac{y-10}{4} = \frac{10-x}{3} \\ \frac{2y+4}{3} = \frac{x+13}{4} + \frac{2x+y}{8} \end{array} \right|$

39. $\left| \begin{array}{l} 2y - \frac{3x-2y}{5} = 7 + \frac{x+3}{4} \\ 4x + \frac{2x+1}{2} = 24\frac{1}{2} + \frac{8-y}{3} \end{array} \right|$

40. $\left| \begin{array}{l} \frac{x+1}{5} = \frac{y}{3} \\ \frac{2x-1}{4} - \frac{5-y}{2} = \frac{41}{12} - \frac{2x}{3} \end{array} \right|$

41. $\left| \begin{array}{l} \frac{x}{4} = \frac{3y}{7} \\ 1 - \frac{4+y}{3} + \frac{8x-2}{36} = \frac{y}{9} - \frac{x-y}{6} \end{array} \right|$

42. $\left| \begin{array}{l} x - \frac{15x + \frac{4}{3}y}{33} = 1 + \frac{3y-2+x}{11} \\ \frac{3y+1}{2} + \frac{3x+2y}{6} = \frac{y-5}{4} + \frac{11x+152}{12} \end{array} \right|$

43. $\left| \begin{array}{l} \frac{x+2y+1}{2x-y+1} = 2 \\ \frac{3x-y+1}{x-y+3} = 5 \end{array} \right|$

44. $\left| \begin{array}{l} \frac{x+1}{3} - \frac{y+2}{4} = \frac{2(x-y)}{5} \\ \frac{x-3}{4} - \frac{y-3}{3} = 2y - x \end{array} \right|$

45. $\left| \begin{array}{l} x : y = 6 : 8 \\ (x-1) : (y+2) = 5 : 10 \end{array} \right|$

46. $\left| \begin{array}{l} (x+4) : (y+1) = 15 : 7{,}5 \\ (x+2) : (y-1) = 30 : 10 \end{array} \right|$

47. $(x-5) : (y+9) : (x+y+4) = 5 : 10 : 15$ (vergl. § 16, S. 182).

48. $(x-2) : (y+1) : (x+y-3) = 6 : 8 : 10$

49. $\left| \begin{array}{l} x\sqrt{2} + y\sqrt{3} = 3\sqrt{3} \\ x\sqrt{3} - y\sqrt{2} = 2\sqrt{2} \end{array} \right|$

50. $\left| \begin{array}{l} x\sqrt{a} + y\sqrt{b} = a + b \\ x - y = 2\sqrt{a} \end{array} \right|$

51. $\left| \begin{array}{l} y = 1 + \sqrt{x} \\ x = 4 - 3y + y^2 \end{array} \right|$

Anmerkung zur Lösung: Setze aus II. den Wert für x in I. ein, und vergleiche weiter § 23, Seite 238.

52. $\left| \begin{array}{l} 2x - \sqrt{y-2} = 5 \\ (4x-7)(x-3) = y-2 \end{array} \right|$

53. $\left| \begin{array}{l} a\sqrt{x} - b\sqrt{y} = 2b \\ b\sqrt{x} - a\sqrt{y} = 2a \end{array} \right|$

54. $\left| \begin{array}{l} \frac{7}{\sqrt{x}} + \frac{4}{\sqrt{y}} = 4 \\ \frac{1}{\sqrt{x}} + \frac{2}{\sqrt{y}} = 1 \end{array} \right|$

Anmerkung zur Lösung: Setze $\frac{1}{\sqrt{x}} = u$ und $\frac{1}{\sqrt{y}} = v$

und löse die Gleichung $\begin{array}{l} 7u + 4v = 4 \\ u + 2v = 1 \end{array}$ auf.

Aus $\frac{1}{\sqrt{x}} = u$ folgt $\sqrt{x} = \frac{1}{u}$ und $x = \frac{1}{u^2}$.

§ 36 Gleichungen mit 3 Unbekannten

Ebenso wie man aus **einer** Gleichung nicht **zwei** Unbekannte bestimmen kann, genügt auch **eine** Gleichung mit **drei oder noch mehr** Unbekannten nicht zur Bestimmung der letzteren. **Es müssen immer soviel voneinander unabhängige Gleichungen gegeben sein wie Unbekannte zu bestimmen sind.** Der Weg zur Berechnung der letzteren ist gewöhnlich der folgende: Man eliminiert aus je zwei Gleichungen eine und dieselbe Unbekannte. Auf diese Weise erhält man **neue Gleichungen, die eine Unbekannte weniger** enthalten. Dieses Verfahren setzt man fort, bis man nur **eine Gleichung** mit **einer** Unbekannten erhält.

Beispiele:

1. Aus folgenden drei Gleichungen

$$\begin{array}{lrcl|c|c} \text{I.} & 5x + 3y + 2z &=& 27 & 3 & 1 \\ \text{II.} & 4x - y + 3z &=& 17 & 2 & \\ \text{III.} & 10x - 2y - z &=& 10 & & 2 \end{array}$$

die drei Unbekannten x, y und z zu berechnen.

Lösung: Man eliminiere aus I. und II. die Unbekannte z; zu diesem Zweck wird Gleichung I. mit dem Faktor von z in Gleichung II. d. i. mit 3, Gleichung II mit dem Faktor von z in Gleichung I., d. i. mit 2, multipliziert und nachdem die Vorzeichen von Gleichung II. geändert worden sind, werden beide addiert:

$$\begin{array}{rcl} 15x + 9y + 6z &=& 81 \\ -\ 8x + 2y - 6z &=& -34 \\ \hline 7x + 11y &=& 47. \end{array} \qquad \ldots \text{Ia.}$$

Weiter eliminiere man aus Gleichung I. und III. dieselbe Unbekannte z, indem man Gleichung I. mit 1, Gleichung III. mit 2 multipliziert und addiert:

$$\begin{array}{rcl} 5x + 3y + 2z &=& 27 \\ 20x - 4y - 2z &=& 20 \\ \hline 25x - y &=& 47. \end{array} \qquad \ldots \text{IIa.}$$

Aus dieser Gleichung und der vorher gefundenen eliminiert man nun y:

$$\begin{array}{lrcl|c} \text{Ia.} & 7x + 11y &=& 47 & 1 \\ \text{IIa.} & 25x - y &=& 47 & 11 \\ \hline & 7x + 11y &=& 47 & \\ & 275x - 11y &=& 517 & \\ \hline & 282x &=& 564 & \\ & x &=& 2. & \end{array}$$

Ebenso könnte man nun y bestimmen, indem man aus obigen Gleichungen x eliminiert. Statt dessen kann man aber auch den gefundenen Wert x = 2 in eine der Gleichungen Ia. oder IIa. einsetzen und dann die Größe y bestimmen; z. B. aus Gleichung Ia.:

$$7 \cdot 2 + 11y = 47$$
$$11y = 47 - 14 = 33$$
$$y = 3.$$

Die Unbekannte z endlich findet man, indem man die Werte $x = 2$, $y = 3$ in eine der ursprünglich gegebenen Gleichungen I., II. oder III. einsetzt; z. B. mittels Gleichung I.:

$$\begin{aligned} 5 \cdot 2 + 3 \cdot 3 + 2z &= 27 \\ 10 + 9 \quad + 2z &= 27 \\ 2z &= 27 - 9 - 10 = 8 \\ z &= 4. \end{aligned}$$

Probe:
$$\begin{aligned} 5 \cdot 2 + 3 \cdot 3 + 2 \cdot 4 &= 27 \\ 4 \cdot 2 - 3 \quad + 3 \cdot 4 &= 17 \\ 10 \cdot 2 - 2 \cdot 3 - 4 \quad &= 10. \end{aligned}$$

Kommen nicht in jeder Gleichung **sämtliche** Unbekannte vor, so gestaltet sich die Lösung gewöhnlich einfacher, z. B.:

2. Aus den drei Gleichungen

$$\begin{aligned} &\text{I.} & 1{,}5x - 2{,}3y &= 127 & & \\ &\text{II.} & 2{,}3x + \ 12z &= 242 & &\mid 1 \\ &\text{III.} & 1{,}5y - \ 6z &= \ \ 9 & &\mid 2 \end{aligned}$$

die drei Unbekannten x, y und z zu berechnen.

Lösung: Die erste Gleichung enthält nur x und y. Eliminiert man aus Gleichung II. und III. die Unbekannte z, so erhält man eine zweite Gleichung, die nur noch x und y enthält:

$$\begin{aligned} 2{,}3x + 12z &= 242 \\ 3y - 12z &= \ \ 18 \\ \hline 2{,}3x + \ 3y &= 260. \end{aligned}$$

Aus dieser letzteren Gleichung und aus Gleichung I. berechnet man x und y:

$$\begin{aligned} 2{,}3\ x + \ \ 3y &= 260 \mid 2{,}3 \\ 1{,}5\ x - 2{,}3y &= 127 \mid 3 \\ \hline 5{,}29x + 6{,}9y &= 598 \\ 4{,}5\ x - 6{,}9y &= 381 \\ \hline 9{,}79x \qquad &= 979 \\ x \qquad &= 100. \end{aligned}$$

Setzt man diesen Wert für x in Gleichung I. ein, so wird

$$\begin{aligned} 150 - 2{,}3y &= \ \ 127 \\ -2{,}3y &= -\ 23 \\ y &= \ \ 10. \end{aligned}$$

Die dritte Unbekannte z findet man nun noch, wenn man entweder in Gleichung II. für x oder in Gleichung III. für y den gefundenen Wert einsetzt; z. B. mittels Gleichung II.:

$$\begin{aligned} 230 + 12z &= 242 \\ 12z &= 12 \\ z &= 1. \end{aligned}$$

3.
$$\begin{aligned} &\text{I.} & x + ay &= m \\ &\text{II.} & x + bz &= n \\ &\text{III.} & \frac{z}{y} &= c. \end{aligned}$$

Lösung: Aus Gleichung III. folgt $z = cy$. Setzt man diesen Wert von z in Gleichung II. ein, so wird

$$x + bcy = n.$$

Dazu Gleichung I.:

$$x + ay = m.$$

Aus diesen Gleichungen folgt, wenn man die Vorzeichen der ersteren ändert und dann addiert:

$$ay - bcy = m - n$$
$$y = \frac{m - n}{a - bc}.$$

Diesen Wert, in Gleichung I. eingesetzt, erhält man

$$x + \frac{a\,(m - n)}{a - bc} = m$$
$$x = m - \frac{a\,(m - n)}{a - bc}.$$

Bringt man jetzt m noch mit auf den Nenner a − bc, so wird

$$x = \frac{m\,(a - bc) - a\,(m - n)}{a - bc}.$$

Die Klammern ausmultipliziert:

$$x = \frac{am - bcm - am + an}{a - bc} = \frac{an - bcm}{a - bc}.$$

Die dritte Unbekannte z findet man aus Gleichung III., woraus z = cy, wenn man für y den vorher gefundenen Wert einsetzt:

$$z = \frac{c\,(m - n)}{a - bc}.$$

4.

$$\begin{aligned} &\text{I.} \quad x + y + z = s \\ &\text{II.} \quad ax = by \\ &\text{III.} \quad ay = bz. \end{aligned}$$

Lösung: Aus Gleichung II. folgt $y = \frac{a}{b} \cdot x$; aus Gleichung III. $z = \frac{a}{b}y$; es ist daher auch, wenn man für y den vorher gefundenen Wert einsetzt:

$$z = \frac{a}{b} \cdot \frac{a}{b}x = \frac{a^2}{b^2}x.$$

Demnach ist sowohl y als auch z durch die einzige Unbekannte x ausgedrückt. Setzt man diese Werte für y und z in Gleichung I. ein, so erhält man eine Gleichung, die nur noch x als Unbekannte enthält:

$$x + \frac{a}{b}x + \frac{a^2}{b^2}x = s.$$

Hieraus folgt:

$$b^2x + abx + a^2x = b^2s$$
$$x\,(a^2 + ab + b^2) = b^2s$$
$$x = \frac{b^2s}{a^2 + ab + b^2}.$$

Mit Einsetzung dieses Wertes für x in die Gleichungen $y = \frac{a}{b}x$ und $z = \frac{a^2}{b^2}x$ ergibt sich

$$y = \frac{ab^2s}{b\,(a^2 + ab + b^2)} = \frac{abs}{a^2 + ab + b^2}$$

$$z = \frac{a^2b^2s}{b^2\,(a^2 + ab + b^2)} = \frac{a^2s}{a^2 + ab + b^2}.$$

Als letztes Beispiel möge noch ein Problem der Elektrotechnik gerechnet werden, das zugleich zeigt, welche Schwierigkeiten häufig bei der Auflösung zu überwinden sind.

5.

$$\text{I.}\quad \frac{1}{x} + \frac{1}{y+z} = \frac{1}{a} \quad \Big|\; x\,(y + z)$$

$$\text{II.}\quad \frac{1}{y} + \frac{1}{x+z} = \frac{1}{b} \quad \Big|\; y\,(x + z)$$

$$\text{III.}\quad \frac{1}{z} + \frac{1}{x+y} = \frac{1}{c} \quad \Big|\; z\,(x + y).$$

Wir schaffen in allen drei Gleichungen zunächst die Unbekannten im Nenner fort und erhalten:

$$\text{Ia.}\quad x + y + z = \frac{1}{a}x\,(y + z) \quad \Big|\; \cdot a$$

$$\text{IIa.}\quad x + y + z = \frac{1}{b}y\,(x + z) \quad \Big|\; \cdot b$$

$$\text{IIIa.}\quad x + y + z = \frac{1}{c}z\,(x + y) \quad \Big|\; \cdot c.$$

Zur Abkürzung möge $x + y + z = u$ gesetzt werden. Schafft man jetzt noch die bekannten Nenner weg, so ergibt sich:

$$\text{IV.}\quad au = xy + xz$$
$$\text{V.}\quad bu = xy + yz$$
$$\text{VI.}\quad cu = xz + yz.$$

In diesen Gleichungen mögen die Produkte xy, xz und yz als alleinige Unbekannte angesehen werden.

Aus V. minus VI. folgt:

$$u\,(b - c) = xy - xz.$$

Gleichung IV. heißt:

$$au = xy + xz.$$

Durch Addition dieser beiden Gleichungen entsteht:

$$u\,(b - c + a) = 2xy. \qquad \text{. . . VII.}$$

Durch Subtraktion hat man dagegen:

$$u\,(a - b + c) = 2xz. \qquad \text{. . . VIII.}$$

Dies eingesetzt in V. ergibt sich:

$$bu = \frac{u\,(b - c + a)}{2} + yz,$$

oder

$$2yz = 2bu - u\,(b - c + a)$$
$$2yz = u\,(b + c - a). \qquad \text{. . . IX.}$$

Dividiert man Gleichung VII. durch Gleichung VIII., so erhält man:

$$\frac{y}{z} = \frac{a + b - c}{a - b + c},$$

woraus

$$y = z\,\frac{a + b - c}{a - b + c} \qquad \ldots X.$$

folgt.

Dividiert man Gleichung VII. durch IX., so erhält man:

$$\frac{x}{z} = \frac{a + b - c}{-a + b + c},$$

woraus

$$x = z\,\frac{a + b - c}{-a + b + c} \qquad \ldots XI.$$

folgt.

Setzt man nun die für x und y gefundenen Werte in die gegebene Gleichung III. ein, so wird dieselbe:

$$\frac{1}{z} + \frac{1}{z\,\frac{a + b - c}{-a + b + c} + z\,\frac{a + b - c}{a - b + c}} = \frac{1}{c},$$

welche Gleichung nur noch die Unbekannte z enthält. Um vieles Schreiben zu vermeiden, setzen wir zur Abkürzung:

$$a + b + c = 2s$$

dann ist: $a + b - c = 2\,(s - c)$ denn $a + b - c = a + b + c - 2c = 2s - 2c = 2\,(s - c)$

ebenso $a - b + c = 2\,(s - b)$

und $-a + b + c = 2\,(s - a),$

also:

$$\frac{1}{z}\left\{1 + \frac{1}{\frac{s - c}{s - a} + \frac{s - c}{s - b}}\right\} = \frac{1}{c},$$

oder

$$\frac{z}{c} = 1 + \frac{1}{\frac{(s - c)\,(s - b + s - a)}{(s - a)\,(s - b)}}.$$

Nun ist aber, weil $2s = a + b + c$ gesetzt war:

$$2s - b - a = a + b + c - b - a = c,$$

also:

$$\frac{z}{c} = 1 + \frac{(s - a)\,(s - b)}{(s - c) \cdot c},$$

oder:

$$z = c + \frac{(s - a)\,(s - b)}{s - c}.$$

Setzt man diesen Wert von z in die Gleichungen X. und XI. ein, so ergeben sich die Werte von y und x.

Wir wollen jedoch diese Werte, da unsere Gleichungen völlig symmetrisch sind, durch **zyklische** Vertauschung der Buchstaben erhalten, d. h. denken wir uns die drei Buchstaben a, b, c im Kreise aufgeschrieben, so kommt nach a der Buchstabe b, nach b der Buchstabe c und nach c wieder a, also wo a steht, wird b und wo b steht, wird c und wo c steht, wird a geschrieben, was auch für x, y, z gilt, es ist mithin:

$$x = a + \frac{(s-b)(s-c)}{s-a}$$

$$y = b + \frac{(s-c)(s-a)}{s-b}.$$

Aufgaben zu selbständiger Lösung.

1. $\left| \begin{array}{l} z - x = -a \\ y - x = -b \\ x + y + z = 0 \end{array} \right|$

2. $\left| \begin{array}{l} x + y + 2z = 10 \\ x + y + z = 12 \\ 2x + 3y + 4z = 40 \end{array} \right|$

3. $\left| \begin{array}{l} 5x + 3y = 13 \\ 7x - 3z = 8 \\ 5y + 6z = 15{,}3 \end{array} \right|$

4. $\left| \begin{array}{l} x + 2y + 3z = 10 \\ 5x - 4y + 2z = 3 \\ 10x - 6y + 5z = 11 \end{array} \right|$

5. $\left| \begin{array}{l} x + y + z = 6 \\ 3x - 2y + 7z = 20 \\ 4x + y - 3z = -3 \end{array} \right|$

6. $\left| \begin{array}{l} x + y = a \\ x + z = b \\ y + z = c \end{array} \right|$

7. $\left| \begin{array}{l} x + y + z = 6 \\ x + 2y + 3z = 14 \\ x + 3y + 8z = 31 \end{array} \right|$

8. $\left| \begin{array}{l} ax + by + cz = 1 \\ x : y = a : b \\ y : z = b : c \end{array} \right|$

9. $\left| \begin{array}{l} ax + y = m \\ bx + z = n \\ cy + z = p \end{array} \right|$

10. $\left| \begin{array}{l} \frac{1}{y} + \frac{1}{z} = 2a \\ \frac{1}{x} + \frac{1}{z} = 2b \\ \frac{1}{x} + \frac{1}{y} = 2c \end{array} \right|$

11. $\left| \begin{array}{l} \frac{1}{x} + \frac{1}{y+z} = \frac{2}{3} \\ \frac{1}{y} + \frac{1}{x+z} = \frac{3}{4} \\ \frac{1}{z} + \frac{1}{y+z} = \frac{6}{5} \end{array} \right|$

12. $\left| \begin{array}{l} x + \frac{yz}{y+z} = \frac{1}{a} \\ y + \frac{xz}{x+z} = \frac{1}{b} \\ z + \frac{xy}{x+y} = \frac{1}{c} \end{array} \right|$

§ 37 Exponentialgleichungen mit mehreren Unbekannten

Kommen die Unbekannten im Exponenten vor, so hat man diese Gleichungen zu logarithmieren, wodurch sie in gewöhnliche verwandelt werden.

Beispiele:

1. I. $a^x \cdot a^y = a^{30}$.
II. $x - y = 8$.

Lösung: Die Gleichung I. ist eine Exponentialgleichung; wir logarithmieren und erhalten:

$$x \log a + y \log a = 30 \log a,$$

oder nach Division durch log a

$$\begin{array}{r} x + y = 30 \\ x - y = 8 \\ \hline \end{array}$$

woraus $2x = 38$ und $x = 19$
$2y = 22$ und $y = 11$ folgt.

2. I $\sqrt{a^x} \cdot \sqrt[3]{a^y} = a^8$.
II. $\sqrt[3]{b^x} \cdot \sqrt{b^y} = b^7$.

Lösung: Gleichung I. logarithmiert:

$$\frac{x}{2} \log a + \frac{y}{3} \log a = 8 \log a$$

oder

$$\text{Ia.} \quad \frac{x}{2} + \frac{y}{3} = 8.$$

Gleichung II. logarithmiert:

$$\frac{x}{3} \log b + \frac{y}{2} \log b = 7 \log b$$

oder

$$\text{IIa.} \quad \frac{x}{3} + \frac{y}{2} = 7.$$

Aus Ia ist: $:3x + 2y = 48$
Aus IIa ist: $2x + 3y = 42$.

Addiert und subtrahiert man diese Gleichungen, so ergeben sich die beiden Gleichungen:

$$5x + 5y = 90$$

oder

$$x + y = 18$$

und

$$\begin{array}{r} x - y = 6 \\ \hline \end{array}$$

woraus $x = 12$
$y = 6$ folgt.

3. I. $4^x \cdot 5^y = 80$.
II. $6^x \cdot 10^y = 360$.

Lösung:

$$\begin{aligned} x \log 4 + y \log 5 &= \log 80 \\ x \log 6 + y \log 10 &= \log 360 \end{aligned} \left|\begin{array}{l} \log 10 \\ \log 5 \end{array}\right.$$

Multipliziert man die erste Gl. mit log 10, die zweite mit log 5 und subtrahiert, so ergibt sich:

$$x \quad \{\log 4 \log 10 - \log 6 \cdot \log 5\} = \log 80 \log 10 - \log 360 \cdot \log 5$$

$$x = \frac{\log 80 : \log 10 - \log 360 \cdot \log 5}{\log 4 \cdot \log 10 - \log 6 \cdot \log 5} = \frac{1{,}903 \cdot 1 - 2{,}556 \cdot 0{,}699}{0{,}602 \cdot 1 - 0{,}778 \cdot 0{,}699}$$

$$x = \frac{1{,}903 - 1{,}799}{0{,}602 - 0{,}545} = \frac{0{,}114}{0{,}057} = 2.$$

In I. eingesetzt gibt:

$$4^2 \cdot 5^y = 80,$$

oder

$$5^y = 5$$

$$y \log 5 = \log 5$$

$$y = 1.$$

Aufgaben zu selbständiger Lösung:

1. $\left| \begin{array}{l} a^{3x} \cdot a^{7y} = a^7 \\ 5x + 3y = -36 \end{array} \right|$

2. $\left| \begin{array}{l} a^x = a^{3y - 19} \\ b^y = b^{3x - 23} \end{array} \right|$

3. $\left| \begin{array}{l} \sqrt[3]{a^x} \cdot \sqrt[4]{a^y} = a^6 \\ b^{3x} = b^4 \cdot b^{4y} \end{array} \right|$

4. $\left| \begin{array}{l} \sqrt[x]{a} \cdot \sqrt[y]{a} = \sqrt[6]{a^5} \\ \sqrt[x]{b} : \sqrt[y]{b} = \sqrt[6]{b} \end{array} \right|$

5. $\left| \begin{array}{l} \sqrt[x]{a^3} \cdot \sqrt[y]{a^8} = a^3 \\ \sqrt[x]{b^{15}} = b^4 \cdot \sqrt[y]{b^4} \end{array} \right|$

6. $\left| \begin{array}{l} 5^x \cdot 8^y = 512000 \\ x + y = 7 \end{array} \right|$

7. $\left| \begin{array}{l} 3^x \cdot 2^y = 72 \\ x - y = -1 \end{array} \right|$

8. $\left| \begin{array}{l} \sqrt[x]{512} \cdot \sqrt[y]{81} = 11 \\ \dfrac{9^x}{3^y} = 1 \end{array} \right|$

9. $\left| \begin{array}{l} 2^x \cdot 3^y = 4000 \\ 3^{x-1} \cdot 2^y = 684 \end{array} \right|$

10. $\left| \begin{array}{l} \sqrt[x]{1024} \cdot \sqrt[y]{2401} = 28 \\ \sqrt[x]{1{,}61051} \cdot \sqrt[y]{2{,}0736} = 1{,}32 \end{array} \right|$

11. $\left| \begin{array}{l} \sqrt[x]{x + y} = 3 \\ (x + y) \cdot 2^x = 36 \end{array} \right|$

12. $\left| \begin{array}{l} 3^x \cdot 4^y = 576 \\ 4^x \cdot 5^z = 10000 \\ 5^y \cdot 6^z = 162000 \end{array} \right|$

12. Kapitel

Quadratische Gleichungen mit einer Unbekannten

§ 38 Erklärungen

Eine Gleichung, in welcher die Unbekannte in keiner höheren als der ersten Potenz vorkommt, nennt man eine Gleichung ersten Grades.

Kommen jedoch in einer Gleichung nach Wegschaffung der Wurzeln, Klammern und Nenner außer den Gliedern mit x und den von der Unbekannten freien Gliedern noch Glieder mit der zweiten Potenz der Unbekannten, also mit dem Faktor x^2 vor, so nennt man die Gleichung eine Gleichung zweiten Grades oder eine quadratische Gleichung.

Z. B.: $a x^2 + b x = c$ ist eine quadratische Gleichung.

Fehlt in einer quadratischen Gleichung das Glied mit dem Faktor x, so nennt man sie eine **rein** quadratische Gleichung;

z. B.: $3 x^2 - 18 = 0, \quad a x^2 = b, \quad a b = m x^2,$
$30 x^2 = 5 + 3 x^2.$

§ 39 Rein quadratische Gleichungen

Die Auflösung einer derartigen Gleichung bietet keine größeren Schwierigkeiten wie die Auflösung einer Gleichung vom ersten Grade:

Man findet die Unbekannte x, indem man die Glieder mit dem Faktor x^2 auf die linke Seite, die Glieder ohne die Unbekannte auf die rechte Seite bringt (oder umgekehrt) und, nachdem man die Glieder mit x^2 zu einem Gliede vereinigt hat (den gemeinschaftlichen Faktor x^2 vor die Klammer genommen), beide Seiten durch den Faktor von x^2 dividiert **und hierauf aus beiden Seiten die Quadratwurzel zieht, z. B.:**

Beispiele:

Beachte bei der Lösung folgender Beispiele die wichtige Bemerkung auf der Seite 322!

1.
$$5x^2 = 320$$
$$x^2 = \frac{320}{5} = 64$$
$$\sqrt{x^2} = \sqrt{64}$$
$$x = 8.$$

2.
$$\frac{4}{5} x^2 = 0{,}05$$
$$x^2 = \frac{0{,}05 \cdot 5}{4} = \frac{0{,}25}{4}$$
$$x = \sqrt{0{,}0625} = 0{,}25.$$

3.
$$ax^2 = b$$
$$x^2 = \frac{b}{a}$$
$$x = \sqrt{\frac{b}{a}}$$

4.
$$\frac{x^2}{m} = n$$
$$x^2 = m n$$
$$x = \sqrt{m n}.$$

5.
$$8x^2 - 17 = 5x^2 + 10$$
$$8x^2 - 5x^2 = 17 + 10$$
$$3x^2 = 27$$
$$x^2 = 9$$
$$x = \sqrt{9} = 3.$$

6.
$$x^2 - 11 = 2x^2 - 60$$
$$x^2 - 2x^2 = 11 - 60$$
$$-x^2 = -49$$
$$x^2 = 49$$
$$x = \sqrt{49} = 7.$$

7.
$$ax^2 + b = mx^2 + n$$
$$ax^2 - mx^2 = n - b$$
$$x^2 (a - m) = n - b$$
$$x^2 = \frac{n - b}{a - m}.$$
$$x = \sqrt{\frac{n - b}{a - m}}.$$

8.
$$a (x^2 - b) = b^2$$
$$ax^2 - ab = b^2$$
$$ax^2 = ab + b^2$$
$$x^2 = \frac{ab + b^2}{a}$$
$$x = \sqrt{\frac{ab + b^2}{a}} = \sqrt{\frac{b (a + b)}{a}}$$

9.
$$\frac{x}{x - 1} = \frac{2 (x + 1)}{x}$$
$$x^2 = 2 (x + 1) (x - 1)$$
$$x^2 = 2 (x^2 - 1)$$
$$x^2 = 2x^2 - 2$$
$$x^2 - 2x^2 = -2$$
$$-x^2 = -2$$
$$x^2 = 2$$
$$x = \sqrt{2} = 1{,}4142.$$

10.
$$(x + 5)^2 = 10x + 26$$
$$x^2 + 10x + 25 = 10x + 26$$
$$x^2 = 26 - 25$$
$$x^2 = 1$$
$$x^2 = \sqrt{1} = 1.$$

11. $\frac{a - x}{1 - bx} = \frac{1 - ax}{b - x}.$ Die Nenner beseitigt:

$(a - x) (b - x) = (1 - ax) (1 - bx)$, die Klammern ausmultipliziert:
$ab - bx - ax + x^2 = 1 - ax - bx + abx^2$, geordnet:
$$x^2 - abx^2 = 1 - ab$$
$$x^2 (1 - ab) = 1 - ab$$
$$x^2 = \frac{1 - ab}{1 - ab} = 1$$
$$x = \sqrt{1} = 1$$

12. $m \sqrt{a^2 - x^2} = \sqrt{a^2 + x^2}$. Quadriert man beide Seiten, so erhält man
$m^2 (a^2 - x^2) = a^2 + x^2$; multipliziert man die Klammer aus:
$a^2m^2 - m^2x^2 = a^2 + x^2$, die Glieder mit x^2 auf die rechte, die Glieder ohne x^2 auf die linke Seite gebracht:
$a^2m^2 - a^2 = m^2x^2 + x^2$; nimmt man x^2 vor die Klammer, so ist
$a^2m^2 - a^2 = x^2 (m^2 + 1)$; dividiert man beide Seiten durch $(m^2 + 1)$, und vertauscht beide Seiten, so erhält man:
$x^2 = \frac{a^2m^2 - a^2}{m^2 + 1} = \frac{a^2 (m^2 - 1)}{m^2 + 1}$; zieht man endlich auf beiden Seiten die Quadratwurzel, so wird
$$x = \sqrt{\frac{a^2 (m^2 - 1)}{m^2 + 1}} = a \sqrt{\frac{m^2 - 1}{m^2 + 1}}.$$

13. $\frac{n}{1 - x^2} = \frac{m}{1 + x^2}$. Die Nenner fortgeschafft, gibt:

$n + nx^2 = m - mx^2$, geordnet:
$mx^2 + nx^2 = m - n$, das x^2 vor die Klammer genommen:
$x^2 (m + n) = m - n$, durch $(m + n)$ auf beiden Seiten dividiert:

$x^2 = \frac{m - n}{m + n}$; die Wurzel gezogen:

$$x = \sqrt{\frac{m - n}{m + n}}.$$

14. $\frac{x}{\sqrt{1 - x^2}} = a$; beide Seiten quadriert gibt: $\frac{x^2}{1 - x^2} = a^2$.

Multipliziert man auf beiden Seiten mit $(1 - x^2)$, so erhält man

$$x^2 = a^2 (1 - x^2)$$
$$x^2 = a^2 - a^2x^2.$$

Ordnet man:

$$x^2 + a^2x^2 = a^2$$

und nimmt man links den Faktor x^2 vor die Klammer:

$$x^2 (1 + a^2) = a^2$$

so ergibt sich, wenn man durch $(1 + a^2)$ dividiert:

$$x^2 = \frac{a^2}{1 + a^2}$$

und

$$x = \sqrt{\frac{a^2}{1 + a^2}} = \frac{a}{\sqrt{1 + a^2}}.$$

15. $\frac{\sqrt{1 - x^2}}{x} = a.$

Lösung: Beide Seiten quadriert:

$$\frac{1 - x^2}{x^2} = a^2$$

mit x^2 beide Seiten multipliziert:

$$1 - x^2 = a^2x^2$$

geordnet:

$$- x^2 - a^2x^2 = - 1$$

mit $- 1$ multipliziert:

$$x^2 + a^2x^2 = 1$$

auf der linken Seite x^2 als Faktor abgesondert:

$$x^2 (1 + a^2) = 1$$

oder

$$X^2 = \frac{1}{1 + a^2}$$

$$x = \frac{1}{\sqrt{1 + a^2}}.$$

Aufgaben zu selbständiger Lösung

1. $x^2 = a^2$.
2. $x^2 + a^2 = b^2$.
3. $x^2 - 121 = 0$.
4. $x^2 - 4 = 45$.
5. $ax^2 = b$.
6. $3x^2 - 48 = 0$.
7. $(x + 7)(x - 7) = 0$.
8. $a^2x^2 + b^2x^2 = c^2$.
9. $5x^2 = 81 - 4x^2$.
10. $2x^2 + 2ax = (x + a)^2 + b^2$.
11. $7(x - 11)^2 + 5(x - 11)^2 = 12$. (And. z. Lös. Setze $x - 11 = y$ und bestimme zunächst y.)
12. $\frac{5}{x - 7} + 7 - x + \frac{20}{x - 7} = 0$. (And. z. Lös. Setze $x - 7 = y$.)
13. $\frac{x + a}{x - a} + \frac{x - a}{x + a} = \frac{4a}{x^2 - a^2}$.
14. $\frac{x + a}{x - a} + \frac{x - a}{x + a} = b$.
15. $(x + a)^2 + b^2 = 2x(x + a)$.
16. $\frac{1}{1 + \sqrt{1 - x}} + \frac{1}{1 - \sqrt{1 - x}} = \frac{2x}{9}$.
17. $\sqrt{13 + x} + \sqrt{13 - x} = 6$.
18. $\sqrt{x + a} - \sqrt{5x - 3a - 4b} = \frac{2b}{\sqrt{x + a}}$.
19. $\sqrt{10 + 3x} - \sqrt{10 - 3x} = x$.
20. $\sqrt{x + a} - \sqrt{x - a} = \frac{x + a - b}{\sqrt{x + a}}$.

§ 40 Gemischt quadratische Gleichungen mit Zahlengrößen

Eine quadratische Gleichung, in der das Glied mit dem Faktor x nicht fehlt, heißt eine gemischt-quadratische Gleichung,

1. $$x^2 + 12x = 85.$$

Nimmt man hier x vor die Klammer, so erhält man

$$x(x + 12) = 85$$

der

$$x = \frac{85}{x + 12}.$$

Dieses Resultat ist aber wertlos, da ja auf der anderen Seite die Unbekannte x wieder vorkommt.

Um den Wert der Unbekannten x zu erhalten, muß man vielmehr folgendermaßen verfahren:

Man addiere, nachdem man die Gleichung geordnet hat, auf beiden Seiten das Quadrat des halben Faktors von x:

$$\text{hier } \left(\frac{12}{2}\right)^2 = 6^2 = 36.$$

also: $$x^2 + 12x + 6^2 = 85 + 36 = 121.$$

Durch dieses Hinzufügen von 6^2, resp. 36 auf jeder Seite, erhält die linke Seite die allgemeine Form

$$x^2 + 2ax + a^2 = (x + a)^2.$$

Man kann also jetzt die Quadratwurzel ziehen, denn $x^2 + 12x + 6^2$ ist das Quadrat von $x + 6$. Man erhält also

$$x + 6 = \sqrt{121} = 11,$$

woraus folgt

$$x = 11 - 6 = 5.$$

$$(\text{Probe: } 5^2 + 12 \cdot 5 = 85.)$$

2. $$16x - x^2 = 39.$$

Hier wird man zunächst mit -1 multiplizieren, **damit das Glied mit x^2 positiv wird:**

$$x^2 - 16x = -39.$$

Die linke Seite wird ein vollständiges Quadrat, wenn man

$$\left(\frac{16}{2}\right)^2 = 8^2 = 64$$

beiden Seiten hinzufügt

$$x^2 - 16x + 8^2 = -39 + 64 = 25.$$

Zieht man jetzt beiderseits die Wurzel, so wird:

$$x - 8 = 5,$$

$$x = 8 + 5 = 13.$$

$$(\text{Probe: } 16 \cdot 13 - 13^2 = 39.)$$

3. $$2x^2 + 5x = 33.$$

Man dividiert zunächst beide Seiten durch den Faktor von x^2 (d. i. 2), damit die Gleichung mit $1x^2$ oder x^2 anfängt:

$$x^2 + \frac{5}{2}x = \frac{33}{2}.$$

Jetzt addiere man beiderseits das Quadrat der Hälfte des Faktors von x, d. i. $\left(\frac{5}{4}\right)^2 = \frac{25}{16}$:

$$x^2 + \frac{5}{2}x + \left(\frac{5}{4}\right)^2 = \frac{33}{2} + \frac{25}{16} = \frac{264 + 25}{16} = \frac{289}{16}.$$

Zieht man auf beiden Seiten die Wurzel, so ergibt sich

$$x + \frac{5}{4} = \sqrt{\frac{289}{16}} = \frac{17}{4},$$

$$x = -\frac{5}{4} + \frac{17}{4} = \frac{12}{4} = 3.$$

$$(\text{Probe: } 2 \cdot 3^2 + 5 \cdot 3 = 33.)$$

4. $$x^2 - 20x - 44 = 0.$$

Ordnet man diese Gleichung, so erhält man

$$x^2 - 20x = 44.$$

Die linke Seite wird ein vollständiges Quadrat, wenn man als drittes Glied $\left(\frac{20}{2}\right)^2 = 10^2 = 100$ hinzufügt. Addiert man also dieses Glied auf beiden Seiten:

$$x^2 - 20x + 10^2 = 44 + 100 = 144,$$

so erhält man, wenn man jetzt beide Seiten radiziert:

$$x - 10 = \sqrt{144} = 12,$$

folglich

$$x = 10 + 12 = 22.$$

5. $$x + \frac{2}{9x} = 1.$$

Multipliziert man diese Gleichung, damit der Nenner wegfällt, mit 9x so erhält man:

$$9x^2 + 2 = 9x,$$

geordnet:

$$9x^2 - 9x = -2,$$

durch den Koeffizienten von x^2 dividiert:

$$x^2 - x = -\frac{2}{9}.$$

Der Koeffizient des Gliedes mit x ist hier gleich 1; man hat daher auf beiden Seiten $\left(\frac{1}{2}\right)^2 = \frac{1}{4}$ zu addieren:

$$x^2 - 1 \cdot x + \left(\frac{1}{2}\right)^2 = -\frac{2}{9} + \frac{1}{4} = \frac{1}{36},$$

aus beiden Seiten die Wurzeln gezogen:

$$x - \frac{1}{2} = \sqrt{\frac{1}{36}} = \frac{1}{6},$$

$$x = \frac{1}{2} + \frac{1}{6} = \frac{4}{6} = \frac{2}{3}.$$

6. $$x^2 + 1{,}8x + 0{,}72 = 0.$$

Geordnet:

$$x^2 + 1{,}8x = -0{,}72.$$

auf beiden Seiten $\left(\frac{1{,}8}{2}\right)^2 = 0{,}9^2 = 0{,}81$ addiert:

$$x^2 + 1{,}8x + 0{,}9^2 = -0{,}72 + 0{,}81 = 0{,}09.$$

aus beiden Seiten die Wurzel gezogen:

$$x + 0{,}9 = \sqrt{0{,}09} = 0{,}3$$
$$+ = -0{,}9 + 0{,}3 = -0{,}6.$$

7. $$\frac{20\,(x-7)}{x-8} = 3x.$$

Multipliziert man die Gleichung mit x − 8, so erhält man:

$$20\,(x-7) = 3x\,(x-8),$$

die Klammern ausmultipliziert:

$$20x - 140 = 3x^2 - 24x,$$

geordnet:

$$-3x^2 + 44x = 140,$$

durch − 3 dividiert:

$$x^2 - \frac{44}{3}x = -\frac{140}{3},$$

auf beiden Seiten $\left(\frac{22}{3}\right)^2 = \frac{484}{9}$ addiert:

$$x^2 - \frac{44}{3}x + \left(\frac{22}{3}\right)^2 = -\frac{140}{3} + \frac{484}{9} = -\frac{420}{9} + \frac{484}{9} = \frac{64}{9},$$

beide Seiten radiziert:

$$x - \frac{22}{3} = \sqrt{\frac{64}{9}} = \frac{8}{3}$$

$$x = \frac{22}{3} + \frac{8}{3} = \frac{30}{3} = 10.$$

8. $$\frac{1}{x+1} + \frac{1}{x+2} = \frac{11}{30}.$$

Multipliziert man die Gleichung mit dem Hauptnenner 30 (x + 1) (x + 2) so erhält man

$$30\,(x+2) + 30\,(x+1) = 11\,(x+1)\,(x+2),$$

die Klammern ausmultipliziert:

$$30x + 60 + 30x + 30 = 11x^2 + 33x + 22,$$

geordnet:

$$-11x^2 + 27x = -68,$$

durch − 11 dividiert:

$$x^2 - \frac{27}{11}x = \frac{68}{11}.$$

Addiert man jetzt auf beiden Seiten das Quadrat der Häfte von $\frac{27}{11}$, d. h. $\left(\frac{27}{22}\right)^2 = \frac{729}{484}$, so erhält man

$$x^2 - \frac{27}{11}x + \left(\frac{27}{22}\right)^2 = \frac{68}{11} + \frac{729}{484}.$$

Die beiden Brüche rechts zu **einem** Bruch vereinigt, gibt

$$x^2 - \frac{27}{11}x + \left(\frac{27}{22}\right)^2 = \frac{3721}{484},$$

auf beiden Seiten die Wurzel gezogen:

$$x - \frac{27}{22} = \sqrt{\frac{3721}{484}} = \frac{61}{22},$$

folglich

$$x = \frac{27}{22} + \frac{61}{22} = \frac{88}{22} = 4.$$

Aufgaben zu selbständiger Lösung:

1. $x^2 + 6x = 160.$
2. $x^2 + 12x = 133.$
3. $x^2 - 10x = 11.$
4. $x^2 - 36x + 320 = 0.$
5. $x^2 + 16x + 55 = 0.$
6. $x^2 - 42x - 459 = 0.$
7. $x^2 + 3x = 40.$
8. $4x^2 + 8x - 117 = 0.$
9. $x^2 + 1{,}8x + 0{,}72 = 0.$
10. $8x^2 + 22x = 105.$
11. $0{,}03x^2 + 0{,}2x = 1.$
12. $20x^2 - 27x + 9 = 0.$
13. $16x^2 + 22x + 7 = 0.$
14. $12x^2 = 7x - 1.$
15. $2x - 3 = \frac{35}{x}.$
16. $x^2 + x = 0{,}24.$
17. $\frac{1}{2x} + x = 1\frac{1}{2}.$

Bei den bisher gelösten Gleichungen zweiten Grades haben wir eine Eigenschaft der Quadratwurzel (vergl. § 20) außer acht gelassen, die in folgendem besteht: Aus der Erklärung des Wurzelbegriffes folgt z. B. $\sqrt{64} = 8$, weil $8^2 = 64$; es ist aber auch $\sqrt{64} = -8$; denn es ist auch

$$(-8)^2 = (-8)(-8) = 64.$$

Dieser Schluß ist auf **jeden positiven** Radikanden der Quadratwurzel anwendbar und wir erhalten daher den Satz:

Die Quadratwurzel aus einer positiven Zahl liefert sowohl einen positiven als auch einen negativen Wert.

Es ist also z. B.

$\sqrt{4} = \pm 2$ (gelesen: plus oder minus 2)

$\sqrt{3} = \pm 1{,}7321$ $\qquad \sqrt{0{,}25} = \pm 0{,}5$ usw.

Berücksichtigen wir diese Eigenschaft der Quadratwurzel bei der Lösung von Gleichungen zweiten Grades, so folgt, daß jede derartige Gleichung **zwei von einander verschiedene Lösungen** hat.

Beispiele:

9. $\qquad x^2 - 38x + 357 = 0.$

Geordnet:

$$x^2 - 38x = -357,$$

auf beiden Seiten $\left(\frac{38}{2}\right)^2 = 19^2 = 361$ addiert:

$$x^2 - 38x + 19^2 = -357 + 361 = 4.$$

Beide Seiten radiziert:

$$x - 19 = \sqrt{4} = \pm 2,$$

d. h.: Es ist sowohl

$$x - 19 = + 2, \text{ also } x = 19 + 2 = 21$$

als auch

$$x - 19 = - 2, \text{ also } x = 19 - 2 = 17$$

Probe I. ($x = 21$): $21^2 - 38 \cdot 21 + 357 = 0$
$441 - 798 + 357 = 0.$

Probe II. ($x = 17$): $17^2 - 38 \cdot 17 + 357 = 0$
$289 - 646 + 357 = 0.$

Den Wert, **welchen man bei der Lösung einer Gleichung für die Unbekannte erhält, nennt man die Wurzel der Gleichung.** (Nicht zu verwechseln mit dem Begriff „Wurzel aus einer Zahl".)

Während also eine **Gleichung ersten Grades** immer nur **eine Wurzel** hat, besitzt eine **Gleichung zweiten Grades zwei Wurzeln.**

Die vorige Gleichung z. B. besitzt die Wurzeln

$$x_1 = 21, \quad x_2 = 17.$$

Die Bestimmung **beider** Wurzeln soll nun an einigen weiteren Beispielen gezeigt werden:

10. $$x^2 + 34x = 240.$$

Auf beiden Seiten $\left(\frac{34}{2}\right)^2 = 17^2 = 289$ addiert:

$$x^2 + 34x + 17^2 = 240 + 289 = 529,$$

beide Seiten radiziert:

$$x + 17 = \sqrt{529} = \pm 23,$$
$$x = - 17 \pm 23, \text{ d. h.:}$$
$$x_1 = - 17 + 23 = 6; \quad x_2 = - 17 - 23 = - 40.$$

Probe I. $6^2 + 34 \cdot 6 = 240$
$36 + 204 = 240.$

Probe II. $(-40)^2 + 34 \cdot (-40) = 240$
$1600 - 1360 = 240.$

11. $$35x - 25x^2 = 12.$$

Geordnet:

$$- 25x^2 + 35x = 12,$$

durch $- 25$ dividiert:

$$x^2 - \frac{7}{5}x = - \frac{12}{25},$$

auf beiden Seiten $\left(\frac{7}{10}\right)^2 = \frac{49}{100}$ addiert:

$$x^2 - \frac{7}{5}x + \left(\frac{7}{10}\right)^2 = - \frac{12}{25} + \frac{49}{100} = - \frac{48}{100} + \frac{49}{100} = \frac{1}{100}.$$

beide Seiten radiziert:

$$x - \frac{7}{10} = \sqrt{\frac{1}{100}} = \pm\frac{1}{10},$$

$$x = \frac{7}{10} \pm \frac{1}{10}, \text{ d. h.:}$$

$$x_1 = \frac{7}{10} + \frac{1}{10} = \frac{8}{10} = \frac{4}{5},$$

$$x_2 = \frac{7}{10} - \frac{1}{10} = \frac{6}{10} = \frac{3}{5}.$$

12. $$\frac{x + 5}{2x + 6} = \frac{2x - 6}{x + 1{,}4}.$$

Schafft man in dieser Gleichung die Nenner weg, so erhält man:

$$(x + 5)\,(x + 1{,}4) = (2x + 6)\,(2x - 6)$$
$$x^2 + 6{,}4x + 7 = 4x^2 - 36$$
$$x^2 - 4x^2 + 6{,}4x = -36 - 7$$
$$-3x^2 + 6{,}4x = -43,$$

durch − 3 dividiert:

$$x^2 - \frac{6{,}4}{3}x = \frac{43}{3},$$

auf beiden Seiten $\left(\frac{3{,}2}{3}\right)^2 = \frac{10{,}24}{9}$ hinzugefügt:

$$x^2 - \frac{6{,}4}{3}x + \left(\frac{3{,}2}{3}\right)^2 = \frac{43}{3} + \frac{10{,}24}{9} = \frac{129}{9} + \frac{10{,}24}{9} = \frac{139{,}24}{9},$$

beide Seiten radiziert:

$$x - \frac{3{,}2}{3} = \sqrt{\frac{139{,}24}{9}} = \pm\frac{11{,}8}{3}$$

$$x = \frac{3{,}2}{3} \pm \frac{11{,}8}{3}, \text{ d. h.:}$$

$$x_1 = \frac{3{,}2}{3} + \frac{11{,}8}{3} = \frac{15}{3} = 5$$

$$x_2 = \frac{3{,}2}{3} - \frac{11{,}8}{3} = -\frac{8{,}6}{3} = -2{,}8667.$$

13. $$5\,(x - 1)^2 = x^2 + 29.$$

Zunächst hat man

$(x - 1)^2$ nach der Formel

$(a - b)^2 = a^2 - 2ab + b^2$

zu quadrieren:

$$5\,(x^2 - 2x + 1) = x^2 + 29;$$

die Klammer ausmultipliziert und geordnet:

$$4x^2 - 10x = 24;$$

durch 4 dividiert:

$$x^2 - \frac{5}{2}x = 6,$$

auf beiden Seiten das Quadrat der Hälfte von $\frac{5}{2}$, d. h. $\left(\frac{5}{4}\right)^2 = \frac{25}{16}$ addiert:

$$x^2 - \frac{5}{2}x + \left(\frac{5}{4}\right)^2 = 6 + \frac{25}{16} = \frac{121}{16},$$

beide Seiten radiziert:

$$x - \frac{5}{4} = \sqrt{\frac{121}{16}} = \pm\frac{11}{4}$$

$$x = \frac{5}{4} \pm \frac{11}{4}, \text{ d. h.:}$$

$$x_1 = \frac{5}{4} + \frac{11}{4} = \frac{16}{4} = 4; \quad x_2 = \frac{5}{4} - \frac{11}{4} = -\frac{6}{4} = -1{,}5.$$

14. $$x^2 + 8x + 25 = 0.$$

Die Gleichung geordnet, gibt

$$x^2 + 8x = -25,$$

auf beiden Seiten $\left(\frac{8}{2}\right)^2 = 4^2 = 16$ addiert:

$$x^2 + 8x + 4^2 = -25 + 16 = -9.$$

Beide Seiten radiziert:

$$x + 4 = \sqrt{-9}, \quad x = -4 \pm \sqrt{-9}.$$

Nun ist aber nach § 22 Seite 235

$$\sqrt{-9} = \sqrt{9 \cdot (-1)} = \sqrt{9} \cdot \sqrt{-1} = \pm 3 \cdot \sqrt{-1}$$

oder $\sqrt{-1} = i$ gesetzt: $\sqrt{-9} = \pm 3i$; mithin ist

$$x_1 = -4 + 3i$$
$$x_2 = -4 - 3i$$

Probe I. Für $x = -4 + 3i$

$x^2 = (-4 + 3i)^2 = 16 - 24i + 9i^2$ oder da
$i^2 = -1$ (Vergl. Seite 240)

$$x^2 = 16 - 24i - 9 = 7 - 24i$$
$$8x = 8(-4 + 3i) = -32 + 24i$$
$$x^2 + 8x = -25.$$

Probe II. Für $x = -4 - 3i$

$$x^2 = 16 + 24i + 9i^2 = 7 + 24i$$
$$8x = 8(-4 - 3i) = -32 - 24i$$
$$x^2 + 8x = -25.$$

15. $$x^2 - 100x = -2900.$$

Auf beiden Seiten $\left(\frac{100}{2}\right)^2$ d. i. $50^2 = 2500$ addiert;

$$x^2 - 100x + 50^2 = -2900 + 2500 = -400.$$

beide Seiten radiziert

$$x - 50 = \sqrt{-400} = \pm 20i$$
$$x = 50 \pm 20i$$
$$x_1 = 50 + 20i$$
$$x_2 = 50 - 20i.$$

§ 41 Gemischt quadratische Gleichungen mit Buchstabengrößen

Bisher sind nur solche quadratische Gleichungen behandelt worden, in welchen außer den Unbekannten x nur noch Zahlengrößen vorkamen. In folgendem soll die Lösung von quadratischen Gleichungen behandelt werden, in welchen außer der Unbekannten x auch allgemeine, jedoch als bekannt vorausgesetzte Zahlzeichen (Buchstabengrößen) mit enthalten sind.

Das Verfahren, die Unbekannte x zu finden, ist auch in diesem Falle dasselbe: Man addiere **auf beiden Seiten** der geordneten Gleichung, nachdem man das Glied mit x^2 von seinem etwaigen Faktor oder Nenner durch Dividieren resp. Multiplizieren der ganzen Gleichung mit diesem Faktor resp. Nenner befreit hat, das Quadrat des halben Faktors (Koeffizienten) von x und radiziere sodann beide Seiten der Gleichung.

Beispiele:

1. $$x^2 + 2ax = b.$$

Der Faktor von x ist 2a, folglich der **halbe** Faktor $\frac{2a}{2} = a$ und das Quadrat des letzteren a^2. Addiert man dieses auf beiden Seiten, so erhält man

$$x^2 + 2ax + a^2 = b + a^2$$

und zieht man beiderseits die Wurzel:

$$\sqrt{x^2 + 2ax + a^2} = \sqrt{b + a^2},$$

so ergibt sich, da $x^2 + 2ax + a^2 = (x + a)^2$

$$x + a = \pm \sqrt{b + a^2},$$

oder

$$x = -a \pm \sqrt{b + a^2},$$

d. h.

$$x_1 = -a + \sqrt{b + a^2},$$
$$x_2 = -a - \sqrt{b + a^2}.$$

2. $$x^2 + ax = b.$$

Faktor von x ist a, folglich halber Faktor von x gleich $\frac{a}{2}$ und das Quadrat des letzteren gleich $\left(\frac{a}{2}\right)^2$. Letztere Größe auf beiden Seiten addiert, gibt:

$$x^2 + ax + \left(\frac{a}{2}\right)^2 = b + \left(\frac{a}{2}\right)^2.$$

Beide Seiten radiziert:

$$\sqrt{x^2 + ax + \left(\frac{a}{2}\right)^2} = \sqrt{b + \left(\frac{a}{2}\right)^2}$$

$$x + \frac{a}{2} = \pm \sqrt{b + \left(\frac{a}{2}\right)^2}$$

und

$$x = -\frac{a}{2} \pm \sqrt{b + \left(\frac{a}{2}\right)^2},$$

woraus man dann x_1 und x_2 einzeln bestimmen kann.

3. $$x^2 - ax = b.$$

$\left(\frac{a}{2}\right)^2$ auf beiden Seiten addiert, gibt:

$$x^2 - ax + \left(\frac{a}{2}\right)^2 = b + \left(\frac{a}{2}\right)^2;$$

da nun

$$x^2 - ax + \left(\frac{a}{2}\right)^2 = x^2 - 2 \cdot \frac{a}{2} x + \left(\frac{a}{2}\right)^2 = \left(x - \frac{a}{2}\right)^2,$$

so wird, wenn man beide Seiten radiziert:

$$x - \frac{a}{2} = \pm \sqrt{b + \left(\frac{a}{2}\right)^2}$$

oder

$$x = +\frac{a}{2} \pm \sqrt{b + \left(\frac{a}{2}\right)^2}.$$

Faßt man daher die beiden Beispiele 2. und 3. zusammen, so erhält man als **allgemeine Lösung der quadratischen Gleichung**

$$\mathbf{x^2 \pm ax = b} \qquad \ldots \text{I.}$$

die Wurzeln

$$\mathbf{x = \mp \frac{a}{2} \pm \sqrt{b + \left(\frac{a}{2}\right)^2}.}$$

Regel 51: Die Wurzeln einer gemischt quadratischen Gleichung findet man, wenn man dem halben Faktor von x das entgegengesetzte Vorzeichen gibt und die Wurzel aus der um das Quadrat des halben Faktors von x vermehrten rechten Seite addiert resp. subtrahiert.

Man kann daher mit Benutzung obiger Formel resp. Regel 57 die Wurzeln jeder gemischt quadratischen Gleichung, **wenn sie auf die Form I. gebracht ist,** ohne weiteres hinschreiben. Ist z. B. zu lösen:

$$x^2 - 18x + 80 = 0,$$

so ordne man zunächst:

$$x^2 - 18x = -80.$$

Man erhält dann mit Hilfe der Formel resp. Regel 57:

$$x = +9 \pm \sqrt{-80 + 81} = 9 \pm \sqrt{1} = 9 \pm 1,$$

d. h.:

$$x_1 = 9 + 1 = 10; \quad x_2 = 9 - 1 = 8.$$

Beispiele:

1. $$x^2 + 24x = -95.$$

Lösung: $$x = -12 \pm \sqrt{-95 + 144} = -12 \pm \sqrt{49}$$

$$x = -12 \pm 7,$$

d. h.: $$x_1 = -12 + 7 = -5; \quad x_2 = -12 - 7 = -19.$$

2. $$x^2 - 16x = 420.$$

Lösung: $$x = +8 \pm \sqrt{420 + 64} = +8 \pm \sqrt{484} = +8 \pm 22$$

d. h.: $$x_1 = +8 + 22 = 30; \quad x_2 = +8 - 22 = -14.$$

3. $$x^2 + 2x - 11\frac{1}{4} = 0.$$

Lösung: Geordnete Gleichung:

$$x^2 + 2x = \frac{45}{4},$$

$$x = -1 \pm \sqrt{\frac{45}{4} + 1} = -1 \pm \sqrt{\frac{49}{4}} = -1 \pm \frac{7}{2};$$

d. h.:

$$x_1 = -1 + \frac{7}{2} = \frac{5}{2} = 2\frac{1}{2}; \quad x_2 = -1 - \frac{7}{2} = -\frac{9}{2} = -4\frac{1}{2}.$$

4. $$24x + \frac{15}{x} = 38.$$

Lösung: Man multipliziere zunächst mit dem Nenner x:

$$24x^2 + 15 = 38x.$$

Hierauf ordne man:

$$24x^2 - 38x = -15$$

und dividiere durch 24:

$$x^2 - \frac{19}{12}x = -\frac{15}{24}.$$

Hieraus folgt:

$$x = \frac{19}{24} \pm \sqrt{\left(\frac{19}{24}\right)^2 - \frac{15}{24}}$$

$$x = \frac{19}{24} \pm \sqrt{\frac{361 - 15 \cdot 24}{24^2}}$$

$$x = \frac{19}{24} \pm \frac{1}{24}$$

$$x_1 = \frac{19 + 1}{24} = \frac{20}{24} = \frac{5}{6}$$

$$x_2 = \frac{19 - 1}{24} = \frac{18}{24} = \frac{3}{4}.$$

Aufgaben zur selbständigen Lösung:

Mit Hilfe der Formel resp. Regel 57. (Seite 327) sind die folgenden Gleichungen zu lösen:

1. $x^2 - 22x = 240.$
2. $x^2 - 3x + 1{,}44 = 0.$
3. $x^2 + 6{,}2x + 6 = 0.$
4. $x^2 - 7\frac{1}{3}x + 13 = 0.$
5. $x = 900 - 0{,}1x^2.$
6. $x(x - 12{,}2) + 36 = 0.$

Fortsetzung der Beispiele:

5. $$x^2 - 2bx = c^2 - b^2.$$

Lösung: Der halbe Faktor von x ist – b, folglich

$$x = b \pm \sqrt{c^2 - b^2 + b^2} = b \pm \sqrt{c^2} = b \pm c.$$

d. h.:

$$x_1 = b + c; \qquad x_2 = b - c.$$

6. $$x^2 - (b + c)\,x + bc = 0.$$

Lösung: Die Gleichung geordnet:

$$x^2 - (b + c)\,x = -\,bc.$$

Der halbe Faktor von x ist $-\frac{b + c}{2}$, demnach

$$x = +\frac{b + c}{2} \pm \sqrt{-\,bc + \left(\frac{b + c}{2}\right)^2}$$
$$= \frac{b + c}{2} \pm \sqrt{-\,bc + \frac{b^2 + 2bc + c^2}{4}}.$$

Bringt man die beiden Glieder des Radikanden auf gleichen Nenner, so wird

$$x = \frac{b + c}{2} \pm \sqrt{\frac{-\,4bc + b^2 + 2bc + c^2}{4}}$$
$$= \frac{b + c}{2} \pm \sqrt{\frac{b^2 - 2bc + c^2}{4}}$$

Die Wurzel läßt sich ziehen, da $b^2 - 2bc + c^2 = (b - c)^2$. Man erhält also:

$$x = \frac{b + c}{2} \pm \frac{b - c}{2} = \frac{b + c \pm (b - c)}{2};$$

demnach

$$x_1 = \frac{b + c + (b - c)}{2} = \frac{b + c + b - c}{2} = \frac{2b}{2} = b$$

und

$$x_2 = \frac{b + c - (b - c)}{2} = \frac{b + c - b + c}{2} = \frac{2c}{2} = c.$$

7. $$x^2 - \frac{a - 1}{b}\,x = \frac{a}{b^2}.$$

Lösung: Halber Faktor von x ist $\frac{a - 1}{2b}$, folglich

$$x = \frac{a - 1}{2b} \pm \sqrt{\frac{a}{b^2} + \left(\frac{a - 1}{2b}\right)^2} = \frac{a - 1}{2b} \pm \sqrt{\frac{a}{b^2} \pm \frac{a^2 - 2a + 1}{4b^2}}$$

Die beiden Glieder unter der Wurzel auf gleichen Nenner gebracht:

$$x = \frac{a-1}{2b} \pm \sqrt{\frac{4a + a^2 - 2a + 1}{4b^2}} = \frac{a-1}{2b} \pm \sqrt{\frac{a^2 + 2a + 1}{4b^2}}.$$

Da nun $a^2 + 2a + 1 = (a + 1)^2$, so wird

$$x = \frac{a-1}{2b} \pm \frac{a+1}{2b} = \frac{a - 1 \pm (a+1)}{2b},$$

demnach

$$x_1 = \frac{a - 1 + (a+1)}{2b} = \frac{a - 1 + a + 1}{2b} = \frac{2a}{2b} = \frac{a}{b}$$

und

$$x_2 = \frac{a - 1 - (a+1)}{2b} = \frac{a - 1 - a - 1}{2b} = \frac{-2}{2b} = -\frac{1}{b}.$$

8. $$\frac{x^2}{am} - x = \frac{nx}{m} - an.$$

Lösung: Multipliziert man die Gleichung mit dem Hauptnenner am, so erhält man

$$x^2 - amx = anx - a^2mn;$$

geordnet:

$$x^2 - amx - anx = -a^2mn,$$

die beiden Glieder mit x vereinigt:

$$x^2 - ax(m+n) = -a^2mn.$$

Demnach halber Faktor von x: $-\frac{a(m+n)}{2}$, und

$$x = \frac{a(m+n)}{2} \pm \sqrt{-a^2mn + \frac{a^2(m+n)^2}{4}}$$

$$x = \frac{a(m+n)}{2} \pm \sqrt{a^2\left[\frac{(m+n)^2}{4} - mn\right]}$$

$$x = \frac{a(m+n)}{2} \pm a\sqrt{\frac{(m+n)^2}{4} - mn}$$

$$x = \frac{a(m+n)}{2} \pm a\sqrt{\frac{m^2 + 2mn + n^2 - 4mn}{4}}$$

$$x = \frac{a(m+n)}{2} \pm a\sqrt{\frac{m^2 - 2mn + n^2}{4}}$$

$$x = \frac{a(m+n)}{2} \pm \frac{a(m-n)}{2} = \frac{a}{2}[(m+n) \pm (m-n)]$$

$$x_1 = \frac{a}{2}[(m+n) + (m-n)] = \frac{a}{2} \cdot 2m = am \qquad \text{und}$$

$$x_2 = \frac{a}{2}[(m+n) - (m-n)] = \frac{a}{2}[m + n - m + n] = \frac{a}{2} \cdot 2n = an.$$

9. $$\frac{x-b}{a-b} = \frac{a}{x}.$$

Lösung: Man schaffe die Nenner fort, indem man beide Seiten mit (a − b) x multipliziert:

$$x(x-b) = a(a-b)$$
$$x^2 - bx = a^2 - ab.$$

der halbe Faktor von x ist $-\frac{b}{2}$, demnach

$$x = \frac{b}{2} \pm \sqrt{a^2 - ab + \left(\frac{b}{2}\right)^2} = \frac{b}{2} \pm \sqrt{a^2 - ab + \frac{b^2}{4}}.$$

Bringt man die beiden ersten Glieder unter der Wurzel mit auf den Nenner 4, so wird

$$x = \frac{b}{2} \pm \sqrt{\frac{4a^2 - 4ab + b^2}{4}} = \frac{b}{2} \pm \frac{2a - b}{2},$$

denn $4a^2 - 4ab + b^2 = (2a - b)^2$,

folglich

$$x_1 = \frac{b + (2a - b)}{2} = \frac{b + 2a - b}{2} = \frac{2a}{2} = a$$

$$x_2 = \frac{b - (2a - b)}{2} = \frac{b - 2a + b}{2} = \frac{2b - 2a}{2} = b - a.$$

10. $ax^2 + bx = c.$

Lösung: Man dividiere zur Herstellung der Form I die Gleichung durch den Faktor a von x^2:

$$x^2 + \frac{b}{a}x = \frac{c}{a}.$$

Der halbe Faktor von x ist $+\frac{b}{2a}$, demnach

$$x = -\frac{b}{2a} \pm \sqrt{\frac{c}{a} + \left(\frac{b}{2a}\right)^2} = -\frac{b}{2a} \pm \sqrt{\frac{c}{a} + \frac{b^2}{4a^2}}.$$

Die beiden Brüche unter der Wurzel auf gleichen Nenner gebracht

$$x = -\frac{b}{2a} \pm \sqrt{\frac{4ac + b^2}{4a^2}} = -\frac{b}{2a} \pm \frac{\sqrt{b^2 + 4ac}}{2a}$$

$$= \frac{-b \pm \sqrt{b^2 + 4ac}}{2a},$$

d. h.:

$$x_1 = \frac{-b + \sqrt{b^2 + 4ac}}{2a}; \quad x_2 = \frac{-b - \sqrt{b^2 + 4ac}}{2a}.$$

11. $a = bx - \frac{1}{2}cx^2.$

Lösung: Man ordne zunächst die Gleichung und dividiere sie dann durch $\frac{c}{2}$ (d. i. der Faktor von x^2):

$$\tfrac{1}{2}cx^2 - bx = -a$$

$$x^2 - \frac{2b}{c}x = -\frac{2a}{c}.$$

Halber Faktor von x ist $-\frac{b}{c}$, folglich

$$x = \frac{b}{c} \pm \sqrt{-\frac{2a}{c} + \left(\frac{b}{c}\right)^2} = \frac{b}{c} \pm \sqrt{-\frac{2a}{c} + \frac{b^2}{c^2}}.$$

Die Brüche auf gleichen Nenner gebracht:

$$x = \frac{b}{c} \pm \sqrt{\frac{b^2 - 2ac}{c^2}} = \frac{b}{c} \pm \frac{\sqrt{b^2 - 2ac}}{c}$$

$$x = \frac{b \pm \sqrt{b^2 - 2ac}}{c},$$

d. h.:

$$x_1 = \frac{b + \sqrt{b^2 - 2ac}}{c} \quad \text{und} \quad x_2 = \frac{b - \sqrt{b^2 - 2ac}}{c}.$$

12. $a^2 - x^2 = m\,(a - x)^2.$

Lösung: Quadriert man $(a - x)^2$ aus, so wird die Gleichung:

$$a^2 - x^2 = m\,(a^2 - 2ax + x^2)$$

$$a^2 - x^2 = a^2m - 2amx + mx^2.$$

Geordnet:

$$-x^2 - mx^2 + 2amx = a^2m - a^2,$$

mit -1 multipliziert (die Vorzeichen der Glieder geändert):

$$x^2 + mx^2 - 2amx = a^2 - a^2m$$

oder

$$x^2\,(1 + m) - 2amx = a^2 - a^2m.$$

Dividiert man nun die Gleichung durch den Faktor von x^2, so ergibt sich:

$$x^2 - \frac{2am}{1 + m}\,x = \frac{a^2\,(1 - m)}{1 + m}.$$

Der halbe Faktor von x ist: $-\frac{am}{1 + m}$, folglich

$$x = \frac{am}{1 + m} \pm \sqrt{\frac{a^2(1 - m)}{1 + m} + \frac{a^2m^2}{(1 + m)^2}}.$$

Vereinigt man nun die beiden Brüche unter der Wurzel zu **einem** Bruch, so wird

$$x = \frac{am}{1 + m} \pm \sqrt{\frac{a^2\,(1 - m)\,(1 + m) + a^2m^2}{(1 + m)^2}}$$

$$x = \frac{am}{1 + m} \pm \sqrt{\frac{a^2\,[(1 - m)\,(1 + m) + m^2]}{(1 + m)^2}}.$$

Da man aus dem Faktor a^2 des Zählers und aus dem Nenner $(1 + m)^2$ die Wurzel ziehen kann, so wird, da außerdem

$$(1 - m)\,(1 + m) = 1 - m^2$$

$$x = \frac{am}{1 + m} \pm \frac{a\sqrt{1 - m^2 + m^2}}{1 + m} = \frac{am}{1 + m} \pm \frac{a \cdot 1}{1 + m}$$

$$x = \frac{am \pm a}{1 + m} = \frac{a\,(m \pm 1)}{1 + m}$$

$$x_1 = \frac{a\,(m + 1)}{1 + m} = a; \qquad x_2 = \frac{a\,(m - 1)}{1 + m}.$$

§ 42 Gleichungen, welche sich durch Substitution lösen lassen

Kommen in einer Gleichung Glieder mit x^4 und x^2 vor, z. B. in

$$x^4 + 2ax^2 = b,$$

so setze man für x^2 eine neue Unbekannte, z. B., also $x^2 = z$ und beachte, daß $x^4 = z^2$ ist, die vorgelegte Gleichung wird alsdann

$$z^2 + 2az = b$$

oder

$$z = -a \pm \sqrt{b + a^2}$$

und da $x = \sqrt{z}$, so ist

$$x = \pm \sqrt{-a \pm \sqrt{b + a^2}}.$$

Beispiele:

1. $$x^4 - 40x^2 = -144.$$

Lösung: Man setze $x^2 = z$ und erhält

$$z^2 - 40z = -144$$

also

$$z = 20 \pm \sqrt{-144 + 400} = 20 \pm \sqrt{256} = 20 \pm 16$$

d. h.

$$z_1 = 20 + 16 = 36; \qquad z_2 = 20 - 16 = 4;$$

und demnach da $x = \sqrt{z}$

$$x_1 = \pm \sqrt{36} = \pm 6; \qquad x_2 = \pm \sqrt{4} = \pm 2.$$

Es gibt also **vier** Werte: + 6; – 6; + 2 und – 2, welche der gegebenen Gleichung genügen.

Kommen ferner in einer Gleichung Glieder mit x und mit $\sqrt{x}$ vor, wie z. B. in der Gleichung

$$x + a\sqrt{x} = b,$$

so setze man

$$\sqrt{x} = z \quad \text{und} \quad x = z^2;$$

die gegebene Gleichung heißt alsdann

$$z^2 + az = b,$$

deren Lösung

$$z = -\frac{a}{2} \pm \sqrt{b + \left(\frac{a}{2}\right)^2}$$

ist, demnach

$$x = z^2 = \left[-\frac{a}{2} \pm \sqrt{b + \left(\frac{a}{2}\right)^2}\right]^2.$$

2. $$x + 8\sqrt{x} = 105.$$

Lösung: $$z = -4 \pm \sqrt{105 + 16} = -4 \pm \sqrt{121} = -4 \pm 11,$$

d. h.:

$$z_1 = -4 + 11 = +7; \quad z_2 = -4 - 11 = -15$$

und daraus

$$x_1 = z_1^2 = 7^2 = 49; \quad x_2 = z_2^2 = (-15)^2 = 225.$$

Aufgaben zu selbständiger Lösung.

1. $x^4 + 5x^2 = 126$.
2. $x^4 + 100x^2 = 20000$.
3. $x^4 - 82x^2 + 81 = 0$.
4. $16x^4 - 128x^2 = -31$.
5. $\frac{x^4 + 5}{x\sqrt{3} + 1} = 3(x\sqrt{3} - 1)$.
6. $(3x - 5)^2 - 8(3x - 5) = -7$ [And. z. Lös. Setze $z = 3x - 5$].
7. $\left(\frac{b - x}{x - a}\right)^2 = 8\left(\frac{b - x}{x - a}\right) - 15$ [And. z. Lös. Setze $z = \frac{b - x}{x - a}$].
8. $(x^2 + ax)^2 + b(x^2 + ax) = c$ [And. z. Lös. Setze $z = x^2 + ax$].
9. $3x - 7\sqrt{x} = -2$ [And. z. Lös. Setze $z = \sqrt{x}$, $z^2 = x$].
10. $\sqrt{\frac{a - x}{b + x}} + \sqrt{\frac{b + x}{a - x}} = c$ [And. z. Lös. Setze $\sqrt{\frac{a - x}{b + x}} = z$, dann ist $\sqrt{\frac{b + x}{a - x}} = \frac{1}{z}$].

§ 43 Gleichungen gelöst durch Zerlegung in Faktoren

Fehlt in einer geordneten quadratischen Gleichung das Glied ohne x z. B. in

$$x^2 - ax = 0,$$

so kann man links x vor die Klammer nehmen:

$$x(x - a) = 0$$

und nun, da die linke Seite dadurch ein Produkt geworden ist, sagen:

Ein Produkt wird gleich Null, wenn ein Faktor desselben gleich Null ist.

Es kann also sowohl

$$x = 0$$

sein, als auch

$$x - a = 0, \quad \text{d. h.} \quad x = a.$$

Wir haben daher die beiden Werte

$$x_1 = 0 \quad \text{und} \quad x_2 = a$$

erhalten, die wir auch nach der Formel erhalten haben würden; denn aus

$$x^2 - ax = 0$$

folgt

$$x = \frac{a}{2} \pm \sqrt{0 + \frac{a^2}{4}} = \frac{a}{2} \pm \frac{a}{2},$$

d. h.:

$$x_1 = \frac{a}{2} + \frac{a}{2} = a; \qquad x_2 = \frac{a}{2} - \frac{a}{2} = 0.$$

Der obige Satz läßt sich stets mit Vorteil anwenden, wenn die linke Seite einer Gleichung ein Produkt, die rechte Seite gleich Null ist.

Beispiele:

1. $(x - 8)(x - 5) = 0.$

Lösung:
Man setze

$$x - 8 = 0, \quad \text{d. h.} \quad x = 8$$

oder

$$x - 5 = 0, \quad \text{d. h.} \quad x = 5.$$

Man hat also die beiden Wurzeln

$$x_1 = 8 \quad \text{und} \quad x_2 = 5$$

gefunden. Würde man das Produkt links erst ausmultiplizieren und geordnet haben, so hätte man erhalten:

$$x^2 - 13x = -40,$$

woraus nach der Formel

$$x = \frac{13}{2} \pm \sqrt{-40 + \frac{169}{4}} = \frac{13}{2} \pm \sqrt{\frac{169 - 160}{4}} = \frac{13}{2} \pm \frac{3}{2}$$

$$x_1 = \frac{16}{2} = 8 \quad \text{und} \quad x_2 = \frac{10}{2} = 5$$

folgt.

2. $(x + 1)(2x - 3) = 0.$

Lösung: Da die linke Seite ein Produkt und die rechte Seite gleich Null ist, so kann sowohl

$$x + 1 = 0 \text{ sein, d. h. } x = -1,$$

als auch

$$2x - 3 = 0, \quad \text{d. h.} \quad 2x = 3, \quad x = \tfrac{3}{2} = 1\tfrac{1}{2}$$

Die beiden Wurzeln sind daher

$$x_1 = -1; \qquad x_2 = 1\tfrac{1}{2}.$$

3. $(ax - b)(cx - d) = 0.$

Lösung: Es kann sowohl

$$ax - b = 0, \quad \text{d. h.} \quad x = \frac{b}{a}$$

sein, als auch

$$cx - d = 0, \quad \text{d. h.} \quad x = \frac{d}{c}$$

Die beiden Wurzeln sind daher:

$$x_1 = \frac{b}{a} \quad \text{und} \quad x_2 = \frac{d}{c}.$$

Ist die linke Seite noch kein Produkt zweier Faktoren, so suche man ein solches zu bilden.

Beispiele:

1. $x^2 + a^2bc = ax(b + c).$

Lösung: Zunächst bringt man **sämtliche** Glieder auf die linke Seite und multipliziert die Klammer aus. Man erhält dann

$$x^2 - abx - acx + a^2bc = 0.$$

Aus den ersten beiden Gliedern nimmt man den gemeinsamen Faktor x und aus den letzten beiden den gemeinsamen Faktor $-$ ac vor die Klammer

$$x\,(x - ab) - ac\,(x - ab) = 0.$$

Die viergliedrige linke Seite ist hierdurch in eine zweigliedrige Summe verwandelt worden. Die beiden Glieder haben den gemeinsamen Faktor $(x - ab)$. Nimmt man letzteren vor die Klammer, so ergibt sich

$$(x - ab)\,(x - ac) = 0$$

und hieraus folgt, daß entweder

$$x - ab = 0, \quad \text{d. h.} \quad x = ab$$

oder

$$x - ac = 0, \quad \text{d. h.} \quad x = ac$$

sein muß. Die Wurzeln der gegebenen Gleichung sind daher:

$$x_1 = ab; \qquad x_2 = ac.$$

2. $$x^2 - ax - bx + ab = 0.$$

Lösung: Man sondere aus den beiden ersten Gliedern x, aus den beiden letzteren $-$ b ab, und erhält

$$x\,(x - a) - b\,(x - a) = 0,$$

oder hieraus folgt weiter

$$(x - a)\,(x - b) = 0,$$
$$x_1 = a, \qquad x_2 = b.$$

3. $$(a - x)\,(x - b) = (a - x)\,(c - x).$$

Lösung: Man bringe das Glied der rechten Seite auf die linke:

$$(a - x)\,(x - b) - (a - x)\,(c - x) = 0$$

und sondere $(a - x)$ als Faktor ab

$$(a - x)\,[(x - b) - (c - x)] = 0.$$

Ist $$a - x = 0,$$
so muß
$$x_1 = a$$
sein. Setzt man
$$(x - b) - (c - x) = 0,$$
so erhält man
$$x - b - c + x = 0$$
geordnet
$$2x = b + c$$
durch 2 dividiert
$$x_2 = \frac{b + c}{2}.$$

Aufgaben zu selbständiger Lösung:

1. $(x - 9)\,(x + 5) = 0.$
2. $(5x - 2)\,(4x - 6) = 0.$
3. $(ax + b)\,(cx - d) = 0.$
4. $x^2 - 7x = 0.$
5. $5x^2 - 30 = 0.$
6. $(x + \sqrt{3})\,(x - \sqrt{2}) = 0.$
7. $(x - a)^2 = x^2 - a^2.$
8. $a^2 - x^2 = (a - x)\,(b + c - x).$
9. $(x - 5)^2 = x^2 - 25.$
10. $(x - 9)\,(2x + 7) + (x - 9)\,(9x - 11) = (x - 9)\,(4x + 2).$

In den meisten Fällen gelingt es jedoch nicht, die gegebene Gleichung in Form eines Produktes, welches gleich Null ist, darzustellen, sondern man muß die **Formel** zur Bestimmung der Wurzeln benutzen. Umgekehrt ist es aber stets möglich, wenn man die Wurzeln kennt, die gegebene Gleichung in obiger Form darzustellen. Zu diesem Zwecke wollen wir in **folgendem § einige wichtige Eigenschaften der beiden Wurzeln einer quadratischen Gleichung** entwickeln.

§ 44 Eigenschaften der Wurzeln der quadratischen Gleichung und Zerlegung in Faktoren

Ist die vorgelegte Gleichung

$$x^2 + ax = b,$$

so ist deren Lösung

$$x_1 = -\frac{a}{2} + \sqrt{b + \left(\frac{a}{2}\right)^2}$$

$$x_2 = -\frac{a}{2} - \sqrt{b + \left(\frac{a}{2}\right)^2}.$$

Addieren wir jetzt die beiden Wurzeln, so erhalten wir

$$x_1 + x_2 = -\frac{a}{2} + \sqrt{b + \left(\frac{a}{2}\right)^2} - \frac{a}{2} - \sqrt{b + \left(\frac{a}{2}\right)^2}$$

d. h.:

$$\mathbf{x_1 + x_2 = -\frac{a}{2} - \frac{a}{2} = -a.}$$

In Worten:

Die Summe der beiden Wurzeln ist gleich dem Faktor von x, aber mit entgegengesetztem Vorzeichen.

Multiplizieren wir ferner die beiden Wurzeln:

$$x_1 \cdot x_2 = \left(-\frac{a}{2} + \sqrt{b + \left(\frac{a}{2}\right)^2}\right)\left(-\frac{a}{2} - \sqrt{b + \left(\frac{a}{2}\right)^2}\right)$$

$$x_1 \cdot x_2 = \left(\frac{a}{2}\right)^2 - \frac{a}{2}\sqrt{b + \left(\frac{a}{2}\right)^2} + \frac{a}{2}\sqrt{b + \left(\frac{a}{2}\right)^2} - \sqrt{\left(b + \left(\frac{a}{2}\right)^2\right)^2}$$

$$x_1 \cdot x_2 = \left(\frac{a}{2}\right)^2 - \left(b + \left(\frac{a}{2}\right)^2\right) = \left(\frac{a}{2}\right)^2 - b - \left(\frac{a}{2}\right)^2 = -b.$$

d. h.:

$$\mathbf{x_1 \cdot x_2 = -b.}$$

In Worten:

Das Produkt der beiden Wurzeln ist gleich der rechten Seite der Gleichung, aber mit entgegengesetztem Vorzeichen.

So hat z. B. die Gleichung $x^2 + 18x = -80$ die beiden Wurzeln

$$x_1 = -8; \quad x_2 = -10,$$

denn ihre Summe ist

$$-8 + (-10) = -8 - 10 = -18,$$

ihr Produkt

$$(-8) \cdot (-10) = +80.$$

Die Wurzeln der Gleichung $x^2 - 16x = -15$ sind

$$x_1 = +15; \quad x_2 = +1;$$

denn ihre Summe ist

$$x_1 + x_2 = 15 + 1 = +16;$$

ihr Produkt

$$x_1 \cdot x_2 = (+15) \cdot (+1) = +15.$$

Die Wurzeln der Gleichung $x^2 - 12x = 160$ sind

$$x_1 = 20; \quad x_2 = -8,$$

denn ihre Summe ist

$$x_1 + x_2 = +20 + (-8) = 20 - 8 = +12;$$

ihr Produkt

$$x_1 \cdot x_2 = 20 \cdot (-8) = -160.$$

Die Gleichung $x^2 + \frac{3}{2}x = -\frac{5}{9}$ hat die Wurzeln

$$x_1 = -\frac{3}{4} + \sqrt{-\frac{5}{9} + \frac{9}{16}} = -\frac{3}{4} + \sqrt{\frac{-80 + 81}{9 \cdot 16}} = -\frac{3}{4} + \frac{1}{12} = -\frac{2}{3}$$

$$x_2 = -\frac{3}{4} - \frac{1}{12} = -\frac{5}{6}.$$

Die Summe der Wurzeln ist:

$$x_1 + x_2 = -\frac{2}{3} - \frac{5}{6} = -\frac{9}{6} = -\frac{3}{2},$$

ihr Produkt

$$x_1 \cdot x_2 = \left(-\frac{2}{3}\right) \cdot \left(-\frac{5}{6}\right) = \frac{5}{9}.$$

Setzt man nun in der Gleichung

$$x^2 + ax = b$$

$$a = -(x_1 + x_2) \quad \text{und} \quad b = -x_1 \cdot x_2,$$

so erhält man

$$x^2 - (x_1 + x_2)\,x = -x_1x_2.$$

Multipliziert man die Klammer aus und bringt das Glied $-x_1 \cdot x_2$ mit + auf die linke Seite, so ergibt sich

$$x^2 - x_1x - x_2x + x_1x_2 = 0.$$

Bringt man nun den gemeinsamen Faktor x des ersten und zweiten Gliedes vor die Klammer und ebenso den gemeinsamen Faktor $-x_2$, des dritten und vierten Gliedes, so erhält man die zweigliedrige Summe

$$x\,(x - x_1) - x_2\,(x - x_1) = 0.$$

Aus diesen beiden Gliedern nimmt man noch den gemeinsamen Faktor $(x - x_1)$ vor die Klammer, so daß man das Produkt

$$\mathbf{(x - x_1)\,(x - x_2) = 0}$$

erhält.

Mit Hilfe dieser Zerlegung in Faktoren kann man nun jede dreigliedrige Summe von der Form $x^2 \pm ax \pm b$ in ein Produkt zweier Summen verwandeln: Man setze die Summe gleich Null und suche die Wurzeln x_1 und x_2. Setzt man diese Werte in obige Formel ein, so ist die Zerlegung fertig.

Beispiele:

1. Die Summe $x^2 - 24x + 135$ in ein Produkt zu zerlegen.

Lösung: Man suche die Wurzeln der Gleichung

$$x^2 - 24x + 135 = 0.$$

Geordnet: $x^2 - 24x = -135$

$$x = 12 \pm \sqrt{-135 + 144} = 12 \pm \sqrt{9} = 12 \pm 3$$

d. h.:

$$x_1 = 15, \qquad x_2 = 9,$$

und demnach

$$x^2 - 24x + 135 = (x - 15)(x - 9).$$

2. $x^2 - 10x - 11$ in ein Produkt zu zerlegen.

Lösung: Die Gleichung $x^2 - 10x - 11 = 0$ hat die Wurzeln

$$x_1 = 5 + 6 = 11; \qquad x_2 = 5 - 6 = -1,$$

folglich ist

$$x^2 - 10x - 11 = (x - 11)(x + 1).$$

3. $x^2 - 8x + 2$ in ein Produkt zu zerlegen.

Lösung: Die Wurzeln der Gleichung $x^2 - 8x + 2 = 0$ sind

$$x_1 = 4 + \sqrt{14}; \qquad x_2 = 4 - \sqrt{14},$$

folglich

$$-x_1 = -4 - \sqrt{14} \quad \text{und} \quad -x_2 = -4 + \sqrt{14}$$

und demnach

$$x^2 - 8x + 2 = (x - 4 - \sqrt{14})(x - 4 + \sqrt{14}).$$

4. $x^2 - 4ax - 5a^2$ in ein Produkt zu zerlegen.

Lösung: Die Gleichung $x^2 - 4ax - 5a^2 = 0$ hat die Wurzeln

$$x_1 = 5a \quad \text{und} \quad x_2 = -a;$$

folglich ist

$$x^2 - 4ax - 5a^2 = (x - 5a)(x + a).$$

Aufgaben zu selbständiger Lösung:

Folgende Summen in Produkte zu zerlegen:

1. $x^2 - 20x + 99.$
2. $x^2 + x - 6.$
3. $x^2 + 4{,}5x + 5.$
4. $x^2 + 2abx - 63a^2b^2.$
5. $3x^2 + 4x + 5.$
6. $2x^2 - 7x + 3.$

13. Kapitel

Gleichungen höheren Grades mit einer Unbekannten

§ 45 Gleichungen mit ganzen Koeffizienten und deren ganzzahlige Lösungen

Nicht immer kann man eine Gleichung in einer Unbekannten durch Aufhebung von Wurzeln, Brüchen und Klammern in eine lineare oder quadratische Geichung umwandeln. Manchmal bekommt man es mit höheren Potenzen zu tun, in solchen Fällen spricht man von (polynomischen) Gleichungen höheren Grades. Unter dem Grad einer Gleichung versteht man die höchste in ihr vorkommende Potenz von *x*.

z.B.: $x^3+3x^2-5x+1=0$ ist eine Gleichung 3. Grades

$0\cdot x^4+x^3+3x^2-5x+1=0$ ist auch eine Gleichung 3. Grades,
– den Term $0\cdot x^4$ kann man außer Acht lassen, weil er immer Null ist.

$x^4-2{,}5\,x^3+2x^2-x+4=0$ ist eine Gleichung 4. Grades

$x^8-\sqrt{2}x^6+5x^3-10x^2+4=0$ ist eine Gleichung 8.Grades

Bei Gleichungen höheren Grades gibt es teilweise Lösungsformeln, sie sind aber meistens zu lang und kompliziert, um angewandt zu werden. Etwas einfacher sieht die Sache aus, wenn wir nur solche Gleichungen betrachten, deren Koeffizienten selbst **ganze Zahlen** sind.

z.B.: $x^3+3x^2-5x+1=0$ hat lauter ganze Koeffizienten

$x^4-2{,}5\,x^3+2x^2-x+4=0$ ist keine Gleichung mit ganzzahligen Koeffizienten, denn 2,5 ist keine ganze Zahl, wenn man jedoch die Gleichung mit 2 erweitert, erhält man aus ihr eine Gleichung mit ganzen Koeffizienten: $2x^4-5x^3+4x^2-2x+8=0$

$x^8-\sqrt{2}x^6+5x^3-10x^2+4=0$ hat mit $\sqrt{2}$ einen nicht ganzzahligen Koeffizienten und lässt sich nicht ohne weiteres in eine Gleichung mit ganzen Koeffizienten umformen.

Will man **ganzzahlige** Lösungen einer Gleichung mit **ganzzahligen** Koeffizienten finden, so könnte man folgendermaßen vorgehen:

Man betrachte z.B. die Gleichung $x^3+3x^2-5x+1=0$ und schreibe sie in der Form $x(x^2+3x-5)=-1$.
Ist *x* eine ganze Zahl, die dieses erfüllt, so ist x^2+3x-5 ebenfalls ganz und damit ist *x* ein Teiler von -1 (denn -1 geteilt durch *x* ergibt x^2+3x-5, eine ganze Zahl).
Doch die einzigen Teiler von -1 sind -1 und 1. Setzen wir die beiden Zahlen in die Gleichung ein:

$x=-1$: $x^3+3x^2-5x+1=(-1)^3+3\cdot(-1)^2-5\cdot(-1)+1=-1+3+5+1=8\neq 0$,
d.h. -1 ist keine Lösung.

$x=1$: $x^3+3x^2-5x+1=1^3+3\cdot 1^2-5\cdot 1+1=1+3-5+1=0$,
d.h. 1 ist eine Lösung.
Es gilt also: **die einzige ganzzahlige Lösung der Gleichung** $x^3+3x^2-5x+1=0$ **ist** 1.
Auf dieselbe Weise erschließt man das allgemeine Gesetz: **Alle ganzzahligen Lösungen**

einer Gleichung mit ganzzahligen Koeffizienten sind Teiler des freien Gliedes (des Gliedes "ohne *x*").

Bemerkung: Auf keinen Fall darf man die negativen Teiler vergessen!

Beispiele.
Bestimme alle ganzzahligen Lösungen von:

1. x^4+2x^3-2x-1

Das freie Glied ist , -1 d.h. jede ganzzahlige Lösung ist ein Teiler davon, also 1 oder -1 .

$x=-1$ergibt $x^4+2x^3-2x-1=(-1)^4+2\cdot(-1)^3-2\cdot(-1)-1=1-2+2-1=0$

$x=1$ ergibt $x^4+2x^3-2x-1=1^4+2\cdot 1^3-2\cdot 1-1=1+2-2-1=0$

Antwort: 1 und -1 .

2. $x^4+4x^3+6x^2+4x+1=0$

Das freie Glied ist 1. Seine Teiler sind wieder 1 und -1 , prüfen wir nach, ob sie die Gleichung erfüllen:

$x=-1$: $x^4+4x^3+6x^2+4x+1=(-1)^4+4\cdot(-1)^3+6\cdot(-1)^2+4\cdot(-1)+1=1-4+6-4+1=0$

also ist -1 eine Nullstelle

$x=1$: $x^4+4x^3+6x^2+4x+1=1^4+4\cdot 1^3+6\cdot 1^2+4\cdot 1+1=1+4+6+4+1=16\neq 0$

1 ist also keine Nullstelle.

Antwort: -1 .

Die letzte Rechnung hätten wir uns auch sparen können, denn alle Koeffizienten der Gleichung waren **positiv**. Das bedeutet, wenn wir eine **positive** Zahl einsetzen, sind deren Potenzen wieder alle **positiv.** Wegen positiver Koeffizienten sind es auch die Vielfachen der Potenzen (in unserem Fall 1,4,6,4,1), und folglich auch die Summe $1+4+6+4+1$. Die Gleichung ergibt also einen **positiven** Wert, und nicht Null, sie kann somit nicht erfüllt werden.

Alles in allem, merke:

Eine Gleichung höheren Grades mit lauter positiven Koeffizienten hat keine positiven Lösungen, d.h. deren Lösungen sind negativ oder gleich Null. Das gilt auch für nicht ganzzahlige Nullstellen.

Man darf aber nicht auf die Idee kommen, die Nullstellen einer Gleichung mit lauter **negativen** Koeffizienten (z.B. $-x^4-4x^3-6x^2-4x-1=0$) können nicht **negativ** sein. Ganz im Gegenteil: genau wie oben, darf eine Gleichung mit lauter negativen Koeffizienten keine

positiven Nullstellen besitzen, denn wenn man sie mit -1 erweitert, bekommt eine Gleichung mit positiven Koeffizienten (z.B. aus $-x^4-4x^3-6x^2-4x-1=0$ wird $x^4+4x^3+6x^2+4x+1=0$).

3. $x^3=3x+2$

Bringen wir zuerst alle Terme mit *x* auf die linke Seite:

$$x^3-3x-2=0$$

Das freie Glied ist -2 , d.h es kommen als Nullstellen nur Teiler von -2 , also 1, 2 , -1 oder -2 in Frage. Prüfen wir sie nach:

$x=-1$: $x^3-3x-2=(-1)^3-3\cdot(-1)-2=-1+3-2=0$ Nullstelle

$x=1$: $x^3-3x-2=1^3-3\cdot 1-2=1-3-2=-4\neq 0$ keine Nullstelle

$x=-2$: $x^3-3x-2=(-2)^3-3\cdot(-2)-2=-8+6-2=-4\neq 0$ keine Nullstelle

$x=2$: $x^3-3x-2=2^3-3\cdot 2-2=8-6-2=0$ Nullstelle

Antwort: -1 und 2.

4. $x^3-5x^2+6x=0$

Diesmal ist das freie Glied gleich 0. Nach unseren vorherigen Überlegungen, ist jede ganzzahlige Lösung ein Teiler von 0. Das nützt uns aber gar nichts, da jede ganze Zahl (außer 0 selbst) ein Teiler von 0 ist.
Was kann man dann tun?
Wenn man etwas genauer hinschaut, erkennt man, dass mat *x* ausklammern kann! Es entsteht:

$$x(x^2-5x+6)=0$$

Das Produkt zweier Zahlen ist dann und nur dann 0, wenn eine dieser Zahlen 0 ist. Das bedeutet, entweder ist $x=0$ (und damit haben wir schon eine Lösung), oder

$$x^2-5x+6=0$$

Das ist eine Gleichung zweiten Grades(quadratische Gleichung). Man kann sie entweder nach der Formel auflösen (sh. entsprechendes Kapitel), oder man kann wie üblich alle Teiler des freien Gliedes – das sind 1, 2, 3, 6, -1 , -2 , -3 und -6 – überprüfen (die Ausführung sei dem Leser überlassen). Man stellt in jedem Fall fest, dass 2 und 3 ebenfalls Lösungen sind.

Antwort: 0, 2 und 3.

5. $x^3-x^2+4x+3=0$
Das freie Glied ist 3. Damit müssen wir als mögliche Nullstellen nur 1, -1 , 3 und -3 überprüfen.

$x=-1$:
$x^3-x^2+4x+3=(-1)^3-(-1)^2+4\cdot(-1)+3=-1-1-4+3=-3\neq 0$ keine Nullstelle

$x=1$:
$x^3-x^2+4x+3=1^3-1^2+4\cdot 1+3=1-1+4+3=7\neq 0$ keine Nullstelle

$x=-3$:
$x^3-x^2+4x+3=(-3)^3-(-3)^2+4\cdot(-3)+3=-27-9-12+3=-45\neq 0$ keine Nullstelle

$x=3$:
$x^3-x^2+4x+3=3^3-3^2+4\cdot 3+3=27-9+12+3=33\neq 0$ keine Nullstelle

Diese Gleichung hat also keine ganzzahlige Lösung

6. $x^2+x+2=\dfrac{x}{x-1}$

Erweitern mit $x-1$ ergibt $(x^2+x+2)(x-1)=x$, also

$x^3-x^2+x^2-x+2x-2=x$

bringen wir alles auf die linke Seite und fassen gleichartige Ausdrücke zusammen:

$x^3-2=0$

Wenn wir nun alle Teiler des freien Gliedes, also -1 , 1, -2 , 2 überprüfen(1 können wir sofort verwerfen, denn bei $x=1$ würde der Nenner in der ursprünglichen Gleichung 0 werden), stellen wir fest, dass keiner von ihnen die Gleichung erfüllt. Damit hat die Gleichung keine **ganzzahlige** Lösung. Gleichwohl kennen wir eine nicht ganzzahlige Lösung: $x=\sqrt[3]{2}$ erfüllt die Gleichung, wie man leicht sieht: $(\sqrt[3]{2})^3-2=2-2=0$.

Wir lernen daraus: **eine Gleichung höheren Grades kann auch nicht ganzzahlige Nullstellen haben.**

Zerlegung in Faktoren

Wir betrachten das folgende Beispiel:

$x^3-6x^2+11x-6=0$ besitzt eine Lösung $x=1$ (das kann man z.B. durch die Methode des vorigen Kapitels – Überprüfung der Teiler des freien Gliedes – herausfinden). Nun dividieren wir den Ausdruck auf der linken Seite durch $x-1$ (sh. Kapitel über Division algebraischer Ausdrücke):

$$
\begin{array}{l}
x^3-6x^2+11x-6=0 : (x-1) = x^2-5x+6 \\
\underline{x^3-x^2} \\
\quad -5x^2+11x \\
\quad \underline{-5x^2+5x} \\
\qquad\qquad 6x-6 \\
\qquad\qquad \underline{6x-6} \\
\qquad\qquad\quad 0
\end{array}
$$

Es gilt also $x^3-6x^2+11x-6=(x^2-5x+6)(x-1)$

Dass die Division ohne Rest aufgeht, hätten wir auch vorhersehen können, indem man das Divisionsergebnis in folgender Form schreibt:

$x^3-6x^2+11x-6=(x^2-5x+6)(x-1)+REST$, wobei der *REST* noch unbestimmt ist.
Setzt man jedoch $x=1$ ein, wird die linke Seite 0 (weil wir bereits wissen, dass 1 eine Lösung ist). $(x^2-5x+6)(x-1)$ wird auch 0, wegen $x-1=0$. Also muss der *REST* ebenfalls 0 sein, damit die obige Gleichheit aufgeht.
Diese Überlegung führt uns zu einer allgemeinen Regel:

Ist *a* eine bereits bekannte Nullstelle einer polynomischen Gleichung, so kann man den Term ohne Rest durch *x–a* dividieren (*x–a* "abspalten").

Das heißt, wir können die Gleichung

$x^3-6x^2+11x-6=0$ als

$(x^2-5x+6)(x-1)=0$ schreiben.

Doch nun haben wir die Situation "Produkt gleich Null". Das ist genau dann der Fall, wenn einer der beiden Faktoren Null ist. Also bekommen wir:

$x^2-5x+6=0$ **oder** $x-1=0$

Die erste Teilgleichung ist quadratisch und hat, wie man mit der Formel nachrechnen kann, Nullstellen $x=2$ und $x=3$. Die Zweite hat, offensichtlich, die Nullstelle $x=1$.
Alles in allem erhalten wir:

$x^3-6x^2+11x-6=0$ falls

$x^2-5x+6=0$ **oder** $x-1=0$, d.h. falls

$x=2$ **oder** $x=3$ **oder** $x=1$.

Das sind alle drei Nullstellen unserer Gleichung.

Wir wissen bereits, dass Gleichungen **ersten Grades eine Nullstelle** und Gleichungen **zweiten Grades maximal zwei Nullstellen** haben. Gerade eben sahen wir eine Gleichung dritten Grades, die drei Nullstellen hatte. Und auch in den Beispielen des vorigen Abschnittes konnten wir bei Gleichungen dritten bzw. vierten Grades höchstens drei bzw. vier Nullstellen finden.
Das führt uns zu einer **Vermutung**, die sich in der Tat als richtig erweist:
Eine polynomische Gleichung hat höchstens so viele Nullstellen wie ihr Grad, d.h. eine lineare Gleichung hat höchstens eine, eine quadratische höchstens zwei, eine Gleichung dritten Grades höchstens drei usw.

Warum ist es so?

Naja, bei jeder Nullstelle *a* kann man den entsprechenden Term *x-a* ausklammern. Dabei wird der Grad der "übriggebliebenen" Gleichung um 1 verringert (so wie es in unserem Beispiel $x^3-6x^2+11x-6=(x^2-5x+6)(x-1)$ hieß: der Grad von x^2-5x+6 ist um 1 kleiner, als der von $x^3-6x^2+11x-6$). Und darum können wir den Abspaltungsvorgang nur so oft wiederholen, wie der Grad der Gleichung war.

Konkret in unserem Beispiel:

$x^3-6x^2+11x-6=0$, $x-1$ wird abgespalten:

$(x^2-5x+6)(x-1)=0$, von x^2-5x+6 wird $x-2$ abgespalten:

$$
\begin{array}{l}
x^2-5x+6 : (x-2) = x-3 \text{ , d.h. } x^2-5x+6=(x-2)(x-3) \\
\underline{x^2-2x} \\
\quad -3x+6 \\
\quad \underline{-3x+6} \\
\qquad\quad 0
\end{array}
$$

insgesamt: $(x-2)(x-3)(x-1)=0$, mehr lässt sich, natürlich, nicht abspalten.

Beispiel.
Finde **alle** Nullstellen von:
$x^3+6x^2-x-30=0$

Probieren wir die Teiler des freien Gliedes durch:

$x=1$: $\quad x^3+6x^2-x-30=1^3+6\cdot 1^2-1-30=-24\neq 0$ keine Nullstelle

$x=-1$: $\quad x^3+6x^2-x-30=(-1)^3+6\cdot(-1)^2-(-1)-30=-1+6+1-30=-24\neq 0$
keine Nullstelle

$x=2$: $\quad x^3+6x^2-x-30=2^3+6\cdot 2^2-2-30=8+24-2-30=0$ Nullstelle!

Jetzt können wir mit dem Raten aufhören, und dividieren den Term $x-2$ erst einmal heraus:

$$
\begin{array}{l}
x^3+6x^2-x-30=0 : (x-2) = x^2+8x+15 \\
\underline{x^3-2x^2} \\
\quad 8x^2-x \\
\quad \underline{8x^2-16x} \\
\qquad\quad 15x-30 \\
\qquad\quad \underline{15x-30} \\
\qquad\qquad\quad 0
\end{array}
$$

Wir haben jetzt also $x^3+6x^2-x-30=(x^2+8x+15)(x-2)=0$

Bleibt also nur die Gleichung $x^2+8x+15=0$ zu lösen. Diese Gleichung ist quadratisch, wir können sie nach der Formel auflösen: $x_1=\frac{-8+\sqrt{64-60}}{2}=-3$, $x_2=\frac{-8-\sqrt{64-60}}{2}=-5$
Insgesamt haben wir damit drei Nullstellen: $x=2$, $x=-3$ und $x=-5$. Das sind schon alle Nullstellen, weil eine Gleichung dritten Grades nicht mehr als drei davon haben kann.

Aufgaben

1) Finde alle Lösungen der folgenden Gleichungen:

a) $9x^3-18x^2=x-2$

b) $y^3-y^2=y-1$

c) $x^3-3x^2-3x+1=0$

d) $x^4-2x^3+2x-1=0$

e) $x^4-3x^2+2=0$

f) $x^4+5x^3-6x^2=0$

g) $x^3+4x^2+5x=-2$

h) $x^4+4x^3-x^2=16x+12$

i) $4x^3+x^2-x+5=0$

j) $3x^4+5x^3-9x^2-9x+10=0$

2) Finde alle Schnittpunkte des Funktionsgraphen der Funktion

a) $y=(x-1)^3+(2x+3)^3-27x^3-8$

b) $y=x^3(x^2-7)^2-36x$

mit den Koordinatenachsen.

3) Für welche Werte von *a* hat die Gleichung $x^4+ax+1=0$ eine bzw. mehrere ganzzahlige Nullstellen?

4) Wie groß muss *m* sein, damit $x=2$ die Gleichung $6x^3-7x^2-16x+m=0$ erfüllt? Was wären im solchen Fall die anderen Nullstellen?

5) Wie groß muss man *m* und *n* wählen, damit die Gleichung $2x^3+mx^2-13x+n=0$ von $x=2$ sowie $x=3$ erfüllt wird? Was wäre dann die dritte Nullstelle?

14. Kapitel

Ungleichungen

§ 46 Quadratische Ungleichungen

Unter einer quadratischen Ungleichung versteht man eine Ungleichung, die sich nach algebraischen **Umformungen** auf die Form bringen läßt:

$$\mathbf{ax^2 + bx + c > 0} \quad \text{oder} \quad \mathbf{ax^2 + bx + c < 0.}$$

Durch Dividieren durch a läßt sich dann sogar erreichen, daß vor x^2 der Koeffizient 1 steht.

1. Beispiel:

$$x^2 - 5x + 6 > 0$$

Man löst die quadratische Gleichung $x^2 - 5x + 6 = 0$ und findet als Lösungen $x_1 = 3$ und $x_2 = 2$.
Dann läßt sich immer der Ausdruck $x^2 - 5x + 6$ schreiben als Produkt $(x - 3)(x - 2)$.

Also: $(x - 3)(x - 2) > 0$

Jetzt hat man links ein Produkt, das positiv ist, wenn entweder beide Faktoren gleichzeitig positiv sind, oder beide Faktoren gleichzeitig negativ sind.

Es gilt: $(x - 3) > 0$ und gleichzeitig $(x - 2) > 0$
Also: $x > 3$.

$(x - 3) < 0$ und gleichzeitig $(x - 2) < 0$
Also: $x < 2$.

Die quadratische Ungleichung $x^2 - 5x + 6 > 0$ hat also die Lösungsmenge $\mathbb{L} = \{ x \mid x < 2$ oder $x > 3 \}$

2. Beispiel:

$$x^2 + 2x - 3 < 0$$

Die quadratische Gleichung hat die Lösung $x_1 = 1$, $x_2 = 3$.

Also gilt: $x^2 + 2x - 3 < 0$
$(x - 1)(x + 3) < 0$

Das Produkt $(x - 1)(x + 3)$ ist < 0, wenn einer der beiden Faktoren positiv, der andere aber gleichzeitig negativ ist.

$(x - 1) > 0$ und gleichzeitig $(x + 3) < 0$
Das ist für keine Zahl x erfüllt. x
$(x - 1) < 0$ und gleichzeitig $(x + 3) > 0$
$x < 1$ und gleichzeitig $x > -3$
Also: $\mathbb{L} = \{ x \mid -3 < x < 1 \}$

3. Beispiel:

$$x^2 + 2x + 5 > 0$$

Die quadratische Gleichung $x^2 + 2x + 5 = 0$ besitzt keine Lösung. Dann ist die Lösungsmenge entweder $\mathbb{L} = \{\ \}$ oder $\mathbb{L} = \mathbb{R}$ ($\mathbb{R}$ = Menge der reellen Zahlen).
$x = 0$ ist sicher eine Lösung der Ungleichung, also gilt: $\mathbb{L} = \mathbb{R}$.

4. Beispiel:

$$x^2 - 2x + 6 < 0$$

Die quadratische Gleichung $x^2 - 2x + 6 = 0$ besitzt keine Lösung. Die Ungleichung besitzt $x = 0$ **nicht** als Lösung. Also gilt: $\mathbb{L} = \{\ \}$.

5. Beispiel:

$$x^2 - 6x + 9 \geqq 0.$$

Die quadratische Gleichung $x^2 - 6x + 9 = 0$ besitzt nur eine Lösung $x = 3$.
Es gilt also: $x^2 - 6x + 9 = (x - 3)^2$
Die Ungleichung $(x - 3)^2 \geqq 0$ besitzt als Lösungsmenge $\mathbb{L}$ die Menge aller reeller Zahlen, also $\mathbb{L} = \mathbb{R}$, da ein Quadrat immer $\geqq 0$ ist.

Die Ungleichung $x^2 - 4x + 4 < 0$ besitzt keine Lösung. Denn es gilt:

$$x^2 - 4x + 4 < 0$$
$$(x - 2)^2 < 0$$

Und ein Quadrat ist nie negativ. Also: $\mathbb{L} = \{\ \}$.

15. Kapitel

Gleichungen

(Fortsetzung)

§ 47 Gleichungen vom zweiten Grade mit mehreren Unbekannten

Eine Gleichung zweiten Grades mit den beiden Unbekannten x und y hat die allgemeine Form:

$$ax^2 + bxy + cy^2 + dx + fy = g,$$

wo a, b, c, d, f, g bekannte Größen bezeichnen sollen. Sind zwei derartige Gleichungen gegeben, so sind die Unbekannten x und y bestimmbar, die Lösung führt aber im allgemeinen auf Gleichungen höheren Grades. Nur in **einigen** Fällen kommt man auf eine Gleichung zweiten Grades.

Erster Fall

Die eine Gleichung ist vom zweiten Grade, die andere jedoch nur vom ersten Grade. **Man berechnet aus der Gleichung ersten Grades eine Unbekannte und setzt diesen Wert in die Gleichung zweiten Grades ein.** Dieselbe enthält dann nur eine Unbekannte.

Beispiele:

1. I. $x^2 + xy + y^2 + x + y = 10.$
   II. $y = 2x.$

Lösung: Setzt man $y = 2x$ in Gleichung I ein, so ergibt sich

$$x^2 + x \cdot 2x + (2x)^2 + x + 2x = 10$$

$$x^2 + 2x^2 + 4x^2 + 3x = 10$$

$$7x^2 + 3x = 10$$

$$x^2 + \frac{3}{7}x = \frac{10}{7}$$

$$x = -\frac{3}{14} \pm \sqrt{\frac{10}{7} + \left(\frac{3}{14}\right)^2} = -\frac{3}{14} \pm \sqrt{\frac{289}{196}}$$

$$x - -\frac{3}{14} \pm \frac{17}{14}$$

$$x_1 = \frac{-3 + 17}{14} = 1$$

$$x_2 = \frac{-3 - 17}{14} = -\frac{20}{14} = -1\frac{3}{7}.$$

Da nun $y = 2x$ ist, wird

$$y_1 = 2x_1 = 2$$

$$y_2 = 2x_2 = -2\frac{6}{7}.$$

2. I. $a^2x^2 + b^2y^2 = a^2b^2$
   II. $ax + by = c.$

Lösung: Aus Gleichung II. folgt $y = \frac{c - ax}{b}$. Dies für y in Gleichung I. eingesetzt gibt:

$$a^2x^2 + \frac{b^2 (c - ax)^2}{b^2} = a^2b^2$$

$$a^2x^2 + c^2 - 2acx + a^2x^2 = a^2b^2$$

$$2a^2x^2 - 2acx = a^2b^2 - c^2$$

$$x^2 - \frac{c}{a}x = \frac{a^2b^2 - c^2}{2a^2}$$

$$x^2 - \frac{c}{a}x + \left(\frac{c}{2a}\right)^2 = \frac{a^2b^2 - c^2}{2a^2} + \left(\frac{c}{2a}\right)^2 = \frac{2a^2b^2 - 2c^2 + c^2}{4a^2} = \frac{2a^2b^2 - c^2}{4a^2}$$

$$x - \frac{c}{2a} = \pm \sqrt{\frac{2a^2b^2 - c^2}{4a^2}} = \frac{\pm \sqrt{2a^2b^2 - c^2}}{2a}$$

$$x = \frac{c \pm \sqrt{2a^2b^2 - c^2}}{2a}, \text{ d. h.:}$$

$$x_1 = \frac{c + \sqrt{2a^2b^2 - c^2}}{2a}; \qquad x_2 = \frac{c - \sqrt{2a^2b^2 - c^2}}{2a}.$$

Demnach folgt aus $y = \frac{c - ax}{b}$

$$y_1 = \frac{c - ax_1}{b} = \frac{c - \frac{c + \sqrt{2a^2b^2 - c^2}}{2}}{b} = \frac{2c - (c + \sqrt{2a^2b^2 - c^2})}{2b}$$

$$y_1 = \frac{2c - c - \sqrt{2a^2b^2 - c^2}}{2b} = \frac{c - \sqrt{2a^2b^2 - c^2}}{2b}$$

$$y_2 = \frac{c - ax_2}{b} = \frac{c - \frac{c - \sqrt{2a^2b^2 - c^2}}{2}}{b} = \frac{2c - (c - \sqrt{2a^2b^2 - c^2})}{2b}$$

$$y_2 = \frac{2c - c + \sqrt{2a^2b^2 - c^2}}{2b} = \frac{c + \sqrt{2a^2b^2 - c^2}}{2}.$$

3.

I. $\frac{1}{x} + \frac{1}{y} = \frac{11}{100}$.

II. $x + y = 110$.

Lösung: Wird Gleichung I. mit dem Hauptnenner 100xy multipliziert, so erhält man

$$100y + 100x = 11xy$$

Ia. $100\,(x + y) = 11xy$.

Da nun aus Gleichung II. folgt, daß $x + y = 110$, so erhält man aus Gleichung Ia.:

$$100 \cdot 110 = 11xy,$$

oder durch 11 dividiert:

$$100 \cdot 10 = xy,$$

d. h.:

$$xy = 1000.$$

Aus Gleichung II. folgt $y = 110 - x$. Dies in die vorige Gleichung eingesetzt, gibt:

$$x(110 - x) = 1000$$
$$110x - x^2 = 1000$$
$$x^2 - 110x = -1000$$
$$x^2 - 110x + 55^2 = -1000 + 3025 = 2025$$
$$x - 55 = \sqrt{2025} = \pm 45$$
$$x = 55 \pm 45$$
$$x_1 = 55 + 45 = 100; \; x_2 = 55 - 45 = 10,$$

folglich

$$y_1 = 110 - x_1 = 110 - 100 = 10$$
$$y_2 = 110 - x_2 = 110 - 10 = 100.$$

Zweiter Fall

1. I. $x^2 + y^2 = a^2$.
   II. xy*) $= b^2$.

Lösung: Man multipliziere Gleichung II. mit 2 und addiere sie zu I.; dies gibt:

$$x^2 + 2xy + y^2 = a^2 + 2b^2,$$

d. i. aber:

$$(x + y)^2 = a^2 + 2b^2,$$

daher:

$$x + y = \pm \sqrt{a^2 + 2b^2} \quad \ldots \text{III.}$$

Subtrahiert man die mit 2 multiplizierte Gleichung II. von I., so erhält man:

$$x^2 - 2xy + y^2 = a^2 - 2b^2$$

d. i.:

$$(x - y)^2 = a^2 - 2b^2$$

und

$$x - y = \pm \sqrt{a^2 - 2b^2} \ldots \text{IV.}$$

Aus III. und IV. folgt durch Addition

$$2x = \pm \sqrt{a^2 + 2b^2} \pm \sqrt{a^2 - 2b^2}$$
$$x_1 = \frac{1}{2}\left(\sqrt{a^2 + 2b^2} + \sqrt{a^2 - 2b^2}\right)$$
$$x_2 = \frac{1}{2}\left(\sqrt{a^2 + 2b^2} - \sqrt{a^2 - 2b^2}\right)$$
$$x_3 = \frac{1}{2}\left(-\sqrt{a^2 + 2b^2} + \sqrt{a^2 - 2b^2}\right)$$
$$x_4 = \frac{1}{2}\left(-\sqrt{a^2 + 2b^2} - \sqrt{a^2 - 2b^2}\right).$$

Durch Subtraktion von III. und IV. folgt:

$$2y = \pm \sqrt{a^2 + 2b^2} \mp \sqrt{a^2 - 2b^2}$$
$$y = \frac{1}{2}\left(\pm \sqrt{a^2 + 2b^2} \mp \sqrt{a^2 - 2b^2}\right).$$

---

*) Eine Gleichung mit zwei Unbekannten ist auch dann vom **zweiten Grade**, wenn ein Glied das **Produkt der beiden Unbekannten enthält.**

2. I. $ax^2 + by^2 = c.$
II. $xy = d.$

Lösung: Aus II. folgt $y = \frac{d}{x}$. In I. eingesetzt gibt

$$ax^2 + b\left(\frac{d}{x}\right)^2 = c,$$

oder

$$ax^2 + \frac{bd^2}{x^2} = c.$$

Nenner fortgeschafft:

$$ax^4 + bd^2 = cx^2,$$

geordnet:

$$ax^4 - cx^2 = -bd^2.$$

Durch a dividiert:

$$x^4 - \frac{c}{a}x^2 = -\frac{bd^2}{a}.$$

$x^2 = z$ gesetzt, so ist $x^4 = z^2$, also

$$z^2 - \frac{c}{a}z = -\frac{bd^2}{a}.$$

Nach Regel 57:

$$z = +\frac{c}{2a} \pm \sqrt{\left(\frac{c}{2a}\right)^2 - \frac{bd^2}{a}}$$

also

$$x = \sqrt{z} = \pm\sqrt{\frac{c}{2a} \pm \sqrt{\left(\frac{c}{2a}\right)^2 - \frac{bd^2}{a}}}$$

Da nun aus Gleichung II. $y = \frac{d}{x}$ folgte, so ist

$$y = \frac{d}{\sqrt{\frac{c}{2a} \pm \sqrt{\left(\frac{c}{2a}\right)^2 - \frac{bd^2}{a}}}}.$$

Dritter Fall

Beide Gleichungen sind vom zweiten Grade, enthalten die Unbekannten aber nur in der zweiten Potenz, wie in

I. $ax^2 + by^2 = c.$
II. $dx^2 + fy^2 = g.$

Lösung: Man setze $x^2 = u$, $y^2 = v$ und berechne aus den so erhaltenen Gleichungen ersten Grades die Unbekannten u und v

$$\begin{array}{l|l|l} au + bv = c & f & d \\ du + fv = g & b & a \\ \hline \end{array}$$

$$u\,(af - bd) = cf - gb$$

$$u = \frac{cf - gb}{af - bd} = x^2,$$

also

$$x = \pm \sqrt{\frac{cf - gb}{af - bd}}$$

In gleicher Weise findet man:

$$v\,(bd - af) = cd - ag$$

$$v = \frac{cd - ag}{bd - af} = y^2$$

und

$$y = \pm \sqrt{\frac{cd - ag}{bd - af}}.$$

Beispiele:

1. I. $x^2 + y^2 = 13.$
   II. $x^2 - y^2 = 5.$

Lösung: I. und II. addiert:

$$2x^2 = 18$$
$$x^2 = 9$$
$$x = \pm\sqrt{9} = \pm 3$$
$$x_1 = +3;\; x_2 = -3.$$

I. und II. subtrahiert:

$$2y^2 = 8$$
$$y^2 = 4$$
$$y = \pm\sqrt{4} = \pm 2$$
$$y_1 = +2$$
$$y_2 = -2.$$

2. I. $5x^2 + 3y^2 = 107.$
   II. $4x^2 - 3y^2 = 37.$

Lösung: I. und II. addiert, gibt

$$9x^2 = 144$$
$$x^2 = 16$$
$$x = \pm\sqrt{16} = \pm 4$$
$$x_1 = +4;\; x_2 = -4.$$

Setzt man den gefundenen Wert in II. ein, so erhält man:

$$4 \cdot 16 - 3y^2 = 37$$
$$64 - 3y^2 = 37$$
$$-3y^2 = 37 - 64 = -27$$
$$y^2 = 9$$
$$y = \pm 3,$$
$$y_1 = +3;\; y_2 = -3.$$

Vierter Fall

I. $x \cdot y = a.$

II. $\frac{x}{y} = b.$

Da die Gleichungen II. vom ersten Grade ist, ließe sich die Lösung nach dem ersten Fall erledigen. Man merke sich jedoch die folgende einfachere Lösung.

Multipliziert man beide Gleichungen, so folgt

$$xy \cdot \frac{x}{y} = ab,$$

oder

$$x^2 = ab$$
$$x = \pm \sqrt{ab}.$$

Dividiert man Gleichung I. durch Gleichung II., so folgt

$$\frac{xy}{\frac{x}{y}} = \frac{a}{b},$$

oder

$$xy \cdot \frac{y}{x} = \frac{a}{b}$$

und hieraus

$$y^2 = \frac{a}{b}$$
$$y = \pm \sqrt{\frac{a}{b}}.$$

Aufgaben zu selbständiger Lösung:

1. $x^2 + y^2 = 18$
   $5x - 7y = -6.$
2. $x^2 + x + y = 3$
   $7x + 3y = 10.$
3. $x^2 + y^2 = 40$
   $x - 3y = 0.$
4. $x^2 - xy + y^2 = 7$
   $2x = 3y.$
5. $(3x - 2y)(2x - 3y) = 26$
   $2y - x = 1.$
6. $\frac{3x - 2}{y + 5} + \frac{y}{x} = 2$
   $x = y + 4.$
7. $\frac{x - y}{x} = \frac{1}{2}$
   $xy = 18.$
8. $6(x - y) = 2(x + y)$
   $x^2 - y^2 = 189.$
9. $x + y = 12$
   $x^2 + y^2 = 90.$
10. $\left.\begin{aligned} x + xy &= 35 \\ y + xy &= 32 \end{aligned}\right\}$ Andeutung zur Lösung: Durch Subtraktion beider Gleichungen erhält man eine Gleichung ersten Grades.
11. $\left.\begin{aligned} x^2 + xy &= a \\ y^2 + xy &= b \end{aligned}\right\}$ Andeutung zur Lösung: Durch Division beider Gleichungen erhält man eine Gleichung ersten Grades.
12. $x^2 + y^2 = 74$
    $3xy = 105.$
13. $x^2 + 5xy + y^2 = 15$
    $7xy = 14.$
14. $7x^2 + 3y^2 = 75$
    $4x^2 - 2y^2 = 28.$
15. $5x^2 + 4{,}9y^2 = 3{,}042$
    $3x^2 - 2y^2 = 1{,}323.$
16. $\left.\begin{aligned} x^2 - y^2 &= 75 \\ x + y &= 15 \end{aligned}\right\}$ Andeutung zur Lösung: Dividiere beide Gleichungen durcheinander.

17. $x + y = 7$

$\frac{1}{x} + \frac{1}{y} = \frac{7}{12}.$

18. $x - y = 20$

$\frac{6}{x} + \frac{5}{y} = \frac{7}{10}.$

19. $xy = 30$

$\frac{x}{y} = \frac{5}{6}.$

20. $5 : x = y : 7$

$x : y = 5 : 7.$

21. $\left.\begin{array}{l} x + y - 90 \\ \sqrt{x} + \sqrt{y} = 12 \end{array}\right\}$ Andeutung zur Lösung: Man setze $\sqrt{x} = u$ und $\sqrt{y} = v$, dann ist $x = u^2$, $y = v^2$.

16. Kapitel

Anwendung der Gleichungen zur Lösung von Aufgaben

§ 48 Gleichungen des ersten Grades mit mehreren Unbekannten

1. Aufgabe: Die Summe zweier Zahlen beträgt 12, die Differenz dagegen 2; welches sind die Zahlen?

Auflösung: Die eine Zahl sei x, die andere sei y, so muß ihre Summe, d. h. $x + y = 12$, und ihre Differenz also $x - y = 2$ sein.
Wir haben also die beiden Gleichungen

$$x + y = 12 \quad \ldots \text{ I.}$$
$$x - y = 2 \quad \ldots \text{ II.}$$

deren Lösung $x = 7$ und $y = 5$ sind.

Probe: Die Summe der Zahlen 7 und 5 ist: $7 + 5 = 12$ und ihre Differenz ist $7 - 5 = 2$, wie dies in der Aufgabe verlangt war.

2. Aufgabe: Wenn man zum Zähler eines Bruches die Zahl 4 addiert, entsteht $\frac{1}{2}$; addiert man zum Nenner desselben Bruches aber 7, so entsteht $\frac{1}{5}$; welches ist dieser Bruch?

Auflösung: Da uns weder der Zähler, noch der Nenner des Bruches bekannt sind, so bezeichnen wir ersteren mit x, letzteren mit y, so daß der unbekannte Bruch $\frac{x}{y}$ heißt.

Die Aufgabe sagt nun: wenn man zu seinem Zähler 4 addiert, d. h. also den Nenner ungeändert läßt, so gibt dies $\frac{1}{2}$; wird würden also setzen:

$$\frac{x + 4}{y} = \frac{1}{2}.$$

Ferner sagt die Aufgabe: wenn man zu seinem Nenner 7 addiert, also im Nenner $y + 7$ schreibt, jetzt aber den Zähler x ungeändert läßt, so entsteht $\frac{1}{5}$. Wir würden also sagen:

$$\frac{x}{y + 7} = \frac{1}{5}.$$

Unsere beiden Gleichungen heißen demnach:

$$\frac{x + 4}{y} = \frac{1}{2} \quad \ldots \text{ I.}$$
$$\frac{x}{y + 7} = \frac{1}{5} \quad \ldots \text{ II.}$$

Die Auflösung ergibt $x = 5$; $y = 18$. Unser Bruch heißt also $\frac{5}{18}$.

Probe: $\frac{5 + 4}{18} = \frac{1}{2}$ und $\frac{5}{18 + 7} = \frac{1}{5}$.

3. Aufgabe: Wenn A von B 4 DM erhält, so hat er halb so viel als B behält. Erhält aber B von A 6 DM, so hat er das Dreifache von dem, was dem A noch übrig bleibt. Wieviel hat jeder?

Auflösung: Der A soll x, der B y DM besitzen. Wenn nun A zu seinen x von B noch 4 DM erhält, so hat A = x + 4 oder, wie die Aufgabe sagt: halb so viel als B behält. B hatte y DM, davon hatte er 4 DM an A abgegeben, folglich hat er noch y − 4 DM, und die Hälfte davon $\frac{y-4}{2}$ muß gleich den x + 4 des A sein, also hat A dann $\frac{y-4}{2}$. Die erste Gleichung lautet also:

$$x + 4 = \frac{y-4}{2}.$$

Die Aufgabe sagt weiter: Erhält aber B von A 6 DM, dann hat also B zu seinen y noch 6 DM bekommen, besitzt also im ganzen y + 6 DM; auf diese Weise hat dann, wie die Aufgabe sagt, der B das Dreifache von dem, was A übrig bleibt. Nun hatte A von seinen x DM 6 DM an B gegeben, bleiben ihm also noch x − 6 DM, das Dreifache davon oder 3 (x − 6) muß gleich dem sein, was B besitzt. Man hat also die beiden Gleichungen:

$$x + 4 = \frac{y-4}{2} \quad \ldots \text{ I.}$$

und

$$y + 6 = 3\,(x - 6) \ldots \text{ II.}$$

Die Auflösung ergibt x = 36; y = 84.

4. Aufgabe: Zwei Geldbeutel enthalten zusammen 900 DM. Nimmt man aus dem ersten 90 DM heraus und legt sie in den zweiten, so ist in beiden gleich viel. Wieviel enthält jeder?

Auflösung: Der eine enthalte x, der andere y DM. Beide Inhalte, also x und y zusammen, sollen 900 betragen.

Die erste Gleichung wird also sein:

$$x + y = 900 \ \ldots \text{ I.}$$

Nimmt man nun aus dem Beutel, der x DM enthält, 90 weg, so bleiben in ihm noch x − 90; legt man diese 90 in den zweiten Beutel, der y DM enthält, so sind in diesem jetzt im ganzen y + 90 DM.

Nun ist aber, wie die Aufgabe sagt, in beiden gleich viel, folglich ist:

$$x - 90 = y + 90.$$

Unsere beiden Gleichungen heißen also:

$$\begin{aligned} x + y &= 900 \\ x - 90 &= y + 90 \\ x &= 540 \quad \ldots \text{ I.} \\ y &= 360. \quad \ldots \text{ II.} \end{aligned}$$

5. Aufgabe: A und B besitzen zusammen ein Vermögen von 700 DM. Wäre das Vermögen des A dreimal und das des B siebenmal so groß wie es in Wirklichkeit ist, so würden sie zusammen 3580 DM besitzen. Wie viel hat jeder?

Auflösung: Der A soll x, der B aber y DM besitzen; zusammen also 700 DM, daher die erste Gleichung:

$$x + y = 700.$$

Die Aufgabe sagt ferner, daß das dreifache Vermögen des A, d. i. 3x, und das siebenfache des B, d. i. 7y, zusammen 3580 DM ausmachen, oder es ist die zweite Gleichung:

$$3x + 7y = 3580.$$

Unsere beiden Gleichungen lauten also:

$$x + y = 700 \quad \ldots \text{I.}$$
$$3x + 7y = 3580 \quad \ldots \text{II.}$$
$$x = 330;\ y = 370.$$

6. Aufgabe: Zwei Zahlen von folgender Beschaffenheit werden gesucht: Multipliziert man die eine mit 3 und die andere mit 2, und addiert diese Produkte, so entsteht 118; wenn man dagegen zur ersten Zahl das fünffache der zweiten addiert, so entsteht 191; welches sind die beiden Zahlen?

Auflösung: Die Zahlen seien x und y, die eine mit 3 multipliziert, gibt 3x, die andere mit 2 multipliziert, gibt 2y; beide Produke addiert, sollen 118 ergeben, man hat also als erste Gleichung:

$$3x + 2y = 118.$$

Ferner sagt die Aufgabe: das Fünffache der zweiten, d. h. 5y zur ersten Zahl x hinzuaddiert, also $5y + x$, gibt 191. Die zweite Gleichung heißt also $x + 5y = 191$.

Die beiden Gleichungen sind nun:

$$3x + 2y = 118 \quad \ldots \text{I.}$$
$$x + 5y = 191 \quad \ldots \text{II.}$$

Hieraus findet sich: $x = 16$, $y = 35$.

7. Aufgabe: Man sucht zwei Zahlen; wenn man von der einen das Siebenfache und von der andern das Zweieinhalbfache nimmt und beides addiert, so entsteht $411\frac{1}{2}$; wenn man aber von der ersten das Neunundreißigfache und von der zweiten das Vierzehnfache nimmt, subtrahiert dieses von erstem, so entsteht $-935\frac{9}{10}$; welches sind die beiden Zahlen:

Auflösung: Die eine ist $17\frac{1}{2}$, die andere $115\frac{3}{5}$.

8. Aufgabe: Das Fünffache einer Zahl und das Vierfache einer anderen Zahl beträgt zusammen 58. Das Dreifache der ersten Zahl aber und das Siebenfache der zweiten Zahl gibt als Summe 67; welches sind die beiden Zahlen?

Auflösung: $x = 6$, $y = 7$.

9. Aufgabe: Zwei Zahlen sind durch Folgendes gegeben: Vergrößert man die erste um 4, so wird sie achtmal so groß wie die zweite; vergrößert man aber die zweite um 12, so wird sie erst halb so groß wie die erste; welches sind die beiden Zahlen?

Auflösung: Wird die erste Zahl mit x, die zweite mit y bezeichnet, so muß nach der Aufgabe die erste um 4 vergrößert, also $x + 4$ werden, dann ist sie achtmal so groß wie die zweite, also 8y; die Gleichung heißt demnach

$$\text{I.} \quad x + 4 = 8y.$$

Dann sagt die Aufgabe weiter: Vergrößert man die zweite Zahl um 12, d. h. bildet man $y + 12$, so ist diese halb so groß wie die erste x, also $\frac{x}{2}$ und die zweite Gleichung heißt:

$$\text{II.} \quad y + 12 = \frac{x}{2}.$$

Aus beiden Gleichungen I. und II. folgt

$$x = 33\tfrac{1}{3};\ y = 4\tfrac{2}{3}.$$

10. Aufgabe: In einer Versammlung von 250 Personen war ein Gesetz mit einer Stimmenmehrheit von 12 Stimmen angenommen worden; wie viele Personen waren für, wie viele gegen das Gesetz?

Auflösung: Die Zahl der Personen, die für das Gesetz waren, seien x, die dagegen stimmten y, beide Parteien zusammen müssen die gegebenen 250 Personen ausmachen, daher ist die erste Gleichung:

$$x + y = 250.$$

Die x Personen, die dafür stimmten, weniger den y Personen, die dagegen stimmten, bilden nun die Stimmenmehrheit 12, daher heißt die zweite Gleichung $x - y = 12$. Unsere beiden Gleichungen sind also:

$$x + y = 250 \ \ldots\ \text{I.}$$
$$x - y = 12 \ \ldots\ \text{II.}$$

woraus $x = 131$, $y = 119$ folgt.

11. Aufgabe: Die Zahl 56 soll in drei Teile geteilt werden, so daß der erste Teil viermal größer als der zweite und der dritte gerade $\frac{3}{5}$ vom zweiten wird. Wie heißen die einzelnen Teile?

Auflösung: Die drei Teile seien x, y und z; alle drei addiert ergeben die Zahl 56, also wird die erste Gleichung heißen:

$$x + y + z = 56 \ \ldots\ \text{I.}$$

Die Aufgabe sagt weiter: der erste Teil sei viermal größer als der zweite. Ist der erste x und der zweite y, so muß der erste x gleich dem vierfachen des zweiten, d. h. 4y sein, und es heißt die zweite Gleichung:

$$x = 4y \ \ldots\ \text{I.}$$

Ebenso wird die dritte Gleichung heißen, wenn z der dritte Teil ist:

$$2 = \frac{3}{5}y \ \ldots\ \text{III.}$$

Unsere drei Gleichungen sind also folgende:

$$x + y + z = 56 \ \ldots\ \text{I.}$$
$$x = 4y \ \ldots\ \text{II.}$$
$$z = \frac{3}{5}y \ \ldots\ \text{III.}$$

Deren Lösungen $x = 40$, $y = 10$, $z = 6$ sind.

12. Aufgabe: Die Zahl 36 soll so zerlegt werden, daß der erste Teil gleich 22 weniger der Hälfte der beiden anderen Teile ist, und der zweite Teil nebst $\frac{1}{3}$ der beiden übrigen die Zahl 20 gibt. Welches sind die Teile?

Auflösung: Die drei Teile seien wieder x, y und z, so werden alle zusammen 36 geben, also wird die erste Gleichung heißen:

$$x + y + z = 36 \ \ldots\ \text{I.}$$

Die Aufgabe sagt dann: der erste Teil x soll = 22 weniger der Hälfte der beiden anderen sein; die beiden anderen Teile sind y und z, ihre Hälften = $\frac{y}{2}$ und $\frac{z}{2}$ und der erste Teil x also = 22 weniger $\frac{y}{2}$ und weniger $\frac{z}{2}$ oder $22 - \frac{y}{2} - \frac{z}{2}$. Daher die zweite Gleichung:

$$x = 22 - \frac{y}{2} - \frac{z}{2} \quad \ldots \text{ II.}$$

Endlich verlangt die Aufgabe, daß der zweite Teil, d. i. y und $\frac{1}{3}$ der beiden anderen Teile, x und z, zusammengenommen, 20 gäbe. Das $\frac{1}{3}$ der beiden anderen Teile x und z ist $\frac{1}{3}x$ und $\frac{1}{3}z$, und es muß nun

$$y + \tfrac{1}{3}x + \tfrac{1}{3}z = 20$$

sein, daher heißt unsere dritte Gleichung:

$$y + \tfrac{1}{3}x + \tfrac{1}{3}z = 20 \quad \ldots \text{ III.}$$

Aus diesen 3 Gleichungen ist $x = 8$, $y = 12$, $z = 16$.

13. Aufgabe: Jemand soll für 2 DM Zehnpfennigmarken und Dreipfennigmarken kaufen und zwar von letzterer Sorte sechs Stück mehr als von der ersten Sorte. Wie viel von jeder Sorte muß er verlangen?

Lösung: Ist die Anzahl der Zehnpfennigmarken x, die der Dreipfennigmarken y, so kosten erstere $10 \cdot x$ Pfennig, letztere $3 \cdot y$ Pfennig, zusammen also $10x + 3y$ Pfennig. Diese Summe muß gleich 2 DM (200 Pfennig) sein, also $10x + 3y = 200$. Die zweite Gleichung zwischen x und y folgt aus der Bedingung, daß die Zahl der Dreipfennigmarken (y) um sechs größer sein soll als die Zahl der Zehnpfennigmarken(x); also $y = x + 6$. Dies ist die zweite Gleichung. Es ist demnach x und y zu bestimmen aus den beiden Gleichungen.

$$\begin{aligned} \text{I.} \quad 10x + 3y &= 200. \\ \text{II.} \quad y &= x + 6. \\ x = 14,\ y &= 20, \end{aligned}$$

d. h. 14 Zehnpfennigmarken und 20 Dreipfennigmarken sind zu kaufen.

14. Aufgabe: Die Geschwindigkeiten zweier Eisenbahnzüge verhalten sich wie 3 zu 5. In 10 Minuten legt der zweite Zug 4,5 km mehr zurück als der erste. Wie groß sind die beiden Geschwindigkeiten?

Lösung: Beträgt die Geschwindigkeit (Weg in einer **Sekunde**) des ersten Zuges x Meter, die des zweiten Zuges y Meter, so ist zunächst

$$\text{I.} \quad x : y = 3 : 5.$$

In 10 Minuten (= 600 Sekunden) legt der erste Zug $600 \cdot x$ Meter, der zweite $600 \cdot y$ Meter zurück. Der Unterschied dieser beiden Wege soll 4,5 km (= 4500 Meter) betragen. Es muß also auch sein

$$600y - 600x = 4500,$$

oder durch 600 beiderseits gekürzt

$$\begin{aligned} &\text{II.} \quad y - x = 7{,}5 \\ &x = 11{,}25,\ y = 18{,}75. \end{aligned}$$

15. Aufgabe: Ein Weinhändler hat zwei Sorten Wein. Mischt er 5 Liter der ersten mit 3 Litern der zweiten Sorte, so kostet ein Liter der Mischung 95 Pfennig. Mischt er dagegen

3 Liter der ersten Sorte mit 7 Litern der zweiten Sorte, so stellt sich der Preis eines Liters auf 1 DM 8 Pfennig. Wie hoch war der Preis eines Liters von jeder der beiden Sorten?

Lösung: Ist x Pfennig der Preis der ersten, y Pfennig der Preis der zweiten Sorte per Liter, so ist der Wert der ersten Mischung 5x + 3y Pfennig. Die Anzahl der Liter ist 5 + 3 = 8, und da ein Liter der Mischung 95 Pfennig kostet, so kosten 8 Liter 8 · 95 Pfennnig = 760 Pfennig. Die erste Gleichung lautet daher

$$\text{I.}\quad 5x + 3y = 760.$$

Der Wert der zweiten Mischung ist 3x + 7y Pfennig. Da in diesem Falle 3 + 7 = 10 Liter gemischt worden sind und ein Liter dieser Mischung 108 Pfennig kostet, so kosten 10 Liter 10 · 108 Pfennig = 1080 Pfennig. Die zweite Gleichung lautet daher

$$\text{II.}\quad 3x + 7y = 1080.$$

Die Auflösung dieser beiden Gleichungen liefert die beiden Werte

$$x = 80;\ y = 120,$$

d. h. die erste Sorte Wein kostete 80 Pfennig, die zweite Sorte 120 Pfennig pro Liter vor der Mischung.

16. Aufgabe: In einem Dreieck beträgt die Summe der ersten und zweiten Seite 43 m, die Summe der ersten und dritten Seite 40 m, die Summe der zweiten und dritten Seite 35 m. Wie groß sind die drei Seiten?

Lösung: Beträgt die Länge der ersten Seite x m, die der zweiten Seite y m, die der dritten Seite z m, so müssen die drei Gleichungen erfüllt sein:

$$\begin{aligned} \text{I.}\quad & x + y = 43 \\ \text{II.}\quad & x + z = 40 \\ \text{III.}\quad & y + z = 35. \\ & x = 24,\ y = 19,\ z = 16. \end{aligned}$$

17. Aufgabe: Die Summe der drei Seiten eines Dreiecks beträgt 24 m; die Seiten verhalten sich wie 5 : 6 : 9. Wie groß ist jede derselben?

Lösung: Bezeichnet man die Seitenlängen mit x, y und z, so muß sein

$$\begin{aligned} \text{I.}\quad & x + y + z = 24 \\ \text{II.}\quad & x : y : z = 5 : 6 : 9. \end{aligned}$$

Dies sind scheinbar nur **zwei** Gleichungen mit **drei** Unbekannten. In Gleichung II. stecken jedoch, da sie eine fortlaufende Proportion ist, zwei von einander unabhängige Gleichungen:

$$\text{IIa.}\quad \frac{x}{y} = \frac{5}{6} \quad \text{und} \quad \text{IIIa.}\quad \frac{x}{z} = \frac{5}{9}.$$

Aus diesen Gleichungen folgt nun

$$x = 6\,\text{m};\ y = 7{,}2\ \text{m};\ z = 10{,}8\ \text{m}.$$

§ 49 Gleichungen des zweiten Grades mit einer Unbekannten

1. Aufgabe: Die Hälfte einer Zahl und ihr vierter Teil mit einander multipliziert, gibt 18; wie heißt diese Zahl?

Auflösung: Sei diese noch unbekannte Zahl = x, so ist ihre Hälfte = $\frac{x}{2}$, ihr vierter Teil = $\frac{x}{4}$; da beide mit einander multipliziert 18 geben soll, so muß sein:

$$\frac{x}{2} \cdot \frac{x}{4} = 18,$$

woraus

$$x = \pm 12$$

folgt.

2. Aufgabe: Wenn man von einer Zahl den vierten und achten Teil mit einander multipliziert, ergibt sich 8; welches ist die Zahl?

Auflösung: $\frac{x}{4} \cdot \frac{x}{8} = 8$ oder $\frac{x^2}{32} = 8$. Die ganze Gleichung mit 32 multipliziert ist:

$$x^2 = 8 \cdot 32 \text{ oder } x^2 = 256.$$

Beiderseits die Wurzel gezogen:

$$\sqrt{x^2} = \sqrt{256},$$

woraus

$$x = \pm \sqrt{256}.$$

Also ist

$$x_1 = +16,$$
$$x_2 = -16.$$

3. Aufgabe: In einem rechtwinkligen Dreiecke ist die eine Kathete unbekannt, die andere ist $\frac{3}{4}$ von dieser, und die Hypotenuse ist 5; wie groß sind die Katheten?

Auflösung: Aus der Geometrie wissen wir, daß das Quadrat der Hypotenuse gleich der Summe der Quadrate der beiden Katheten ist. Ist also die eine Kathete x, so ist die andere nach der Aufgabe $\frac{3}{4}x$, und muß dann das Quadrat der ersten Kathete x, d. h. x^2, plus dem Quadrate der zweiten Kathete $\frac{3}{4}x$, d. h. also $(\frac{3}{4}x)^2$, gleich dem Quadrate der Hypotenuse, d. h. 25, sein. Man hat also:

$$x^2 + (\tfrac{3}{4}x)^2 = 25$$

oder

$$x^2 + \tfrac{9}{16}x^2 = 25$$
$$x = \pm 4.$$

Die eine Kathete ist also ±4; lassen wir zunächst +4 gelten, so sagt die Aufgabe, daß die andere Kathete $\frac{3}{4}$ davon ist, also ist diese

$$= \frac{3}{4} \cdot 4 \text{ oder } 3.$$

Es ist also die eine Kathete 3, die andere 4 und die Hypotenuse ist zu 5 gegeben, also muß:

$$3^2 + 4^2 = 5^2$$

oder

$$9 + 16 = 25$$
$$25 = 25$$

sein; dasselbe erhält man auch, wenn man den Wert −3 für die Kathete setzt, doch wird einleuchtend sein, daß eine Kathete wohl 3 Meter aber nicht −3 Meter lang sein kann; es kann also hier nur der eine Wert +3 gemeint sein.

4. Aufgabe: Wenn man von einer Zahl 2 subtrahiert, zu derselben Zahl 3 addiert und die erhaltene Differenz mit der erhaltenen Summe multipliziert, entsteht 0; wie heißt diese Zahl?

Auflösung: Die Zahl sei = x. Subtrahiert man von ihr 2, so entsteht die Differenz $x - 2$, addiert man zu derselben Zahl x die Zahl 3, so entsteht die Summe $x + 3$; beide mit einander multipliziert, also $(x - 2)(x + 3)$, sollen 0 geben. Unsere Gleichung heißt also

$$(x - 2)(x + 3) = 0,$$

aus welcher

$$x_1 = 2 \text{ oder } x_2 = -3$$

folgt.

Probe: Zieht man von dem gefundenen $x = 2$ nach der Aufgabe die Zahl 2 ab, so entsteht 0, und zu 2 die Zahl 3 addiert, entsteht 5, beide mit einander multipliziert, also $0 \cdot 5$, gibt wie verlangt = 0. Dieselbe Probe läßt sich auch mit −3 machen.

5. Aufgabe: Der 5. und der 7. Teil einer Zahl mit einander multipliziert, gibt 4235; wie heißt die Zahl? **Auflösung:** ± 385

6. Aufgabe: Ein und dieselbe Zahl werde um 2 vermehrt, dann um 12 vermindert, beide Resultate mit einander multipliziert, gibt 0; es ist gefragt, welches ist diese Zahl?

Auflösung: $x_1 = +12$, $x_2 = -2$

7. Aufgabe: Das Quadrat einer Zahl und ihr 6faches addiert, gibt 27; welches ist diese Zahl?

Auflösung: Ist diese Zahl x, so ist ihr Quadrat = x^2 und ihr 6faches = $6x$; beides addiert soll nach der Aufgabe 27 geben; folglich ist

$$x^2 + 6x = 27$$

oder

$$x_1 = +3;\ x_2 = -9.$$

Die Probe wäre z. B. für die Zahl −9:

Das Quadrat derselben: $(-9)^2$ und ihr 6faches: $6 \cdot -9$ muß zusammen nach der Aufgabe = 27 geben.

Es ist auch wirklich

$$(-9)^2 + 6 \cdot -9 = +81 - 54 = 27.$$

8. Aufgabe: Ich bin eine gewisse Anzahl von Jahren auf Reisen gewesen. Nehme ich das 7fache ihrer Anzahl und ziehe dies vom Quadrate ihrer Anzahl ab, so bleibt mir die Zahl-$3\frac{1}{4}$. Wieviel Jahre war ich auf Reisen?

Auflösung: Sei die Zahl = x, so ist ihr Quadrat = x^2, ihr Siebenfaches = $7x$; $7x$ von x^2 abgezogen, also $x^2 - 7x$ gebildet, soll $-3\frac{1}{4}$ werden. Man hat also

$$x^2 - 7x = -3\tfrac{1}{4}$$

oder

$$x_1 = \frac{13}{2} \text{ Jahre, } x_2 = \frac{1}{2} \text{ Jahr.}$$

Nimmt man zur Probe z. B. den Wert $\frac{1}{2}$, so muß sein Quadrat: $\frac{1}{4}$ weniger seinem 7fachen: $\frac{7}{2} = -3\frac{1}{4}$ sein; es ist auch

$$\frac{1}{4} - \frac{7}{2} = \frac{1}{4} - \frac{14}{4} = -\frac{13}{4} = -3\tfrac{1}{4}.$$

Ebenso ist für $x = \frac{13}{2}$:

$$\left(\frac{13}{2}\right)^2 - 7 \cdot \frac{13}{2} = \frac{169}{4} - \frac{91}{2} = \frac{169}{4} - \frac{182}{4} = -\frac{13}{4} = -3\tfrac{1}{4}.$$

9. Aufgabe: Jemand wird gefragt, wieviel Schulden er habe, und antwortet: wenn ich die Summe meiner Schulden ins Quadrat erhebe, das $5\frac{3}{4}$fache der Schulden davon abziehe, so bleiben mir noch 18 DM. Wieviel Schulden hat er?

Auflösung: Seien die Schulden x DM, so ist ihr Quadrat: x^2, ihr $5\frac{3}{4}$faches $= 5\frac{3}{4} \cdot x$, und es muß

$$x^2 - 5\tfrac{3}{4}x = 18$$

geben, oder

$$x^2 - \frac{23}{4}x = 18,$$

$$x_1 = 8,\ x_2 = -2\tfrac{1}{4}.$$

Hier kann nur der erste Wert 8 gemeint sein.

10. Aufgabe: Das dreifache Quadrat einer Zahl weniger dem Doppelten dieser Zahl gibt 65; welches ist die Zahl?

Auflösung: Sei die Zahl x, so ist ihr dreifaches Quadrat $3x^2$, ihr Doppeltes $= 2x$, folglich das dreifache Quadrat weniger dem Doppelten $3x^2 - 2x$; dies soll 65 geben, also heißt die Gleichung:

$$3x^2 - 2x = 65$$

woraus

$$x_1 = 5;\ x_2 = -4\tfrac{1}{3} \text{ folgt.}$$

11. Aufgabe: Der Inhalt eines Rechteckes, dessen eine Seite um 7 Meter länger ist als die andere, beträgt 494 Quadratmeter; wie lang ist jede Seite?

Auflösung: Ist die eine Seite x, so ist die andere um 7 Meter länger, also $x + 7$. Der Inhalt ist aber gleich dem Produkt der beiden Seiten, d. i. $x\,(x + 7)$, und soll zugleich 494 sein, also ist die Gleichung:

$$x\,(x + 7) = 494,$$

deren Lösungen $x_1 = 19$ und $x_2 = -26$ sind.

Hier kann jedenfalls nur der positive Wert 19 gemeint sein, die eine Seite ist also 19. Die andere, sagt die Aufgabe, sei um 7 Meter länger, folglich ist diese 26, und beide mit einander multipliziert, müssen den bekannten Inhalt 494 geben. Es ist auch wirklich $19 \cdot 26 = 494$.

§ 50 Gleichungen des zweiten Grades mit mehreren Unbekannten

1. Aufgabe: Zwei Zahlen geben mit einander multipliziert 2048, und durch einander dividiert $\frac{1}{2}$; welches sind die beiden Zahlen?

Auflösung: Bezeichnen wir die eine Zahl mit x, die andere mit y, so müssen sie multipliziert 2048 geben, also

$$x \cdot y = 2048.$$

Durch einander dividiert, also $\frac{x}{y}$ muß $\frac{1}{2}$ werden.

Man hat also zur Bestimmung der beiden Zahlen die Gleichungen:

$$x \cdot y = 2048 \quad \ldots \text{ I.}$$
$$\frac{x}{y} = \frac{1}{2} \quad \ldots \text{ II.}$$

Hieraus folgt

$$x = 32,\ y = 64.$$

2. Aufgabe: Die Quadrate zweier Zahlen addiert, geben 4100, von einander subtrahiert aber 900; welches sind die beiden Zahlen?

Auflösung: Seien x und y die gesuchten Zahlen, so sind ihre Quadrate x^2 und y^2; diese Quadrate addiert geben 4100, daher heißt die erste Gleichung:

$$x^2 + y^2 = 4100 \quad \ldots \text{ I.}$$

und die zweite offenbar

$$x^2 - y^2 = 900 \quad \ldots \text{ II.}$$
$$x = 50,\ y = 40.$$

3. Aufgabe: Man hat zwei Zahlen; die eine ist um 2 größer als die andere, und mit einander multipliziert geben sie 120; welches sind die beiden Zahlen?

Auflösung: Die beiden Zahlen seien x und y, so wird die eine weniger der anderen offenbar = 2 sein, also:

$$x - y = 2 \quad \ldots \text{ I.}$$

Da beide Zahlen mit einander multipliziert 120 geben sollen, so wird die zweite Gleichung sein:

$$xy = 120 \quad \ldots \text{ II.}$$
$$x_1 = 12,\ y_1 = 10,\ x_2 = -10,\ y_2 = -12.$$

4. Aufgabe: Die Summe zweier Zahlen beträgt 10, die Summe ihrer Quadrate dagegen 52; welches sind die beiden Zahlen?

Auflösung: Die eine Zahl sei x, die andere y, so beträgt ihre Summe $x + y = 10$; also:

$$x + y = 10 \quad \ldots \text{ I.}$$

Die Summe ihrer Quadrate beträgt $x^2 + y^2 = 52$, folglich

$$x^2 + y^2 = 52 \quad \ldots \text{ II.}$$

Die beiden verlangten Zahlen sind 4 und 6.

5. Aufgabe: Welche zwei Zahlen haben zur Differenz 12 und zur Summe ihrer Quadrate 464?

Auflösung: Dieselbe wie bei der vorigen Aufgabe.

6. Aufgabe: Welche zwei Zahlen geben die Quadratsumme 464 und das Produkt 160?

Auflösung: Ihre Quadratsumme

$$x^2 + y^2 = 464 \quad \ldots \text{I.}$$

Ihr Produkt

$$x \cdot y = 160 \quad \ldots \text{II.}$$

$$x_1 = \pm 20, x_2 = \pm 8, y_1 = \pm 8, y_2 = \pm 20.$$

7. Aufgabe: Der Flächeninhalt eines Rechteckes beträgt 100 cm^2, der Umfang 41 cm. Wie groß sind die Seiten?

Lösung: Nennt man die Seitenlänge x und y (in Zentimetern), so ist der Flächeninhalt $F = xy$; folglich lautet die erste Gleichung

$$\text{I.} \quad xy = 100.$$

Der Umfang (Summe der vier Seiten) ist $x + y + x + y = 2x + 2y$. Da derselbe 41 cm betragen soll, so muß sein $2x + 2y = 41$ oder, durch 2 dividiert:

$$\text{II.} \quad x + y = 20{,}5.$$

$$x_1 = 12{,}5, x_2 = 8,$$

$$y_1 = 8, y_2 = 12{,}5,$$

d. h. die beiden Seiten x und y sind entweder 12,5 cm und 8 cm (x_1 und y_1) oder, was natürlich dasselbe ist, 8 cm und 12,5 cm (x_2 und y_2) lang.

8. Aufgabe: Die Flächen zweier Quadrate unterscheiden sich um 38 m^2, ihre Seiten um 1 m. Wie groß sind die Seiten?

Lösung: Sind die Seitenlängen x m und y m, so sind die Flächen x^2 resp. y^2 Quadratmeter. Die erste Bedingung ist also erfüllt, wenn

$$\text{I.} \quad x^2 - y^2 = 38.$$

Der Unterschied der Seiten beträgt 1 m. Es muß also auch sein

$$\text{II.} \quad x - y = 1.$$

Da $x^2 - y^2 = (x + y)(x - y)$, so kann man Gleichung I. durch Gleichung II. dividieren, wodurch man die neue einfachere Gleichung (vom ersten Grade) erhält

$$\frac{x^2 - y^2}{x - y} = \frac{(x + y)(x - y)}{x - y} = x + y = \frac{38}{1} = 38.$$

Aus dieser und aus Gleichung II. folgt:

$$\begin{aligned} x + y &= 38 \\ x - y &= 1 \\ \hline 2x \quad &= 39 \\ x \quad &= 19{,}5 \\ 2y &= 37 \\ y &= 18{,}5 \end{aligned}$$

Die Seiten der beiden Quadrate sind daher 19,5 m und 18,5 m lang.

9. Aufgabe: Es sollen drei Zahlen gesucht werden, so daß das Produkt der beiden ersten Zahlen gleich der dritten Zahl, die Summe der beiden ersten Zahlen gleich der fünffachen dritten Zahl und ihr Unterschied wieder gleich der dritten Zahl wird. Wie heißen die drei Zahlen?

Lösung: Sind die drei Zahlen x, y und z, so muß sein

$$\begin{aligned} \text{I.}\quad xy &= z \\ \text{II.}\quad x + y &= 5z \\ \text{III.}\quad x - y &= z. \end{aligned}$$

Aus I. und III. folgt $xy = x - y$, aus Gleichung II. und III.:

$$\begin{aligned} x + y &= 5(x - y) \\ x + y &= 5x - 5y \\ 6y &= 4x \\ y &= \frac{4x}{6} = \frac{2x}{3}. \end{aligned}$$

Setzt man diesen Wert für y in

$$xy = x - y$$

ein, so wird

$$x \cdot \frac{2x}{3} = x - \frac{2x}{3}.$$

Durch Multiplikation mit 3:

$$2x^2 = 3x - 2x = x,$$

woraus nach Division mit x folgt

$$2x = 1$$

oder

$$x = \tfrac{1}{2};$$

demnach wird

$$y = \frac{2x}{3} = \tfrac{2}{3} \cdot \tfrac{1}{2} = \tfrac{1}{3}$$

und aus Gleichung I. endlich folgt

$$z = x \cdot y = \tfrac{1}{2} \cdot \tfrac{1}{3} = \tfrac{1}{6}.$$

17. Kapitel

§ 51 Tabellarische Kurzfassung „Algebraischer Methoden"

Algebra

Allgemeines: Unter Algebra versteht man das Rechnen mit **Buchstabengrößen**, die in Verbindung mit Zahlen verwandt werden, z. B. 6a. Der Wert jeder beliebigen Zahl kann durch Buchstaben ersetzt werden, nach der Formel z. B. ist die Fläche des Quadrats $F = a \cdot a$, setzt man für den Buchstaben den Zahlenwert 4m an, dann erhält man $F = 4m \cdot 4m = 16m^2$. Jeder Buchstabe vertritt demnach in einer Rechnung nur den Wert **ein und derselben Zahl**. Man schreibt entweder $4 \cdot a$ oder kurz 4a. Die Zahl 4 ist der **Koeffizient** (Beizahl; Vielfaches einer Buchstabengröße), der Buchstabe a die **Grundzahl**. Jeder einzelne Buchstabe a, b, c oder x usw. hat den Koeffizienten 1. Die ungeordneten Glieder werden zur besseren Übersicht (Rechenvorteile) alphabetisch geordnet, z. B. $2a + 3c + 4b = 2a + 4b + 3c$. Die einzelnen Glieder einer Summe können demnach beliebig vertauscht werden. Das Vorzeichen (+) fällt bei allen positiven Größen fort.

1. Addition

Regel:
Zusammengesetzte Größen aus **gleichen** Buchstaben und beliebigen Zahlen addiert man, indem man nur ihre **Beizahlen** addiert. Größen mit gleichen Vorzeichen werden addiert, indem man sie einfach zusammenzählt. Summen von **ungleichen** Buchstaben können weder addiert noch subtrahiert werden (s. Beispiel 4/5).

Beispiele mit Lösung:
1. $a + a = 2a$
2. $b + b + b = 3b$
3. $2a + 4a = 6a$
4. $6b + 3b = 9b$

Beispiele (geordnet):
1. $2a + 3c + 5b + 4a + 5c = 2a + 4a + 5b + 3c + 5c$
   $= 6a + 5b + 8c$
2. $6x + 5y + 3x = 9x + 5y$
3. $15 + 4a + 3b + 4 + 3a = 15 + 4 + 4a + 3a + 3b$
   $= 19 + 7a + 3b$
4. $15a + 12b = 15a + 12b$
5. $25a + 14b + 10c = 25a + 14b + 10c$

4. Negative und positive Größen

Beide Größen schreibt man zweckmäßig in Klammern, z. B. (−2,8); (+2). Wechselt der Subtrahend das Vorzeichen und man addiert dann, so erhält man die Differenz nach folgender **Regel**: Man subtrahiert, indem man das Vorzeichen wechselt und dann addiert.

Regelbeispiele:
1. $(+6a) - (+2a) = (+6a) + (-2a) = 4a$
2. $(-6a) - (-2a) = (-6a) + (+2a) = -4a$
3. $(+6a) - (-2a) = (+6a) + (+2a) = 8a$
4. $(-6a) - (+2a) = (-6a) + (-2a) = -8a$

2. Subtraktion

Regel:
Gleichartige Größen subtrahiert man, indem man die Beizahlen voneinander abzieht.

Beispiele mit Lösung:
1. $360 - 212 = 148$
2. $2a - a = a$
3. $10a - 5a = 5a$
4. $7x - 3x = 4x$
5. $17a - 3{,}5a = 13{,}5a$
6. $6x - 0 = 6x$
7. $13b - 8b - 0 = 5b$
8. $8a - 2a - b = 6a - b$

Ordne und ziehe ab:
9. $12a - 3b - 2a - b = 12a - 2a - 3b - b = 10a - 4b$

3. Addieren und Subtrahieren

Bei positiven und negativen Gliedern werden sämtliche +-Glieder addiert, ebenso alle −-Glieder, dann werden die Resultate voneinander abgezogen.
Merke: Größen mit entgegengesetzten Vorzeichen addiert man, indem man die kleinere von der größeren abzieht und dem Rest (Differenz) das Vorzeichen der größeren gibt.

Beispiele mit Lösung:
1. $564 - 242 + 58 - 12 = 564 + 58 - 242 - 12$
   $= 622 - 254 = 368$
2. $10a - 4a + 2a - 6a = 10a + 2a - 4a - 6a$
   $= 12a - 10a = 2a$
3. $17b + 12{,}5b - 4a + 7a - 14{,}5b$
   $= 7a - 4a + 17b + 12{,}5b - 14{,}5b$
   $= 3a + 29{,}5b - 14{,}5b = 3a + 15b$
4. $-24x + 10 + 4x + 5a - 2 - 3a + 4y - 2a = ?$
   $= 10 - 2 + 5a - 5a - 24x + 4x + 4y = 8 - 20x + 4y$

5. Rechnen und Auflösen von Klammern

Werden zwei oder mehrere Größen als **eine** Zahl angesehen, dann umschließt man sie mit einer Klammer. Die einzelnen Glieder **innerhalb** der Klammer werden stets zuerst berechnet. Als Klammern wählt man gewöhnlich die Zeichen: (runde Klammer), [eckige Klammer]. Bei Divisionsaufgaben ersetzt der Bruchstrich die Klammern. Enthält eine Klammer eine beliebige vielgliedrige Größe, die **addiert** werden soll (+ vor der Klammer), so kann die Klammer fortfallen. Soll die Summe **subtrahiert** werden (− vor der Klammer), so erhält jedes Glied, wenn man die Klammer fortläßt, das **umgekehrte** Rechenzeichen (+ statt −; − statt +), das erste Glied, das in der Klammer kein Zeichen hatte, das Zeichen (−). Bei einem Ausdruck, der Klammern enthält, die wiederum Klammernausdrücke umschließen, löst man zuerst die **inneren** und dann die **äußeren** Klammern auf, oder umgekehrt.

Beispiele mit Lösung: (+) vor der Klammer
1. $26 + (12 + 32) = 26 + 44 = 70$
2. $50 + (25 - 15) = 50 + 10 = 60$
3. $78 + (20 + 40 - 2) = 78 + 58 = 136$
4. $a + (b + c) = a + b + c$
5. $a + (b - c) = a + b - c$
6. $(2a + 5b) + (3b + 4a) = 2a + 5b + 3b + 4a = 6a + 8b$

Beispiele mit Lösung: (−) vor der Klammer
1. $(24 + 7 - 9) - (16 - 5 + 3)$
   $= 24 + 7 - 9 - 16 + 5 - 3 = 8$
2. $7a - (5a + 2b) = 7a - 5a - 2b = 2a - 2b$
3. $(8x - 4y) - (5x + y) = 8x - 4y - 5x - y = 3x - 5y$

Beispiele mit Lösung: Äußere und innere Klammern
1. $(5a - 2b) - [(8a - 2b) - (5a - 6b)] = 5a - 2b - [8a - 2b - 5a + 6b] = 5a - 2b - 8a + 2b + 5a - 6b$
   $= 5a - 8a + 5a - 2b + 2b - 6b = 2a - 6b$

oder:
   $(5a - 2b) - [(8a - 2b) - (5a - 6b)] = 5a - 2b - (8a - 2b) + (5a - 6b) = 5a - 2b - 8a + 2b + 5a - 6b$
   $= 5a - 8a + 5a - 2b + 2b - 6b = 2a - 6b$

2. $10a - [(5a + 3b) - 5b - (4a + 5b)] = ?$
   $= 10a - [5a + 3b - 5b - 4a - 5b]$
   $= 10a - 5a - 3b + 5b + 4a + 5b$
   $= 10a - 5a + 4a - 3b + 5b + 5b = 9a + 7b$

Algebra (Fortsetzung)

6. Gleichungen mit einer Unbekannten

Wesen der Gleichung. 1 km = 1000 m. Beide Maßgrößen (Wege) sind gleichwertig. Verbindet man sie durch ein Gleichheitszeichen, setzt sie also einander gleich, so entsteht eine **Gleichung**. Die beiden Größen 1 km und 1000 m bilden die beiden **Seiten** der Gleichung.
Jede Seite einer Gleichung kann mehrere Größen (Zahlen und Buchstaben) enthalten, diese werden als **Glieder** der Gleichung bezeichnet.
Jede Gleichung enthält eine Größe, welche dem Werte nach unbekannt ist und deren Wert erst berechnet werden muß. Diese **Unbekannte** wird meistens mit dem Buchstaben x bezeichnet. Die **Ausrechnung dieser Unbekannten x** mit Hilfe der bekannten oder absoluten Größen nennt man das **„Auflösen der Gleichung"**.

Grundregeln für die Auflösung. Wenn man die Gleichung auflösen will, so muß sie meistens verändert, umgeformt werden, so daß die Unbekannte allein auf der linken Seite steht und alle bekannten (absoluten) Glieder auf der rechten Seite stehen. Das **Umformen oder Ordnen** geschieht nach bestimmten **Regeln**.

1. Beispiel:

$$x - 9 = 4$$
$$x - 9 + 9 = 4 + 9$$
$$x = 13$$

Die beiden Seiten der Gleichung bleiben gleich, wenn man auf beiden Seiten die gleiche Zahl zuzählt.

2. Beispiel:

$$x + 9 = 13$$
$$x + 9 - 9 = 13 - 9$$
$$x = 4$$

Die beiden Seiten der Gleichung bleiben gleich, wenn man auf beiden Seiten die gleiche Zahl abzieht.

3. Beispiel:

$$\frac{x}{9} = 2$$
$$\frac{x \cdot 9}{9} = 2 \cdot 9$$
$$x = 18$$

Die beiden Seiten der Gleichung bleiben gleich, wenn man auf beiden Seiten mit derselben Zahl multipliziert.

4. Beispiel:

$$9x = 36$$
$$\frac{9x}{9} = \frac{36}{9}$$
$$x = 4$$

Die beiden Seiten der Gleichung bleiben gleich, wenn man auf beiden Seiten durch dieselbe Zahl dividiert.

Man kann den Nachweis führen, daß eine Gleichung richtig gelöst ist, indem man den für x gefundenen Wert in die erste Gleichung einsetzt (Probe).

Auflösen einer Gleichung. Beim Umformen (Auflösen) der Gleichungen ist es erforderlich, Glieder von einer Seite der Gleichung auf die andere Seite zu bringen. Auch das geschieht nach bestimmten Grundsätzen.

5. Beispiel:

$$x + 3 = 23$$
$$x + 3 - 3 = 23 - 3$$
(auf beiden Seiten 3 subtrahiert)
$$x = 23 - 3$$
$$x = 20$$

Die Zahl (das Glied) 3 ist also von der linken Seite (erste Zeile) auf die rechte Seite (vorletzte Zeile) gebracht worden und hat dabei das Vorzeichen der entgegengesetzten Rechnungsart erhalten (aus + ist − geworden).

6. Beispiel:

$$x - 3 = 17$$
$$x - 3 + 3 = 17 + 3$$
(auf beiden Seiten 3 addiert)
$$x = 17 + 3$$
$$x = 20$$

Das Glied 3, welches in der ersten Zeile mit dem Vorzeichen − stand, ist in der dritten Zeile mit dem Vorzeichen + auf die rechte Seite gekommen, hat also dabei das Vorzeichen der entgegengesetzten Rechnungsart bekommen (aus − ist + geworden).

7. Beispiel:

$$3x = 21$$
$$\frac{3x}{3} = \frac{21}{3}$$
(beide Seiten durch 3 dividiert)
$$x = \frac{21}{3}$$
$$x = 7$$

Der Faktor 3 auf der linken Seite der ersten Zeile ist in der dritten Zeile als Divisor auf die rechte Seite gekommen.

8. Beispiel:

$$\frac{x}{4} = 25$$
$$\frac{x \cdot 4}{4} = 25 \cdot 4$$
(beide Seiten mit 4 multipliziert)
$$x = 25 \cdot 4$$
$$x = 100$$

Der Divisor 4 auf der linken Seite der ersten Zeile ist in der dritten Zeile als Faktor auf die rechte Seite gekommen.

Hauptregel: Ein Glied kommt von der einen Seite der Gleichung auf die andere mit der entgegengesetzten Wirkung (Rechnungsart).

9. Beispiel:

$$\frac{x}{4} + \frac{2}{5} = \frac{17}{20}$$
$$\frac{x \cdot 20}{4} + \frac{2 \cdot 20}{5} = \frac{17 \cdot 20}{20}$$
(sämtliche Glieder mit dem Hauptnenner 20 multipliziert)
$$5x + 8 = 17$$
$$5x = 17 - 8$$
$$5x = 9$$
$$x = 1{,}8$$

Sind in einer Gleichung Brüche vorhanden, so müssen diese zuerst fortgeschafft werden. Man macht sie gleichnamig, indem man die Glieder der Gleichung mit dem Hauptnenner multipliziert.

10. Beispiel:

$$10\,(4x + 3) = 150$$
$$10 \cdot 4x + 10 \cdot 3 = 150$$
$$40x + 30 = 150$$
$$40x = 150 - 30$$
$$40x = 120$$
$$x = 3$$

Wenn in einer Gleichung Klammern vorhanden sind, so sind diese erst aufzulösen.

11. Beispiel:

$$3x + 3a = 3b$$
$$x + a = b$$
$$x = b - a$$

Enthalten **alle** Glieder der Gleichung einen gemeinsamen Faktor (3), so kann man ihn beseitigen, indem man alle Glieder der Gleichung durch diesen Faktor dividiert. (Ausnahme bei Klammern, welche die Unbekannte enthalten.)

Algebra (Fortsetzung)

12. Beispiel:
$x = R^2\pi - r^2\pi$
$x = \pi \cdot (R^2 - r^2)$

Gemeinsame Faktoren (z. B. π) werden ausgeschieden, indem man sie vor eine Klammer stellt, in die alle nicht gemeinsamen Faktoren mit den bisherigen Vorzeichen gesetzt werden.

13. Beispiel:

$$\begin{aligned} 3x + 6 &= 2x + 4x - 24 \\ 3x - 2x - 4x &= -24 - 6 \\ (3 - 2 - 4)x &= -30 \\ -3x &= -30 \\ -x &= -10 \\ +x &= +10 \\ x &= 10 \end{aligned}$$

Ergibt die Auflösung der Gleichung als Ergebnis auf der linken Seite x mit dem Vorzeichen –, so kehrt man die Vorzeichen sämtlicher Glieder der Gleichung (+ in – und – in +) um, wodurch x das Vorzeichen + erhält. (Begründung: Sämtliche Glieder sind dadurch mit –1 multipliziert.)

Bei der Auflösung einer Gleichung wird **folgender Weg** eingehalten:

a) Beseitigung von Brüchen

b) Auflösung von Klammern.

c) Ordnen der Gleichung: Glieder mit der Unbekannten nach links, absolute Glieder nach rechts.

d) Zusammenfassung der gleichartigen Glieder auf beiden Seiten.

e) Fortschaffen des Faktors bei x.

f) Umkehrung sämtlicher Gliedervorzeichen, wenn als Ergebnis x mit dem Vorzeichen – herauskommt.

7. Multiplikation

Merke: Die Multiplikation geht **stets** der Addition und Subtraktion voran. Bei Klammerausdrücken werden in den Klammern die Glieder zuerst addiert bzw. subtrahiert, dann die Faktoren miteinander multipliziert.
$6a \cdot 3 = 18a$, d. h. 6a-Einheiten sind 3mal als Summand zu setzen, also $6a + 6ba = 18a$. 6a und 3 sind die Faktoren, 18a ist das Produkt.

Regel der Multiplikation:
$+1 \cdot +1 = +1;\ -1 \cdot -1 = +1;\ +1 \cdot -1 = -1;\ -1 \cdot +1 = -1;$
z. B.: $(-4) \cdot (+5) = -20;\ (-3) \cdot (-3) = 9;\ 4a \cdot 5b;\ 4 \cdot 5 = 20$ und $a \cdot b = ab$, demnach $4a \cdot 5b = 20ab$.

Beispiele mit Lösung:

1. $3 \cdot (5 + 7) = 3 \cdot 12 = 36;\ 5\,(a + b) = 5a + 5b$
2. $2\,(5a + 3b - 8c) = 2 \cdot 5a + 2 \cdot 3b - 2 \cdot 8c$
   $= 10a + 6b - 16c$
3. $4x\,(3a + 4b) = 4x \cdot 3a + 4x \cdot 4b$
   $= 12ax + 16bx$
4. $(3a + 8ab - 5ac) \cdot (-2x) = ?$
   $= -6ax - 16abx + 10acx$
5. $(-2a - 3b) \cdot (-2c) = ?$
   $= 4ac + 6bc$

Das Ergebnis in andere Form gebracht:

6. $4\,(5a + 2b + c) + 3\,(a + 2b + 3c) + 2\,(2a + b + 2c) = ?$

$$\begin{aligned} &= 20a + 8b + 4c \\ &+ 3a + 6b + 9c \\ &+ 4a + 2b + 4c \\ \hline \text{Summe} &= 27a + 16b + 17c \end{aligned}$$

7. $3\,[(15 + 4) \cdot 2\,(5 - 3)] = ?$
   $= 3\,[(15 + 4) \cdot (10 - 6)]$
   $= 3\,[19 \cdot 4] = 3 \cdot 19 \cdot 4 = 57 \cdot 4 = 228$
8. $2\,[(15a - 7b) \cdot (5x + 3y)] = ?$
   $= 2\,[15a \cdot 5x - 7b \cdot 5x + 15a \cdot 3y - 7b \cdot 3y]$
   $= 2\,[75ax - 35bx + 45ay - 21by]$
   $= 150ax - 70bx + 90ay - 42by$

8. Division

Bei der **Division** wird eine Größe gesucht, die, mit der zweiten Größe **multipliziert**, die erste Zahl als **Produkt** ergibt, z. B. 35 : 7 = 5. Die zu teilende Größe 35 heißt **Dividend**, der Teiler 7 heißt **Divisor**, die gesuchte Größe 5 heißt **Quotient**. Bei der Division verfährt man umgekehrt wie bei der Multiplikation, z. B.: $xy : x = y$ oder $\frac{xy}{x} = y$ (x hebt sich gegen x); $\frac{6a}{6} = a$, denn $a \cdot 6 = 6a$; $0 : x = 0$.

Beispiele und Lösung:

1. $(14 + 7 + 4) : 5 = 25 : 5 = 5$
2. $(36 + 4 - 20) : 4 = (40 - 20) : 4 = 20 : 4 = 5$
3. $96a : 8 = \frac{96a}{8} = 12a$
4. $15a : 5a = \frac{15a}{5a} = 3$
5. $\frac{8abc}{4ab} = 2c$
6. $(16a + 8b) : 4 = ?\quad \frac{16a}{4} + \frac{8b}{4} = 4a + 2b$
7. $(15ax + 10bx - 20cx) : 5x = ?$
   $\frac{15ax}{5x} + \frac{10bx}{5x} - \frac{20cx}{5x} = 3a + 2b - 4c$
8. $(34 + 16 - 14) : (32 - 20 + 6)$
   $= (50 - 14) : (12 + 6) = 36 : 18 = 2$
9. $(36x - 24y) : (9x - 6y) = 4$
   $\underline{\pm 36x \pm 24y}$
   $\quad 0 \quad 0$

Vorzeichenänderung bei Klammerausdrücken:
$(+12) : (+3) = +4$, denn $(+4) \cdot (+3) = +12$

Regelbeispiele:
$(+12) : (-3) = -4$
$(-12) : (+3) = -4$
$(-12) : (-3) = +4$
$(+x) : (+y) = +\frac{x}{y};\ (-x) : (+y) = -\frac{x}{y}$

Bei Klammerausdrücken verfährt man auch so, daß man mit dem **ersten Gliede des Dividenden** dividiert und mit dem **Teilquotienten** den ganzen Divisor durchmultipliziert. Das Produkt wird dann von dem Dividenden subtrahiert. Bei den Subtraktionen muß das Vorzeichen entgegengesetzt angewandt, also + in – und – in + verwandelt werden.

10. $(2abx - 3ax + 2aby - 3ay) : (x + y) = ?$

Alphabetisch geordnet, ergibt:
$(2abx + 2aby - 3ax - 3ay) : (x + y) = 2ab - 3a$
$\underline{-\ 2abx \pm 2aby;}$
$\quad 0 \quad 0 \quad - 3ax - 3ay$
$\qquad\qquad \underline{\pm 3ax \pm 3ay}$
$\qquad\qquad\quad 0 \quad 0$

Algebra (Fortsetzung)

9. Potenzen

Merke: Produkte aus gleichen Faktoren werden auch **Potenzen** dieses Faktors genannt. Man nennt aa, aaa Potenzen von a. Man schreibt dafür kurz a^2 und a^3, man liest entweder a hoch ^{2} oder a Quadrat, a zur 3. oder a zur 2. Potenz bzw. a zur 3. Potenz. **Eine Potenz ist daher ein Produkt aus lauter gleichen Faktoren.** Bei a^3 heißt der Faktor a die **Grundzahl** (Basis) der Potenz, die Zahl 3 der **Exponent** der Potenz; er gibt an, wie oft die Grundzahl (hier a) als Faktor gesetzt werden soll. **Potenzen** lassen sich nur dann **addieren** und voneinander **subtrahieren**, wenn sie **gleiche** Grundzahlen und **gleiche** Exponenten haben, z. B.

$5a^3 + 2a^3 = 7a^3$; $9x^2 - 4x^2 = 5x^2$.

Potenzen mit **gleicher** Grundzahl werden **multipliziert**, indem man die Exponenten addiert, z. B.

$a^2 \cdot a^5 = a^7$ (**nicht** a^{10})
$3x^2 \cdot 4x^3 = 12x^5$; $a^x \cdot a^y = a^{x+y}$

Potenzen mit **gleichen** Exponenten werden **multipliziert**, indem man das Produkt der Grundzahl mit den gemeinsamen Exponenten mit sich selbst vervielfältigt (potenziert).

$x^2 \cdot y^2 = (xy)^2$; $2a^2 \cdot 5b^2 = 10\,(ab)^2$.

Potenzen mit **gleicher** Grundzahl werden **dividiert**, indem man den Exponenten des Divisors von dem des Dividenden subtrahiert und die Grundzahl wie gewöhnlich teilt, z. B.

$a^7 : a^5 = a^2$

$8x^3 : 4x = \frac{8}{4}x^2 = 2x^2$; $a^x : a^y = a^{x-y}$.

Potenzen werden **potenziert**, indem man die Exponenten miteinander multipliziert, z. B.

$(x^2)^3 = x^6$; $(6a^3)^2 = 36a^6$; $(a^x)^y = a^{xy}$.

Beispiele mit Lösung:

1. $(4a \cdot 3b)^2 = 4^2 \cdot a^2 \cdot 3^2 \cdot b^2 = 144a^2b^2$
2. $(9x^2 \cdot 5y^2)^2 = 9^2 \cdot x^4 \cdot 5^2 \cdot y^4 = 2025\,x^4y^4$
3. $(a \cdot b)^3 = a^3b^3$
4. $10^4 : 3^2 = \left(\frac{10^2}{3}\right)^2 = \frac{10000}{9} = 1111{,}1$
5. $12x^4 : 3x^2 = 4x^2$

Bei Klammerausdrücken z. B.:

$(x + y) \cdot (x + y)$ schreibt man $(x + y)^2$

6. $(a + b)^2 = (a + b) \cdot (a + b)$
$= a^2 + ab + ab + b^2$
$= a^2 + 2ab + b^2$

7. $(a - b)^2 = (a - b) \cdot (a - b)$
$= a^2 - ab - ab + b^2$
$= a^2 - 2ab + b^2$

10. Proportionen

Merke: Die Gleichsetzung zweier Verhältnisse, z. B. 2 : 3 = 4 : 6 nennt man **Proportion**. Zwei Größen 12 = 3 · 4 und 36 = 9 · 4 verhalten sich wie 3 : 9 (durch 4 teilbar); 3 : 9 (sprich 3 zu 9) kann wiederum durch 3 gekürzt werden und ergibt 1 : 3. Das Verhältnis 3 : 9 würde demnach dem 1 : 3 gleichwertig sein. In jeder Zahlenproportion ist **das Produkt der Außenglieder gleich dem Produkt der Innenglieder**. Bei dem Verhältnis 2 : 3 = 4 : 6 sind 2 und 6 die Außenglieder, 3 und 4 die Innenglieder. Demnach würde die Proportion

2 : 3 = 4 : 6 folgendermaßen aufgelöst werden:

2 · 6 = 3 · 4 also ist 12 = 12.

Verhältnisse kann man durch kleinere Zahlen ausdrücken.

49 : 28 (durch 7 gekürzt) = 7 : 4;
2,5 : 3,5 = 0,5 : 0,7 (durch 5 gekürzt).

Multipliziert oder teilt man eine Proportion durch eine Zahl, dann verändert sich der Wert nicht.

1. Beispiel:
2 : 6 = 4 : 12.
(Die Glieder sind mit zu multiplizieren.)

Lösung:
2 · 3 : 6 · 3 = 4 · 3 : 12 · 3 = 6 : 18 = 12 : 36
(Wert ist derselbe).

2. Beispiel:
2 : 6 = 4 : 12.
(Die Glieder sind durch 2 zu dividieren.)

Lösung: $\frac{2}{2} : \frac{6}{2} = \frac{4}{2} : \frac{12}{2} = 1 : 3 = 2 : 6$
(Wert ist derselbe)

Unbekannte Glieder einer Proportion bezeichnet man mit x und y. Bei einer Proportion kann das **vierte** Glied berechnet werden, wenn drei Glieder bekannt sind. Unbekannte x oder y wird auf die linke Seite gebracht.

1. Beispiel:
3 : 8 = 6 : x, bestimme x.

Lösung:
$3 \cdot x = 8 \cdot 6$; $3x = 48$
$x = \frac{48}{3} = 16$

---

2. Beispiel:
10 : x = 7 : 13; x = ?

Lösung:
$10 \cdot 13 = x \cdot 7$; $x \cdot 7 = 10 \cdot 13$
$7x = 130$; $x = \frac{130}{7}$
$x = 18{,}57$

---

3. Beispiel:
$a : \frac{9}{10} = x : 1\frac{1}{5}$; x = ?

Lösung:
$\frac{9}{10}x = 1\frac{1}{5}a$; $x = \frac{\frac{6}{5}a}{\frac{9}{10}}$

$= \frac{\frac{6 \cdot 10}{5} \cdot a}{9} = \frac{12a}{9} = \frac{4}{3}a = 1\frac{1}{3}a$

---

4. Beispiel:
(5a + 9) : (4b + 7) = 5a : 4b

Lösung:
5a (4b + 7) = 4b (5a + 9)
20ab + 35a = 20ab + 36b; a : b = 36 : 35

---

5. Beispiel: Die Breite eines Balkens betrage 18 cm, wie hoch muß er sein, wenn sich die Seiten wie 3 : 5 verhalten sollen?

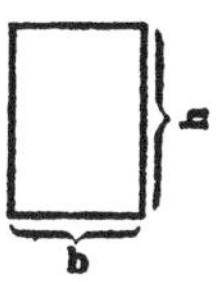

Lösung: h : b = 5 : 3
h : 18 = 5 : 3
$h = \frac{5 \cdot 18}{3} = 30$ cm

ELEKTRONIKRECHNER
+
COMPUTER

Einleitung

Auf dem Markt ist eine fast nicht mehr überschaubare Menge von guten und schlechten Schriften, Büchern und Kassetten zur Erklärung computer- und rechnerrelevanter Zusammenhänge.

Die meisten diesbezüglichen Lernmittel befassen sich mit der Erläuterung und Einführung des Interessenten in die Handhabung der Hardware bzw. Geräte und in die Anwendung der Software, also der jeweiligen Programme.

Hier soll aus nostalgischen und Übersichtsgründen versucht werden:

- Die theoretischen Grundprinzipien für Elektronikrechner und Computer zusammenfassend darzustellen
- Dem Leser das Grundsätzliche Wesen der EDV, also der Hardware und Software, näher zu bringen.

Der hier gegebene KURZEINBLICK in das Wesen der elektronischen Datenverarbeitung (EDV) ist für Anfänger gedacht.
Für lernwillige Fortgeschrittene empfiehlt es sich, einen oder mehrere geeignete EDV-Anwendungs-kurse zu besuchen.

1. Kapitel

EDV – Elektronische Datenverarbeitung

§ 1 Vorbemerkung

Bereits seit Urzeiten zählt bzw. rechnet der Mensch mit seinen zehn Fingern. Wahrscheinlich kommt daher auch das dezimale Zahlensystem, also die Ziffern von 0 bis 9.

Was für den Menschen die Finger sind, ist für den Computer der Strom. Der Computer verwendet die beiden Möglichkeiten „Strom“ oder „nicht Strom“, ein oder aus, ja oder nein. Insofern brauchen wir für den schlauen Computer, welcher nicht einmal auf zwei zählen kann, ein neues Arbeitssystem, z.B. ein Zahlensystem, das nur aus den Ziffern 0 und 1 besteht.

Die Basis hierfür bzw. für die Kommunikation Mensch – Maschine schuf **Gottfried Wilhelm Leibniz** (1646 – 1716), Philosoph und Mathematiker. Er entwickelte das sogenannte **Binärsystem**, mit dem sich Zahlen und Buchstaben in einer Kombination der Ziffern 0 und 1 darstellen lassen. Er konstruierte auch die erste Rechenmaschine, die nach diesem Prinzip arbeitete, also einen handbetriebenen Computer.

Bereits 1837 verwendete auch **Samuel Morse** die Zweizeichenmethode für sein Morse-Alphabet. Dieses Alphabet kam mit den beiden Zeichen „Punkt – Strich“ (optisch) oder „kurz – lang“ (akustisch) aus.

Auf diesen Möglichkeiten baute nun auch die **elektronische Datenverarbeitung (EDV)** auf. Der Computer war die Folge.

Teils wohl aus modischen Gründen benützt man auch bei uns das englische Wort **Computer** (engl. to compute, deutsch berechnen).
Jede Rechnung, jede Arbeit eines Computers, ist eine Verarbeitung von Zahlen, Texten oder allgemeiner Informationen, also von Daten. Man hat daher den umfassenden Begriff **DV DATENVERARBEITUNG, EDV Elektronische Datenverarbeitung** geprägt und spricht von Datenverarbeitungsmaschinen. Die stürmische Entwicklung auf diesem Gebiet hat sogar ein neues Fach entstehen lassen, die Informatik, die die theoretischen und praktischen Grundlagen der Informationsgewinnung und -verarbeitung erforscht und bereitstellt.

§ 2 Unterschied zwischen Elektronikrechner und Computer

A) Was ist ein Elektronikrechner – was ist ein Computer?

Der Elektronikrechner

dient zur Lösung aller Rechenaufgaben, insbesondere zur Behandlung rein mathematischer Probleme, wie in Beispielen noch gezeigt wird. Er ersetzt also den Rechenstab und mechanische Rechenmaschinen.

Der normale Elektronikrechner ist im Gegensatz zum Computer nicht programmierbar und deswegen zu selbständigen, mehrstufigen Rechenoperationen nicht in der Lage. Ein programmierbarer Elektronikrechner wiederum ist bereits die Vorstufe des Computers. Er ist in der Lage, ganze Rechenoperationen völlig autonom auszuführen.

Der Computer

ermöglicht neben diesen Aufgaben des programmierten Rechners noch eine Vielzahl anderer Problemlösungen. Er ist nicht nur ein Rechner, sondern auch ein „Datenverarbeiter" und er ist fast beliebig programmierbar. Je nach Speicherkapazität und Programm ist er in der Lage, große, komplexe und äußerst schwierige Rechen- und Arbeitsoperationen ohne menschliches Dazutun auszuführen.

Alle Computer bzw. elektronischen Datenverarbeitungsanlagen lassen sich in eine von zwei Familien einordnen, in die **ANALOG-** und in die **DIGITAL-Rechner**.

Das Wort **„analog"** stammt aus dem Griechischen und heißt „ähnlich" oder „entsprechend".
Das Wort **„digital"** kommt aus dem Lateinischen (digitus = der Finger) und bedeutet „ziffernmäßige Abzählbarkeit".

In der Mathematik kann man jeden Vorgang und jede Größe auf zweierlei Art darstellen:

- indem man einen Vorgang oder eine Größe mit anderen Vorgängen oder Größen vergleicht **(Analogie-Verfahren)**
- indem man den Vorgang in kleinste, abzählbare Einzelschritte zerlegt und damit quantifiziert **(Digital-Verfahren)**.

Die **Analog-Computer** sind in ihren Anwendungsmöglichkeiten außerordentlich flexibel, aber sie sind weniger genau in der Resultatsbestimmung.

Der Rechenschieber ist das Beispiel eines Rechenbehelfs, der alle Vor- und Nachteile der analogen Methode deutlich werden läßt. Hier sind die Mantissen, d. h. die Ziffern hinter dem Komma der Logarithmen, durch Markierungen auf Stäben bestimmter Länge dargestellt.

Man multipliziert, indem man Längen addiert, die numerische Größen vergleichsweise darstellen. Wenn man die Aufgabe 6 x 7 zu lösen hat, so ist das Ergebnis 42 klar ablesbar. Aber die Stellungen von „Läufer" und „Zunge" sind für Multiplikationen 6 x 7 die gleichen wie für die Multiplikation 6 x 0,0007.

Auch die Ziffernfolge 42 bleibt gleich. Nur wird man sich bei der zweiten Aufgabe erst den richtigen Stellenwert des Produktes überlegen müssen.

Dort, wo es um Intensitäten, um Wirkungsgrößen geht, kommen also die ANALOG-Computer zum Zug.

Sie eignen sich für Aufgaben wie:
Feststellung der Belastbarkeit eines Hochhauses durch tektonische Schockwirkungen (z.B. Erdbebenstöße).

Berechnung der Anpassungsreaktion eines Großbetriebes (Kapital, intellektuelle Umrüstung) auf veränderte Faktorenlagen des Marktes,
Steuerung von Fabrikationsprozessen,
Reaktion einer politischen Partei auf Strömungen der öffentlichen Meinung
und dergleichen.

Wenn es aber darauf ankommt, die Alternative des Handelns in konkrete Aktionspläne umzusetzen, wird man auf die **DIGITAL-Computer** zurückgreifen.
Prämienberechnung in einer Versicherungsgesellschaft,
Lohnberechnung in einem Betrieb,
Platzbuchungen bei einer Fluglinie,
Lagerkontrolle in einem Warenversandhaus,
Kapazitätsübersicht bei einer Tankerflotte,
– all dies sind Anwendungsbeispiele für digitale elektronische Datenverarbeitungsanlagen,
denn hier hat man es mit dem Vergleich abzählbarer Mengen zu tun.

Eine Sonderform der Computer sind die sogenannten hybriden Rechengeräte; sie stellen eine Kombination von Analog- und Digitalrechnern dar.
Die **HYBRID-Computer** sind vergleichbar einem Rechenschieber, der mit einer Tischrechenmaschine gekoppelt ist.
Mit dem Analog-Rechner, dem Rechenschieber, orientiert man sich rasch über Problemstellungen und Größenordnungen. Mit der Rechenmaschine geht man dann an die konkreten Zahlen und Dezimalstellen heran.
Die HYBRID-Computer werden eingesetzt zur Simulation komplizierter technischer Vorgänge. Durch drei programmierbare Digitalelemente (UND-Glieder, ODER-Glieder, flipflops) wird der Hybrid-Rechner in seinen Steuereigenschaften verbessert.
Die Anwendungen erweitern sich dadurch auf
automatische Optimierung,
statistische Analysen,
Lösung partieller Differentialgleichungen
etc.
Die Palette der elektronischen Rechnersysteme, also der Computer, hat in den letzten Jahrzehnten eine große Erweiterung gefunden, deren Ende noch gar nicht abzusehen ist. Neben Computern zur direkten Steuerung industrieller Prozesse werden Geräte entwikkelt mit Bezeichnungen wie Mikro-, Mini-, Klein-, Büro-, Home-, PC Personal-, Spielcomputer, MDT-Computer, Supercomputer u. a., so daß bei dieser Fülle der Begriffe noch niemand recht weiß, wohin der Datenverarbeitungstrend sich bewegt.

Man baut schreibmaschinengroße, aber leistungsfähige Computer zu erschwinglichen Preisen für den Hausgebrauch, mit denen sich der Käufer auch durch Spielprogramme zerstreuen kann. In Verbindung mit Bildschirmen spielt man mit dem Computer Tennis, Autorennen, Mondlandung oder Schach.
Der Computer kann aber auch noch mehr und wirft dadurch Probleme auf, die uns als Menschen in unserem Selbstverständnis direkt berühren. Vor allem in den Spielprogrammen wird deutlich, daß man einen Computer so programmieren kann, daß er im Umgang mit seinem Spielpartner LERNT, indem er Spielzüge, die zu einem für ihn negativen Ergebnis führen, speichert und bei neuen Spielen vermeidet.
Dies beleuchtet auch das menschliche Lernproblem von einer völlig neuen Seite, weil man den Lernvorgang beim Computer genau versteht und nachvollziehen kann. So gesehen sind Spiele mit Computern ernsthafte Forschung.

Die Architektur verwendet bereits Programme, die unter anderem aus den gegebenen Grund- und Seitenrissen eines Bauwerks beliebige perspektivische Bilder desselben auf einem Bildschirm erzeugen, wobei der Blickwinkel frei wählbar ist!

Der Computer wird bereits heute auf fast allen Gebieten des menschlichen Tuns eingesetzt. Grenzen für ihn gibt es kaum mehr.

B) Wie funktioniert ein Rechner – ein Computer (EDV)?

Digitalanlagen / Binärsystem:

So wie wir mit unseren Sinnesorganen, so nimmt eine elektronische Datenverarbeitungsanlage mit ihren Eingabeorganen (Randeinheiten) Daten auf, verarbeitet sie in der Zentraleinheit, und gibt sie an die Ausgabeorgane (Randeinheiten) als Ergebnis (Information) wieder ab. Man spricht auch vom **EVA-Prinzip** in der EDV, weil die elektronische Datenverarbeitung prinzipiell aus der [E] Eingabe, [V] Verarbeitung und [A] Ausgabe der Daten besteht.

Eingabe → Verarbeitung → Ausgabe

Entsprechend der Arbeitsweise einer EDV-Anlage besteht sie aus

- der **Zentraleinheit** als Verarbeitungsstation
- den **Randeinheiten**, die die Daten-Ein/Ausgabe

sicherstellen.

Um mit dem Computer umgehen oder in den automatischen Arbeitsablauf der EDV-Anlage manuell eingreifen zu können, bedient man sich des Steuerpultes. Das Steuerpult wird auch als Konsole bezeichnet und besteht in der einfachsten Ausführung aus Schaltern, Drehknöpfen und Tasten.

Komfortable EDV-Anlagen sind mit einer Konsolschreibmaschine und einem Bildschirmgerät ausgestattet.
Die Zentralrecheneinheit (CPU central prozessing unit) ist wiederum in drei Funktionseinheiten eingeteilt, nämlich in ein
Steuerwerk, **Rechenwerk** und **Speicherwerk**.

Während der Datenverarbeitung bildet der Informationsfluß zwei Kreise:

- Datenaustausch zwischen der Zentraleinheit und den Randeinheiten zur Daten-Ein/Ausgabe
- Datenbewegungen innerhalb der Zentraleinheit.

Um mit dem Computer überhaupt arbeiten zu können, um ihm Daten eingeben zu können und damit er sich nicht durcheinanderbringt, hat der Mensch für ihn alles in kleine Portionen eingeteilt. Die kleinste Portion für einen Binärrechner ist ein **bit**. Mit einem bit läßt sich entweder eine 0 oder eine L darstellen. Die Kombination von 8 bit (Prüfbit) ergibt die größere Portion, nämlich ein **byte**. Ein byte ist in einem Computer die kleinste adressierbare Einheit. Mit bytes lassen sich binär alle Silben, Wörter und Zahlenkombinationen darstellen.

Der Digital- bzw. Binärrechner ist also so gebaut, daß er alles digitalisiert. Das heißt, die Maschine arbeitet bzw. verarbeitet alle Angaben in den Ziffern 0 und L. Die Art der Reihenfolge seiner Arbeitsweise ist seine spezielle Maschinen- bzw. Computersprache, nicht zu verwechseln mit der Programmsprache.

Die Programmsprache ist die Sprache, mit welcher der Mensch mit der Maschine, also dem Computer, redet. Mit ihr werden dem Computer Einzeldaten und Befehle sowie ganze Programmabläufe, also Rechenoperationen, also ganze Programme eingegeben. Voraussetzung hierfür ist, daß die verwendete Programmsprache mit der Maschinensprache übereinstimmt, also kompatibel ist.
Das Programm ist mit einem Kochrezept zu vergleichen. Mit ihm wird dem Computer mitgeteilt, in welcher Reihenfolge er die einzelnen Rechenoperationen auszuführen, bzw. welche Daten und Befehle er wann zu verarbeiten hat und welche Ergebnisse er ermitteln soll.
Hierzu ist wiederum Voraussetzung, daß dem Computer das jeweilige Programm in den Zentralspeicher eingegeben wurde, so daß er sich während des Arbeitsprozesses die Einzelbefehle holen kann.
Jede elektronische Datenverarbeitungsanlage setzt also zur Aufnahme der Daten und Befehle sowie zur Steuerung des Arbeitsablaufes auch ein Programm voraus, das ebenso wie die Verarbeitungsdaten im Zentralspeicher gespeichert ist.
Somit kommt dem zentralen Speicher eine wichtige Aufgabe innerhalb der elektronischen Datenverarbeitung zu, weil er in der Lage sein muß, alle möglichen Daten in sich aufzunehmen, zu verarbeiten und auch wieder abzugeben.
Aber kein Zentralspeicher ist groß genug, um alle Verarbeitungsdaten aufzunehmen. Auch der Mensch kann sein Gehirn nicht unendlich belasten. Zur Unterstützung macht er

sich Notizen oder liest in Büchern nach. Vom Menschen aus betrachtet, stellen Bücher und Notizzettel „externe“ Speichermedien dar.
Ebenso besitzt eine EDV-Anlage je nach System externe Speichermedien, die es ihr ermöglichen, auf bestimmte Informationen außerhalb des Zentralspeichers zuzugreifen. Der Vergleich eines Computers mit dem Menschen gilt nur beispielhaft und soll einer EDV-Anlage keinesfalls menschliche Eigenschaften zuschreiben. Von sich aus kann selbst der größte Computer mit den Daten nichts anfangen.
Der Mensch muß ihm zuvor sagen, was er tun soll – die Befehle geben – das Programm erstellen.

Ein Computer ist also erst nach entsprechender Eingabe in der Lage, Daten und Befehle zu verarbeiten und Ergebnisse abzugeben.

1. Er wurde so gebaut, daß er über ein bestimmtes Wesen verfügt, d.h. er ist in der Lage, nur nach einem ganz bestimmten Grundsystem gefüttert und gespeichert zu werden und zu arbeiten.

2. Dieses Grundsystem ergibt die Maschinensprache, welche sich an das Wesen einer oder mehrerer Programmsprachen anlehnt und umgekehrt.

3. Insofern kann jeder Computer nur über eine zu seiner Maschinensprache kompatiblen Programmsprache mit Daten gefüttert und gespeichert werden. Auch sind ihm jegliche Einzelbefehle und Programme über diese ihm eigene Sprache einzugeben. In dieser Sprache speichert, denkt und rechnet er. Nach ihr ruft er seine gespeicherten Informationen ab, nimmt er Befehle entgegen, erfolgen all seine einzelnen Arbeitsabläufe sowie die Bereitstellung der Ergebnisse.

4. Will man dem Rechner oder Computer über Einzelbefehle, über Einzelarbeitsgänge hinaus, ganze selbständige Rechen- oder sonstige Arbeitsoperationen abverlangen, so kann dies der Computer nur über ein ihm eingegebenes Operationsprogramm.
Auch dieses Programm muß in der dem Computer eigenen Sprache (Maschinensprache und Programmsprache) geschrieben sein.

5. Dieses Programm speichert und verwaltet er dann und ist in der Lage, hiernach bzw. nach Eingabe entsprechender Daten und Befehle autonome Rechen- bzw. Arbeitsoperationen durchzuführen.

6. Bei Sprachverwandtschaft zu einer anderen Comutersprache ergibt sich die Möglichkeit, ein fremdsprachiges Programm durch einen sogenannten Compiler (Übersetzer) in den Computer einzugeben.

7. Mit dem Computer zu arbeiten heißt, ab jetzt Daten und Befehle in der Sprache der Maschine, also des Computers, und nach dem System des Programms einzugeben. Der Computer wird dann das Ergebnis bzw. die Lösung in kürzester Zeit ermitteln und zur Verfügung stellen.

8. Die Arbeitsweise des Computers erfolgt dann je nach Analog- oder Digitalrechner über elektrische Spannungsfelder oder die duale bzw. binäre Zahlenkombinatorik im zentralen Rechenwerk.

C) Nach welchem geistigen Grundsystem arbeitet ein Elektronikrechner, ein Computer?

Maschinen- bzw. Computersprache

Im täglichen Leben benützen wir das Dezimalsystem, wenn wir Zahlen darstellen oder übermitteln. Medium unserer gegenseitigen Verständigung ist die Sprache. Die Schlüsselzeichen (Code) von Rechnen und Sprache sind Ziffern und Buchstaben. Hinzu kommen Spezialzeichen wie Rechenzeichen, Interpunktion und ähnliches.

Die geeigneten Bausteine eines Computers sind jedoch Schalter, die nur entweder aus- oder eingeschaltet sein können, sich also im Zustand 0 oder L befinden. Ein Computer kann deshalb nur Zeichenkombinationen aus 0 oder L verstehen und mit ihnen umgehen. Analog zur Sprache nennt man eine solche Zeichenfolge ein MASCHINENWORT. Wie im vorigen Kapitel schon festgestellt, ist die „kleinste Portion" ein bit und stellt den Maschinenbuchstaben 0 oder L dar. Das byte als kleinste Programmeinheit stellt sozusagen eine Computersilbe dar. Jedes Maschinenwort läßt sich also auch als zusammengesetzte Binärzahl auffassen, obwohl es nicht immer Zahlenbedeutung hat. Auch Befehle müssen aus solchen Zeichenfolgen gebildet werden.

Die Länge eines Maschinenwortes ist je nach der Bauweise des Computers verschieden. Es können Daten fester Länge von 8, 16, 32 oder 64 bit und Daten variabler Länge bis maximal 256 Zeichen, also bytes zusammenhängend verarbeitet werden. Da jedes Binärzeichen genau eine Ja-Nein-Information übermittelt, eben L oder 0 ohne Zwischenwerte, ist die Informationsmenge, die jedes Maschinenwort enthält, gleich seiner Wortlänge, gemessen in bit.

Alles, was die Maschine verarbeiten soll, einschließlich der Befehle, wie sie es verarbeiten soll, muß in Maschinenworte übersetzt, codiert werden.

Ein Computer „versteht" nur seine Maschinensprache.

Diese hängt jedoch von der Bauweise des Computers (der HARDWARE, wie man sagt) und damit vom Fabrikat ab.

Nur Spezialisten sind in der Lage, dem Computer direkt in seiner Maschinensprache eine Information oder einen Befehl zu geben. Ein ganzes Programm direkt in der Maschinensprache aufzustellen, ist sehr zeitraubend und mühsam.

Programmsprache

Benützer von EDV-Anlagen möchten natürlich mit dem Computer in einer Weise umgehen, die möglichst große Ähnlichkeit mit einer natürlichen Sprache hat und die man verhältnismäßig leicht erlernen kann. Eine solche Sprache nennt man Programmsprache. Ihr spezielles Wesen ist es, die Kommunikation zwischen der Maschine und dem Menschen bzw. seinem Programm herzustellen.

Die Programmsprache ermöglicht, die jeweilige Maschinensprache durch Zusammenfassung von sich in der Maschine und in einem Programm laufend wiederholenden Operationen abzukürzen und zu vereinfachen.

Mit einer Programmsprache ist man in der Lage, ganze Blöcke von Anweisungen, wie z. B. das Addieren von zwei Zahlen oder Größenvergleiche, wie sie in jedem Computerprogramm immer wieder vorkommen, zusammenzufassen.

Eine Computersprache ermöglicht Abkürzungen zu schaffen, die der Computer intern in seine Maschinensprache übersetzt.

Es stehen sich dabei zwei Bestrebungen gegenüber:
Einerseits soll die Programmsprache einfach sein, andererseits aber soll sie möglichst viele Computerschaltungen erfassen.

Insofern wäre eine einzige Programmiersprache bzw. Programmsprache, die allen speziellen Fabrikatsproblemen gerecht werden wollte, zu kompliziert.

Jede Computerfirma baut deshalb ihr Gerät in Anlehnung an eine oder mehrere ähnliche Programmsprachen.

Die so entstehenden Maschinensprachen bzw. Computersprachen besitzen also eine Analogie zu bestimmten Programmsprachen und umgekehrt. Bezüglich Programmspracheneinheiten wie binäre Elemente, bit, byte, Maschinenworte usw. siehe §2 Punkt B und folgende.

Programm

Ein Programm ist das Medium, mit welchem man dem Computer sagt, wie er die Informationen zu verarbeiten hat. Ein Programm ist für den Computer das, was für die Hausfrau ein Kochrezept, was die Schallplatte für den Plattenspieler und die Kassette für den Recorder ist. Im Programm muß der Programmierer dem Computer haarklein vorgeben, was er zu tun hat. Er muß ihm Anweisung geben, was er damit machen soll, auf welche Weise und in welcher Reihenfolge er sie verarbeiten soll und wo er sie wieder abzulegen oder auszugeben hat.

Programmieren heißt also, dem Computer alles quasi vorzukauen, was er später in unheimlicher Geschwindigkeit nachvollziehen soll.

Da es schier unmöglich ist, alle möglichen Computerbefehle als unübersehbare Folge von binären Zeichen einzugeben, wurden die Programmiersprachen, nach welchen die Programme geschrieben werden, entwickelt.

Jede Computerfirma liefert deshalb neben dem Gerät selbst und seinen Zubehörteilen (der HARDWARE) auch eine Reihe von Programmen für allgemeine Aufgaben mit, die ein in einer bestimmten Programmsprache geschriebenes Programm automatisch in der jeweiligen Maschinensprache verschlüsseln. Der Benützer des Computers kann, wenn das Programm eingegeben ist, mit dem Computer arbeiten, ohne daß er die Maschinen- oder Computersprache kennt.

Dieses geistige Zubehör (SOFTWARE) eines Computers umfaßt auch noch Testprogramme, mit denen sich der einwandfreie Zustand des Gerätes, die orthographische Richtigkeit eines Programmes und vieles andere überprüfen läßt sowie bereits fertig abgefaßte Programme für bestimmte Probleme des Käufers, in die er nur noch seine speziellen Daten einzusetzen hat.

Darüber hinaus existieren für alle Programmsprachen bereits eine Unmenge fertiger Programme, die viele auch **spezielle Probleme** aus Ökonomie, Technik und Wissenschaft lösen und die man meist nur geringfügig zu verändern braucht, um sie verwenden zu können.

Bezüglich Maschinensprache und Computersprache siehe auch § 2 Punkt B und § 4 Punkt B 1.

§ 3 Der Elektronikrechner

Man unterscheidet zwei grundsätzlich verschiedene Arten, nach denen ein Rechner arbeiten kann, und spricht daher von ANALOG-RECHNERN oder DIGITAL-RECHNERN.

A) Analogrechner

Er arbeitet nicht direkt mit Ziffern, sondern mit physikalischen Größen, z.B. elektrischen Spannungen oder Strömen, deren Größe dem Zahlenwert entspricht. Während sich die Ziffernreihe sprunghaft, in diskreten Schritten verändert, verhalten sich analoge Größen wie Spannungen fließend, kontinuierlich.

Daher kann man selbst bei bester Konstruktion und raffiniertester Ablesung den angezeigten Meßwert nur bis zu einem bestimmten Genauigkeitsgrad bekommen.

Analogrechner nützen also die Möglichkeit, mit elektrischen Spannungen addieren, subtrahieren, multiplizieren oder dividieren zu können. Nach gewissen Schaltungen kann man auch differenzieren und integrieren, aber eben nur bis zu einer begrenzten Genauigkeit. Dafür liegt allerdings das Ergebnis fast sofort vor.

Dem steht wiederum ein Nachteil gegenüber. Jede Analogschaltung entspricht nur einer bestimmten Rechnungsform. Will man etwas anderes rechnen, so muß die Schaltung geändert werden. Moderne Analogrechner verfügen über eine Vielzahl von einzelnen Bauelementen, die man je nach der erforderlichen Rechnung kombinieren kann.

Neben der Lösung von Infinitesimalrechnungen setzt man die Analogrechner auch zur Steuerung von Produktionsprozessen ein, bei denen immer wieder dieselbe Rechnung mit jeweils anderen Zahlenwerten vorkommt. In neuerer Zeit treten allerdings die Analogrechner gegenüber den digitalen Anlagen immer mehr zurück.

B) Digitalrechner

Wenn man von Computer spricht, ist fast immer eine digitale, also eine duale bzw. binäre Rechenmaschine gemeint, eine Maschine also, die in ähnlicher Weise mit Ziffern (engl. digits) rechnet wie wir selbst. Solche Rechengeräte gibt es schon seit sehr langer Zeit. Bei den Römern verwendete man den ABAKUS, ein Rechenbrett, auf dem man Steine hin- und herschob. Noch heute sind Rechenbretter in China weit verbreitet.

Im 17. Jahrhundert ging man daran, richtige mechanische Rechenmaschinen zu bauen, denen man nur noch die Eingangsdaten und die Rechenart vorzugeben brauchte.

Im Jahr 1642 erfand der französische Wissenschaftler PASCAL eine Addiermaschine. Der Apparat bestand aus 8 Rädern, und auf jedes dieser Räder waren die Zahlen von 0 bis 9 gemalt. Durch Zahnräder miteinander verbunden faßten sie so ineinander, daß einfache Additionen und Subtraktionen durchgeführt werden konnten.

1.) Dezimalsystem

Gottfried Wilhelm LEIBNIZ konstruierte dann 1672 eine Maschine mit Staffelwalzen, die nicht nur addieren und subtrahieren, sondern auch multiplizieren, dividieren und Quadratwurzeln ziehen konnte. Sie war der Vorreiter einer neuen Konzeption, und zwar der des schrittweisen Lösens mathematischer Aufgaben.

Während PASCAL bei jeder mathematischen Operation mit zehn Symbolen, also mit dem DEZIMALSYSTEM hantierte (0,1,2,3,4,5,6,7,8,9), benutzte LEIBNIZ lediglich zwei (0 und 1), also das

2.) Dual- bzw. Binärsystem

Dieses Zweiersystem, in der Fachsprache DUALSYSTEM oder auch BINÄRSYSTEM genannt, hat seit der Konstruktion von elektronischen Rechenanlagen eine so große Bedeutung erlangt, daß es ausführlicher besprochen werden soll (siehe auch § 2 Punkt B).

Verblüffend bei dieser Systematik ist zunächst die Tatsache, daß mit den beiden Ziffern 0 und 1 nach dem Dual-System bzw. Binär-System nicht nur jeder beliebige Buchstabenausdruck und Zahlenwert dargestellt werden kann, sondern sich auch die komplexe Mathematik von A Z berechnen läßt.

Für den Computer werden sämtliche Zahlen durch eine bestimmte Anordnung der beiden Werte 0 und 1 dargestellt. Wie nun die Anordnung der Binär-Ziffern 0 und 1, also die Verschlüsselung der einzelnen Zahlen, Buchstaben und Sonderzeichen aussieht, ist in sogenannten Verschlüsselungs- und Codes-Tabellen festgelegt. Die häufigsten Verschlüsselungsarten sind EBCDIC und ASCII.

Da beide Codes aus dualen bzw. binären Signalen bestehen, werden sie als Dual-oder Binär-Codes bezeichnet.

Diese Codes sind also die Verständigungsgrundlage für die Maschine bzw. für den Rechner.

Die kleinste Verständigungseinheit, also der binäre oder duale Informationsträger wird in der Computerszene als „bit" bezeichnet.

Ein bit ist in der Lage, jeweils eine 0 oder eine 1 darzustellen. Ein byte beinhaltet im Normalfall 8 bits.

Je nach Computerkapazität, also nach vorhandenen „bits bzw. bytes" ist er zu mehr oder weniger großer Aufgabenbewältigung in der Lage.

Jeder Digital-Computer ist jedoch so gebaut, daß er nur mit zwei Variablen, also 0 und 1 zu arbeiten in der Lage ist.

Es ist für eine Maschine wesentlich einfacher, mit nur zwei anstatt mit zehn Variablen umgehen zu müssen. Zwei Variable lassen sich in sehr konkreter Weise darstellen: durch an/ab, ja/nein, ein/aus, offen/geschlossen.

Das einfachste Stellenwertsystem ist offensichtlich das mit der kleinstmöglichen Basis (also 2).

Die Basis 1 würde das System sinnlos machen, denn wegen
$1^4 = 1^3 = 1^2 = \dots$
wäre jeder Stellenwert derselbe.

Das Dual- oder Binär-System besteht also

1. immer nur aus zwei Ziffern, von denen eine das Zeichen für die Leerstelle sein muß und die andere die wirkliche Zahlengröße anzugeben hat.
   Üblicherweise verwendet man 0 für die Leerstelle und den Buchstaben L für „Eins".
2. Die Ziffer 0 bedeutet auch immer 0, egal an welcher Stelle des Maschinenwortes sie steht.
3. Die Ziffer bzw. das Zeichen L bedeutet in der Basis immer 2.
4. L ändert seinen Wert, je nachdem an welcher Stelle von rechts gezählt es steht.

5. Die Stelle gibt immer die Potenz an, in der das Zeichen steht.
   Die erste Stelle bedeutet Potenz 0
   die zweite Stelle bedeutet Potenz 1
   die dritte Stelle bedeutet Potenz 2
   die vierte Stelle bedeutet Potenz 3 usw.
   also immer Stelle hoch (n – 1).
6. dies ergibt folgende Übersicht:

Binär-Übersichtstafel

	18. Stelle	13. Stelle	7. Stelle	6. Stelle	5. Stelle	4. Stelle	3. Stelle	2. Stelle	1. Stelle
0 =	0	0	0	0	0	0	0	0	0
Basis L	2	2	2	2	2	2	2	2	2
Potenz L	usw. ←17	12	6	5	4	3	2	1	0
Wert L	$2^{17} =$ 131.072	$2^{12} =$ 4.096	$2^6 = 64$	$2^5 = 32$	$2^4 = 16$	$2^3 = 8$	$2^2 = 4$	$2^1 = 2$	$2^0 = 1$

Hieraus ist ersichtlich, daß jede Dualzahl bzw. Binärzahl einer Dezimalzahl und umgekehrt entspricht.

Beispiel:

Wandle die Dualzahl LLOLOL in eine echte Dezimalzahl um

Lösung:

Bewerte jede Dualzahl entsprechend der Stelle von rechts und des Wertes 0.

7. Stelle	6. Stelle	5. Stelle	4. Stelle	3. Stelle	2. Stelle	1. Stelle
	L	L	0	L	0	L
	$2^5 = 32$	$2^4 = 16$	$0 = 0$	$2^2 = 4$	$0 = 0$	$2^0 = 1$

das ergibt

$$\text{LLOLOL} = \rightarrow \frac{32 + 16 + 0 + 4 + 0 + 1}{53}$$

Die Dezimalzahlen 1 bis 15 sollen im dualen bzw. binären System dargestellt werden.

Beispiel:

0 = 0
L = $1 = 1 \cdot 2^0$
LO = $2 = 1 \cdot 2^1 + 0 \cdot 2^0 = 2 + 0$
LL = $3 = 1 \cdot 2^1 + 1 \cdot 2^0 = 2 + 1$
LOO = $4 = 1 \cdot 2^2 + 0 \cdot 2^1 + 0 \cdot 2^0 = 4 + 0 + 0$
LOL = $5 = 4 + 0 + 1$
LLO = $6 = 4 + 2 + 0$
LLL = $7 = 4 + 2 + 1$
LOOO = $8 = 8 + 0 + 0 + 0$
LOOL = $9 = 8 + 0 + 0 + 1$
LOLO = $10 = 8 + 0 + 2 + 0$
LOLL = $11 = 8 + 0 + 2 + 1$
LLOO = $12 = 8 + 4 + 0 + 0$
LLOL = $13 = 8 + 4 + 0 + 1$
LLLO = $14 = 8 + 4 + 2 + 0$
LLLL = $15 = 8 + 4 + 2 + 1$

Zur Umwandlung von Dualzahlen in Dezimalzahlen hat man einfach alle durch „L" gekennzeichneten Zweierpotenzen entsprechend der Stelle, an der sie von rechts stehen, richtig zu potenzieren und zu addieren.

Die umgekehrte Aufgabe, eine gegebene Dezimalzahl in die zugehörige Dualzahl zu verwandeln, geschieht nach dem einfachen Prinzip, die Dualzahl in lauter **Zweierpotenzen** zu zerlegen (siehe Zweierpotenzübersicht).

Beispiel:

Die natürliche Dezimalzahl 38 soll in eine Dual- bzw. Binärzahl umgewandelt werden.

Lösung:

Zunächst ist die Zahl 38 in ihre Zweierpotenz zu zerlegen, also in

$$\begin{array}{ccccccc} 32 & + & 4 & + & 2 & = & 38 \\ \downarrow & & \downarrow & & \downarrow & & \\ 2^5 & + & 2^2 & + & 2^1 & = & 38 \end{array}$$

Nun können die Basiszahlen 2 je nach ihrer Potenz an die richtige Stelle geschrieben werden, die ihnen nach der Binärzahl-Übersichtstafel zukommen; fehlende Stellen werden mit 0 ausgefüllt.

usw. ←	7. Stelle	6. Stelle	5. Stelle	4. Stelle	3. Stelle	2. Stelle	1. Stelle
		L	0	0	L	L	0

das ergibt

38 = LOOLLO

Zweierpotenzübersicht

2^{20}	2^{19}	2^{18}	2^{17}	2^{16}	2^{15}	2^{14}	2^{13}	2^{12}	2^{11}	2^{10}	2^{9}	2^{8}	2^{7}	2^{6}	2^{5}	2^{4}	2^{3}	2^{2}	2^{1}	2^{0}
1.048.576	524.288	262.144	131.072	65.536	32.768	16.384	8.192	4.096	2.048	1.024	512	256	128	64	32	16	8	4	2	1

bis ←	2^{30}	2^{29}	2^{28}	2^{27}	2^{26}	2^{25}	2^{24}	2^{23}	2^{22}	2^{21}
	1.073.741.824	536.870.912	268.435.456	134.217.728	67.108.864	33.554.432	16.777.216	8.388.608	4.194.304	2.097.152

Die theoretische und praktische Bedeutung des Dualsystems kann kaum überschätzt werden.

Jede elektronische Rechenanlage besteht aus Schaltungen, die zwei einander ausschließende Zustände einnehmen können, denen man also die Dualzahlen 0 und L zuordnet.

Da jede dieser Maschinen inwendig nur solche Zweierschaltungen durchführen kann, muß man zum elektronischen Rechnen das Dualsystem benutzen. Auch die Rechenbefehle, Buchstabensymbole etc., also das Programm müssen bzw. muß in Dualzahlen ausgedrückt (codiert) werden.

Als Benutzer einer derartigen Anlage und schon eines kleinen elektronischen Taschenrechners merkt man davon nur deshalb nichts, weil die Codierung automatisch erfolgt.

Jeder Programmierer aber, und erst recht jeder Konstrukteur, kennt die auf dualer oder binärer Grundlage aufgebaute **Computersprache** und arbeitet mit ihr.

§ 4 Der Computer

A) Hinweise zum Computer

Ein Computer denkt also sehr schlicht. Er kennt nur zwei Dinge:

ja und nein

„Vielleicht" gibt es nicht.

Ein Stromkreis ist entweder offen oder geschlossen. „Ein bißchen offen" gibt es genausowenig wie „fast geschlossen".
Schwarz oder weiß, Grautöne kommen nicht vor. „0" oder „L", bezüglich Computersprachen siehe § 4 Punkt B.
Zur kometenhaften Entwicklung des Computers in den letzten 50 Jahren, insbesondere den letzten 10 Jahren, findet man in der Geschichte der Technologie und Technik nichts Vergleichbares.

Eine treffende Gegenüberstellung fand der Autor des Buches „persönliche Computer für Einsteiger", PETER A. Mc WILLIAMS mit der Aussage: „Hätte das Automobil eine ähnliche Entwicklung genommen wie der Computer seit den späten Sechzigern, könnten wir heute für fünf Mark einen Rolls-Royce kaufen, der mit vier Litern Benzin fünf Millionen Kilometer weit fährt."
Klingt utopisch, aber der Vergleich hinkt nicht!

Nun ein kurzer Überblick über die bedeutungsvollsten Entwicklungsstufen des Computers:

Erste Generation:

Den ersten vollelektrischen Computer, den ENIAC, entwickelte die Universität von Pennsylvania. Der ENIAC nahm einen Raum von 85 Kubikmetern ein und arbeitete mit **18.000**

Vakuumröhren. Er war ein großer Erfolg. Als er 1946 zum erstenmal in Betrieb genommen wurde, führte er zwei Stunden lang atomphysikalische Berechnungen durch, für die 100 Ingenieure ein Jahr benötigt hätten.
Im Jahr 1951 stellte Remington Rand den UNIVAC vor. Es war der erste Computer, der sowohl mit Zahlen, als auch mit Buchstaben arbeiten konnte.
Man brachte dem Computer Lesen und Schreiben bei!

Zweite Generation:

Es war ein bedeutender technischer Fortschritt, als man Anfang der sechziger Jahre die **Halbleiterschalter, Dioden** und **Transistoren** erfand. Diese sind nicht nur sehr klein und schnell in der Arbeitsweise, sondern auch äußerst robust und langlebig. Computer mit einzelnen Transistoren und Dioden als Schaltelemente bezeichnet man als solche der zweiten Generation.

Dritte Generation:

In den späten sechziger Jahren wurde das **Silizium-Chip** als integrierter Schaltkreis entwickelt. Zunächst waren die Chips noch relativ groß, später entsprach jedes Chip – Mikrochip – von der Größe einer Briefmarke der Rechenkapazität von mehreren tausend Transistoren, die bereits Tausende von Röhren ersetzt hatten.
Die 18.000 Elektronenröhren des ENIAC und fast 30 Tonnen Kabel, die zur Verbindung all dieser Röhren erforderlich waren, ließen sich nunmehr in Geräten unterbringen, die bequem auf einem Tisch Platz hatten.

Aus ihnen baut man die Computer der dritten Generation, deren Abkömmlinge uns in den Taschenrechnern täglich begegnen.

B) Computersprachen

1. Was ist eine Maschinensprache/Computersprache – Programmsprache, wie funktionieren sie?

Bezüglich der Computerkommunikation siehe § 2 Punkt B,
bezüglich des Wesens dieser Sprachen siehe § 2 Punkt C.

Darüber hinaus sei in Sachen Programmsprachen noch auf folgendes hingewiesen:

Jeder Computer hat seine eigene Sprache und kann auch nur diese verstehen. Es ist die sogenannte **Maschinensprache,** die, zwar eindeutig und zuverlässig, bei größeren Programmen aber doch zu unübersichtlich ist.
Erleichterung schaffen die **„symbolischen Programmsprachen“.** Bereits seit mehreren Jahren werden Computer fast ausschließlich mit Hilfe symbolischer Programmsprachen programmiert.
Es gibt **maschinenorientierte,** symbolische Programmsprachen, die zu einem bestimmten Computertyp gehören und **problemorientierte,** die auf bestimmte Problemkreise zugeschnitten sind. Letztere sind vom einzelnen Computertyp fast völlig unabhängig. Internationale problemorientierte Programmsprachen sind zum Beispiel **COBOL** (Common Business Oriented Language) für kommerzielle Datenverarbeitungsaufgaben und **FORTRAN** (Formula Translation) für mathematische Probleme.
Für den Programmierer sind symbolische Programmsprachen sehr angenehm, aber der Computer, der wie erwähnt nur seine eigene Maschinensprache versteht, kann mit vielen dieser Sprachen nichts anfangen. Aus diesem Grund müssen Programme, die nicht in der Maschinensprache oder in einer zu dieser Maschinensprache kompatiblen Programmsprache geschrieben sind, übersetzt werden, ehe der Computer mit der Verarbeitung der Daten beginnen kann.

Doch schon die Übersetzung erledigt der Computer selbst, und zwar mit Übersetzungsprogrammen. Das sind für maschinenorientierte symbolische Programmsprachen sogenannte **„Assembler“** (in diesem Zusammenhang ist darunter nur ein Programm zu verstehen) und für problemorientierte **„Compiler“.**
Eine weitverbreitete und zugleich die älteste der höheren Programmsprachen ist FORTRAN. Sie ist engstens an die mathematische Formelsprache angelehnt. Datenfelder, die verarbeitet werden sollen, können im Programm mit symbolischen Namen (Wörter der natürlichen Sprache) bezeichnet werden.

Die Anweisungen, die die Verarbeitung steuern, sind entweder in Wörtern der englischen Sprache verfügbar oder werden durch Rechenzeichen symbolisiert, die die Struktur mathematischer Formeln beibehalten. Die FORTRAN-Sprache ist leicht erlernbar und relativ gut verständlich. Eine Programmierung in FORTRAN erspart im Vergleich zu einer solchen in maschinenorientierten Sprachen sehr viel Zeit.
Andere problemorientierte Sprachen sind beispielsweise ALGOL (eine Zusammenziehung des Ausdrucks „Algorithmic Language“) und COBOL.
COBOL ist eine typische Sprache für die kommerzielle Anwendungsprogrammierung. Das Programm enthält fachgebietsspezifische Makroinstruktionen und insgesamt einen geringeren Befehlvorrat als maschinenorientierte Sprachen. Die Formulierungen von COBOL kommen einer Programmdokumentation nahe. Sie erleichtern die Einarbeitung in ein bestehendes Programm. Sämtliche COBOL-Programme lassen sich in vier Teile gliedern:

1. Erkennungsteil
2. Maschinenteil
3. Datenteil
4. Prozedurteil.

Im Erkennungsteil werden Programme, Datum und ähnliche Kenndaten angegeben, im Maschinenteil wird die Maschinenausrüstung für das Objektprogramm spezifiziert, im Datenteil der Aufbau der Dateien und Arbeitsbereiche beschrieben, und im Prozedurteil werden die Anweisungen für die Verarbeitung zusammengestellt. Da die Codierung zum größten Teil in unverschlüsselter Sprache erfolgt, ist sie unkompliziert.

2. Welche Hauptsprachen gibt es?

In Ergänzung § 4 Punkt B/1 sei hier noch auf einige wesentliche auf dem Markt befindliche Programmsprachen näher hingewiesen.

1. BASIC
   BASIC ist die Abkürzung für „**B**eginner's **A**ll-purpose **S**ymbolic **I**nstruction **C**ode“. BASIC wurde am Darmouth College entwickelt und stellt im wesentlichen eine verkürzte Version der Technikersprache FORTRAN dar. Durch die leichte Erlernbarkeit – gerade durch den Laien – errang BASIC schnell eine dominierende Stellung auf dem Markt der Personal-Computer.
   Die Tatsache, daß BASIC auf wenig Speicherplatz implementiert (bzw. plaziert) werden kann, daß der Computer Fehler in der Syntax (Eingabesprache) gleich entdeckt, anzeigt und damit eine sofortige Korrektur ermöglicht, verhalf BASIC zur allgemeinen Beliebtheit. Jedoch dürfen gravierende Nachteile nicht übersehen werden.

   Standard-BASIC ist äußerst umständlich und schwierig beim Umgang mit Texten und dem Formatieren (Darstellung) derselben. Standard-BASIC erlaubt sowohl ganze Zahlen als auch Dezimalzahlen zu verarbeiten. Unglücklicherweise arbeiten aber viele BASIC-Mikrocomputer (Kleincomputer) nur mit ganzen Zahlen.

   Es empfiehlt sich für den Anfänger in jedem Fall, BASIC zu lernen – wegen der wirklich leichten Erlernbarkeit – und dem schnelleren Einstieg in die Arbeitsweise eines Computers, z. B. Verarbeitung von Schleifen und Feldern. Für den technischen „Hausgebrauch" ist BASIC fast immer ausreichend.

2. PASCAL
   Die Programmiersprache PASCAL basiert auf der Sprache ALGOL und wurde 1970 bis 1971 von Nicolaus Wirth, Professor an der Eidgenössischen Technischen Hochschule in Zürich entwickelt.
   Anwendung findet PASCAL hauptsächlich im Bildungs- und Forschungsbereich; ist also hervorragend zur Entwicklung von komplexen Programmen geeignet.

   Im Unterschied zu BASIC ist PASCAL eine leistungsfähigere und komplexere Sprache. Der Computer ist im allgemeinen in der Lage PASCAL-Programme schneller zu verarbeiten. Im Gegensatz zu BASIC, das lediglich eine Folge von auszuführenden Aktionen beschreibt, muß in PASCAL die Struktur des Programmes (PASCAL ist in einzelnen Blöcken strukturiert, die mit „BEGIN" eröffnet und mit „END" abgeschlossen werden) und der Typ aller Daten (unterschieden, ob mit „REAL" – Dezimalzahlen – oder „INTEGER" – ganze Zahlen – gearbeitet wird) genau beschrieben werden.

   Auch im Vergleich zu ALGOL ist PASCAL leistungsfähiger und trotzdem leicht lesbar.

3. FORTRAN
   (Formulare Translation)
   ist eine Sprache, die für technisch-wissenschaftliche Anwendungen entwickelt wurde.
   Hier liegt die Benutzerproblematik genau umgekehrt wie bei der kommerziellen Datenverarbeitung.
   Die Zahl der Eingabedaten ist vergleichsweise gering.
   Menge und Art der auszuführenden Operationen sind dagegen groß und kompliziert.
   Ein Beispiel bieten mathematische Berechnungen, bei denen der Wunsch nach möglichst großer Genauigkeit im Vordergrund steht.
   Die rationelle Speicherbelegung spielt demgegenüber kaum eine Rolle.
   Man hat daher FORTRAN so konstruiert, daß beim ersten Aufruf eines beliebigen Namens automatisch ein Speicherplatz von einheitlicher Größe zur Verfügung gestellt wird. Damit verschenkt man natürlich in vielen Fällen Speicherplatz, aber bei der geringen Datenmasse fällt das nicht ins Gewicht.
   Der Wortschatz von FORTRAN ist dafür reich an mathematischen Funktionen, die einfach durch ein Wort festgelegt werden. Entsprechende Unterprogramme sorgen dann dafür, daß die jeweils angegebene Funktion automatisch berechnet wird.

4. ALGOL
   (Algorithmic Language)
   ist, wie vor schon gesagt, mit FORTRAN im Prinzip vergleichbar; diese Sprache wurde hauptsächlich an wissenschaftlichen Instituten eingeführt; sie ist für komplexe Programme geeignet und besonders leicht lesbar.

5. COBOL
   (Common Business Oriented Language)
   ist eine Sprache, die sich besonders für kommerzielle Anwendung eignet.
   Als Beispiel mag etwa das Bestellwesen eines Großversandhauses genannt werden. Man hat es hier mit einer sehr großen Menge von Daten zu tun – Bestellungen, Adressen, Artikelnummern, Waren, Preise, Rabatte usw. –, mit denen sehr einfache Operationen, z. B. Addition der einzelnen Rechnungsbeträge, Zuschlag von Portokosten unter einem bestimmten Bestellvolumen usw., ausgeführt werden müssen.
   Auch für die Buchhaltung, für das Rechnungswesen, also für rein kaufmännische und betriebswirtschaftliche Belange ist COBOL bestens geeignet.
   Das Problem liegt hier also vor allem darin, Millionen von Daten zu bewältigen. Da nun

Speicherplatz Geld kostet, muß die Computersprache auf derartige Probleme zugeschnitten sein und somit eine rationelle Speicherbelegung ermöglichen.
Eben dies leistet COBOL.
Vor dem eigentlichen Programm, dessen Befehle in einem abgekürzten Englisch (wie „ADD“ für „Addiere“, und „MOVE“ für „Übertrage“) formuliert werden, gibt der Programmierer zunächst die benötigten Speicherplätze an. Er deklariert den Namen des Speichers, die Anzahl der darin zu speichernden Zeichen und ihren Typ. Auf diese Weise läßt sich eine wirtschaftliche Speicherbelegung erzielen, da der insgesamt zu reservierende Speicherraum genau den Erfordernissen angepaßt werden kann.

6. PL/1
(Programming Language)
ist eine besonders moderne Sprache, welche die positiven Eigenschaften der anderen Sprachen zum großen Teil vereint:
Die Kürze von FORTRAN (infolge vieler Standardeinstellungen von Speichergrößen), die leichte Lesbarkeit von ALGOL
und die Speicherflexibilität von COBOL (wegen der Abänderbarkeit der Standardeinstellungen).

7. APL
(A Programming Language)
ist eine der modernsten, speziell für naturwissenschaftliche Anwendungen entwickelten Programmiersprachen.
Sie erlaubt es dem Naturwissenschaftler, mittels einer Art Fernschreiber, gewisse häufig vorkommende mathematische Operationen (Matrizen- und Vektorenrechnung) so einfach zu programmieren, wie er sie mit dem Bleistift zu Papier brächte. Ähnliche Computer-Programmiersprachen wird es in Zukunft sicher auch für andere Anwendungsbereiche geben.

C) Computerprogramme

1. Was ist das Programm für einen Rechner? für einen Computer? wie funktioniert es?

Siehe auch § 2 Punkte B und C sowie § 4 Punkt B 1.

Allgemein:
Programmieren ist nichts anderes als bei einer gestellten Aufgabe festlegen, was im Computer in welcher Reihenfolge ablaufen soll, anders gesprochen, das Computerprogramm ist zu vergleichen mit einem Kochrezept für den Computer, nach welchem er ganze Rechenoperationen autonom auszuführen vorgegeben bekommt.

Für Elektronik-RECHNER
kann ein allgemeingültiges Beispiel zur Erstellung eines Programms nicht gezeigt werden, da fast jedes Fabrikat über eine eigene Befehlsform, also eine eigene Maschinensprache verfügt.
Die Bezeichnung der Tastatur sowie die Reihenfolge bei Eingabe des Problems und Abruf des Ergebnisses sind modellgebunden und aus der jeweiligen Bedienungsanleitung ersichtlich.
Das Wesen des Programmierens wird daher hier nur bei den Rechnern HP-41 C und CASIO fx – 180 P in einigen noch folgenden Beispielen erläutert.

Für Computer
ist das Programm wie bei Elektronikrechnern eine logisch geordnete Abfolge aller Arbeitsvorschriften (Befehle), die zur Auslösung der jeweils erforderlichen Datenverar-

beitung benötigt werden. Dabei ist von besonderer Bedeutung, daß an jeder Stelle des Programms eindeutig definiert sein muß, was unter welchen Bedingungen zu tun ist. Hierzu dienen die bereits erklärten Programmsprachen.
Für alle Maschineninstruktionen (Operationsanweisungen an den Computer) wählt man mnemonische (lerntechnisch zweckmäßige) Abkürzungen von Wörtern der natürlichen Sprache.
Man bezeichnet beispielsweise den Befehl zur Dateneinspeicherung mit READ (engl. Lies), oder die Maschineninstruktionen zur Datenausgabe mit WRITE (engl. Schreib). Jeder Computer hat ein eigenes Übersetzungsprogramm, welches derartige Wortkürzel in eine Folge von nein = 0 und ja = L überträgt.
Ebenso bezeichnet man Datenbereiche und Datenfelder mit Hilfe mnemotechnischer Benennungen.
Man mußte sie nur einmal spezifizieren, dann kann man sie an allen Stellen des Programms durch ihren symbolischen Namen kennzeichnen.
Das Umwandlungsprogramm sorgt dann von selbst dafür, daß eine Umrechnung in die für die Ausführung des Programms erforderliche maschinensprachliche Form erfolgt und die absoluten Adressen aus den relativen errechnet werden. Diese Methode wurde inzwischen vielfältig differenziert und verfeinert, wobei man sich von den Bedürfnissen verschiedener Anwendungsbereiche leiten ließ.

So gibt es bei vielen Problemen typische, immer wiederkehrende Befehlsfolgen, die dann in sogenannte **Makroinstruktionen** zusammengefaßt werden. Wenn der Programmierer die Makroinstruktion erteilt, laufen die entsprechenden Befehlsfolgen ab.
Hier liegt der Grund dafür, daß bestimmte Programmiersprachen sich jeweils für bestimmte Anwendungsbereiche besonders gut eignen.
Die moderne Entwicklung ging dahin, daß man sich von der Maschinenabhängigkeit freizumachen suchte; diesem Ziel dienen die höheren, problemorientierten Programmiersprachen.
Man hat so eine universal einsetzbare Programmiersprache, und für jeden Computertyp gibt es geeignete Umwandlungsprogramme, COMPILER genannt, die eine Übertragung in den jeweiligen Maschinencode der EDV-Anlage besorgen.

Bei der ERSTELLUNG
von Programmen werden als grafische Hilfsmittel Datenflußpläne und Programmablaufpläne verwendet. Dabei benutzt man normierte Symbole, die in der DIN 66001 festgelegt sind.

Die Erstellung eines Programms läßt sich mit Hilfe eines **Programmablaufplanes** beschreiben:

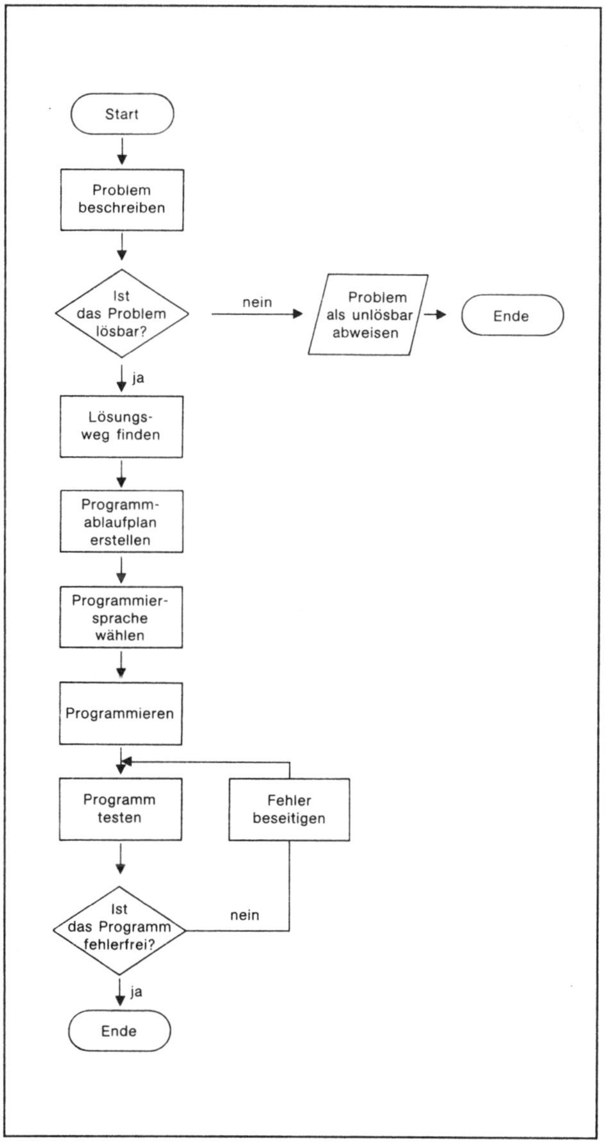

2. Wie schreibt man ein Programm für eine bestimmte Aufgabenzielsetzung?

Beispiel:

Als Beispiel diene eine einfache Rechenaufgabe.
Es sollen die Zahlen 1 bis 10 aufaddiert werden.
Natürlich würde niemand auf die Idee kommen, für ein derart einfaches Problem einen Computer einzusetzen. Hier aber geht es darum, das Prinzip zu zeigen, und dafür kann das gewählte Beispiel nicht einfach genug sein.
Eine intuitive Problemanalyse ergibt, daß man zur Lösung dieses Problems einmal bzw. irgendwann dem Computer alle Zahlen 1 bis 10 eingeben muß. Ferner muß man ihm bei der Aufgabenstellung den Befehl geben, die Zahlen zu addieren.
Wie aber soll das im Detail geschehen?
Um sich das klarzumachen, empfiehlt es sich, zu überlegen, wie man diesen Vorgang im Kopf ausführen würde. Ein einfaches Gedankenexperiment ergibt dabei folgendes Ergebnis:
Man beginnt mit Null, addiert eine Eins hinzu, wirft die Null aus dem Kopf und setzt das Ergebnis Eins an ihre Stelle, holt nun eine Zwei in den Kopf, addiert sie mit der Eins, wirft die Eins aus dem Kopf und setzt das Ergebnis Drei an ihre Stelle, holt nun eine Drei in den Kopf und addiert sie mit Drei – und so weiter.

KOPF		GEHOLT		ERGEBNIS
0	+	1	=	1
1	+	2	=	3
3	+	3	=	6
6	+	4	=	10
10	+	5	=	15
15	+	6	=	21
21	+	7	=	28
28	+	8	=	36
36	+	9	=	45
45	+	10	=	55

Man sieht schon an der Terminologie, daß auch im Kopf „Datenverarbeitung“ stattfindet, bei der Daten eingespeichert, verarbeitet und wieder ausgespeichert werden. Dem liegt auch ganz offensichtlich ein Programm zugrunde, das freilich nicht bewußt gemacht wird. Der Mensch beherrscht seine Programme aufgrund von Übung und Erfahrung, möglicherweise auch aufgrund angeborener Denkstrukturen. Er braucht sie nicht auszuformulieren, gar auf ein Blatt Papier zu schreiben. Für den Computer aber muß er es tun, denn der Computer kann nicht denken.

Versuchen wir also, den eben skizzierten Vorgang bewußt zu machen und ausdrücklich zu formulieren.
Als erstes finden wir die Anweisung, zwei Speicherplätze zu reservieren und zu kennzeichnen.
Der erste wird für die jeweilige Zwischensumme benötigt (er erhält den Namen SUMME), der andere für die jeweils einzulesenden Zahlen (er wird ZAHL genannt).
Die Namen sind ganz willkürlich! –
Nun kommt die zweite Anweisung. Auf Speicher SUMME wird der Wert Null abgelegt.
Mit der dritten Anweisung wird befohlen, die erste Zahl aus dem Datenvorrat (1–10) abzurufen.
Diesen Zahlenvorrat muß man für den Computer real im Eingabegerät ablegen, z. B. in Form von Lochkarten. Die Zahl kommt in den Speicher ZAHL.
Jetzt erfolgt der vierte Befehl. Der Inhalt beider Speicher muß addiert werden.
Das Ergebnis wird im Speicher SUMME abgelegt, womit zugleich der alte Wert im Speicher SUMME gelöscht wird.
Speicher ZAHL ist nun frei für die nächste Zahl.
Sie wird mit der fünften Anweisung eingelesen. Jetzt wiederholt sich das, was man mit der dritten und vierten Anweisung beobachten konnte. Dies würde nun immer wieder geschehen. Man könnte das immer wieder neu hinschreiben, aber so vorzugehen wäre ermüdend und umständlich. Einfacher ist eine sogenannte Sprunganweisung, bei der man den Befehl erteilt, zur Anweisung Nr. 3 zurückzukehren, und zwar so lange, als im Speicher ZAHL noch Zahlen auftauchen, die kleiner oder gleich 10 sind. Erst wenn das nicht mehr der Fall ist, wird der Sprungbefehl Nr. 5 ignoriert und es kommt die nächste Anweisung Nr. 6. Das Ergebnis in Speicher SUMME muß ausgegeben werden.

Der letzte erforderliche Befehl lautet schlicht: Ende.
In der Programmiersprache FORTRAN vereinfacht dargestellt:

```
1 PROGRAM ADDITION
2 INTEGER SUMME, ZAHL
3 SUMME = 0
4 READ ZAHL
5 SUMME = SUMME + ZAHL
6 IF (ZAHL NOT GREATER THAN 10) GO TO 3
7 WRITE SUMME
8 END
```

Das vollständige Programm bedarf noch weiterer Angaben, wie z. B. Anweisungen über die äußere Form des auszudruckenden Ergebnisses.

Es ist jedoch auch möglich, das Programm „Addition mehrerer aufeinanderfolgender Zahlen“ vom Computer so ausführen zu lassen, daß man sich die Eingabe einzelner Zahlen sparen kann.

Bei der Addition der Zahlen 1 bis 100 müßte man sonst dem Computer 100 Zahlen eingeben, was einen verhältnismäßig großen Arbeitsaufwand zur Folge hätte.

Man bedient sich deshalb vorteilhafterweise folgenden Programms, welches auf einer DO-Schleife basiert.

```
1  PROGRAM ADDITION
2  INTEGER SUMME, ZAHL
3  SUMME = 0
4  DO 1  J = 1; 100; 1
5  SUMME = SUMME + J        DO-Schleife
6  CONTINUE
7  WRITE SUMME
8  END
```

Wie „arbeitet" nun eine sogenannte DO-Schleife?

Der Anfangswert der DO-Schleife ist 1;
der Endwert 100; die Schrittweite 1.

Unter Schrittweite versteht man den Wert, den man zu J addiert.

Bevor die Schleife in Kraft tritt, ist die SUMME = 0 (Zeile 3).

In Zeile 4 liest der Computer den Anfangswert 1 der DO-Schleife ein.
In Zeile 5 addiert er diesen Wert zur bisherigen SUMME (=0).
Der Wert der neuen SUMME ist jetzt also 1.
Zeile 6 befiehlt dem Computer wieder auf Zeile 4 zurückzuspringen und zwar so lange, wie $J \leq 100$ ist.

In Zeile 4 liest der Computer nun 2 ein.
Dies ergibt sich aus dem zuletzt für J eingelesenen Wert + dem Wert der Schrittweite.
Der zuletzt eingelesene J-Wert = 1; Schrittweite = 1
Der Computer liest für J = 2 ein.

In Zeile 5 addiert der Computer diesen Wert zur bisherigen SUMME (=1)! Der Wert der neuen SUMME ist jetzt also 1 + 2 = 3

Zeile 6 fordert wieder einen Rücksprung zu Zeile 4.

Die Schleife wird so 100 mal durchlaufen.

Der Computer liest den Endwert 100 ein und addiert diesen zur bisherigen SUMME.

In Zeile 6 wird nun kein Rücksprung auf Zeile 4 mehr gefordert, da J = 100 ist, sondern sofort zur nächsten Zeile weitergegangen. Diese enthält den Befehl, die endgültige SUMME auszugeben.

Will man z.B. die Summe der Zahlen 1 – 500 bzw. 1 – 1000, so muß in Zeile 4 lediglich der Endwert, d. h. statt 100 500 bzw. 1000 geändert werden.

Die DO-Schleife wird dann 500 bzw. 1000 mal durchlaufen.

Auf Formatierung des Ergebnisses wurde verzichtet, da dies über den Rahmen dieses Buches hinausgeht.

3. Leichte Beispiele

Aufgabe:

Erstellung des Programms für die Berechnung der Fläche eines beliebigen Kreises nach der Formel: $A = \pi \cdot r^2$

Vorgeführt mit dem Rechner HP-41C (andere Rechner – andere Abläufe)

Programmeingabe

Tastenfolge	Anzeige	Kommentar
[PRGM]	00 REG 46	Schaltung auf PRGM-Modus
■ [GTO] [·] [·]	00 REG 46	Rechner wird auf einen freien Teil des Programmspeichers gesetzt
■ [LBL]	01 LBL	Programm-Marke
[ALPHA] CIRCLE [ALPHA]	01 LBL^{T}CIRCLE	Anweisung abschließen
■ [x^2]	02 X ↑ 2	Flächenberechnung
■ [π]	03 PI	eines
[X]	04 *	Kreises
■ [GTO] [·] [·]	PACKING	
	00 REG 44	END wird in Zeile 5 eingefügt und die Anzahl der freien Register im Programmspeicher angezeigt.

Verwendung
des erstellten Programms CIRCLE, um die Flächenberechnung von zwei Kreisen mit Radien von 14 m und 0,55 m durchzuführen.

Programmausführung:

Tastenfolge	Anzeige	Kommentar
[PRGM]		
14	14-	Erster Radius in m
[XEQ]	XEQ--	Rechner verlangt die zur Ausführung erforderliche Eingabe
[ALPHA] CIRCLE [ALPHA]	615.7522	Das Ergebnis in m^2
.55	0.55-	Zweiter Radius in m
[XEQ]	XEQ--	Der Rechner verlangt eine Eingabe
[ALPHA] CIRCLE [ALPHA]	0.9503	Das Ergebnis in m^2

Aufgabe:

Erstellung des Programms für die Berechnung der Fläche eines beliebigen Kreises nach der Formel: $A = \pi \cdot r^2$

Mit dem Rechner CASIO fx - 180 P

Programmeingabe:

Tastenfolge	Anzeige	Kommentar
[MODE] [0]	0	Betriebsart „LRN"
[P1]	0 P1	Programm Nr.
[INV] [EXP] [X]	3,1415 . . .	Eingabe
[ENT] [INV] [X^2]	9,0696 . . .	der Formel
[=]	31,0062 . . .	Eingabe beendet

Programmausführung:

(für Radien 14 m und 0,55 m)

Tastenfolge	Anzeige	Kommentar
[MODE] ·	0	Betriebsart „RUN"
[P1]	3,1415 . . .	Programm Nr.
14 [RUN]	615,7522	Ergebnis in m^2 bei $r = 14$ m
[P1]	3,1415 . . .	Programm Nr.
0,55 [RUN]	0,9503	Ergebnis in m^2 bei $r = 0,55$ m

D) Leistungsfähigkeit

Für die Leistungsfähigkeit von Elektronik-Rechnern und Computern sind zwei Größen maßgebend:

t = die Zeit, die zum Addieren zweier Speicherinhalte gebraucht wird, sie liegt derzeit bei einer zehnmillionstel Sekunde bzw. im Nanosekundenbereich. Eine Nanosekunde verhält sich zu einer Sekunde wie etwa eine Sekunde zu 31 Jahren.
Große Rechner sind in der Lage, in wenigen Nanosekunden Rechenoperationen auszuführen.

C = die Kapazität des Gerätes. Die Grundmaßeinheit hierfür ist „bit", man bezeichnet so eine Informationseinheit. (L = 1) = (1 „bit") 1000 „bit" = 1 K-bit; 1 Mio. „bit" = Mega-bit

Die Spezial-Maßeinheit für einzelne Rechner wird in „byte" angegeben.

Im Normalfall werden jeweils 8 bits zu einem „byte" zusammengefaßt und so benannt. Ein byte wiederum ist die kleinste adressierbare Einheit einer Maschine, also eines Rechners oder eines Computers. Sie wird allgemein zur Speicherung eines Zeichens in der Maschine verwendet.

Hierzu ist festzustellen, daß jeder Rechner über eine Zentralrecheneinheit (CPU central prozessing unit), welches aus **Steuereinheit**, **Rechenwerk** und **Arbeitsspeicher** besteht, verfügt.
Diese ist je nach Größe, also nach Kapazität in der Lage, in einem einzigen Rechenschritt 8 bzw. 16 bzw. 32 und bei Großrechnern bis zu 64 Informationen also „bit" zu verarbeiten.

Je nach Kapazität bzw. Typ des Rechners spricht man also von einem 8-bit-Rechner, einem 16-bit-Rechner, einem 32-bit-Rechner usw.
Dies bedeutet für diesen Spezialfall, beim
8-bit-Rechner ist 1 Maschinen-byte gleich 8 bit
16-bit-Rechner ist 1 Maschinen-byte gleich 16 bit usw.

Das Massenspeichersystem eines modernen Computers hat eine Kapazität von etwa 3,8 x 10^{12} bit, wobei 64.000 bit auf einem einzigen, 25 Quadratmillimeter großen Siliciumkristall untergebracht sind.

Das Münchener Telefonbuch besteht aus ca. 120 x 10^6 bit, es könnte daher in einem dieser Computer 31.667 mal gespeichert und in 12 Sekunden einmal abgerufen werden.
Die Leistungszahl Q eines Computers ist schließlich der Kapazitätsquotient C dividiert durch die Zeit t.
Nach Schätzungen von Fachleuten betrug die Zunahme von Q in den letzten 20 Jahren durchschnittlich fast 35% pro Jahr.
Niemand kann heute sagen, ob diese Entwicklung anhalten wird oder ob völlig neue Kenngrößen eine Rolle spielen werden.

E) Hardware / Software

In der Datentechnik unterscheidet man zwei Arten von Leistungen eines Computerherstellers.
Zum einen liefert dieser die HARDWARE, d. h. die gesamten technischen Einrichtungen einer Datenverarbeitungsanlage oder eines Datensystems,
zum anderen die SOFTWARE, auch immaterielle Ware genannt.

Als Hardware wird der Computer selbst und seine peripheren Geräte verstanden.

Unter Software werden alle Programme zusammengefaßt, die von den Herstellern zur Verfügung gestellt werden.

Die Software läßt sich wiederum einteilen in SYSTEM-SOFTWARE und ANWENDUNGS-SOFTWARE.
Die System-Software bildet Programme, die vom Hersteller der Anlage mitgeliefert werden. Diese ergänzen die technische Struktur der Anlage und erschließen deren Möglichkeiten erst richtig. Ohne sie wäre eine derartige Anlage so gut wie nutzlos.
Die Anwendungs-Software besteht aus Programmen, die auf die speziellen Bedürfnisse der Benutzer zugeschnitten sind. Diese sind so formuliert, daß sie von einem größeren Benutzerkreis verwendet werden können.
Bei allen Problemen, die mit Hilfe von Computern gelöst werden sollen, gewinnt die Software immer mehr an Bedeutung. Die modernen Datenverarbeitungsanlagen können nur dann wirtschaftlich eingesetzt werden, wenn eine Vielzahl inhaltlich äußerst unterschiedlicher Programme zur Verfügung stehen und verwendet werden können.
Die Herstellerfirmen unternehmen große Anstrengungen, um die Forderungen zu erfüllen, die vom Käufer an die Software gestellt werden. Natürlich erwartet dieser vor allem Zuverlässigkeit und Preiswürdigkeit. Um diesem verständlichen Ansinnen Rechnung zu tragen, gehen die Computerfirmen mehr und mehr dazu über, Software und Hardware gleichzeitig zur Verfügung zu stellen. Auch gibt es bereits heute Spezialfirmen, die für bestimmte Bereiche eigene Programme herstellen und diese bei Bedarf an Unternehmen ausleihen oder verkaufen.
Hardware und Software müssen immer aufeinander abgestimmt sein. Anders gesprochen, die Maschinensprache (Computersprache), also das Gerät, muß kompatibel mit der in Frage kommenden Programmsprache und mit dem Programm sein.

Deswegen verläuft der Werdegang eines Software-Produkts immer parallel zu dem der

Hardware, und zwar von der Planung und Entwicklung über die praktische Erprobung bis zur Verteilung an die Benutzer.

Viele Firmen haben für die Lösung ihrer Aufgaben ähnliche Probleme zu bewältigen. Infolgedessen werden heute schon Programme hergestellt, die bis zu einem gewissen Grade mehreren Parteien gerecht werden. Ein Programm, das für eine ganze Anzahl ähnlicher Probleme eingesetzt werden kann, ist zweifellos rationeller und billiger als die Ausarbeitung von Zusatzprogrammen für spezielle Probleme eines Kunden. Dagegen würde sich eine Software-Serienfertigung für wissenschaftliche Bereiche kaum lohnen, da dort ein spezielles Programm oft nur ein einziges Mal zu verwenden ist.

Im nachfolgenden Bild ist die wesentliche Hardware dargestellt

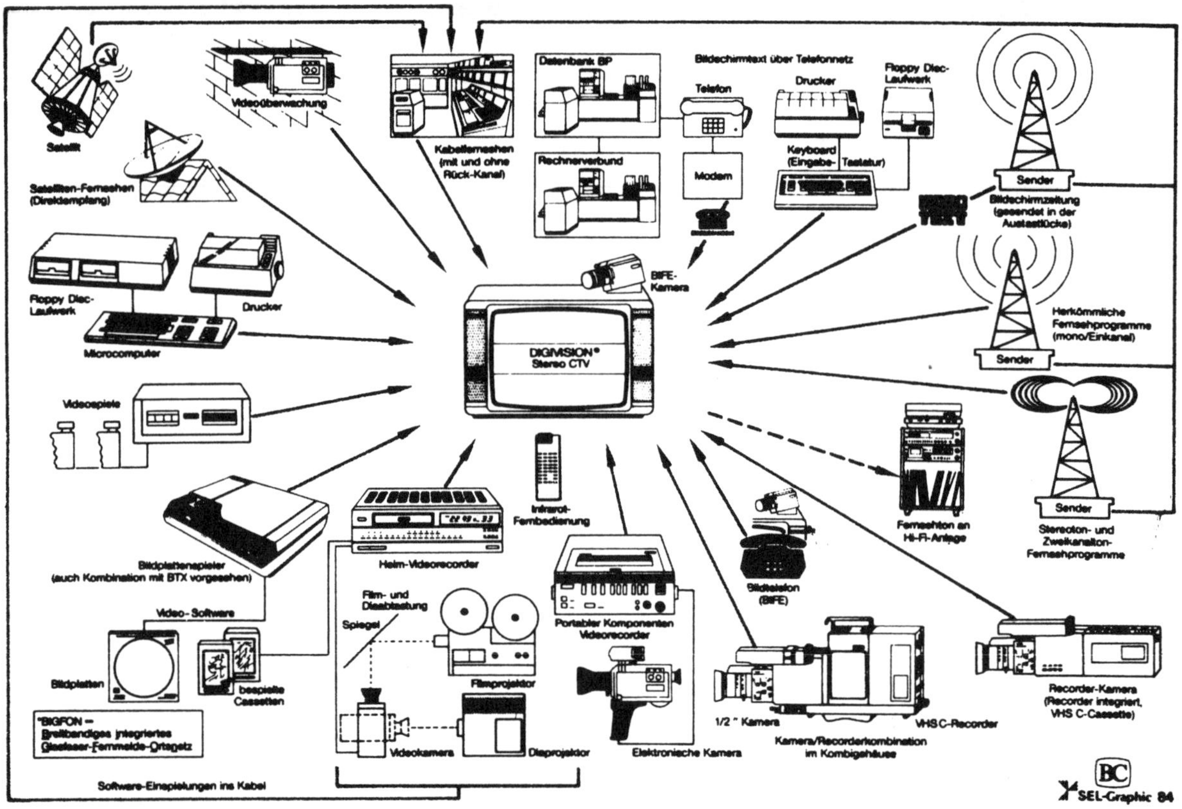

Hardware im EDV-System

2. Kapitel

Der Taschenrechner, der Großrechner

§ 5 Allgemeines

Grundlage des gegenwärtigen Booms im Bereich elektronischer Taschenrechner ist die billige Massenherstellung von integrierten Schaltungen (Chips), die nicht zuletzt durch die Erfordernisse der Weltraum- und Satellitentechnik ausgelöst wurde.
Die Größe eines Taschenrechners wird längst nicht mehr durch die Größe der Schaltelemente, früher Röhren, später Transistoren und Dioden, heute Silizium-Chips, bestimmt, sondern vielmehr durch sinnvolle Abmessungen der Tasten und der Anzeige, die ja durch menschliche Finger bedient, bzw. ohne Lupe abgelesen werden sollen.
Viele hundert verschiedene Typen sind auf dem Markt. Die Angebote schwanken zwischen Billigstgeräten (ca. 10 DM) bis zu den teueren Luxusrechnern (ca. 1.500 DM) mit vielen Möglichkeiten. Entsprechend verschieden sind auch die Ausstattungen. Mit steigendem Komfort steigen die Anforderungen an die mathematische Vorbildung des Benutzers.

Bei Spitzengeräten braucht man eine regelrechte Ausbildung, um sie auch wirklich ausnützen zu können. Es sind eben schon richtige kleine Computer, die man erwerben kann. Entsprechend umfangreich sind dann auch die mitgelieferten „Gebrauchsanweisungen", die man besser als Bedienungshandbücher bezeichnen sollte.
Immer wieder trifft man Leute, die sich nach dem Erwerb eines Taschenrechners sehr kritisch über die nach ihrer Ansicht zu umfangreiche und komplizierte Bedienungsanleitung äußern.
Ein Käufer, dessen mathematische Kenntnisse mit der Beherrschung der vier Grundrechnungsarten erschöpft sind, und einen Rechner der 100 DM-Preisklasse erwirbt, weil er glaubt ein 20 DM-Gerät läge unter seinem Niveau, braucht sich nicht zu wundern, wenn er ziemlich ratlos vor dem großen Angebot der Verwendungsmöglichkeiten steht.
Ein Taschenrechner ist kein Statussymbol. Prestigegründe hier in den Vordergrund zu stellen, ist nicht angebracht.

§ 6 Der einfachste Rechner

verfügt heutzutage neben Addition, Subtraktion, Multiplikation und Division über Prozentautomatik, Wurzelautomatik und Konstantenspeicher. Für einen nicht geringen Personenkreis ausreichend und . . . preiswert!

§ 7 Der wissenschaftliche Rechner

in der Preisklasse um 50 DM leistet bereits das, was man von einem Computer erwartet. Neben den Grundrechnungsarten umfaßt sein Leistungsbereich:

Exponentialfunktionen und Logarithmen
ln, lg, e^x, 10^x, y^x, $\sqrt{x}$, $\sqrt[x]{y}$, x^2, 1/x.

Trigonometrische Funktionen
sin, cos, tan und deren Umkehr in Altgrad, Neugrad und Bogenmaß.
Hyperbelfunktionen. Umrechnungen von sexagesimalen Zahlen.
Rechtwinkelige Koordinaten in Polarkoordinaten und umgekehrt.

Statistische Funktionen
Mittelwert, Datenanzahl, Summe, Quadratsumme.
Standardabweichungen bezogen auf n.
Varianz bezogen auf n-l.
Verteilungsfunktionen der Gausverteilung.

Fakultät, Variationen, Kombinationen.

Des weiteren
Rechnender Speicher – 2 Klammerregister – Vorzeichenwechsel
Festzahl Pi – Mantisse 8/10 Stellen – Exponent 2stellig

§ 8 Beispiele für die gehobene Rechenstufe

Es folgen einige Ausführungsbeispiele

mit dem Taschenrechner
„PRIVILEG LC 1080 SR"
der obengenannter Preisklasse entspricht.

A) Natürlicher Logarithmus lnx, x > o

Beispiel: $5{,}25 \cdot \ln 365 = 30{,}9745$

Eingabe	Anzeige
5,25 [x]	5,25
365 [ln]	5,8999
[=]	30,9745

B) Logarithmus zur Basis 10

Briggscher Logarithmus lgx, x > o

Beispiel: $\sqrt{\lg 24} = 1{,}1748$

Eingabe	Anzeige
24 [log]	1,3802
[$\sqrt{x}$]	1,1748

C) Potenz zur Basis e, e^x

Beispiel: $e^{-0{,}75} = 0{,}4724$

Eingabe	Anzeige
0,75 [+/–]	– 0,75
[INV] [e^x]	0,4724

D) Potenz zur Basis 10, 10^x

Beispiel: $10^{2{,}55} = 354{,}8133$

Eingabe	Anzeige
2,55	2,55
[INV] [10^x]	354,8133

E) Fakultät x !, x ≦ 72

Die Fakultät x! einer natürlichen Zahl ist definiert als x! = 1 x 2 x 3 x 4 . . . x X. Sie wird in der Kombinatorik, in der Statistik und bei der Wahrscheinlichkeitsrechnung verwendet.

Beispiel: 4! x 5! = 2880

Eingabe	Anzeige
4 [INV] [x!] [x]	24
5 [INV] [x!]	120
[=]	2880

Beispiel: $\frac{3!\ x\ 6!}{4!}$

Eingabe	Anzeige
3 [INV] [X!] [x]	6
6 [INV] [X!] [:]	4320
4 [INV] [X!]	24
[=]	180

F) Hyperbelfunktionen sinh, cosh, tanh

$$\sinh x = \frac{e^x - e^{-x}}{2} \qquad \cosh x = \frac{e^x + e^{-x}}{2}$$

$$\tanh x = \frac{e^x - e^{-x}}{e^x + e^{-x}}$$

Sie werden mit der Funktionstaste [HYP] abgerufen.
Ist diese Taste gedrückt, erscheint in der Anzeige das Symbol HYP.

[HYP] [sin] = sinh

[HYP] [cos] = cosh

[HYP] [tan] = tanh

Beispiel: sinh 0,866 = 0,9784

Eingabe	Anzeige
0,866 [HYP] [sin]	0,9784

Beispiel: cosh 0,7071 = 1,2606

Eingabe	Anzeige
0,7071 [HYP] [cos]	1,2606

Beispiel: tanh 1,73205 = 0,9393

Eingabe	Anzeige
1,73205 [HYP] [tan]	0,9393

G) Umwandlung von Polarkoordinaten in rechtwinklige Koordinaten

Sind von einem Zeiger die Länge r und der Winkel φ gegenüber der x-Achse bekannt (Polarkoordinaten) so erhält man die Projektion des Zeigers auf die x-Achse mit der Beziehung $x = r \cdot \cos \varphi$ und die Projektion auf die y-Achse mit $y = r \cdot \sin \varphi$ (rechtwinklige Koordinaten)
Die Taste [P → R] wertet diese Formeln automatisch aus. Die Einheit von φ wird entsprechend der Aufgabenstellung mit der Taste [MODE] gewählt.

Eingabeablauf:

Eintasten von r, [INV] [P → R]

Eintasten von φ, [=] in der Anzeige steht x;

Eintasten von

[X ↔ Y], in der Anzeige steht y;

Beispiel: φ = 63,5° r = 7

Winkeleinheit in der Anzeige: DEG

Eingabe	Anzeige	Kommentar
7 [INV] [P → R]	7	Eingabe von r
63,5	63,5	Eingabe von φ
[=] 3,1234	Wert von x	
[X ↔ Y]	6,2645	Wert von y

H) Die Variationen

Die Anzahl aller möglichen Zusammenstellungen von je r aus n Elementen unter Berücksichtigung der Reihenfolge nennt man die Anzahl der Variationen von n Elementen zur r ten Klasse.
Der Rechner ermittelt die Anzahl der Variationen von n Elementen zur r ten Klasse ohne Wiederholung:

$$V(n, r) = n(n-1) \cdot (n-2) \ldots (n-r+1) = \frac{n!}{(n-r)!} = \binom{n}{r} r!$$

Aus der Definition folgt $n \geqq r$. n und r müssen natürliche Zahlen kleiner als 100 sein. Die Funktion wird wie folgt abgerufen:

Eintasten von n, [INV] [nPr]

Eintasten von r, [=]

In der Anzeige steht V (n, r).

Beispiel: Anzahl der Variationen von 24 Elementen zur dritten Klasse ohne Wiederholung.

Eingabe	Anzeige	Kommentar
24 [INV] [nPr]	24	Anzahl der Elemente
3	3	Anzahl der jeweils ausgewählten Elemente
[=]	12144	Anzahl der Variationen

I) Die Kombinationen

Die Anzahl aller möglichen Zusammenstellungen von je r aus n Elementen ohne Rücksicht auf die Reihenfolge nennt man die Anzahl der Kombinationen von n Elementen zur r ten Klasse. Der Rechner ermittelt die Anzahl der Kombinationen aus n Elementen ohne Wiederholung. Diese Zahl ist identisch mit dem Binominalkoeffizienten $\binom{n}{r}$.

$$C\ (n,\ r) = \frac{n(n-1)\cdot(n-2)\cdots(n-r+1)}{1\cdot 2\cdot 3\cdots r}$$

$$= \frac{n!}{r!\ (n-r)!} = \binom{n}{r}$$

Aus der Definition folgt n ≧ r. n und r müssen natürliche Zahlen kleiner als 100 sein. Die Funktion wird wie folgt abgerufen:

Eintasten von n, [INV] [nCr]

Eintasten von r, [=]

In der Anzeige steht C (n, r).

Beispiel: Anzahl der Kombinationen von 49 Elementen zur 6. Klasse o. W. (6 Richtige im Lotto!)

Eingabe	Anzeige	Kommentar
49 [INV] [nCr]	49	Anzahl der Elemente
6	6	Anzahl der jeweils ausgewählten Elemente
[=]	13 983 816	Anzahl der Kombinationen

J) Statistische Funktionen

Umschalten in Statistik-Rechner
mit den Tasten [INV] [MODE]

In der Anzeige erscheint das Symbol: Σ

Bei der Eingabe darf die Datenfolge wegen der Verarbeitungszeit höchstens 0,5 s betragen.

Maximale Datenzahl: 99.

Die Daten x_1, x_2 .... bis x_n werden mit der Taste

[DATA] eingegeben.

Daraus berechnet man folgende Funktionen:

Σx Summe der eingegebenen Daten

$$\Sigma x = x_1 + x_2 + \ldots + x_n$$

Σx^2 Summe der Quadrate der eingegebenen Daten

$$\Sigma x^2 = x_1^2 + x_2^2 + \ldots + x_n^2$$

n Anzahl der eingegebenen Daten

σ Standardabweichung mit (n – 1) – Gewichtung

$$\sigma = \sqrt{\frac{\Sigma\, x^2 - n\overline{x}^2}{n-1}}$$

V Varianz mit n – Gewichtung

$$V = \frac{\Sigma x^2 - \overline{nx}^2}{n}$$

$\overline{x}$ Mittelwert

$$x = \frac{x_1 + x_2 + \cdots + x_n}{n} = \frac{1}{n} \sum_{i=1}^{n} x_i$$

Die Funktionen werden beim Rechner mit der Ausgabetaste [ΣOUT] abgerufen.

Beispiel: Bei einer Meßreihe werden die Werte $x_1 = 3{,}2$

$x_2 = 3$, $x_3 = 4$, $x_4 = 3{,}8$, $x_5 = 3{,}4$ ermittelt.

Die statistischen Kenngrößen sind:

In der Anzeige steht das Symbol Σ

Vor Beginn einer statistischen Berechnung müssen die Statistikspeicher gelöscht werden. Dies geschieht durch Ausschalten des Rechners oder mit der Löschtaste.

[ΣOUT] [ΣC]

Eingabe		Anzeige	Kommentar
3,2	[DATA]	3,2	erster Meßwert
3	[DATA]	3	
4	[DATA]	4	
3,8	[DATA]	3,8	
3,4	[DATA]	3,4	n = 5

[ΣOUT] [Σx]	17,4	Σx
[ΣOUT] [$Σx^2$]	61,24	$Σx^2$
[ΣOUT] [n]	5	n
[ΣOUT] [σ]	0,4147	σ
[ΣOUT] [V]	0,1376	V
[ΣOUT] [$\bar{x}$]	3,48	$\bar{x}$

K) Rechnen mit Funktionen

Beispiel 1: $\ln\left(3{,}5 + \sqrt[6{,}25]{9{,}5}\right) = 1{,}5961$

Eingabe	Anzeige
9,5 [INV] [$\sqrt[x]{y}$]	9,5
6,25 [+]	1,4336
3,5 [=]	4,9336
[ln]	1,5961

Beispiel 2: $\dfrac{e^{3 + \ln 2}}{5{,}25 + \sqrt[0{,}75]{6}} = 2{,}4870$

Eingabe	Anzeige	Kommentar
3 [+]	3	
2 [ln]	0,6931	
[=]	3,6931	Exponent
[INV] [e^x]	40,1710	Zähler
[÷] [[(]	40,1710	Nenner wird in Klammern gesetzt

6 [INV] [$\sqrt[x]{y}$]		
0,75 [+]	10,9027	Wurzel
5,25 [)]]	16,1527	Nenner
[=]	2,4870	Ergebnis

Beispiel 3: $\log (75 + e^{-2,25}) = 1,8757$

Eingabe	Anzeige
75 [+]	75
2,25 [+/–] [INV] [e^x]	0,1054
[=]	75,1054
[log]	1,8757

L) Trigonometrie

Beispiel 1: $\sin^2 30^0 + \cos^2 30^0 = 1$

Eingabe	Anzeige
30 [MS] [sin]	0,5
[INV] [x^2] [+]	0,25
[M_C^R] [cos]	0,8660
[INV] [x^2] [=]	1

Beispiel 2: $\cosh^2 1,7986 - \sinh^2 1,7986 = 1$

Eingabe	Anzeige
1,7986 [MS]	1,7986
[HYP] [cos]	3,1033
[INV] [x^2] [–]	9,6308
[M_C^R] [HYP] [sin]	2,9378
[INV] [x^2] [=]	1,0000

§ 9 Beispiele für die obere Rechenstufe mit dem wissenschaftlichen Rechner CASIO fx – 180 P

A) Hinweise

Dieses hochleistungsfähige Gerät arbeitet mit echter Algebralogik (Beurteilung der Prioritätsoperationen) und erlaubt den Gebrauch von bis zu 18 Klammerausdrücken in sechs Klammerebenen.

Die Hauptmerkmale sind 55 Funktionen, sieben Speicherregister, Regressionsanalysis, Integrale und bis zu 38 programmierbare Schritte für Dauerberechnungen.

Die Vielfalt der Operationsmöglichkeiten auch nur annähernd zu demonstrieren, würde den Rahmen dieser Abhandlung erheblich überschreiten.

Drei wesentliche Bereiche jedoch, die über der Kapazität des vorher behandelten Rechners liegen, möchte ich näher erläutern.

Es sind dies:

B) Speicherrechnen

1. Der unabhängige oder M-Speicher:
Die in der Sichtanzeige angezeigte Zahl wird in den M-Speicher eingegeben, indem man nach der [INV] Taste die [Min] Taste betätigt. Die vorher im Speicher enthaltenen Daten werden dadurch automatisch gelöscht.

Der Abruf erfolgt durch Drücken der Taste [MR] ohne den Speicherinhalt zu löschen.

Ein neuer Wert wird durch Betätigung der Taste [M+] zum Speicherinhalt addiert und mittels [INV] [M–] Tasten davon subtrahiert.

Der in den unabhängigen Speicher übertragene Inhalt bleibt erhalten, auch wenn der Stromschalter nachher abgeschaltet wird.

2. Der Konstantenspeicher:
Dieser Speicher ist sozusagen „sechswertig".

Die Eingabe erfolgt durch Drücken der Tasten [Kin] und [1] bis [6] jeweils in einen der Konstantenspeicher.

Eine bereits eingespeicherte Zahl wird automatisch gelöscht.
Abgerufen wird der Speicherinhalt mittels Taste [Kout] und der Speichernummer [1] bis [6].

Auch hier wird durch Abschalten des Stromschalters der Speicherinhalt nicht gelöscht.

Speicherrechnungen

a) unabhängiger Speicher

1. Beispiel

	Bedienung	**Sichtanzeige**
51 + 8 = 59	51 + 8 [=] [INV] [Min]	59
25 − 6 = 19	25 − 6 [M+]	19
33 x 3 = 99	33 x 3 [M+]	99
+) 112 : 4 = 28	112 : 4 [M+]	28
Σ = 205	[MR]	205

2. Beispiel

	Bedienung	**Sichtanzeige**
8 + 8 − 8 = 8	8 [INV] [Min]	8
	[M+] [INV] [M−]	8
+ 3 x 4 = 12	3 x 4 [M+]	12
+ 3 x 4 = 12	[M+]	12
+ 3 x 4 = 12	[M+]	12
− 3 x 4 = − 12	[INV] [M−]	12
Σ = 32	[MR]	32

3. Beispiel

	Bedienung	**Sichtanzeige**
13 x 5 = 65	5 [x] [x] 13 [=]	65
	[INV] [Min]	65
− 28 x 5 = − 140	28 [INV] [M−]	140
+ 17 x 5 = 85	17 [M+]	85
Σ = 10	[MR]	10

b) sechs – Konstantenspeicher

1. Beispiel	Bedienung	Sichtanzeige
204,8 : 3,2 = 64	204,8 [Kin] [1] [÷] 3,2 [=]	64
204,8 : 4,0 = 51,2	[Kout] [1] [÷] 4 [=]	51,2
204,8 : 32 = 6,4	[Kout] [1] [÷] 32 [=]	6,4

2. Beispiel	Bedienung	Sichtanzeige
$\frac{18 \times 12 + 6}{(8 - 3) \times 6} = 7{,}4$	18 [x] 12 [+] 6 [=] [Kin] [1]	222
	[[(] 8 – 3 [)]] [x] 6 [=] [Kin] [2]	30
	[Kout] [1] [÷] [Kout] [2] [=]	7,4

3. Beispiel

	7 x	8 x	9 =	504
	4 x	5 x	6 =	120
	3 x	6 x	9 =	162
Summe	14	19	24	786

Bedienung:	Sichtanzeige:
7 [Kin] [1] [x] 8 [Kin] [2] [x] 9 [Kin] 3 [=] [INV] [Min]	504
4 [Kin] [+] [1] [x] 5 [Kin] [+] 2 [x] 6 [Kin] [+] 3 [M +]	120
3 [Kin] [+] [1] [x] 6 [Kin] [+] 2 [x] 9 [Kin] [+] 3 [M +]	162
[Kout] [1]	14
[Kout] [2]	19
[Kout] [3]	24
[MR]	786

C) Programmrechnen

Die Programmkapazität des Rechners beträgt 38 Schritte. Die Programmaufstellung kann in zwei Gruppen (Taste [P1] oder Taste [P2]) unterteilt und danach unabhängig voneinander gebraucht werden.

Programmeingabe:

Betriebsart „LRN" wählen: Taste [MODE] [0]

Programmnummer bestimmen: Taste [P1]

oder Taste [INV] [P2]

Eingabe der Formel
in der mathematisch richtigen Reihenfolge.
(Jede Taste ist ein Programmschritt).
Vor Eingabe
eine variablen Datenwertes: Taste [ENT]

Taste [=] beendet die Eingabe.

Programmdurchführung:

Betriebsart „RUN" wählen: Taste [MODE] [·]

Programmnummer bestimmen: Taste [P1]

oder Taste [INV] [P2]

Eingabe eines beliebigen Datenwertes
und dann Taste [RUN] drücken.

In der Sichtanzeige erscheint das ERGEBNIS.

Programmrechnungen

1. Beispiel

Berechne die Oberfläche einer Kugel mit den Radien 10 cm, 15 cm, 20 cm

Formel: $O = 4 \cdot r^2 \cdot \pi$

Tastenbedienung in der mathematisch richtigen Eingabe

4 [x] [ENT] 10 [Kin] [1] [INV] [x^2] [x] [EXP / π] [=]

Programmeingabe:

	Bedienung	Sichtanzeige
Betriebsart „LRN"	[MODE] [0]	0
Programm Nr.	[P1]	0 P1
Eingabe der Formel	4	4
	[x]	4
	[ENT] 10	10
	[Kin] [1]	10
	[INV] [x^2]	100
Oberfläche:	[x] [EXP π] [=]	1256,6370 . . .

Programmdurchführung:

	Bedienung	Sichtanzeige
Betriebsart „RUN"	[MODE] [·]	0
Programm Nr.	[P1]	4
Radius 10 cm, O =	10 [RUN]	1256,6370 . . .
Radius 15 cm, O =	[P1] 15 [RUN]	2827,4333 . . .
Radius 20 cm, O =	[P1] 20 [RUN]	5026,5482 . . .

2. Beispiel

Berechne die Oberfläche und das Volumen einer Kugel mit den Radien 10 cm, 15 cm, 20 cm

Formel: $O = 4 \cdot r^2 \cdot \pi$

$$V = \frac{4 \cdot r^3 \cdot \pi}{3}$$

daher: $V = O \cdot \frac{r}{3}$

Folgerung:

Die Programmeingabe vom 1. Beispiel muß zur Bestimmung des Kugelvolumens mit $\frac{r}{3}$ multipliziert werden.

Mathematisch richtige Eingabe von $\cdot \frac{r}{3} =$

[x] [ENT] [Kout] [1] [÷] 3 [=]

Programmeingabe:

	Bedienung	Sichtanzeige
von Beispiel 1	[MODE] [0] [P1]	0 P1
↓	4 [x]	4
	[ENT] 10	10
	[Kin] [1]	10
	[INV] [x^2]	100
	[x] [EXP π]	π
Oberfläche R = 10 cm →	[x]	1256,63 . . . O
	[ENT] [Kout] [1]	10
Volumen R = 10 cm →	[÷] 3 [=]	4188,79 . . . V

Programmdurchführung:

	Bedienung	Sichtanzeige
Betriebsart „RUN"	[MODE] [·]	
Programm Nr.	[P1]	4
R 10 cm O =	10 [RUN]	1256,63 . . .
V =	[Kout] [1] [RUN]	4188,79 . . .
R 15 cm O =	[P1] 15 [RUN]	2827,43 . . .

V =	[Kout] [1] [RUN]	14137,17 ...
R 20 cm O =	[P1] 20 [RUN]	5026,55 ...
V =	[Kout] [1] [RUN]	33510,32 ...

3. Beispiel

Ein Betrag von 1200 DM wird jährlich vorschüssig auf ein Bankkonto einbezahlt und zu 5,75% verzinst. Wie hoch ist das Kapital mit Zins und Zinseszinsen nach 1, 2 ... 10 Jahren?

Formel: $K_n = P \cdot \frac{q^n - 1}{q - 1} \cdot q$

wobei: P = 1200 DM ; q = 1,0575

n = Anzahl der Jahre

Programmeingabe:

Datenwert ↓ (bei 1 nach ENT)

[MODE] [0] [P1] 1,0575 [Kin] [1] [INV] [x] [ENT] 1 [−] 1 [)]]

[÷] [[(] [Kout] [1] [−] 1 [)]] [x] [Kout] [1] [x] 1200 [=]

Programmdurchführung:

	Bedienung	Sichtanzeige
[MODE] [·]	[P1] 1 [RUN]	1269,00 DM
	[P1] 2 [RUN]	2610,97 DM
	[P1] 3 [RUN]	4030,10 DM
	[P1] 4 [RUN]	5530,83 DM
	[P1] 5 [RUN]	7117,85 DM
	[P1] 6 [RUN]	8796,13 DM

[P1] 7 [RUN]	10570,91 DM
[P1] 8 [RUN]	12447,73 DM
[P1] 9 [RUN]	14432,48 DM
[P1] 10 [RUN]	16531,34 DM

Soll nicht nur die Zahl der Jahre (n) sondern auch die jährlich einbezahlte Sparprämie (P) sowie der Verzinsungsfaktor (q) variabel sein, so muß bei Eingabe der Formel vor P und q ebenfalls die Taste [ENT] gedrückt werden.

Programmeingabe:

[MODE] [0] [P1] [ENT] 1,0575 (↑ q) [Kin] [1] [INV] [x] [ENT] 1 (↑ n) [–] 1 [)]]

[÷] [[(] [Kout] [1] [–] 1 [)]] [x] [Kout] [1] [x] [ENT] 1200 (↑ P) [=]

Bei der Durchführung des Programmes können nun für die Variablen q, n, und P beliebige Werte eingegeben werden.

Nach Wahl der Betriebsart „RUN" durch Tasten [MODE] [·]

und der Programm Nr. durch Taste [P1]

drückt man q [RUN], n [RUN], P [RUN]

und erhält das entsprechende Kapital K_n.

Programmdurchführung

Zum Beispiel	**Bedienung:**	**Sichtanzeige:**
für	[MODE] [·]	
q = 1,0575	[P1] 1,0575 [RUN]	
n = 1	1 [RUN]	
P = 1200	1200 [RUN]	1.269,00 K_n

$q = 1{,}04$	P1 1,04 RUN		
$n = 8$	8 RUN		
$P = 1500$	1500 RUN	14.374,19	K_n
$q = 1{,}06$	P1 1,06 RUN		
$n = 25$	25 RUN		
$P = 800$	800 RUN	46.525,11	K_n
$q = 1{,}075$	P1 1,075 RUN		
$n = 45$	45 RUN		
$P = 3600$	3600 RUN	1.285.089,67	K_n

Problemstellung

Ein Betrag von $\mathbf{K_o}$ **DM** wird zu **p %** ausgeliehen.
Wann ist die Schuld getilgt, wenn jährliche Teilrückzahlungen in Höhe von **P DM** erfolgen?

Beispiele:

$K_o =$	30000 DM,	50000 DM,	25000 DM,	100000 DM
$p =$	6%,	5,5%,	7,25%,	6,75%
$P =$	4000 DM,	3600 DM,	5000 DM,	6500 DM

Formel: $$n = \frac{-1 \cdot \log \left[1 - \frac{K_o}{P} \cdot (q-1)\right]}{\log q}$$

Programmeingabe:		**Kommentar:**
Bedienung		Betriebsart und
MODE 0 P1		Programmnummer
ENT 1,06 Kin 1	=	(q − 1) wobei
− 1)]		q in Speicher 1

[x] [ENT] 3 [EXP] 4	=	x 30000 (ENT = variabel)
[÷] [ENT] 4 [EXP] 3 [)]]	=	: 4000 (ENT = variabel)
[+/−]	=	Vorzeichen → minus
[+] 1 [)]]	=	plus 1, Klammer zu
[log]	=	logarithmieren
[+/−]	=	mal minus 1
[÷] [[(] [Kout] [1] [log]	=	dividiert durch log 1,06
[=]	=	Anzahl der Jahre

Programmdurchführung:

Zum Beispiel	Bedienung:				Sichtanzeige:
für		[MODE]	[·]		
q = 1,06	[P1]		1,06	[RUN]	0,06
K_o = 30000	3	[EXP]	4	[RUN]	1800
P = 4000	4	[EXP]	3	[RUN]	10,25997 Jahre
q = 1,055	[P1]		1,055	[RUN]	0,055
K_o = 50000	5	[EXP]	4	[RUN]	2750
P = 3600	3,6	[EXP]	3	[RUN]	26,95988 Jahre
q = 1,0725	[P1]		1,0725	[RUN]	0,0725
K_o = 25000	2,5	[EXP]	4	[RUN]	1812,50
P = 5000	5	[EXP]	3	[RUN]	6,43214 Jahre
q = 1,0675	[P1]		1,0675	[RUN]	0,0675
K_o = 100 000	1	[EXP]	5	[RUN]	6750
P = 6500	6,5	[EXP]	3	[RUN]	E

Im letzten Beispiel erscheint in Zeile 3 für die Anzahl der Jahre der Buchstabe „E".

Der Rechner drückt damit aus, daß mit einer Teilrückzahlung von jährlich 6500 DM die Schuld nie getilgt werden kann.

P muß größer sein als der Betrag in Zeile 2, also hier $>$ 6750 DM.

In Zeile 1 erscheint jeweils der Wert p dezimal.

D) Integralrechnen

Die für das Integrieren der aufgestellten Funktion angewendete Annäherungsmethode ist die Simpsonsche Regel. Bei dieser Methode muß das Integralintervall in gleiche Teile zerlegt werden.

Wenn nun die Anzahl der Unterteilungen nicht spezifiziert ist, so wird sie automatisch durch den Rechner anhand der Funktionsart bestimmt.

Bestimmung der Funktion f (x)

Betriebsart „LRN" wählen: Taste [MODE] [0]

Programmnummer bestimmen: Taste [P1]

oder Taste [INV] [P2]

Eingabe in das M-Register Taste [INV] [Min]

(Dies wird für den ersten Programmschritt benötigt, um den variablen Wert x der Funktion f (x) dem M-Register zuzuordnen.

Den Funktionsausdruck f (x) durch echte Algebralogik aufstellen.

Die Taste [MR] drücken, um den variablen Wert x darzustellen.

Die Taste [=] muß am Schluß eingegeben werden.

Beispiel: Für $f(x) = \frac{1}{x^2 + 1}$

muß in der Reihenfolge von

[1] [÷] [I(] [MR] [INV] [x^2] [+] [1] [)I] [=] durchgeführt sein.

Durchführung:

Betriebsart „∫dx" wählen: Taste [MODE] [1]

Programmnummer bestimmen: Taste [P1]

oder Taste [INV] [P2]

Das Integralintervall bestimmen (a, b)

Den Wert a eingeben, dann Taste [RUN]

Den Wert b eingeben, dann Taste [RUN]

Das ERGEBNIS wird in Sekunden, oder manchmal auch erst in Minutenbruchteilen mit fließendem Komma in der Sichtanzeige ausgewiesen.

Integralrechnungen

1. Beispiel:

Berechne $\int_2^5 f(x)\, dx$ wenn $f(x)\ 3x^2 + 5x + 2$

$a = 2, b = 5$

Kommentar	Bedienung	Sichtanzeige
Betriebsart „LRN"	[MODE] [0]	0 P1 P2
Programm Nr.	[P1]	0 P1
Wert x → M-Register	[INV] [Min]	0 P1

Aufstellen von f (x)

Eingabe: 3 [x] [MR] [INV] [x^2] [+] 5 [x] [MR] [+] 2 [=]

Kommentar	Bedienung	Sichtanzeige
Betriebsart „ ∫dx"	[MODE] [1]	2
Programm Nr.	[P1]	0
Wert von a	2 [RUN]	2
Wert von b	5 [RUN]	1,755 x 10^2
		$= \int_2^5 f(x)\, dx$
Speicherregister		
a	[Kout] [1]	2
b	[Kout] [2]	5

$N = 2^n$	[Kout] [3]	8
f (a)	[Kout] [4]	24
f (b)	[Kout] [5]	102
$\int_a^b f(x)\,dx$	[Kout] [6]	175,5

2. Beispiel:

Berechne $\int_3^6 f(x)\,dx$ und $\int_4^8 f(x)\,dx$

wenn $f(x) = 3x^3 + 4x + 5$

$a_1 = 3$, $b_1 = 6$, $a_2 = 4$, $b_2 = 8$

Kommentar	Bedienung	Sichtanzeige
Betriebsart „LRN"	[MODE] [0]	0 P1 P2
Programm Nr.	[P1]	0 P1
Wert x → M-Register	[INV] [Min]	0 P1

Eingabe: 3 [x] [MR] [INV] [x] 3 [+] 4 [x] [MR] [+] 5 [=]

Betriebsart „ ∫dx"	[MODE] [1]	5
Programm Nr.	[P1]	0
Wert von a_1	3 [RUN]	3
Wert von b_1	6 [RUN]	$9{,}8025^{02}$
Programm Nr.	[P1]	0
Wert von a_2	4 [RUN]	4
Wert von b_2	8 [RUN]	$2{,}9960^{03}$
		$= \int_4^8 f(x)\,dx$

Speicherregister

a_2	Kout 1	4
b_2	Kout 2	8
f (a)	Kout 4	213
f (b)	Kout 5	1573
$\int_a^b f(x)\,dx$	Kout 6	2996

3. Beispiel:

Bestimme die Fläche unter der Kurve

$f(x) = x^2 - 2x - 3$

in den Grenzen $x = 0$ bis $x = 4$.

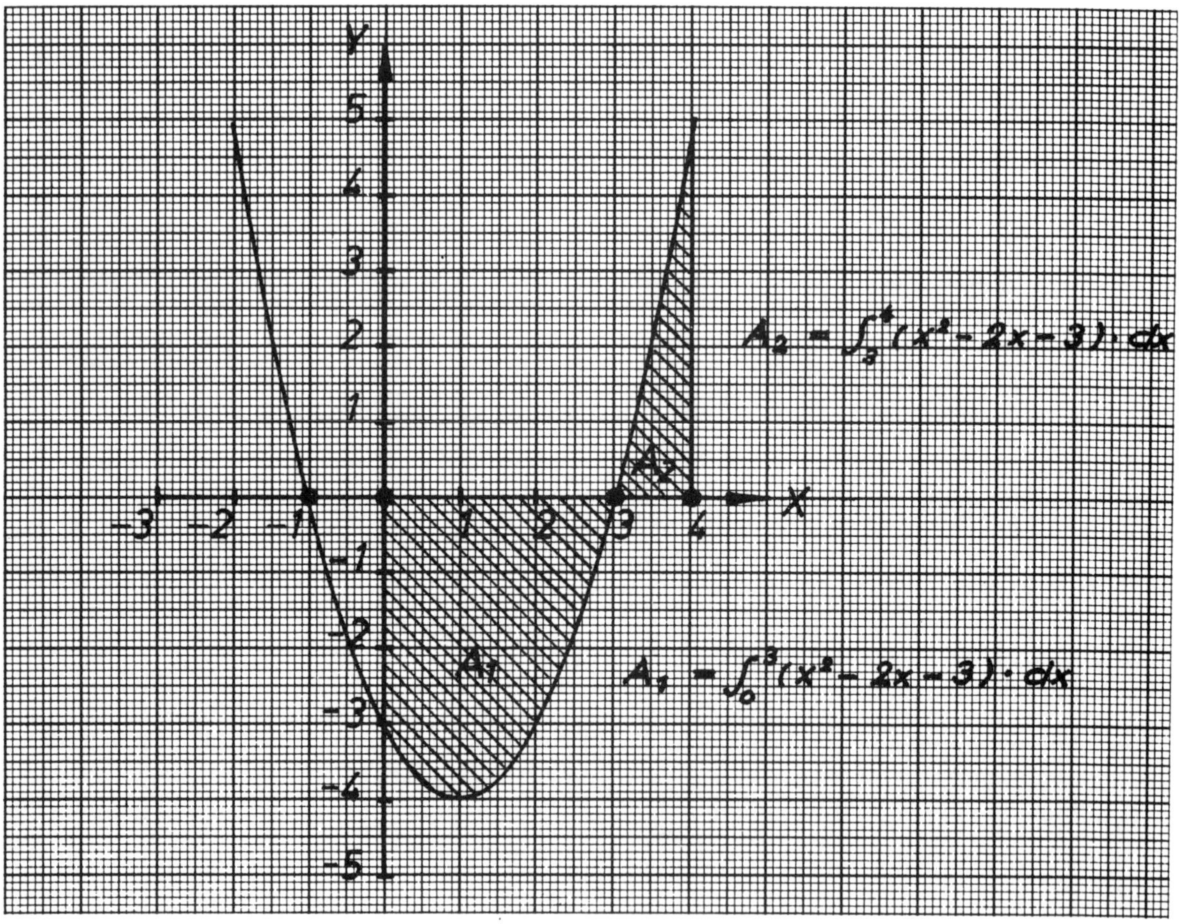

$a_1 = 0,\ b_1 = 3$

$a_2 = 3,\ b_2 = 4$

Kommentar	Bedienung	Sichtanzeige
Betriebsart „LRN"	MODE 0	0 P1 P2
Programm Nr.	INV P2	0 P2
Wert x → M-Register	INV Min	0 P2

Eingabe: MR INV x^2 − 2 x MR − 3 =

Kommentar	Bedienung	Sichtanzeige
Betriebsart „ ∫dx"	MODE 1	− 3
Programm Nr.	INV P2	0 ENT P2
Wert von a_1	0 RUN	0 ENT P2
Wert von b_1	3 RUN	A_1 = − 9,00000...^{00}
Programm Nr.	INV P2	0 ENT P2
Wert von a_2	3 RUN	ENT P2
Wert von b_2	4 RUN	A_2 = 2,33333...^{00}

Gesamtfläche = Absolutbetrag

$$= A_1 + A_2 = 9{,}0 + 2\frac{1}{3} = \mathbf{11\,\frac{1}{3}}$$

Speicherregister A_2

a_2	Kout 1	3
b_2	Kout 2	4
f (a)	Kout 4	0
f (b)	Kout 5	5
$\int_a^b f(x)\,dx$	Kout 6	2,33333...

§ 10 Ausblick

Das menschliche Gehirn – und zwar jener Teil, der als Langzeitgedächtnis wirkt – hat eine Kapazität von 10^{12} bit, eine Speicherdichte von 10^{9} bit/cm^{3} und eine Zugriffszeit von 0,1 Sekunden.

Es ist noch nicht gelungen, alle drei Parameter in einem technischen Speicher nachzubilden. Vor allem die Speicherdichte stellt eine kaum erfüllbare Forderung an eine künstliche Materie. Mit optischen Speichern, mit Laserlicht in Hologramme eingeschrieben, ja sogar mit Biochips, hofft man, die heutige Grenze der technischen Speicher noch erhöhen zu können.

Vergleichen wir auf der einfachen Stufe der Informationsmenge pro Flächeneinheit den Computer mit dem menschlichen Gehirn und nehmen dazu an, daß jede Synapse (Kontaktstelle zweier Gehirnzellen) einem Speicherelement äquivalent sei.

Das Gehirn enthält etwa 10^{13} Synapsen ($\approx$ bits). Noch 1950 wäre ein Computerberg von 500 Metern Höhe nötig gewesen, um die gleiche Kapazität wie das Gehirn zu besitzen.

Unterdessen hat sich die Speichergröße um das 800fache vermindert und sie vermindert sich weiter.

Mit einer Extrapolation auf das Jahr 2084 und einer jährlichen Fortschrittsrate um 20 % gelangt man zu der erstaunlichen Schlußfolgerung, daß die Informationsdichte des Computers diejenige des menschlichen Gehirns überholen wird, es sei denn, die Evolution des „homo faber" würde sich schlagartig beschleunigen – was kaum zu erwarten ist, wenigstens geistig nicht.

Dieser Vergleich ist nicht ganz korrekt, denn das Gehirn verfügt über Assoziierungstricks, mit denen es die Speicherfähigkeit erhöht, die der Computer noch nicht imitieren kann. Dennoch wird der Computer in 100 Jahren, wenn wir uns an das errechnete Wachstum halten, die Speicherkapazität von mehr als 10.000 menschlichen Gehirnen aufweisen.

Es ist jedoch kaum anzunehmen, daß Halbleiterspeicher, integrierte Schaltkreise oder Magnetblasenspeicher größenmäßig während der nächsten 100 Jahre sich mit gleicher Geschwindigkeit entwickeln werden.

Für einen Fortschritt, wie wir ihn extrapoliert haben, sind grundlegend neue Speicherelemente notwendig.

Wünschenswert wäre etwa eine komplexe dreidimensionale Speicherzelle mit der Fähigkeit der Selbstverdopplung.
Auch der Biochip spukt in unseren Gehirnen.

Die Natur bietet uns ein entsprechendes Modell an, nämlich die DNS-Spirale mit ihrem genetischen Speicher von 10^{10} bits, welche sich selbst unter Anpassung an neue Erfahrungen aus ihrer eigenen Speichermasse neu aufbauen kann.

Das DNS-Molekül hat nicht nur einen ganz spezifischen, chemischen Aufbau, sondern auch eine einzigartige Struktur, durch die ihr Informationsinhalt bestimmt ist.

In einigen Labors sind Forschungen um die Problematik des biomolekularen Computers im Gange.

Man versucht, sich selbst organisierende Systeme, ähnlich dem DNS-Molekül zu bauen.

Da uns aber der Herrgott seine Konstruktionspläne für das menschliche Gehirn nicht überlassen hat, müßte dazu der forschende Mensch das Gehirn neu erfinden.

GEBRAUCHSRECHNEN

Anwendung bürgerlicher und gewerblicher Rechnungsarten

Einleitung

In der Rechengruppe **ARITHMETIK** werden unter 3. Kapitel

Schlußrechnungen, Prozentrechnungen, Zinsrechnungen, Verteilungsrechnungen

die jeweiligen Rechenprinzipien und ihre Anwendung erklärt.

In der Rechengruppe **GEBRAUCHSRECHNEN** werden diese Rechenarten und ihre Prinzipien für die allgemeine bürgerliche und gewerbliche Rechnung zur Anwendung gebracht.

Es wird empfohlen, bei Unsicherheit vor Einstieg in das Gebrauchsrechnen **ARITHMETIK** 3. Kapitel § 29–30–31–32–33 durchzulesen.

1. Kapitel

Zins- und Zinseszinsrechnung

§ 1 Zinsrechnung

Bezeichnungen:

K_0 = Kapital; p = Zinsfuß; z = Zins; t = Laufzeit in Tagen.

In der Praxis werden Zinsen meistens auf Tage (t) berechnet, wobei jeder Monat mit 30 Tagen angenommen wird.

Zinsformel

(z) Zins für Kapital (K_0) bei (p) Prozent in (t) Tagen

$$z = \frac{K_0 \cdot p \cdot t}{100 \cdot 360}$$

1. Beispiel:

Wie hoch ist der Zins, wenn ein Kapital von 40000 DM 270 Tage lang zu 4,5 % verzinst wird?

Lösung:

$$z = \frac{K_0 \cdot p \cdot t}{100 \cdot 360}$$

$$z = \frac{40000 \cdot 4{,}5 \cdot 270}{100 \cdot 360} = \mathbf{1350\ DM}$$

2. Beispiel:

Wie lange muß ein Kapital von 40000 DM zu 4,5 % verzinst werden, um 1350 DM Zinsen zu ertragen?

Lösung:

$$t = \frac{z \cdot 100 \cdot 360}{K_0 \cdot p}$$

$$t = \frac{1350 \cdot 100 \cdot 360}{40000 \cdot 4{,}5} = \mathbf{270\ Tage}$$

3. Beispiel:

Welches Kapital ist erforderlich, um in 270 Tagen bei einem Zinsfuß von 4,5 %, 1350 DM Zinsen zu ertragen?

Lösung:

$$K_0 = \frac{z \cdot 100 \cdot 360}{p \cdot t}$$

$$K_0 = \frac{1350 \cdot 100 \cdot 360}{4{,}5 \cdot 270} = \mathbf{40000\ DM}$$

4. Beispiel:

Wie hoch muß ein Kapital von 40000 DM verzinst werden, damit es in 270 Tagen 1350 DM Zinsen erträgt?

Lösung:

$$p = \frac{z \cdot 100 \cdot 360}{K_0 \cdot t}$$

$$p = \frac{1350 \cdot 100 \cdot 360}{40000 \cdot 270} = \mathbf{4{,}5\,\%}$$

§ 2 Zinseszinsrechnung

K_0 = Anfangskapital; K_n = Endkapital; z = Zins; p = Zinsfuß; n = Laufzeit in Jahren; q = Verzinsungsfaktor.

Ein Kapital K_0 zu p% verzinst wächst am Ende des ersten Jahres auf:

$$K_1 = K_0 + z$$

gleich

$$K_1 = K_0 \cdot \left(1 + \frac{p}{100}\right)$$

Beispiel:

K_0 = 800 DM; p = 6%

$$z = \frac{800 \cdot 6 \cdot 360}{100 \cdot 360} = \frac{800 \cdot 6}{100} = 48 \text{ DM}$$

$$K_1 = 800 + 48 = 848 \text{ DM}$$

gleich:

$$K_1 = 800 \cdot \left(1 + \frac{6}{100}\right) = \mathbf{848\ DM}$$

Durch Multiplikation von K_0 mit $\left(1 + \frac{p}{100}\right)$ erhält man denselben Wert K_1.

Den Wert $1 + \frac{p}{100}$ nennt man q = Verzinsungsfaktor

Multipliziert man das Anfangskapital K_0 mit dem Verzinsungsfaktor q, so erhält man das Kapital K_1 am Ende des ersten Jahres.

Wird jeweils der am Ende eines Jahres fällige Zins zum Kapital geschlagen und im neuen Rechnungsjahr mit verzinst, so spricht man:

„Das Kapital steht auf Zinseszinsen".

Merke: $q = 1 + \frac{p}{100}$

Das Anfangskapital nimmt so folgende Beträge an:

am Ende des 1. Jahres	$K_1 = K_0 \cdot q$
am Ende des 2. Jahres	$K_2 = K_1 \cdot q = K_0 \cdot q \cdot q = K_0 \cdot q^2$
am Ende des 3. Jahres	$K_3 = K_2 \cdot q = K_0 \cdot q^2 \cdot q = K_0 \cdot q^3$
am Ende des n-Jahres:	

Zinseszinsformel: $K_n = K_0 \cdot q^n$

1. Beispiel:

Welches Endkapital erhält man nach 20 Jahren, wenn das Anfangskapital von 12500 DM mit 7,5% auf Zinseszinsen steht?

Lösung:

$$K_n = K_0 \cdot q^n$$
$$K_n = 12500 \cdot 1{,}075^{20} = \mathbf{53098{,}14\ DM}$$

2. Beispiel:

Wie hoch muß das Anfangskapital sein, damit nach 20 Jahren durch 7,5% Zins und Zinseszins ein Endkapital von 53098,14 DM erzielt wird?

Lösung:

$$K_0 = \frac{K_n}{q^n}$$

$$K_0 = \frac{53098{,}14}{1{,}075^{20}} = \mathbf{12500\ DM}$$

3. Beispiel:

Welcher Verzinsungsfaktor ist erforderlich, damit nach 20 Jahren aus einem Anfangskapital von 12500 DM ein Endkapital von 53098,14 DM erzielt wird?

Lösung:

$$K_n = K_0 \cdot q^n$$

$$\text{folglich: } q^n = \frac{K_n}{K_0}$$

$$\text{hieraus: } q = \sqrt[n]{\frac{K_n}{K_0}}$$

$$q = \sqrt[20]{\frac{53098{,}14}{12500}} = \mathbf{1{,}075}$$

4. Beispiel:

Wieviel Jahre muß ein Anfangskapital von 12500 DM zu 7,5% verzinseszinst werden, damit ein Endkapital von 53098,14 DM erzielt wird?

Lösung:

aus Beispiel 3. → $q^n = \frac{K_n}{K_0}$

logarithmiert → $n \cdot \log q = \log K_n - \log K_0$

folglich → $n = \frac{\log K_n - \log K_0}{\log q}$

in Werten → $n = \frac{\log 53098{,}14 - \log 12500}{\log 1{,}075} =$ **20 Jahre**

2. Kapitel

Auf- und Abzinsung sowie Vervielfachung eines Kapitals durch Zins- und Zinseszins

§ 3 Rentenrechnungen

Begriffe:

Auf- oder Abzinsung

jeweils

vor- oder nachschüssige Zahlungsweise

Bezeichnungen:

K_0 = Anfangskapital = Grundkapital
K_n = Kapital am Ende des n-ten Jahres
P = jährliche Einzahlung (Prämie)
R = jährliche Auszahlung (Rente)
p = Prozentsatz
q = Verzinsungsfaktor
n = Anzahl der Jahre

A) Aufzinsung bei jährlicher Einzahlung <u>ohne</u> Grundkapital

vorschüssig: $K_n = P \cdot \frac{q^n - 1}{q - 1} \cdot q$

nachschüssig: $K_n = P \cdot \frac{q^n - 1}{q - 1}$

1. Beispiel:

Die Einzahlung einer jährlichen Prämie, jeweils am Anfang des Rechnungsjahres, beträgt 1200 DM. Wie hoch ist das Kapital nach 18 Jahren bei 6% Zinseszins?

Lösung:

$$K_n = P \cdot \frac{q^n - 1}{q - 1} \cdot q \quad \text{(vorschüssig)}$$

$$K_n = 1200 \cdot \frac{1{,}06^{18} - 1}{1{,}06 - 1} \cdot 1{,}06 = \mathbf{39311{,}99\ DM}$$

2. Beispiel:

Wie vorher, jedoch Einzahlung am Ende des jeweiligen Jahres?

Lösung:

$$K_n = P \cdot \frac{q^n - 1}{q - 1} \quad \text{(nachschüssig)}$$

$$K_n = 1200 \cdot \frac{1{,}06^{18} - 1}{1{,}06 - 1} = \mathbf{37086{,}78\ DM}$$

Beachte:

Bei vorschüssiger Einzahlung ist die Ertragsmehrung: 2225,21 DM

Bei der Einzahlung von
18 × 1200 DM = 21600 DM
ist dies ein Plus von 10,30%!

3. Beispiel:

Wie hoch muß die jährliche vorschüssige Prämie sein, um bei 6% Zinseszins nach 18 Jahren ein Endkapital von 39311,99 DM zu erzielen?

Lösung:

$$P = \frac{K_n}{q} \cdot \frac{q - 1}{q^n - 1}$$

$$P = \frac{39311{,}99}{1{,}06} \cdot \frac{1{,}06 - 1}{1{,}06^{18} - 1} = \mathbf{1200\ DM}$$

4. Beispiel:

Wie lange muß eine jährliche, vorschüssige Prämie von 1200 DM bei einem Zinseszins von 6% geleistet werden, um ein Endkapital von 39311,99 DM zu erzielen?

Lösung:

$$n = \frac{\log\left(\frac{K_n}{q} \cdot \frac{q - 1}{P} + 1\right)}{\log q}$$

$$n = \frac{\log\left(\frac{39311{,}99}{1{,}06} \cdot \frac{1{,}06 - 1}{1200} + 1\right)}{\log 1{,}06} = \mathbf{18\ Jahre}$$

Umstellung der Formel:

$$P = \frac{K_n}{q} \cdot \frac{q - 1}{q^n - 1}$$

$$q^n - 1 = \frac{K_n}{q} \cdot \frac{q - 1}{P}$$

$$q^n = \frac{K_n}{q} \cdot \frac{q - 1}{P} + 1$$

$$n \cdot \log q = \log\left(\frac{K_n}{q} \cdot \frac{q - 1}{P} + 1\right)$$

$$n = \frac{\log\left(\frac{K_n}{q} \cdot \frac{q - 1}{P} + 1\right)}{\log q}$$

B) Aufzinsung bei jährlicher Einzahlung <u>mit</u> Grundkapital

Vorbemerkung:

Alle Beispiele nur für vorschüssige Zahlung.

vorschüssig: $$K_n = K_0 \cdot q^n + P \cdot \frac{q^n - 1}{q - 1} \cdot q$$

nachschüssig: $$K_n = K_0 \cdot q^n + P \cdot \frac{q^n - 1}{q - 1}$$

1. Beispiel:

Zu einem Grundkapital von 20000 DM werden jährliche Zahlungen von jeweils 2400 DM geleistet. Wie hoch ist das Endkapital nach 21 Jahren bei 5,5% Zinseszins?

Lösung:

$$K_n = K_0 \cdot q^n + P \cdot \frac{q^n - 1}{q - 1} \cdot q$$

$$K_n = 20000 \cdot 1{,}055^{21} + 2400 \cdot \frac{1{,}055^{21} - 1}{1{,}055 - 1} \cdot 1{,}055 =$$

$$K_n = \mathbf{157239{,}03\ DM}$$

2. Beispiel:

Zu einem Grundkapital von 20000 DM werden jährliche Zahlungen geleistet. Wie hoch müssen diese sein, daß nach 21 Jahren bei 5,5% Zinseszins ein Endkapital von 157239,03 DM erreicht wird?

Lösung:

$$P = \frac{(K_n - K_0 \cdot q^n) \cdot (q - 1)}{q \cdot (q^n - 1)}$$

$$P = \frac{(157239{,}03 - 20000 \cdot 1{,}055^{21}) \cdot (1{,}055 - 1)}{1{,}055 \cdot (1{,}055^{21} - 1)} =$$

$$P = \mathbf{2400\ DM}$$

Umstellung der Formel:

$$K_n = K_0 \cdot q^n + P \cdot \frac{q^n - 1}{q - 1} \cdot q$$

$$K_n - K_0 \cdot q^n = P \cdot q \cdot \frac{q^n - 1}{q - 1}$$

$$P \cdot q = \frac{(K_n - K_0 \cdot q^n) \cdot (q - 1)}{q^n - 1}$$

$$P = \frac{(K_n - K_0 \cdot q^n) \cdot (q - 1)}{q \cdot (q^n - 1)}$$

3. Beispiel:

Wie hoch muß ein Grundkapital sein, damit bei 5,5% Zinseszins, samt einer jährlichen Prämie von 2400 DM nach 21 Jahren ein Endkapital von 157 239,03 DM erzielt wird?

Lösung:

$$K_0 = [K_n - \left(P \cdot q \cdot \frac{q^n - 1}{q - 1}\right)] \cdot \frac{1}{q^n}$$

$$K_0 = [157\,239{,}03 - \left(2400 \cdot 1{,}055 \cdot \frac{1{,}055^{21} - 1}{1{,}055 - 1}\right)] \cdot \frac{1}{1{,}055^{21}} =$$

$$K_0 = \mathbf{20000\ DM}$$

Umstellung der Formel:

$$K_n = K_0 \cdot q^n + P \cdot \frac{q^n - 1}{q - 1} \cdot q$$

$$K_0 \cdot q^n = K_n - \left(P \cdot q \cdot \frac{q^n - 1}{q - 1}\right)$$

$$K_0 = [K_n - \left(P \cdot q \cdot \frac{q^n - 1}{q - 1}\right)] \cdot \frac{1}{q^n}$$

C) Abzinsung bei jährlicher Entnahme

Vorbemerkung:

Nachfolgend Beispiele nur bei nachschüssiger Entnahme.

vorschüssig: $K_n = K_0 \cdot q^n - R \cdot \frac{q^n - 1}{q - 1} \cdot q$

nachschüssig: $K_n = K_0 \cdot q^n - R \cdot \frac{q^n - 1}{q - 1}$

1. Beispiel:

Wie hoch ist das Restkapital, wenn 20 Jahre lang von einem zu 5% verzinstem Grundkapital von 350000 DM, monatlich eine Rente von 2000 DM (jährlich 24000 DM) entnommen wird?

Lösung:

$$K_n = K_0 \cdot q^n - R \cdot \frac{q^n - 1}{q - 1}$$

$$K_n = 350000 \cdot 1{,}05^{20} - 24000 \cdot \frac{1{,}05^{20} - 1}{1{,}05 - 1} = \mathbf{135071{,}30\ DM}$$

2. Beispiel:

Wie hoch ist ein zu 5% verzinstes Grundkapital, wenn man 20 Jahre lang eine jährliche Rente von 24000 DM entnimmt und dann noch ein Restkapital von 135071,30 DM verbleibt?

Lösung:

$$K_0 = \left(K_n + R \cdot \frac{q^n - 1}{q - 1}\right) \cdot \frac{1}{q^n}$$

$$K_0 = \left(135071{,}30 + 24000 \cdot \frac{1{,}05^{20} - 1}{1{,}05 - 1}\right) \cdot \frac{1}{1{,}05^{20}} =$$

$$K_0 = \mathbf{350000\ DM}$$

3. Beispiel:

In welcher Höhe kann eine jährliche Rente 20 Jahre lang entnommen werden, bis ein zu 5% verzinstes Grundkapital von 350000 DM auf ein Restkapital von 135071,30 DM reduziert ist?

Lösung:

$$R = (K_0 \cdot q^n - K_n) \cdot \frac{q - 1}{q^n - 1}$$

$$R = (350000 \cdot 1{,}05^{20} - 135071{,}30) \cdot \frac{1{,}05 - 1}{1{,}05^{20} - 1} = \mathbf{24000\ DM}$$

D) Entnahme einer jährlichen Rente ohne Minderung des Grundkapitals

1. Beispiel:

In welcher Höhe kann eine jährliche Rente einem zu 6% verzinsten Kapital von 350000 DM entnommen werden, daß nach 20 Jahren keine Minderung des Grundkapitals erfolgt?

Lösung:

$$K_0 \cdot q^n - R \cdot \frac{q^n - 1}{q - 1} = K_0$$

$$K_0 \cdot q^n = K_0 + R \cdot \frac{q^n - 1}{q - 1}$$

$$K_0 \cdot q^n - K_0 = R \cdot \frac{q^n - 1}{q - 1}$$

$$(K_0 \cdot q^n - K_0) \cdot \frac{q - 1}{q^n - 1} = R$$

$$R = (350000 \cdot 1{,}06^{20} - 350000) \cdot \frac{1{,}06 - 1}{1{,}06^{20} - 1} = \mathbf{21000\ DM}$$

Erfolgt eine jährliche Entnahme so lang, bis das Grundkapital aufgezehrt ist, dann wird $\mathbf{K_n = 0}$ und die Formel ist:

$$K_0 \cdot q^n - R \cdot \frac{q^n - 1}{q - 1} = 0$$

2. Beispiel:

Wie hoch muß ein zu 6% verzinstes Grundkapital sein, damit man 21 Jahre lang eine monatliche Rente in Höhe von 2479,30 DM entnehmen kann?

Lösung:

$$K_0 \cdot q^n - R \cdot \frac{q^n - 1}{q - 1} = 0$$

$$K_0 = R \cdot \frac{q^n - 1}{q - 1} \cdot \frac{1}{q^n}$$

$$K_0 = 2479{,}30 \cdot 12 \cdot \frac{1{,}06^{21} - 1}{1{,}06 - 1} \cdot \frac{1}{1{,}06^{21}} = \mathbf{350000\ DM}$$

3. Beispiel:

Welchen Betrag kann man als monatliche Rente auf die Dauer von 21 Jahren entnehmen, bis ein zu 6% verzinstes Kapital in Höhe von 350000 DM aufgezehrt ist?

Lösung:

$$K_0 \cdot q^n - R \cdot \frac{q^n - 1}{q - 1} = 0$$

$$K_0 \cdot q^n = R \cdot \frac{q^n - 1}{q - 1}$$

$$\frac{R}{12} = K_0 \cdot q^n \cdot \frac{q - 1}{q^n - 1} \cdot \frac{1}{12}$$

$$\frac{R}{12} = 350000 \cdot \frac{1{,}06 - 1}{1{,}06^{21} - 1} \cdot 1{,}06^{21} \cdot \frac{1}{12} = \mathbf{2479{,}30\ DM}$$

4. Beispiel:

Wie lange kann man von einem zu 6% verzinsten Grundkapital in Höhe von 350000 DM eine Rente von monatlich 2479,30 DM = jährlich 29751,59 DM, entnehmen?

Lösung:

$$n = \frac{\log R - \log [R - K_0 \cdot (q - 1)]}{\log q}$$

$$n = \frac{\log 29751{,}59 - \log [29751{,}59 - 350000 \cdot (1{,}06 - 1)]}{\log 1{,}06} =$$

$$n = \mathbf{21\ Jahre}$$

§ 4 Vervielfachung eines Kapitals durch Zins und Zinseszins

1. Beispiel:

Nach welcher Zeit hat sich ein zu 6% verzinstes Kapital verdoppelt?

Lösung:

$$K_n = K_0 \cdot q^n$$

bei Verdoppelung ist $K_n = 2 \cdot K_0$

$$K_0 \cdot q^n = 2 \cdot K_0$$

$$q^n = \frac{2 \cdot K_0}{K_0}$$

$$q^n = 2$$

$$n \cdot \log q = \log 2$$

$$n = \frac{\log 2}{\log q}$$

$$n = \frac{\log 2}{\log 1{,}06} = \mathbf{11{,}90\ Jahre}$$

Allgemeine Lösungsform:

Vervielfachungs-Faktor = a;
z. B. (2fach, 3fach, 4fach ... a-fach)

dann ist $a \cdot K_0 = K_0 \cdot q^n$

oder $K_0 \cdot q^n = a \cdot K_0$

$$q^n = \frac{a \cdot K_0}{K_0}$$

$$q^n = a$$

$$n \cdot \log q = \log a$$

Formel: $n = \dfrac{\log a}{\log q}$

2. Beispiel:

Nach welcher Zeit hat sich ein zu 7,6% verzinstes Kapital verdreifacht?

Lösung:

$$n = \frac{\log a}{\log q}$$

$$n = \frac{\log 3}{\log 1{,}076} = \mathbf{15\ Jahre}$$

3. Beispiel:

Wie hoch ist der Zinssatz, wenn sich ein Kapital nach 15 Jahren verdreifacht?

Lösung:

$$q^n = a; \quad q = \sqrt[n]{a}$$

$$q = \sqrt[15]{3} = 1{,}076$$

$$p = (q - 1) \cdot 100$$

$$p = \mathbf{7{,}6\%}$$

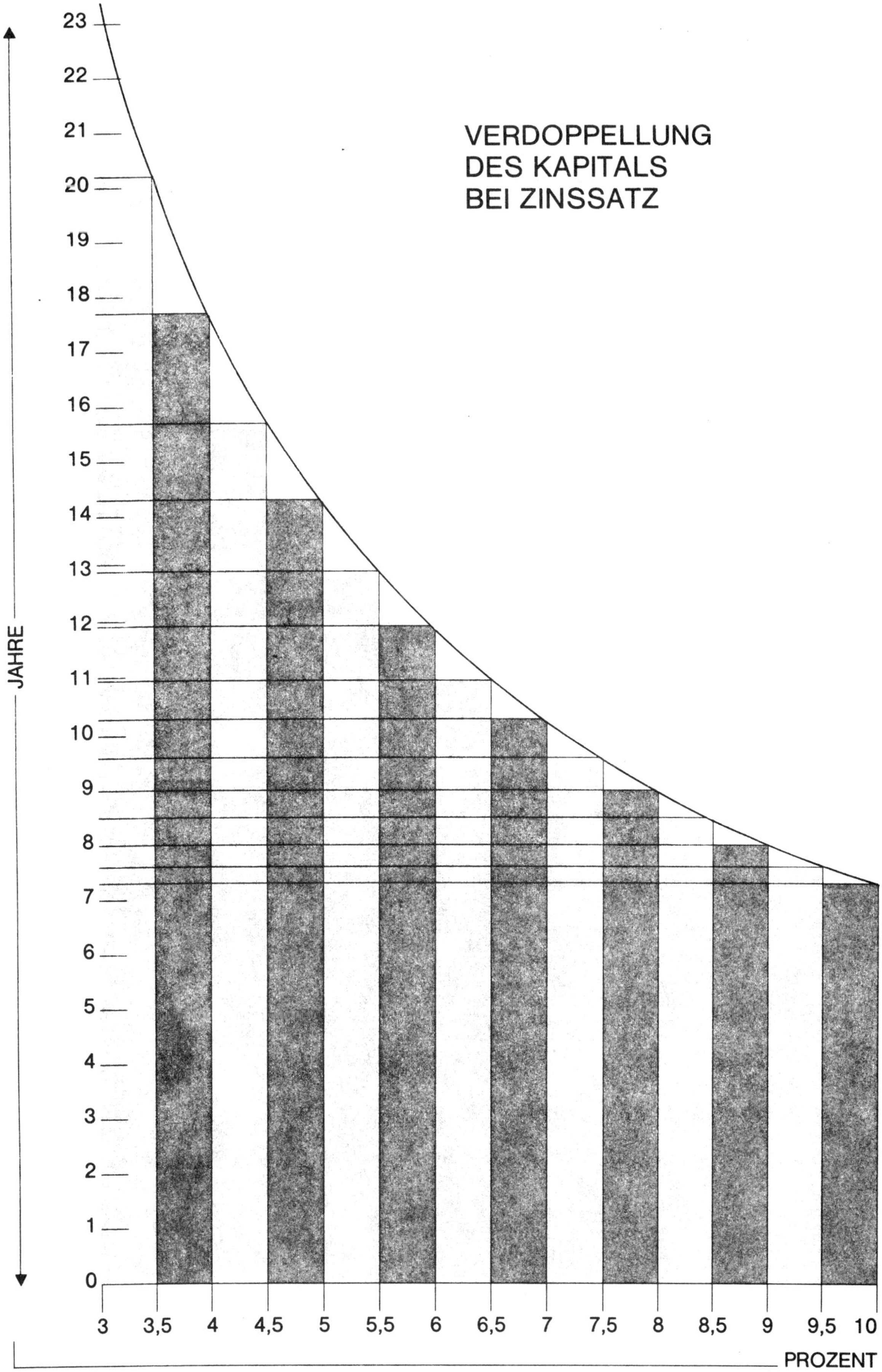
VERDOPPELLUNG
DES KAPITALS
BEI ZINSSATZ
JAHRE
23
22
21
20
19
18
17
16
15
14
13
12
11
10
9
8
7
6
5
4
3
2
1
0
3
3,5
4
4,5
5
5,5
6
6,5
7
7,5
8
8,5
9
9,5
10
PROZENT

§ 5 Gemischte Aufgaben

1. Aufgabe:

Die Zunahme der Einwohnerzahl einer Stadt von 500000 Einwohnern wird auf jährlich $^1/_2$% geschätzt. Mit welcher Bevölkerungszahl ist nach 10 Jahren zu rechnen?

Lösung:

$S_n = S_0 \cdot q^n$

$S_n = 500000 \cdot 1{,}005^{10} = \mathbf{525570}$ **Einwohner**

2. Aufgabe:

a) Welche Endsumme ergibt ein Kapital von 10000 DM, das 5 Jahre zu 5%, 6 Jahre zu 4% und 4 Jahre zu $3^1/_2$% verzinst wird?

b) Welche Endsumme ergibt sich für diese 15 Jahre bei einem mittleren Zinsfuß von:

$$\frac{1}{15} \cdot (5 \cdot 5 + 6 \cdot 4 + 4 \cdot 3{,}5)\,\% = 4{,}2\%?$$

Lösung:

a) $K_n = 10000 \cdot 1{,}05^5 \cdot 1{,}04^6 \cdot 1{,}035^4 = \mathbf{18531{,}39}$ **DM**

b) $K_n = 10000 \cdot 1{,}042^{15} = \mathbf{18535{,}99}$ **DM**

3. Aufgabe:

Wie lange müssen 3000 DM zu 5% Zinseszins ausstehen, um zu einem Kapital anzuwachsen, welches bei 5% 300 DM Jahreszins ergibt?

Es sind:

$K_0 = 3000$ DM; $q = 1{,}05$; $z = 300$ DM; $p = 5\%$

Lösung:

$$K_0 \cdot q^n = \frac{z}{p}$$

$$q^n = \frac{z}{p \cdot K_0}$$

$$n \cdot \log q = \log z - \log(p \cdot K_0)$$

$$n = \frac{\log z - \log(p \cdot K_0)}{\log q}$$

$$n = \frac{\log 300 - \log(0{,}05 \cdot 3000)}{\log 1{,}05}$$

$n =$ **14,207 Jahre**

4. Aufgabe:

Das Deutsche Reich hatte 1910 65 Millionen Einwohner. Zu welchem Zeitpunkt hätte es 70 Millionen gehabt, wenn die Bevölkerungszunahme gleichmäßig $1\frac{3}{4}$% jährlich betragen hätte? Beginn = 1. 1. 1910!

Lösung:

$$65 \cdot 10^6 \cdot 1{,}0175^n = 70 \cdot 10^6$$

$$1{,}0175^n = \frac{70 \quad 10^6}{65 \cdot 10^6}$$

$$n \cdot \log 1{,}0175 = \log 70 \cdot 10^6 - \log 65 \cdot 10^6$$

$$n = \frac{\log 70 \cdot 10^6 - \log 65 \cdot 10^6}{\log 1{,}0175}$$

n = **4,272 Jahre**

n = 4 Jahre und 99 Tage

70 Mio. Einwohner wären erreicht am: 9. April 1914

3. Kapitel

Zeitrenten und Ratenzahlung sowie Leasing und Lebensversicherung

§ 6 Zeitrenten – Ratenzahlung

A) Allgemeines

Bezeichnungen:

r = jährliche Rentenzahlung
p = Zinsfuß in Prozenten
q = Aufzinsungsfaktor
S = Endwert der Rente
B = Barwert der Rente

Um vom jährlichen Zinssatz auf den monatlichen zu kommen, genügt es meist durch 12 zu dividieren, da Banken fast immer jährlich abrechnen und zuschlagen.

Bei genauer Rechnung mit monatlichem Zinszuschlag muß diese Näherung durch folgende Überlegung ersetzt werden:

$$(1 + p_m)^{12} = 1 + p$$

$$1 + p_m = \sqrt[12]{1 + p}$$

$$p_m = \sqrt[12]{1 + p} - 1$$

Beispiel bei 4,5% Jahreszins:

$p_m = \sqrt[12]{1 + 0{,}045} - 1$; $p_m = 0{,}00367 = 0{,}367\,\%$

während $\frac{4{,}5\,\%}{12}$ den größeren Wert = 0,375% ergibt.

Die jährliche Zahlung r muß man daher als Endwert einer zwölfmonatigen Zeitrente auffassen und nachstehende Formeln anwenden:

Bei vorschüssiger Rentenzahlung

$$S = r \cdot q \cdot \frac{q^n - 1}{q - 1}$$

Bei nachschüssiger Rentenzahlung

$$S = r \cdot \frac{q^n - 1}{q - 1}$$

In der Praxis wird meistens vorschüssig bezahlt!

Aus dem Endwert einer Rente kann man auf den Barwert schließen, d. h. auf den Abfindungsbetrag, den man sofort zahlt oder erhält und mit dem dann die gesamte Rente abgegolten wird.

Dies ist der Betrag B, der bei einer Laufzeit von n-Jahren angelegt zu einem Zinssatz von p% ebenfalls anwachsen würde auf den Wert S.

Nach den Regeln der Zinsrechnung gilt:

$$B \cdot q^n = S$$

$$B = \frac{S}{q^n}$$

vorschüssig → $$B = r \cdot \frac{q}{q^n} \cdot \frac{q^n - 1}{q - 1}$$

nachschüssig → $$B = \frac{r}{q^n} \cdot \frac{q^n - 1}{q - 1}$$

Mit diesen Formeln sind alle Probleme zu lösen, die mit Zeitrenten oder Ratenzahlungen zusammenhängen.

1. Beispiel:

Herr A. soll 20 Jahre lang eine monatliche Rente von 1250 DM erhalten. Die Versicherung bietet ihm eine sofortige Abfindung in Höhe von 200000 DM an.

Soll er das Angebot annehmen, wenn man einen jährlichen Zinsfuß von 5,5% zugrunde legt?

Um vorgegebene Formeln anwenden zu können, muß man zuerst auf Jahresbeträge umrechnen.

Angenommen, Herr A. zahlt seine Rente immer sofort auf sein Sparkonto ein, dann hat er nach einem Jahr

$$12 \cdot 1250 \text{ DM} = 15000 \text{ DM eingezahlt,}$$

und erhält dafür: $$1250 \text{ DM} \left(\frac{1}{12} + \frac{2}{12} + \ldots + \frac{12}{12}\right) \cdot 5{,}5\% \text{ Zinsen}$$

dies sind insgesamt: $$z = 1250 \text{ DM} \cdot \frac{78}{12} \cdot 0{,}055 = 446{,}88 \text{ DM}$$

Der Endwert der Rente nach einem Jahr ist also:

$$r = 15000 \text{ DM} + 446{,}88 \text{ DM} = 15446{,}88 \text{ DM}$$

Die monatlichen Zahlungen von 1250 DM könnten gleichwertig durch Jahreszahlungen von $r =$ 15446,88 DM ersetzt werden, die jeweils **am Ende** des Jahres erfolgen. Da 20 Zahlungen in dieser Höhe geleistet werden sollen, beträgt ihr Barwert:

$$B = \frac{r}{q^n} \cdot \frac{q^n - 1}{q - 1}$$

wobei nun $q = 1{,}055$; $r = 15446{,}88$; $n = 20$

$$B = \frac{15446{,}88}{1{,}055^{20}} \cdot \frac{1{,}055^{20} - 1}{1{,}055 - 1} = \mathbf{184596{,}12\ DM}$$

Da der Barwert der Rente nur 184596,12 DM beträgt, ist eine Abfindung von 200000 DM ein gutes Angebot.

Vergleich:

Welchen Gewinn erzielt Herr A., wenn er die Abfindung von 200000 DM 20 Jahre lang zu 5,5% verzinst, vergleichsweise zur Rentenzahlung von $20 \cdot 12 \cdot 1250 = 300000$ DM?

Lösung: $K_n = K_0 \cdot q^n = 200000 \cdot 1{,}055^{20} = 583\,551{,}50$ DM

$K_n = K_0 \cdot q^n = 200000 \cdot 1{,}055^{20}$	= 583 551,50 DM
Summe der Rente	= 300 000,00 DM
Gewinn	= **283 551,50 DM**

Vergleich:

Nach welcher Zeit hat Herr A. ein Kapital in Höhe der Rentenzahlung auf seinem Konto (300000 DM), wenn er die Abfindungssumme (200000 DM) sofort nach Erhalt bei seiner Bank anlegt und zu 5,5% verzinst?

Lösung:

$$K_0 \cdot q^n = K_n$$

$$q^n = \frac{K_n}{K_0}$$

$$n \cdot \log q = \log K_n - \log K_0$$

$$n = \frac{\log K_n - \log K_0}{\log q}$$

$$n = \frac{\log 300000 - \log 200000}{\log 1{,}055} =$$

$n =$ **7,573 Jahre** = 7 Jahre und 7 Monate.

2. Beispiel:

Herr C. will sich ein neues Auto kaufen. Dazu benötigt er 20000 DM. Er verfügt zwar über ein Sparguthaben in Höhe von 20 000 DM, will es aber nicht angreifen, weil er dafür jährlich 5 % Zinsen erhält und es als Notgroschen hoch einschätzt.

Deshalb wendet er sich an ein Finanzierungsbüro und bekommt dort folgendes Angebot:

Der Kredit von 20000 DM wird mit 0,95 % Zinsen pro Monat berechnet und ist in gleichbleibenden Monatsraten innerhalb von 6 Jahren rückzahlbar. Dazu kommt noch eine Bearbeitungsgebühr von 3 %, die sofort bezahlt werden muß. Herr C. hält das für ein sehr günstiges Angebot und unterschreibt.

Tatsächlich gibt es noch sehr viel schlechtere Angebote als dieses.

Trotzdem: Hat Herr C. ein gutes Geschäft gemacht? – Hierzu muß noch gesagt werden, daß sich der monatliche Zinssatz (hier 0,95 %) für derartige Verträge auf den **vollen** Kreditbetrag bezieht und nicht etwa auf die tatsächlich noch vorhandene Schuld!

Deshalb ist der jährliche Zins, der bezahlt werden muß, nicht nur 12 × 0,95 % = 11,40 %, wie man bei oberflächlicher Betrachtungsweise glauben möchte, sondern um einiges höher!

Die Durchrechnung des Beispiels ergibt:

Lösung:

Monatsrate ohne Zins	= 20000 : 72	= 277,78 DM
monatlicher Zinsbetrag	= 0,95% v. 20000	= 190,00 DM
gesamte Monatsrate	= 277,78 + 190,00	= 467,78 DM

Zur ersten Monatsrate kommt noch die Bearbeitungsgebühr in Höhe von 3 % aus 20000 DM = 600 DM.

Würde Herr C. seine Raten jeden Monat auf sein Sparkonto einzahlen, so hätte er nach einem Jahr (ohne Bearbeitungsgebühr) $12 \cdot 467{,}78 = 5\,613{,}36$ DM einbezahlt

und zusätzlich

$$467{,}78\,\text{DM} \cdot \left(\frac{1}{12} + \frac{2}{12} \quad \ldots + \frac{12}{12}\right) \cdot 5\% = 152{,}03\,\text{DM}$$

an Zinsen kassiert.

insgesamt also nach 1 Jahr 5 765,39 DM auf dem Konto.

Dieser Vorgang wiederholt sich 6mal, entspricht demnach einer Rente mit 6 Jahren Laufzeit, die im nachhinein eingezahlt wird.

Der Barwert (zu Anfang der Zahlungen) ist daher gegeben durch:

$$B = r \cdot \frac{1}{q^n} \cdot \frac{q^n - 1}{q - 1}$$

$$B = 5765{,}39 \cdot \frac{1}{1{,}05^6} \cdot \frac{1{,}05^6 - 1}{1{,}05 - 1} = 29\,263{,}34\,\text{DM}$$

Hierzu kommt noch die Bearbeitungsgebühr von 600 DM, die ja ebenfalls einen Barwert darstellt.

Herr C. geht also mit dem Abschluß seines Kreditvertrages eine Verpflichtung ein, die zum Zeitpunkt der Unterschrift 29 863,34 DM kostet.

Er erhält aber nur 20000 DM dafür.

Kein gutes Geschäft, wenn man ein verfügbares Sparkapital in gleicher Höhe besitzt, das ja zum Zeitpunkt des Abhebens nichts kostet!

Um auf die Effektivzinsen des Kredits zu kommen, errechnet man den Endwert des Kredits und hieraus, zu welchem Zinssatz das Anfangskapital angelegt werden müßte, um denselben Endwert zu erzielen.

$$B = \frac{S}{q^n}$$

$$S = B \cdot q^n$$

Endwert: $S = 29863{,}34 \cdot 1{,}05^6 = 40019{,}73$ DM

$$K_0 \cdot q^n = S$$

$$q^n = \frac{S}{K_0}$$

$$q = \sqrt[n]{\frac{S}{K_0}}$$

$$q = \sqrt[6]{\frac{40019{,}73}{20000}} = 1{,}1226$$

Effektivzins: $\mathbf{p = 12{,}26\,\%}$

Damit ein Anfangskapital von 20000 DM nach 6 Jahren auf ein Endkapital von 40019,73 DM anwächst, muß es mit p = 12,26 % jährlich verzinst werden.

B) Leibrenten

Bei Haus- oder Grundstücksverkäufen werden manchmal Zahlungen vereinbart, die zeitlich erst durch den Tod des Verkäufers beendet sind, sogenannte Leibrenten.

Da in diesem Falle die Laufzeit unbekannt ist, lassen sich die End- oder Barwerte nicht im voraus ermitteln.

Versicherungsgesellschaften, die solche Verträge abschließen, richten sich deshalb nach Berechnungen und Tabellen, die die mittlere statistische Lebenserwartung eines Menschen bestimmter Altersstufe aufzeigen.

Sie sind eine Aussage über die Wahrscheinlichkeit, wie lange im Durchschnitt ein bereits n-jähriger Mensch noch leben wird, und zwar getrennt nach Geschlechtern, da die mittlere Lebenserwartung bei Frauen etwa 3 Jahre länger ist als die der Männer.

Grundlagen für die Höhe der jährlichen Rente sind das Alter des Verkäufers zum Zeitpunkt des Vertragsabschlusses sowie der Barwert des Objektes, der mit dem Barwert der auszuzahlenden Leibrente gleichgesetzt wird.

Das Risiko besteht darin:
Der Verkäufer hat ein gutes Geschäft gemacht, wenn er sehr alt wird, ein schlechtes, wenn er früh stirbt.

Eine Übertragung der Leibrente auf die Erben ist nicht möglich. In der Praxis schließen Verträge dieser Art meist noch Steigerungsraten ein, die den allgemeinen Preissteigerungen angepaßt sind.

In den folgenden Beispielen ist dies nicht berücksichtigt!

1. Beispiel:

Herr B. ist 65 Jahre alt und alleinstehend. Um die Kosten für einen Platz in einem guten Seniorenheim aufzubringen, will er sein Haus auf Leibrente verkaufen.

Der Schätzwert beläuft sich auf 470000 DM.

Welche jährliche (monatliche) Leibrente kann er bekommen, wenn ihm die Versicherung eine Verzinsung von 5,5% anbietet?

Lösung:

a) statistische Lebenserwartung
nach Tabelle bei 65 Jahren = 11,46 Jahre

b) Zeitwert des Vermögens
nach Schätzung = 470000 DM (Barwert)

c) Verzinsung
nach Angebot = 5,5%

Leibrentenformel:

$$B = R \cdot \frac{q}{q^n} \cdot \frac{q^n - 1}{q - 1}$$

$$R = B \cdot \frac{q^n \cdot (q - 1)}{q \cdot (q^n - 1)}$$

$$R = 470000 \cdot \frac{1{,}055^{11{,}46} \cdot (1{,}055 - 1)}{1{,}055 \cdot (1{,}055^{11{,}46} - 1)} = \mathbf{53429{,}87\ DM}$$

Herr B. erhält also eine jährliche Leibrente in Höhe von 53 429,87 DM, dies sind **monatlich 4452,49 DM**. Damit verbleibt ihm neben den Heimkosten noch ein ausreichendes Taschengeld!

2. Beispiel:

Wie 1. Beispiel, jedoch für eine Frau von 62 Jahren.

Lösung:

a) statistische Lebenserwartung
nach Tabelle bei 62 Jahren = 16,30 Jahre

Leibrente:

$$R = 470\,000 \cdot \frac{1{,}055^{16{,}3} \cdot (1{,}055 - 1)}{1{,}055 \cdot (1{,}055^{16{,}3} - 1)} = \mathbf{42\,086{,}97\ DM}$$

Die jährliche Leibrente der Frau beträgt 42 086,97 DM, dies sind **monatlich 3 507,25 DM.**

Ist die Frau Witwe, so erhält sie außerdem Rente oder Pension und erreicht so bestimmt die Höhe der Versorgung wie der Mann im 1. Beispiel.

3. Beispiel:

Ein Ehepaar, der Mann ist 63 Jahre, die Frau 60 Jahre alt, will den gemeinsamen Grundbesitz auf Leibrente einer Versicherungsgesellschaft verkaufen.

Der Schätzwert beläuft sich auf 470000 DM. Der Käufer bietet eine Verzinsung von 5,5 %.

Wie hoch ist die jährliche (monatliche) Leibrente, a) für den Mann, b) für die Frau?

Lösung:

a) statistische Lebenserwartung
nach Tabelle: Mann 63 Jahre = 12,67 Jahre
Frau 60 Jahre = 17,60 Jahre

b) Zeitwert des Grundbesitzes
nach Schätzung: Mann 470000 · 0,5 = 235000 DM
Frau 470000 · 0,5 = 235000 DM

c) Verzinsung
nach Angebot = 5,5%

Leibrente – Mann

$$R = 235\,000 \cdot \frac{1{,}055^{12{,}67} \cdot (1{,}055 - 1)}{1{,}055 \cdot (1{,}055^{12{,}67} - 1)} = 24872{,}86\ DM$$

Dies sind monatlich: 2072,74 DM

Leibrente – Frau

$$R = 235000 \cdot \frac{1{,}055^{17{,}6} \cdot (1{,}055 - 1)}{1{,}055 \cdot (1{,}055^{17{,}6} - 1)} = 20074{,}81\ DM$$

Dies sind monatlich: 1672,90 DM

Leibrente – Ehepaar

jährlich: 24872,86 + 20074,81 = 44947,67 DM
monatlich: 2072,74 + 1672,90 = 3745,64 DM

4. Beispiel:

Bei Anlage des **gemeinsamen** Grundbesitzes auf Leibrente zugunsten des Mannes ist die Ertragsmehrung problematisch!

Die jährliche Leibrente beträgt dann:

$$R = 470000 \cdot \frac{1{,}055^{12{,}67} \cdot (1{,}055 - 1)}{1{,}055 \cdot (1{,}055^{12{,}67} - 1)} = 49745{,}73 \text{ DM}$$

monatlich = 4145,48 DM

Im Vergleich zum **getrennten** Leibrentenbezug zwar eine Steigerung von
jährlich = 4798,06 DM
monatlich = 399,84 DM

Man muß dabei jedoch bedenken, daß auch die Ansprüche der Frau beim Tod des Mannes erlöschen!

C) Darlehen

1. Beispiel:

Höhe des Darlehens: 45000 DM
Jahreszins: 8,25%; Tilgung: 1%
Agio: 95%; Laufzeit: 5 Jahre
Annuität: R = 9,25% v. 45000 DM = 4162,50 DM

Entwicklung:

Aufzinsung durch Tilgungsstreckung:

$K_0 = 45000 \cdot 1{,}05 = 47250$ DM

Laufzeit der Rückzahlung:

Formel: $$n = \frac{\log R - \log [R - K_0 (q-1)]}{\log q}$$

$R = 4162{,}50$ DM; $K_0 = 47250$ DM; $q = 1{,}0825$
n = Anzahl der Jahre

$$n = \frac{\log 4162{,}50 - \log [4162{,}50 - 47250 \cdot (1{,}0825 - 1)]}{\log 1{,}0825}$$

n = 34,772 Jahre

Darlehensstand nach 5 Jahren:

Formel: $$K_{n'} = R \cdot \frac{q^{n-x} - 1}{q - 1} \cdot \frac{1}{q^{n-x}}$$

$n = 34{,}772$; $x = 5$; $n' = n - x = 29{,}772$

$$K = 4162{,}50 \cdot \frac{1{,}0825^{29{,}772} - 1}{1{,}0825 - 1} \cdot \frac{1}{1{,}0825^{29{,}772}} = \mathbf{45691{,}19\ DM}$$

Zins + Tilgung in 5 Jahren:
$4162{,}50 \cdot 5 = \mathbf{20812{,}50\ DM}$

Tilgung in 5 Jahren:

$T = 47250 - 45691{,}19 = \mathbf{1558{,}81\ DM}$

Zins in 5 Jahren:

$Z = 20812{,}50 - 1558{,}81 = \mathbf{19253{,}69\ DM}$

Darlehensschuld nach 5 Jahren

$K_5 = \mathbf{45691{,}19\ DM}$

2. Beispiel:

Höhe des Darlehens: 45000 DM
Jahreszins: 9,75 %; Tilgung 1 %
Agio: 100 %; Laufzeit: 5 Jahre
Annuität: R = 10,75 % v. 45000 DM = 4837,50 DM

Entwicklung:

Keine Aufzinsung:
$K_0 = 45000$ DM

Laufzeit der Rückzahlung:

$R = 4837{,}50$ DM; $K_0 = 45000$ DM; $q = 1{,}0975$
n = Anzahl der Jahre

$$n = \frac{\log 4837{,}50 - \log[4837{,}50 - 45000 \cdot (1{,}0975 - 1)]}{\log 1{,}0975}$$

$\mathbf{n = 25{,}527}$ **Jahre**

Darlehensstand nach 5 Jahren:

$n = 25{,}527;\quad x = 5;\quad n' = n - x = 20{,}527$

$$K = 4837{,}50 \cdot \frac{1{,}0975^{20{,}527} - 1}{1{,}0975 - 1} \cdot \frac{1}{1{,}0975^{20{,}527}} = \mathbf{42266{,}31\ DM}$$

Zins + Tilgung in 5 Jahren:

$Z + T = 4837{,}50 \cdot 5 = \mathbf{24187{,}50\ DM}$

Tilgung in 5 Jahren:

$T = 45000 - 42266{,}31 = \mathbf{2733{,}69\ DM}$

Zins in 5 Jahren:

$Z = 24187{,}50 - 2733{,}69 = \mathbf{21453{,}81\ DM}$

Darlehensschuld nach 5 Jahren:

$K_5 = \mathbf{42266{,}31\ DM}$

Vergleich:

	Zins	Tilgung	Restschuld
2. Beispiel:	21453,81	2733,69	42266,31
1. Beispiel:	19253,69	1558,81	45691,19
Differenz:	2200,12	1174,88	3424,88

Fazit:

Mit einem Mehraufwand von 3375 DM wurde die Restschuld in 5 Jahren um 3424,88 DM verringert. Der Vorteil beträgt daher nur **49,88 DM.**

3. Beispiel:

Darlehensbedingungen wie 1. Beispiel.

Darlehensstand nach 10 Jahren:

$n = 34{,}772; \quad x = 10; \quad n' = n - x = 24{,}772$

$$K_{10} = 4162{,}50 \cdot \frac{1{,}0825^{24{,}772} - 1}{0{,}0825} \cdot \frac{1}{1{,}0825^{24{,}772}} = \mathbf{43374{,}24\ DM}$$

Zins + Tilgung in 10 Jahren:

$Z + T = 4162{,}50 \cdot 10 =$ **41625 DM**

Tilgung in 10 Jahren:

$T = 47250 - 43374{,}24 =$ **3875,76 DM**

Zins in 10 Jahren:

$Z = 41625 - 3875{,}76 =$ **37749,24 DM**

Darlehensschuld nach 10 Jahren:

$K_{10} =$ **43374,24 DM**

4. Beispiel:

Darlehensbedingungen wie 2. Beispiel.

Darlehensstand nach 10 Jahren:

$n = 25{,}527; \quad x = 10; \quad n' = n - x = 15{,}527$

$$K_{10} = 4837{,}50 \cdot \frac{1{,}0975^{15{,}527} - 1}{0{,}0975} \cdot \frac{1}{1{,}0975^{15{,}527}} = \mathbf{37913{,}52\ DM}$$

Zins und Tilgung in 10 Jahren:

$Z + T = 4837{,}50 \cdot 10 =$ **48375 DM**

Tilgung in 10 Jahren:

T = 45000 − 37913,52 = **7086,48 DM**

Zins in 10 Jahren:

Z = 48375 − 7086,48 = **41288,52 DM**

Darlehensschuld nach 10 Jahren:

K_{10} = **37913,52 DM**

Vergleich:

	Zins	Tilgung	Restschuld
4. Beispiel:	41288,52	7086,48	37913,52
3. Beispiel:	37749,24	3875,76	43374,24
Differenz:	3538,28	3210,72	5460,72

Fazit:

Mit einem Mehraufwand von 6749 DM wurde die Restschuld in 10 Jahren um 5460,72 DM vermindert. Höhere Leistung folglich: 1288,28 DM.

5. Beispiel:

Darlehensbedingungen wie 1. Beispiel.

Darlehensstand nach 20 Jahren:

n = 34,772; x = 20; n′ = n−x = 14,772

$$K_{20} = 4162{,}50 \cdot \frac{1{,}0825^{14{,}772} - 1}{0{,}0825} \cdot \frac{1}{1{,}0825^{14{,}772}} = \mathbf{34811{,}14\ DM}$$

Zins + Tilgung in 20 Jahren:

Z + T = 4162,50 · 20 = **83250 DM**

Tilgung in 20 Jahren:

T = 47250 − 34811,14 = **12438,86 DM**

Zins in 20 Jahren:

Z = 83250 − 12438,86 = **70811,14 DM**

Darlehensschuld nach 20 Jahren:

K_{20} = **34811,14 DM**

6. Beispiel:

Darlehensbedingungen wie 2. Beispiel.

Darlehensstand nach 20 Jahren:

$n = 25{,}527; \quad x = 20; \quad n' = n - x = 5{,}527$

$$K_{20} = 4837{,}50 \cdot \frac{1{,}0975^{5{,}527} - 1}{0{,}0975} \cdot \frac{1}{1{,}0975^{5{,}527}} = \mathbf{19946{,}55\ DM}$$

Zins + Tilgung in 20 Jahren:

$Z + T = 4837{,}50 \cdot 20 =$ **96750 DM**

Tilgung in 20 Jahren:

$T = 45000 - 19946{,}55 =$ **25053,45 DM**

Zins in 20 Jahren:

$Z = 96750 - 25053{,}45 =$ **71696,55 DM**

Darlehensschuld nach 20 Jahren:

$K_{20} =$ **19946,55 DM**

Vergleich:

	Zins	Tilgung	Restschuld
6. Beispiel:	71696,55	25053,45	19946,55
5. Beispiel:	70811,14	12438,86	34811,14
Differenz:	885,41	12614,59	14864,59

Fazit:

Mit einem Mehraufwand von 13500 DM wurde die Restschuld in 20 Jahren um 14864,59 DM vermindert. Erzielter Gewinn = **1364,59 DM.**

Übersicht:

Bedingungen wie **2. Beispiel:**

Nach 25,527 Jahren ist die Schuld getilgt. Es wurde insgesamt bezahlt:

Zins + Tilgung:

$Z + T = 4837{,}50 \cdot 25{,}527 =$ **123486,86 DM**

Tilgung:

$T =$ **45000 DM**

Zins:

$Z = 123486{,}86 - 45000 =$ **78486,86 DM**

Nach dieser Zeit ist der Stand bei dem

1. Beispiel:

Darlehensstand nach 25,527 Jahren:

$n = 34{,}772; \quad x = 25{,}527; \quad n' = n - x = 9{,}245$

$$K_x = 4162{,}50 \cdot \frac{1{,}0825^{9,245} - 1}{0{,}0825} \cdot \frac{1}{1{,}0825^{9,245}} = \mathbf{26209{,}98\ DM}$$

Zins + Tilgung:

$Z + T = 4162{,}50 \cdot 25{,}527 =$ **106256,14 DM**

Tilgung:

$T = 47250 - 26209{,}98 =$ **21040,02 DM**

Zins:

$Z = 106256{,}14 - 21040{,}02 =$ **85216,12 DM**

Darlehensschuld:

$K =$ **26209,98 DM**

Vergleich:

	Zins	Tilgung	Restschuld
2. Beispiel:	78486,86	45000,00	– 0 –
1. Beispiel:	85216,12	21040,02	26209,98
Differenz:	6729,26	23959,98	26209,98

Ist das Darlehen aus dem 2. Beispiel getilgt, wurden zu diesem Zeitpunkt bei dem 1. Beispiel zwar

$123486{,}86 - 106256{,}14 =$ **17230,72 DM**

weniger an Zins und Tilgung aufgewendet, da jedoch die Restschuld 26209,98 DM beträgt, ist die effektive Einbuße: **8979,26 DM.**

Das Darlehen **1. Beispiel**

ist getilgt nach 34,772 Jahren.

Aufwand:

Zins + Tilgung:

$Z + T = 4162{,}50 \cdot 34{,}772 =$ **144738,45 DM**

Tilgung:

$T =$ **47500 DM**

Zins:

$Z = 144738{,}45 - 47500 =$ **97238,45 DM**

Mehrkosten im Vergleich zum 2. Beispiel:

Tilgung: 47500 – 45000	= 2500,00 DM
Zinsen: 97238,45 – 85216,12	= 12022,33 DM
	= **14522,33 DM**

Tilgungs- und Zinsplan für Darlehen: 45000 DM

Zins = 8,25%, **Tilgung** = 1%, **Agio** = 95%, **Annuität** = 4162,50 DM

Nach Jahren	Schuld DM	Tilgung DM	Tilgung %	Zinsen %	Zinsen DM
1	46985,63	264,38	0,052	9,198	3898,12
2	46699,44	550,56	0,108	9,142	7774,44
3	46389,64	860,36	0,168	9,082	11627,14
4	46054,29	1195,71	0,234	9,016	15454,29
5	45691,27	1558,73	0,305	8,945	19253,77
6	45298,30	1951,70	0,382	8,868	23023,30
7	44872,91	2377,09	0,465	8,785	26760,41
8	44412,42	2837,58	0,555	8,695	30462,42
9	43913,95	3336,05	0,653	8,597	34126,45
10	43374,35	3875,65	0,759	8,491	37749,35
11	42790,23	4459,77	0,873	8,377	41327,73
12	42157,92	5092,08	0,997	8,253	44857,92
13	41473,45	5776,55	1,131	8,119	48335,95
14	40732,51	6517,49	1,276	7,974	51757,51
15	39930,44	7319,56	1,433	7,817	55117,94
16	39062,21	8187,79	1,603	7,647	58412,21
17	38122,34	9127,66	1,787	7,463	61634,84
18	37104,93	10145,07	1,986	7,264	64779,93
19	36003,59	11246,41	2,202	7,048	67841,09
20	34811,38	12438,62	2,435	6,815	70811,38
21	33520,82	13729,18	2,688	6,562	73683,32
22	32123,79	15126,21	2,961	6,289	76448,79
23	30611,50	16638,50	3,257	5,993	79099,00
24	28974,45	18275,55	3,578	5,672	81624,45
25	27202,34	20047,66	3,925	5,325	84014,84
26	25284,04	21965,96	4,300	4,950	86259,04
27	23207,47	24042,53	4,707	4,543	88344,97
28	20959,47	26290,41	5,147	4,103	90259,59
29	18526,25	28723,75	5,623	3,627	91988,75
30	15892,17	31357,83	6,139	3,111	93517,17
31	13040,77	34209,23	6,697	2,553	94828,27
32	9954,14	37295,86	7,301	1,949	95904,14
33	6612,85	40637,15	7,955	1,295	96725,35
34	2995,91	44254,09	8,663	0,587	97270,91
+282 Tage =	0,00	47250,00	9,250	0,000	97489,27

D) Wachstumsfunktionen

Da der Zinszuschlag in jährlichen Abständen erfolgt, spricht man von einem

„sprunghaften Wachstum".

Die Zinseszinsformel ist ein typisches Beispiel. Den **Zinsfuß p** bezeichnet man als Wachstumssatz.

Den Verzinsungsfaktor $q = 1 + \frac{p}{100}$ als Wachstumsfaktor.

Das sprunghafte Wachstum braucht nicht jährlich erfolgen, sondern kann sich auch in kürzeren Abständen vollziehen.

Die anschaulichste Form ergibt sich, wenn man den zwar hohen, aber doch möglichen Zinssatz von 100% zugrunde legt.

1 DM Kapital bringt dann bei jährlicher Verzinsung 1 DM Zinsen. Nach einem Jahr: 1 + 1 = 2 DM.

Auf Zinseszins angelegt bringen sie im zweiten Jahr: (1 + 1) DM Zinsen und man hat insgesamt:

$$(1 + 1) + (1 + 1) = (1 + 1) \cdot (1 + 1) = \mathbf{(1 + 1)^2}$$

Nach einem weiteren Jahr:

$$(1 + 1)^2 + (1 + 1)^2 = (1 + 1)^2 \cdot (1 + 1) = \mathbf{(1 + 1)^3}$$

und nach n Jahren ist das Kapital auf

$(1 + 1)^n$ DM angewachsen.

Dies so, wenn der Zuschlag am Jahresende erfolgt. Genau so gut kann man die Zinsen halbjährlich abrechnen.

Nach einem halben Jahr würde das Kapital natürlich nur 50% = 0,5 DM Zinsen bringen, das Kapital also auf $(1 + \frac{1}{2})$ DM angewachsen sein.

Dieses Kapital liegt nun ein weiteres halbes Jahr zum Satz von 50% = $^1/_2$, bringt daher

$(1 + \frac{1}{2}) \cdot \frac{1}{2}$ DM Zinsen.

Zusammen mit dem Halbjahreskapital ergibt dies

$$(1 + \tfrac{1}{2}) + (1 + \tfrac{1}{2}) \cdot \tfrac{1}{2} = (1 + \tfrac{1}{2}) \cdot (1 + \tfrac{1}{2}) = \mathbf{(1 + \tfrac{1}{2})^2}$$

Das Gesamtvermögen nach einem Jahr bei halbjährlicher Verzinsung.

Rechnet man Tag für Tag ab, so ist die jährliche Verzinsung bereits 365fach unterteilt und man findet die Formel:

$$\left(1 + \frac{1}{365}\right)^{365}$$

und allgemein:

$$\mathbf{K_1 = a \cdot \left(1 + \frac{1}{n}\right)^n}$$

$$\text{Hier: } K_1 = 1 \cdot \left(1 + \frac{1}{365}\right)^{365} = 2{,}714567455\ldots$$

Bei stündlicher Verzinsung wäre

$n = 365 \cdot 24 = 8760$

und $K_1 = 1 \cdot \left(1 + \frac{1}{8760}\right)^{8760} = 2{,}718\,125\,474\ldots$

Würde man die Verzinsung in jeder Minute vornehmen, so ergäbe sich für

$n = 8760 \cdot 60 = 525\,600$

und $K_1 = 1 \cdot \left(1 + \frac{1}{525\,600}\right)^{525\,600} = 2{,}718154205\ldots$

Die Mathematik kann diese Unterteilung beliebig weiterführen, bis die Verzinsung **wirklich stetig** wäre, ohne die willkürlichen Einschnitte von Jahren, Tagen, Stunden oder dergleichen mehr.

Stetiges Wachstum bei p = 100 %

$$K_1 = \left(1 + \frac{p}{100\,n}\right)^n = \left(1 + \frac{100}{100\,n}\right)^n = \left(1 + \frac{1}{n}\right)^n$$

Strebt $n \to \infty$, so strebt $\left(1 + \frac{1}{n}\right)^n$ offensichtlich gegen einen Grenzwert. Dieser wird nach dem Mathematiker **Euler** mit **e** bezeichnet.

Man hat also:

$$\lim_{n \to \infty} \left(1 + \frac{1}{n}\right)^n = \mathbf{e} = \mathbf{2{,}718281828\ldots}$$

Bei e handelt es sich um eine transzendente Zahl, die zweite nach dem berühmten π und fast noch wichtiger als dieses.

Auf die Zinsrechnung bezogen heißt dies:

1 DM wächst bei p = 100% und stetiger Verzinsung in 1 Jahr auf e DM an.

Nach 2 Jahren auf $e \cdot e = e^2$ DM

Nach 3 Jahren auf $e \cdot e \cdot e = e^3$ DM

Allgemein:

Zu irgendeinem Zeitpunkt t ist das Anfangskapital von 1 DM auf $1 \cdot e^t$ DM angewachsen.

Oder:

Wächst der Anfangswert a bei p = 100% stetig, so ist der Endwert

a) nach 1 Jahr: $K_1 = a \cdot e$
b) nach t Jahren: $K_t = a \cdot e^t$

1. Beispiel:

Könnte man 30 DM zu einem Zinssatz p = 100% stetig verzinsen, dann hätte man nach 10 Jahren:

$K_0 = 30$ DM; $p = 100\%$; $t = 10$ Jahre
$K_t = 30 \cdot e^{10} = 660\,793{,}97$ DM

2. Beispiel:

Ein Kapital von 30 DM zu p = 100% verzinst ergibt bei jährlichem Zinseszinszuschlag nach 10 Jahren:

$K_0 = 30$ DM; $\quad p = 100\,\%$; $\quad q = 2$; $\quad n = 10$
$K_n = K_0 \cdot q^n$; $\quad K_n = 30 \cdot 2^{10} = 30720$ DM

Beide Beispiele zeigen, warum keine Bank eine Einlage weder stetig noch zu p = 100% verzinsen kann.

Stetiges Wachstum bei beliebigem p

Endwert nach 1 Jahr für a = 1 und p = 5%

$$K_1 = \left(1 + \frac{p}{100n}\right)^n; \qquad K_1 = \left(1 + \frac{5}{100n}\right)^n$$

$$K_1 = \left(1 + \frac{1}{20n}\right)^n; \qquad K_1 = \left[\left(1 + \frac{1}{20n}\right)^{20n}\right]^{\frac{1}{20}}$$

Strebt $n \to \infty$, so strebt $\left(1 + \frac{1}{20n}\right)^{20n} \to e$

p = 8,5%; t = 30 Jahre

dann ist $K_1 \to e^{\frac{1}{20}} = e^{\frac{5}{100}}$

Allgemein:

Wächst der Anfangswert a bei p% stetig, so ist der Endwert

a) nach 1 Jahr: $\quad K_1 = a \cdot e^{\frac{p}{100}}$

b) nach t Jahren: $K_t = a \cdot e^{\frac{p}{100} \cdot t}$

Setzt man $k = \frac{p}{100}$ erhält man die Funktion des organischen Wachstums: $\mathbf{y = a \cdot e^{k \cdot t}}$

Beim Gegenteil von Wachstum, also bei Abnahme oder Zerfallserscheinungen, ist p und damit auch k negativ zu nehmen.

Anwendung

1. Aufgabe:

Gegeben: $\quad K_0 = 500$ DM; $\quad p = 8{,}5\,\%$; $\quad t = 30$ Jahre

Gesucht: $\quad K_t$ bei stetigem Wachstum?

Lösung: $\quad K_t = 500 \cdot {}^{\frac{8,5}{100} \cdot 30} = 6403{,}55$ DM

2. Aufgabe:

Gegeben: $\quad K_0 = 500$ DM; $\quad p = 8{,}5\,\%$; $\quad n = 30$ Jahre

Gesucht: $\quad K_n$ bei jährlichem Zinseszinszuschlag?

Lösung: $K_n = K_0 \cdot q^n$

$K_n = 500 \cdot 1{,}085^{30} = 5779{,}13$ DM

Fazit:

Der Vergleich der beiden Beispiele zeigt, daß bei $p < 100\%$ der Unterschied zwischen K_t und K_n gering ist.

3. Aufgabe:

Ein Wertpapier in Höhe von 5779,13 DM erleidet jährlich einen Verlust von 8,5 %. Welchen Wert hat es noch nach 30 Jahren?

Lösung: $K_n = K_0 \cdot q^{-n}$

$K_n = 5779{,}13 \cdot 1{,}085^{-30} = 500$ DM

4. Aufgabe:

Ein Wertpapier in Höhe von 6403,55 DM erleidet eine stetige Minderung von 8,5%. Welchen Wert hat es noch nach 30 Jahren?

Lösung: $K_t = K_0 \cdot e^{\frac{-p}{100} \cdot t}$

$K_t = 6403{,}55 \cdot e^{-0{,}085 \cdot 30} = 500$ DM

5. Aufgabe:

Auf welchen Betrag wächst ein Kapital in Höhe von 1000 DM bei 10% Verzinsung nach 10 Jahren?

bei einfachem Zins:

$$K_n = 1000 + 100 \cdot 10 \qquad = 2000{,}00 \text{ DM}$$

bei Zinseszinsen
Zuschlag jährlich:

$$K_n = 1000 \cdot 1{,}10^{10} \qquad = 2593{,}74 \text{ DM}$$

Zuschlag halbjährlich:

$$K_n = 1000 \cdot \left(1 + \frac{10}{100 \cdot 2}\right)^{2 \cdot 10} = 2653{,}30 \text{ DM}$$

Zuschlag vierteljährlich:

$$K_n = 1000 \cdot \left(1 + \frac{10}{100 \cdot 4}\right)^{4 \cdot 10} = 2685{,}06 \text{ DM}$$

Zuschlag monatlich:

$$K_n = 1000 \cdot \left(1 + \frac{10}{100 \cdot 12}\right)^{12 \cdot 10} = 2707{,}04 \text{ DM}$$

Zuschlag wöchentlich:

$$K_n = 1000 \cdot \left(1 + \frac{10}{100 \cdot 52}\right)^{52 \cdot 10} = 2715{,}67 \text{ DM}$$

Zuschlag täglich:

$$K_n = 1000 \cdot \left(1 + \frac{10}{100 \cdot 365}\right)^{365 \cdot 10} = 2717{,}91 \text{ DM}$$

Zuschlag stetig:

$$K_t = 1000 \cdot e^{\frac{10}{100} \cdot 10} = 2718{,}28 \text{ DM}$$

Die Formel für stetigen Zerfall findet auch Anwendung im physikalischen Bereich, z. B. beim Problem der Radioaktivität.

1. Beispiel:

Kohlenstoff C^{14} ist ein radioaktives Element mit einer Zerfallskonstante $\lambda = 1{,}2085 \cdot 10^{-4}$/Jahr.

Nach welcher Zeit ist die Hälfte der zum Zeitpunkt $t = 0$ vorhandenen Atome zerfallen?

Definition:

N_0 = Anzahl der ursprünglich vorhandenen Atome zum Zeitpunkt $t = 0$.
N = Die zu einer Zeit t noch vorhandenen Atome, in vorliegendem Falle $N = \frac{1}{2} N_0$.
t = Beliebiger Zeitpunkt, hier = Halbwertzeit.
λ = Zerfallskonstante für $C^{14} = 1{,}2085 \cdot 10^{-4}$/Jahr.

Lösung:

$$N = N_0 \cdot e^{-\lambda \cdot t}$$

$$\frac{N}{N_0} = e^{-\lambda \cdot t}$$

$$e^{-\lambda \cdot t} = \frac{0{,}5}{1{,}0} = 0{,}5$$

$$-\lambda \cdot t \cdot \ln e = \ln 0{,}5 \qquad (\ln e = 1)$$

$$-\lambda \cdot t = \ln 0{,}5$$

$$t = \frac{\ln 0{,}5}{-\lambda}$$

$$t = \frac{\ln 0{,}5}{-1{,}2085 \cdot 10^{-4}}$$

$$t = 5735{,}60 \text{ Jahre}$$

Ergebnis: Nach dieser Zeit ist die Hälfte der ursprünglich vorhandenen Anzahl von Atomen zerfallen. Die Halbwertzeit für das Isotop C^{14} ist somit ~ 5736 Jahre.

2. Beispiel:

1 Gramm Kohlenstoff C^{14} enthält $4{,}0302 \cdot 10^{22}$ Atome. Nach welcher Zeit ist der radioaktive Zerfall beendet, wenn die Halbwertzeit 5736 Jahre und die Zerfallskonstante λ $1{,}2085 \cdot 10^{-4}$/Jahr betragen?

Definition:
N_0 = Anzahl der ursprünglich vorhandenen Atome.
N = Die zu einem Zeitpunkt t noch vorhandenen Atome, in vorliegendem Falle N = 0.
t = Beliebiger Zeitpunkt, hier Endzeit.

Lösung:

Formel

$$N = N_0 \cdot e^{-\lambda \cdot t}$$

wobei hier

$$N = 0$$

und

$$N_0 = 4{,}0302 \cdot 10^{22}$$

daher

$$N_0 \cdot e^{-\lambda \cdot t} = 0$$

$$e^{-\lambda \cdot t} = \frac{1}{N_0}$$

$$-\lambda \cdot t \cdot \ln e = \ln \frac{1}{N_0}$$

$$t = \ln \frac{1}{N_0} \cdot \frac{1}{-\lambda}$$

$$t = \ln \frac{1}{4{,}0302 \cdot 10^{22}} \cdot \frac{1}{-1{,}2085 \cdot 10^{-4}}$$

$$t = 430704{,}91 \sim 430705 \text{ Jahre}$$

Ergebnis: Es ist also eine Zeitspanne von annähernd einer halben Million Jahren erforderlich, bis der radioaktive Zerfall dieses Elements restlos abklingt.

Dabei handelt es sich hier noch um eine relativ kurze Halbwertzeit.

Das Element Uran – 235 beispielsweise, hat eine Halbwertzeit von $7 \cdot 10^8$ Jahren.

Man bedenke:
700 Millionen Jahre müssen vergehen, bis sich die Hälfte der Uranmenge in Blei umgewandelt hat!

E) Berechnung der Darlehens-Rückzahlung

1. Beispiel:

Ein Betrag von 30000 DM wird zu einem jährlichen Zinsfuß p = 7,65 % ausgeliehen. Wie hoch ist die jährliche gleichmäßige Teilrückzahlung, wenn in 10 Jahren die Schuld getilgt sein soll?

Lösung:

$$P = K_0 \cdot \frac{q-1}{1-q^{-n}}; \qquad P = 30000 \cdot \frac{1{,}0765 - 1}{1 - 1{,}0765^{-10}} = 4400{,}56 \text{ DM}$$

sind pro Monat: 4400,56 : 12 = **366,71 DM**

2. Beispiel:

Welchen Betrag kann man bei einem jährlichen Zinsfuß von p = 7,65% aufnehmen, wenn man 10 Jahre lang jährlich 4400,56 DM zurückzahlt?

Lösung:

$$K_0 = P \; \frac{1 - q^{-n}}{q - 1}$$

$$K_0 = 4400{,}56 \cdot \frac{1 - 1{,}0765^{-10}}{1{,}0765 - 1} = \mathbf{30000\ DM}$$

3. Beispiel:

Ein Betrag von 30000 DM wird zu p = 7,65% p.a. ausgeliehen. Wann ist die Schuld getilgt, wenn jährliche gleichmäßige Teilrückzahlungen in Höhe von 4400,56 DM erfolgen?

Lösung:

$$n = -1 \cdot \frac{\log\left[1 - \frac{K_0}{P} \cdot (q - 1)\right]}{\log q}$$

$$n = -1 \cdot \frac{\log\left[1 - \frac{30000}{4400{,}56} \cdot (1{,}0765 - 1)\right]}{\log 1{,}0765} = \mathbf{10\ Jahre}$$

Umstellung der Formel:

$$P = K_0 \cdot \frac{q - 1}{1 - q^{-n}}$$

$$1 - q^{-n} = \frac{K_0}{P} \cdot (q - 1)$$

$$-q^{-n} = -1 + \frac{K_0}{P} \cdot (q \quad 1)$$

$$q^{-n} = 1 - \frac{K_0}{P} \cdot (q - 1)$$

$$-n \cdot \log q = \log\left[1 - \frac{K_0}{P} \cdot (q - 1)\right]$$

$$-n = \frac{\log\left[1 - \frac{K_0}{P} \cdot (q - 1)\right]}{\log q}$$

$$n = -1 \cdot \frac{\log\left[1 - \frac{K_0}{P} \cdot (q - 1)\right]}{\log q}$$

4. Beispiel:

Erfolgt unter den gleichen Voraussetzungen wie beim 1. Beispiel die Rückzahlung jedoch **monatlich** gleichmäßig, so ändert sich der Verzinsungsfaktor.

Verzinsungsfaktor
jährlich $= q_J$
monatlich $= q_M$

sodann : $(1 + p_M)^{12} = 1 + p_J$

$$q_M{}^{12} = q_J$$

$$q_M = \sqrt[12]{q_J}$$

Setzt man in die ursprüngliche Formel statt q (Jahr) den Wert $\sqrt[12]{q}$ (Monat) ein, so erhält man:

$$P = K_0 \cdot \frac{\sqrt[12]{q} - 1}{1 - \left(\sqrt[12]{q}\right)^{-n \cdot 12}}$$

$$P = 30000 \cdot \frac{\sqrt[12]{1{,}0765} - 1}{1 - \left(\sqrt[12]{1{,}0765}\right)^{-10 \cdot 12}} = 354{,}45 \text{ DM}$$

Beim Vergleich zum 1. Beispiel

sind dies monatlich = 12,26 DM
und jährlich = 147,16 DM
in 10 Jahren = 1471,60 DM Einsparung!

Ist K_0 gesucht, so lautet die Formel:

$$K_0 = P \cdot \frac{1 - \left(\sqrt[12]{q}\right)^{-n \cdot 12}}{\sqrt[12]{q} - 1}$$

$$K_0 = 354{,}45 \cdot \frac{1 - \left(\sqrt[12]{1{,}0765}\right)^{-10 \cdot 12}}{\sqrt[12]{1{,}0765} - 1} = 30000 \text{ DM}$$

Ist n gesucht, erfolgt die Umstellung der Formel:

$$1 - \left(\sqrt[12]{q}\right)^{-n \cdot 12} = \frac{K_0}{P} \cdot \left(\sqrt[12]{q} - 1\right)$$

$$-1 + \left(\sqrt[12]{q}\right)^{-n \cdot 12} = -\left[\frac{K_0}{P} \cdot \left(\sqrt[12]{q} - 1\right)\right]$$

$$\left(\sqrt[12]{q}\right)^{-n \cdot 12} = 1 - \left[\frac{K_0}{P} \cdot \left(\sqrt[12]{q} - 1\right)\right]$$

$$-12n \cdot \log \sqrt[12]{q} = \log \left\{1 - \left[\frac{K_0}{P} \cdot \left(\sqrt[12]{q} - 1\right)\right]\right\}$$

$$n = -\frac{1}{12} \cdot \frac{\log \left\{1 - \left[\frac{K_0}{P} \cdot \left(\sqrt[12]{q} - 1\right)\right]\right\}}{\log \sqrt[12]{q}}$$

5. Beispiel:

Ein Darlehen von 150000 DM wird zu einem jährlichen Zinsfuß p = 8% aufgenommen. Nach welcher Zeit ist die Schuld getilgt, wenn man nachstehend aufgeführte Rückzahlungen a) monatlich, b) jährlich leistet?

Lösung:

Formel für a) $n = -\frac{1}{12} \cdot \frac{\log\left\{1 - \left[\frac{K_0}{P} \cdot \left(\sqrt[12]{q} - 1\right)\right]\right\}}{\log \sqrt[12]{q}}$

Formel für b) $n = -1 \cdot \frac{\log\left[1 - \frac{K_0}{P} \cdot (q - 1)\right]}{\log q}$

Rückzahlung

monatlich			jährlich		
Betrag DM	Laufzeit Jahre	Gesamt DM	Betrag DM	Laufzeit Jahre	Gesamt DM
1100	27,27	359936	13200	31,16	411276
1200	21,19	305161	14400	23,28	335252
1400	15,19	255210	16800	16,28	273468
1600	12,01	230591	19200	12,74	244694
1800	9,98	215614	21600	10,54	227597
2000	8,56	205459	24000	9,01	216155
2200	7,50	198090	26400	7,88	207923
2600	6,03	188078	31200	6,31	196825
3000	5,04	181573	36000	5,27	189664
3400	4,34	176998	40800	4,53	184651
3800	3,81	173602	45600	3,97	180940
5000	2,79	167194	60000	2,90	173966
6000	2,28	164406	72000	2,37	170569

§ 7 Leasing

= Der Gegenstand wird für einen Zeitraum gemietet.

1. Beispiel:

Ein Vertrag für Auto-Leasing hat eine Laufzeit von 18 Monaten. Der Kunde entrichtet eine Mietsonderzahlung von 2900 DM.

Vereinbarte monatliche Ratenzahlung sei 99 DM. Kalkulierter Restwert des Wagens nach 18 Monaten = 7310 DM.

Der Gesamtaufwand beläuft sich dann auf 11992 DM, was in etwa dem Neuwagenpreis entspricht.

Bei Barzahlung bietet der Händler 5% Rabatt.

Was soll der Kunde tun? Wie fährt er günstiger?

a) Einsparung bei Barzahlung:

$R = 11992 \cdot 0{,}05 = 599{,}60$ DM

b) Einsparung bei Leasing:

1. Frage: Wie hoch ist die Einsparung, wenn man statt sofort 18 × 99,– DM = 1782 DM zu zahlen, diesen Betrag bei einem jährlichen Zinsfuß von 5% in 18 Monatsraten tilgt?

Lösung: Ratensumme minus Barwert = Einsparung

$$R_1 = K_0 - P \cdot \frac{1-\left(\sqrt[12]{q}\right)^{-18}}{\sqrt[12]{q}-1} \cdot \frac{1}{\sqrt[12]{q}} =$$

$$R_1 = 1782 - 99 \cdot \frac{1-\left(\sqrt[12]{1{,}05}\right)^{-18}}{\sqrt[12]{1{,}05}-1} \cdot \frac{1}{\sqrt[12]{1{,}05}} = 74{,}10 \text{ DM}$$

2. Frage: Wie hoch ist die Einsparung, wenn der Restbetrag von 7310 DM 18 Monate zu 5% gestundet wird?

Lösung: $K_n \cdot q^n - K_n = R_2$

$R_2 = 7310 \cdot 1{,}05^{1,5} - 7310 = 555{,}05$ DM

Vergleich:

Einsparung Fall b)	74,10 + 555,05	= 629,15 DM
Einsparung Fall a)		= 599,60 DM
Gewinn bei Leasing		= **29,55 DM**

Zu beachten!

Kann der Kunde jedoch nach 18 Monaten den kalkulierten Restbetrag von 7310 DM nicht bezahlen, darf der Händler den Gebrauchtwagenwert neu veranschlagen.

Erzielt er beispielsweise beim Verkauf nur mehr 7000 DM, muß der Kunde die Ertragsminderung in der Höhe von 310 DM selbst bezahlen.

Der erzielte Gewinn durch Leasing ist dann verloren, ja der Kunde hat sogar eine Mehrleistung von 310 − 29,55 = 280,45 DM im Vergleich zur Barzahlung zu erbringen.

2. Beispiel:

Mietvertrag für Clark-Geräte No 35167

Mietobjekt:	C 500 Y 40 D
Nettokaufpreis:	43000 DM
Grundmietzeit:	54 Monate
Mietrate:	928,37 DM pro Monat (ohne MWSt.)
Restwert:	4300 DM

a) bei Miete:

Ermittlung des Zinssatzes:
bei
54 Monatsraten à 928,37 DM

und
4300 DM Kredit auf $4^1/_2$ Jahre
Zinssatz = **10,0909%** (durch Näherungsrechnung ermittelt)
ergibt Barwert von: 43000 DM

Nachweis:

$$K_n \cdot q^{-n} + \left[P \cdot \frac{1-\left(\sqrt[12]{q}\right)^{-12n}}{\sqrt[12]{q}-1} \cdot \frac{1}{\sqrt[12]{q}}\right] = \textbf{Barwert}$$

$$4300 \cdot 1{,}100909^{-4{,}5} + \left[928{,}37 \cdot \frac{1-\left(\sqrt[12]{1{,}100909}\right)^{-54}}{\sqrt[12]{1{,}100909}-1} \cdot \frac{1}{\sqrt[12]{1{,}100909}}\right] = \textbf{43000 DM}$$

Kostenaufwand:

Raten:	928,37 DM × 54	= 50131,98 DM
Restwert:	10% von 43000 DM	= 4300,00 DM
Gesamt:		= **54431,98 DM**

b) Freie Finanzierung:

bei Barzahlung 3% Skonto
Skonto = 43000 · 0,03 = 1290 DM
Erforderlicher Bankkredit: 43000 – 1290 = 41710 DM
Zinssatz = 9,25% p.a.
Laufzeit = $4^1/_2$ Jahre = 54 Monate

Höhe der jährlichen Rückzahlungsrate:

Formel: $$P = K_0 \cdot \frac{q-1}{1-q^{-n}}$$

$$P = 41710 \cdot \frac{1{,}0925-1}{1-1{,}0925^{-4{,}5}} = 11748 \text{ DM}$$

Kostenaufwand:

nach $4^1/_2$ Jahren: 11748 · 4,5 = **52866 DM**

Vergleich:

Gesamtkosten bei Leasing	= 54431,98 DM
Gesamtkosten bei Kredit	= 52866,00 DM
Mehrkosten bei Leasing	= **1565,98 DM** = 2,96%

Die Miet-Gesamtkosten in Höhe von 54431,98 DM im Zeitraum von $4^1/_2$ Jahren entsprechen einem Zinssatz bei Bankkredit von **10,48373%.**

Nachweis:

$$41710 \cdot \frac{1{,}1048373-1}{1-1{,}1048373^{-4{,}5}} \cdot 4{,}5 = \textbf{54431,98 DM}$$

3. Beispiel:

Mietvertrag für Clark-Geräte No 35167

Mietobjekt:	C 500 Y 40 D
Bruttokaufpreis:	49020 DM
Grundmietzeit:	54 Monate
Mietrate:	1058,34 DM pro Monat (einschl. MWSt.)
Restwert:	4902 DM

a) bei Miete:

Ermittlung des Zinssatzes:
bei
54 Monatsraten à 1058,34 DM
und
4902 DM Kredit auf $4^1/_2$ Jahre
Zinssatz = **10,0908%** (durch Näherungsrechnung ermittelt)
ergibt Barwert von: 49020 DM

Nachweis:

$$K_n \cdot q^{-n} + \left[P \cdot \frac{1-\left(\sqrt[12]{q}\right)^{-12n}}{\sqrt[12]{q}-1} \cdot \frac{1}{\sqrt[12]{q}} \right] = \text{Barwert}$$

$$4902 \cdot 1{,}100908^{-4,5} + \left[1058{,}34 \cdot \frac{1-\left(\sqrt[12]{1{,}100908}\right)^{-54}}{\sqrt[12]{1{,}100908}-1} \cdot \frac{1}{\sqrt[12]{1{,}100908}} \right] = \mathbf{49020\ DM}$$

Kostenaufwand:

Raten:	1058,34 DM × 54	= 57150,36 DM
Restwert:	10% von 49020 DM	= 4902,00 DM
Gesamt:		= **62052,36 DM**

b) Freie Finanzierung:

Bei Barzahlung 3% Skonto

Kaufpreis:	=	43000,00 DM
Skonto:	=./.	1290,00 DM
Netto:	=	41710,00 DM
14% MWSt.:	=+	5839,40 DM
Brutto:	=	**47549,40 DM** = erforderlicher Kredit

Zinssatz = 9,25% p.a.
Laufzeit = $4^1/_2$ Jahre

Höhe der jährlichen Rückzahlungsrate:

Formel: $$P = K_0 \cdot \frac{q-1}{1-q^{-n}}$$

$$P = 47549{,}40 \cdot \frac{1{,}0925-1}{1-1{,}0925^{-4,5}} = \mathbf{13392{,}72\ DM}$$

Kostenaufwand:

nach $4^1/_2$ Jahren: 13392,72 · 4,5 = **60267,24 DM**

Vergleich:

Gesamtkosten bei Leasing	= 62052,36 DM
Gesamtkosten bei Kredit	= 60267,24 DM
Mehrkosten bei Leasing	= **1785,12 DM** = 2,96%

4. Beispiel:

Mietobjekt:	LKW
Nettokaufpreis:	120000 DM
Grundmietzeit:	60 Monate
Anzahlung:	12000 DM
Mietrate:	2120 DM pro Monat
Restzahlung:	12000 DM

a) bei Miete:

Ermittlung des Zinssatzes:
bei 60 Monatsraten à 2120 DM
und Stundung von 12000 DM auf 5 Jahre
Zinssatz = **9,77915%** (durch Näherungsrechnung ermittelt)
ergibt Barwert von 120000 – 12000 = 108000 DM

Nachweis:

$$K_n \cdot q^{-n} + \left[P \cdot \frac{1-\left(\sqrt[12]{q}\right)^{-12n}}{\sqrt[12]{q}-1} \cdot \frac{1}{\sqrt[12]{q}} \right] = \textbf{Barwert}$$

$$12000 \cdot 1{,}0977915^{-5} + \left[2120 \cdot \frac{1-\left(\sqrt[12]{1{,}0977915}\right)^{-60}}{\sqrt[12]{1{,}0977915}-1} \cdot \frac{1}{\sqrt[12]{1{,}0977915}} \right] = \textbf{108000 DM}$$

Kostenaufwand:

Anzahlung:	12000 DM	= 12000 DM
Raten:	2120 DM × 60	= 127200 DM
Restwert:	12000 DM	= 12000 DM
Gesamt:		= **151200 DM**

b) Freie Finanzierung:

Bei Barzahlung 3% Skonto
Zinssatz bei Bankkredit = 9,25% p.a.

Fall 1

Der Käufer besitzt ein Sparkapital von 50000 DM, das ihm jährlich 4,5% Zinsen bringt.

Er verwendet es als Teil der Barzahlung. Zur Deckung des Restbetrages nimmt er einen Bankkredit auf, und zwar auf 5 Jahre zu 9,25% Zins p.a.

Fall 2

Der Käufer nimmt einen Bankkredit zu gleichen Bedingungen in Höhe des vollen Barzahlungsbetrages auf und behält so die Zinsen aus dem Kapital seines Sparkontos.

Vergleiche den Kostenaufwand:

Fall 1 zu Fall 2 und zu Leasing

Fall 1:

Skonto: 120000 · 0,03 = 3600 DM
Barzahlung: 120000 – 3600 = 116400 DM

Zinsverlust bei Sparkonto:

$Z = K_0 \cdot q^n - K_0$
$Z = 50000 \cdot 1{,}045^5 - 50000 = \mathbf{12309{,}10\ DM}$

erforderlicher Kredit:

116400 – 50000 = 66400 DM

Höhe der jährlichen Rückzahlungsrate:

Formel: $P = K \cdot \frac{q-1}{1-q^{-n}}$

$$P = 66400 \cdot \frac{1{,}0925 - 1}{1 - 1{,}0925^{-5}} = 17181{,}82\ \text{DM}$$

Kostenaufwand:

Anzahlung:	= 50000,00 DM
Zinsverlust:	= 12309,10 DM
Raten: 17181,82 × 5	= 85909,08 DM
Gesamt:	= **148218,18 DM**

Fall 2:

Skonto: 3% von 120000 DM = 3600 DM
Barzahlung = erforderlicher Bankkredit:
120000 – 3600 = 116400 DM
Zinssatz = 9,25%
Laufzeit: 60 Monate = 5 Jahre

Höhe der jährlichen Rückzahlungsrate:

Formel: $P = K \cdot \frac{q-1}{1-q^{-n}};$

$$P = 116400 \cdot \frac{1{,}0925 - 1}{1 - 1{,}0925^{-5}} = 30119{,}93\ \text{DM}$$

Kostenaufwand:

Raten: 30119,93 · 5 = **150599,65 DM**

Vergleich:

Gesamtkosten bei Leasing	= 151 200,00 DM
Gesamtkosten Fall 1	= 148 218,18 DM
Einsparung bei Bankkredit	= **2981,82 DM**

Vergleich:

Gesamtkosten bei Leasing	= 151 200,00 DM
Gesamtkosten Fall 2	= 150 599,65 DM
Einsparung bei Bankkredit	= **600,35 DM**

Vergleich:

Gesamtkosten Fall 1	= 148 218,18 DM
Gesamtkosten Fall 2	= 150 599,65 DM
Einsparung bei Fall 1	= **2381,47 DM**

§ 8 Lebensversicherung

Beispiel:

Die „National Union LV-AG“ bietet eine Lebensversicherung für 50–70jährige an.

Als Beispiel für die hohe Gewinnbeteiligung wird aufgeführt:

Eintrittsalter:	55 Jahre
Versicherungssumme:	10 000 DM
Laufzeit:	30 Jahre
Monatsbeitrag:	45,10 DM

Unter Zugrundelegung des Geschäftsergebnisses 1983 kann nach 30 Jahren ein Betrag von **21 408 DM** ausbezahlt werden.

Soweit das Beispiel!

Der Hinweis, daß die Endzahlung mehr als das Doppelte macht, verliert an Bedeutung, wenn man sich die Höhe der Verzinsung ausrechnet.

Diese beträgt nämlich nur **1,7769 %**

Nachweis:

$$45{,}10 \cdot \frac{\left(\sqrt[12]{1{,}017769}\right)^{12 \cdot 30} - 1}{\sqrt[12]{1{,}017769} - 1} \cdot \sqrt[12]{1{,}017769} = \mathbf{21\,408{,}–\ DM}$$

Die Versicherung trägt zwar das Risiko, bei Todesfall die Summe von 10 000 DM auszahlen zu müssen (nach den Bedingungen tritt die Verpflichtung erst nach 3 Jahren ein), legt jedoch bekanntlich die Prämien sehr gewinnbringend an. Eine Verzinsung in Höhe von 9,5 % ist meist ein Mittelwert.

Frage:

Nach welcher Zeit haben die monatlichen Prämien von 45,10 DM bei einer Verzinsung von 9,5 % ein Kapital von 10 000 DM gebildet?

Lösung:

$$n = \frac{\log\left[\frac{10000}{\sqrt[12]{1{,}095}} \cdot \frac{\sqrt[12]{1{,}095}-1}{45{,}10} + 1\right]}{\log \sqrt[12]{1{,}095}} = \textbf{129,884 Monate}$$

Dies sind 10 Jahre 9 Monate und 27 Tage.

Die Versicherung ist also bereits nach ca. 10 Jahren und 10 Monaten durch die verzinste Anlage der erhaltenen Prämien im Besitze eines Kapitals in Höhe der Lebensversicherungssumme.

Da die Leistungspflicht erst 3 Jahre nach Vertragsabschluß beginnt, trägt die Versicherung nur für einen Zeitraum von 7 Jahren und 10 Monaten das Risiko über einen Betrag von:

$$10000 - \left[45{,}10 \cdot \frac{\left(\sqrt[12]{1{,}095}\right)^{36} - 1}{\sqrt[12]{1{,}095} - 1} \cdot \sqrt[12]{1{,}095}\right] = \textbf{8126,81 DM}$$

denn nach 3 Jahren sind die verzinsten Prämien bereits auf ein Kapital von **1873,19 DM** angewachsen.

30 Jahre ist die Laufzeit der Lebensversicherung. Für den Zeitraum von **7,82 Jahren**, also etwa für ein Viertel der Laufzeit, trägt die Versicherung das Risiko für einen Betrag von maximal 8126,81 DM.

Maximal deshalb, weil die verzinste Prämieneinzahlung kontinuierlich ein höheres Kapital bildet. Stirbt beispielsweise der Versicherungsnehmer $5^1/_2$ Jahre nach Vertragsabschluß, beträgt die Risikosumme nur noch:

$$10000 - \left[45{,}10 \cdot \frac{\left(\sqrt[12]{1{,}095}\right)^{66} - 1}{\sqrt[12]{1{,}095} - 1} \cdot \sqrt[12]{1{,}095}\right] = \textbf{6125,20 DM}$$

nach $8^1/_2$ Jahren lediglich **3039,45 DM.**

Das maximale Risiko für die Versicherung ist also der Betrag von 8126,81 DM, und nur dann, wenn 3 Jahre nach Vertragsabschluß der Versicherungsnehmer stirbt.

Wie oft wird dies wohl der Fall sein?

Frage:

Welchen Gewinn hat die Versicherung **nach Abzug** der Todesfall-Leistung, wenn der Versicherte nach 20 Jahren stirbt?

Lösung:

$$\left[45{,}10 \cdot \frac{\left(\sqrt[12]{1{,}095}\right)^{240} - 1}{\sqrt[12]{1{,}095} - 1} \cdot \sqrt[12]{1{,}095}\right] - 10000 = \textbf{20773,32 DM}$$

Eine aufschlußreiche Übersicht bildet nachstehende in Jahren abgestufte Gewinnmaximierung zugunsten der Versicherung, falls der Versicherungsnehmer weiter lebt und bezahlt.

Übersicht:

Vers.-Nehmer stirbt nach Jahren:	Gewinn der Versicherung:
21	24269,83 DM
22	28094,13 DM
23	32281,73 DM
24	36867,16 DM
25	41888,20 DM
26	47386,24 DM
27	53406,60 DM
28	59998,89 DM
29	67217,45 DM

Erlebt der Versicherungsnehmer seinen 85. Geburtstag, dann wird die Versicherung statt der Versicherungssumme in Höhe von 10000 DM auch die „Gewinnanteile", also einen Gesamtbetrag von 21408 DM, auszahlen. Nach Abzug dieser Summe verbleibt der Versicherung noch ein **Gewinn von 63713,77 DM.**

Kein schlechtes Geschäft, wenn man in Betracht zieht, daß das tatsächliche Risiko nur für die Zeit von nicht ganz 8 Jahren bestanden hat!

Der **Normalverbraucher** hat nun nicht die Möglichkeiten, die Anlagen so hoch zu verzinsen wie ein Versicherungsträger. Für eine derart lange Laufzeit wird er aber von jedem Bankinstitut mindestens 6,75% Zinsen bekommen.

Frage:

Nach welcher Zeit bildet sich bei Einlage der Prämie von monatlich 45,10 DM auf ein Sparkonto und einem Zinssatz von 6,75% ein Kapital in Höhe des Versicherungsschutzes von 10000,– DM?

Lösung:

$$n = \frac{\left[\log \frac{10000}{\sqrt[12]{1{,}0675}} \cdot \frac{\sqrt[12]{1{,}0675} - 1}{45{,}10} + 1\right]}{\log \sqrt[12]{1{,}0675}} = \mathbf{145{,}155\ Monate = 12\ J.\ 35\ Tg.}$$

Also nur für einen Zeitraum von **9 Jahren und 35 Tagen** (die Wartezeit der Versicherung von 3 Jahren berücksichtigt) trägt der Sparer den Versicherungsschutz selbst. Ab diesem Zeitpunkt ist das angesparte Kapital höher als die Versicherungssumme.

Frage:

Um welchen Betrag **übersteigt** das Kapital aus der verzinsten monatlichen Prämie den Versicherungsschutz in nachfolgenden Jahren?

Formel:

$$\left[P \cdot \frac{\left(\sqrt[12]{q}\right)^{12 \cdot n} - 1}{\sqrt[12]{q} - 1} \cdot \sqrt[12]{q}\right] - K = \mathbf{Überschuß}$$

Beispiel nach 13 Jahren:

$$\left[45{,}10 \cdot \frac{\left(\sqrt[12]{1{,}0675}\right)^{12 \cdot 13} - 1}{\sqrt[12]{1{,}0675} - 1} \cdot \sqrt[12]{1{,}0675}\right] - 10000 = \mathbf{1113{,}33\ DM}$$

Tabelle:

Nach Jahren:		Überschuß:	Nach Jahren:		Überschuß:
13	=	1113,33 DM	21	=	14442,82 DM
14	=	2424,27 DM	22	=	16653,50 DM
15	=	3823,70 DM	23	=	19013,40 DM
16	=	5317,59 DM	24	=	21532,59 DM
17	=	6912,32 DM	25	=	24221,83 DM
18	=	8614,69 DM	26	=	27092,60 DM
19	=	10431,97 DM	27	=	30157,14 DM
20	=	12371,92 DM	28	=	33428,53 DM
			29	=	36920,75 DM

Erkenntnis:

a) Stirbt der Versicherungsnehmer innerhalb **3 Jahren** nach Vertragsbeginn, so erhalten die Erben die bis zu diesem Zeitpunkt eingezahlten Beiträge **unverzinst** zurück.

b) Stirbt der Versicherungsnehmer zwischen dem **3. bis 11.** Versicherungsjahr, erhalten die Erben die volle Versicherungssumme, und die Versicherung hat die **Differenz** zwischen 10000 DM und dem Kapital aus den bisher einbezahlten und verzinsten Prämien zu bezahlen.

c) Tritt der Todesfall **nach dem 13. Versicherungsjahr** ein, liegt die **Versicherung** in erheblich steigendem Maße auf der **Gewinnseite.**

d) Stirbt der Versicherungsnehmer im **29. Versicherungsjahr,** erhalten die Erben **10000 DM** Versicherungssumme und **verlieren 36920,75 DM,** nämlich das Kapital, welches sich aus den zu 6,75% verzinsten Prämien in Form einer Spareinlage angesammelt hätte!

Die Prämienkalkulation:

einer Lebensversicherung richtet sich nach der statistischen Lebenserwartung.

Nach der gegenwärtig zugrunde gelegten Überlebenstabelle beträgt die durchschnittliche Lebenserwartung für einen 55jährigen Mann 18 Jahre.

In oben gezeigtem Beispiel

würde der Mann ein Alter von 73 Jahren erreichen. Bis zu seinem Ableben hätte er dann einbezahlt:

45,10 DM × 12 × 18 = **9741,60 DM**

und der Erbe erhält die Todesfallsumme von

10000 DM

Im Endeffekt bekommt er dann die bis zu diesem Zeitpunkt einbezahlten Beiträge **unverzinst** zurück, denn die Verzinsung beträgt lediglich 0,28872%, also nur ca. 2,89 Promille – praktisch gleich null!

Nachweis:

$$45{,}10 \cdot \frac{\left(\sqrt[12]{1{,}0028872}\right)^{216} - 1}{\sqrt[12]{1{,}0028872} - 1} \cdot \sqrt[12]{1{,}0028872} = \mathbf{10000\ DM}$$

Die Kalkulation der Versicherung

ist daher:
Höhe der Versicherungssumme
ist gleich
Höhe der eingezahlten Beiträge für den Zeitraum der statistischen Lebenserwartung.

Legt man den im Beispiel verwendeten Verzinsungsmittelwert von 9,5% zugrunde, beträgt der

Brutto-Gewinn der Versicherung:

$$\left[45{,}10 \cdot \frac{\left(\sqrt[12]{1{,}095}\right)^{216} - 1}{\sqrt[12]{1{,}095} - 1} \cdot \sqrt[12]{1{,}095}\right] - 10000 = \mathbf{14675{,}02\ DM} \text{ dies sind } \mathbf{146{,}75\%}$$

Die Versicherung begründet ihren Anspruch auf den ungewöhnlich hohen Gewinn von fast 150% mit dem Hinweis auf das Risiko.

Jedes große Unternehmen arbeitet heutzutage mit Risiko.

Ein Brutto-Gewinn dieser Größenordnung dürfte aber nur in den seltensten Fällen erzielt werden!

Übungsaufgaben

1. Jemand kauft einen Bauplatz um 45750 DM auf Spekulation. Er läßt ihn 10 Jahre brach liegen, bis er dann eine Summe erhält, auf welche sein Kapital auch bei 10% Zinseszinsen angewachsen wäre.

Welchen Gewinn hat er, wenn er sein aufgewendetes Kapital selbst zu $4^1/_2$% verzinsen muß?

Lösung:

$$\text{Gewinn} = K_0 \cdot (q_1^{\,n} - q_2^{\,n})$$
$$= 45750 \cdot (1{,}10^{10} - 1{,}045^{10}) = \mathbf{47615{,}37\ DM}$$

2. Welchen Betrag muß jemand aufwenden, der sich der Verpflichtung, nach $5^1/_2$ Jahren 53400 DM zu zahlen, durch sofortige Zahlung entledigen will, wenn $4^1/_2$% Diskont berechnet werden?

Lösung:

$$\text{Barwert} = K_n \cdot \frac{1}{q^n}$$

$$= 53400 \cdot \frac{1}{1{,}045^{5{,}5}} = \mathbf{41918{,}11\ DM}$$

3. Welche Summe müßte jemand in eine Sparkasse zahlen, wenn er nach 30 Jahren bei $3^1/_2$% Verzinsung 5000 DM abheben wollte?

Lösung:

$$\text{Summe} = \frac{K_n}{1{,}035^{30}} = \frac{K_n}{q^n}$$

$$= \frac{5000}{1{,}035^{30}} = \mathbf{1781{,}39\ DM}$$

4. **A** bietet für ein Grundstück 40000 DM bar und 61000 DM nach 5 Jahren (ohne Zinsen zahlbar),
B 50000 DM bar und 50000 DM (zinslos) nach 5 Jahren,
C 60000 DM bar und 35000 DM (zinslos) nach 5 Jahren.

Wer bietet am meisten, wenn 5% Diskont gerechnet werden?

Lösung:

A bietet: $40000 + 61000 \cdot 1{,}05^{-5} = 87795{,}10$ DM
B bietet: $50000 + 50000 \cdot 1{,}05^{-5} = \mathbf{89176{,}31}$ **DM**
C bietet: $60000 + 35000 \cdot 1{,}05^{-5} = 87423{,}42$ DM

5. In welcher Zeit verdreifacht sich ein Kapital bei 5% Zinseszinsen?

Lösung:

$$K_0 \cdot q^n = 3 \cdot K_0;\ q^n = \frac{3 \cdot K_0}{K_0};\ q^n = 3;\ n \cdot \log q = \log 3$$

$$n = \frac{\log 3}{\log q};\ n = \frac{\log 3}{\log 1{,}05} = \mathbf{22{,}517\ Jahre}$$

6. Wie lange müssen 3000 DM zu 5% Zinseszins ausstehen, um zu einem Kapital anzuwachsen, welches bei 5% 300 DM Jahreszins abwirft?

Lösung:

$$3000 \cdot 1{,}05^n = \frac{300}{0{,}05};\ 1{,}05^n = \frac{300}{0{,}05 \cdot 3000}$$

$$n \cdot \log 1{,}05 = \log\left(\frac{300}{150}\right)$$

$$n = \frac{\log 2}{\log 1{,}05} = \mathbf{14{,}21\ Jahre}$$

7. Nach welcher Zeit haben 40000 DM bei 5% Zinseszinsen denselben Wert wie 50000 DM bei 4%?

Lösung:

$$40000 \cdot 1{,}05^n = 50000 \cdot 1{,}04^n;\ \frac{1{,}05^n}{1{,}04^n} = \frac{50000}{40000}$$

$$\left(\frac{1{,}05}{1{,}04}\right)^n = 1{,}25;\ n \cdot \log\left(\frac{1{,}05}{1{,}04}\right) = \log 1{,}25$$

$$n = \frac{\log 1{,}25}{\log\left(\frac{1{,}05}{1{,}04}\right)} = \mathbf{23{,}318\ Jahre}$$

8. Zu wieviel Prozent müssen 12000 DM angelegt werden, um in 10 Jahren auf 21490 DM anzuwachsen?

Lösung:

$$12000 \cdot q^{10} = 21410; \quad q^{10} = \frac{21410}{12000}; \quad q = \sqrt[10]{\frac{21410}{12000}}$$

$$p = \sqrt[10]{\frac{21410}{12000}} - 1 = 0{,}06 = \mathbf{6\,\%}$$

9. Bei welchem Zinsfuß verdoppelt sich ein Kapital in 10 Jahren und 3 Monaten?

Lösung:

$$K_0 \cdot q^{10,25} = 2 \cdot K_0; \quad q^{10,25} = \frac{2 \cdot K_0}{K_0}; \quad q^{10,25} = 2$$

$$q = \sqrt[10,25]{2} = 1{,}069963; \quad p = 6{,}9963\,\% \sim \mathbf{7\,\%}$$

10. Eine Fabrikanlage stand ursprünglich mit 500000 DM zu Buch; es wurde jährlich von dem jeweils vorhandenen Buchwert der gleiche Prozentsatz abgeschrieben, so daß nach 8 Jahren der Buchwert 268000 DM war.

Wieviel Prozent wurden abgeschrieben?

(Entwickle die allgemeine Formel hierzu.)

Lösung:

$$500000 - 500000 \cdot q^{-8} = 268000$$

$$500000 - 268000 = 500000 \cdot \frac{1}{q^8}$$

$$\frac{1}{q^8} = \frac{500000 - 268000}{500000}$$

$$q^8 = \frac{500000}{500000 - 268000}$$

$$q = \sqrt[8]{2{,}15517} = 1{,}10074; \quad p = \mathbf{10{,}074\,\%}$$

Allgemeine Formel:

$$K_0 - \frac{K_0}{q^n} = K_n; \quad K_0 - K_n = \frac{K_0}{q^n}$$

$$q^n = \frac{K_0}{K_0 - K_n}; \quad q = \sqrt[n]{\frac{K_0}{K_0 - K_n}}$$

$$p = \left[\sqrt[n]{\frac{K_0}{K_0 - K_n}} - 1\right] \cdot 100$$

11. Der Buchwert einer Maschinenanlage ist in 10 Jahren von 24000 DM auf 8720 DM gesunken. Wieviel Prozent des jeweiligen Wertes wurden jährlich abgeschrieben?

Lösung:

$$p = \left[\sqrt[10]{\frac{24000}{24000 - 8720}} - 1 \right] \cdot 100 = \mathbf{4{,}62\%}$$

12. Jemand zahlt an eine Bank zehnmal, und zwar jedes Jahr am 1. Januar, 1000 DM ein, die ihm 4 Jahre lang zu 4% und dann zu $3^1/_2$% verzinst werden.

Welche Summe hat er am Ende des 10. Jahres zu seiner Verfügung?

Lösung:

$$K_n = \left(1000 \cdot \frac{1{,}04^4 - 1}{0{,}04} \cdot 1{,}04\right) \cdot 1{,}035^6 +$$

$$+ 1000 \cdot \frac{1{,}035^6 - 1}{0{,}035} \cdot 1{,}035 = \mathbf{12208{,}20\ DM}$$

13. Eine Gemeinde wurde in die benachbarte Stadt eingemeindet, und diese mußte daher an den Distrikt, aus dem die Gemeinde ausschied, 10 Jahre lang am Anfang eines jeden Jahres 2500 DM zahlen.

Wie groß ist die Summe, mit der die Stadt diese Verpflichtung sofort ablösen konnte, wenn 4% gerechnet werden?

Lösung:

$$\text{Barwert vorschüssig} = R \cdot \frac{q}{q^n} \cdot \frac{q^n - 1}{q - 1}$$

$$B = 2500 \cdot \frac{1{,}04}{1{,}04^{10}} \cdot \frac{1{,}04^{10} - 1}{1{,}04 - 1} = \mathbf{21088{,}33\ DM}$$

14. Ein Grundstück kann erworben werden, wenn der Käufer eine Barzahlung von 55200 DM leistet oder für eine bestimmte Anzahl von Jahren am Jahresschluß 4200 DM Pacht bezahlt. Nach welcher Zeit ist im letzteren Fall das Grundstück sein Besitz? (p = $3^1/_2$%)

Lösung:

$$\text{Allgemein: } n = \log \left\{ \frac{-1}{\left[\frac{B}{R} \cdot (q - 1)\right] - 1} \right\} \cdot \frac{1}{\log q}$$

$$n = \log \left\{ \frac{-1}{\left[\frac{55200}{4200} \cdot (1{,}035 - 1)\right] - 1} \right\} \cdot \frac{1}{\log 1{,}035} = \mathbf{17{,}912\ Jahre}$$

15. Auf welche Summe wachsen 3700 DM in 9 Jahren bei $4\frac{1}{2}\%$ an, wenn jährlich 250 DM zugezahlt werden?

Lösung:

$$K_n = K_0 \cdot q^n + P \cdot \frac{q^n - 1}{q - 1}$$

$$K_n = 3700 \cdot 1{,}045^9 + 250 \cdot \frac{1{,}045^9 - 1}{0{,}045} = \mathbf{8199{,}08\ DM}$$

16. Welche Summe muß man am Ende jedes Jahres zu einem Bankkapital von 10000 DM bei 4% hinzuzahlen, damit man nach 10 Jahren ein Kapital von 20000 DM abheben kann?

Lösung:

$$P = \frac{(K_n - K_0 \cdot q^n) \cdot (q - 1)}{q^n - 1}$$

$$P = \frac{(20000 - 10000 \cdot 1{,}04^{10}) \cdot (1{,}04 - 1)}{1{,}04^{10} - 1} = \mathbf{432{,}91\ DM}$$

17. Jemand will eine Schuld von 13840 DM, die zu $4\frac{1}{2}\%$ verzinst werden soll, durch jährliche Zahlungen von 800 DM tilgen.

Wieviel ist er nach 10 Jahren noch schuldig?

Lösung:

$$K_n = K_0 \cdot q^n - R \cdot \frac{q^n - 1}{q - 1}$$

$$K_n = 13840 \cdot 1{,}045^{10} - 800 \cdot \frac{1{,}045^{10} - 1}{0{,}045} = \mathbf{11662{,}57\ DM}$$

18. Welchen Barwert hat eine monatliche vorschüssig gezahlte Rente von 1680 DM bei $5\frac{1}{2}\%$, wenn sie 10 Jahre läuft?

Lösung:

$$B = R \cdot \frac{1 - (\sqrt[12]{q})^{-12 \cdot n}}{\sqrt[12]{q} - 1} \cdot \sqrt[12]{q}$$

$$B = 1680 \cdot \frac{1 - (\sqrt[12]{1{,}055})^{-12 \cdot 10}}{\sqrt[12]{1{,}055} - 1} \cdot \sqrt[12]{1{,}055} = \mathbf{156448{,}61\ DM}$$

18a. Wie hoch ist der Barwert, wenn diese Rente nachschüssig gezahlt wird?

Lösung:

$$B = \frac{156448{,}61}{\sqrt[12]{1{,}055}} = \mathbf{155752{,}13\ DM} \quad \text{Differenz} = 696{,}48\ \text{DM}$$

19. Eine Rente von jährlich 12000 DM, welche nachschüssig noch 15 Jahre läuft, soll in eine Rente umgewandelt werden, die nur 10 Jahre läuft. Wie hoch ist dann diese bei p = 5,75%?

Lösung:

$$12000 \cdot \frac{1 - 1{,}0575^{-15}}{1{,}0575 - 1} = R \cdot \frac{1 - 1{,}0575^{-10}}{1{,}0575 - 1}$$

$$R = 12000 \cdot \frac{1 - 1{,}0575^{-15}}{1 - 1{,}0575^{-10}} = \mathbf{15906{,}79\ DM}$$

20. Eine nachschüssige Jahresrente von 12000 DM mit einer Laufzeit von 10 Jahren, mit p = 4,5%, soll in eine vorschüssige Monatsrente umgewandelt werden. Wie hoch ist diese?

Lösung:

$$12000 \cdot \frac{1 - 1{,}045^{-10}}{0{,}045} = R \cdot \frac{1 - \left(\sqrt[12]{1{,}045}\right)^{-12 \cdot 10}}{\sqrt[12]{1{,}045} - 1} \cdot \sqrt[12]{1{,}045}$$

$$R = 12000 \cdot \frac{1 - 1{,}045^{-10}}{0{,}045} \cdot \frac{\sqrt[12]{1{,}045} - 1}{1 - \left(\sqrt[12]{1{,}045}\right)^{-120}} \cdot \sqrt[12]{1{,}045} = \mathbf{976{,}36\ DM}$$

jährlich = 11716,33 DM, in 10 Jahren = 117163,35 DM
10 Jahresrenten × 12000 DM = 120000,00 DM
Minderung = 2836,65 DM

21. Ein Vater zahlt in eine Rentenkasse 35000 DM, um damit die Universitätsausbildung seines Sohnes zu finanzieren. Wenn nun der Sohn 8 Jahre nach jener Einlage mit dem Studium beginnt und dann 5 Jahre lang monatlich 1000 DM der Rentenkasse entnimmt, wie gestaltet sich dann die Abrechnung 13 Jahre nach der Einzahlung? (p = 5,5%).

Lösung:

$$35000 \cdot 1{,}055^{13} - 1000 \cdot \frac{\left(\sqrt[12]{1{,}055}\right)^{5 \cdot 12} - 1}{\sqrt[12]{1{,}055} - 1} \cdot \sqrt[12]{1{,}055} = \mathbf{1250{,}07\ DM}$$

Nach 13 Jahren beträgt der Kontostand: 1250,07 DM

22. Jemand zahlt in eine Lebensversicherung 10 Jahre lang eine jährliche vorschüssige Prämie von 900 DM. Nach 10 Jahren wird die Prämie um 20% ermäßigt. In wieviel Jahren hat sich bei $3^1/_2$% Zinseszins ein Kapital von 20000 DM gebildet?

Lösung:

$$900 \cdot \frac{1{,}035^{10} - 1}{0{,}035} \cdot 1{,}035 + 720 \cdot \frac{1{,}035^{n} - 1}{0{,}035} \cdot 1{,}035 = 20000$$

$$1{,}035^{n} = \left[\left(20000 - 900 \cdot \frac{1{,}035^{10} - 1}{0{,}035} \cdot 1{,}035\right) \cdot \frac{0{,}035}{720 \cdot 1{,}035}\right] + 1$$

$$n = \frac{\log \left\{\left[\left(20000 - 900 \cdot \frac{1{,}035^{10} - 1}{0{,}035} \cdot 1{,}035\right) \cdot \frac{0{,}035}{720 \cdot 1{,}035}\right] + 1\right\}}{\log 1{,}035} = \mathbf{10{,}318\ Jahre}$$

Laufzeit: 10 + 10,318 = 20,318 Jahre = **20 Jahre und 116 Tage**

23. Berechne Endwert und Barwert einer nachschüssigen (vorschüssigen) Rente von R bei p% und n Jahren Laufzeit. R = 3000 DM; p = 6%; n = 12 Jahre.

Endwert:

nachschüssig: $K_n = R \cdot \frac{q^n - 1}{q - 1}$

$$K_n = 3000 \cdot \frac{1{,}06^{12} - 1}{0{,}06} = \textbf{50609,82 DM}$$

vorschüssig: $K_n = R \cdot \frac{q^n - 1}{q - 1} \cdot q$

$$K_n = 3000 \cdot \frac{1{,}06^{12} - 1}{0{,}06} \cdot 1{,}06 = \textbf{53646,41 DM}$$

Barwert:

nachschüssig

$$K_0 = R \cdot \frac{1 - q^{-n}}{q - 1} = 3000 \cdot \frac{1 - 1{,}06^{-12}}{0{,}06} = \textbf{25151,53 DM}$$

vorschüssig

$$K_0 = R \cdot \frac{1 - q^{-n}}{q - 1} \cdot q = 3000 \cdot \frac{1 - 1{,}06^{-12}}{0{,}06} \cdot 1{,}06 = \textbf{26660,62 DM}$$

Kontrolle: $K_0 \cdot q^n = K_n$; $25151{,}53 \cdot 1{,}06^{12} =$ **50609,82 DM**

Lösungsheft

zum Buch

MATHEMATIK
für
ALLE
leicht gemacht
Band I

Lösungen
in
MENGENLEHRE
Arithmethik
ALGEBRA

von Prof. Dr. h.c. Ignaz WALTER

Quellen:	Übernahme überarbeiteter Teile aus Arithmetik und Algebra, Auflage 1906.
	Mit Genehmigung des Verlages Ferdinand Schöningh wurden folgende Seiten aus Kurt Degen, Algebra I, München 1974, abgedruckt: S. 367 - 369 (§ 1 C); S. 371 - 372 (§ 2 B - Fig. 7); S. 373 - 379 (§ 2 C; § 3 A B); S. 381 - 382 (Beispiel 4); S. 382 - 383 (§ 4 - Fig. 17); S. 385 (§ 5); S. 390 (§ 5).
Neu geschrieben:	Kapitel 13 - Gleichungen höheren Grades mit einer Unbekannten Seite 342 mit Seite 348 von Michael Tyomkyn.

Ausgabe 1979	Auflage 1 mit 5
Ausgabe 1991	Auflage 6 mit 8
Ausgabe 2006	Auflage 9

Prof. Dr. h.c. Ignaz Walter – Verfasser und Herausgeber

Weltbild Buchverlag
–Originalausgaben–

Steinerne Furt, 86167 Augsburg
6. Auflage 2009

Projektleitung: Dr. Ulrike Strerath-Bolz
Umschlaggestaltung: Sabine Novotny, München
Druck und Bindung: Druckerei C.H. Beck, Nördlingen

Printed in the EU

ISBN 978-3-89897-704-3

A) Lösungen zur Mengenlehre

§ 10 Aufgaben zur Mengenlehre

Zu Aufgabe 1:

1. $\in$ 2. $\notin$ 3. $\notin$ 4. $\in$

A ist hier die Menge mit dem einzigen Element, dem Wort turnen.
B ist die Menge aus den Buchstaben des Wortes „turnen".

Zu Aufgabe 2:

	{ a, u, i }	{ Alle Vokale von „Kaugummi" }
bildlich	aufzählend	beschreibend

Zu Aufgabe 3:

A = { x, y } B = { x, a }
z(A) = 2 z(B) = 2 aber
A ≠ B, da a nicht in A und y nicht in B vorkommt.

Zu Aufgabe 4:

Aus 1. folgt: z(X) = 3 – also hat X drei Elemente
Aus 2. folgt: Als Elemente kommen p, r, a, l vor.
X kann sein: {p, r, a} oder {p, r, l} oder {p, a, l} oder {r, a, l}

Zu Aufgabe 5:

{a, b}
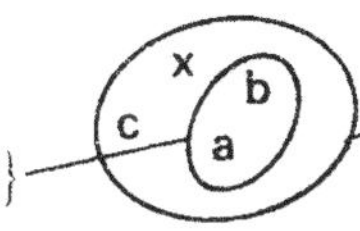

{a, b, c, x}

Zu Aufgabe 6:

Aus 1. folgt: Y hat drei Elemente (z({ a, b, c }) = 3)
Aus 2. folgt: Da {Alle Konsonanten von „fliegen"} gleich { f, l, g, n } ist gilt:
Als Elemente von Y kommen nur f, l, g und n in Frage.
Y kann sein: { f, l, g } oder { f, l, n } oder { f, g, n } oder { l, g, n } .

Zu Aufgabe 7:

A = { a, i, e }
Teilmengen: { }, { a }, { i }, { e }, { a, i }, { a, e }, { i, e }, { a, i, e }

Zu Aufgabe 8:

Aus 1. folgt: a$\in$A; b$\in$A; [redacted]$\notin$A; e$\notin$A
Aus 2. folgt: A hat drei Elemente
Aus 3. folgt: Das dritte Element muß d sein, denn e kann nach 1. nicht Element sein.

Zu Aufgabe 9:

Aus 1. folgt: b$\notin$C; y$\notin$C; z$\notin$C; a$\in$C
Aus 2. folgt: x könnte neben a noch Element aus C sein.
Damit kann C vertreten: { a } oder { a, x }
{ x } kann nie von C vertreten werden, denn nach 1. muß a unbedingt Element aus C sein.

Zu Aufgabe 10:

Aus 1. folgt: $x \in X$; $y \notin X$; $l \in X$; $z \notin X$
Aus 2. folgt: ■ muß neben x und l noch Element aus X sein.
Damit kann X vertreten: {■, x, l}.

Zu Aufgabe 11:

Aus 1. folgt: ■∈Z; ◪∈Z; □ und ▨ könnten noch Elemente aus Z sein.
Andere Elemente kann Z nicht haben.
Aus 2. folgt: □ ist sicher kein Element aus Z; ▨ kann Element sein. ⊠ und □ sind keine Elemente aus Z, da dies nach 1. unmöglich ist.
Damit kann Z vertreten: {■, ◪, ▨} oder {■, ◪}.

Zu Aufgabe 12:

V = {Alle Sechser- und Neunerzahlen}.

Zu Aufgabe 13:

S = {6}.

14. a) $L = \{2, 4, 6, 8, 10, 12, 14, 16, 18, 20, \ldots\}$
b) $L = \{3, 6, 9, 12, 15, 18, 21, 24, 27, 30, \ldots\}$
c) $L = \{4, 8, 12, 16, 20, 24, 28, 32, 36, 40, \ldots\}$
d) $L = \{5, 10, 15, 20, 25, 30, 35, 40, 45, 50, \ldots\}$

15. a) $V_6 = \{6, 12, 18, 24, 30, 36, 42, 48, 54, 60, \ldots\}$
b) $V_7 = \{7, 14, 21, 28, 35, 42, 49, 56, 63, 70, \ldots\}$
c) $V_9 = \{9, 18, 27, 36, 45, 54, 63, 72, 81, 90, \ldots\}$
d) $V_{13} = \{13, 26, 39, 52, 65, 78, 91, 104, 117, 130, \ldots\}$
e) $V_{15} = \{15, 30, 45, 60, 75, 90, 105, 120, 135, 150, \ldots\}$
f) $V_{21} = \{21, 42, 63, 84, 105, 126, 147, 168, 189, 210, \ldots\}$

16. a) $V_2 = \{2, 4, 6, 8, 10, 12, 14, 16, 18, 20, \ldots\}$
$V_3 = \{3, 6, 9, 12, 15, 18, 21, 24, 27, 30, \ldots\}$

$V_2 \; V_3 = \{6, 12, 18, 24, 30, \ldots\}$

b) $V_4 \cap V_6 = \{12, 24, 36, 48, 60, \ldots\}$
c) $V_3 \cap V_6 = \{6, 12, 18, 24, 30, \ldots\}$
d) $V_2 \cap V_3 \cap V_4 = \{12, 24, 36, 48, 60, \ldots\}$

17. a) Fig. 1 b) Fig. 2 c) Fig. 3

Fig. 1

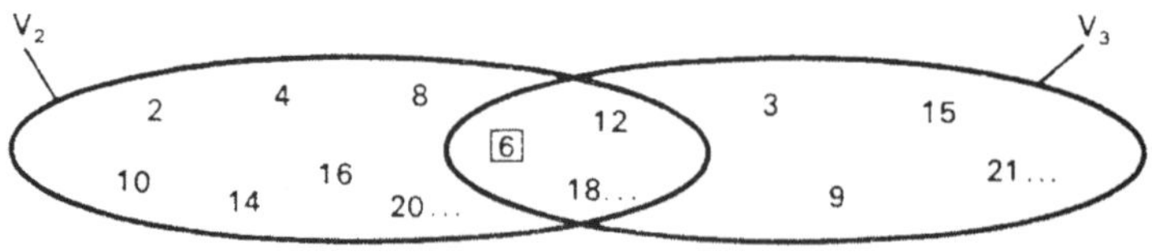

Fig. 2

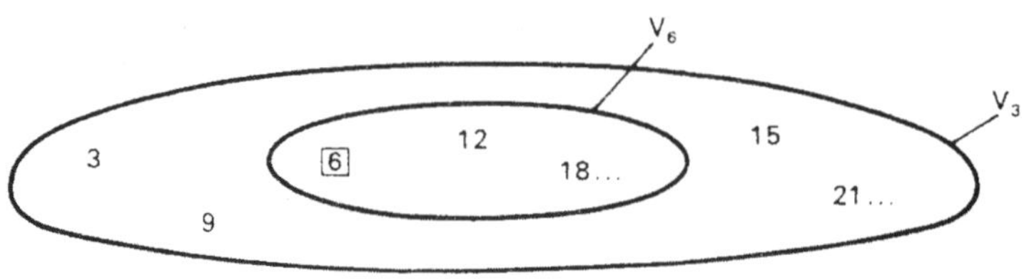

Fig. 3

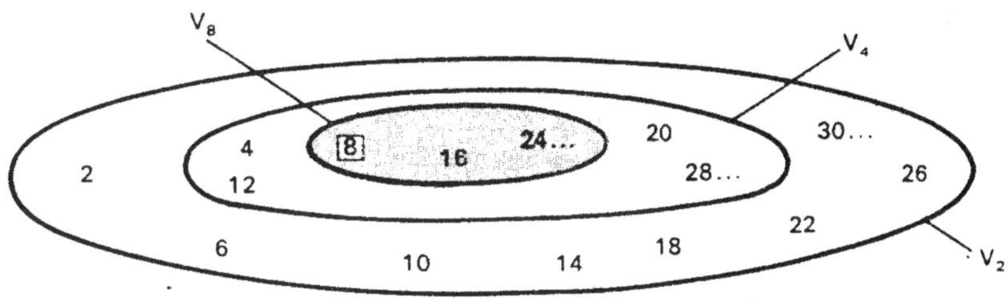

18. a) 39 b) 85 c) 102 d) 60 e) 72
f) 120 g) 210 h) 420 i) 357 k) 132
l) 70 m) 72 n) 105 o) 84 p) 240

Aufgabe 19: Nach Vervierfachen der Strecke [AB] und Verdreifachen der Strecke [CD].
Fig. 4.

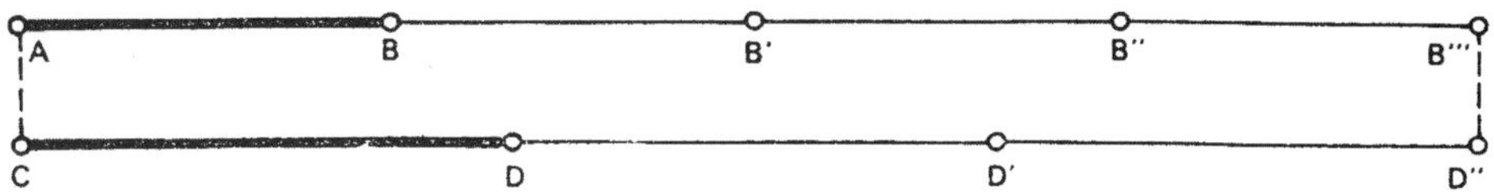

Aufgabe 20:

a) 1410; 10mal; 3mal
b) 1296; 3mal; 2mal
c) 360; 15mal; 10mal; 6mal
d) 360; 20mal; 15mal; 5mal; 4mal; 3mal

Aufgabe 21:

a) 390 b) 714 c) 665 d) 460

Aufgabe 22:

kgV (75,60) = 300; 300 : 75 = 4; 300 : 60 = 5
Nach 4 Schritten des Vaters und 5 Schritten des Sohnes sind sie mit ungleichem Fuß wieder „im Schritt". Um mit gleichem Fuß wieder „im Schritt" zu sein, muß der Vater 8 Schritte, der Sohn 10 Schritte tun.

Aufgabe 23:

15 m 12 cm. Das kleine Rad dreht sich 9mal, das große 7mal. [1512 = kgV (168,216)]

Aufgabe 24:

Am Dienstag, dem 31. März.

Aufgabe 25:

a) $L = \{2, 6\}$ b) $L = \{\ \}$ c) $L = \{5, 15\}$ d) $L = \{1, 5\}$

Aufgabe 26:

a) $S = \{\ \}$. Fig. 5
b) $S = \{S_1, S_2\}$. Fig. 6

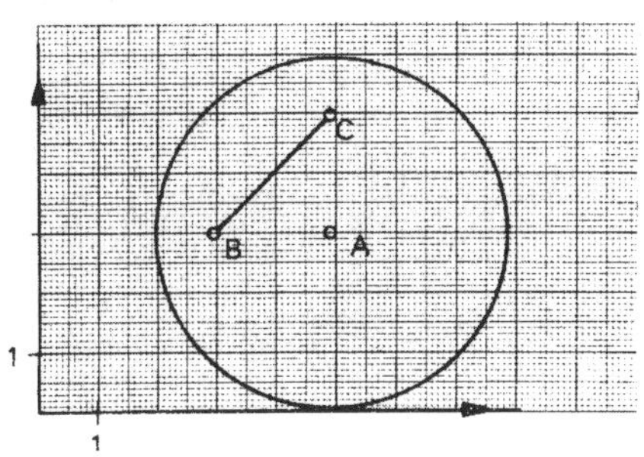

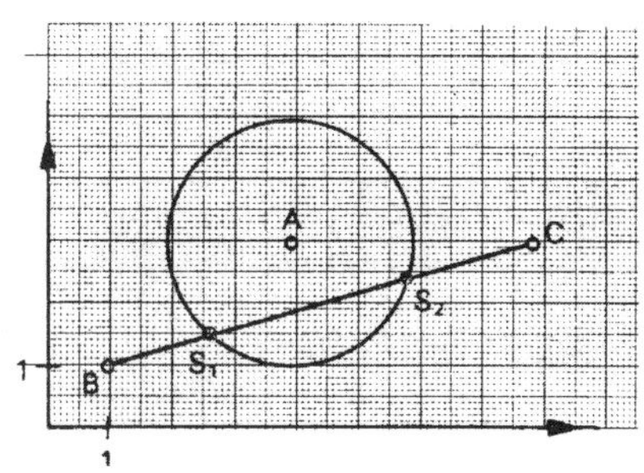

c) $S = \{S_1, S_2, S_3, S_4\}$. Fig. 7

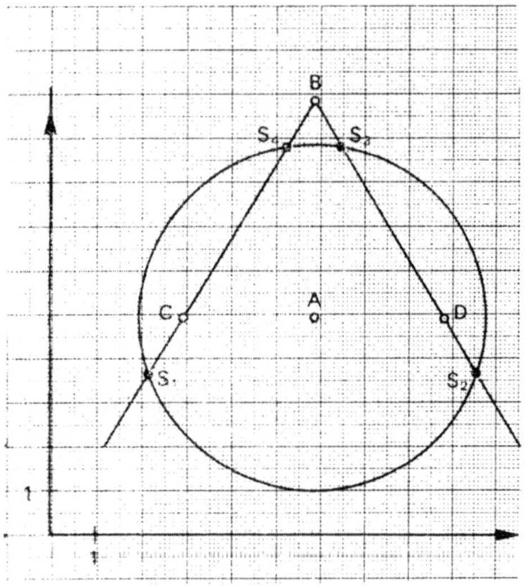

d) $S = \{S_1, S_2, S_3, S_4, S_5, S_6\}$.
$z(M_1 \cap M_2) = 6$ Fig. 8

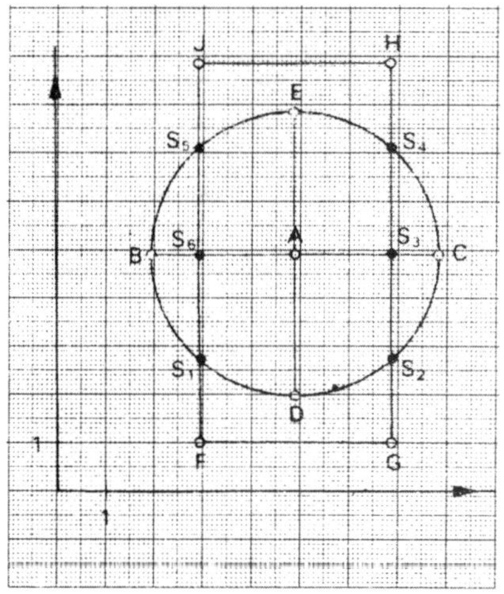

e) $S = \{S_1, S_2, S_3, S_4\}$. Fig. 9

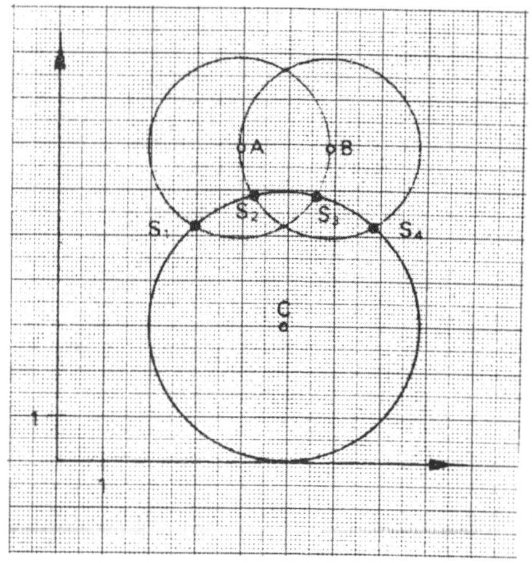

Aufgabe 27:

a) S_1 (2; 8), S_2 (8; 8). Fig. 10

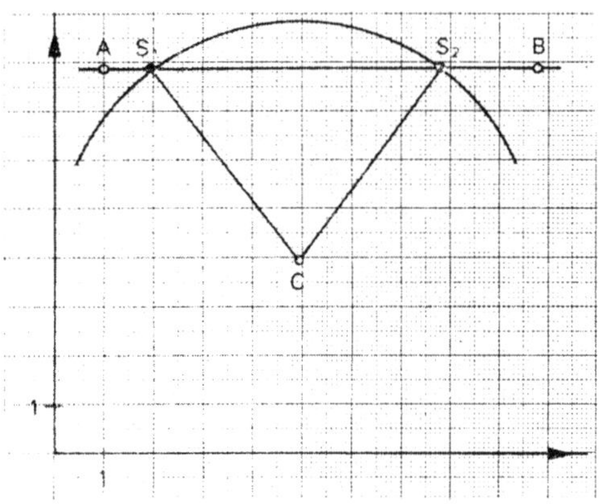

b) S_1 (1; 0), S_2 (9; 0). Fig. 11

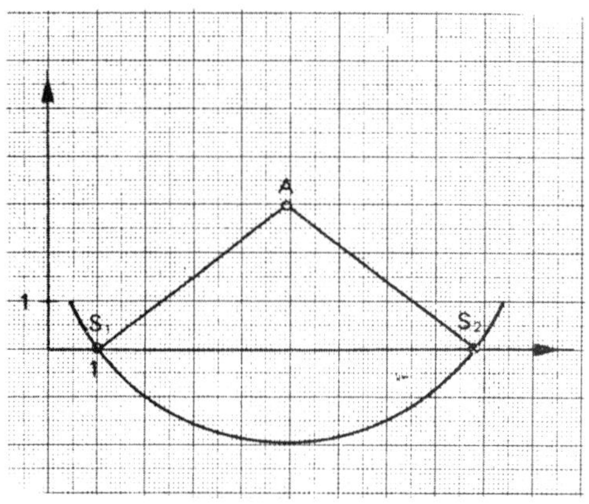

c) S_1 (3; 1), S_2 (10; 8). Fig. 12

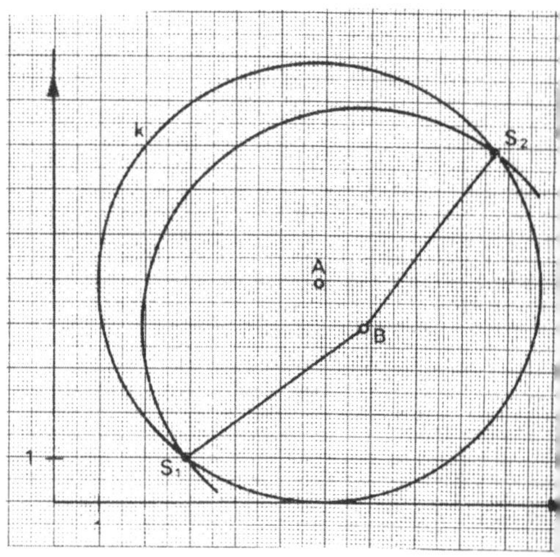

Aufgabe 28:

$\overline{S_1S_2} = 6$ cm. Fig. 13

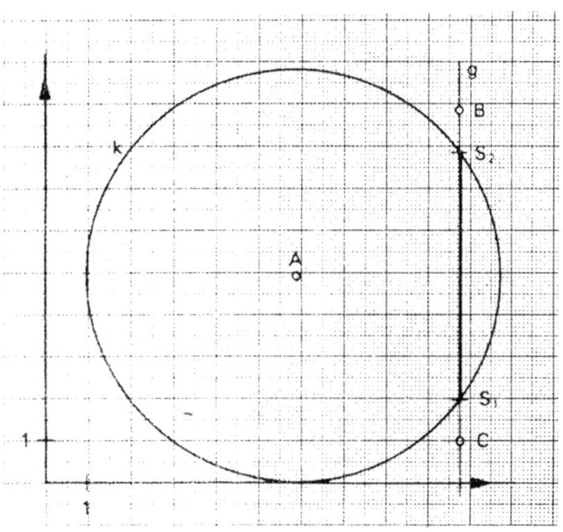

Aufgabe 29:

a) $\overline{CD}_{min} = 1$ cm; $\overline{CD}_{max} = 11$ cm. Fig. 14
b) $\overline{CD}_{min} = 1$ cm; $\overline{CD}_{max} = 5$ cm. Fig. 15

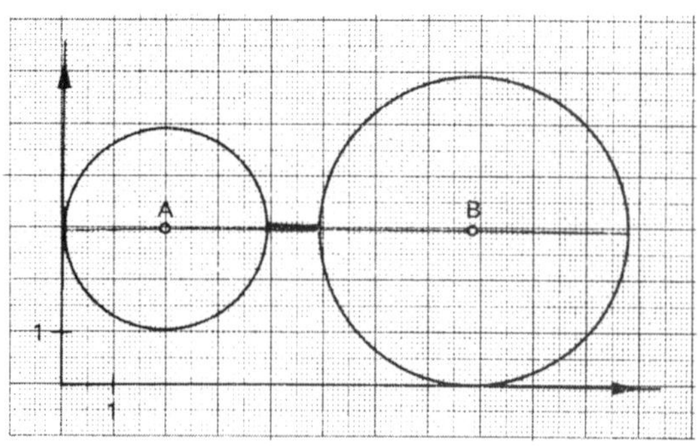

Fig. 14

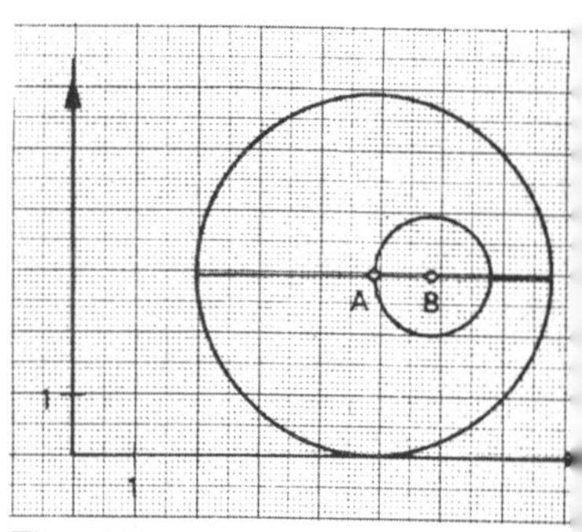

Fig. 15

B) Lösungen zur Arithmetik

§ 1. Addition

Seite 53:
6. 22422
7. 21220
8. 16414
9. 21724

§ 6. Teilbarkeit der Zahlen

Seite 58: 8. durch 2, 4. 15 durch 3, 5. 365 durch 5. 3654 durch 2, 3, 6, 9. 5360 durch 2, 4, 5, 8, 10. 278 durch 2. 57884 durch 2, 4. 3792 durch 2, 3, 4, 6, 8. 4375 durch 5, 7. 3850 durch 5, 7, 10, 11. 4310 durch 2, 5, 10. 46011 durch 3. 27855 durch 3, 5, 9. 437920 durch 2, 4, 5, 7, 8, 10.

§ 7. Zerlegung in Faktoren

Seite 59:
8. $720 = 2 \cdot 2 \cdot 2 \cdot 2 \cdot 3 \cdot 3 \cdot 5$
9. $2520 = 2 \cdot 2 \cdot 2 \cdot 3 \cdot 3 \cdot 5 \cdot 7$
10. $8190 = 2 \cdot 5 \cdot 3 \cdot 3 \cdot 7 \cdot 13$
11. $192 = 2 \cdot 2 \cdot 2 \cdot 2 \cdot 2 \cdot 2 \cdot 3$
12. $285 = 3 \cdot 5 \cdot 19$
13. $7122 = 2 \cdot 3 \cdot 1187$
14. $2535 = 3 \cdot 5 \cdot 13 \cdot 13$
15. $16 = 2 \cdot 2 \cdot 2 \cdot 2$
16. $18 = 2 \cdot 3 \cdot 3$
17. $27 = 3 \cdot 3 \cdot 3$
18. $32 = 2 \cdot 2 \cdot 2 \cdot 2 \cdot 2$
19. $36 = 2 \cdot 2 \cdot 3 \cdot 3$
20. $64 = 2 \cdot 2 \cdot 2 \cdot 2 \cdot 2 \cdot 2$

§ 11. Verwandlung eines unechten Bruches in eine gemischte Zahl

Seite 63: $\frac{7}{5} = 1\frac{2}{5}$. $\frac{8}{3} = 2\frac{2}{3}$. $1\frac{15}{4} = 3\frac{3}{4}$. $\frac{23}{3} = 7\frac{2}{3}$. $\frac{27}{4} = 6\frac{3}{4}$. $\frac{36}{5} = 7\frac{1}{5}$. $\frac{44}{3} = 14\frac{2}{3}$. $\frac{97}{4} = 24\frac{1}{4}$. $\frac{107}{5} = 21\frac{2}{5}$. $\frac{36}{7} = 5\frac{1}{7}$. $\frac{25}{4} = 6\frac{1}{4}$. $\frac{39}{14} = 2\frac{11}{14}$.

§ 12. Erweitern von Brüchen

Seite 64: $\frac{1}{2} = \frac{30}{60}$. $\frac{2}{3} = \frac{40}{60}$. $\frac{3}{4} = \frac{45}{60}$. $\frac{4}{5} = \frac{48}{60}$. $\frac{3}{5} = \frac{36}{60}$. $\frac{5}{6} = \frac{50}{60}$. $\frac{5}{12} = \frac{25}{60}$. $\frac{4}{15} = \frac{16}{60}$. $\frac{3}{20} = \frac{9}{60}$. $\frac{7}{20} = \frac{21}{60}$. $\frac{5}{30} = \frac{10}{60}$. $\frac{7}{30} = \frac{14}{60}$.

Nenner: 240. **Zähler:** 120, 160, 180, 192, 144, 200, 64, 36, 84, 40, 56
Nenner: 180. **Zähler:** 90, 120, 135, 144, 108, 150, 75, 48, 27, 63, 30, 42
Nenner: 120. **Zähler:** 60, 80, 90, 96, 72, 100, 50, 32, 18, 42, 20, 28

§ 14. Gleichnamigmachen von Brüchen

Seite 65:
5. **Nenner:** 48. **Zähler:** 36, 47, 15, 30
6. **Nenner:** 50. **Zähler:** 45, 7, 26, 30
7. **Nenner:** 84. **Zähler:** 72, 68, 49, 82
8. **Nenner:** 24. **Zähler:** 12, 16, 18, 20, 21
9. **Nenner:** 48. **Zähler:** 32, 40., 42, 20, 21

§ 15. Addition von Brüchen

Seite 66: 1. $12\frac{215}{504}$ 2. $10\frac{104}{105}$ 3. $22\frac{41}{84}$ 4. $17\frac{23}{24}$ 5. $27\frac{517}{840}$ 6. $35\frac{3}{28}$ 7. $36\frac{5}{63}$
8. $48\frac{251}{252}$ 9. $44\frac{13}{126}$

§ 15. Einrichten von Brüchen

Seite 66: $3\frac{1}{3} = \frac{10}{3}$ $6\frac{2}{3} = \frac{20}{3}$ $5\frac{1}{2} = \frac{11}{2}$ $7\frac{1}{2} = \frac{15}{2}$ $8\frac{5}{6} = \frac{53}{6}$ $33\frac{1}{3} = \frac{100}{3}$ $66\frac{2}{3} = \frac{200}{3}$
$5\frac{7}{9} = \frac{52}{9}$ $15\frac{8}{23} = \frac{353}{23}$ $17\frac{5}{7} = \frac{124}{7}$ $133\frac{1}{3} = \frac{400}{3}$ $582\frac{3}{7} = \frac{4077}{7}$

§ 16 Subtraktion von Brüchen

Seite 67:
1. $\frac{7}{8} - \frac{5}{12} = \frac{11}{24}$
2. $\frac{7}{9} - \frac{3}{5} = \frac{8}{45}$
3. $\frac{11}{15} - \frac{3}{5} = \frac{2}{15}$
4. $\frac{7}{16} - \frac{3}{8} = \frac{1}{16}$
5. $\frac{15}{22} - \frac{4}{33} = \frac{37}{66}$
6. $\frac{7}{18} - \frac{3}{10} = \frac{4}{45}$
7. $\frac{8}{21} - \frac{2}{7} = \frac{2}{21}$
8. $\frac{3}{19} - \frac{1}{10} = \frac{11}{190}$
9. $\frac{120}{121} - \frac{2}{3} = \frac{118}{363}$
10. $\frac{572}{120} - 3 = 1\frac{23}{30}$
11. $\frac{800}{3} - 200 = 66\frac{2}{3}$
12. $\frac{500}{12} - 13 = 28\frac{2}{3}$

§ 16 Subtraktion von gemischten Zahlen

Seite 67:
1. $5\frac{1}{2} - 2\frac{1}{3} = 5\frac{3}{6} - 2\frac{2}{6} = 3\frac{1}{6}$
2. $1\frac{38}{63}$
3. $3\frac{5}{8}$
4. $3\frac{5}{12}$
5. $1\frac{3}{4}$
6. $20\frac{1}{2} - 15\frac{7}{8} = 4\frac{5}{8}$
7. $13\frac{5}{6}$
8. $2\frac{1}{18}$
9. $9\frac{11}{28}$
10. $24\frac{1}{2}$
11. $37\frac{2}{3}$
12. $7\frac{9}{14}$

§ 17 Multiplikation von Brüchen

Seite 68:
8. $\frac{1}{2}, \frac{35}{48}, \frac{3}{28}, \frac{2}{5}, \frac{4}{7}, \frac{4}{5}$
9. $\frac{15}{301}, \frac{9}{16}, \frac{13}{102}, \frac{3}{8}, \frac{9}{248}$
10. $1\frac{2}{3}, 4\frac{2}{3}, 6, 2\frac{1}{2}, \frac{2}{27}, 4$
11. $4, 1\frac{1}{7}, 6\frac{2}{3}, 7\frac{1}{2}, 2\frac{1}{2}, 2\frac{19}{22}$
12. $20\frac{3}{7}, 101\frac{1}{9}, 31\frac{1}{3}, 41, 10$
13. 183, 144, 300, 795, 51
14. $203\frac{7}{16}$ $123\frac{1}{3}, 77\frac{1}{4}, 50, 16\frac{1}{3}$
15. $7\frac{13}{20}, 4\frac{1}{25}$ $12\frac{3}{14}, 64, 20$

§ 18 Division von Brüchen

Seite 68:
1. $\frac{9}{10}, 1\frac{1}{15}, \frac{20}{21}, 1\frac{1}{4}$
2. $1\frac{13}{16}, 1\frac{31}{44}, \frac{7}{18}, 2\frac{1}{112}$
3. $19\frac{1}{5}, 66\frac{1}{2}, 29\frac{1}{4}, 47\frac{1}{7}$
4. $38\frac{2}{5}, 19\frac{1}{8}, 10, 24$
5. $\frac{17}{60}, \frac{7}{48}, 1\frac{2}{15}, \frac{14}{153}$
6. $\frac{4}{825}, \frac{15}{217}, \frac{2}{285}, \frac{3}{8}$
7. $6\frac{22}{57}, 1\frac{13}{62}, 1\frac{17}{21}, \frac{2}{3}$
8. $\frac{23}{39}, 2\frac{8}{13}, \frac{25}{34}, \frac{7}{8}$
9. $\frac{5}{27}, 2\frac{1}{6}, \frac{7}{8}, \frac{8}{35}$
10. $7, 8, \frac{7}{27}, 3\frac{4}{7}$
11. $\frac{1}{6}, \frac{9}{14}, 2\frac{2}{3}, 3\frac{45}{62}$

§ 20 Wiederholungsbeispiele

Seite 69:

1. 11	8. $6\frac{4}{5}$	15. $7\frac{2}{3}$	22. $82\frac{3}{100}$	29. $\frac{1}{5}$	36. $2\frac{1}{5}$
2. 9	9. 4	16. $2\frac{1}{7}$	23. $1\frac{1}{2}$	30. $\frac{5}{108}$	37. $\frac{19}{21}$
3. $2\frac{3}{5}$	10. $8\frac{3}{4}$	17. $4\frac{1}{4}$	24. $3\frac{1}{3}$	31. $\frac{1}{8}$	38. $18\frac{20}{27}$
4. $1\frac{2}{7}$	11. $2\frac{1}{16}$	18. $6\frac{13}{19}$	25. $\frac{19}{40}$	32. $1\frac{2}{5}$	39. $152\frac{29}{108}$
5. $7\frac{1}{3}$	12. $1\frac{5}{12}$	19. $1\frac{29}{40}$	26. $13\frac{19}{24}$	33. $\frac{8}{21}$	40. $4809\frac{3}{4}$
6. 25	13. $\frac{727}{1600}$	20. $\frac{7}{64}$	27. $\frac{3}{8}$	34. $\frac{15}{896}$	41. $157\frac{1}{7}$
7. 23	14. $2\frac{29}{63}$	21. $\frac{1}{8}$	28. $\frac{35}{72}$	35. $6\frac{14}{15}$	42. $1637\frac{1}{6}$

43. $43\frac{22}{27}$	50. $13\frac{1083}{1120}$	57. $10\frac{2}{3}$	64. $4\frac{11}{27}$	71. $\frac{2}{45}$	78. $\frac{11}{21}$
44. $10\frac{139}{140}$	51. $10\frac{4}{7}$	58. 60	65. $\frac{19}{23}$	72. $\frac{2}{17}$	79. $4\frac{7}{32}$
45. $1\frac{491}{840}$	52. $55\frac{17}{24}$	59. $7\frac{1}{2}$	66. $1\frac{49}{66}$	73. $\frac{1}{135}$	80. $\frac{29}{56}$
46. $\frac{41}{60}$	53. $1\frac{1}{5}$	60. 63	67. $1\frac{153}{316}$	74. $\frac{2}{21}$	81. $\frac{11}{9}$
47. $2\frac{39}{140}$	54. $\frac{16}{21}$	61. $3\frac{7}{19}$	68. $2\frac{23}{27}$	75. $\frac{1}{288}$	82. $\frac{11}{112}$
48. $\frac{461}{504}$	55. $2\frac{3}{16}$	62. $2\frac{10}{43}$	69. $7\frac{1}{9}$	76. $\frac{10}{507}$	83. $\frac{136}{189}$
49. $21\frac{27}{56}$	56. $\frac{19}{36}$	63. $5\frac{20}{32}$	70. $11\frac{1}{6}$	77. $\frac{19}{24}$	84. $\frac{1}{2}$
					85. $2\frac{2}{5}$

§ 26 Verwandlung gew. Brüche in Dezimalbrüche

Seite 76:

$\frac{1}{2} = 0{,}5$

$\frac{3}{4} = 0{,}75$

$\frac{5}{16} = 0{,}3125$

$\frac{3}{8} = 0{,}375$

$\frac{5}{32} = 0{,}15625$

$\frac{1}{64} = 0{,}015625$

$\frac{3}{500} = 0{,}006$

$\frac{7}{25} = 0{,}28$

$\frac{73}{125} = 0{,}584$

$\frac{2}{3} = 0{,}6666$

$\frac{5}{6} = 0{,}83333$

$\frac{7}{11} = 0{,}6363\ldots$

$\frac{4}{15} = 0{,}2666\ldots$

$\frac{5}{12} = 0{,}41666\ldots$

$\frac{3}{7} = 0{,}428571\ldots$

$\frac{8}{15} = 0{,}5333\ldots$

$\frac{3}{17} = 0{,}1764705882352941\ldots$

$\frac{23}{11} = 2{,}0909\ldots$

$\frac{25}{3} = 8{,}3333\ldots$

$3\frac{5}{6} = 3{,}8333\ldots$

$4\frac{7}{8} = 4{,}875$

$3\frac{2}{9} = 3{,}22\ldots$

$3\frac{1}{7} = 3{,}142857\ldots$

$\frac{407}{900} = 0{,}452\ldots$

$\frac{53188}{9000} = 5{,}9097\ldots$

$\frac{4289}{9990} = 0{,}4293$

§ 27 Verwandeln von Dezimalbrüchen in gemeine Brüche

Seite 78:

$0{,}5 = \frac{1}{2}$

$0{,}25 = \frac{1}{4}$

$0{,}75 = \frac{3}{4}$

$0{,}125 = \frac{1}{8}$

$0{,}375 = \frac{3}{8}$

$0{,}2 = \frac{1}{5}$

$0{,}6 = \frac{3}{5}$

$0{,}8 = \frac{4}{5}$

$0{,}625 = \frac{5}{8}$

$0{,}0625 = \frac{1}{16}$

$0{,}1875 = \frac{3}{16}$

$0{,}3125 = \frac{5}{16}$

$0{,}4375 = \frac{7}{16}$

$0{,}04 = \frac{1}{25}$

$0{,}24 = \frac{6}{25}$

$0{,}44\ldots = \frac{4}{9}$

$0{,}55\ldots = \frac{5}{9}$

$0{,}11\ldots = \frac{1}{9}$

$0{,}055\ldots = \frac{1}{18}$

$0{,}277\ldots = \frac{5}{18}$

$0{,}722\ldots = \frac{8}{11}$

$0{,}0833\ldots = \frac{1}{12}$

$0{,}4166\ldots = \frac{5}{12}$

$0{,}4545\ldots = \frac{5}{11}$

$0{,}04545\ldots = \frac{1}{22}$

$0{,}466\ldots = \frac{7}{15}$

$0{,}1034545\ldots = \frac{569}{5500}$

$0{,}3852424\ldots = \frac{12713}{33000}$

$0{,}002533\ldots = \frac{19}{7500}$

Aufgaben. Addition von Dezimalbrüchen.

Seite 78: 1. 14,711 2. 26,6981 3. 14,724 4. 30,9879 5. 14,89057 6. 417,913702

Subtraktion.

1. 2,6849 2. 0,0351 3. 0,34202 4. 3,692422 5. 2,0546 6. 305,799073

Vermischte Aufgaben.

Seite 78: 1. 21,998 2. 24,2266... 3. 31,269499 4. 170,8903... 5. 10,995 6. 125,3765...

Nachfolgende Dezimalbrüche sollen multipliziert werden.

Seite 79: 1. 10,116910 | 4. 0,000999
2. 0,022536 | 5. 8,886546
3. 59,975 | 6. 12,202978

Vermischte Aufgaben.

Seite 79: 1. 2,142 | 4. 46,3204
2. 4,896706 | 5. 5,8838
3. 16,683 . . . | 6. 0,0964

Nachfolgende Dezimalbrüche sollen dividiert werden.

[Die Division ist nicht zu Ende geführt.] Lösungen.

Seite 79: 1. 14,316 | 5. 0,7211
2. 1329,715 | 6. 0,14655
3. 0,00008 | 7. 0,004302
4. 3,1665 | 8. 1,172

Vermischte Aufgaben. Division.

Seite 79: 1. $3{,}697 : \frac{4}{7} = 6{,}46975$ | 4. $5{,}032 : 4\frac{7}{12} = 1{,}098$
2. $21{,}378 : \frac{6}{9} = 32{,}067$ | 5. $0{,}0037 : 5\frac{9}{70} = 0{,}00072$
3. $0{,}0579 : \frac{3}{500} = 9{,}65$ | 6. $9{,}3867 : 6\frac{7}{9} = 1{,}3849$

Nachfolgende Brüche sollen in Dezimalbrüche verwandelt werden.
[Division abgebrochen.]

Seite 79: 1. $\frac{5}{16} = 0{,}3125$ | 5. $\frac{34{,}23}{12{,}45} = 2{,}7494$
2) $14\frac{3}{17} = 14{,}17647$ | 6. $\frac{6{,}47}{3{,}4} = 1{,}9029$
3. $\frac{0{,}25}{6} = 0{,}0416 \ldots$ | 7. $\frac{15}{2{,}79} = 5{,}376$
4. $\frac{10{,}37}{6} = 1{,}7283$ | 8. $\frac{9}{0{,}209} = 43{,}0622$

§ 29 Schlußrechnungen mit geraden Verhältnissen

[ ] Lösungen. Abgekürzt gerechnet.

Seite 87: 1. 94 DM 37 Pfg. | 4. 403,87 DM
2. 769,51 DM | 5. 40 Umdrehungen
3. 27,5 t | 6. 36,89 Tage

Schlußrechnungen mit umgekehrten Verhältnissen. [ ].

Seite 88: 1. 157,821 km | 2. 104,8 Seiten | 3. 12286 Steine

§ 30 Zusammengesetzte Schlußrechnungen

Seite 89: 1. 18,6 Tage | 2. 70 m^3

§ 31 Prozentrechnung [ ].

Seite 90: 1. 25% 2. 40% 3. 5,66% 4. $7\frac{1}{7}$% 5. 6 DM 3 Pfg. 6. 464,71 DM

§ 32 Zinsrechnung. Zinsen gesucht. [ ].

Seite 93: 1. 410,63 DM 2. 2280 DM 3. 30 DM 4. 6,02 DM 5. 146 DM

C) Lösungen zur Algebra

§ 1 Addition

Seite 121:
1. $5ab + 13ac$
2. $\frac{4}{5}a + \frac{5}{7}b$
3. $\frac{7}{6}a + \frac{5}{4}b + 2c$
4. $2ab + \frac{3}{4}ac + 12a + 4b$
5. $5\frac{1}{2}m + 19\frac{1}{4}n$
6. $5\frac{1}{2}ax + 1\frac{1}{6}bx + 4\frac{1}{3}a + \frac{2}{5}b + 3\frac{1}{4}x$
7. $1{,}1ax + a + 8x + 0{,}1$
8. $9bb + 30\,b + 20$
9. $10a + 7{,}55b + 1{,}37$
10. $12\frac{29}{30}x + \frac{3}{5}y + 10{,}1279$

§ 2 Subtraktion

Seite 123:
1. $19\frac{4}{5}a + b$
2. $\frac{1}{4}ab + \frac{2}{3}ac$
3. $\frac{5}{6}x + 1\frac{2}{5}y$
4. $5ax + 4$
5. $ax - 7$
6. $3cx + 10ax$
7. $1{,}5\frac{x}{y} - 3{,}5\frac{x}{z}$
8. $0{,}1abc + 3abx$
9. $\frac{1}{32}x$

§ 4 Addition relativer Größen

Seite 125:
1. 35, −30, +13, −41, +23, −22, −87
2. 42a, −47b, +11a, +26x, +5a, −3y, +14z
3. a + b, −a − b, −a + b, 4a − 3b, +7a + 9b, −8a − 7b, 7m − 9n
4. n + 1, n − 1, n − 2, n + 1, x + 3, x − 1
5. y, y, a − b, a + 4b, −a − 2b
6. m + n + 1, n + a − 1, m + n, m + n − 3, −m − n
7. 4a, −17b, 4p − 5q, a + c, x + y − z − 3a, −8a − 9u
8.
9. 0,4a + 2b − 12,53c − 21,88d − 1,2f

§ 5 Subtraktion relativer Größen

Seite 127:
1. 6, −11, +24, +27, −19, −20, 0
2. 3a, +15b, −3x, −9m, −10x, −7c, +8d
3. a − b, −a + b, a + b, −a − b, −7a − 4, 2 − x, 3x − 2y
4. 3x − 2y, 4n + 5m, −8y − 4x, −3y + 4x, 8 + 4a, 1 − y, 3x − 7
5. n − 2, n + 2, 4 − x, x − 3, x − 11, x, 2x − 10
6. x − 1, n + 1, m − 10, 1 − m, n, 5x + 4
7. m − 2n, −n, + m, −x − 2y, −2x + y, a − 3b
8. a + 4b, 2y, 2a + 11, n − m − 5, 2x − 5, m − n + 2
9. 4a − 4b, −3a − 2x, 2y − 5, 5a − 4b + 8c − 8d

§ 6 Das Auflösen von Klammern

Seite 129:

1. $12a - 10b$
2. $6a + 2b + 15c$
3. $11aa - 10ab + 2ac - 9a$
4. $26a - 18b - 5c$
5. $5a - 18b + 20c$
6. $-0{,}3x + 3{,}37y$
7. $-4a$
8. $6\frac{3}{4}u - 6\frac{1}{2}v - 2a + 7b$
9. $a + p - d$
10. $= u + 2y$
11. $-u + v + x$
12. $3a - 3c$
13. $2a - 6b + 7c$
14. $-3a + 5c$

§ 7 Das Setzen von Klammern

Seite 130:

1. $a + (b + c)$
2. $a + (b - c)$
3. $x + (z - y)$
4. $a + (c - b)$
5. $a + (7b - 5c + 3d)$
6. $ab + (-ax + bx - cx)$
7. $a - (b - c)$
8. $a - (5b + 3c)$
9. $u - (a + b)$
10. $\frac{a}{b} - \left(\frac{a}{c} + \frac{a}{d}\right)$
11. $m - (3c - a - b)$
12. $a - (9 - 2b - 3c)$

§ 8 Gleichungen

Seite 133:

1. $x = 7$
2. $x = 6$
3. $x = 11$
4. $x = 11$
5. $x = 5$
6. $x = 8$
7. $x = 1$
8. $x = -4$
9. $x = 36$
10. $x = 9$
11. $x = -11$
12. $x = 30$
13. $x = 146$
14. $x = 2$
15. $x = 7a - 3b$
16. $x = 5a$
17. $x = a + b + 10$
18. $x = 80 + 8a$

§ 9 Die Multiplikation
1. Die Multiplikation absoluter Größen

Seite 135:

1. $72y$, $30\,(a + b)$, $56\,(b - c)$
2. $21xy$, $32mn$, $21uv$
3. $\frac{56}{99}ab$, $\frac{2}{3}ab$, $\frac{1}{4}cd$
4. $10uv$, $39\frac{1}{3}cd$, $13\frac{1}{3}\,uv$
5. $\frac{2}{3}ab$, $\frac{2xx}{3yy}$, $\frac{35xx}{12zy}$ oder $2\frac{11}{12}\,\frac{xx}{zy}$,
6. $\frac{20ac}{3b} = 6\frac{2}{3}\,\frac{ac}{b}$, $\frac{45}{2}\,a = 22\frac{1}{2}a$, $\frac{2}{3}\,\frac{a}{c}$
7. $\frac{135}{2}bcd$, $\frac{198}{10}abbc = 19\frac{8}{10}abbc$, $\frac{275}{6}abc = 45\frac{5}{6}\,abc$
8. $\frac{4bxx}{3c}$, $\frac{8aac}{dxy}$
9. $\frac{30c}{b}$, $\frac{3abh}{10p}$
10. $\frac{5}{3}x$, $\frac{2x - z}{x - 2z}$
11. $\frac{7}{9}$ $\frac{a - m}{a + m}$, $\frac{y\,(x + y + 3)}{4\,(x + y - 3)}$

2. Multiplikation relativer Größen

Seite 137:

1. $35\,ab$
2. $-\frac{4}{3}ab$,
3. $-15abcc$
4. $-40a$
5. $-15aaxy$
6. -3
7. $-abc$
8. $+abcd$
9. $-\dfrac{3axx}{y}$
10. $+\dfrac{2mc}{b}$
11. $\dfrac{m}{n}$
12. $\frac{2}{3}\dfrac{a+1}{a-1}$

3. Multiplikation eines mehrgliedrigen Ausdruckes mit einer Zahl

Seite 139:

1. $6a + 6b + 6c$
2. $3a - 3b - 3c$
3. $28a - 21b + 14c$
4. $2ax + 3ay + 5az$
5. $40ay + 56by + 24cy - 32dy$
6. $-15aabbc - 12aabcc + 9abbcc$
7. $\frac{24}{5}abx - \frac{21}{5}aby + 3ab$
8. $-\frac{4}{3}axy + \frac{4}{3}bxy + 8xy$
9. $-\frac{4}{5}xxy + 3xyy + \frac{42}{5}xy$
10. $-\frac{42}{5}xz + \frac{156}{15}yz - 3zz$
11. $3xxy + 3xxz + 2yzz + 6xyy - 8xyz$
12. $y - \frac{2}{3}z$
13. $12\frac{1}{4}a - 6\frac{1}{6}b$

4. Multiplikation mehrgliedriger Ausdrücke miteinander

Seite 141:

1. $ac + bc + ad + bd$
2. $ac + bc - ad - bd$
3. $ax - ay - bx + by$
4. $10a^2 - 7ab - 12b^2$
5. $35ab + 7b - 10a - 2$
6. $x^2 - 5xy + 3xz - 15\,yz$
7. $ax + bx - cx - ay - by + cy$
8. $10am - 15bm + 25cm - 2an + 3bn - 5cn$
9. $x^2 + 2\,xy + y^2$
10. $x^2 + 8x + 16$
11. $25x^2 + 30x + 9$
12. $a^2 + 2ab + b^2$
13. $x^2 + 2xy + y^2$
14. $9x^2 + 6xy + y^2$
15. $4\,x^2 + 16xy + 16y^2$
16. $16x^2 + 56x + 49$
17. $49x^2 + 70x + 25$
18. $a^2 - 2ab + b^2$
19. $x^2 - 2xy + y^2$
20. $x^2 - 14x + 49$
21. $x^2 - 8x + 16$
22. $25x^2 - 10x + 1$
23. $16x^2 - 24xy + 9y^2$
24. $36x^2 - 60xy + 25y^2$
25. $x^2 + 2x + 1$
26. $1 - 2a + a^2$
27. $a^2 - 2a + 1$
28. $9a^2 - 30ab + 25b^2$
29. $a^2 - b^2$
30. $p^2 - q^2$
31. $p^2 - 25$
32. $16a^2 - 4b^2$
33. $9x^2 - 64y^2$
34. $49a^2 - 25b^2$
35. $36a^2 - 6ab - 12b^2$
36. $64x^2 - 8xy - 42y^2$
37. $x^3 - y^3$
38. $a^4 - b^4$
39. $x^4 - y^4$
40. $a^2 + 2ab + b^2 - c^2$
41. $-x^2 + y^2 - z^2 + 2xz$
42. $36\,x^2z^2 - 9x^2u^2 - 4y^2z^2 + y^2u^2$
43. $16a^2bc + 24a^2cx - 24a^2bx - 36a^2x - 8bacy - 12acxy + 12abxy + 8ab^2y - 4b^2y^2 + 9x^2y^2$.

44. $a^3 + 3a^2b + 3ab^2 + b^3$
45. $a^3 - 3a^2b + 3ab^2 - b^3$
46. $abc - bc - 2ac + 2c - 3ab + 3b + 6a - 6$
47. $x^3 - 13x^2 + 52x - 60$
48. $36a^3 - 168a^2 + 241a - 105$
49. $42a^3 + 79a^2 - 25$
50. $\frac{27}{32}\frac{x^2}{y^2} - \frac{2y}{y}$
51. $2x^3 + \frac{17}{72}x^2y + \frac{1}{2}xy^2 + \frac{9}{16}y^3$
52. $\frac{15}{8}\frac{x^2}{a^2} - \frac{1}{16}\frac{x}{a} - 3\frac{1}{2} - \frac{7}{15}\frac{a}{x} + \frac{16}{15}\frac{a^2}{x^2}$
53. $\frac{9}{4}\frac{m^2}{pn} + 3\frac{m}{n} + 4\frac{p}{n} + \frac{8}{3}\frac{p^2}{mn} + \frac{16}{9}\frac{p^2}{m^2n}$

§ 10 Die Division

1. Division absoluter eingliedriger Größen

Seite 145:
1. $3b, 5a, 5c$
2. $3ab, 6ax, 7an$
3. $2\frac{a}{b}, \frac{3x}{4y}, \frac{3m}{5n}$
4. $3(a - b)c, 7\frac{x - y}{x + y}$
5. $y, y, \frac{4a}{3b}, \frac{a}{5b}$
6. $\frac{b}{a}, \frac{2ac^2}{3xyz}, \frac{4bx}{9m}$
7. $\frac{9n}{20ax}, \frac{m}{10xy}, \frac{3b}{20cd}$
8. $\frac{10py}{3z}, \frac{ab}{p}, \frac{28ac}{3y}$
9. $\frac{2m}{9bx^2}, \frac{3ay^2}{10bcx}, \frac{10adn}{3bx}$
10. $\frac{a}{c}, \frac{c}{d}, \frac{b}{a}$

2. Division relativer eingliedriger Größen.

3. Division eines mehrgliedrigen Ausdruckes durch einen eingliedrigen

Seite 148:
1. $\frac{m}{n}, -\frac{a}{b}, +\frac{c}{d}$
2. $+\frac{a}{b}, -\frac{a}{b}, -\frac{x}{y}, +\frac{u}{v}$
3. $3, -10, \frac{1}{3}, -\frac{1}{2}$
4. $-\frac{1}{3}, -\frac{1}{2}, -3, -\frac{1}{7}$
5. $-\frac{3a}{b}, \frac{4x}{y}, -12a$
6. $-\frac{c}{b}, -\frac{a}{2bc}, -\frac{4a}{bc}, \frac{5}{6c}$
7. $-\frac{1}{20}, -\frac{4}{7}, -\frac{1}{12}$
8. $\frac{1}{2}, 1\frac{7}{13}$
9. $\frac{a - b}{a + b}, 1, -1, -1$
10. $-5, -\frac{1}{2}, -3$
11. $b, -4a$
12. $-\frac{9x}{4}, -12a$
13. $\frac{2b}{u}, \frac{4xz}{9ab}, \frac{12mx}{py}$
14. $\frac{2b}{23c^2d}, \frac{ab}{10cuv}, 8\frac{28}{55}\frac{cdqr}{a^2x}$
15. $\frac{15by}{x}, \frac{6ay}{x}, \frac{b^2}{c}$
16. $1\frac{1}{8}\frac{a}{b}, 10\frac{5}{12}\frac{b}{d}, 1\frac{1}{2}b^2$
17. $1\frac{1}{2}a, \frac{3x}{7(a + x)}$
18. $-\frac{2}{5}, \frac{3b}{2c} = 1\frac{1}{2}\frac{b}{c}$
19. $-\frac{5}{16}\frac{ab}{c^2}$
20. $5b + 3c - 15d$
21. $-3a + 7b + 4c$
22. $3ax - 8cx + 2x$
23. $1\frac{1}{2}x - \frac{3}{x}$
24. $1\frac{1}{2}c - de - \frac{f}{2a}$
25. $\frac{5}{c} - \frac{4}{b} + \frac{2}{a}$
26. $\frac{9a^2}{5y^2} - \frac{16a^2}{5by} - \frac{4ax}{y^2}$

4. Division mehrgliedriger Ausdrücke durcheinander.

Seite 151:
1. $2a + 3b$
2. $5p - 8q$
3. $x + 3$
4. $x + 5$
5. $a - b + 3c$
6. Schreibe die Aufgabe geordnet:

$$(-a^8 - 2a^7b^2 - a^6b^4 + a^4b^2) : (a^4 + a^3b^2 + a^2b) = -a^4 - a^3b^2 + a^2b$$

$$a^8 \quad a^7b^2 \qquad\qquad a^6b$$

$$-a^7b^2 - a^6b^4 + a^6b + a^4b^2$$

$$-a^7b^2 - a^6b^4 \qquad a^5b^3$$

$$a^6b + a^5b^3 + a^4b^2$$

$$a^6b + a^5b^3 + a^4b^2$$

7. $a^2 - ab + b^2$
8. $a^4 + a^3b + a^2b^2 + ab^3 + b^4$
9. $x^2 - xy + y^2$
10. $\left(\frac{a^2}{b} - \frac{b^2}{a}\right) : \left(\frac{1}{b} - \frac{1}{a}\right) = a^2 + ab + b^2$

$$\frac{a^2}{b} - a$$

$$+a \qquad -\frac{b^2}{b}$$

$$a - b$$

$$+b - \frac{b^2}{a}$$

$$b - \frac{b^2}{a}$$

$$\frac{a^2}{b} : \frac{1}{b} = a^2$$

$$a : \frac{1}{b} = ab$$

$$b : \frac{1}{b} = b^2$$

11. $x - b$
12. $x^2 - ax - cx + ac$
13. $x - y$ Rest $2y^2$ d.i. $x - y + \frac{2y^2}{x + y}$
14. $x^3 - x^2y + xy^2 - y^3 + \frac{2y^4}{x + y}$
15. $1 : (1 + x) = 1 - x + x^2 - x^3 + x^4 - \frac{x^5}{1 + x}$
16. $1 : (1 - x) = 1 + x + x^2 + x^3 + x^4 + \frac{x^5}{1 - x}$

Wiederholungsaufgaben

Seite 152:
1. -29
2. 3
3. $-2a + ab - 12ac - 3c$
4. 13
5. $28.$
6. -14
7. 12
8. $13a + 50$
9. $-2x + 3y - 3z - 11xy + 7yz$
10. $-10a + 13b + 16$
11. $22x - 33y + 5z$
12. $5a - 3b - 6m + 8n$
13. $-12m^3 + 21mn - 15m^2p + 24m^2q$
14. $\frac{3a^2}{bd} - \frac{39ac}{10d^2} - \frac{18ah}{25bdg} + \frac{21a}{5}$
15. $a^3 - b^3$
16. $-120x^2 + 128xy - 32y^2$
17. $16a^2 - 33{,}96ab + 14b^2$

18. $\frac{15}{8}\frac{a^2}{x^2} + \frac{16}{15}\frac{x^2}{a^2} - \frac{1}{16}\frac{a}{x} - \frac{7}{15}\frac{x}{a} - 3\frac{1}{2}$.
19. $36a^2 + 60ab + 25b^2$.
20. $25x^2 - 30xy + 9y^2$.
21. $16x^2 + 56x + 49$.
22. $9u^2 - 6u + 1$.
23. $x^2 + 20xy + 100y^2$.
24. $25x^2 - 49y^2$.
25. $81a^2 - 49b^2$.
26. $9x^2 - 225y^2$.
27. $a^2b^2 - 25b^2c^2$.
28. $\frac{7ab}{cy}$.
29. $-\frac{5}{3}\frac{z}{x}$.
30. $+\frac{3}{2}$ be.
31. $\frac{15ade}{2bx}$.
32. $-\frac{5bfy}{a}$.
33. $\frac{4}{7}\frac{n}{g^2}$.
34. $2a^2b - ac - 3bc^2 + 5b^2c^3$.
35. $\frac{5}{18}a^2 - \frac{1}{4}b^2 + \frac{2}{9}c^2$.
36. $2a + c - 3b$.
37. $9a + c - 2b$.
38. $\frac{a}{c} + \frac{c}{e} - \frac{b}{d}$.

Gleichungen

Seite 153: 39. $x = 18$.
40. 180.
41. −3.
42. 36.

Gleichungen

Seite 155:
1. 4.
2. −5.
3. $-\frac{1}{2}$.
4. 5.
5. 5.
6. 3.
7. 5.
8. 5.
9. −2.
10. 48.
11. 5.
12. $\frac{3}{4}$.
13. 9.
14. $\frac{1}{2}$.
15. 0.
16. 3.
17. 3.

Anwendungen

Seite 156:
1. $2x + x = 38700$. $x = 12900$ DM
2. $\underset{\text{Sohn}}{\overset{\text{I}}{x}} + \overset{\text{II}}{(x + 17)} + \underset{\text{Vater}}{\overset{\text{III}}{(x + 17 + 26)}} = 420$. $x = 120$ DM
3. $(x + 4)\,3 = 30 + x$ $x = 9$ Jahre.
4. $45x + 25x = 700$ $x = 10$ Tage.
5. $(x + 3)\,20 = 25x$ $x = 12$ Tage.

Gleichungen mit Nennern

Seite 160: Lösungen stehen in [ ].

§ 12. Zerlegung in Faktoren

Seite 167:
1. $x(a + b - c)$.
2. $y(a - b + c - 1)$.
3. $d(a + b - 1)$.
4. $2a(b + 2c - 6d)$.
5. $5x(1 + 2a + 3b)$.
6. $x(a - 1)$.
7. $x(x - 1)$.
8. $6y(2b + 3c - 4a)$.
9. $3x(m + 2n)$.
10. $5(x - 1)$.
11. $a(x + 1)$.
12. $x(ax - b)$.
13. $5(a - 2)$.
14. $8(a - 2)$.
15. $2(x + 2m)$.
16. $3(3p + 4q)$.
17. $7n(2ax - 3by - 1)$.
18. $(x - y)(a + b)$.
19. $(p - q)(c + 1)$.
20. $(x - a)(x - b)$.
21. $(5x + 2y)(3a - 4b)$.
22. $(a + 5m)(a - 3n)$.
23. $(2a - 3b - 5x)(5m - n)$.
24. $(p + q)(p - q)$.

25. $(5x + 3y)(5x - 3y)$.
26. $(7a + 8b)(7a - 8b)$.
27. $(a + 1)(a - 1)$.
28. $\left(\frac{a}{3} + \frac{b}{4}\right)\left(\frac{a}{3} - \frac{b}{4}\right)$.
29. $(5x - 3y + 2a)(5x - 3y - 2a)$.
30. $(5a + 7b)(5a + b)$.
31. $2a^2 \cdot 2x^2 = 4a^2x^2$.
32. $(a + b)^2 (a - b)^2$.
33. $(a^2 + ab + b^2)(a^2 - ab + b^2)$.
34. $(2x + 3y)^2$.
35. $(5x - 2y)^2$.
36. $5(a + b)^2$.
37. $a(x + y)^2$.

§ 13. Das Kürzen der Brüche

Seite 169:

1. $\frac{b + c}{x + y}$.
2. $\frac{x - y}{x + y}$.
3. $\frac{a}{b}$.
4. $\frac{c + d}{x - y}$.
5. $\frac{abc}{xy}$.
6. $\frac{a + b}{a - b}$.
7. $\frac{a + 3}{a - 3}$.
8. $\frac{x + 1}{x - 1}$.
9. $\frac{a}{a - b}$.
10. $\frac{x - y}{a}$.
11. $\frac{a - b}{x + y}$.
12. $\frac{2a}{a - b}$.
13. $\frac{by}{b + y}$.
14. $\frac{a + b - c}{a - b + c}$.
15. $\frac{a - b}{a + b}$.
16. $a^2 - ab - b^2$.

§ 14. Addition und Subtraktion von Brüchen

Seite 173:

1. $\frac{a + bc}{b}$.
2. $\frac{ad + bc}{bd}$.
3. $\frac{adf + cbf + ebd}{bdf}$.
4. $\frac{12ad + 5bc + 20bdh}{20bd}$.
5. $\frac{a^2 + b^2 + c^2}{abc}$.
6. $\frac{4a + b}{12x}$.
7. $\frac{aegf - begf - dg - cf}{egf}$.
8. a.
9. b.
10. $\frac{89a - 55b}{60}$.
11. $\frac{7c - 5a - 5b}{21}$
12. $\frac{12ad + 3bd + 2a + 3d}{4cd}$
13. $\overline{x + 4y}$.
14. $= \frac{a^2 + z^2}{a^2 - z^2}$
15. $= \frac{2a^2 + 2b^2}{a^2 - b^2}$
16. $= \frac{4ab}{a^2 - b^2}$
17. $= \frac{a^3 - 4a^2x - 9ax^2 - 2x^3}{2x(a^2 - x^2)}$
18. $= \frac{3az - a^2 - z^2}{a^2 - z^2}$
19. $\frac{ac^2 + abd - 2bdy}{c(a + 2y)(a - 2y)}$.
20. $\frac{5}{6(x - 1)}$.
21. $\frac{x(3c - a - 2b) + bc + 2ac - 3ab}{(x + a)(x + b)(x + c)}$.
22. $\frac{11a - 12}{6(a + 1)}$.
23. $\frac{20x - 11}{3(x - 1)(x + 1)}$.
24. $\frac{79x + 220}{12(x + 3)(x + 4)}$.

§ 17. Fortsetzung der Gleichungen

Seite 187:

1. $x = a + c.$
2. $b - a.$
3. $b + c - a.$
4. $a + b - c.$
5. $2a.$
6. $a + b + m - 15.$
7. $p + q - r.$
8. $\frac{b+3}{a}.$
9. $\frac{a-c}{b}.$
10. $\frac{p+c+d}{9}.$
11. $\frac{p+9}{2}.$
12. $\frac{b}{a}.$
13. $\frac{8a-2b}{7}.$
14. $ab.$
15. $\frac{a}{b}.$
16. $(a + c)\, b.$
17. $\frac{a-b}{c}.$
18. $\frac{a}{m+n}.$
19. $\frac{b+d}{a-c}$
20. $\frac{a+d}{b+c}.$
21. $\frac{d}{a+b-c}.$
22. $\frac{b}{a-1}.$
23. $\frac{m}{a+b-1}.$
24. $\frac{a}{b+c-1}.$
25. $\frac{c-ab}{b}.$
26. $\frac{cd-ab+e}{c-b}.$
27. $\frac{c}{b}.$
28. $\frac{b}{a-1}.$
29. $\frac{ab}{a+b}.$
30. $\frac{2ab}{a+b}.$
31. $\frac{b}{a-c}.$
32. $\frac{b-a}{8}.$
33. $\frac{ebd}{ad-bc}.$
34. $\frac{2a}{c+d}.$
35. $-\frac{(m+n)(p+q)}{p+q-1}.$
36. $\frac{a-1}{a+1}.$
37. $\frac{2n}{a-b}.$
38. $\frac{b\,(aen + acdn - m)}{n + b - abdn}.$
39. $\frac{e\,(ad+bc)}{de-cf}.$
40. $\frac{bdf\,(g+h)}{ebd+cbf+adf}.$
41. $\frac{a\,(14a-39b)}{9b-27ab-12}$
42. $0.$
43. $\frac{b \cdot (6acd + 3bd - 2abc)}{6acd + 3bd - 2abc} = b$
44. $\frac{a^2+b^2+c^2}{a+b+c}.$
45. $x = 1$
46. $\frac{a^2b^2c + ab^2c^2 + a^2bc^2}{ab + bc + ac}. = abc$
47. $\frac{bc+ad}{a+b-c+d}.$
48. $c.$
49. $-1.$
50. $0.$
51. $\frac{1}{a} \cdot \frac{a^2+a+1}{a^2-a+1}.$
52. $= \frac{-a\,(a^2-2)}{a^2-1}$
53. $\frac{a+2}{a\,(a-1)}$
54. $\frac{a}{b}.$
55. $\frac{c\,(g-a)}{bc+cf-gd}.$
56. $\frac{n}{m}\,\frac{a+b}{a-b}.$
57. $\frac{a+b}{2}.$
58. $a.$
59. $\frac{b}{a+b}.$

60. Die Unbekannte kommt nicht in Klammern vor, daher schreibe man:

$$3a^2bc\,(a+b)^2 + a^3b^2 = x\,(3ac+b)\,(a+b)^3 - (2a+b)\,b^2x\,(a+b)$$
$$a^2b\,[3c\,(a+b)^2 + ab] = x\,(a+b)\,[(3ac+b)\,(a+b)^2 - b^2\,(2a+b)]$$
$$x = \frac{a^2b}{a+b} \cdot \frac{3c\,(a+b)^2 + ab}{3ac\,(a+b)^2 + b\,(a+b)^2 - 2ab^2 - b^3} = \frac{ab}{a+b}.$$

§ 18 Lineare Ungleichungen

Aufgaben Seite 190:

1. $\mathbb{L} = \{x/x < -2\frac{1}{4}\}$
2. $\mathbb{L} = \{x/x > -5\}$
3. $\mathbb{L} = \{x/x < \frac{1}{3}\}$
4. $\mathbb{L} = \{x/x > -\frac{1}{2}\}$
5. $\mathbb{L} = \{x/x \leqq +\frac{1}{2}\}$

Aufgaben Seite 192:

1. $\mathbb{L} = \{x/x \leqq 3\}$
2. $\mathbb{L} = \{x/x \geqq -1{,}8\}$
3. $\mathbb{L} = \{x/x \in \mathbb{R} \setminus (1)\}$
4. $\mathbb{L} = \{x/x < 1 \vee x \neq 0\}$
5. $\mathbb{L} = \{x/3 < x < 5 \vee x < -1\}$
6. $\mathbb{L} = \{x/x > \frac{3}{2} \vee x < \frac{2}{3}\}$

Aufgaben Seite 193:

1. $\mathbb{L} = \{x/x \geqq -19\}$
2. $\mathbb{L} = \mathbb{R}$
3. $\mathbb{L} = \mathbb{R}$

§ 19. Potenzen

Seite 196:

1. 8, 9, 32, 25, 64, 81, 125, 243, 49, 512.
2. −8, 9, 16, −64, 25, −216, 64.
3. 225.
4. 393.
5. 285.
6. 100, 180.
7. 487, −61, 486.
8. 34, −191.
9. −189, 28.
10. −468, −17.
11. 72, 200, 6125.
12. 75, 189, 128.
13. $13\frac{8}{9}$, $69\frac{4}{9}$, $20\frac{12}{25}$.
14. 3, 48.
15. −1125, 1296.
16. $\frac{2}{17}$, $7\frac{3}{4}$.
17. $13a^4$.
18. $8a^7 + a^2b$.
19. $17a^4b^3c^5$.
20. $16a^nb^m - 3a^m$.
21. $8x^3 - xy - 6x^2 + y^2$.
22. $2ax^2 - 2bx$.
23. $17ab^3x - 7b^mcx^2 - 7$.
24. $2a^4 + 8a^3b^2 + 4cd^2 + 3a^2 + 7d$.

Multiplikation von Potenzen mit gleichen Grundzahlen

Seite 197:
1. a^7, b^{11}, a^{10}, a^{n+3}, b^{2n+5}.
2. x^{p+q}, y^{n+1}, z^{n+2}, x^{14n}.
3. a^{2n-1}, a^{13n+2}, a^{10}.
4. b^{2q}, a^{n+5}, a^{2x-2}.
5. a^9, b^{21}, x^{11}.
6. $6a^{13}$, $20a^{13}$, $a^{10}b^7$.
7. $35a^{10}b^{14}$, $36a^{m+5}b^{n+7}$, $90a^{12}x^6y^{13}$.
8. p^{10x+2y}, $q^{8m-6n+1}$.
9. a^{10}, b^{10}, $-b^{13}$.
10. a^{13}, $-b^7$, a^9.
11. $(a-b)^8$, $(b-c)^{4m}$, $(p-q)^{11}$.
12. $(a-b)^{16}a^5c^8$, $(x-y)^{5m-n}x^{13}y^{13}$.
13. $-(a-x)^{2n}x^ny^m$.
14. $a^{13}+a^{11}+a^9+a^7$, $x^{15}+x^{12}-x^{10}-x^7$.
15. $30a^6+42a^4b^3-40a^2b^5-56b^8$, $a^{2m}-a^mb^n-2b^{2n}$.
16. $a^4+2a^2b^2+b^4$, $a^4-2a^2b^2+b^4$, $a^6+2a^3b^3+b^6$.
17. $a^{2m}-2a^{m+n}+a^{2n}$, $4a^{2x}-12a^{x+y}+9a^{2y}$, $a^{14}+2a^{12}+a^{10}$.
18. $x^8+x^4y^4+y^8$.
19. $54a^4-117a^3b+48a^2b^2+13ab^3-6b^4$.
20. $a^{4n}-b^4$.

Division von Potenzen mit gleichen Grundzahlen

Seite 200:
1. a^5, a^3, a^6, a^{11}, a^{22}, b^8.
2. $\frac{a}{a\cdot a\cdot a\cdot a\cdot a\cdot a\cdot a}=\frac{1}{a^6}$, a^{3n}, a^{3n}, a^{2m}.
3. a^{2n}, b^{5p}, b^{8n-3}, Nr. 4= b^8, c^{7n-5}.
4. a^{x-3}, a^{n-1}, a^{n-7}, a^{2n-7}.
5. a^{2x-3}, a^{x+1}, a^{5-x}, a^{n+x}.
6. a^{2n}, x^{2+n}, a, a.
7. $\frac{1}{5}a^3$, $5a^5$, $\frac{3}{2}a^4$, $\frac{a^7}{7}$.
8. $\frac{a^{n-1}}{b^{n+1}}$, a^{2n-2x}, b^{2m}, a^2.
9. a^{m+n}, b^{m+2n}, a^{1-x}, a^{3x-y}.
10. a^3b^5, $a^5b^7c^3$, $a^{n-2}b^{m-3}c^{p-4}$.
11. a^mb^nc, $a^{2n+2p}b^{n+14}$.
12. $\frac{2}{5}a^2b^6c^5$, $\frac{3}{2}a^5b^9c^7$.
13. $\frac{5}{6}a^{5m-n}b^{5m-7}$.
14. $\frac{a^pc^nxy^2z^3}{b^m}$.
15. ab^4, $-\frac{b^5}{a}$, $a^2b^2c^5$.
16. $\frac{5}{6}$ abc xyz.
17. $\frac{3}{8}a^2bcx^2yz$.
18. $\frac{5}{9}ab^{n-2}cx^{n-1}z$.
19. $a^yb^{4x+3y-5}$.
20. $ax^5+bx^3+cx^2$.
21. $ax^{m-1}+bx^{2n-m-1}$.
22. $ax^n+bx^{2n-m}+cx^{2n}$.
23. $\frac{1}{3}a^3b^4c^5+\frac{1}{4}a^6bc+\frac{2}{3}abc^2$.
24. c^3.
25. $3a^3-5a^2b+2ab^2$.
26. a^2-b^2.
27. x^m+y^n.
28. $x^3-y^3+\frac{y^6}{x^3+y^3}$, $x^4x^2y^2+y^4$.
29. x^2+xy+y^2.

Zerlegung in Faktoren

Seite 201: 30. $x^n (a + bx^2 + cx^3)$.

31. $a^{p-q} (a^{2q} - 1)$.
32. $(x^n + y^m)^2$.
33) $\frac{(a + b)(a - b)}{ab}$.
34. $\frac{(a^n + b^m)(a^n - b^m)}{a^n b^m}$
35. $6a^{n-3}(a^2 - 1)^2$.
36. $(x^2 + y^2 + xy)(x^2 + y^2 - xy)$.
37. $(a^2 + b^2 + ab)(a^2 + b^2 - ab)$, die Lösung folgt aus 36.
38. $(x + y)(x^4 + x^3y + x^2y^2 + xy^3 + y^4)$.
39. $\frac{(a - b)(a^5 + a^4b + a^3b^2 + a^2b^3 + ab^4 + b^5)}{ab}$.
40. $(a + b)(a - b)(a^2 + b^2 - 2x^2)$.

Kürzen der Brüche

41. x^{n-p}, b.
42. x^{n-p}, a^3b^3.
43. $a^{n-x-1}(a^2 + 1)$, $a^2 - ab + b^2$.
44. Setze $a^n = x$, $b^n = y$ u. kürze $\frac{x^3 - y^3}{x - y} = x^2 + xy + y^2$ oder $a^{2n} + a^nb^n + b^{2n}$.

    $\frac{a^4 - a^3b + a^2b^2 - ab^3 + b^4}{a^2 - ab + b^2}$.
45. $a^n + b^m$, $x^n - y^m$.
46. $\frac{a^2 + c^2 - 2b^2}{a^2 + c^2 - 2d^2}$, $a^2 - ab - b^2$.

Addition und Subtraktion der Brüche

47. $\frac{1 + a^2 + a^3}{a^5}$, $\frac{1}{a^5}$.
48. $\frac{1}{a^5}$.
49. $\frac{2a - 2a^2 + 1}{a^n}$.
50. $\frac{a + bx + cx^2 + dx^3 + ex^{m-3} + fx^{m-1} + gx^m}{x^m}$.

Potenzen mit dem Exponenten Null und negativen Exponenten

Seite 205:

1. a^{15}, a^{14}, b^5, 1.
2. 25, $x - y$, 1, 1.
3. 1, 0,25, $\frac{1}{10000}$, 0,000125.
4. 1000, 40, 216, $3\frac{6}{25}$, 10, $1\frac{271}{729}$.
5. x^5, a^3x^4, -80, 54.
6. $\frac{1}{a^7}$, $\frac{1}{a^{14}}$, a^{14}.
7. $\frac{bd^3}{567\, a^2c^2m^3}$, $\frac{5a^{2-m}b^{3-n}c^{p+q-2}}{3}$.
8. $\frac{1}{2}\,\frac{a^5b^3d^6}{c^5}$, $\frac{7}{8}\,\frac{c^3d^2}{b^3}$.
9. $\frac{c^{16}}{a^{16}b^8d^{11}}$.
10. a, $\frac{1}{a^{17}}$, b^3, $\frac{b^3y^5}{a^2x^4}$.
11. $-\frac{1}{10a^{10}}$, $\frac{1}{2}a^2$, $(a-b)^7$.
12. $\frac{1}{(a-b)^{10}}$, $-\frac{1}{(a-b)^{12}}$.
13. $ax^2 + bx^5 + cx^6 + dx^7 + fx^8$.
14. $2 + \frac{x^2}{y^2} + \frac{y^2}{x^2}$.
15. $a^2 + 2 + \frac{1}{a^2}$.
16. $4a^2 - 13 + \frac{9}{a^2}$

Potenzieren von Produkten und Brüchen

Seite 206:

1. $1000^6 = 10^{18}$, $100^7 = 10^{14}$, $90^2 = 8100$.
2. 125, 4096, 2000.
3. 10^4, 8, 10^5.
4. x, $2\frac{2}{3}\,bc^2$.
5. $\frac{1}{2}\,\frac{yz^3}{u}$, $\frac{a+b}{x+y}$, $\left(\frac{a-b}{x-y}\right)^6$.

Potenzieren von Potenzen

Seite 207:

1. a^{36}, b^{20}, x^{5n}, a^{np}, $a^{3(x-1)} = a^{3x-3}$.
2. x^{5n+5}, a^{6n}, a^{nm}, x^{nn-25}.
3. $a^{28}b^{14}$, $a^{45}b^{63}$, x^{84}, $x^{16}y^8z^{32}$.
4. $32a^{15}b^{15}c^{20}$, $16a^6b^8c^2$, $81a^{12}$, b^{12}, c^{16}.
5. $\frac{a^8}{b^{12}}$, $\frac{25}{16}\,\frac{a^6}{b^4}$, $\frac{16}{49}\,\frac{a^{2n}b^{4n}}{c^{16}}$, $\frac{9}{4}\,\frac{a^2b^{10}}{x^4y^2}$.
6. a^3x^7, ab^{30}, $a^{14}b^3$.
7. 128, $\frac{2^{20}}{2^{18}} = 4$, $\frac{3^{12}}{3^{12}} = 1$, $2{,}0907515 \cdot 10^{-7}$
8. $\frac{6}{25}\,\frac{a^8x}{b^3}$.
9. $\frac{147}{800}\,\frac{x}{a}$.
10. $\frac{1}{a^{6n}}$, $\frac{b^6x^2y^{12}}{a^4}$, $\frac{a^{64}\cdot x^{24}}{b^8\cdot y^{16}}$, $\frac{a^8x^4}{b^6y^6}$.
11. $\frac{1}{b^2xy^3}$, $\frac{a^4x^8}{y^2}$, $\frac{b^3y^2}{a^5x}$.

§ 20. Wurzeln

Seite 208:
1. 10, b, 1, 1, 0.
2. 1, 4, 2, 5, 8.
3. 15, 64, 4, 12, 12.
4. x^2, a^3, a^5, a^5, a^2.
5. $(a - b)$, $(a - b)^2$, a^4, $(a - b)^2$.
6. a^2, a^m, a^m.
7. $16a^2$, 45, $\frac{50}{9}$, 6.
8. -1, 13, $\frac{97}{32}$.
9. 49x.
10. $84a - 133b$.
11. $6a - 167b$.
12. $-39x + 8y + 28$.

Seite 209:
1. $\sqrt[4]{x^3}$, $\sqrt[3]{ax}$, $\sqrt[5]{\frac{a}{b}}$, $\sqrt[3]{(a - x)^2}$.
2. m^2, $\sqrt[2]{z^5}$, $\sqrt[n]{a^x}$, $\sqrt[4]{\left(\frac{x}{a}\right)^3}$.
3. $\sqrt[x]{x^2}$, $\sqrt[2]{b^m}$, $\sqrt[1]{a^2} = a^2$, $\sqrt[3]{(ab)^2}$.

Vereinfachung des Radikanden

Seite 211:
1. $2\sqrt{7}$, $5\sqrt{3}$, $10\sqrt{2}$, $16\sqrt{2}$.
2. $2\sqrt[3]{2}$, $8\sqrt[3]{2}$, $2\sqrt[3]{3}$, $9\sqrt[3]{10}$.
3. $a\sqrt{ab}$, $7y\sqrt{2x}$, $9(a + b)\sqrt{3}$, $\sqrt{4x^2(1 + 2x)} = 2x\sqrt{1 + 2x}$.
4. $a\sqrt[4]{ax^2}$, $2m^2\sqrt[5]{2}$, $(a + b)\sqrt{a}$, $u^3v^3\sqrt[3]{uv}$.
5. $b^nc^n\sqrt[3]{b^nc^{2n}}$, $x^n\sqrt[4]{x}$, $ab^n\sqrt{a}$, $v\sqrt{v^2 + 1}$.
6. $x^2y^2\sqrt[n]{y}$, $x\sqrt[x]{x}$, $a\sqrt[2m]{a^{m-1}}$, $c^4\sqrt[p]{c^q}$.
7. $a^3\sqrt[3]{a - x}$, $c\sqrt[n]{c + x}$, $a\sqrt[5x]{a^y}$, $\sqrt{xy} \cdot \sqrt[4]{x}$.
8. $(a + b)\sqrt{ab}$, $x^2y^3\sqrt[n]{xy}$.

Wurzeln aus Brüchen

(Der Nenner soll rational gemacht werden.)

Seite 213:
1. $\frac{1}{4}\sqrt{14}$, $\frac{2}{5}\sqrt{10}$, $\frac{2}{3}\sqrt{6}$, $\frac{6}{5}\sqrt{5}$.
2. $\frac{1}{2}\sqrt[3]{7}$, $\frac{1}{3}\sqrt{42}$, $\frac{3}{2}\sqrt[3]{3}$, $\frac{1}{4}\sqrt[3]{348}$.
3. $\frac{1}{2b}\sqrt{2ab}$, $\frac{1}{m}\sqrt{(a - m)m}$, $\frac{1}{2y}\sqrt{5xy}$, $\frac{1}{z}\sqrt{abxz}$.
4. $\frac{1}{b}\sqrt[3]{ab^2}$, $\frac{1}{2b}\sqrt[3]{2ab^2}$, $\frac{1}{x}\sqrt[3]{x(x - y)}$, $\frac{1}{3u}\sqrt[3]{36u^2m}$.
5. $\frac{1}{3}\sqrt{30}$, $\sqrt{ax}$, $\frac{1}{x}\sqrt{mx}$, $\frac{2}{3}\sqrt{6bx}$.
6. $\frac{1}{x}\sqrt[m]{a^2bx^{m-1}}$, $\frac{1}{a}\sqrt[m]{a^{m-1}}$, $\sqrt[n]{abc}$, $\sqrt[n]{5xy^{n-3}}$.

Multiplikation und Division gleichnamiger, eingliedriger Wurzeln

Seite 215:
1. 14, 32, $\sqrt{15}$, 18,
2. ab $\sqrt{xy}$, $\frac{x}{y}\sqrt{2}$; $\sqrt{(a+b)\cdot(a-b)} = \sqrt{a^2-b^2}$.
3. 6, $\sqrt[3]{37}$, $\frac{1}{5}\sqrt[3]{2550}$, 10.
4. bx, x $\sqrt[3]{2y}$, 2a $\sqrt[3]{2}$.
5. x, $\sqrt[n]{a^3b}$, m $\sqrt[x]{m}$.
6. $\sqrt{10}$, $\sqrt{71}$, $\sqrt{42}$, $= 5\sqrt{2}$.
7. $\sqrt{b}$, $\sqrt{a+b}$, $\sqrt{3n}$.
8. 5, $\sqrt[3]{25y}$, $\sqrt[3]{\frac{45}{49}}$.
9. $\sqrt[4]{\frac{1}{c}}$, $\sqrt[3]{3x}$, $\sqrt[n]{a}$, $\sqrt[n]{x^2}$.
10. c (x + 5) $\sqrt{6}$, $\sqrt[p]{a^0} = \sqrt[p]{1} = 1$.
11. 5b $\sqrt[3]{\frac{c^2}{4a}}$, $\frac{1}{2}\sqrt{x}$.
12. $\frac{1}{c}$.

Addition und Subtraktion von Wurzeln

Seite 217:
1. 5 $\sqrt{10}$.
2. $32\sqrt{5x} + \sqrt{6x} + 18\sqrt{x} = \sqrt{x}\,(32\sqrt{5} + \sqrt{6} + 18)$.
3. $13\sqrt{2} + 6\sqrt{3}$.
4. $\frac{1}{2}\sqrt{15} - \frac{2}{3}\sqrt{15} + \frac{6}{5}\sqrt{15} + 10\sqrt{15} + \frac{1}{10}\sqrt{15} = 11\frac{2}{15}\sqrt{15}$.
5. $7\sqrt[3]{2} + 8\sqrt{3}$.
6. $6\sqrt{2} + 6 + 2\sqrt[3]{2} + 2\sqrt[3]{4}$.
7. $\frac{1}{5}\sqrt{5} + \frac{1}{2}\sqrt{2} + \frac{1}{5}\sqrt[3]{5} + \frac{1}{2}\sqrt[3]{2}$.
8. $3x\sqrt{a} + 4a\sqrt{x}$.

Multiplikation mehrgliedriger Wurzelausdrücke

Seite 218:
1. $3 + 3\frac{1}{3}\sqrt{6}$.
2. $6\frac{1}{2}\sqrt{2}$.
3. $10 + 6\sqrt{5}$, $7 - 2\sqrt{6}$.
4. $x + a + (a+1)\sqrt{x}$, $5\sqrt{3} + 5\sqrt{15} - 3\sqrt{5} - 15$.
5. $11 + 2\sqrt{30}$, $4x + 9 + 12\sqrt{x}$, $6 + 2\sqrt{5}$, $a + 2x + 2\sqrt{2ax}$.
6. $2a + b^2 - 2b\sqrt{2a}$, $100 - 18\sqrt{19}$, $20 - 10\sqrt{3}$, $1 + 4x - 4\sqrt{x}$.
7. $a^2 - 3b$, 2.
8. $a^2x^2 - b$, 4.

Rationalmachen des Nenners

Seite 220: 1. $\frac{2}{3}\sqrt{6}$, $\frac{5x}{7}\sqrt{7}$, $\frac{(a+b)\sqrt{3}}{3}$, $\sqrt{y}$.

2. $\frac{1}{30}\sqrt{10}$, $\frac{2}{5x}\sqrt{x}$, $\frac{1}{c}\sqrt{abc}$, $\frac{(1+x)\sqrt{x}}{x}$.

3. $\frac{3}{5}\sqrt[3]{225}$, $\frac{a}{b}\sqrt[3]{b^2}$, $\frac{m}{y}\sqrt[3]{x^2}$, $\frac{1}{2}\sqrt[3]{4u^2}$.

4. $\frac{1}{4}\sqrt[3]{4}$, $b\sqrt[3]{a}$, $\frac{7}{2}\sqrt[3]{x}$, $\sqrt[3]{u+v}$.

Seite 222: 1. $\sqrt{5}-\sqrt{3}$, $5(\sqrt{7}+\sqrt{3})$, $20(\sqrt{8}-\sqrt{5})$, $\sqrt{6}+\sqrt{5}$.

2. $2(3-\sqrt{3})$, $\frac{2}{5}(10+\sqrt{35}$, $\frac{a}{x}(\sqrt{2x}+\sqrt{x})$, $\frac{m+\sqrt{m}}{m-1}$.

3. $-\frac{3+\sqrt{5}}{2}$, $3+\sqrt{2}$, $\frac{37-20\sqrt{3}}{13}$, $\frac{x+2\sqrt{x}}{4-x}$.

4. $\frac{-6\sqrt{2}+3\sqrt{11}+5\sqrt{3}-\sqrt{66}}{3}$, $\sqrt{2}-\sqrt{6}+1$.

$\frac{7\sqrt{3}+5\sqrt{5}+\sqrt{7}-2\sqrt{105}}{59}$.

5. $\frac{23}{680}(23\sqrt{5}+30\sqrt{7}-20\sqrt{3}-3\sqrt{105})$,

$\frac{2(8694+203\sqrt{15}-284\sqrt{21}+163\sqrt{35}}{15589}$.

Wurzeln aus Potenzen – Wurzeln aus Wurzeln

Seite 224: 1. 216, 27, 16, 1728.

2. 243, 1331, 3125, 1024,

3. $\sqrt[12]{a}$, $\sqrt[8]{5}$, $\sqrt{6}$, $\sqrt[3]{7}$

4. $\sqrt[4]{5}$, 2, 2, $\sqrt{12}$.

Multiplikation und Division ungleichnamiger Wurzeln

Seite 227: 1. $\sqrt[10]{x^7}$, $\sqrt[6]{a^3}=\sqrt{a}$, $m\sqrt[12]{m^{11}}$, $\sqrt[4]{x^2y}$.

2. $\sqrt[6]{a^3b^5c^2}$ $\sqrt[4]{\frac{xa}{4}}$, $\sqrt[9]{mnx^3}$, $\sqrt[6]{21600}$.

3. $\sqrt[10]{b^3}$, $\sqrt[4]{cy}$, $\sqrt[6]{3}$, $\sqrt[6]{a+b}$

4. $\sqrt[2n]{x}$, $\sqrt[6]{3}$, $\sqrt[2n]{x^{n-2}}$, $\sqrt[3n]{p^{n-3}}$.

Quadratwurzeln aus mehrgliedrigen Radikanden

Seite 231: 1. $4a+7b$.

2. $2x-6y$.

3. $5a+1$.

4. $a+\frac{1}{a}$.

5. $x+y+z$

6. $2x-4y+10$.

7. $a+2b+3c+4d$.

8. $1-\frac{1}{2}x-\frac{1}{8}x^2-\frac{1}{16}x^3-\frac{5}{128}x^4$.

9. 3,162278.

10. 1,4142.

§ 21. Bruchpotenzen

Seite 233: 1. $32, 3, \frac{1}{5}, \frac{1}{9}, 243, \frac{1}{10}$.

2. $8, 2, 1000, 0{,}5, 0{,}8, 0{,}1$.

3. $\sqrt[3]{a}, \sqrt[5]{b^2}, \frac{1}{\sqrt{c}}, \sqrt{x}, \frac{1}{\sqrt[3]{y^2}}\ \sqrt[4]{z}$

4. $\sqrt{ab}, \sqrt[3]{\left(\frac{a}{x}\right)^2}, \sqrt[4]{a+b}, \sqrt{a^2+b^2}, \sqrt{5}, \sqrt[3]{20}$.

Umkehrung. Man schreibe die Wurzelgrößen als Potenzen.

Seite 233: 1. $a^{\frac{3}{4}}, x^{\frac{1}{2}}, a^{\frac{n}{3}}, (x+y)^{\frac{1}{3}}, (a^2-b^2)^{\frac{1}{4}}$,

2. $(a-1)^{\frac{1}{3}}, x^{\frac{n-1}{n}}, (ab)^{\frac{1}{5}}, x^{\frac{1}{x}}$.

Rechnen mit Bruchpotenzen

Seite 235: 1. $a, x^{\frac{46}{35}}, p^{5\frac{3}{4}}$.

2. $x \cdot x^{\frac{7}{20}}, a^5, a\sqrt{a}$.

3. $(a+b)^{\frac{7}{12}}, (a^2+b^2)^3 \cdot (a^2+b^2)^{\frac{2}{3}}$.

4. $a+b, x^2+y^2$.

5. $a^{\frac{7}{20}}, \frac{1}{a^{\frac{1}{9}}}, \frac{1}{a^{\frac{1}{7}}}, a^4a^{\frac{2}{5}}$.

6. $a^{\frac{3}{8}}, a^{\frac{2}{5}}, \frac{1}{x}$.

7. $a^{\frac{1}{2}}, x^{\frac{1}{6}}, p^{2\frac{3}{4}}$.

8. $a, a^{\frac{5}{6}}, a^2$.

9. $x^2, x, (a+b)^{\frac{1}{6}}$.

10. $(ab)^{\frac{1}{3}}, (a^3b^2)^{\frac{1}{4}}, (a^5b^4)^{\frac{1}{9}}$.

11. $\left(\frac{a}{b}\right)^{\frac{1}{4}} \left(\frac{x}{y}\right)^{\frac{2}{3}} \left(\frac{x^2}{y}\right)^{\frac{1}{4}}, \left(\frac{a^2}{b^5}\right)^{\frac{1}{6}}$.

12. $2, 4$.

§ 22. Imaginäre Größen

Seite 237: 1. $9i, 10i, -8, -11i, -4$.

2. $3i\sqrt{3}, 6i\sqrt{2}, 10i\sqrt{6}, 21i\sqrt{2}, -6\sqrt[3]{2}$.

3. $-5\sqrt{3}, -x, -10$.

4. $-1, -i, i, i, i, 1$.

5. $-\sqrt{xy}, -x, -8\sqrt{6}$.

6. $-1, -i, i\sqrt{i} = i\sqrt{\sqrt{-1}}, i\sqrt{a}$.

7. $\sqrt{2}, \sqrt{3}, \frac{2}{3}\sqrt{2}, 1$.

8. $42+2i, 56-92i$.

9. $\sqrt{6}-2i\sqrt{3}-3i\sqrt{2}-6, 162-2i\sqrt{14}$.

10. $p^2+q^2, 74$.

11. $25, 100$.

12. $24i-7, -24i-7, 20i-21$

13. $-21+12i\sqrt{2}, -5-10i\sqrt{2}$.

14. $18, 2-2\sqrt{2}$.

15. $5-2\sqrt{6}$.

16. $7-3i\sqrt{3}$.

§ 23. Gleichungen mit Wurzeln

Seite 243:

1. $\left(\frac{ab}{c}\right)^2$, $32m^3$, $\frac{9}{2}$.
2. 16, 4, $b^2 - a$.
3. 3, $\frac{1 + b^2}{a}$
4. 5, $1 - a^3$.
5. −2, 13,266
6. $\frac{5}{4}$, 4ab.
7. $\frac{a}{2b^2}$, $\frac{a^3b}{c^3}$
8. 624, $\left(\frac{b^2}{a}\right)^3 - m$.
9. $\frac{a^2}{c^2} - b$, $\frac{a^2}{b^2 - 2a^2}$
10. $4\,(7 - 2\sqrt{10})$.
11. 8.
12. 38.
13. $(a - 2b)^2$.
14. $4a - 3b$.
15. $\frac{(1 - a)^2}{4a}$
16. $\frac{(1 - a)^2}{4a}$.
17. $\frac{5a^2 - b^2}{4a}$.
18. $m - n$.

§ 25. Formeln und Regeln für das Rechnen mit Logarithmen

Seite 249:

1. $\log a + \log b - (\log x + \log y + \log z)$, $\log (a + b) - \log (x + y)$, $\log (a + b) + \frac{1}{2} \log c$.
2. $2\,(\log a + \log b) + \frac{1}{3} \log c$, $\log c - \log b$, $\log (a + 1) - \log (b + 1) + \frac{1}{2} \log y$.
3. $\log a + \log b - \log 10 + \frac{1}{2} (\log x + \log y - \log z)$, $\frac{1}{2} [\log (a + b) - \log c]$, $\log (a + b) + \log (a - b) - [\log (a + c) + \log (a - c)]$.
4. $2\,(\log 1{,}2 + \log x - \log y)$, $-(\log a + \log b + \log c)$, $0{,}24 \log a$.

§ 26. Aufsuchen des Logarithmus zu unechten und echten Brüchen

Seite 251:

1. 1,24551, 0,95468, 0,96652−2
2. 1,09026, 0,65321−2, 0,89708 − 3
3. 2,20058, 0,00346−1, 0,00346
4. 1,30190, 0,44012, 2,00346
5. 0,69897−3, 0,02119, 1,00217
6. 1,25600, 0,64108−3, 0,00217−5

Seite 252:

2,90997,	0,48360,	0,96129−1
1,20534,	0,99172,	0,60291
0,28673−1,	0,83254,	3,46050

§ 27. Das Aufsuchen der Zahl zu einem gegebenen Logarithmus

Seite 254:

20,31,	0,01208,	21770,	0,1787,	50128,	5,376,
6311,	310,6,	0,008205,	4,899,	0,1021,	9998,
6,8906,	87128,	57,637,	0,42805,	281,58,	154,91,
1245,8,	0,015453,	174466,	15,8613,	0,11964,	9,3375.

§ 28. Berechnung von Zahlenausdrücken mit Hilfe von Logarithmen

Seite 258:

1. 18,238
2. 0,099044.
3. 104,35.
4. 71,543.
5. 699,3, 1,9898, 0,0016956.
6. 0,020923, 0,46302.
7. 3,8373, 0,50526, 0,66248.
8. 0,078555.
9. 2,1159
10. 6,4970.
11. 2,4387.
12. 103,048.
13. 5,90.
14. 1,698.
15. 93,16.
16. 145,56.

§ 30. Exponentialgleichungen

Seite 265:

1. 38.
2. 20.
3. 8.
4. 11
5. $-\frac{1}{5}$.
6. $1\frac{2}{7}$.
7. $6\frac{1}{2}$.
8. m + n
9. 4.
10. 4.
11. $\frac{1}{3}$
12. $\frac{5}{2}$.
13. $\frac{\log a}{\log b}$.
14. $\frac{\log c}{\log a + 7 \log b}$.
15. $\frac{n \log a + \log c}{\log a + \log b}$
16. $\frac{q \log a - p \log b}{m \log a - n \log b}$.
17. $\frac{2 \log a + 7 \log b - 5 \log c}{3 \log a + 4 \log b - 6 \log c}$.
18. 0,68086.
19. 0,96721.
20. 0,30103, 0,69897, 1,39794, 2,9154.
21. 6,74.
22. – 1,87329.
23. 1,71.
24. 1,668.
25. –8,627 . . .
26. unmöglich
27. 0,5439

§ 34. Gleichungen vom ersten Grade mit mehreren Unbekannten

A. Gleichungen mit zwei Unbekannten

Seite 307:

1. $x = 21$, $y = 10$.
2. $x = 12$, $y = 8$.
3. $x = \frac{1}{2}$, $y = 0$.
4. $x = 7$, $y = 9$.
5. $x = 6$, $y = 7$.
6. $x = 3\frac{1}{11}$, $y = 2\frac{7}{11}$.
7. $x = 1\frac{5}{13}$, $y = -\frac{2}{13}$.
8. $x = 3\frac{5}{14}$, $y = -\frac{3}{7}$.
9. $x = 19$, $y = 9$.
10. $x = 7$, $y = 9$.
11. $x = p + r$, $y = p - r$.
12. $x = \frac{ab + c}{a^2 + 1}$, $y = \frac{b - ac}{a^2 + 1}$.
13. $x = 7$, $y = 15$.
14. $x = \frac{1}{a}$, $y = \frac{1}{b}$.
15. $x = a$, $y = b$.
16. $x = a$, $y = b$.
17. $x = -\frac{3}{4}$, $y = \frac{1}{2}$.
18. $x = 3$, $y = 4$.
19. $x = 11$, $y = 10$.
20. $x = 5$, $y = -4$.
21. $x = 8$, $y = 5$. . .
22. $x = 4$, $y = 1$.
23. $x = \frac{10}{51}$, $y = \frac{10}{49}$.
24. $x = 4$, $y = 3$.
25. $x = a + b$, $y = a - b$.
26. $x = \frac{b + c}{a + b}$, $y = \frac{c - a}{a + b}$.
27. Lösung nicht möglich, da die zweite Gleichung identisch mit der ersten.
28. $x = \frac{a + 1}{ab - 1}$, $y = \frac{b + 1}{ab - 1}$.
29. $x = \frac{17}{29}$, $y = \frac{4}{29}$.
30. $x = 6$, $y = 12$.
31. $x = 7$, $y = 14$.
32. $x = 19$, $y = 3$.
33. $x = 8\frac{1}{3}$, $y = 8\frac{2}{3}$
34. $x = 19$, $y = 3$.
35. $x = 19$, $y = 3$.
36. $x = 5$, $y = 2$.
37. $x = \frac{780}{79}$, $y = \frac{172}{79}$.
38. $x = 7$, $y = 10$.
39. $x = 5$, $y = 5$.
40. $x = 4$, $y = 3$.
41. $x = 12$, $y = 7$.
42. $x = 8$, $y = 9$.
43. $x = 13$, $y = 10$.
44. $x = 11$, $y = 6$.
45. $x = 6$, $y = 8$.
46. $x = 4$, $y = 3$.
47. Nicht lösbar.
48. $x = 5$, $y = 3$.
49. $x = \sqrt{6}$, $y = \sqrt{5}$.
50. $x = \sqrt{a} + \sqrt{b}$, $y = -\sqrt{a} + \sqrt{b}$.
51. $x = 4$, $y = 3$.
52. $x = 4$, $y = 11$.
53. $x = 0$, $y = 4$.
54. $x = \frac{25}{4}$, $y = \frac{100}{9}$.

§ 35. Gleichungen mit 3 Unbekannten

Seite 314:

1. $x = \frac{a + b}{3}$, $y = \frac{a - 2b}{3}$, $z = \frac{-2a + b}{3}$.
2. $x = -6$, $y = 20$, $z = -2$.
3. $x = 1{,}7$, $y = 1{,}5$, $z = 1{,}3$.
4. $x = 1$, $y = 1{,}5$, $z = 2$.
5. $x = 1$, $y = 2$, $z = 3$.
6. $x = \frac{a + b - c}{2}$, $y = \frac{a - b + c}{2}$, $z = \frac{-a + b + c}{2}$.
7. $x = 1$, $y = 2$, $z = 3$.
8. $x = \frac{a}{a^2 + b^2 + c^2}$, $y = \frac{b}{a^2 + b^2 + c^2}$, $z = \frac{c}{a^2 + b^2 + c^2}$.
9. $x = \frac{cm + n - p}{ac + b}$, $y = \frac{bm - an + ap}{ac + b}$, $z = \frac{bp - bcm + acn}{ac + b}$.
10. $x = \frac{1}{-a + b + c}$, $y = \frac{1}{a - b + c}$, $z = \frac{1}{a + b - c}$.
11. $x = 3$, $y = 2$, $z = 1$. Lösung siehe Beispiel 5 auf Seite 227.
12. Schaffe die unbekannten Nenner weg:

$$xy + xz + yz = \frac{1}{a}(y + z)$$

$$xy + xz + yz = \frac{1}{b}(x + z)$$

$$xy + xz + yz = \frac{1}{c}(x + y)$$

Setze zur Abkürzung $xy + xz + yz = u$, dann wird

I $y + z = au$	Bilde II − I: $x - y = u(b - a)$
II $x + z = bu$	III $x + y = uc$
III $x + y = cu$	addiert $2x = u(b - a + c)$.

$$x = u\,\frac{-a + b + c}{2},\; y = u\,\frac{c - b + a}{2},\; z = u\,\frac{a + b - c}{2}$$

Führe $a + b + c = 2s$ ein, so ist $\frac{a + b - c}{2} = s - c$,

$\frac{a - b + c}{2} = s - b$, $\frac{-a + b + c}{2} = s - a$, $x = u(s - a)$,

$y = u(s - b)$, $z = u(s - c)$. Bilde $\frac{y}{x} = \frac{s - b}{s - a}$, $\frac{z}{x} = \frac{s - c}{s - a}$ oder

$y = x\,\frac{s - b}{s - a}$, $z = x\,\frac{s - c}{s - a}$. Diese Werte in die erste gegebene Gleichung

eingesetzt, geben $x + \dfrac{x\,\frac{s - b}{s - a} \cdot x\,\frac{s - c}{s - a}}{x\,\frac{s - b + s - c}{s - a}} = \frac{1}{a}$ oder

$$x + x\,\frac{(s - b)(s - c)}{(s - a)(2s - b - c)} = \frac{1}{a}.$$

Es ist aber $2s - b - c = a + b + c - b - c = a$, $x\,[(s-a)\,a + (s-b)\,(s-c)]$
$= \frac{1}{a} a\,(s-a)$

$$x = \frac{s-a}{a\,(s-a) + (s-b)\,(s-c)},\quad y = \frac{s-b}{a\,(s-a) + (s-b)\,(s-c)},$$

$$z = \frac{s-c}{a\,(s-a) + (s-b)\,(s-c)}.$$

§ 36. Exponentialgleichungen mit mehreren Unbekannten

(Die Ausrechnungen von 8 ab, sind teilweise mit dem Schieber gemacht.)

Seite 316:

1. $x = -10{,}5$, $y = 5{,}5$.
2. $x = 11$, $y = 10$.
3. $x = 12$, $y = 8$.
4. $x = 2$, $y = 3$.
5. $x = 3$, $y = 4$.
6. $x = 3$, $y = 4$.
7. $x = 2$, $y = 3$.
8. $x = 3{,}52$, $y = 7{,}04$.
9. $x = 3{,}62$, $y = 5{,}27$.
10. $x = 5$, $y = 4$.
11. $x = 2$, $y = 7$.
12. $x = 2$, $y = 3$, $z = 4$.

Quadratische Gleichungen mit einer Unbekannten

§ 38. Rein quadratische Gleichungen

Seite 320:

1. a.
2. $\sqrt{b^2 - a^2}$.
3. 11.
4. 7.
5. $\sqrt{\frac{b}{a}}$.
6. 4.
7. 7.
8. $\frac{c}{\sqrt{a^2 + b^2}}$
9. 3.
10. $\sqrt{a^2 + b^2}$.
11. 12.
12. 12.
13. $\sqrt{2a - a^2}$.
14. $a\sqrt{\frac{b+2}{b-2}}$.
15. $\sqrt{a^2 + b^2}$.
16. 3i.
17. 12.
18. $\sqrt{a^2 + b^2}$.
19. 2.
20. $\sqrt{a^2 + b^2}$.

§ 39. Gemischt quadratische Gleichungen

Seite 324:

1. 10.
2. 7.
3. 11.
4. 20.
5. −5.
6. 51.
7. 5.
8. 4,5.
9. −0,6.
10. 2,5.
11. $\frac{10}{3}$.
12. $\frac{3}{4}$.
13. $-\frac{1}{2}$.
14. $\frac{1}{3}$.
15. 5.
16. 0,2.
17. 1.

§ 40

Seite 331:

1. 30, −8.
2. 2,4, 0,6.
3. −1,2, −5.
4. $4\frac{1}{3}$, 3.
5. +90, −100.
6. +7,2, +5,0

§ 41.

Seite 336:

1. $\pm 3, \pm i\sqrt{14}$.
2. $\pm 10, \pm 10i\sqrt{2}$.
3. $\pm 9, \pm 1$.
4. $\pm \frac{1}{2}\sqrt{31}, \pm \frac{1}{2}$.
5. $\pm \sqrt{8}, \pm 1$.
6. 4, 2.
7. $\frac{5a+b}{6}, \frac{3a+b}{4}$.
8. $x = -\frac{a}{2} + \sqrt{\left(\frac{a}{2}\right)^2 + \left(-\frac{b}{2} \pm \sqrt{\left(\frac{b}{2}\right)^2 + c}\right.}$.
9. $\frac{1}{9}$, 4.
10. $\dfrac{a - \frac{bc^2}{2} - b \pm \frac{bc}{2}\sqrt{c^2-4}}{\frac{c^2}{2} \pm \frac{c}{2}\sqrt{c^2-4}}$.

§ 42. Gleichungen gelöst durch Zerlegung in Faktoren

Seite 338:

1. 9, −5.
2. $\frac{2}{5}, \frac{3}{2}$.
3. $-\frac{b}{a}, \frac{d}{c}$.
4. 0, 7.
5. $\pm\sqrt{6}$.
6. $-\sqrt{3}, \sqrt{2}$.
7. a.
8. $a, \frac{a-b-c}{2}$.
9. 5.
10. $9, \frac{6}{7}$.

§ 43. Zerlegung in Faktoren

Seite 341:

1. $(x-11)(x-9)$.
2. $(x-2)(x+3)$.
3. $(x+2)(x+\frac{5}{2})$.
4. $(x+9ab)(x-7ab)$.
5. $\left(x+\frac{2+i\sqrt{11}}{3}\right)\left(x+\frac{2-i\sqrt{11}}{3}\right)$.
6. $(x-3)(x-\frac{1}{2})$.

§ 45. Gleichungen vom zweiten Grade mit mehreren Unbekannten

Seite 349:

1. $x_1 = 3, y_1 = 3, x_2 = -3{,}8108, y_2 = -1{,}8649$
2. $x_1 = 1, y_1 = 1, x_2 = \frac{1}{3}, y_2 = 2\frac{5}{9}$.
3. $x_1 = 6, y_1 = 2, x_2 = -6, y_2 = -2$.
4. $x_1 = 3, y_1 = 2, x_2 = -3, y_2 = -2$.
5. $x_1 = 7, y_1 = 4, x_2 = -\frac{7}{2}, y_2 = -\frac{5}{4}$.
6. $x_1 = 4, y_1 = 0, x_2 = -\frac{1}{2}, y_2 = -\frac{9}{2}$.
7. $x = \pm 6, y = \pm 3$.
8. $x = \pm 6\sqrt{7}, y = \pm 3\sqrt{7}$.
9. $x_1 = 9, y_1 = 3, x_2 = 3, y_2 = 9$.
10. $x_1 = 7, y_1 = 4, x_2 = -5, y_2 = -8$.
11. $x = \pm\frac{a}{\sqrt{a+b}}, y = \pm\frac{b}{\sqrt{a+b}}$.
12. $x_1 = \pm 7, x_2 = \pm 5, y_1 = \pm 5, y_2 = \pm 7$.
13. $x_1 = \pm 2, x_2 = \pm 1, y_1 = \pm 1, y_2 = \pm 2$.
14. $x = \pm 3, y = \pm 2$.
15. $x = 0{,}7133, y = 0{,}3188$.
16. $x = 10, y = 5$.
17. $x = 4, y = 3$.
18. $x_1 = 30, y_1 = 10, x_2 = 5\frac{5}{7}, y_2 = -14\frac{2}{7}$.
19. $x = \pm 5, y = \pm 6$.
20. $x = \pm 5, y = \pm 7$.
21. $x = 81, y = 9$.

B) Erste Ableitung der Funktion: y = cos x

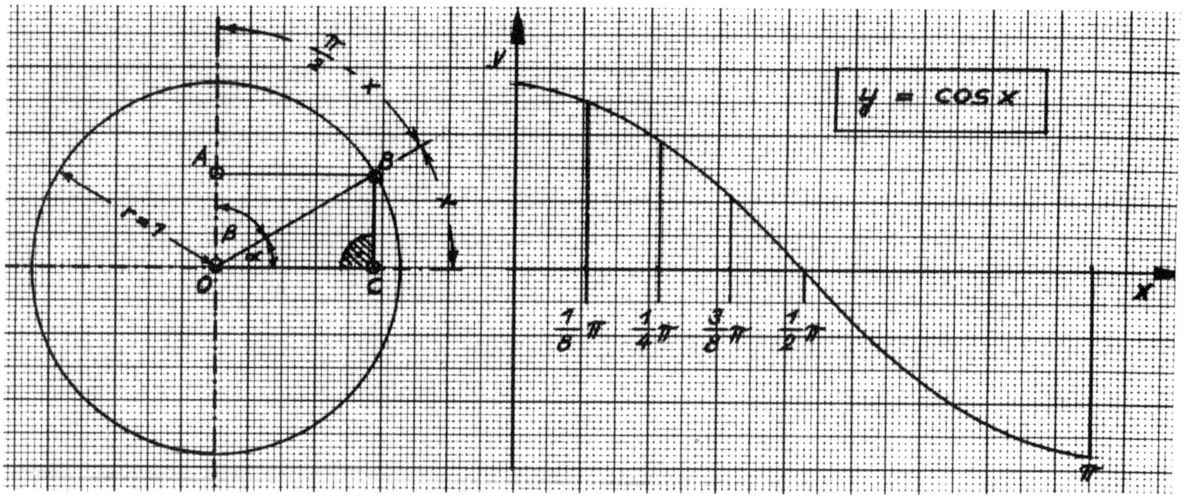

Der Kosinus des Winkels α entspricht dem Sinus des Winkels β.

Daher: $\cos x = \sin\left(\frac{\pi}{2} - x\right)$

Differenziert man nach der Kettenregel:

$\cos x = \sin\left(\frac{\pi}{2} - x\right) \rightarrow \frac{\pi}{2} - x = z$

dann ist: $y = \sin z$ und $\rightarrow \frac{dy}{dz} = \cos z$

oder auch: $\frac{dy}{dz} = \cos\left(\frac{\pi}{2} - x\right)$ = äußere Ableitung!

desweiteren: $z = \frac{\pi}{2} - x \rightarrow \frac{dz}{dx} = -1$ = innere Ableitung!

Nach der Kettenregel:

$$\frac{dz}{dx} \cdot \frac{dy}{dz} = y' = -1 \cdot \cos\left(\frac{\pi}{2} - x\right) = -1 \cdot \sin x$$

$$y' = -\sin x$$

Lösung:

$$y = \cos x \rightarrow y' = -\sin x$$

Folgerung:

Aus den Ableitungen von Seite 124 und 125 ist zu erkennen:

a) für y = sin x

Der Wendepunkt der Kurve liegt bei $\tan \tau = 0$, das heißt, wenn $y' = 0$

da $y' = \cos x$ folgt daraus:

$\cos x = 0$, wenn sinx seinen Maximalwert erreicht hat.

b) für y = cos x

cos x erreicht seinen Maximalwert, wenn sin x den Wert Null hat.

$a^2+b^2=c^2$ Min (x, y)

$6-3=3$ $\sum$

$Z=K \cdot \frac{p}{100}$ $6 \cdot 3=18$

$4<5+3$

$6:3=2$ $8>3+4$

$x=10-7$

$A=\{a, b, c\}$ Max (x, y)

$a-b+c-d=(a-b)+(c-d)$

$V=\{a, b, c, d\}$

$a^2-2ab+b^2=(a-b)\cdot(a-b)$

$8-5=3$ %

$a^2+b^2=c^2$